Lehrbuch der Physik zum Schulgebrauche

Wilhelm Winter

Alpha Editions

This edition published in 2022

ISBN : 9789356894310

Design and Setting By
Alpha Editions
www.alphaedis.com
Email - info@alphaedis.com

Contents

Vorrede. - 1 -

Vorrede zur sechsten Auflage. - 3 -

Erster Abschnitt. Allgemeine Eigenschaften der Körper. Lehre von den Kräften. - 4 -

Allgemeine Eigenschaften der Körper. - 4 -

Lehre von den Kräften. - 10 -

Zweiter Abschnitt. Lehre von den flüssigen Körpern. - 39 -

Dritter Abschnitt. Lehre von den luftförmigen Körpern. - 73 -

Vierter Abschnitt. Die Wärme. - 106 -

Dampfmaschine. - 140 -

Fünfter Abschnitt. Magnetismus. - 174 -

Sechster Abschnitt. Reibungselektrizität. - 186 -

Siebenter Abschnitt. Galvanische Elektrizität. - 218 -

Die elektrischen Telegraphen. - 262 -

Chemische Wirkungen des galvanischen Stromes. - 269 -

Achter Abschnitt. Induktions-Elektrizität. - 281 -

Neunter Abschnitt. Wellenlehre und Akustik. - 320 -

Zehnter Abschnitt. Optik. - 348 -

Sphärische Linsen. - 383 -

Optische Projektionsapparate. - 402 -

Elfter Abschnitt. Mechanik. - 430 -

Zwölfter Abschnitt: Anhang. Interferenz, Beugung und Polarisation der Wellen. - 524 -

Die absoluten Maßeinheiten. - 533 -

Die magnetischen Einheiten. - 535 -

Drahtlose Telegraphie. - 537 -

Vermischte Aufgaben. ....- 543 -

Vorrede.

Die Entwicklung der bayerischen Realschulen, wie sie sich auf der sprachlich-historischen und mathematisch-naturwissenschaftlichen Grundlage vollzogen hat, legte mir den Entschluß nahe, für den Unterricht in der Physik ein Lehrbuch zusammenzustellen, welches gerade für solche realistische Mittelschulen geeignet wäre. Sowohl die Erfolglosigkeit bei der Auswahl eines passenden Buches unter den vorhandenen als auch die Aufforderung befreundeter Fachgenossen veranlaßten mich dann, meine mehrjährigen Erfahrungen im physikalischen Unterrichte zur Herstellung dieses Buches zu benützen, das ich nun der wohlwollenden Beurteilung meiner verehrten Herren Fachgenossen übergebe. Bei Abfassung desselben leitete mich nur der eine Gedanke, all das und nur das aufzunehmen, was in Mittelschulen gelehrt werden kann und entweder zur allgemeinen Bildung notwendig oder zur praktischen Verwertung fähig ist, und die Darstellung stets so zu wählen, wie sie der jeweiligen Fassungskraft der Schüler, sowie insbesondere ihrem Vorrat von mathematischem Wissen entspricht. Man wird deshalb wohl auf der ersten Stufe nur einfache Gedankenfolgen und etwas breite Ausführung, auf der mittleren Stufe ein tieferes Eingehen in die Einzelheiten der Vorgänge und Gesetze, wozu sich ja Elektrizität und Akustik ganz vorzugsweise eignen, und auf der dritten Stufe eine strenge Behandlung der Optik und Mechanik mit ausgiebiger Benützung und Anwendung der mathematischen Kenntnisse finden.

Derselbe Wunsch nach Anpassung des Lehrstoffes an die Fassungskraft der Schüler veranlaßte mich insbesondere, die Mechanik in zwei Teile zu spalten und den einen Teil, soweit er mit Hilfe einfacher Arithmetik behandelt werden kann, gleich auf der ersten Stufe durchzunehmen, da er die Grundlehren über Kraft, Arbeit und einfache Maschinen enthält, ohne welche in die Physik nicht eingedrungen werden kann; der zweite Teil erfährt dann auf der dritten Stufe eine eingehende, mathematische Behandlung.

Der Abschnitt über Akustik dürfte für gewöhnliche Mittelschulen etwas zu reich sein; doch habe ich denselben deshalb so ausführlich behandelt, um das Buch auch für Lehrerbildungsanstalten passend zu machen, an denen ja die Akustik eine ganz besondere Durchbildung erfahren muß.

Bei der Behandlung des Lehrstoffes dem Umfange nach habe ich innerhalb der Schranken, welche durch die Fassungskraft der Schüler gezogen sind, stets nur dasjenige aufzunehmen mich bemüht, was zum Verständnis der Vorgänge und Gesetze notwendig ist, und dies durch die einfachsten Experimente zu beweisen gesucht; ein Hinausgehen über diesen engsten Rahmen durch Anfügung weiterer Beispiele, Anwendung der erkannten Gesetze auf ähnliche Vorgänge, Erklärung von weiteren Erscheinungen mittels der vorhandenen Kenntnisse ist und bleibt der Tätigkeit des Lehrers im Unterrichte vorbehalten. Doch glaubte ich weder Zeit noch Raum sparen zu sollen, wenn es sich darum handelte, den physikalischen Gesetzen in ihren Anwendungen für praktische Bedürfnisse zu folgen und zu zeigen, wie die einfachen und leichtverständlichen Eigenschaften und Kräfte in der mannigfaltigsten Weise benützt werden für die Zwecke der Technik und Industrie, des Handels und Gewerbes. Denn neben der einen Hauptaufgabe, die Naturgesetze zu erkennen, die Beobachtungsgabe auszubilden, den Verstand an der Erklärung komplizierter Erscheinungen zu schärfen und dadurch eine allgemeine Geistesbildung zu vermitteln, hat der Unterricht in der Physik gerade an den realistischen Mittelschulen noch die besondere Aufgabe, den Schülern ein möglichst klares und umfassendes Verständnis mitzugeben für all die tausendfältigen Vorkommnisse, Erscheinungen und Verwendungen im technischen Leben unserer Zeit, in das sie nach der Schule einzutreten berufen sind.

Möge das Buch angesehen werden als das, was es sein soll, ein Lehrbuch der Physik an realistischen Mittelschulen, und möge es als solches wohlwollende Beurteilung und freundliche Aufnahme finden!

Kaiserslautern, im Mai 1886.

W. Winter,
Kgl. Reallehrer.

Vorrede zur sechsten Auflage.

Nachdem das Buch besonders in der vierten und fünften Auflage einige Änderungen erlitten hatte, besonders um es den neuen Lehrplänen anzupassen, die Figuren durch bessere zu ersetzen und die Aufgaben zu vermehren, war ich bei der vorliegenden Auflage bestrebt, es dem Umfang nach zu verringern. Ich folgte dabei auch dem Rate befreundeter Fachgenossen und war bemüht, in allem die Ausdrucksweise zu vereinfachen, die Erscheinungen in möglichster Kürze zu beschreiben und die Gesetze möglichst klar und leicht verständlich zu fassen. Doch bin ich dabei nicht unter eine gewisse Grenze gegangen, da meiner Ansicht nach der Schüler im Buche selbst noch eine Darstellung finden soll, welche ihm über manches, was ihm im Unterricht nicht ganz klar geworden ist, eine leicht faßliche Aufklärung gibt. Die Aufgaben wurden vermehrt und den einzelnen Kapiteln angefügt, jedoch ohne die bisherige Numerierung zu ändern.

Ich hege die Hoffnung, daß das Buch auch fernerhin wohlwollende Beurteilung finden und zum Gedeihen des physikalischen Unterrichtes beitragen wird.

München, Februar 1905.

Der Verfasser.

Erster Abschnitt.
Allgemeine Eigenschaften der Körper. Lehre von den Kräften.

1. Aufgabe der Physik.

Die Physik ist die Lehre von den Naturerscheinungen. Die Vorgänge oder Erscheinungen werden zunächst genau beobachtet und beschrieben, und dann werden die Ursachen dieser Vorgänge erforscht. **Ursachen, welche Veränderungen im Zustande eines Körpers hervorbringen, nennt man Kräfte, Naturkräfte.** Die Physik untersucht, wie mehrere Kräfte zusammenwirken, und sucht dann nach Gesetzen, nach welchen diese Ursachen eine Wirkung hervorbringen. Schließlich lehrt die Physik auch, wie die Kräfte nutzbar gemacht werden zu den verschiedenen Arbeiten im gewöhnlichen Leben, sowie in Gewerbe und Industrie.

Allgemeine Eigenschaften der Körper.

Allgemeine Eigenschaften sind solche, welche allen Körpern zukommen. Manche Eigenschaften sind so wichtig, daß ohne sie ein Körper nicht einmal gedacht werden kann; sie sind zum Begriffe eines Körpers notwendig.

2. Undurchdringlichkeit oder Raumerfüllung.

Jeder Körper nimmt einen Raum ein und erfüllt ihn; dort, wo ein Körper ist, kann nicht zugleich ein anderer sein.

Beispiele: Der Nagel, der ins Holz geschlagen wird, verdrängt die Holzmasse. Wenn man zwei pulverförmige Körper vermischt, so nimmt jeder seinen Raum ein; die Teilchen des einen Körpers befinden sich neben denen des anderen Körpers. Auch beim Auflösen von Zucker in Wasser dringen die Teilchen des Zuckers zwischen die des Wassers und erfüllen also auch noch einen Raum. Doch tritt hiebei meist eine Volumänderung (-Verminderung) ein.

Auch die Luft ist raumerfüllend und schon deshalb als Körper anzusehen. Wenn man ein Becherglas mit der Öffnung nach abwärts ins Wasser taucht, so dringt das Wasser nicht ganz in die Höhlung des Glases ein.

Da wir oft einen Körper seinen Platz verlassen sehen, ohne daß ein anderer sichtbarer Körper seinen Platz einnimmt, so hat es für uns nichts widersinniges, uns einen leeren Raum vorzustellen.

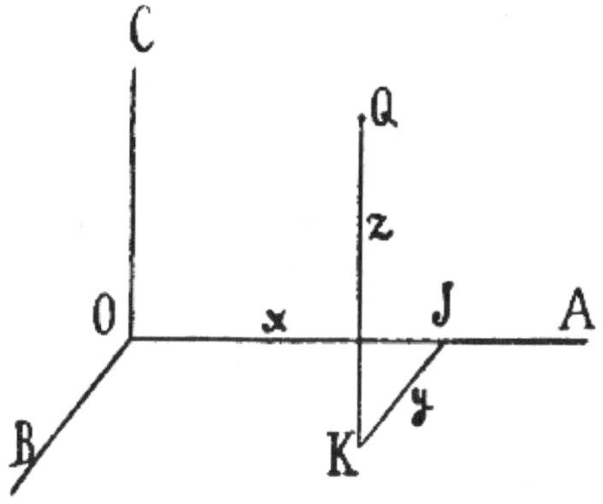

Fig. 1.

Weil jeder Körper seine Stelle verlassen kann, so schreiben wir dem Raum eine **Ausdehnung** zu, und da jeder Körper nach jeder Richtung sich bewegen kann, so ist **der Raum allseitig ausgedehnt**. Nehmen wir aber drei beliebige Richtungen als Hauptrichtungen, z. B. die Richtung nach vorn OB, nach der Seite OA und nach oben OC, so kann man von einer beliebigen Stelle O des Raumes zu einer beliebigen anderen Stelle Q gelangen, indem man nacheinander in den drei Hauptrichtungen um passende Strecken fortgeht. Um von O nach Q zu kommen (Fig. 1), geht man in der Richtung OA um die Strecke OJ = x, dann in der Richtung OB um die Strecke JK = y, dann in der Richtung OC um die Strecke KQ = z fort. Deshalb sagt man, **der Raum ist nach drei Hauptrichtungen ausgedehnt**. Wegen der allseitigen Ausdehnung des Raumes können die drei Hauptrichtungen beliebig gewählt werden.

Da ein Körper einen begrenzten Raum erfüllt, so sagt man, auch der Körper ist (innerhalb seiner Grenzen) allseitig ausgedehnt und hat drei Hauptausdehnungen.

3. Zusammendrückbarkeit und Ausdehnbarkeit.

Jeder Körper läßt sich durch Druck auf einen kleineren Raum zusammenpressen und durch Zug auf einen größeren Raum ausdehnen.

Wird eine Silberplatte durch sehr großen Druck zur Münze geprägt, oder Eisen zur Platte gewalzt, so nimmt es einen kleineren Raum ein als zuerst. Doch beträgt die Verkleinerung bei allen festen Körpern nur sehr wenig. Ein stabförmiger Körper wird durch Zug länger und auch sein Volumen wird dabei größer.

4. Die Porosität.

Kein Körper nimmt seinen Raum vollständig ein, sondern jeder hat in seinem Innern kleine Löcher, Gänge und Höhlungen, die mit einem anderen Stoffe ausgefüllt sind, meist mit Luft oder Wasser. Diese Hohlräume sind die **Poren**, und die Eigenschaft heißt **Porosität**. Sehr stark porös und großporig sind: Schwamm, Brot, Bimsstein, das Mark von Binsen.

Sehr porös aber kleinporig sind Kreide, Gips, Mörtel, Ton, Ziegelsteine, Sandsteine, manche Kalksteine, Holz, Zucker u. s. w. Ihre Poren sind so fein, daß man sie mit freiem Auge nicht sehen kann. Taucht man einen solchen Körper ins Wasser, so dringt es in die Poren des Körpers ein und macht ihn auch im Innern feucht. Die meisten dieser Körper sind dadurch porös geworden, daß bei ihrer Bildung oder zu ihrer Herstellung Wasser verwendet wurde, und daß beim Austrocknen an dessen Stelle Luft eintrat.

Tönerne Gefäße lassen die Flüssigkeit auch in ihr Inneres eindringen und durchsickern; um das zu verhindern, glasiert man sie, d. h. man überzieht sie mit einer Glasschichte, welche die Poren verstopft. Ähnlichen Zweck hat das Auspichen der Fässer, das Versiegeln der Weinflaschen, Zementieren der Ställe, Wasserbehälter und Abtrittgruben, das Ölen und Firnissen hölzerner Gegenstände u. s. w.

In porösen Wänden steigt das Wasser des Erdbodens empor und hält das Haus feucht (Einlegen von Asphalt- oder Bleiplatten).

Feinporige Körper kleben an der Zunge, weil sie die Feuchtigkeit aufsaugen. Poröse Gesteine verwittern leicht.

Holz, obwohl sehr porös, läßt das Wasser doch nur langsam eindringen; denn die meisten Poren des Holzes bestehen nicht aus Gängen, die das Holz durchsetzen, sondern aus abgeschlossenen Hohlräumen (Zellen). Ebenso Kork, welcher sogar einen luft- und wasserdichten Verschluß gibt.

Manche Stoffe zeigen sich unporös; man nennt sie **dicht** oder **kompakt**. Solche sind Marmor, Basalt, Elfenbein, dann die Kristalle und solche Körper, welche aus einem dichten Gefüge kleiner Kristalle bestehen (kristallinische Gesteine), dann solche, welche aus ruhigem Schmelzfluß in den festen Zustand übergegangen sind, wie die Metalle, Glas, Pech, Schwefel, Kautschuk, Porzellan, Klinkersteine u. s. w. Glas ist selbst bei hohem Drucke undurchlässig für Wasser und Luft.

Wasser, jede Flüssigkeit und jede Luftart sind nicht porös in dem Sinne wie die festen Körper.

Aufgaben:

a) Wodurch wird Brot porös? b) Durch welchen Versuch kann man erkennen, daß das Holz Poren hat, die es der Länge nach durchsetzen? c) Welche Papiersorten sind porös? d) Inwiefern kann man Tuch porös nennen? e) Welche Gesteine aus der nächsten Umgebung sind porös?

5. Teilbarkeit.

Jeder Körper ist teilbar, d. h. er läßt sich durch Anwendung einer Kraft in kleinere Stücke zerteilen. Bedarf es hiezu nur geringer Kraft, so nennt man den Körper weich, bedarf es großer Kraft, so heißt der Körper hart. Auch der härteste Körper, der Diamant, ist teilbar; denn er läßt sich nach gewissen Richtungen spalten, und mittels seines eigenen Pulvers schleifen. Ein Körper ist härter als ein zweiter, wenn man mit dem ersten Körper den zweiten ritzen kann; so ist Diamant härter als Rubin, dann folgen der Härte nach Stahl, Glas, Eisen, Kupfer u. s. w.

Manche Körper lassen sich ungemein fein zerteilen, besonders die Farbstoffe. So genügt die geringe Menge Farbstoff, die in einer Cochenillelaus enthalten ist, um ein ganzes Glas Wasser rot zu färben, was nur durch äußerst feine Zerteilung des Karmins möglich ist. Je feiner sich ein Farbstoff zerreiben läßt, desto besser deckt er. Gut deckt Tusch, Berlinerblau, Zinnober, Schweinfurtergrün; schlecht deckt Bleiweiß (Kremserweiß), Ocker und Veronesergrün.

Riechstoffe müssen sich wohl in ungemein kleine Teile zerlegen; denn ein erbsengroßes Stück Moschus kann ein ganzes Jahr hindurch die oft wechselnde Luft eines Zimmers mit seinem Geruche erfüllen, ohne daß es an Größe merklich abnimmt. Der Kieselgur, ein feiner Sand der Lüneburger Heide, besteht aus den Kieselpanzern einer einzelligen Pflanze, welche mikroskopisch klein ist.

Aufgaben:

a) Nenne Körper, welche sich mit dem Fingernagel ritzen lassen! b) Wie ordnen sich die Stoffe: Stahl, Glas, Marmor, Quarz und Gips der Härte nach? c) Warum deckt Tusch besser als zerriebene Kohle? d) Welche Organismen sind dir aus der Naturkunde als sehr klein bekannt?

6. Zusammensetzung der Körper aus Molekülen.

Trotz der weitgehenden Teilbarkeit der Stoffe nimmt man an, daß die Stoffe aus sehr kleinen Teilchen zusammengesetzt sind, die an sich unteilbar sind. Man hat sich also vorzustellen, daß jeder Körper aus ungemein vielen, ungemein kleinen Teilchen besteht, die durch kein Mittel in noch kleinere

Teile zerlegt werden können; man nennt ein solches Teilchen **Molekül** oder Massenteilchen. Ein einzelnes Molekül ist auch bei der stärksten Vergrößerung nicht zu sehen, und wir sind wohl nicht imstande, einen festen Körper durch Zerreiben oder ein ähnliches mechanisches Mittel in seine Moleküle zu zerlegen. Ein Stäubchen, das in der Luft schwebt, das kleinste Lebewesen, das nur bei stärkster Vergrößerung eben noch wahrgenommen wird, besteht doch noch aus sehr vielen Molekülen. In der Luft sind eine Million Moleküle nebeneinander auf der Länge eines Millimeters, also ca. 1 Trillion in einem Kubikmillimeter enthalten. Die Chemie lehrt, daß jedes Molekül aus mehreren gleichartigen oder verschiedenen Stoffteilchen besteht, daß es in diese zerlegt und in vielen Fällen aus ihnen wieder zusammengesetzt werden kann, daß die Stoffteilchen sich aber (bis jetzt) nicht weiter zerlegen lassen. Die Stoffteilchen nennt man **Atome** (Atom = das Unteilbare).

Aufgaben:

a) Wie viele Moleküle enthält 1 cbm Wasser, wenn dessen Moleküle nach jeder Richtung je ein Zehntausendstel Millimeter groß sind? b) Wenn man die Luft eine millionmal dünner macht, wie viele Moleküle sind dann immer noch in 1 *cbm*? c) Wenn man Zucker in Wasser auflöst, oder Wasser mit Weingeist vermischt, so tritt eine Volumverminderung ein. Wie ist das möglich?

Man nimmt ferner an, daß auch bei festen und flüssigen Körpern die Moleküle sich nicht berühren, sondern in Abständen nebeneinander liegen, welche ca. 10 mal größer sind als ihre Durchmesser. Die Entfernung zwischen den Mittelpunkten benachbarter Moleküle beträgt bei gewöhnlichen festen oder flüssigen Körpern nicht mehr als ein Zehnmilliontel und nicht weniger als zwei Hundertmilliontel eines Millimeters, so daß ein Kubikmillimeter wenigstens 1000 Trillionen und höchstens 125 000 Trillionen Moleküle enthält. „Dehnt sich eine erbsengroße Glaskugel oder ein Wassertropfen bis zur Größe der Erdkugel aus, so ist jedes Molekül größer als ein Schrotkorn und kleiner als ein Krocketball" (Thomson). Von den kleinsten bekannten Lebewesen (Mikroben), den Spaltpilzen, gehen ca. 3000 Millionen auf 1 Kubikmillimeter, so daß jedes aus vielen Hunderttausend Millionen Molekülen bestehen kann; deshalb können auch sehr kleine Lebewesen noch einen komplizierten Bau haben.

7. Schwere oder Gravitation.

Jeder Körper ist schwer, das heißt, er wird von der Erde angezogen. Infolge dieser Anziehung übt er einen **Druck** auf seine Unterlage oder einen **Zug** an seinem Aufhängepunkte aus; ist er durch nichts aufgehalten, so folgt er der Schwere und **fällt** zur Erde.

Schwere ist demnach auch eine Kraft. Man nennt sie **Schwerkraft**. Die Richtung der Schwere geht auf den Mittelpunkt der Erde zu und wird gefunden durch einen Faden, an dem ein schwerer Körper ruhig hängt. (Senkel, Senkblei, Bleilot.) Sie heißt lotrecht, scheitelrecht oder **vertikal**, wohl auch senkrecht. Jede zur vertikalen Richtung senkrechte Richtung heißt **horizontal**.

Je größer die Masse eines Körpers ist, desto mehr wird er von der Erde angezogen, desto größer ist seine Schwere oder sein Gewicht. Man vergleicht die Massen zweier Körper, indem man ihre Gewichte vergleicht. Das geschieht mit der Wage, denn sie steht dann im Gleichgewicht, wenn die Gewichte auf beiden Wagschalen gleich sind. Dann sind auch die Massen gleich.

Einheit der Masse ist die Masse von 1 *ccm* destilliertem, d. h. ganz reinem Wasser; man nennt diese Masse 1 Gramm.

Die Eigenschaft der Anziehung ist eine ganz allgemeine Eigenschaft aller Körper. Die Erde zieht auch den Mond an, der Mond zieht aber auch die Erde an; Erde und Mond ziehen sich also gegenseitig an. Die Sonne zieht jeden Planeten an. Jeder Himmelskörper übt auf jeden anderen eine solche Anziehung aus. Diese allgemeine gegenseitige Anziehung aller Körper nennt man die **allgemeine Gravitation**, die **Universalgravitation**; die Erdschwere eines Körpers, d. h. die Anziehung eines Körpers durch die Erde ist nur ein besonderer Fall davon.

Aufgaben:

a) Warum fühlen wir nichts davon, daß wir von einem Körper, in dessen Nähe wir uns befinden, angezogen werden? b) Was muß sich an einem Bleilot zeigen, das in der Nähe eines mächtigen Berges aufgehängt wird? c) Welche Bedeutung hat die Aussage: ein Körper wiegt 26 *g*?

8. Trägheit oder Beharrungsvermögen.

Trägheit oder Beharrungsvermögen ist das Bestreben jedes Körpers, den Zustand der Bewegung oder Ruhe, in dem er sich eben befindet, unverändert beizubehalten.

Man beobachtet stets, daß ein Körper, wenn er in Ruhe ist, auch in Ruhe bleibt, und nicht von selbst oder aus eigenem inneren Antrieb eine Bewegung anfängt; es muß vielmehr von außen eine Ursache auf ihn wirken, damit er anfängt sich zu bewegen.

Ist ein Körper in Bewegung, so bemerkt man, daß er nach und nach an Bewegung verliert; z. B. eine auf einer Eisfläche rollende Kugel läuft immer langsamer und bleibt schließlich liegen, ein in Umdrehung versetztes Rad geht langsamer, wenn keine Kraft mehr darauf wirkt, eine an einem Faden aufgehängte und in Schwingung versetzte Kugel schwingt immer langsamer und kommt zur Ruhe. Man möchte demnach schließen, daß der Körper seine Bewegung nach und nach aufgibt und in die Ruhe zurückkehrt.

Dies ist jedoch nicht richtig, wie man aus folgendem ersehen kann. Eine Kugel rollt auf der Straße nicht weit, auf einer glatten Holzbahn rollt sie weiter, auf der spiegelglatten Eisfläche eines Sees läuft sie noch viel weiter. Die Kugel hat also nicht etwa das Bestreben immer langsamer zu gehen; denn sonst müßte sie dieses Bestreben auf allen Bahnen in gleichem Maße äußern. Nur die Hindernisse, welche die Rauheiten und Unebenheiten der Bahn ihr bereiten, nehmen ihr die Bewegung; denn je glatter die Bahn ist, um so weniger gibt die Kugel von ihrer Geschwindigkeit her und um so weiter läuft sie. Deshalb schließt man, wenn gar keine Hindernisse vorhanden wären, so würde der Körper gar nichts von seiner Geschwindigkeit hergeben, also seine Bewegung unverändert fortsetzen.

Dieser Schluß bleibt bestehen, obwohl wir bei keiner Bewegung alle Hindernisse beseitigen können. Also folgt: Ein in Bewegung befindlicher Körper kann nicht von selbst oder aus eigenem Antriebe seine Bewegung verändern, er kann nicht die Geschwindigkeit größer oder kleiner machen, er kann auch nicht die Richtung der Bewegung verändern. **Jeder Körper beharrt in dem Bewegungszustande, in dem er sich eben befindet** (Galilei).

Das beste Beispiel und der sicherste Beweis für die Richtigkeit des Gesetzes der Trägheit ist die Bewegung unserer Erde. Sie schwebt frei im leeren Himmelsraume, dreht sich um ihre Achse, braucht hiezu einen Tag, und behält seit Menschengedenken diese Bewegung unverändert bei. Ebenso findet sie bei ihrem jährlichen Laufe um die Sonne keine Hindernisse und setzt deshalb auch diese Bewegung unverändert fort.

Aufgaben:

a) Gib Beispiele von bewegten Körpern, welche ihre Bewegung nach und nach verlieren! b) Gib Beispiele von bewegten Körpern, welche ihre Bewegung um so langsamer verlieren, je geringer die Hindernisse sind! c) Gib Beispiele von bewegten Körpern, welche ihre Bewegung sehr rasch verlieren!

Lehre von den Kräften.

9. Erklärung der Kraft.

Nach dem Trägheitsgesetze ändert ein Körper nicht von selbst seinen Bewegungszustand. Zur Änderung seines Bewegungszustandes ist eine äußere Ursache notwendig, welche wir Kraft nennen. **Kraft ist die Ursache**

einer Veränderung des Bewegungszustandes eines Körpers. Beispiel. Wenn wir einen Stein fallen lassen, so geht er aus der Ruhe in Bewegung über. Wir schließen, daß auf ihn eine Kraft von außen wirkt, die ihm eine Bewegung gibt. Da diese Bewegung sogar immer schneller wird, so schließen wir, daß die Kraft beständig und fortwährend auf den Körper wirkt, indem sie ihm zu seiner erlangten Geschwindigkeit, die er vermöge des Trägheitsgesetzes beibehält, immer noch mehr Geschwindigkeit dazu gibt. Die hier wirkende Kraft ist die Anziehungskraft oder Schwerkraft der Erde.

Wenn wir einen Stein in die Höhe werfen, so sehen wir, daß er immer höher, aber auch immer langsamer fliegt, bald ganz stehen bleibt, und dann anfängt herunterzufallen. Wir schließen, daß auf ihn eine Kraft nach abwärts wirkt, die ihm von seiner Geschwindigkeit, die er nach dem Trägheitsgesetze beibehalten will, immerfort etwas hinwegnimmt, bis er keine Geschwindigkeit mehr hat. Auch diese Kraft ist die Schwerkraft. Hat der Stein den höchsten Punkt erreicht, so fällt er wie im vorigen Beispiel.

Ähnliches geht vor, wenn die in der Lokomotive tätige Dampfkraft den Zug in Bewegung setzt und diese Bewegung immer rascher macht.

Da die Reibung die Bewegung jedes Körpers verlangsamt, so ist auch die Reibung als eine Kraft anzusehen.

Außer den schon angeführten Kräften, der Schwerkraft, der Dampfkraft und der Reibung gibt es noch folgende Arten: die Kraft des fließenden Wassers und des Windes, sowie überhaupt jeder bewegten Masse, die Kraft des Magnetes und der Elektrizität, die elastische Kraft, die Kraft der Wärme im allgemeinen und die Muskelkraft von Menschen und Tieren, u. a. m.

Wenn wir aber auch die Wirkungen der Kräfte beobachten, untersuchen und verstehen können, so ist uns das Wesen der Kräfte doch unbekannt. Wir wissen nicht, warum die Erde den Stein anzieht.

Aufgaben:

a) Beschreibe den Vorgang, wenn eine Lokomotive den Zug in Bewegung setzt, wenn sie ihn auf der Strecke in Bewegung hält, und wenn der Zug zum Stehen gebracht wird ohne und mit Bremsen! b) Wo bringen elastische Kräfte eine Bewegung hervor? c) Auf welche Weise nützen wir die Kraft des Windes aus?

10. Allgemeiner Kraftbegriff, Maß der Kräfte.

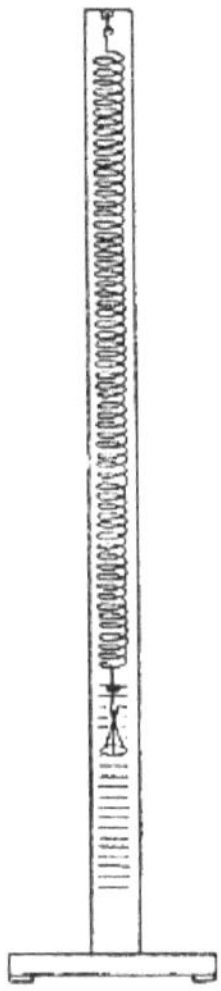

Fig. 2.

Wirkt eine Kraft auf einen Körper, der sich nicht frei bewegen kann, so ändert sich seine Form. Eine Schnur wird länger, eine Säule kürzer, ein Brett, eine Reißschiene wird gebogen.

Bei der Federwage (Fig. 2) hängt eine Drahtspirale längs einer Skala herunter. Durch Ziehen verlängert sie sich, losgelassen kehrt sie in die ursprüngliche Lage zurück.

Merkt man sich den Stand der Federwage bei 1 *g*, 2 *g*, 3 *g* u. s. f., so wird sie auch das Gewicht eines anderen Körpers durch ihren Stand angeben, ebenso auch die Größe irgend einer anderen an ihr wirkenden Kraft, indem sie sich entsprechend ausdehnt.

Einheit der Kraft ist der Zug, mit dem die Erde 1 *ccm* Wasser, die Masseneinheit, anzieht; diese Kraft heißt auch 1 Gramm. Unter 1 *g* Kraft ist also nicht die Masse von 1 *g* zu verstehen, sondern die Kraft, mit welcher die Erde 1 *ccm* Wasser anzieht, oder eine gleich große Kraft.

Will man an einem Punkte eine Kraft wirken lassen, so kann man das oft dadurch machen, daß man an den Punkt einen schweren Körper hängt. Durch Anhängen von Gewichten prüft man die Kraft, welche zum Zerreißen eines Drahtes notwendig ist, oder die Zugkraft eines Pferdes, oder die Tragkraft eines Magnetes, die Kraft der Reibung und ähnliches.

Wenn man an die Federwage ein Gewicht hängt, so ändert sie in bestimmter Art ihren Zustand. Entfernt man das Gewicht, so kehrt sie in den ursprünglichen Zustand zurück. Es muß demnach in der verlängerten

Spirale eine Kraft vorhanden sein, vermöge deren sie in die ursprüngliche Gestalt zurückkehrt. Dadurch also, daß eine Kraft den Zustand der Spirale ändert, entsteht in der Spirale infolge der Zustandsänderung selbst eine Kraft, welche gerade in entgegengesetzter Richtung wirkt; zudem dürfen wir beide Kräfte, da sie sich in ihren Wirkungen aufheben, einander gleich nennen. Der Druck des Steines auf den Tisch oder auf die Reißschiene bewirkt einen Gegendruck des Tisches oder der Schiene nach aufwärts. Diese Erscheinungen verallgemeinert man zu dem **Prinzip von Wirkung und Gegenwirkung, Aktion und Reaktion:**

Jede Kraft, welche keine Bewegung hervorruft, bringt eine ihr gleiche und entgegengesetzt wirkende Kraft hervor.

Die Wirkung einer Kraft hängt nur ab von der Größe der Kraft und von ihrer Richtung, sonst aber von nichts weiter, also nicht etwa davon, welcher Art die Kraft ist, ob Schwerkraft, oder magnetische Kraft, oder Kraft einer gebogenen Feder, oder sonst irgend eine.

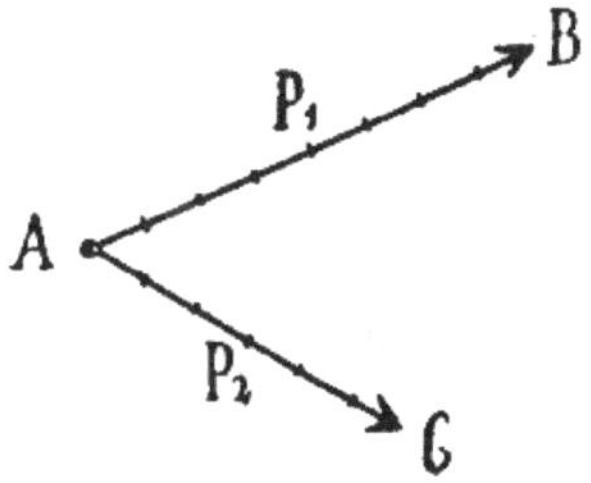

Fig. 3.

Geht von einem Punkt eine Strecke aus, so kommt es dabei auch bloß auf die Größe der Strecke und ihre Richtung an. Wegen dieser Gleichartigkeit der Bestimmungsmerkmale von Kraft und Strecke kann man **eine Kraft durch Zeichnung darstellen**, indem man eine Strecke in der Richtung der Kraft anbringt, und ihr eine Länge von so vielen beliebig gewählten Längeneinheiten gibt, als die Kraft Krafteinheiten hat. Gemäß Figur 3 wirkt im Punkte A eine Kraft $P_1 = 8$ g in der Richtung AB und eine Kraft $P_2 = 6$ g in der Richtung AC.

Wie bei jeder bildlichen Darstellung bezeichnet man diese Strecken abkürzend selbst als Kräfte.

Aufgaben:

a) Wenn eine Federwage unbelastet bei 72,3 *cm*, mit 5 *g* belastet bei 84,5 *cm*, mit 8 *g* belastet bei 91,7 *cm* steht, ist dann die Ausdehnung der Federwage bei jedem Gramm gleich groß? b) Wenn ein Gewicht auf eine Säule drückt, oder ein Gewicht an einem Faden hängt, welche Kraft stellt die Reaktion vor? c) Gib Aktion und Reaktion an bei einer zusammengedrückten Spiralfeder, beim Dampfkessel, beim Stemmen einer Hantel!

11. Zusammensetzung der Kräfte.

Wirken auf einen Körper mehrere Kräfte, so bleibt er entweder in Ruhe oder er kommt in Bewegung. **Statik** ist die Lehre von den Bedingungen, unter welchen zwei oder mehrere Kräfte auf einen Körper so wirken, daß er in Ruhe bleibt; **Dynamik** ist die Lehre von der Bewegung, welche ein Körper unter der Wirkung einer oder mehrerer Kräfte macht.

Wirken zwei Kräfte auf einen Punkt, so sollte er zwei Bewegungen zugleich machen, was nicht möglich ist; er macht deshalb nur eine einzige Bewegung, bewegt sich also so, wie wenn auf ihn nur eine Kraft wirken würde. Man kann deshalb die zwei Kräfte durch eine einzige ersetzen; ebenso ist es bei mehreren Kräften. **Mehrere auf einen Punkt wirkende Kräfte können stets durch eine einzige Kraft ersetzt werden.** Die Kräfte, welche auf den Körper wirken, nennt man Seitenkräfte oder Komponenten; die eine Kraft, welche imstande ist, dasselbe zu leisten wie die Seitenkräfte zusammen, heißt die Resultierende, Resultante oder Mittelkraft. Die Größe und Richtung dieser Mittelkraft findet man nach folgenden Gesetzen:

1) **Wirken die Kräfte in derselben Richtung, so ist die Resultierende gleich der Summe der Kräfte und wirkt auch in derselben Richtung.** Z. B. ziehen 5 Arbeiter an einem Wagen, so ist ihre Kraft gleich der eines Pferdes. Wird ein Schiff durch Dampf und Wind getrieben, so ist seine Bewegung so groß, wie wenn es von einer Kraft getrieben würde, die gleich der des Dampfes und Windes zusammengenommen ist. Die Balken einer Brücke müssen so stark gemacht werden, daß sie nicht bloß ihr eigenes Gewicht und die auf ihnen liegenden Querbalken, sondern auch noch die schwersten Lastwagen gut tragen können.

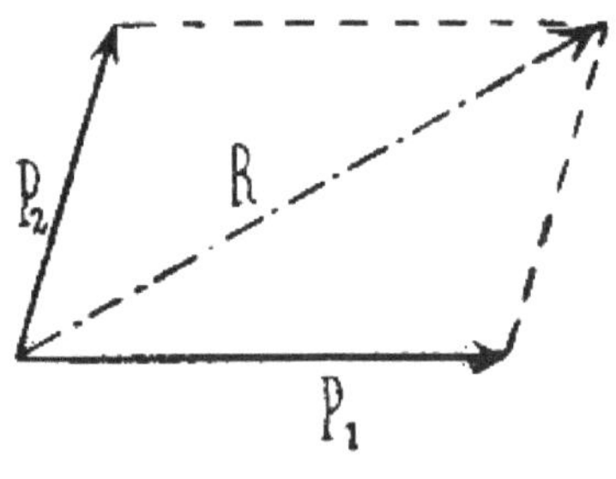

Fig. 4.

2) **Wirken zwei Kräfte in entgegengesetzter Richtung und sind sie gleich groß, so halten sie sich das Gleichgewicht**, ihre Resultierende

ist = 0; **sind sie nicht gleich, so ist ihre Resultierende gleich der Differenz der beiden Kräfte und wirkt in der Richtung der größeren Kraft**. Z. B. fahrt ein Dampfschiff stromaufwärts, und ist die Kraft des Dampfes größer als der Druck des fließenden Wassers, so kommt das Schiff wirklich vorwärts, aber nur langsam, wie wenn es in einem See wäre und nur eine schwache Dampfmaschine hätte. Läßt die Kraft des Dampfes nach, so daß sie nur gleich dem Drucke des Wassers ist, so bleibt das Schiff stehen, wie wenn es ohne Dampfkraft in einem See wäre; wird die Kraft des Dampfes kleiner als die des Wassers, so geht es zurück, wie wenn es ohne Dampfkraft in einem langsam fließenden Flusse wäre.

3) Wirken zwei Kräfte unter einem **Winkel** auf einen Punkt, so findet man die Resultierende, wenn man die zwei Kräfte P_1 und P_2 der Größe und Richtung nach durch Linien darstellt, zu diesen zwei Strecken ein Parallelogramm vervollständigt, und in diesem die vom Angriffspunkte der Kräfte ausgehende Diagonale R zieht. **Die Diagonale des Kräfteparallelogramms gibt die Größe und Richtung der Resultierenden an.** Beweis durch den Versuch (Fig. 5). Man läßt eine Schnur über zwei Rollen gehen, hängt an die Enden zwei Gewichte, P_1 und P_2, und zwischen die Rollen in A noch ein Gewicht, P_3, welches die Schnur etwas herunterzieht, so daß die zwei seitlichen Gewichte unter einem Winkel auf den Punkt A wirken.

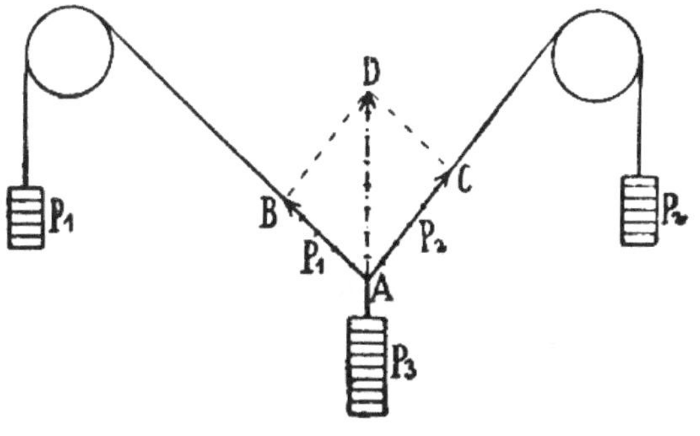

Fig. 5.

Da die Wirkung der Seitenkräfte P_1 und P_2 aufgehoben wird durch die Kraft P_3, so wirken die zwei Seitenkräfte AB und AC ebensoviel, wie eine der Kraft P_3 gleiche, aber entgegengesetzt, also nach aufwärts gerichtete Kraft. Sucht man durch Zeichnung des Kräfteparallelogramms ABCD die Resultante AD, so findet man, daß sie wirklich diese Größe und Richtung hat. Ändert man die Gewichte ab, so findet man, daß das Gesetz allgemein gilt.

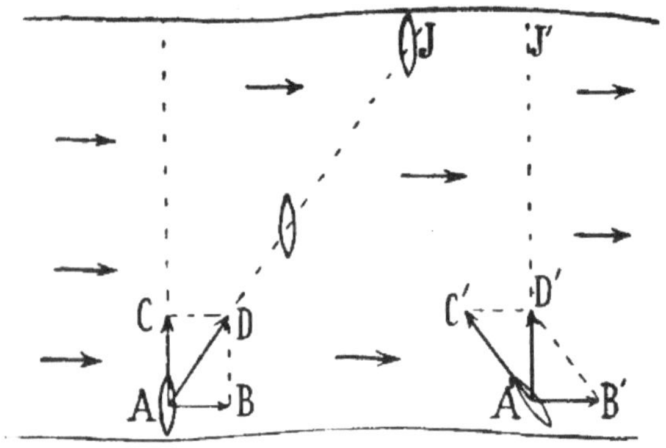

Fig. 6.

Beispiele: Wenn man mit einem Kahne über einen Fluß rudert (Fig. 6), so wirkt auf den Kahn die Kraft des Flusses AB und die Kraft des Ruders AC; beide bilden einen Winkel. Der Kahn bewegt sich in der Richtung der durch das Kräfteparallelogramm bestimmten Diagonale AD und trifft das jenseitige Ufer dort, wo es die verlängerte Diagonale trifft, in J. (Besprich auch das zweite Beispiel in Fig. 6.)

Aus dem Kräfteparallelogramm folgt: Wenn die Seitenkräfte gleich groß sind, so halbiert die Resultierende deren Winkel; sind sie ungleich, so bildet die Resultierende mit der größeren Kraft den kleineren Winkel. Ist der Winkel zwischen beiden Kräften sehr klein (spitz), so ist die Resultierende verhältnismäßig groß, kann aber höchstens gleich der Summe der beiden Kräfte werden; ist der Winkel sehr groß (stumpf), so ist die Resultierende klein, kann aber nicht kleiner werden als die Differenz der beiden Kräfte. Eine große Kraft wird durch eine kleine immer nur wenig aus ihrer Richtung abgelenkt. Die Resultierende hat eine solche Richtung, daß jede der zwei Seitenkräfte den Punkt um gleichviel aus der Richtung der Resultierenden ablenken möchte. (Die Senkrechten von B und C auf AD in Fig. 5 sind gleich groß.)

Aufgaben:

1. Zeichne die Resultierende zweier Kräfte $P_1 = 7$, $P_2 = 5$, wenn sie einen Winkel von 90°, von 45°, von 120° einschließen!

2. Zwei Kräfte $P_1 = 11$ und $P_2 = 27$ wirken unter einem gegebenen Winkel. Suche durch Zeichnung die Größe und Richtung einer Kraft, welche noch hinzugefügt werden muß, damit alle drei sich im Gleichgewichte halten!

3. Wie muß Figur 5 ausschauen, wenn links 3 *kg*, rechts 4 *kg* und in der Mitte 5 *kg* hängen?

4. Bei welcher Stellung des Bootes in Figur 6 braucht man länger, um es über den Fluß zu rudern? a) Wie groß ist die Resultierende zweier gleichen Seitenkräfte von je 22 *kg*, wenn ihr Winkel 60°, 90°, 120°, 135° ist? b) Wie groß ist eine Kraft, welche senkrecht zu einer Kraft von 30 *kg* wirkt und sie um 10° aus ihrer Richtung ablenkt? c) Zwei Kräfte von 17 und 23 *kg* werden durch eine Kraft von 30 *kg* im Gleichgewicht gehalten. Suche durch Zeichnung deren Richtungen!

12. Zerlegung der Kräfte.

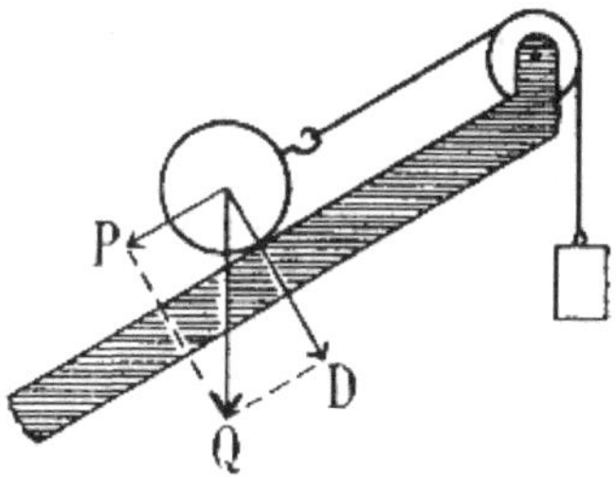

Fig. 7.

Es kommt häufig vor, daß in der Natur eine Kraft zwei Wirkungen zugleich hervorbringt; es sieht dann aus, als wären an ihre Stelle zwei Kräfte getreten; auch kann sich eine Kraft in mehrere Kräfte zerlegen. **Die Zerlegung folgt denselben Gesetzen wie die Zusammensetzung der Kräfte**; die eine Kraft, welche sich zerlegt, spielt die Rolle der Resultierenden, die zwei Kräfte, in welche sie sich zerlegt, sind die Seitenkräfte. **Die Zerlegung tritt stets ein, wenn der Körper sich nicht in der Richtung der Kraft bewegen kann.** Von den zwei Komponenten wirkt dann die eine in der Richtung, in welcher der Körper sich bewegen kann, die andere in der dazu senkrechten Richtung.

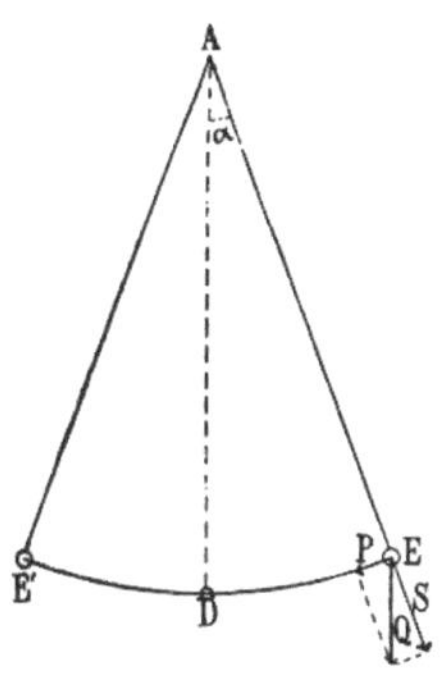

Fig. 8.

Liegt ein Körper auf einer schiefen Ebene, so wirkt auf ihn die Schwerkraft in vertikaler Richtung; da er sich in dieser Richtung nicht bewegen kann, so zerlegt sich die Schwerkraft Q in zwei Kräfte: P wirkt parallel der schiefen Ebene, D wirkt in einer dazu senkrechten Richtung, also senkrecht zur schiefen Ebene. Durch das Kräfteparallelogramm, in welchem die Schwerkraft die Diagonale ist, findet man die Größe der Seitenkräfte. Die Bewegungskomponente P bewegt den Körper über die schiefe Ebene hinunter und ist um so größer, je steiler die schiefe Ebene ist. Die Druckkomponente D übt einen Druck auf die schiefe Ebene aus.

Um den Körper über die schiefe Ebene hinaufzubewegen, muß man parallel der Ebene nach aufwärts eine Kraft anbringen, die der Komponente P gleich ist, sie also aufhebt, und dazu noch eine Kraft, um die Reibung zu überwinden. Geht es bergab, so vereinigt sich die Seitenkraft P der Schwerkraft mit der Zugkraft, weshalb letztere nur klein zu sein braucht, damit beide vereinigt die Reibung überwinden.

Ein an einem Faden aufgehängtes Gewicht bleibt nur dann in Ruhe, wenn der Faden vertikal hängt. Hängt der Faden schräg, so zerlegt sich die Schwerkraft Q in zwei Komponenten. P setzt den Körper wirklich in Bewegung, während S den Faden spannt.

Weitere Beispiele für solche Kräftezerlegung bieten: ein Wagen oder Schlitten, den man schräg nach vorn zieht, ein Schiff, das man vom Ufer aus mittels eines Seiles stromaufwärts zieht, das Rad an der Drehbank, Nähmaschine oder Lokomotive, das durch eine hin- und hergehende Stange in Umdrehung versetzt wird, u. s. w. Ähnlich ist es beim Segel, bei der Windmühle, bei der Fähre und dem Papierdrachen.

Aufgaben:

5. Auf einer schiefen Ebene von 30° liegt eine Last von 80 *kg*; in welche Seitenkräfte zerlegt sie sich?

6. Zeichne Figur 8 mehrmals, wobei E verschiedene Entfernungen von D hat.

13. Hebel.

Fig. 9.

Eine starre Stange, die in einem Punkte drehbar befestigt oder unterstützt ist, heißt ein **Hebel**. Jede Kraft, welche nicht gerade im Stützpunkt selbst angreift, sucht den Hebel zu drehen, und wenn zwei Kräfte ihn nach verschiedenen Richtungen zu drehen suchen, so kann es wohl kommen, daß sich ihre Wirkungen aufheben, daß also der Hebel im Gleichgewicht bleibt.

Der Versuch lehrt folgendes:

1) **Wirken zwei gleiche Kräfte an gleichlangen Hebelarmen, so bleibt der Hebel in Ruhe.**

2) Wirken zwei Kräfte an verschieden langen Hebelarmen, so zeigt sich: je länger der Hebelarm ist, desto kleiner muß die an ihm wirkende Kraft sein, damit der Hebel im Gleichgewichte ist. Oder:

Der Hebel ist im Gleichgewichte, wenn die Kräfte sich umgekehrt verhalten wie die Hebelarme.

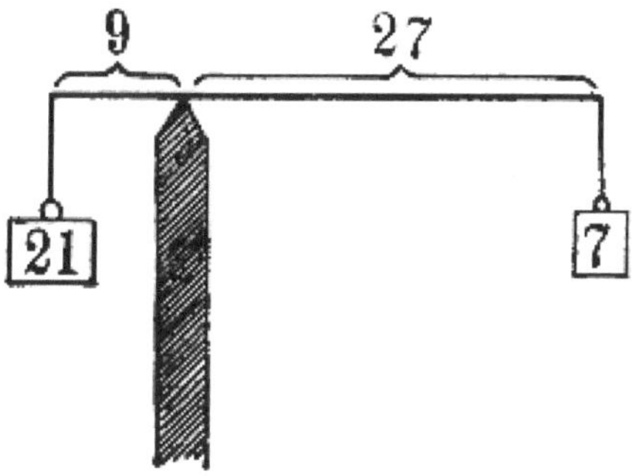

Fig. 10.

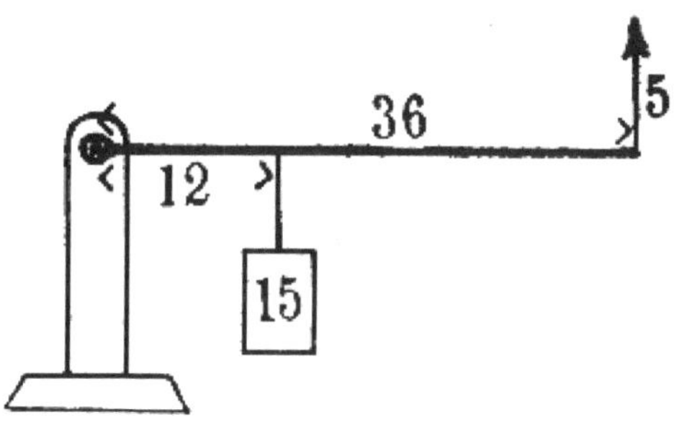

Fig. 11.

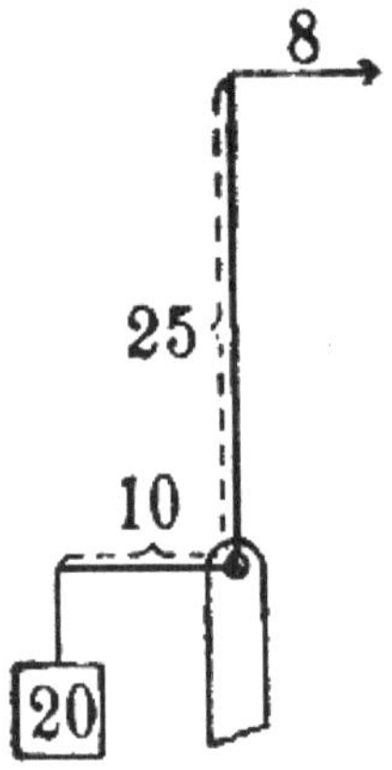

Fig. 12.

Wirken die zwei Kräfte auf entgegengesetzten Seiten vom Unterstützungspunkte aus und nach derselben Richtung, so heißt der Hebel **zweiarmig** (Fig. 10); wirken die Kräfte auf derselben Seite, so heißt er **einarmig** (Fig. 11); in diesem Falle müssen die Kräfte nach entgegengesetzten Richtungen wirken, also die eine etwa abwärts, die andere aufwärts. Doch bleibt das Gesetz bestehen: die Kräfte müssen sich verhalten umgekehrt wie die Hebelarme; hiebei ist jeder Hebelarm vom Unterstützungspunkte aus zu messen. Der einarmige Hebel wird auch Druckhebel genannt.

Winkelhebel. Die Hebelstange braucht nicht gerade zu sein, sie kann auch gebogen sein oder einen Winkel bilden; die Kräfte müssen nur so wirken, daß sie den Hebel in entgegengesetztem Sinn zu drehen versuchen. Man nennt dann den Hebel einen Winkelhebel, und es gilt für ihn das nämliche Gesetz, wenn man unter Länge eines Hebelarmes versteht die Länge der Senkrechten vom Stützpunkte auf die Richtung der Kraft.

Aufgaben:

7. Wenn in Figur 10 der Hebelarm links 15 *cm*, rechts 40 *cm* lang ist, und links 100 *kg* hängen, welche Kraft muß rechts wirken?

8. An einem Hebelarm von 5 *cm* hängt eine Last von 340 ℔; wie lang muß man den andern Arm machen, um mit einer Kraft von 12 ℔ das Gleichgewicht herzustellen?

9. Ein Baumstamm von 3 Ztr. Gewicht liegt auf einer 2,8 *m* langen Stange 50 *cm* von ihrem einen Ende. Mit welcher Kraft muß man das andere Ende heben, um den Baumstamm zu heben? Wo muß der Baumstamm aufliegen, damit man mit 15 *kg* ausreicht?

10. Warum hat die Papierschere kurze Arme und lange Backen, und warum hat die Blechschere lange Arme und kurze Backen?

14. Anwendung des Hebels.

Der Hebel findet vielfach Anwendung, um eine Last, die für unsere Kraft zu groß ist, durch eine kleinere Kraft zu heben. Beispiele. Das Hebeeisen: (Fig. 13). Man benutzt es etwa, um schwere Steine etwas zu heben. Ist dabei etwa der lange Arm der Stange 10 mal so lang wie der kürzere, so darf die Last 10 mal so groß sein wie die Kraft. Drückt man mit der Kraft von 30 *kg* auf das obere Ende, so kann man eine Last von 300 *kg* heben, also darf der Stein, der ja nur auf der einen Seite zu heben ist, 600 *kg* = 12 Ztr. schwer sein. Am Pumpbrunnen soll die schwere Pumpenstange und zugleich das Wasser gehoben werden. Man hängt deshalb die Pumpenstange an einen kurzen Hebelarm und zieht selbst an einem langen Hebelarme; dann ist die Kraft, die man dort braucht, viel kleiner (5-10 mal). Bei der Beißzange drückt man die Griffe mit der Hand zusammen, um dadurch deren Backen mit viel größerer Kraft zusammenzudrücken, so daß sie dann einen Nagel festhalten oder einen Draht abzwicken.

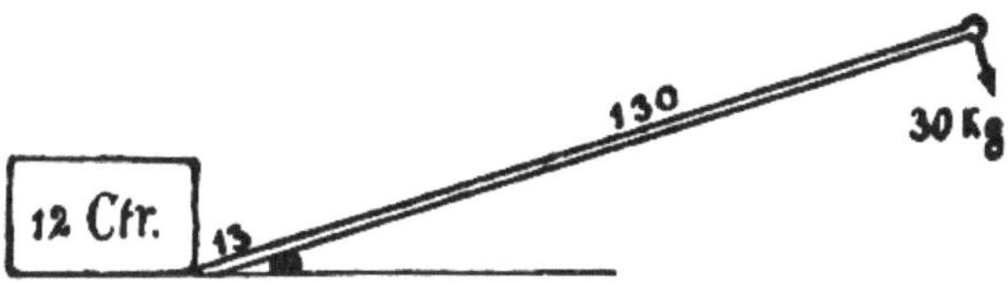

Fig. 13.

Eine Druckpumpe wird durch einen einarmigen Hebel niedergedrückt; der Kolben ist mittels der Kolbenstange nahe am Drehpunkte des Hebels angebracht, also an einem kurzen Hebelarme; drückt man am langen Hebelarme, so hat man einen entsprechenden Kraftgewinn. Schere, Brecheisen, Schlüssel, Türklinke, Futterschneidmaschine u. s. w. beruhen alle auf dem Hebel, auch die Knochen unserer Gliedmaßen dienen als Hebel. Beim Glockenzug werden viele Winkelhebel verwendet, um der Kraft eine andere Richtung zu geben. Schaufel und Hacke liegen als Hebel in unseren Händen; Messer, Gabel und Löffel, Schreibstift und Kaffeetasse liegen beim Gebrauch als Hebel zwischen den Fingern.

Aufgaben:

a) Wenn bei einer Beißzange die Griffe 30 *cm* lang sind, vom Scharnier aus gemessen, die Backen aber nur 2½ *cm* lang, und durch einen Druck von 50 *kg* ein Draht abgezwickt wird, welcher Druck ist erforderlich, um den Draht direkt abzuzwicken?

b) Inwiefern wird eine Beißzange häufig auch zum Ausziehen eines Nagels als Hebel benützt?

c) Inwiefern dienen die Knochen des Vorderarmes als Hebel?

d) Wenn man eine Pfanne mit beiden Händen vom Feuer hebt, inwiefern liegt sie als Hebel zwischen den Händen? In welcher Richtung hat jede Hand eine Kraft auszuüben?

15. Rolle und Flaschenzug.

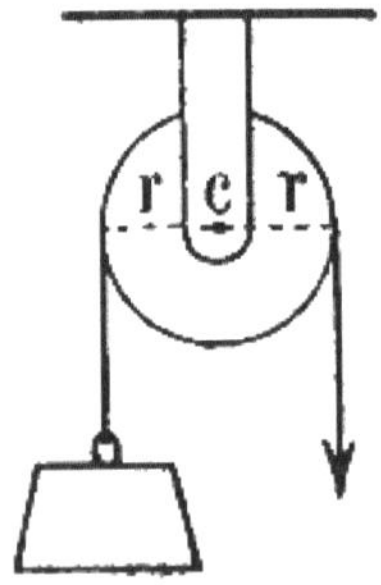

Fig. 14.

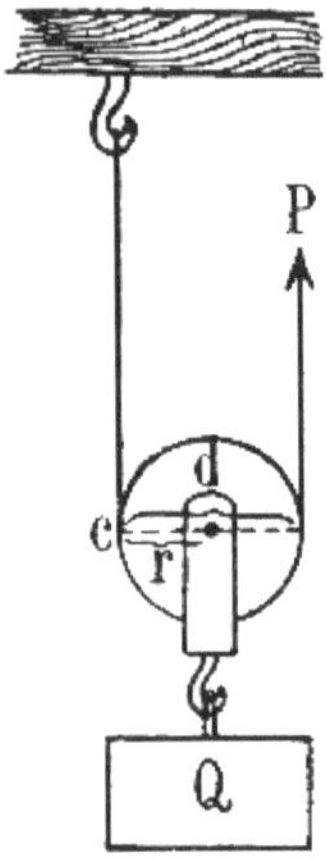

Fig. 15.

Eine Rolle (Fig. 14) ist eine kreisrunde Scheibe, die in ihrem Mittelpunkte drehbar befestigt ist. An einem herumgelegten Seile hängt einerseits die Last und zieht andererseits die Kraft, um die Last zu heben. **Die Rolle ist im Gleichgewichte, wenn Kraft und Last gleich sind.** Man kann die Rolle ansehen als einen zweiarmigen Hebel; ihr Mittelpunkt c ist der Stützpunkt; die Punkte, an welchen das Seil die Rolle eben noch berührt, sind die Angriffspunkte von Kraft und Last; die Radien r sind die Hebelarme; da diese gleich sind, sind auch die Kräfte gleich.

Die Seile können auch beliebige Richtungen haben; gleichwohl bleibt das Gesetz dasselbe; denn die Rolle ist dann anzusehen als Winkelhebel mit gleichen Hebelarmen. Die feste Rolle verändert bloß die Richtung der Kraft.

Die lose Rolle (Fig. 15). Sie besteht aus einer Rolle, welche sich in einem Bügel dreht; am Bügel ist die Last befestigt; die Rolle hängt dabei in einem Seile, dessen eines Ende oben festgemacht ist, und an dessen anderem Ende die Kraft P nach aufwärts wirkt, um die am Bügel hängende Last Q zu heben; beide Teile des Seiles sind parallel. Die lose Rolle kann als ein einarmiger Hebel aufgefaßt werden. Der Berührungspunkt c des festen Seiles ist der Stützpunkt, die Mitte der Rolle ist der Angriffspunkt der Last, der Berührungspunkt des freien Seiles ist der Angriffspunkt der Kraft. Daraus folgt: **die lose Rolle ist im Gleichgewichte, wenn die Kraft gleich ist der Hälfte der Last.**

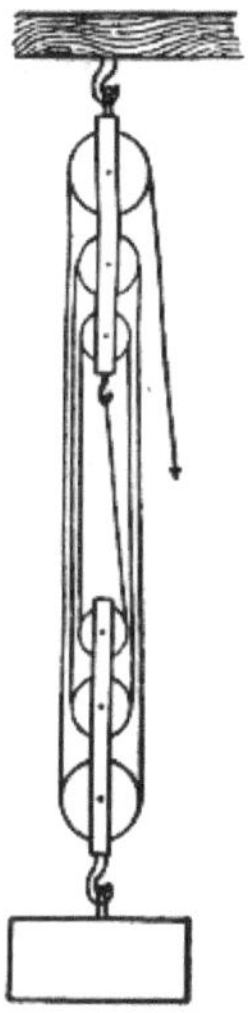

Fig. 16.

Oder: die Last hängt in zwei Seilen; verteilt sich also gleichmäßig auf beide; deshalb trifft auf ein Seil bloß die Hälfte der Last.

Der Flaschenzug (Archimedes). Er besteht aus mehreren festen und losen Rollen, die in zwei Hülsen (Flaschen) drehbar befestigt sind; jede Flasche enthält gleichviele, etwa drei Rollen. Die obere Flasche hängt an einem Gerüste, an die untere ist die Last angehängt, und ihre Rollen sind durch ein Seil verbunden (eingefädelt), wie aus der Figur 16 zu ersehen ist. **Die Kraft ist so vielmal kleiner als die Last, als die Anzahl der in beiden Flaschen befindlichen Rollen beträgt**, also 4 mal, 6 mal u. s. w. Denn die Last hängt in 4 (6) Seilen, also verteilt sie sich gleichmäßig auf diese; also trifft auf jedes Seil bloß $1/4$ ($1/6$) der Last; da die Kraft bloß an einem Seile zieht, so braucht sie bloß $1/4$ ($1/6$) der Last zu sein.

Aufgabe:

11. Am freien Seilende eines Flaschenzuges von je 3 Rollen ziehen 4 Männer mit je 34 ℔ Zugkraft. Wie schwer darf die Last sein, wenn $1/5$ der Zugkraft verloren geht?

11a. Wenn man sich in einen an Stelle der Last Q (Fig. 15) angebrachten Korb setzt, und das freie Seilende oben über eine feste Rolle führt, wie stark muß ein anderer an diesem Seilende ziehen, um den Korb schwebend zu erhalten? Wie stark muß man selbst an diesem Seile ziehen? Kann man sich so selbst in die Höhe ziehen?

16. Wellrad.

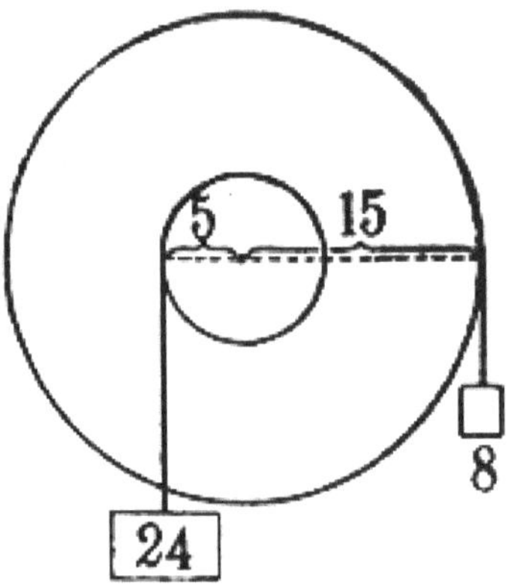

Fig. 17.

Das Wellrad besteht aus der Welle und dem darauf befestigten Rade. Die Welle ruht mit Zapfen drehbar in den Zapfenlagern; um sie schlingt sich ein Seil, das am herabhängenden Ende die Last trägt. Die Kraft greift am Umfange des Rades an, um durch Drehen desselben die Last zu heben. Die Last wirkt also am Ende des Radius der Welle, senkrecht zum Radius, und sucht das Wellrad nach der einen Seite zu drehen; die Kraft wirkt am Ende des Radius des Rades, senkrecht zum Radius, und sucht das Wellrad nach der anderen Seite zu drehen. Kraft und Last wirken also wie die Kräfte an einem Hebel; es gilt also auch das Hebelgesetz: **die Kraft verhält sich zur Last wie der Radius der Welle zum Radius des Rades**, oder: sovielmal der Radius der Welle kleiner ist als der Radius des Rades, sovielmal muß die Kraft kleiner sein als die Last.

Die Erdwinde (Fig. 18) wird angewandt, um Erde oder Wasser heraufzuziehen. Anstatt des Rades ist dabei oft bloß eine einzige Speiche (Radius) vorhanden (Kurbel), die am Ende mit einem Handgriffe versehen ist; oder es sind zwei gekreuzte Stäbe angebracht (Drehkreuz). Die Kraft ist dabei nur 2-5 mal kleiner als die Last, weil man weder die Seiltrommel zu dünn machen darf, da sich sonst das Seil nicht vollständig aufwickeln könnte, noch die Kurbel zu lang, da man sonst nicht bequem drehen kann.

Will man die Wirkung eines Wellrades verstärken, so nimmt man mehrere Wellräder, die durch Zähne passend ineinander eingreifen und es ermöglichen, daß man mit sehr kleiner Kraft sehr große Lasten heben kann; solche Maschinen heißen dann zusammengesetzte Räderwerke. Manche Aufzugswinden, der Krahnen, die Uhr und all die vielen Zahnräder, die wir in Fabriken sehen, gehören hieher und beruhen alle auf dem einfachen Wellrad. Ihre Einrichtung wird später besprochen werden.

Fig. 18.

Aufgaben:

12. Bei der Erdwinde, Fig. 18, ist die Welle 28 *cm* dick; die Kurbel 45 *cm* lang. Welche Kraft kann eine Last von $2\frac{1}{2}$ Ztr. heben?

13. An einem Drillbaum drehen 3 Männer an Armen von je 2,2 *m* Länge mit einer Kraft von je 35 ℔, während das Seil um eine Welle von 80 *cm* Durchmesser geschlungen ist. Welche Last können sie heben, wenn $\frac{1}{6}$ ihrer Kraft durch Reibung verloren geht?

17. Arbeit.

Unter Kraft versteht man, wie früher gesagt, jede Ursache, welche an einem Körper eine Bewegungsänderung hervorrufen kann. Wenn der

Körper sich nicht bewegen kann, weil ein Hindernis die Bewegung unmöglich macht, so äußert sich die Kraft nur als Zug oder Druck; man sagt dann wohl, die Kraft ruht. Ist aber kein solches Hindernis vorhanden, so kommt die Kraft zur Wirkung, sie erteilt dem Körper eine Geschwindigkeitsänderung, schiebt ihn eine Strecke weit fort, und man sagt dann, die Kraft arbeitet oder leistet eine Arbeit. **Arbeit ist die Wirkung einer Kraft längs einer gewissen Strecke.**

Eine Kraft arbeitet auch, wenn sie einen Körper dadurch in Bewegung erhält, daß sie die der Bewegung entgegenstehenden Hindernisse und Widerstände überwindet.

Wenn der Steinträger die Last auf dem Rücken hat und stehen bleibt, so arbeitet er nicht, er ruht; wenn er sie aber auch das Baugerüst hinaufträgt, so arbeitet er, seine Kraft wirkt auf eine gewisse Höhe hin. Zieht das Pferd an einem Seile, das an einem Pflocke befestigt ist, so arbeitet es nicht, denn es legt keinen Weg zurück; zieht es aber am Wagen, indem es zunächst dem Wagen eine Bewegung gibt und dann die Reibung überwindet, so arbeitet es, es wirkt mit seiner Kraft längs einer gewissen Strecke. Der Dampf im Dampfkessel drückt mit großer Kraft beständig auf die Wände des Kessels, aber er legt keinen Weg zurück, er arbeitet nicht; läßt man ihn in den Cylinder der Dampfmaschine einströmen, so schiebt er den dort befindlichen Kolben vorwärts, legt mit seiner Kraft einen Weg zurück und arbeitet.

Um verschiedenartige Arbeiten vergleichen zu können, wählt man eine möglichst einfache Arbeit als **Arbeitseinheit**. Dies ist das Meterkilogramm, *mkg*, oder Kilogrammeter, *kgm*; das ist die Arbeit, bei der die Krafteinheit, also das *kg*, die Wegeinheit, also 1 *m* zurücklegt. **Ein Kilogrammeter ist die Arbeit, welche 1 *kg* Kraft verrichtet, wenn es längs der Strecke von 1 *m* wirkt.** Man verrichtet 1 *kgm* Arbeit, wenn man 1 *kg* ein Meter hoch hebt; ebenso, wenn man einen kleinen Wagen, zu dessen Fortbewegung gerade 1 *kg* Kraft nötig ist, 1 *m* weit fortschiebt.

Leicht ist folgendes ersichtlich. Hebe ich nicht bloß 1 *kg*, sondern etwa 6 *kg* 1 *m* hoch, so ist, da ich 6 mal so viel Kraft anwende, auch die Arbeit 6 mal so groß, also = 6 *kgm*; hebe ich diese 6 *kg* nicht bloß 1 *m*, sondern etwa 5 *m* hoch, so ist, da ich 5 mal so viel Weg zurücklege, auch die Arbeit 5 mal so groß = 5 · 6 *kgm* = 30 *kgm*. Man findet demnach die Anzahl der Arbeitseinheiten *kgm*, indem man die Kraft, die in *kg* ausgedrückt ist, mit dem Weg, der in *m* ausgedrückt ist, multipliziert. Also

Arbeit = Kraft. Weg.

Man mißt die Arbeit einer Maschine, wenn man angibt, wie viele *kgm* Arbeit sie in jeder Sekunde leistet. Wenn durch ein Pumpwerk in jeder

Minute 450 *l* Wasser 26 *m* hoch gehoben werden, so ist dessen Arbeit in 1 Sekunde = 450 · 26 60 = 195 *kgm*.

Da dies die von der Maschine nach außen wirklich abgegebene Arbeit ist, ohne Rücksicht auf die im Innern der Maschine noch nebenher etwa zur Überwindung der Reibung, zum Bewegen der Ventile etc. geleistete Arbeit ist, so nennt man sie die wirkliche oder effektive Arbeit oder Leistung der Maschine, oder kurz den Effekt. Der Effekt wird stets auf 1" bezogen.

Unter einer **Pferdekraft** versteht man **die Arbeit, die ein Pferd verrichten kann**; man nimmt sie an gleich 70 *kgm* in jeder Sekunde; so viel kann ein kräftiges Pferd bei schwerer Arbeit 8 Stunden des Tages leisten; jedoch leistet ein gewöhnliches Arbeitspferd kaum halb so viel. Auch die Arbeit von Dampfmaschinen, Wasserkräften, elektrischen Maschinen, Gasmotoren etc., kurz die Arbeit, welche die Motoren liefern, sowie die Arbeit, welche Arbeitsmaschinen brauchen, rechnet man nach Pferdekräften, setzt aber dabei **eine Pferdekraft = 75 *kgm*.** Die Arbeit eines kräftigen Mannes setzt man ungefähr = $\frac{1}{5}$ bis $\frac{1}{7}$ Pferdekraft.

Ähnlich wie das *kgm* ist definiert: das frühere Fußpfund, die Metertonne = 1000 *kgm*, das engl. Fußpfund, wobei, da 1 *kg* = 2,2 englische Pfund und 1 *m* = 3,28 engl. Fuß, 1 *kgm* = 2,2 · 3,28 = 7,23 englische Fußpfund ist.

Wenn im gewöhnlichen Leben eine Arbeit verrichtet werden soll, so kann sie häufig auf verschiedene Arten geleistet werden. So kann man sich, um Schutt fortzuschaffen, eines kleineren oder größeren Karrens bedienen, und man sieht leicht, daß je kleiner die Ladung ist, desto öfter der Weg gemacht werden muß. **Je größer die Kraft ist, desto kleiner ist der Weg, die Arbeit ist jedoch stets dieselbe.**

Das nämliche Gesetz gilt bei allen Maschinen. Maschine ist eine Vorrichtung, durch welche man imstande ist, eine Arbeit zu leisten, indem man Kraft auf sie verwendet.

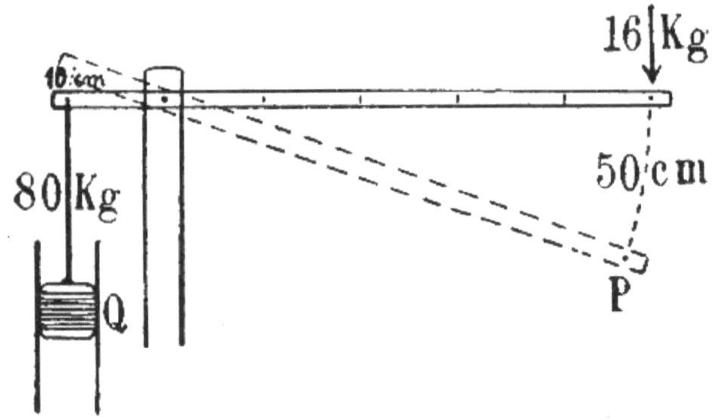

Fig. 19.

So ist der Hebel eine einfache Maschine. Denn wenn ich etwa den Kolben einer Pumpe emporziehen will und mit meiner Kraft am langen Hebelarme ziehe, so verrichte ich doch die verlangte Arbeit; denn ich hebe den Kolben, dessen Belastung etwa 80 *kg* beträgt, etwa 10 *cm* hoch. Diese Arbeit verrichte ich aber nicht so, wie sie vorliegt, sondern ich ziehe an einem etwa 5 mal längeren Hebelarme, brauche also dort eine 5 mal kleinere Kraft, 16 *kg*. Soll aber der Kolben 10 *cm* hoch gehoben werden, so muß ich am langen Hebelarme einen 5 mal längeren Weg machen, 50 *cm*. Die von mir verrichtete oder aufgewendete Arbeit besteht darin, daß ich die Kraft von 16 *kg* auf eine Strecke von 50 *cm* ausübe; die von mir verlangte oder geleistete Arbeit war: 80 *kg* 10 *cm* hoch zu heben. Beide Arbeiten sind der Größe nach einander gleich; denn 80 · 0,1 = 8 = 16 · 0,5 *kgm*. **Die Arbeit der Kraft ist gleich der Arbeit der Last.**

Beim Hebel gewinne ich an Kraft; denn die Kraft ist kleiner als die Last; aber ich verliere an Weg; denn der Weg der Kraft ist größer als der Weg der Last, und zwar: **Was man an Kraft gewinnt, geht an Weg verloren**. Da hiebei der längere Hebelarm sich auch mit größerer Geschwindigkeit bewegt als die Last, so kann man auch sagen: was man an Kraft gewinnt, verliert man an Geschwindigkeit oder an Zeit. Dies Gesetz gilt bei allen Maschinen, und man nennt es wegen seiner Allgemeinheit und Wichtigkeit **die goldene Regel der Mechanik**.

Man findet dieses Gesetz beim Wellrad bestätigt: will man die Last um so viel heben, als der Umfang der Welle beträgt, so muß man das Wellrad einmal herumdrehen; die Kraft muß also einen Weg zurücklegen gleich dem Umfange des Rades; dieser ist aber größer als der Umfang der Welle, und zwar ebensovielmal als der Radius des Rades größer ist als der Radius der Welle; ebensovielmal ist aber die Kraft kleiner als die Last. Die Kraft ist also ebensovielmal kleiner, als ihr Weg größer ist.

Benützt man zum Emporheben eines Körpers eine schiefe Ebene, so ist die Kraft kleiner als die Last; dafür ist aber der Weg der Kraft, nämlich die Länge der schiefen Ebene, größer als der Weg der Last, nämlich die Höhe der schiefen Ebene.

Hebel und schiefe Ebene nennt man die einfachen Maschinen; alle anderen werden aus ihnen zusammengesetzt, und deshalb gilt bei allen Maschinen die goldene Regel. Besonders leicht ist dies ersichtlich am Flaschenzug; denn hat er in jeder Flasche etwa 2 (3) Rollen, so ist die Kraft 4 (6) mal so klein wie die Last; dafür muß aber der Weg der Kraft 4 (6) mal so groß sein wie der der Last; denn um die Last etwa 1 *m* hoch zu heben, muß man 4 (6) *m* Seil am freien Ende herausziehen. Gerade an diesem Beispiele des Flaschenzuges hat Descartes um 1660 das Gesetz der goldenen Regel zuerst entwickelt. Wir werden später sehen, daß dieses Gesetz sich durch die ganze Physik hindurchzieht, daß es das wichtigste, keine Ausnahme erleidende Grundgesetz der ganzen Natur ist. Eine Maschine dient nicht dazu, um uns Arbeit zu sparen, denn wir müssen stets soviel *kgm* leisten als die von uns verlangte Arbeit beträgt, gleichgültig, welche Maschine wir anwenden. Die Maschine dient jedoch dazu, die verlangte Arbeit auf bequemere Weise zu leisten, also etwa die erforderliche große Kraft durch eine kleinere zu ersetzen, oder die erforderliche rasche Bewegung (großen Weg) durch eine langsamere Bewegung (kleineren Weg) zu ersetzen.

Aufgaben:

14. Ein Mann hat in achtstündiger Arbeit einen Wasserbehälter von 300 *hl* aus einem 7 *m* tiefen Brunnen gefüllt. Wie groß ist seine ganze, seine stündliche, seine sekundliche Arbeit?

15. Ein Pferd zieht einen Wagen von 12 Ztr. Gewicht und braucht dazu eine Kraft, welche gleich ⅛ der Last ist. Es zieht ihn in einer Stunde 2,5 *km* weit. Wie groß ist die ganze Arbeit und die Leistung in einer Sekunde?

16. Wie viel Wasser kann ein Pumpwerk von 4 Pferdekräften in 9 Stunden aus einem Brunnen von 6 *m* Tiefe schöpfen und noch 15 *m* hoch heben?

17. Wenn ein Arbeiter eine Pumpenstange 8 Stunden lang je 35 mal in der Minute mit einer Kraft von 40 ℔ 25 *cm* tief niederdrückt, wie groß ist seine Gesamtarbeit? Wie groß ist die Leistung in 1", und wie groß ist der Nutzeffekt, wenn durch Reibung 12% verloren gehen? Wie viel Wasser wird er in 5 Stunden auf 6 *m* Höhe befördern können?

18. Wie viel Pferdestärken muß eine Dampfmaschine haben, wenn durch sie in jeder Minute 4½ *hl* Wasser 80 *m* hoch gehoben werden sollen, und für Arbeitsverlust 20% in Anschlag gebracht werden?

18. Zusammensetzung paralleler Kräfte.

Wir haben beim Hebel als einfachsten Fall den betrachtet, wenn zwei parallele Kräfte auf ihn wirken. **Zwei parallele Kräfte haben eine Resultierende, welche im Unterstützungspunkte angreift, parallel den Kräften und gleich ihrer Summe ist.**

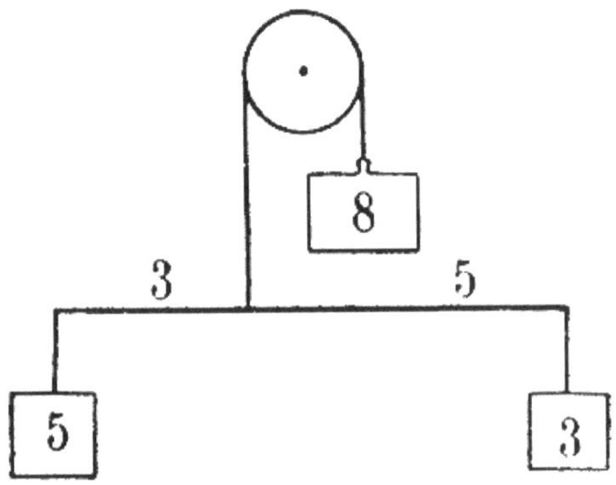

Fig. 20.

Hängt man den wie in Fig. 20 durch Gewichte beschwerten Hebel am Stützpunkte auf, führt die Schnur über eine Rolle, so braucht man dort ein Gewicht, welches der Resultierenden, also der Summe der vorhandenen Kräfte gleich ist.

Auch mehrere Kräfte haben eine Resultierende, welche der Summe der vorhandenen Kräfte gleich ist und an einem Punkte angreift, den man auch den Mittelpunkt oder Schwerpunkt der parallelen Kräfte nennt.

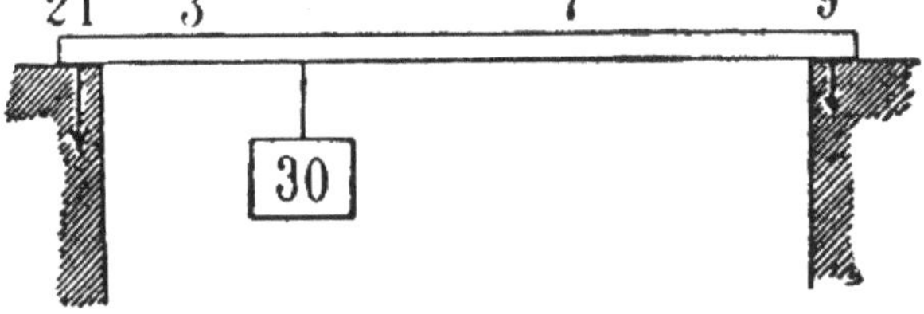

Fig. 21.

Es kann sich auch eine Kraft in zwei oder mehrere parallele Kräfte zerlegen, wenn sie auf einen Körper wirkt, der in zwei oder mehreren Punkten gestützt ist. So zerlegt sich in Fig. 21 die Kraft in zwei parallele Kräfte, die auf die beiden Stützpunkte wirken. Diese Kräfte berechnen sich aus den zwei Gesetzen: ihre Summe ist gleich der gegebenen Kraft, und ihre Größen verhalten sich umgekehrt wie die Entfernungen ihrer Angriffspunkte vom Angriffspunkte der gegebenen Kraft.

Aufgabe:

19. Welche Kräfte treffen in Figur 21 auf die Stützen, wenn die Last statt 30 *kg* 40 *kg* beträgt, und wie verteilt sich letztere, wenn sie die Stange in 2 *cm* und 8 *cm* teilt, oder in 4 *cm* und 6 *cm* teilt?

19. Schwerkraft.

Die Schwerkraft wirkt auf jedes einzelne Teilchen eines Körpers mit einer Kraft, die dessen Gewicht entspricht. Diese vielen parallelen kleinen Kräfte haben eine Resultierende. Ihre Größe ist dem Gewichte des Körpers gleich, und ihr **Angriffspunkt wird Schwerpunkt des Körpers genannt**. Es sieht dann so aus, wie wenn nicht mehr die einzelnen Teile des Körpers schwer wären, sondern wie wenn die ganze Masse des Körpers in seinem Schwerpunkt vereinigt wäre.

Ein in seinem Schwerpunkte unterstützter Körper kann nicht fallen und sich nicht drehen; denn die Resultierende der Schwerkraft, die das Fallen und Drehen hervorbringen sollte, geht durch den Unterstützungspunkt.

Die Lage des Schwerpunktes ist in vielen Fällen leicht zu finden; **bei jeder geraden, überall gleich dicken Stange liegt der Schwerpunkt in der Mitte**, ebenso bei Rechteck, Parallelogramm, Kreis und Kugel; bei allen Körpern, die symmetrisch sind in bezug auf eine Linie oder Fläche, liegt er in dieser Linie oder Fläche. Bei einem Halbkreise liegt er auf dem mittleren Halbmesser, bei einem Schiffe, bei einem gleichmäßig beladenen Wagen in der mittleren Ebene, welche von vorn nach hinten geht, und ähnliches. Im allgemeinen liegt der Schwerpunkt in der Nähe desjenigen Teiles des Körpers, der die größte Masse hat.

Soll ein Körper stehen, so muß er in mindestens 3 Punkten unterstützt sein; dreibeiniger Stuhl, vierbeiniger Tisch; verbindet man die Unterstützungspunkte durch eine Linie, so begrenzt diese die **Unterstützungsfläche**. Wenn man nun vom Schwerpunkte des Körpers S (Fig. 23) eine vertikale Linie SJ nach abwärts zieht, und wenn diese vertikale Schwerlinie das Innere der Unterstützungsfläche ABC trifft, so steht der Körper, trifft sie außerhalb der Unterstützungsfläche, so fällt der Körper um.

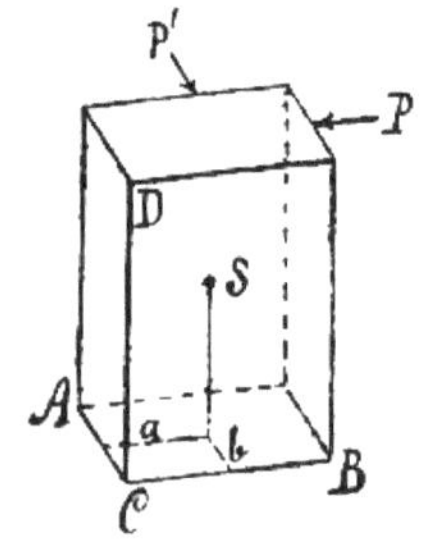

Fig. 22.

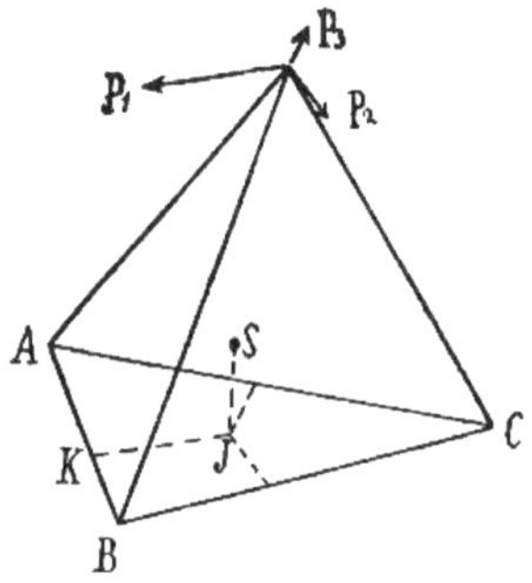

Fig. 23.

Wenn der Körper steht, so braucht man eine gewisse Kraft, um ihn umzuwerfen; er hat eine gewisse **Standfestigkeit**; diese ist um so größer, je schwerer der Körper ist, je näher der Schwerpunkt an der Unterstützungsfläche selbst liegt, also je tiefer er liegt, und je weiter er von den Seiten der Unterstützungsfläche entfernt liegt. So hat der Körper in Figur 22 in der Richtung der Kraft P eine größere Standfestigkeit als in der Richtung der Kraft P', weil a > b. Eine Pyramide, (Fig. 23) hat eine große, ein Obelisk (Fig. 24) eine geringe Standfestigkeit. Die geringe Standfestigkeit einer Mauer, eines Turmes wird bedeutend erhöht, wenn man den Körper unten breiter macht. Ein schiefer Turm, ein schräg stehender Wagen (Fig. 25) können noch stehen bleiben, wenn die vertikale Schwerlinie noch innerhalb der Unterstützungsfläche trifft; doch haben sie nach dieser Seite hin eine geringe Standfestigkeit, d. h. eine kleine Kraft genügt, sie nach dieser Seite hin umzuwerfen.

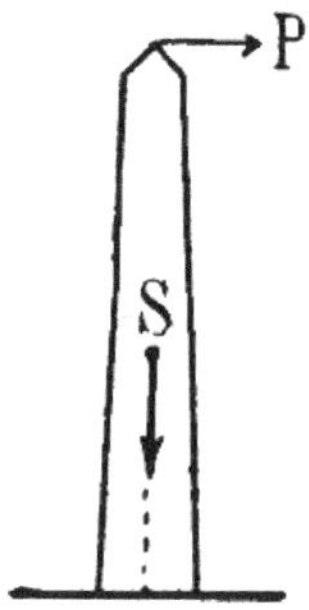

Fig. 24.

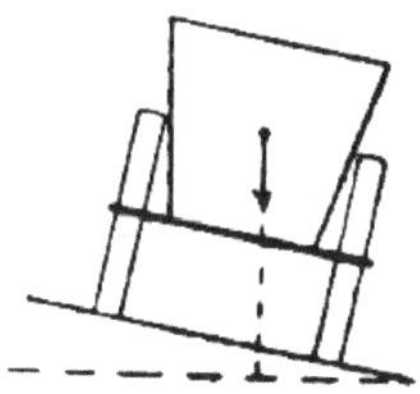

Fig. 25.

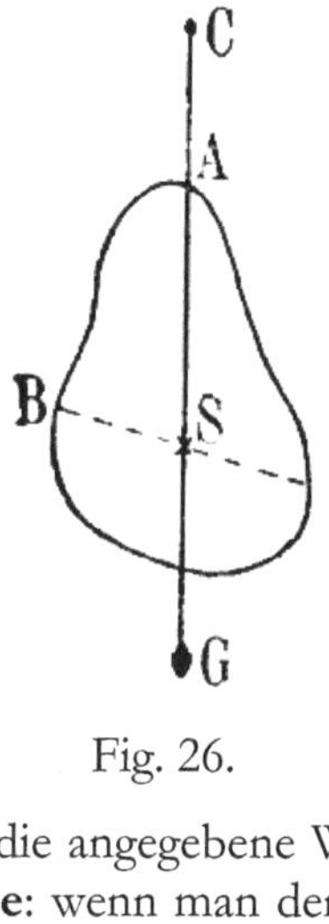

Fig. 26.

Wenn ein Körper auf die angegebene Weise steht, so sagt man, er ist im **stabilen Gleichgewichte**: wenn man den Körper ein wenig aus dieser Lage bringt, so zeigt er das Bestreben, in dieselbe zurückzukehren.

Ein aufgehängter Körper kommt zur Ruhe, wenn der Schwerpunkt senkrecht unter dem Aufhängepunkt liegt; wenn man ihn ein wenig aus dieser Lage bringt, so zeigt er das Bestreben, in die ursprüngliche Lage zurückzukehren. Er ist auch im stabilen Gleichgewichte.

Den Schwerpunkt eines unregelmäßigen Körpers kann man auf folgende Weise finden: man hängt den Körper an einem Punkte A auf und bezeichnet sich auf ihm die vom Aufhängepunkt vertikal nach abwärts gehende Linie, die man mittels eines Bleilots CG findet; dann liegt in dieser Schwerlinie der Schwerpunkt. Hängt man ihn nun an einem anderen Punkte B auf, so findet man noch eine Schwerlinie; **der Schnittpunkt S beider Schwerlinien ist der Schwerpunkt.** (Fig. 26.)

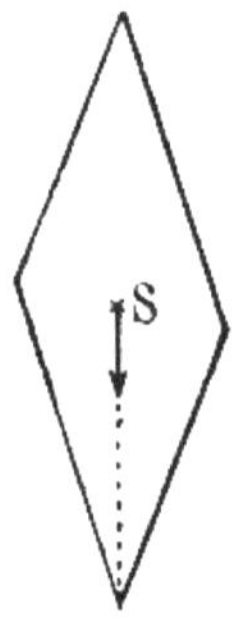

Fig. 27.

Wenn ein Körper bloß in einem oder in zwei Punkten gestützt ist, so kann er gerade noch stehen bleiben, wenn die vertikale Schwerlinie genau durch den Unterstützungspunkt oder durch die Unterstützungslinie geht. Aber die geringste Kraft reicht hin, den Schwerpunkt etwas beiseite zu schieben, und dann zeigt der Körper keineswegs das Bestreben, in die ursprüngliche Lage zurückzukehren, sondern er fällt ganz um, bis er eine neue Gleichgewichtslage gefunden hat. Ein solcher Körper ist im **labilen Gleichgewichte**. Will man eine Stange vertikal auf die Fingerspitze stellen und stehend erhalten, so muß man den Finger so bewegen, daß der Schwerpunkt stets vertikal über dem Finger liegt.

Wenn ein Körper im Schwerpunkte selbst unterstützt ist, so ist er im **indifferenten Gleichgewichte**. Wenn man ihn dreht, so zeigt er nicht das Bestreben, in seine ursprüngliche Lage zurückzukehren, er fällt auch nicht um, sondern bleibt ruhig in jeder Lage, die man ihm gibt. Beispiele: ein Rad, das in seiner Mitte unterstützt ist, eine Stange, die in ihrem Schwerpunkte unterstützt ist u. s. w. Wenn eine Kugel, ein Cylinder, eine Walze, ein kegelförmiger Körper auf einer horizontalen Fläche liegen, sind sie auch in einem indifferenten Gleichgewichte; denn wie man sie auch legen mag, in jeder Stellung bleiben sie liegen.

20. Elastizität, Elastizitätsgrenze, Festigkeit.

Zu den allgemeinen Eigenschaften der festen Körper rechnet man auch die Elastizität. Wird ein Körper durch Druck auf ein kleineres Volumen gebracht, so kommt in dem Körper eine Kraft zum Vorschein, vermöge welcher der Körper sein ursprüngliches Volumen und seine frühere Gestalt wieder anzunehmen bestrebt ist. Hört der Druck auf, so kehrt der Körper wirklich in die ursprüngliche Gestalt zurück.

Auch wenn ein Körper durch Zug vergrößert, oder wenn ein stabförmiger Körper gebogen oder gedreht wird, sucht er in die frühere Form zurückzukehren.

Elastizität ist die Eigenschaft eines Körpers, bei erlittener Formveränderung wieder in die ursprüngliche Form zurückzukehren. Da die Richtung der elastischen Kraft stets der von außen einwirkenden Kraft entgegengesetzt ist, so nennt man sie auch elastische Rückwirkung, elastische Reaktion.

Die Größe der elastischen Änderung ist für die verschiedenen Körper sehr ungleich und ist bei kleinen Änderungen der wirksamen Kraft direkt proportional, wird also doppelt so groß, wenn man eine doppelt so große Kraft einwirken läßt.

Die Elastizität hat ihren Sitz wohl in den Molekülen selbst und kommt zum Vorschein, wenn die Moleküle gezwungen werden, ihre gegenseitige Lage zu ändern.

Elastizitätsgrenze.

Wenn man einen Körper zu stark drückt oder zieht, so hört plötzlich die elastische Kraft ganz auf; die Moleküle sind so weit voneinander gekommen, daß sie sich gar nicht mehr anziehen; der Körper ist zerrissen oder zerdrückt.

Auch bei Biegung, Drehung oder Dehnung kehrt der Körper oft nicht mehr ganz in die frühere Gestalt zurück, und man bezeichnet deshalb **als Elastizitätsgrenze diejenige Größe der Formänderung, aus welcher ein Körper eben noch in die frühere Form zurückkehrt.**

Ein Körper ist gut elastisch, wenn die Elastizitätsgrenze sehr weit entfernt ist, z. B. Gummielastikum, Stahl (die Uhrfedern, Degenklingen), dünne Holzstäbe u. s. w. Manche Körper haben eine ziemlich nahe liegende Elastizitätsgrenze, sind aber innerhalb derselben sehr gut elastisch, z. B. Glas oder Elfenbein; wird die Biegung aber nur einigermaßen groß, so bricht er entzwei; solche Körper nennt man auch spröde. Sie werden scheinbar besser elastisch, wenn sie sehr dünn sind, z. B. Glasfäden. Sehr spröde sind Gips, Ton, Sandstein, Kolophonium und ähnliche.

Manche Körper haben eine naheliegende Elastizitätsgrenze, brechen aber bei Überschreitung derselben nicht entzwei, sondern behalten die neue Form fast vollständig. Solche Körper nennt man weich, auch bildsam oder plastisch. Solche sind: Blei, Zinn, weiches Eisen, Kupfer, Silber, Gold, Wachs und andere.

Auch flüssige Körper sind in gewissem Sinne elastisch. Wenn man sie durch Druck auf ein kleineres Volumen bringt, so kehren sie, wenn der Druck nachläßt, wieder vollständig in die ursprüngliche Größe zurück, sind also in diesem Sinne vollständig elastische Körper. Inwiefern auch Gase elastisch sind, wird später besprochen werden.

Festigkeit.

Unter Festigkeit versteht man die Kraft, welche ein Körper dem Zerreißen entgegensetzt. Zerreißt ein Eisendraht bei einem Zug von 223 *kg*, so sagt man, seine Festigkeit beträgt 223 *kg*.

Man unterscheidet hiebei drei Arten von Festigkeit:

1. Die absolute Festigkeit, Zugfestigkeit oder der Widerstand gegen das Zerreißen,
2. die relative Festigkeit, der Widerstand gegen das Zerbrechen,
3. die rückwirkende Festigkeit, der Widerstand gegen das Zerdrücken (z. B. bei einer Säule, die von oben gedrückt wird).

Die absolute Festigkeit beträgt für jeden *qcm* Querschnitt bei:

Tannenholz		450-700	*kg*
Buchenholz		400-600	„
Eschenholz		700-900	„
Stabeisen	(bestes)	5000	„
„	(mittleres)	3600	„
Eisendraht		7000	„
„	(ausgeglüht)	4500	„
Gußeisen		1150	„
Gußstahl		10000	„

Stahlblech		7000	„
Kupfer	(gewalzt)	2100	„
„	(geschlagen)	2500	„
„	(gegossen)	1340	„
Zinn		300	„
Zink		600	„
Blei		130	„
Hanftau		390	„
Hanfseil		600	„

Die Gesetze der relativen und rückwirkenden Festigkeit können hier nicht besprochen werden.

21. Kohäsion und Adhäsion.

Die Moleküle der festen Körper ziehen sich gegenseitig an; will man also die Moleküle voneinander trennen, d. h. den Körper zerreißen, so setzt er dem Zerreißen eine gewisse Kraft entgegen. **Die gegenseitige Anziehungskraft der Moleküle nennt man die Kohäsionskraft.** Die Kohäsionskraft wirkt aber nur auf sehr kleine Entfernung: wenn man die Moleküle etwas zu weit voneinander entfernt, so hört die Kohäsionskraft plötzlich ganz auf, der Körper ist zerrissen. Die Kohäsionskraft ist zugleich die Ursache der elastischen Kraft, sowie der Festigkeit.

Wenn man die zwei Stücke eines zerbrochenen Körpers mit den Bruchflächen zusammenbringt, so ist es nicht möglich, die Moleküle einander so zu nähern, daß die Kohäsionskraft wieder zum Vorschein kommt; man kann also die Stücke eines zerbrochenen Körpers nicht wieder vereinigen durch bloßes Aneinanderhalten oder -drücken.

Wenn man jedoch zwei glatt geschliffene Metallplatten aneinander bringt, so haften sie etwas aneinander. Man schließt, daß wenigstens einige Moleküle einander so nahe gekommen sind, daß sie sich, wenn auch nicht mit voller, so doch mit merkbarer Kraft anziehen. Das ist die **Adhäsionskraft**. Sie wirkt nicht bloß zwischen Molekülen desselben Stoffes, sondern auch zwischen Molekülen verschiedener Stoffe; es haftet oder adhäriert eine Glasplatte an einer Messingplatte oder Stahlplatte u. s. w. **Adhäsion ist die Anziehung zwischen den Molekülen zweier verschiedenen Körper.** Die Adhäsion kann sehr kräftig werden, wenn die

Moleküle einander sehr stark genähert werden; zwei polierte Glasplatten, aufeinander gedrückt, haften so stark, daß es nicht mehr möglich ist, sie zu trennen, außer man zerbricht sie; wenn man zwei blanke Bleiplatten recht stark zusammendrückt, so nähern sich wegen der Weichheit des Bleies die Moleküle so sehr, daß die Adhäsion übergeht in Kohäsion und die Bleiplatten nicht mehr zu trennen sind, ebenso wenn man eine Kupfer- und eine Silberplatte aufeinanderwalzt.

Zweiter Abschnitt.
Lehre von den flüssigen Körpern.

22. Allgemeine Eigenschaften der flüssigen Körper.

Die Lehre von den flüssigen Körpern heißt Hydraulik, die Lehre vom Gleichgewichte derselben heißt Hydrostatik, die von der Bewegung derselben Hydrodynamik.

Die flüssigen Körper unterscheiden sich von den festen durch die **leichte Verschiebbarkeit ihrer Teilchen**. Bei einem festen Körper sind die Teilchen nicht verschiebbar, stehen in starrem Verband. Man kann wohl die Teilchen gegenseitig etwas nähern oder entfernen, oder durch Biegung aus einer geraden Anordnung eine krummlinige machen, aber all dies nicht so weit, daß die Anordnung eine andere würde, oder die Teilchen andere Nachbarn bekämen.

Bei den flüssigen Körpern kann man den Teilchen leicht jede beliebige Anordnung geben. Durch Umrühren der Flüssigkeit bekommen die Teilchen immer andere Nachbarn und zeigen dann keineswegs das Bestreben, in die ursprüngliche Lage zurückzukehren. Die Teilchen lassen sich leicht voneinander trennen, zeigen also geringe Kohäsion und vereinigen sich beim Zusammenbringen wieder so vollständig wie zuerst. Flüssige Körper befinden sich demnach in einem anderen **Aggregatszustande** als feste Körper. Beim festen Aggregatszustande befinden sich die Moleküle im stabilen Gleichgewichte, **beim flüssigen Aggregatszustande im indifferenten Gleichgewichte**.

Die Schwerkraft allein genügt, die Verschiebung der Teilchen hervorzubringen. Wasser nimmt durch den Druck der Schwere die Form des Gefäßes an und erfüllt alle Teile. **Ein flüssiger Körper hat keine selbständige Gestalt.** Eine Flüssigkeit benetzt einen Körper, wenn die Adhäsionskraft zwischen dem festen und flüssigen Körper stärker ist als die Kohäsion des flüssigen Körpers; die Glasteilchen an der Oberfläche des Glases ziehen die Wasserteilchen stärker an als die Wasserteilchen sich selbst anziehen; deshalb bleibt eine Schichte Wasser an dem Glase hängen und die Schwerkraft allein ist nicht imstande, sie loszureißen. Hierauf beruht das Leimen, Kleistern, Kitten, Löten, Schweißen, Mörteln u. s. w. Man bringt stets zwischen die zwei festen Körper, die vereinigt werden sollen, einen flüssigen, der an beiden gut adhäriert und läßt den flüssigen Körper dann fest werden. Quecksilber benetzt fast alle Metalle, jedoch nicht Eisen und die nicht metallischen Körper.

23. Gleichmäßige Fortpflanzung des Druckes, hydraulische Presse.

Eine weitere wichtige Eigenschaft flüssiger Körper ist die gleichmäßige Fortpflanzung des Druckes.

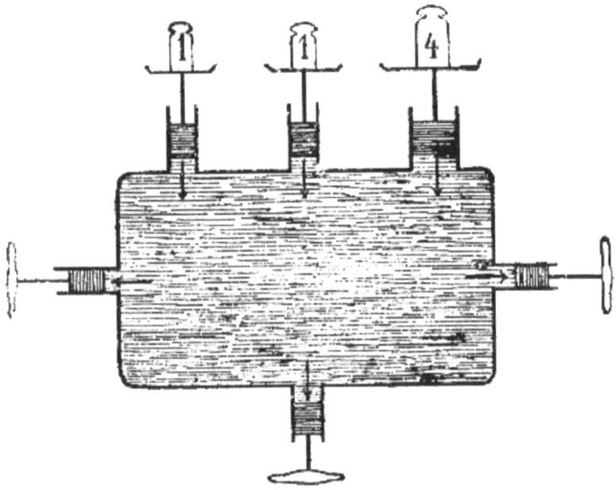

Fig. 28.

Wenn man auf einen festen Körper einen Druck ausübt, so pflanzt sich der Druck in der Richtung fort, in welcher er ausgeübt wird: **im flüssigen Körper pflanzt sich der Druck gleichmäßig nach allen Seiten fort**. Man sieht dies an folgendem Versuche. Wird bei dem in Fig. 28 abgebildeten Gefäße ein Kolben nach einwärts gedrückt, so geht jeder andere Kolben nach auswärts. Man schließt also: **ein auf die Flüssigkeit ausgeübter Druck pflanzt sich in ihr nach allen Richtungen fort**.

Kann man die Kolben mit Gewichten belasten und dadurch einen Druck auf die Flüssigkeit ausüben, so findet man folgendes: Belastet man den einen Kolben mit 1 *kg*, so wird der andere mit der Kraft von 1 *kg* nach aufwärts gedrückt, wenn seine Grundfläche gleich groß ist. Ist aber seine Fläche größer, etwa viermal größer, so wird er mit der Kraft von 4 *kg* nach aufwärts gedrückt; man findet, daß man jetzt 4 *kg* auf ihn legen muß, damit er sich nicht bewegt. Man schließt: **ein auf die Flüssigkeit ausgeübter Druck pflanzt sich in ihr auch mit gleicher Stärke auf gleiche Flächen, also mit *n* facher Stärke auf eine *n* mal so große Fläche fort**. Es findet sich hiebei die goldene Regel bestätigt. Denn wenn der erste Kolben durch die Kraft von 1 *kg* etwa 1 *dm* herabgedrückt wird, so wird ein zweiter Kolben, welcher eine viermal größere Fläche hat, nicht 1 *dm* hoch gehoben, sondern bloß $1/4$ *dm*; sein Weg ist viermal kleiner, dafür ist aber auch die Kraft, die auf ihn wirkt, viermal größer, nämlich 4 *kg*.

Dies Gesetz von der gleichmäßigen Fortpflanzung des Druckes ist das **Grundgesetz der flüssigen Körper**; es lassen sich aus ihm alle anderen Gesetze der flüssigen Körper ableiten (Pascal 1649).

Warum zerspringt eine Weinflasche, wenn der Stopfen unmittelbar auf dem Weine sitzt und nun durch leichte Schläge weiter hineingetrieben wird?

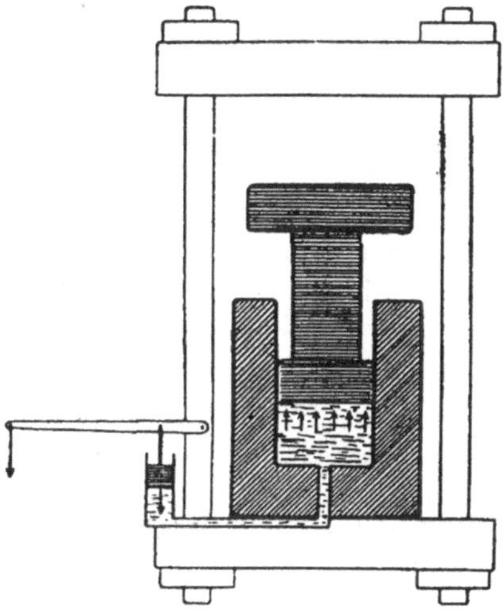

Fig. 29.

Die **hydraulische Presse** (auch hydrostatische oder Bramah-Presse genannt). In einem Druckcylinder, einer engen Röhre, befindet sich ein dicht anschließender Kolben, der mit der Hand oder mittels eines Druckhebels niedergedrückt werden kann. Vom Druckcylinder führt unten eine Röhre zum Preßzylinder, einer weiten, dickwandigen, sehr starken Röhre; in ihr befindet sich auch ein dicht anschließender Kolben, der Preßkolben, auf den oben die Preßplatte aufgesetzt ist. Die beiden Cylinder sind mit Wasser oder Öl gefüllt.

Ein auf den Druckkolben ausgeübter Druck pflanzt sich im Wasser gleichmäßig fort, und drückt deshalb den Preßkolben mit einer **sovielmal größeren Kraft als die Fläche des Preßkolbens größer ist als die des Druckkolbens**. Ist diese etwa 400 mal größer (wobei der Durchmesser des Preßkolbens 20 mal größer sein muß als der des Druckkolbens), und drückt eine Kraft von 50 *kg* auf das Ende eines Druckhebels, dessen kurzer Hebelarm etwa sechsmal kürzer ist, so ist der Druck auf den Druckkolben = 6 · 50 *kg* = 300 *kg*; dieser Druck bewirkt am Preßkolben einen 400 mal stärkeren Druck, also 300 · 400 *kg* = 120 000 *kg* = 2400 Ztr.

Man verwendet diese Presse entweder zum Heben von sehr schweren Lasten oder zum Pressen. In letzterem Falle ist etwas oberhalb der Preßplatte eine starke Platte angebracht, die durch starke eiserne Stangen mit der Grundplatte verbunden ist. Zwischen die Preßplatte und das obere Widerlager wird der Gegenstand gelegt, der gepreßt werden soll. Man benützt solche Pressen zum Pressen von Papier oder Leder, zum Verpacken der Baumwolle und Holzwolle, zum Biegen starker Eisen- und Stahlstangen, um ihre Festigkeit zu prüfen oder ihnen eine gewünschte Form zu geben (Biegen der Panzerplatten der Kriegsschiffe), zum Pressen von Tonwaren, um sie dichter zu machen und ihnen größere Festigkeit zu geben u. s. w.

Hydraulische Pressen vergrößern den Druck mehr als jede andere Sorte von Pressen, so daß sie zur Hervorbringung des stärksten Druckes und zum Heben der schwersten Lasten gebraucht werden. Am Druckcylinder ist eine Vorrichtung angebracht, mittels deren man den Druckkolben oftmals nacheinander herabdrücken und so den Preßcylinder immer höher heben kann; sie wird später als Druckpumpe beschrieben werden.

Aufgabe:

20. An der hydraulischen Presse, Fig. 28, wirkt am Hebelende eine Kraft von 80 *kg*, während der kurze Hebelarm fünfmal so kurz ist; der Querschnitt des Preßkolbens ist 250 mal so groß wie der des Druckkolbens. Mit welcher Kraft wird der Preßkolben gehoben?

24. Bodendruck des Wassers.

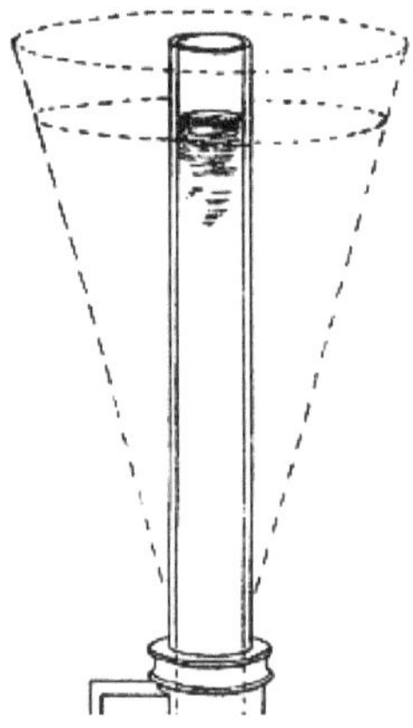

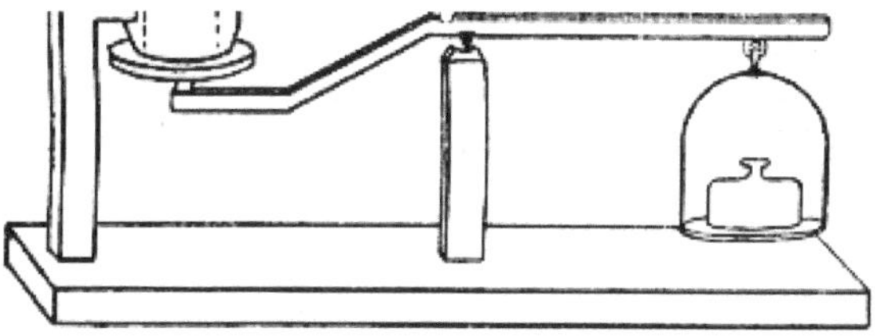

Fig. 30.

Befindet sich Wasser in einem Gefäße, so übt es wegen seines Gewichtes einen Druck auf den Boden aus. Man möchte glauben, daß dieser Druck gleich sei dem Gewichte des im Gefäß enthaltenen Wassers; das ist jedoch nicht der Fall, und da das Gesetz anders lautet, als man wohl glauben möchte, so nennt man es das **hydrostatische Paradoxon**.

Man findet dieses Gesetz durch folgenden Versuch: Auf eine Messingfassung können verschiedene Glasröhren aufgeschraubt werden; unten wird sie verschlossen durch eine Messingplatte, welche durch einen am anderen Ende belasteten Hebel angedrückt wird. So entsteht ein **Gefäß mit beweglichem Boden**. Gießt man nun vorsichtig soviel Wasser in die Röhre, bis der Druck des Wassers gleich ist dem Druck des Hebels, so zeigt sich, daß **bei cylindrischer Röhre das Gewicht des Wassers gleich ist dem Druck des Hebels**. Wenn man diesen Versuch nacheinander mit verschiedenen Glasröhren macht, welche sich oben **erweitern** oder **verengen**, so findet man, daß man das Wasser in allen **bis zur gleichen Höhe** einfüllen muß, damit sein Druck dem Druck des Hebels gleich ist.

Man schließt also: **der Bodendruck des Wassers ist nicht abhängig von der Form oder Größe des Gefäßes, sondern nur abhängig von der Größe des Bodens und von der Höhe des Wasserspiegels über dem Boden**.

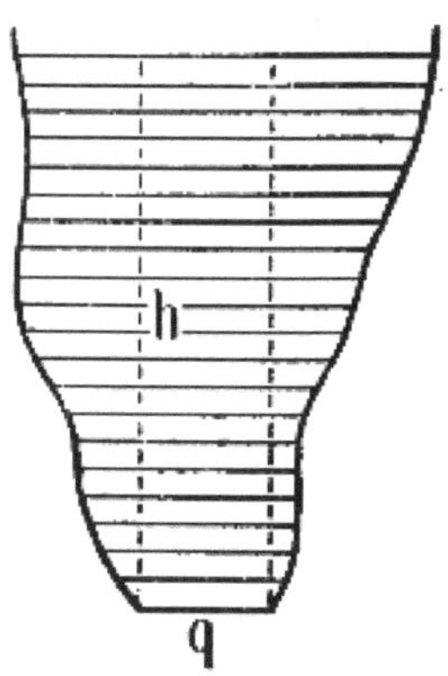

Fig. 31.

Ableitung aus dem Satze über die gleichmäßige Fortpflanzung des Druckes. Man denke sich das im Gefäße befindliche Wasser in horizontale Schichten zerschnitten, deren Höhe so klein sei, daß die Flächen zweier benachbarten Schichten nur um wenig verschieden sind. Bei h *cm* Höhe seien es h solche Schichten. Der Boden habe q *qcm* Fläche. Eine beliebige Schichte habe eine Grundfläche von etwa 240 *qcm*, ihre Höhe ist 1 *cm*, also ihr Inhalt 240 *ccm* Wasser. Diese wiegen 240 *g* und drücken auf eine Fläche von 240 *qcm*; also trifft auf 1 *qcm* ein Druck von 1 *g*. Dieser Druck pflanzt sich mit gleicher Stärke auf den Boden fort, also trifft dort auf jedes *qcm* auch ein Druck von 1 *g*, also auf den ganzen Boden, der ja q *qcm* Fläche hat, treffen q *g* Druck. Da dies von jeder andern Schichte gilt, und es h solche Schichten sind, so ist der Druck aller Schichten = h · q Gramm. Aber h · q Gramm ist auch das Gewicht einer Wassersäule, welche den gedrückten Boden als Grundfläche (q *qcm*) und den Abstand des Bodens vom Wasserspiegel (h *cm*) zur Höhe hat. **Der Bodendruck ist so groß wie das Gewicht einer Wassersäule, welche vom Boden aus senkrecht in die Höhe geht bis zum Wasserspiegel** = q · h. (Paskal'scher Satz.)

Der Bodendruck ist demnach leicht zu berechnen. Bei einer Tiefe von 10 *m* beträgt der Bodendruck auf jedes *qcm* 1 *kg*, was man sich merken mag. Er wächst mit der Tiefe; in einer Meerestiefe von 1000 *m* beträgt er 100 *kg* auf jedes *qcm* (sogar noch etwas mehr, weil das Meerwasser etwas schwerer ist als das reine Wasser). Ein Mensch kann nicht sonderlich tief unter Wasser tauchen; denn durch den Druck des Wassers wird das Blut aus Armen und Füßen ins Herz zurückgepreßt und der Brustkorb stark zusammengedrückt, was innere Verletzungen zur Folge hat; ohne weitere Vorrichtungen kann man nicht tiefer als 20 *m* tauchen; Perl- und Schwammfischer tauchen bis höchstens 25 *m*.

Aufgabe:

21. Wie groß ist der Bodendruck des Wassers auf eine rechteckige Fläche von 50 *cm* Länge und 36 *cm* Breite bei $5\frac{1}{2}$ *m* Wasserhöhe?

25. Seitendruck des Wassers. Wasserräder.

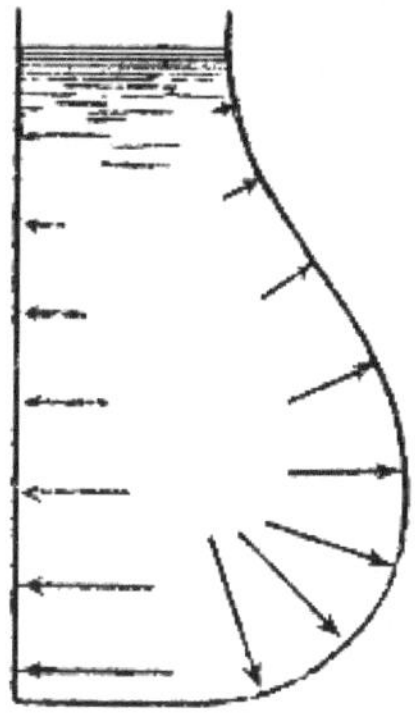

Fig. 32.

Da der Druck sich allseitig fortpflanzt, so drückt das Wasser auch auf die Seitenwände des Gefäßes und zwar wird jedes kleine Flächenstück so stark gedrückt, wie wenn es horizontal läge. **Der Seitendruck ist gleich dem Gewichte einer Wassersäule, die das Seitenstücklein als Grundfläche und seinen Abstand vom Wasserspiegel als Höhe hat.** Die Richtung dieses Seitendruckes ist bei jedem Flächenteil **senkrecht auf die Fläche nach auswärts gerichtet**. Bei einer Wasserleitung erleiden die Wände der Röhren, die vom großen Reservoir (Hochreservoir) in die Straßen und Häuser führen, einen bedeutenden Druck, bei etwa 50 *m* Höhe 5 *kg* auf jedes *qcm*.

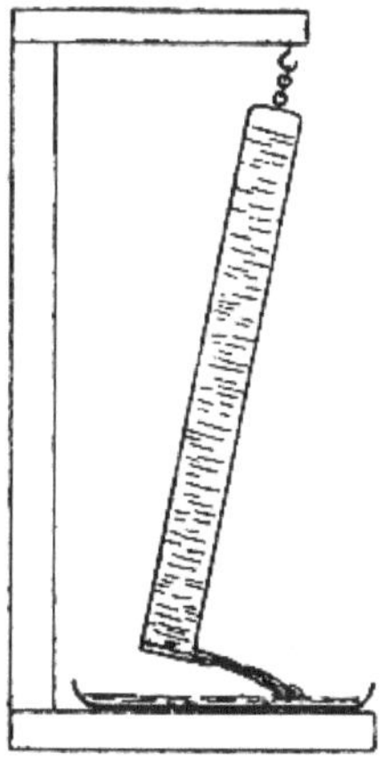

Fig. 33.

Der Seitendruck wird vielfach angewandt, um Maschinen zu treiben. In einem gewöhnlichen Gefäße bringt der Seitendruck keine Bewegung hervor; denn der Seitendruck auf die eine Wand wird aufgehoben durch den gleich großen Druck auf die gegenüber liegende. Wenn man aber etwa rechts ein Loch in die Wand macht, so nimmt man damit auch den Seitendruck weg; folglich kommt der Seitendruck auf dem gegenüberliegenden Flächenteil zur Geltung. Wenn man wie in Fig. 33 ein Gefäß an einer Schnur aufhängt, voll Wasser gießt und rechts ein Loch anbringt, so wird das Gefäß etwas nach links verschoben, während das Wasser nach rechts herausfließt.

Hierauf beruht das **Segner'sche Wasserrad** (1750). In eine hohe, leicht drehbar aufgestellte Röhre wird oben Wasser hineingeleitet, so daß sie beständig voll ist. Unten gehen mehrere Arme heraus, die nicht nach auswärts, sondern nach seitwärts und zwar nach derselben Seite hin Öffnungen haben, aus denen das Wasser herausfließt. Das Wasser drückt auf die diesen Öffnungen gegenüberliegenden Teile der Röhren und dreht das Rad, entgegengesetzt der Richtung des ausfließenden Wassers. Fließen etwa in jeder Sekunde 90 *l* in der 6 *m* hohen Röhre herunter, so ist die Arbeit des Wassers = 90 · 6 *kgm* = 540 *kgm* pro Sekunde. Mißt man auch die Arbeit, die durch das Rad verrichtet wird, so findet man bei gut eingerichteten Maschinen, daß diese bis 75% der Arbeit des Wassers beträgt, daß also bloß 25% verloren gehen. Die Wasserkraft wird also gut ausgenützt.

Die Segner'schen Wasserräder sind jetzt ersetzt durch die Turbinen, welche bei ähnlicher Einrichtung nach demselben Gesetz bewegt werden.

Die Sätze vom Boden- und Seitendruck gelten von jeder Flüssigkeit, und lauten allgemein: **der Bodendruck einer Flüssigkeit ist gleich dem Gewichte einer Flüssigkeitssäule, die den Boden als Grundfläche und seinen Abstand vom Niveau als Höhe hat**.

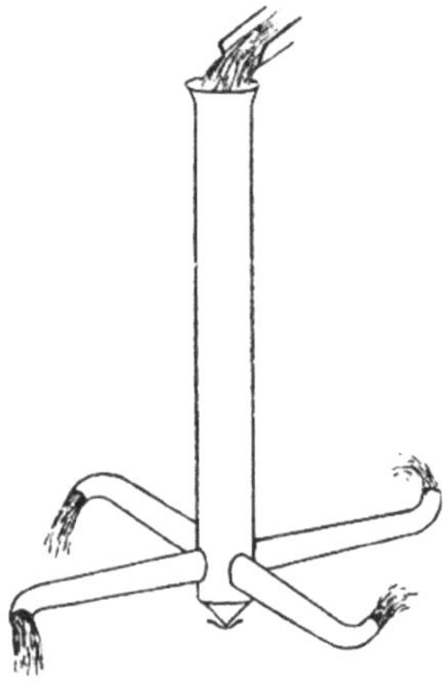

Fig. 34.

Die Wasserräder.

Die gewöhnlichen Wasserräder, durch welche man die Kraft des Wassers benützt, um Arbeitsmaschinen (Mühlen, Sägen, Hammer- und Stampfwerke u. s. w.) zu bewegen, beruhen einerseits auf dem Drucke und dem Gewichte des Wassers, anderseits auf dem hydraulischen oder hydrodynamischen Drucke, welchen bewegtes Wasser (Fluß) hervorbringt, wenn es auf einen festen Körper trifft. Man unterscheidet drei Arten von Wasserrädern:

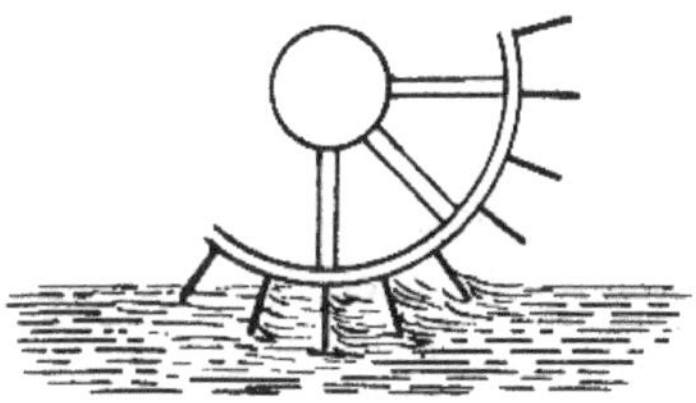

Fig. 35.

Fig. 36.

a) das **oberschlächtige** Wasserrad. (Fig. 35.) Es hat am Radkranze zellenförmige Schaufeln, welche alle nach derselben Seite hin gerichtet sind. Das Wasser wird von oben in die Zellen geleitet, füllt sie an und fließt, wenn die Zellen unten ankommen, wieder aus. Das Wasser bringt das Rad in Drehung durch sein Gewicht. Es wird nur in gebirgigem Lande angewandt, wo das Wasser leicht in der erforderlichen Höhe (2 bis 8 *m*) erhalten werden kann. Bei großer Höhe genügt schon eine scheinbar geringfügige Menge Wassers (Quelle) um eine Mühle zu treiben.

b) Das **unterschlächtige** Wasserrad. (Fig. 36.) Es hat am Radkranz breite Schaufeln, mit denen es in fließendes Wasser (Fluß) eintaucht. Der Stoß des fließenden Wassers setzt es in Bewegung. Es wird bei Flüssen angewandt, die nicht gestaut werden können (Schiffmühlen). Durch Vergrößerung der Schaufeln erhält man auch bei schwach fließendem Wasser hinreichende Kraft.

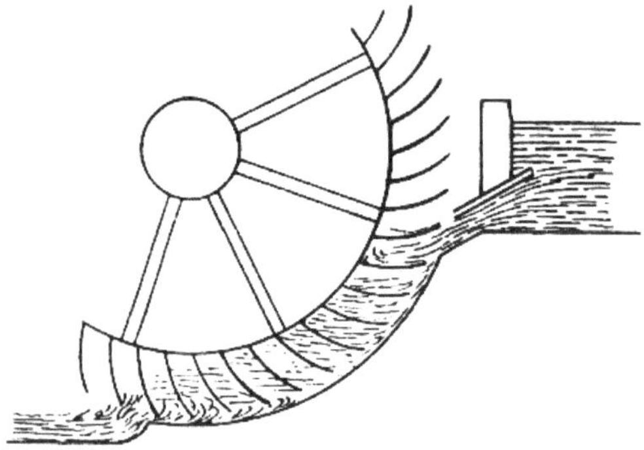

Fig. 37.

c) Das **mittelschlächtige** Rad. (Fig. 37.) Es hat am Radkranze Schaufeln, die mit Vorteil schwach gebogen sind. Das Wasser wird etwas, 1 bis 2 *m*, gestaut, schießt dann unter der Schleuse hervor in eine Rinne, welche genau den Radkranz umschließt, übt zuerst schon durch seine Geschwindigkeit und dann noch durch sein Gewicht einen Druck auf die Schaufeln, bis es unten die Rinne verläßt; es kann als eine Verbindung des ober- und unterschlächtigen Rades angesehen werden und wird da angewandt, wo man Bäche oder Abzweigungen von Flüssen nicht besonders hoch (1-2 *m*) stauen kann.

Aufgaben:

22. Eine Turbine wird mit 370 Sekundenlitern Wasser von 4,25 *m* Stauhöhe gespeist. Sie liefert 15 Pferdestärken. Wie viel Prozent Nutzeffekt hat sie?

23. Für ein oberschlächtiges Wasserrad steht ein Wasserlauf zur Verfügung, welcher in der Minute 15 *hl* führt und eine Stauhöhe von 5½ *m* ermöglicht. Wie viel Pferdestärken läßt es erhoffen bei 70% Nutzeffekt?

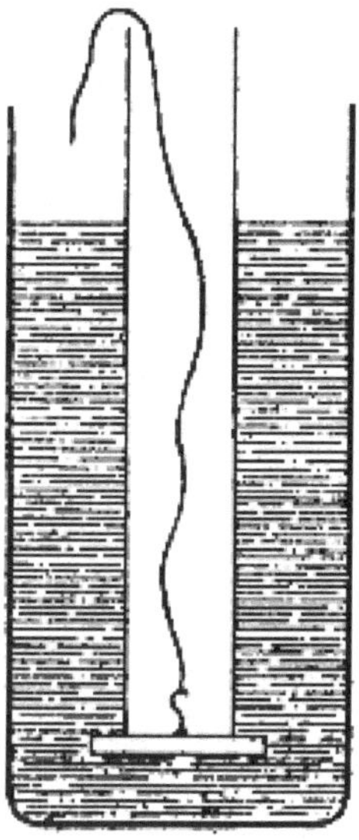

Fig. 38.

24. Ein unterschlächtiges Wasserrad hat ca. $4^1/_2$ *m*, die Welle 40 *cm* Durchmesser; an ein um die Welle geschlungenes Seil muß man 180 *kg* hängen, damit ihr Gegendruck den Druck des Wassers aufhebt. Wie groß ist letzterer?

26. Auftrieb des Wassers, Archimedisches Gesetz. Folgerungen und Anwendungen.

Da die oberen Wasserschichten vermöge ihres Gewichtes auf die unteren drücken (siehe Fig. 31) und letztere dadurch zusammengedrückt werden, so entsteht in ihnen als Gegenwirkung ein nach aufwärts gerichteter Druck, der sich nach allen Seiten fortpflanzt.

Man nimmt eine Glasröhre (Fig. 38), hält an deren unteren Rand eine Messingplatte angedrückt und taucht beides in Wasser. Die Platte fällt dann nicht mehr von der Röhre weg, da sie durch den Druck des Wassers nach aufwärts gepreßt wird. Dieser Druck heißt Auftrieb und folgt den Gesetzen über den Bodendruck.

Ist ein Körper ganz in Wasser getaucht, so wird er durch den Gegendruck des Wassers nach aufwärts getrieben; dieser Druck wirkt dem Gewichte des Körpers entgegen, verringert das Gewicht des Körpers und wird auch Auftrieb genannt. Die Größe dieses Auftriebes ergibt sich aus folgendem Gesetze, das von Archimedes gefunden wurde und nach ihm das **Archimedische Gesetz** (**oder Prinzip**) genannt wird. Der Auftrieb ist gleich dem Gewicht einer Flüssigkeitsmasse, die so groß ist, wie der eingetauchte Körper, oder: Der Auftrieb ist gleich dem Gewichte der vom

Körper verdrängten Flüssigkeitsmasse; oder: **in einer Flüssigkeit verliert ein Körper soviel an Gewicht, als die von ihm verdrängte Flüssigkeitsmasse wiegt.**

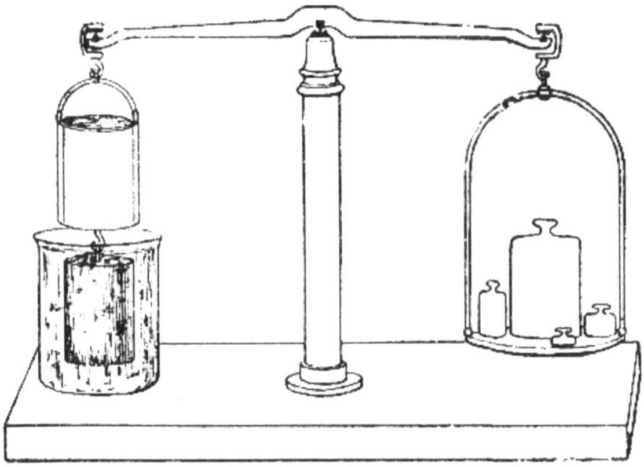

Fig. 39.

Versuch: In ein cylindrisches Messingeimerchen paßt genau ein Messingcylinder, der unten an das Eimerchen angehängt werden kann. Man hängt so das Eimerchen nebst dem Cylinder an den einen Wagbalken und legt auf die andere Wagschale ein Gegengewicht, bis die Wage horizontal steht. Läßt man nun den Messingcylinder in ein Glas Wasser eintauchen, so geht er in die Höhe, getrieben durch den Auftrieb des Wassers. Um das Gleichgewicht wieder herzustellen, muß man das Eimerchen gerade voll Wasser füllen. Der Auftrieb, den der Messingcylinder erleidet, wird aufgehoben durch das Gewicht eines gleich großen Volumens Wasser.

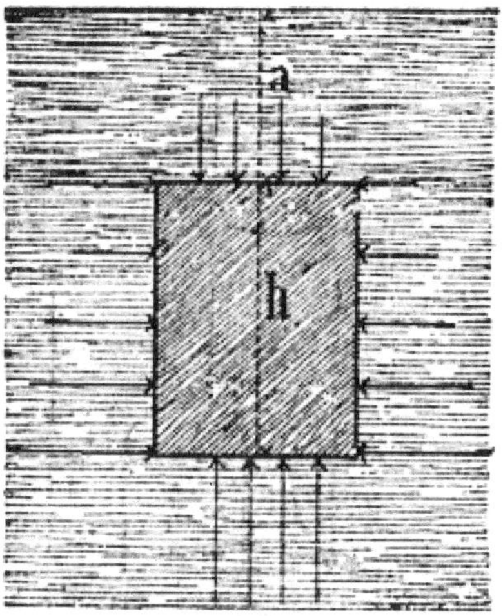

Fig. 40.

Ableitung des Gesetzes bei rechtwinklig begrenzten Körpern (Fig. 40). Ist er ganz untergetaucht, so werden alle Flächen vom Wasser gedrückt. Die Druckkräfte auf die Seitenflächen heben sich auf, weil sie gleich groß und entgegengesetzt gerichtet sind. Seine obere Fläche wird nach abwärts, die untere nach aufwärts gedrückt; diese Kräfte heben sich nicht ganz auf, sondern es bleibt ein nach aufwärts gerichteter Druck übrig, da der Druck auf die untere Fläche größer ist.

Hat die Grundfläche des Körpers q *qcm*, seine Höhe h *cm*, und ist der Abstand der oberen Fläche vom Wasserspiegel a *cm*, so ist der Druck auf die untere Fläche = q (h + a) Gramm, der Druck auf die obere Fläche = q · a Gramm. Der Auftrieb ist gleich der Differenz beider Kräfte = q (h + a) - q · a = q h Gramm; aber q · h Gramm bedeutet auch das Gewicht eines Wasserkörpers, der ebensogroß ist als der eingetauchte Körper.

Folgerungen aus dem Archimedischen Gesetze und Anwendungen desselben.

Jeder im Wasser befindliche Körper verliert an Gewicht, und zwar 1 *kg* für jedes *cdm*; der Gewichtsverlust ist bloß vom Volumen, nicht vom Gewichte des eingetauchten Körpers abhängig. Die im Wasser liegenden Steine sind nahezu um die Hälfte leichter als in der Luft; daraus erklärt sich auch, daß die Flüsse eine große Masse von Steinen als Gerölle, Geschiebe, Kies und Sand mit sich führen und leicht immer weiter fortschieben. Da Eisen bei gleichem Gewichte ein kleineres Volumen hat als Stein, so verliert es im Wasser weniger an Gewicht; es verliert etwa ein Siebentel; Blei verliert noch weniger, Gold noch weniger, weil es bei gleichem Gewichte noch weniger Volumen hat. Gold sinkt also rascher zu Boden und wird vom Wasser weniger leicht fortgeschwemmt als Sand (Goldwäsche).

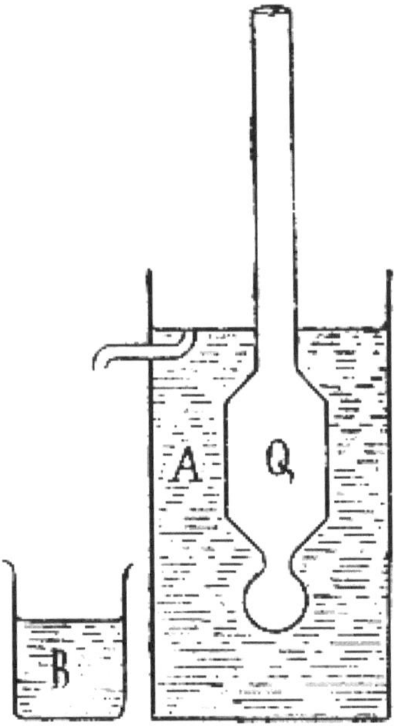

Fig. 41.

Wenn das Gewicht eines Körpers kleiner ist als das Gewicht eines gleich großen Volumens Wasser, also der Auftrieb größer ist als das Gewicht des Körpers, so wird der Körper vom Wasser nach aufwärts getrieben und schwimmt dann auf dem Wasser. Nur der unter dem Wasser befindliche Teil gibt Anlaß zum Auftrieb. **Der schwimmende Körper taucht so tief ein, bis das Gewicht des von ihm verdrängten Wassers so groß ist als sein eigenes Gewicht.** Ist das Gefäß A (Fig. 41) genau bis zur Ausflußöffnung voll Wasser, und taucht man nun den Schwimmkörper ein, dessen Gewicht Q ist, so verdrängt er Wasser, welches im Auffanggefäß B gesammelt wird. Das Gewicht des verdrängten Wassers in B erweist sich als gleich dem Gewicht des Schwimmkörpers Q. Aus einem Stoff, der schwerer ist als Wasser, kann man einen Körper herstellen, der auf dem Wasser schwimmt, wenn man ihm eine hohle Form gibt, und ihn so auf das Wasser legt, daß das Wasser nicht in den Hohlraum eindringen kann (eisernes Schiff). Holz ist nur wegen seiner vielen mit Luft gefüllten Poren leichter als Wasser; sind die Poren mit Wasser gefüllt, oder durch starkes Pressen entfernt, so geht es im Wasser unter.

Das archimedische Gesetz kann dazu dienen, um das **Volumen** eines Körpers zu finden. Man wägt den Körper in der Luft, er wiegt etwa 36,8 *g*, hängt ihn an die Wagschale, läßt ihn in Wasser tauchen, und wägt ihn wieder; er wiegt etwa 24,3 *g*. Er hat 12,5 *g* an Gewicht verloren, also nach dem archimedischen Gesetz 12,5 *ccm* Wasser verdrängt. Also ist sein Volumen 12,5 *ccm*.

Aufgabe:

25. Ein Standglas mit Wasser wiegt 580 *g*; ich lege noch einen Stein von 90 *g* Gewicht ins Wasser, so wiegt es jetzt 670 *g*, obwohl der Stein wegen des Auftriebes nur einen Druck von 50 *g* auf den Boden des Standglases ausübt. Warum? Ich lasse den Stein an einem Faden in das Wasser dieses Standglases hängen, so wiegt es jetzt 620 *g*. Warum?

27. Spezifisches Gewicht.

Jeder Stoff kann seinem Gewichte nach mit dem Gewichte eines gleich großen Volumens Wasser verglichen werden. **Die Zahl, welche angibt, wieviel mal ein Stoff schwerer ist als ein gleich großes Volumen Wasser, heißt sein spezifisches Gewicht** (abgekürzt sp. G.; deutsch: artbildendes Gewicht, ein Gewichtsverhältnis, durch das sich dieser Stoff von anderen Stoffen unterscheidet, ein dem Stoffe eigentümliches Gewichtsverhältnis).

Wenn das sp. G. des Eisens 7,5 ist, so ist das Eisen oder jedes Stück Eisen ist 7,5 mal so schwer wie ein gleich großes Volumen Wasser. Auch für Körper, die in Wirklichkeit leichter sind als Wasser, gilt dieselbe Erklärung des sp. G. Das sp. G. des Holzes ist 0,5; d. h. Holz ist 0,5 mal so schwer wie Wasser; 1 *cdm* Wasser wiegt 1 *kg*, 1 *cdm* Holz wiegt demnach 0,5 · 1 *kg* = 0,5 *kg*.

Um das spezifische Gewicht zu bestimmen, hat man verschiedene Methoden, von denen die meisten auf dem archimedischen Gesetze beruhen.

1. **Methode mittels Eintauchens.** Man wägt den Körper in der Luft, er wiegt 26,4 *g* (a), dann hängt man ihn mittels eines feinen Fadens an die Wagschale, läßt ihn so in Wasser tauchen, und wägt ihn wieder; er wiegt 22,6 *g* (b); also hat er an Gewicht verloren 3,8 *g* (a - b); nach dem archimedischen Gesetze wiegt ein gleich großer Wasserkörper 3,8 *g* (a - b). Nun kann man angeben, wieviel mal der Körper (26,4) schwerer ist als Wasser (3,8), nämlich:

sp. G. = 26,43,8 = 6,95; (sp. G. = a a - b).

Diese Methode paßt für feste Körper, die schwerer sind als Wasser und sich in Wasser nicht auflösen.

2. **Methode des Eingießens**, passend für flüssige Körper. Man nimmt ein Fläschlein mit engem Halse, an dem eine Marke eingraviert ist.

Ich wäge das Fläschlein leer = 37,5 *g*=a

„„„ „mit der Flüssigkeit z. B. Petroleum bis an die Marke gefüllt, = 147,8 *g* = b

ich wäge das Fläschlein mit Wasser ebenfalls bis zur Marke gefüllt, = 162,7 *g* = c

so finde ich durch Abziehen:

das Gewicht des Petroleums = 110,3 *g*=b - a

„„des gleich großen Volumens Wasser = 125,2 *g*=c - a

also sp. G. des Petroleums = 110,3125,2 = 0,88; (= b - ac - a)

3. **Methode mittels eines Hilfskörpers**, passend für flüssige Körper: ich wähle einen Körper, der sich weder im Wasser, noch in der zu untersuchenden Flüssigkeit (z. B. Spiritus) auflöst und in jeder untersinkt, also etwa ein Stück Glas, wäge nun

das Glas in der Luft = 75,5 *g*=a

„„ „dem Spiritus hängend = 51,6 *g*=b

„„ „dem Wasser hängend = 45,4 *g*=c

Durch Abziehen finde ich den Gewichtsverlust in Spiritus = 23,9 *g* = a - b, und den in Wasser = 30,1 *g* = a - c; nach dem archimedischen Prinzip bedeutet das erste das Gewicht eines Volumens Spiritus, das so groß ist wie der eingetauchte Glaskörper; das zweite das Gewicht eines ebensogroßen Volumens Wasser; folglich ist das sp. G. des

Spiritus = 23,930,1 = 0,794; (sp. G. = a - b a - c).

4. **Methode mit Hilfe eines anderen spezifischen Gewichtes**, passend für feste Körper, die sich in Wasser auflösen. Diese Methode beruht auf folgendem Satz: Das sp. G. eines Körpers in bezug auf Wasser ist gleich dem sp. G. des Körpers in bezug auf einen Hilfskörper mal dem sp. G. des Hilfskörpers in bezug auf Wasser, was man so schreiben kann:

sp GKW = sp GKH · sp GHW; oder: $\boxed{KW} = \boxed{KH} \cdot \boxed{HW}$.

Beispiel: Das sp. G. von Kupfervitriol in bezug auf Petroleum nach der Methode des Eintauchens ist 1,84; das sp. G. von Petroleum in bezug auf Wasser nach der Methode des Eingießens ist 0,88, also ist das sp. G. von Kupfervitriol = 1,84 · 0,88 = 1,62.

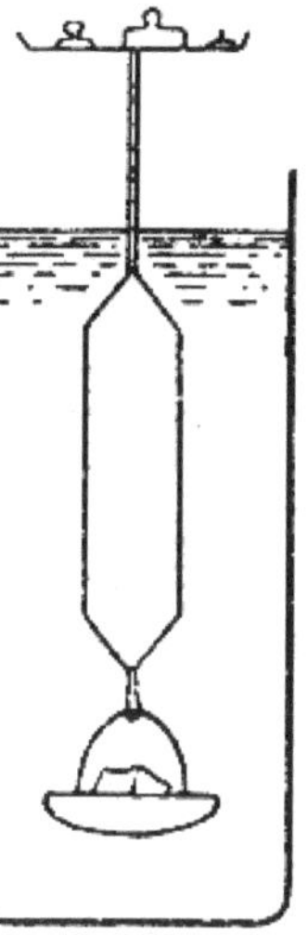

Fig. 42.

5. **Methode des Zusammenbindens**, passend für feste Körper, die leichter sind als Wasser. Um das sp. G. des Holzes zu finden, wählt man ein passendes Stück Blei, so daß Holz und Blei zusammen im Wasser untersinken, und bestimmt den Auftrieb von Blei allein, dann den Auftrieb von Holz und Blei zusammengebunden. Durch Abziehen erhält man den Auftrieb des Holzes. Hieraus und aus dem Gewicht des Holzes ergibt sich dessen sp. G.

6. Das **Nicholson'sche Aräometer** (1787.) Ein Cylinder aus Messingblech, der oben und unten spitz zuläuft und ganz geschlossen ist, trägt unten ein Schälchen, das so schwer ist, daß der Cylinder vertikal im Wasser schwimmt, oben einen Drahthals mit einer Marke und einem Teller. Man taucht den Apparat in Wasser und legt so viele Gewichte auf, bis er bis zur Marke einsinkt, z. B. 3,046 *g* = a; man entfernt die Gewichte, legt den Körper, dessen sp. G. man bestimmen will, auf den Teller und so viele Gewichte dazu, bis er wieder zur Marke einsinkt, 1,241 *g* = b, so ist das Gewicht des Körpers durch Abziehen = 1,805 *g* (a - b). Man legt den Körper in das Schälchen und legt auf den Teller so viel Gewichte, bis der Apparat wieder bis zur Marke einsinkt = 2,179 *g* = c. Der Unterschied, nämlich 2,179 - 1,241 = 0,938 *g* (= c - b) gibt den Auftrieb; also das Gewicht des gleich großen Volumens Wasser; demnach ist

das sp. G. = 1,8050,938 = 1,92; (a - b c - b).

Diese Methode paßt für feste Körper, die sich im Wasser nicht auflösen (sind sie leichter als Wasser, so kann man sie am Schälchen anbinden); sie macht die Wage entbehrlich.

Fig. 43.

7. **Das Skalenaräometer.** Sind Stoffe in Wasser aufgelöst oder mit Wasser vermischt (Spiritus, Schwefelsäure, Salzwasser), so ist das spezifische Gewicht einer solchen Flüssigkeit von dem des Wassers verschieden und zwar um so mehr, je mehr von diesen Stoffen im Wasser enthalten ist. Wenn man also das sp. G. der Flüssigkeit kennt, so kann man daraus auf den Gehalt an solchen Stoffen schließen und dadurch ihren Wert bestimmen. Dies geschieht leicht mittels des Skalenaräometers.

Eine Glasröhre, die in der Mitte cylindrisch ausgebaucht ist, endigt unten in eine kleine Kugel, die mit Schrotkörnern oder Quecksilber gefüllt ist, damit das Aräometer vertikal im Wasser schwimmt, und oben läuft sie aus in den Hals, eine lange, überall gleich dicke Glasröhre, die oben geschlossen ist und in deren Innern eine Papierskala angebracht ist. Taucht man das Aräometer nun in eine Flüssigkeit, so taucht es stets so tief ein, bis das Gewicht der verdrängten Flüssigkeitsmasse gleich dem Gewichte des Aräometers ist; je leichter also die Flüssigkeit ist, desto mehr muß das Aräometer verdrängen, desto tiefer sinkt es ein; je schwerer die Flüssigkeit ist, desto weiter steigt es heraus.

a) Das Alkoholometer oder die Spirituswage dient dazu, den Gehalt des gewöhnlichen Spiritus an reinem Spiritus (absolutem Alkohol) zu bestimmen. Das sp. G. des reinen Spiritus ist 0,794, das des Wassers = 1; deshalb taucht das Alkoholometer in reinem Spiritus fast ganz ein und dort steht an der Skala, also oben, 0,794; in Wasser sinkt es so wenig ein, daß fast der ganze Hals herausschaut, deshalb steht dort unten 1. An dieser von 1 bis

0,794 laufenden Skala kann das sp. G. des Spiritus abgelesen werden. Für jedes sp. G. des Spiritus ist auch der Gehalt an reinem Spiritus bestimmt worden (zuerst von Tralles) und zwar in % des Volumens; deshalb ist auf der Skala neben dem sp. G. auch der Gehalt angegeben, laufend von 0% unten bis 100% oben. Sinkt also das Aräometer bis 75 ein, so bedeutet das, in 100 *l* dieses Spiritus sind enthalten 75 *l* reiner Spiritus und 25 *l* Wasser. Man nennt diese Prozente auch Volumprozente, Literprozente oder Prozente nach Tralles. Im Handel und bei der Versteuerung dienen sie als Grundlage der Wertbestimmung. Man sagt 100 *l* à 100% = 10 000 *l*% (Literprozent), also 340 *l* à 82% = 27 880 *l*%; 10 000 *l*% kosten etwa 38,4 *M*, oder 10 000 *l*% müssen so und so viel *M* Steuer entrichten; damit ist der Preis oder die Steuer leicht zu berechnen. An manchen Alkoholometern sind auch noch die Gewichtsprozente angegeben, nach Richter; 75% bedeuten: in 100 *kg* sind 75 *kg* Spiritus und 25 *kg* Wasser.

b) Salzwage oder Salzspindel, Aräometer für Salzwasser, gibt an, wie viel Gewichtsteile Kochsalz in 100 *l* Salzwasser enthalten sind; wird verwendet in den Salinen, um nachzusehen, ob die Sole schon genug Salz enthält, also sudwürdig ist. c) Laugenwage gibt an, wie viel Gewichtsteile Ätznatron oder Ätzkali in 100 *l* Lauge enthalten sind; wird vom Seifensieder benützt. d) Bierwage gibt an, wie viel Gewichtsteile Malzzucker in der Würze enthalten sind, die man durch Kochen des Malzes erhält. e) Mostwage gibt ungefähr an, wie viel Traubenzucker im Moste enthalten ist. Die verbreitetste ist die von Öchsle (in Pforzheim); 0 ist Wasser, 100 bedeutet guten Most; dient dazu, ungefähr die Güte des Mostes zu prüfen, und den Käufer gegen nachträgliches Verdünnen des Mostes mit Wasser zu schützen. f) Milchwage, gibt das sp. G. der Milch an; wenn sie auf 31 steht, so bedeutet das, das sp. G. der Milch ist 1,031. Die Milch ist im allgemeinen um so gehaltreicher an Milchzucker, Käsestoff und Butter, je größer das sp. G. ist; Verdünnen mit Wasser macht sie leichter, die Milchwage sinkt tiefer; Abrahmen macht sie schwerer. g) Für Schwefelsäure, Salzsäure, Salpetersäure, Essig etc. hat man je ein besonderes Aräometer, das den Gehalt derselben an reiner Säure angibt.

Bemerkenswert sind die Aräometer von Baumé, von denen eines für leichte, das andere für schwere Flüssigkeiten bestimmt ist. Die Skaleneinteilung ist eine willkürliche, so daß sie weder sp. G. noch Gehalt direkt angeben. Da aber alle derartigen Aräometer mit derselben Skala versehen sind, so geben sie wenigstens direkt vergleichbare Angaben; sie waren früher vielfach gebräuchlich, werden aber jetzt durch die Aräometer, welche zugleich einen Gehalt angeben, verdrängt. Das Volumeter von Gaylüssac hat ein bestimmtes Gewicht (etwa 100 *g*) und läßt an seiner Skala erkennen, wie viele Volumteile (etwa *ccm*) einer Flüssigkeit es beim Schwimmen verdrängt.

Tabelle der spezifischen Gewichte.

Platin (gezogen)	23,00
„(gehämmert)	21,36
Gold (gehämmert)	19,36
„ (gegossen)	19,26
Quecksilber	13,596
Blei (gegossen)	11,35
Palladium	11,30
Silber (gehämmert)	10,51
„(gegossen)	10,47
Wismut (gegossen)	9,82
Kupfer (gehämmert)	9,00
„(gegossen)	8,788
Glockenmetall	8,81
Kobalt	8,51
Messing	8,39
Nickel	8,28
Stahl	7,82
Schmiedeisen	7,79
Gußeisen	7,21
Zinn	7,26
Zink (gegossen)	6,86
Mangan	6,85
Antimon (gegossen)	6,71

(Diese Stoffe bis hieher nennt man die Schwermetalle.)

Aluminium	2,57
Magnesium	1,75
Natrium	0,972
Kalium	0,862
Lithium	0,59
(Diese Stoffe heißen Leichtmetalle.)	
Chrom	5,90
Jod	4,95
Diamant	3,53
Graphit	1,8-2,23
Schwefel	2,03
Phosphor	1,77
Schwerspat	4,47
Flintglas	3,20-3,70
Glas	2,49
Flußspat	3,14
Turmalin	3,08
Alabaster	2,87
Granit	2,80
Marmor (carrarisch)	2,72
Gneis	2,71
Bergkristall	2,69
Smaragd	2,68
Tonschiefer	2,67
Basalt	2,66
Quarz	2,62
Porphyr	2,60

Feldspat	2,57
Kalkstein (dichter)	2,45
Sandstein	2,35
Porzellan	2,38-2,15
Zement	3,05
Mörtel	1,6-1,9
Backstein	1,47
Gips (gegossen u. getrocknet)	0,97
Potasche	2,26
Glaubersalz	2,25
Steinsalz	2,14-2,41
Kochsalz	2,08
Eisenvitriol	1,84
Alaun	1,71
Bittersalz	1,66
Salpeter	1,62
Elfenbein	1,92
Knochen	1,8-2
Bernstein	1,08
Pech	1,15
Harz	1,06
Honig	1,46
Wachs	0,97
Ebenholz	1,19
Eichenholz (frisch)	0,95
„(trocken)	0,75
Buchenholz	0,75

Birkenholz	0,74
Ahornholz	0,65
Kiefernholz (frisch)	0,64
„ (trocken)	0,55
Lindenholz	0,56
Lärchenholz	0,47
Tannenholz (frisch)	0,54
„ (trocken)	0,45
Pappelholz	0,38
Kork	0,24
Äther	0,71
Alkohol reiner bei 0°	0,807
„„ „ 15°	0,794
Olivenöl	0,915
Terpentinöl	0,872
Mohnöl	0,91
Repsöl	0,91
Steinöl	0,75-0,84
Meerwasser	1,026
Schwefelsäure	1,843
Salpetersäure	1,51
Salzsäure	1,21
Essigsäure	1,063
Milch	1,029-1,034
Fette	0,92-0,94
Kalkstein (roh)	1,44
„(gebrannt)	0,884

„gelöscht [trocken]	0,5
„ „ [fester Teig]	1,33
Dammerde, locker trocken	1,32
„ nat. feucht	1,6
„ naß	1,91
Sand trocken	1,4-1,74
„ nat. feucht	1,66
„ durchnäßt	1,95
Lehm trocken	1,50
„nat. feucht	1,87
„naß	1,98
Kies, trocken	1,73
„ feucht	1,80
Roggen, gehäuft	0,69-0,78
Weizen, „	0,71-0,81

28. Anwendung des spezifischen Gewichtes.

Außer den schon angegebenen Anwendungen des sp. G. zur Bestimmung des Gehaltes von Flüssigkeiten gibt es noch viele andere Anwendungen. So dient es dazu, zwei Stoffe, die dem Anblicke nach einander ähnlich sind, von einander zu unterscheiden, insbesondere manche Gesteinsarten; oder, um zu untersuchen, ob eine Münze ächt ist, ob sie z. B. ganz aus Gold besteht, oder aus einem andern Metall und bloß vergoldet ist. Man bestimmt zu diesem Zwecke das sp. G. der Münze und vergleicht es mit dem bekannten sp. G. des Goldes.

Man kann ferner mittels des sp. G. das wirkliche oder absolute Gewicht eines Körpers berechnen nach der Regel:

Gewicht = Volumen × sp. G.

Um das Gewicht eines Steinblockes zu berechnen, mißt man sein Volumen, es sei 548 *cdm*, und schließt dann: ein Wasserkörper, so groß wie der Steinblock, also 548 *cdm* groß, wiegt 548 *kg*; der Stein aber, dessen sp. G. 2,6, ist 2,6 mal so schwer wie ein gleich großer Wasserkörper, wiegt also 548 ·

2,6 *kg*. Ist das Volumen in *cdm* ausgedrückt, so ergibt sich das Gewicht in *kg*, ebenso entsprechen sich *ccm* und *g*, *cbm* und *t*. Wenn das sp. G. des Eisens 7,5 ist, so wiegt 1 *cdm* Eisen 7,5 *kg*, wenn das sp. G. des Holzes 0,6 ist, so wiegt 1 *cdm* Holz 0,6 *kg* etc. Deshalb sagt man auch häufig, **das sp. G. gibt das Gewicht einer Raumeinheit eines Körpers**, oder das sp. G. gibt an, wie viel *kg* oder *g* 1 *cdm* oder 1 *ccm* eines Körpers wiegt.

Beispiele: Was wiegt ein Eisenstab von 2,4 *m* Länge, 4,5 *cm* Breite, 8,1 *mm* Dicke, sp. G. 7,6?

$$G = 240 \cdot 4{,}5 \cdot 0{,}81 \cdot 7{,}6\ g.$$

Bei Mehl bezieht sich das sp. G. auf das in einem Raume befindliche Mehl mit Einschluß der zwischen den Mehlstäubchen befindlichen Luft, nicht auf das Gewicht des Mehlstoffes selbst. Das sp. G. der Getreidekörner ist größer als 1, denn sie sinken im Wasser unter; aber das Gewicht des in einem *hl* enthaltenen Getreides, wobei offenbar nicht der ganze Raum mit Getreide angefüllt ist, ist kleiner als das Gewicht des Wassers (durch die Methode des Eingießens, Einfüllens). Es ist also das sp. G. des Getreides kleiner als 1, etwa 0,81. Ähnliches gilt für Sand, Kies, Steinkohlen, Erde und ähnliche in einem Raum mit Zwischenräumen geschüttelte Körper. Bezieht sich das sp. G. auf den Körper mit Zwischenräumen, so sagt man statt sp. G. wohl auch Volumgewicht.

Umgekehrt: **das Volumen findet man, wenn man das Gewicht durch das sp. G. dividiert.** Um das Volumen eines Eisenblockes von 358 *kg* zu bestimmen, wenn das sp. G. des Eisens 7,6 ist, weiß man, 1 *cdm* Eisen wiegt 7,6 *kg*, also hat der Eisenblock so viele *cdm*, als 7,6 *kg* in 358 *kg* enthalten sind, also Vol. = 3587,6 *cdm*.

Beide Gesetze, so wie das frühere: sp. G. = Gew.Volumen hängen algebraisch zusammen.

Das sp. G. dient dazu, das Gewicht zu berechnen, wenn man den Körper nicht auf die Wage legen kann, wie Erdmassen, große Balken und Metallstücke; oder wenn es unbequem wäre, sie zu wägen, wie Flüssigkeiten, Getreide, welche man leichter dem Volumen nach messen kann; oder wenn der Körper noch gar nicht vorhanden ist, und man nur sein Volumen und sein sp. G. kennt; z. B. beim Ausheben eines Grabens soll im voraus das Gewicht der Erde berechnet werden, oder beim Bau eines Hauses, einer Brücke soll im voraus das Gewicht der Materialien berechnet werden. Ähnlich ist es, wenn das Volumen eines Körpers berechnet werden soll.

Aufgaben:

26. Wie groß ist das spezifische Gewicht eines Körpers, der in Luft 38,7 *g*, in Wasser 20,9 *g* wiegt?

27. Ein Glasballon wiegt leer 2,4 *kg*, faßt 23½ *l* Wasser und wiegt mit Schwefelsäure gefüllt 45,7 *kg*. Wie groß ist das sp. G. der Schwefelsäure?

28. Wenn das sp. G. des Alkohols 0,795, das des Äthers 0,71 ist, wie groß ist das sp. G. des Alkohols inbezug auf Äther, und wie groß ist das sp. G. des Äthers inbezug auf Alkohol?

29. Ein Stück Butter wiegt in der Luft 14,56 *g*, ein Stück Eisen im Wasser 80,4 *g*; beide zusammen wiegen im Wasser 78,69 *g*; wie groß ist das sp. G. der Butter?

30. Was wiegt ein Zinkdach von 38,5 *m* Länge und 7,2 *m* Breite, hergestellt aus Zinkblech von 0,8 *mm* Dicke, sp. G. 6,92, wenn für Überfalzen der Bleche ca. 3% gerechnet werden?

31. Was wiegt eine Granitplatte von 2,64 *m* Länge, 1,04 *m* Breite, 16 *cm* Dicke und dem sp. G. 2,8?

32. Wie viel Zentner Mehl faßt eine Truhe von 2,16 *m* Länge, 85 *cm* Breite und 64 *cm* Tiefe? Sp. G. 0,92.

33. Welches Volumen hat wohl der große Eisenhammer von Krupp in Essen, welcher ca. 1000 Ztr. wiegt, und wie hoch muß er etwa sein, wenn er 1 *m* breit und 1 *m* dick ist?

34. Wie viel Liter Öl muß man aus einem Fasse nehmen, um 37½ ℔ zu haben? Sp. G. = 0,915.

35. Wie hoch muß ein Bleigewicht werden, das bei 3 *cm* Breite und 2,4 *cm* Dicke 2½ ℔ wiegen soll?

36. In eine viereckige Grube von 4,27 *m* Länge und 3,25 *m* Breite werden 16 Fuhren Erde à 30 Ztr. gefüllt. Wie hoch wird sie voll? Sp. G. = 1,4.

37. In A kostet der Doppelhektoliter Korn 27 ℳ 30 ₰, in B der Doppelzentner 15 ℳ 70 ₰; um wie viel Prozent ist es in B teurer als in A? Sp. G. = 0,72.

38. Welches sp. G. hat eine Mischung von 68 *g* Zinn und 40 *g* Blei? In welchem Verhältnis müssen die Stoffe gemischt werden, damit das sp. G. 8,1 wird?

39. Was geschieht, wenn ein Alkoholometer in einem Standglas mit Wasser schwimmt, und auf das Wasser Petroleum gegossen wird? Was geschieht, wenn eine Salzspindel in Wasser schwimmt, und darauf Öl gegossen wird?

29. Kommunizierende Röhren oder Gefäße.

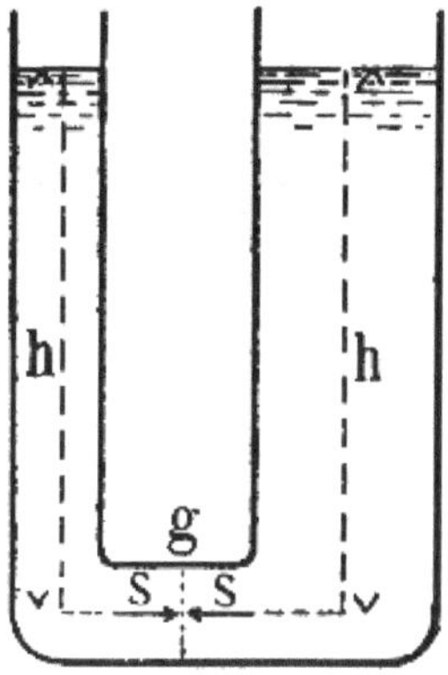

Fig. 44.

Wenn zwei Röhren oder Gefäße unten durch eine Röhre verbunden sind, so sagt man, sie kommunizieren. **In kommunizierenden Gefäßen steht das Wasser beiderseits gleich hoch;** die Verbindungslinie der beiden Oberflächen ist horizontal; dabei ist es gleichgültig, welche Form oder Größe die Röhren oder Gefäße haben. In irgend einem Querschnitt der Verbindungsröhre wird das Wasser von beiden Seiten gedrückt nach den Gesetzen des Seitendruckes, und ist dann in Ruhe, wenn die Kräfte s von rechts und links gleich groß sind; diese Kräfte hängen aber, da die Fläche g beiderseits dieselbe ist, bloß ab von der Höhe des Wassers, sind also gleich, wenn die Wasserhöhen h rechts und links gleich sind.

Steht das Wasser in beiden Röhren ungleich hoch, so fließt so lange Wasser von der höheren in die niedrigere, bis es gleich hoch steht. In einem Gefäß ist das Wasser nur dann in Ruhe, wenn seine Oberfläche horizontal ist, weil nur dann sämtliche Punkte der Oberfläche von einem beliebigen unten liegenden Punkte, gleich weit in vertikaler Richtung abstehen, also gleichen Druck auf ihn ausüben. Ist die Oberfläche des Wassers nicht horizontal, so fließt das Wasser von der höheren Stelle zur niedrigeren.

Große Wasserflächen, wie das Meer oder große Meeresteile sind zwar auch an jedem Punkte ihrer Oberfläche horizontal, d. h. ihre Oberfläche steht senkrecht zur Richtung der Schwerkraft; aber sie sind nicht mehr eben, sondern gekrümmt, und sind Teile der kugeligen Oberfläche der Erde. Schon bei ziemlich kleinen Seen wie beim Bodensee ist die Krümmung des Wasserspiegels deutlich erkennbar. Bei kleineren Wasserflächen ist diese Krümmung so gering, daß man sie nicht merkt, weshalb man die Fläche als eben ansehen kann.

30. Anwendungen der kommunizierenden Röhren.

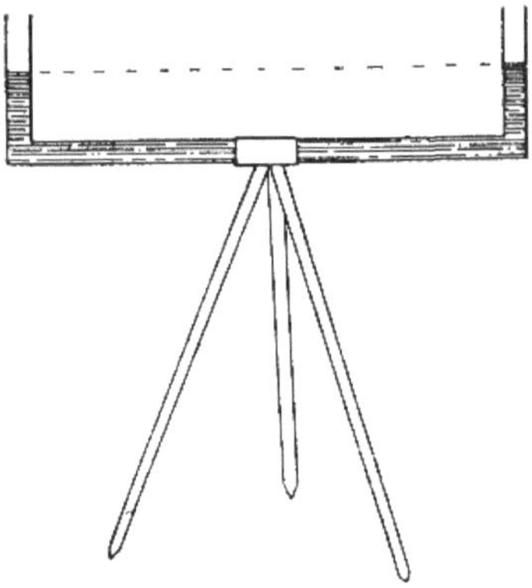

Fig. 45.

Die **Wasserwage oder Kanalwage** dient dazu, um zu messen, um wie viel eine Straße, ein Kanal etc. steigt oder fällt. Eine auf einem Dreifuß horizontal befestigte Blechröhre, an deren Enden zwei Glasröhren vertikal nach aufwärts gehen, ist mit Wasser so weit gefüllt, daß auch die Glasröhren noch etwa halb voll sind. Die beiden Wasserspiegel in den Glasröhren stehen gleich hoch; schaut man längs derselben fort, so ist die Gesichtslinie horizontal. Mißt man den Abstand des einen Wasserspiegels vom Boden, etwa 136 *cm*, und schaut dann längs beider Wasserspiegel auf eine in *cm* geteilte Meßlatte, die in einiger Entfernung senkrecht auf den Boden gestellt ist, und trifft die Gesichtslinie dort 49 *cm* vom Boden, so ist die Straße von meinem Standpunkte bis zur Meßlatte um 136 - 49 = 87 *cm* gestiegen. So fährt man von Strecke zu Strecke weiter. Dies nennt man nivellieren, d. h. die Form der Oberfläche oder des Niveaus aufsuchen.

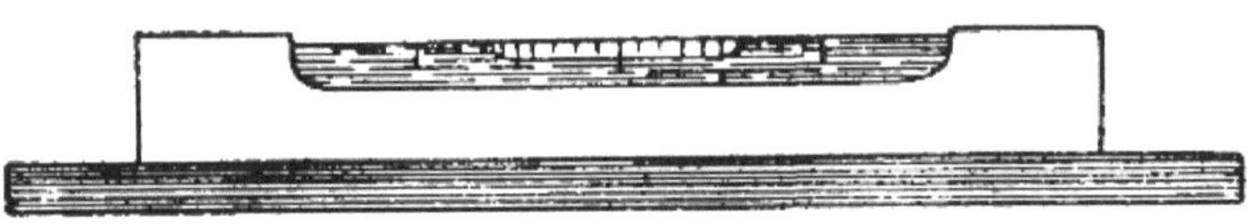

Fig. 46.

Die **Libelle** (Hooke 1703). Die Röhrenlibelle besteht aus einer Glasröhre, die sehr schwach gekrümmt oder gegen die Mitte ein wenig ausgebaucht ist. Sie ist mit Weingeist gefüllt (weil dieser nicht gefriert und leichtflüssiger ist), jedoch nur so weit, daß noch eine Luftblase vorhanden ist. Sie wird horizontal, die Krümmung nach oben gerichtet, auf ein Lineal so festgeschraubt, daß, wenn das Lineal horizontal steht, die Luftblase in der Mitte der Röhre steht. Da die Luftblase immer den höchsten Teil der Röhre einzunehmen sucht, rückt die Luftblase gegen ein Ende der Röhre, auch wenn es nur um ein kleines höher ist. Man benützt sie zum Horizontalstellen von Tischen, Stativen von Wagen, Billards, Meßtischen etc. und die Handwerker benützen Setzlatten, in welche eine Libelle eingesetzt ist. Libellen werden auch auf Fernrohre aufgesetzt, um sie horizontal zu stellen, und ein solches Fernrohr (Nivellierinstrument) dient dann ähnlich wie die Wasserwage zum Nivellieren. Dosenlibelle.

Wasserleitung: Man leitet durch einen Kanal von einem hochgelegenen Orte (Gebirge) das Wasser in ein großes Reservoir, das höher liegt als der höchste Punkt der Stadt, oder man schafft es durch Pumpen dorthin. Von diesem Hochreservoir führen Röhren in die Stadt, die sich vielfach verzweigen und in die einzelnen Häuser führen. Das Wasser sucht in diesen Leitungsröhren so hoch zu steigen, als es im Hochreservoir ist, fließt also selbst bei den höchsten Ausflußhähnen heraus, wofern diese niedriger liegen als das Reservoir.

Springbrunnen. Von einem hoch gelegenen Reservoir führt eine Röhre herunter, läuft weiter bis zum Springbrunnen, und endigt dort in einer feinen nach oben gerichteten Öffnung. Wenn diese Öffnung tiefer liegt als der Wasserspiegel im Reservoir, so sucht das Wasser in diesem kurzen Schenkel eben so hoch zu steigen, als im Reservoir, springt deshalb aus der Öffnung heraus und würde eben so hoch steigen, als es im Reservoir steht, wenn es nicht durch den Luftwiderstand etwas zurückgehalten würde.

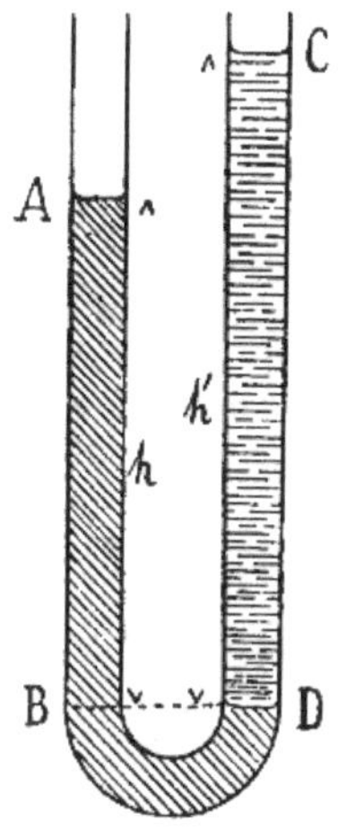

Fig. 47.

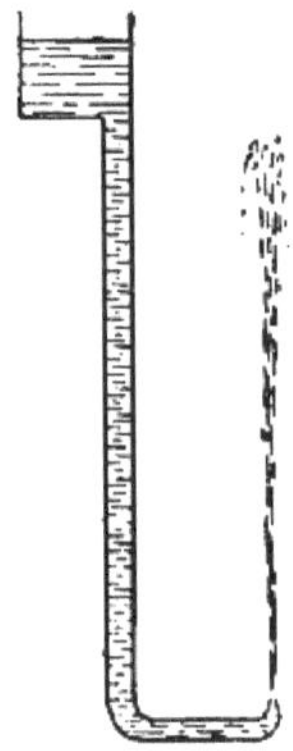

Fig. 48.

In kommunizierenden Röhren steht die Flüssigkeit nur dann gleich hoch, wenn beiderseits dieselbe Flüssigkeit sich befindet. Sind aber verschiedene Flüssigkeiten von verschiedenem sp. G. in den Röhren, so **steht die leichtere Flüssigkeit höher**. Denn betrachten wir den Querschnitt BD (Fig. 47), in welchem beide Flüssigkeiten zusammenstoßen, so hält sich das, was unterhalb ist, selbst das Gleichgewicht; der Querschnitt also ist in Ruhe, wenn auch der Druck der Flüssigkeitssäulen, die rechts und links über ihm stehen, beiderseits derselbe ist. Diese Drücke sind gleich den Gewichten der Flüssigkeitssäulen; da aber die sp. G. der Flüssigkeiten verschieden sind, so müssen auch die Höhen derselben verschieden sein, damit die Gewichte einander gleich sind, und zwar: **die Höhen verhalten wie umgekehrt die sp. G.** Diesen Satz kann man benützen, um die sp. G. von Flüssigkeiten zu bestimmen, die sich nicht mischen. Ist in der einen Röhre Wasser 12 *cm* hoch, in der anderen Öl 13,6 *cm* hoch, so ist 13,6 : 12 = 1 : x; also x = 1213,6 = 0,88; das ist das sp. G. des Öles.

31. Brunnen und Quellen.

Auf dem Gesetze der kommunizierenden Röhren beruhen auch die Brunnen und Quellen.

1. Die Grundwasserbrunnen. Fließt ein Fluß oder Bach in einem Tale, so ist es dort meist mit großen Mengen Kies und Sand aufgefüllt, die den Boden des Tales bilden und oft tief hinabreichen.

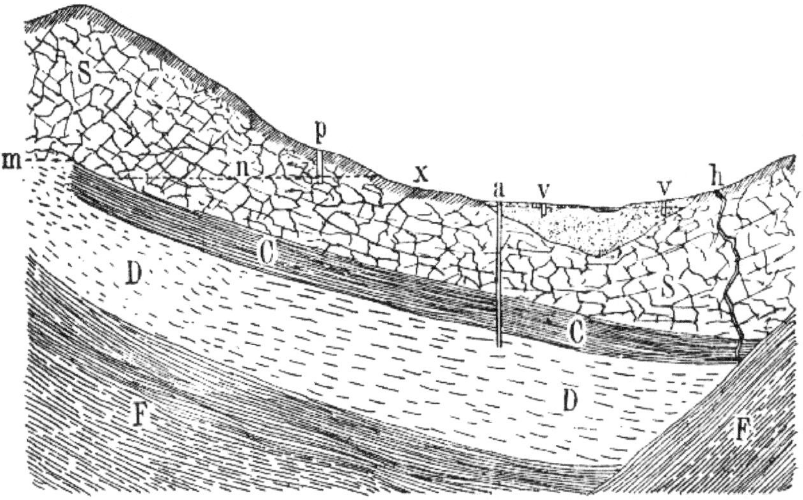

Fig. 49.

Die Zwischenräume zwischen den Steinen des Gerölles sind mit Wasser gefüllt bis hinab zum festen Gestein und bis zu einer Höhe, die gleich ist der Höhe des Wassers im Flusse. Diese Wassermasse wird das Grundwasser genannt. Sein Spiegel steigt, wenn der Fluß steigt, und fällt auch mit ihm, jedoch nicht gleichmäßig, sondern langsamer, weil das Wasser sich nur schwer zwischen den Sandkörnchen fortbewegt. Die über dem Grundwasserspiegel liegende Erd- und Sandmasse ist nur feucht. Einen Grundwasserbrunnen macht man, indem man einen Brunnenschacht gräbt bis unter den tiefsten Stand des Grundwasserspiegels. In Figur 49 bei v. Das Wasser dringt unten von allen Seiten in den Brunnenschacht, stellt sich so hoch, als der Grundwasserspiegel ist, steigt und fällt mit ihm.

2. Die Quellbrunnen und Quellen. Unterhalb des angeschwemmten Landes befindet sich festes Gestein S; auch die Berge bestehen aus solchem und sind nur außen mit einer meist nicht dicken Schichte von verwittertem Gestein und Erde überdeckt. Die ganze feste Erdkruste besteht aus Steinen. Diese sind meist zerrissen, zerspalten, zerklüftet und deshalb durchlässig für einsickerndes Regenwasser. Einige Gesteinsarten haben keine Risse und Spalten, sind also undurchlässig. Das Wasser fließt demnach in den Rissen des durchlässigen Gesteines nach abwärts, bis es auf eine undurchlässige Schichte C kommt, staut sich dann, und füllt so die Risse des durchlässigen Gesteines immer höher an. Solche Risse sind manchmal ziemlich dick und heißen dann Wasseradern. Wenn ein solcher Spalt an die Oberfläche der Erde tritt, und diese Stelle tiefer liegt als die Höhe, bis zu welcher die Risse im Berge mit Wasser gefüllt sind, so läuft das Wasser aus und bildet eine natürliche Quelle (bei x). Quellen finden sich demnach zumeist am Fuße von

Bergen und Hügeln. Einen Quellbrunnen bekommt man, wenn man ein 1-2 *m* breites Loch in den Felsen gräbt oder sprengt bis auf einen wasserführenden Spalt (bei p). Quellwasser ist meist sehr gut, da es beim Durchsickern durch die lockere Erdschichte und durch die langen Gänge im Felsen nicht nur von den schlechten Beimischungen gereinigt wird, sondern von den Steinen noch etwas auflöst, insbesondere Kalk, was ihm dann einen angenehmen Geschmack verleiht. Kommt das Wasser durch Gesteinsschichten, die leicht auflösbare Stoffe enthalten, so werden diese vom Wasser aufgelöst, so besonders Kochsalz, viele ähnliche Salze, schwefelhaltige, eisenhaltige Stoffe u. s. f. Solche Quellen sind dann besonders gesucht als Salzquellen oder als Heilquellen (Schwefelquellen, Stahlquellen, Bitterquellen, Säuerlinge etc.).

3. Artesische Brunnen; so genannt von der Grafschaft Artois in Frankreich, weil sie dort zuerst gebohrt wurden. Nicht überall auf der Erde kann man solche Brunnen herstellen, denn es ist dazu eine eigentümliche Lagerung der Gesteinsschichten erforderlich, nämlich folgende: Zuoberst liegt ein durchlässiges Gestein S, unter diesem etwas schräg nach abwärts führend eine undurchlässige Schichte C, die aber nicht durch den ganzen Berg geht, sondern einen großen Teil für die durchlässige Schichte noch frei läßt bei m. Auf die undurchlässige Schichte folgt eine sehr gut durchlässige D, die mit der oberen durchlässigen Schichte S in Verbindung steht, so daß das einsickernde Wasser bis zu ihr herabkommt. Liegt nun weiter nach abwärts noch eine undurchlässige Schichte F, so staut sich das Wasser zwischen den zwei undurchlässigen Schichten an. Führt zufällig ein Spalt durch die obere durchlässige Schichte bis zur Oberfläche der Erde, so wird das Wasser in ihm in die Höhe steigen und kommt als Quelle zum Vorschein (bei h), möglicherweise in großer Entfernung von dem Berge, auf dem das Wasser eingedrungen ist, da diese Gesteinsschichten oft weit fort ziehen. Will man dieses Wasser mittels eines Brunnens erhalten, so bohrt man ein etwa faustdickes Loch durch die obere durchlässige und durch die undurchlässige Schichte, bis man auf die sehr gut durchlässige, wasserführende Schichte kommt (bei a). Dann stellt sich das Wasser in diesem Bohrloche ebensohoch als im Innern des Berges bei m und es kann durch Pumpen heraufgeschafft werden. Bisweilen liegt die Bohrmündung tiefer als der Wasserstand in der durchlässigen Schichte; dann springt das Wasser in Form eines natürlichen Springbrunnens heraus. Solche Artesische Brunnen führen meist ein vorzügliches Wasser; manchmal hat es Salze aufgelöst, hie und da, wenn es aus sehr großer Tiefe kommt, ist es merklich warm, ja sogar heiß; auch die Petroleumquellen, sind solche Artesische Brunnen.

32. Kapillarität.

Eine merkwürdige Abweichung vom Gesetze der kommunizierenden Röhren zeigt sich, wenn eine Röhre sehr eng ist; sie wird dann ein

Haarröhrchen oder Kapillarrohr genannt. Wenn die Röhre von der Flüssigkeit benetzt wird, wie Glas von Wasser, so steht das Wasser in der Haarröhre höher als in der weiten Röhre und ist an der oberen Fläche nach abwärts gekrümmt, es hat einen konkaven Meniskus. Wird die Röhre von der Flüssigkeit nicht benetzt (Glas und Quecksilber), so steht die Flüssigkeit im Haarröhrchen tiefer als im weiten Rohr und ist an der oberen Fläche nach aufwärts gekrümmt, hat einen konvexen Meniskus.

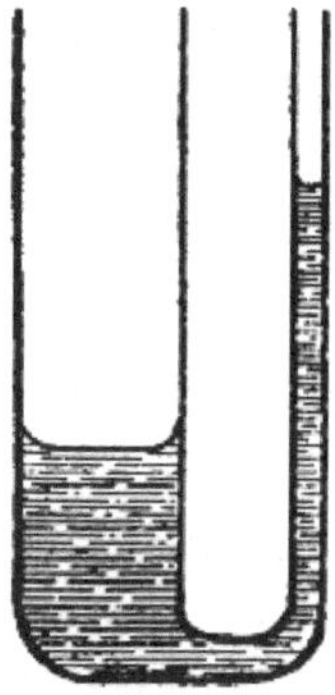

Fig. 50.

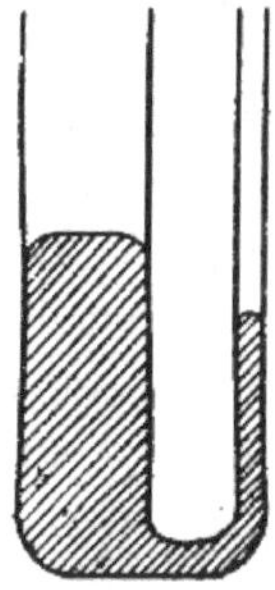

Fig. 51.

Durch Versuche fand man: die Höhe, um welche die Flüssigkeit im Rohre höher (oder tiefer) steht als im Gefäße, ist um so größer, je kleiner der Durchmesser ist, und ist dem Durchmesser umgekehrt proportional; sie ist fast gar nicht abhängig von dem Stoffe, aus welchem die Röhre besteht, wenn nur die Röhre vollkommen (oder gar nicht) benetzt wird; wohl aber ist sie abhängig von der Kraft, mit welcher die Flüssigkeit an der Röhre adhäriert; schließlich ist sie vom sp. G. der Flüssigkeit abhängig, demselben umgekehrt proportional; je geringer das sp. G. ist, desto größer ist die Steighöhe.

Damit verwandt ist die Erscheinung des gekrümmten Randes einer Flüssigkeitsoberfläche. Das Wasser (Öl etc.) in einem weiten Glase (benetzten Gefäße) hat eine ebene Oberfläche; aber an den Rändern ist sie nach aufwärts gekrümmt; Quecksilber in einem Glasgefäß (wenn keine Benetzung stattfindet) ist am Rand nach abwärts gekrümmt.

Man nennt diese in einer Haarröhre zum Vorschein kommende Kraft auch Kapillarattraktion, wenn sie die Flüssigkeit hebt, oder Kapillardepression, wenn sie die Flüssigkeit herabdrückt.

Aus der Kapillarität erklärt sich die Erscheinung, daß in porösen Körpern die Flüssigkeit in die Höhe steigt, wobei die Poren die Haarröhrchen sind; da dieselben oft sehr fein sind, so steigt in ihnen die Flüssigkeit oft sehr hoch (feuchte Wände).

Bringt man Öl in eine Mischung von Wasser und Spiritus, welche genau das gleiche sp. G. hat, so bleibt das Öl schwebend in Ruhe, indem es weder steigt noch fällt; es ist äquilibriert.

Dabei nimmt das Öl, sich selbst überlassen, stets die Kugelform an, und wenn man diese stört, kehrt sie in die Kugelform zurück. Der Grund liegt in der Oberflächenspannung. Die Moleküle des Öls haben eine, wenn auch geringe, Kohäsion, vermöge deren sie sich gegenseitig anziehen. Die anziehenden Kräfte halten sich bei einem im Innern liegenden Ölteilchen im Gleichgewicht, da es von allen Seiten gleich stark angezogen wird. Bei den an der Oberfläche liegenden Teilchen aber, die nur von den gegen das Innere zu liegenden Molekülen angezogen werden, bleibt eine nach innen gerichtete Kraft übrig. Die Folge ist, daß alle Teile der Oberfläche gegen die Mitte zu streben, demnach nur ins Gleichgewicht kommen, wenn die Oberfläche Kugelform hat. Es ist dabei gerade so, wie wenn an der Oberfläche ein elastisches Häutchen vorhanden wäre, das infolge der Spannung auch nur zur Ruhe kommt, wenn die Spannung gleichmäßig und am geringsten ist; beides tritt bei der Kugelform ein. Man spricht demnach von der Oberflächenspannung einer Flüssigkeit. Auch schon die Fettaugen auf der Suppe erinnern an solche Oberflächenspannung, ebenso die runde Form der Regentropfen.

Dritter Abschnitt.
Lehre von den luftförmigen Körpern.

33. Gewicht luftförmiger Körper.

Die luftförmigen Körper oder Gase besitzen wie die flüssigen Körper die leichte Verschiebbarkeit der Teilchen und die Fortpflanzung des Druckes nach allen Richtungen; deshalb bringen sie auch einen Boden- und Seitendruck, sowie einen Auftrieb hervor.

Das Gewicht luftförmiger Körper findet man auf folgende Weise. Man nimmt einen Glasballon, dessen Hals mit einer Messingfassung versehen und durch einen Hahn verschließbar ist, wägt ihn mit Luft gefüllt, entfernt nun die Luft aus ihm, was, wie später gezeigt wird, mittels der Luftpumpe geschieht, und wägt ihn wieder; er wiegt dann weniger, der Unterschied ergibt das Gewicht der in ihm enthaltenen Luft. Man füllt ihn nun mit Wasser, wägt ihn, und bestimmt so sein Volumen. Daraus ergibt sich das **sp. G. der Luft = 0,00129**. Ein Liter Luft wiegt 0,00129 *kg* = 1,29 *g*, 1 *cbm* Luft wiegt 1,29 *kg*, und die Luft in einem geräumigen Zimmer wiegt schon einige Zentner. Die Luft ist 773 mal leichter als Wasser.

Aufgaben:

40. Wie viel Zentner Luft enthält ein Zimmer von 8,4 *m* Länge, 6,2 *m* Breite und 3,5 *m* Höhe?

41. Wie viel Liter Luftzufuhr braucht ein Ofen in jeder Minute, wenn in ihm in der Stunde 6 *kg* Kohlen verbrennen sollen, und je 12 *g* Kohlen zum Verbrennen 32 *g* Sauerstoff brauchen, der Sauerstoff nur ⅕ der atmosphärischen Luft ausmacht, und die Luft mit 15% Überschuß vorhanden sein soll?

34. Luftdruck.

Unsere Erde ist rings umgeben mit einer Luftschichte, die man die Atmosphäre nennt. Da die Luft schwer ist, wird sie von der Erde angezogen und übt deshalb auf die Oberfläche der Erde und auf alle dort befindlichen Gegenstände nach den Gesetzen des Bodendruckes einen Druck aus, den man den Luftdruck nennt. Wir fühlen den Luftdruck nicht, und es war auch lange Zeit sein Vorhandensein den Menschen unbekannt, bis Torricelli, ein Schüler Galileis, denselben (1643) durch folgenden Versuch, den **Torricellischen Versuch**, nachwies.

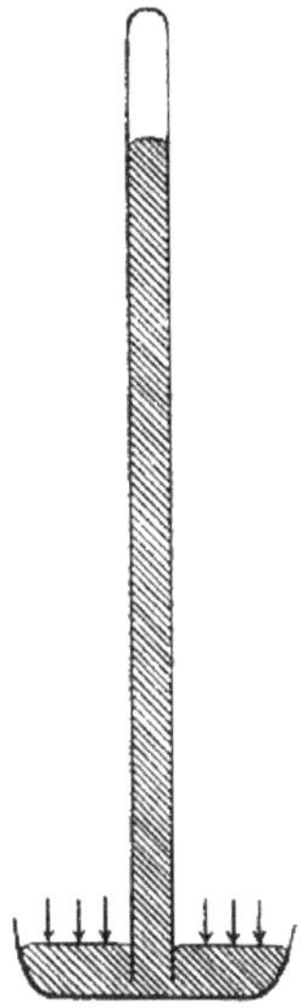

Fig. 52.

Eine etwa 80 *cm* lange Glasröhre füllt man ganz mit Quecksilber, verschließt das offene Ende mit dem Finger, kehrt sie um und stellt sie so in ein Schälchen (Wanne) mit Quecksilber; dann entfernt man den Finger und hält die Röhre vertikal. Man sollte meinen, das Quecksilber würde aus der Röhre nun herauslaufen, bis es nach dem Gesetz der kommunizierenden Röhren eben so hoch steht als im Schälchen; man findet aber, daß es wohl etwas in der Röhre heruntersinkt, aber doch in der Röhre um ca. 76 *cm* höher stehen bleibt als im Schälchen. Man schließt, daß eine Kraft vorhanden sein muß, welche das Quecksilber so hoch hinaufdrückt, und erkennt, daß es der Druck der Luft ist, welcher auf das Quecksilber im Schälchen drückt, sich in der Flüssigkeit nach allen Seiten fortpflanzt und so das Quecksilber 76 *cm* hoch in der Röhre hinaufdrückt. Der Raum in der Röhre über dem Quecksilber ist luftleer, wird deshalb ein Vakuum und nach seinem Entdecker das Torricelli'sche Vakuum genannt. **Der äußere Luftdruck hebt das Quecksilber 76 *cm* hoch.**

Weil der Luftdruck dem Druck einer Quecksilbersäule von 76 *cm* Höhe das Gleichgewicht halten kann, so ist die Größe des Luftdruckes gleich dem Druck einer Quecksilbersäule von 76 *cm* etwa auf 1 *qcm*. Da ihr Gewicht $1 \cdot 76 \cdot 13{,}596 = 1033$ *g* ist, so **beträgt der Luftdruck ca. 1 *kg* auf jedes *qcm*.** Das Gewicht der ganzen Luftmasse der Erde ist nahezu = 80 000 Billionen Zentner.

Füllt man beim Torricellischen Versuch die Röhre mit Wasser, so wird es, da es 13,5 mal leichter ist als das Quecksilber, 13,5 mal höher gehoben.

In kurzen Röhren bleibt es also ganz oben stehen, erst bei ca. 10 *m* Länge sinkt das Wasser. **Der Luftdruck kann das Wasser 10 *m* hoch heben.**

Da der Bodendruck der Luft gleich dem Gewicht einer Wassersäule von 10 *m* ist, so müßte die Luft, um vermöge ihres geringen Gewichtes (773 mal leichter als Wasser) einen solchen Druck hervorbringen zu können, eine Höhe von 7730 *m* haben, vorausgesetzt, daß sie nach oben hin immer gleich dicht bleibt. Da aber die Luft nach oben hin immer dünner wird, so ist die Höhe der Lufthülle oder Atmosphäre viel beträchtlicher. Man kann zwar nicht angeben, wie hoch sie wirklich ist, doch ist sie bei 15 Meilen Höhe schon ca. eine Million mal dünner als bei uns.

Als flüssiger Körper übt die Luft auch einen Seitendruck aus und drückt nach allen Seiten eben so stark wie auf den Boden; die unteren Luftschichten, zusammengedrückt durch das Gewicht der oberen, üben ihrerseits einen gleich großen Gegendruck nach aufwärts aus. Daher kommt es, daß wir den Luftdruck nicht als eine auf uns liegende Last empfinden.

Man nennt den **Druck der Luft** auch den **Druck der oder einer Atmosphäre**, nimmt ihn **normal gleich dem Druck einer Quecksilbersäule von 76 *cm* Höhe,** also **1,033 *kg* auf 1 *qcm***, also auch **gleich dem Druck einer Wassersäule von 10,33 *m* Höhe** an. Man vergleicht auch andere Drucke messend mit dem Luftdruck, sagt also, der Bodendruck des Wassers beträgt bei 30 *m* Tiefe 3 Atmosphären (ca.), oder der Druck des Dampfes in einem Dampfkessel beträgt 5 Atm., wenn nämlich der Dampf auf jedes *qcm* mit einer Kraft von 5 · 1,033 *kg* drückt.

Aufgaben:

42. Wie groß ist der Luftdruck auf 1 *qcm* bei 723 *mm* Barometerstand? Sp. G. des Quecksilbers = 13,6.

43. Wie hoch kann der Luftdruck bei 630 *mm* Barometerstand das Wasser heben?

Fig. 53.

Fig. 54.

35. Barometer.

Zur Messung des Luftdruckes dienen die Barometer, die im wesentlichen Torricelli'sche Röhren sind.

1. Das **Normalbarometer** oder Gefäßbarometer. Es ist eine Torricelli'sche Röhre, die in einem Gefäß mit Quecksilber steht. Die Röhre muß **vollständig luftleer** sein; man erreicht dies, wenn man die mit Quecksilber gefüllte Röhre zuerst auskocht, wobei die Quecksilberdämpfe die noch in der Röhre enthaltenen, insbesondere an den Wänden

anhängenden Luftteilchen mit hinausreißen. Das Quecksilber muß **ganz rein** (chemisch rein) sein: gewöhnliches Quecksilber enthält meist Blei, Silber und andere Metalle aufgelöst, hat deshalb ein geringeres sp. G. und würde somit höher stehen, als es sollte. Die Röhre muß wenigstens oben, wo das Quecksilber aufhört, **ziemlich weit** sein (etwa 1 *cm*), weil sie sonst wie eine Kapillarröhre wirkt, also eine Kapillardepression hervorbringt, weshalb das Quecksilber tiefer steht, als es sollte. Weiter unten darf die Röhre eng sein.

Die Röhre muß **genau vertikal** stehen; das wird erreicht, indem man sie aufhängt, zur Ruhe kommen läßt und dann festklemmt. Die Skala muß stets an der Oberfläche des Quecksilbers im Gefäß anfangen. Wenn der Luftdruck größer wird, so steigt das Quecksilber in der Röhre, es tritt Quecksilber aus dem Gefäß in die Röhre, folglich sinkt es im Gefäß und umgekehrt, wenn der Barometer fällt. Man muß also entweder die **Skala verschiebbar** machen, so daß ihr Anfang auf das Niveau des Quecksilbers im Gefäß eingestellt werden kann, oder man nimmt als Boden des Gefäßes einen Lederbeutel, bringt unter ihm eine Schraube an, durch welche man das Quecksilber im Gefäß stets so hoch stellen kann, daß es den Anfang der Skala berührt.

2. Das **Birn-** oder **Phiolenbarometer**. Die Torricelli'sche Röhre biegt sich unten um, führt etwas nach aufwärts und endigt in einem birnförmigen, oben offenen Gefäße. Da die Röhren meist zu eng sind, das Niveau des Quecksilbers in der Birne sich verändert, und sie häufig auch schlecht ausgekocht sind, so sind die Angaben dieser Barometer sehr ungenau; doch kann man an ihnen mit genügender Genauigkeit die täglichen Schwankungen des Barometerstandes erkennen. Solche Birnbarometer sind die gewöhnlichen käuflichen Barometer (Akademie in Florenz 1657).

3. Das **Heber-Barometer** (v. Boyle 1694, von Fortin als Reisebar. eingerichtet). Die Torricelli'sche Röhre biegt sich unten um und geht noch etwa 30 *cm* weit nach aufwärts und ist dort verschlossen durch einen eingeriebenen Glasstöpsel; zwischen ihm und der Röhre ist wegen der Rauhigkeit desselben hinreichend Platz, um die Luft durchgehen zu lassen, jedoch sind diese Kanälchen viel zu klein, als daß Quecksilber herauslaufen könnte. Der obere Teil der Torricelli'schen Röhre und der untere nach aufwärts gehende Schenkel müssen genau gleich weit sein. Wird der Luftdruck stärker, etwa um 1 *cm*, so sinkt es im unteren Schenkel um ½ *cm* und steigt in der Röhre um ½ *cm*. Die Skala ist infolge dessen in halbe *cm* geteilt und fest; macht man sie verschiebbar, so wird sie immer auf das untere Niveau eingestellt, und ist dann in ganze *cm* eingeteilt.

Fig. 55.

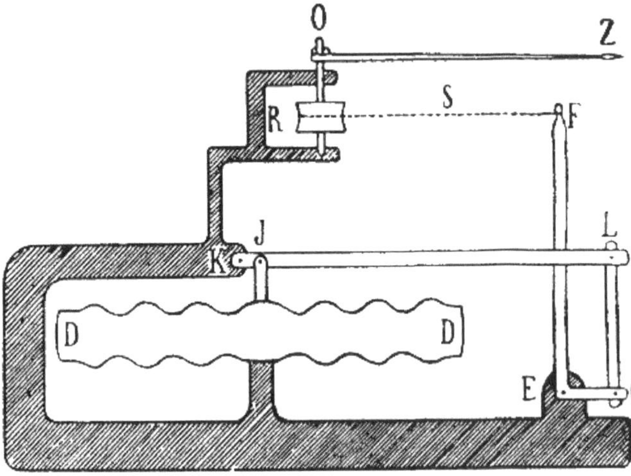

Fig. 56.

4. Das **Metallbarometer** (Vidi 1847), auch Aneroid- oder Holosterik-Barometer genannt, hat eine wesentlich andere Einrichtung. Es besteht aus einer runden Blechdose D (deshalb Dosenbarometer gen.), deren Deckel aus sehr gut elastischem, ringförmig gewelltem Blech besteht. Die Dose ist vollständig verschlossen[1] und luftleer. Die Luft drückt den elastischen Deckel nach einwärts, und zwar um so weiter, je größer der Luftdruck ist; wird der Luftdruck geringer, so geht das Blech durch seine Elastizität wieder

entsprechend nach auswärts. Diese ungemein kleine Bewegung wird auf folgende Art größer gemacht. Auf der Mitte des gewellten Bleches ist ein Stift, welcher in J gegen einen einarmigen Hebel KL drückt, und zwar sehr nahe an seinem Stützpunkte K, also an einem sehr kurzen Hebelarme KJ; deshalb macht das Ende L des Hebels eine viel größere Bewegung. Dieses Ende drückt mittels einer Stange LC auf einen zweiten Hebel, einen Winkelhebel CEF, und zwar auf das Ende des kurzen Hebelarmes, so daß das Ende F des langen Hebelarmes wieder eine größere Bewegung macht. An diesem Ende ist ein Kettchen S befestigt, das mit seinem anderen Ende um einen drehbaren Stift R gewickelt ist, und auf diesen Stift ist ein Zeiger OZ aufgesteckt, der über einem Kreise spielt, der durch Vergleich mit dem Normalbarometer geteilt wird. Die Aneroidbarometer eignen sich für Reisebarometer und für den häuslichen Gebrauch. Man kann jedoch mit ihnen den wirklichen Barometerstand nicht genau angeben; denn sie haben meist ziemliche Ungenauigkeit in der Konstruktion, sind etwas von der Temperatur abhängig und folgen auch nicht ganz genau den Schwankungen des Barometers; jedoch geben sie die täglichen Schwankungen des Luftdruckes mit meist hinreichender Genauigkeit an.

[1] Ein Gefäß, das so vollständig verschlossen ist, daß die Luft nicht eindringen kann, nennt man auch hermetisch verschlossen.

36. Anwendung des Barometers.

1. Barometrische Höhenmessungen. Trägt man das Barometer auf einen Berg, so findet man, daß es sinkt, um so tiefer, je höher man steigt; denn das Barometer gibt nur den Druck der über ihm befindlichen Luftsäule an; da diese auf dem Berge geringer ist als im Tale, **so steht das Barometer auf dem Berge niedriger als im Tale**. (Perier 1648). Nur auf dem Meeresspiegel steht das Barometer 76 *cm* hoch. Steigt man 10 *m*, so sinkt das Barometer um ca. 1 *mm*, bei 20 *m* um ca. 2 *mm*. Das geht jedoch nicht so einfach fort; denn wenn man höher hinaufkommt, so wird die Luft dünner, infolgedessen leichter, und man muß dann um mehr als 10 *m* steigen, wenn das Barometer wieder um 1 *mm* sinken soll. Man hat nun berechnet, wie hoch das Barometer bei den verschiedenen Höhen über dem Meere stehen muß, und findet dies in den hypsometrischen Tabellen. Kennt man den mittleren Barometerstand eines Ortes, so kann man mit großer Genauigkeit dessen Meereshöhe angeben. Der mittlere Barometerstand ergibt sich als Mittel aus vielen Beobachtungen.

Will man die Höhe eines Berges messen, so muß man möglichst zu derselben Zeit den Unterschied der Barometerstände am Fuß und am Gipfel bestimmen und hieraus mittels der hypsometrischen Tafel die Höhe des Berges berechnen; sie ergibt sich jedoch etwas ungenau.

2. Das Barometer in der Witterungskunde (Meteorologie). Das Barometer zeigt ein unregelmäßiges Fallen und Steigen, welches mit der Witterung zusammenhängt. Bei tiefem Barometerstand bringen westliche Winde uns Wolken und Regen oder Schnee, im Sommer Kälte, im Winter Wärme; insbesondere auf rasches und tiefes Fallen des Barometers tritt oft stürmisches Wetter ein. Bei hohem Barometerstand dagegen herrschen leichte bis mäßige östliche Winde, geringe Bewölkung und im Sommer große Hitze, im Winter strenge Kälte. Wegen dieses Zusammenhanges benützte man das Barometer zur Vorherbestimmung des Wetters und nannte es auch Wetterglas.[2] Die Wetterprophezeiungen (Prognosen) zeigten sich aber als sehr unzuverlässig.

[2] Es mag hier erwähnt werden, daß Guericke schon vor Torricelli ein Barometer erfunden hatte; es war ein Wasserbarometer, also eine ca. 10 *m* lange mit Wasser gefüllte Röhre; erst auf dem Reichstage zu Regensburg 1654 erhielt er Kunde von Torricellis Entdeckung. Dies Wasserbarometer benützte er schon als Wetterglas und prophezeite einen Sturm (1660). Andererseits hatte die Akademie von Florenz keine Kenntnis von Guerickes Luftpumpe und untersuchte doch schon das Verhalten verschiedener Körper und Erscheinungen im luftleeren Raum, indem sie Torricellische Vakua von großen Volumen herstellte. Auch Paskal erforschte 1646 die Gesetze des Luftdruckes durch barometrische Versuche.

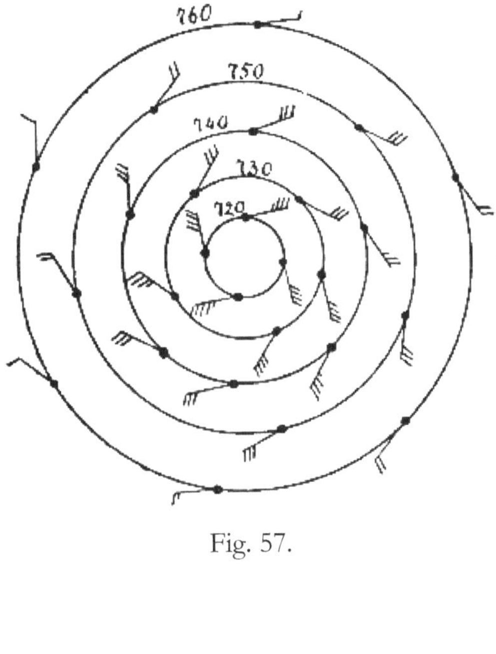

Fig. 57.

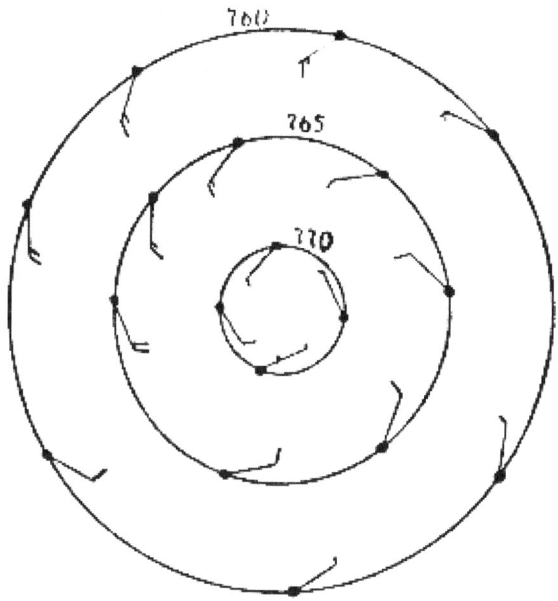

Fig. 58.

Man fand jedoch andere mit dem Luftdrucke zusammenhängende Gesetze, die ebenso sicher, als für die Wetterprognosen wichtig sind. Sie sind: 1. das Gesetz der barometrischen Minima und Maxima. Wenn man an vielen Orten Europas täglich zu gleicher Zeit (etwa 8 Uhr morgens) den Barometerstand beobachtet[3], diese Beobachtungen sammelt und vergleicht, indem man sie auf eine Landkarte einträgt (synoptische Karte), so findet sich stets eine gesetzmäßige Verteilung des Barometerstandes. Ein Punkt hat den tiefsten Barometerstand; dort liegt das barometrische Minimum; von diesem Punkte nach allen Richtungen auswärts steigt das Barometer, und zwar ziemlich gleichmäßig; verbindet man alle diejenigen Punkte, die gleich hohen Barometerstand haben, so haben diese Linien, Isobaren, eine nahezu kreisförmige Gestalt und umgeben in immer größeren Ringen das barometrische Minimum. Den ganzen Bereich, den diese zum Minimum gehörigen Isobaren einschließen, nennt man eine barometrische Depression. (Fig. 57.)

[3] Diese Barometerstände müssen zuerst auf das Meeresniveau reduziert werden, d. h. man muß berechnen, wie hoch das Barometer an diesem Orte stehen müßte, wenn der Ort auf dem Meeresniveau läge. Z. B. zu 740,6 *mm* müssen bei 220 *m* Lokalhöhe 21,6 *mm* addiert werden.

Das barometrische Minimum beträgt in Europa meistens an 730 *mm*, geht hie und da bis 710 *mm*, in der heißen Zone bis 700 *mm* herunter. Die barometrischen Depressionen rücken bei uns in der Hauptrichtung von West nach Ost vor, sie kommen vom atlantischen Ozean, ziehen über England, die Nordsee, Dänemark, die Ostsee nach Rußland, oder sie dringen von den Faröerinseln gegen Norwegen und über Schweden nach Rußland, oder sie ziehen zwischen Island und Norwegen ins nördliche Eismeer und streifen bloß Europa. Auf diesen Wegen sind sie am tiefsten. Einige dringen in Frankreich ein und durchziehen Europa, andere dringen über Dänemark nach Deutschland ein, manche durchstreifen das Mittelmeer, kommen wohl auch vom nordadriatischen Meer nach Österreich; alle ins Innere des Kontinentes eindringenden Depressionen verlieren meist rasch an Tiefe, verflachen sich, füllen sich aus und verschwinden. Auf der nördlichen Halbkugel schreiten die Depressionen in den Tropen in der Richtung nach *WNW*, außer den Tropen nach *ENE* fort; auf der südlichen Halbkugel hat man *S* statt *N* zu setzen. Innerhalb 6 Breitengraden zu beiden Seiten des Äquators wurden nie Depressionen beobachtet (Kalmenzone). Das Fortschreiten der Depressionen beträgt in Europa ca. 27 *km* in einer Stunde.

In dem Gebiete, das dem Bereiche des Minimums nicht angehört, ist das barometrische Maximum: dort befindet sich ein Ort, der den höchsten Barometerstand hat, und von ihm nach allen Richtungen auswärts nimmt der Barometerstand ab: die Isobaren laufen auch kreisförmig um das Maximum, sind aber der Form nach lange nicht so regelmäßig und liegen stets viel weiter voneinander entfernt als beim Minimum. (Fig. 58.) Der Bereich des Minimums ist vergleichbar einem trichterförmigen Tale mit steilen Abhängen, das Maximum einem flachen Hügel mit sanft ansteigenden Rändern. Auch die Maxima verändern ihre Lage, jedoch unregelmäßig, bilden sich meist über großen Ländermassen aus (Rußland, Mitteleuropa) und bleiben oft lange ruhig stehen.

2. Das Windgesetz (von Buijs Ballot): Alle Winde sind Luftströmungen, welche von einem Gebiete höheren Luftdruckes zu einem solchen niedrigeren Luftdruckes fließen. Diese Luftströmungen folgen hiebei nicht der kürzesten Verbindungslinie, sondern erleiden infolge der Achsendrehung der Erde eine Ablenkung, so daß sie in Spiralen laufen. **Die Winde laufen auf der nördlichen Halbkugel um das barometrische Minimum herum entgegengesetzt dem Zeiger der Uhr.** Von dieser Richtung weichen die Winde jedoch derart ab, daß sie etwas gegen das Minimum zugewendet sind; so hat ein Ort südlich vom Minimum meist Westsüdwestwind, sogar Südwestwind. Es kommt aber nie vor, daß die Windrichtung von dieser Hauptrichtung ganz abweicht; der Wind läuft nie in entgegengesetzter Richtung um das Minimum und nie vom Minimum weg. Auf der südlichen

Halbkugel läuft der Wind in entgegengesetzter Richtung um das Minimum, also gerade wie der Zeiger der Uhr, aber auch dem Minimum zugewendet.

Jede solche wirbelförmige Luftbewegung nennt man einen Cyklon. Auch um das Maximum laufen die Winde, aber gerade umgekehrt, also bei uns wie der Zeiger der Uhr (Anticyklon), und sind dabei etwas vom Maximum abgewendet; doch sind diese Richtungen im allgemeinen größeren Abweichungen ausgesetzt als beim Minimum.

Die Windstärke hängt mit der Nähe der Isobaren zusammen; je näher die Isobaren aneinander liegen, desto stärker ist der Wind, und gerade dort, wo sie am nächsten beieinander liegen, ist der Wind am stärksten. Stürmische Winde, volle Stürme und Orkane kommen nur im Bereich der barometrischen Depressionen vor (ausgenommen rasch vorübergehende Gewitterstürme), und zwar sind sie um so stärker, je tiefer das Minimum ist; deshalb kommen Orkane fast nur in der heißen Zone vor. Da beim Maximum die Isobaren stets verhältnismäßig weit auseinander liegen, so sind die in seinem Bereich auftretenden Winde meist schwach, höchstens an den Rändern stark, nie stürmisch.

3. Einfluß auf das Wetter. Wenn ein barometrisches Minimum vom Meere her ins Land eindringt, so führt der Wind Luft vom Meere herein, die feucht ist und deshalb viel Regen bringt; diese Luft ist im Sommer kälter und im Winter wärmer als das Land. Da in bezug auf Deutschland die meisten Depressionen nördlich vorüberziehen, so erhalten wir durch sie südwestliche, dann westliche Winde mit Bewölkung und Regen. Im Bereich des Maximums, insbesondere wenn es über einer großen Ländermasse steht, herrschen schwache bis mäßige Winde, bei uns meist östlicher Richtung, heiterer Himmel und Trockenheit, im Sommer infolge des Sonnenscheins große Hitze, im Frühjahre und Herbst in den hellen Nächten oft Frost, im Winter in den langen, hellen Nächten große Kälte, die durch den kurzen täglichen Sonnenschein nicht beseitigt werden kann.

4. Die Wetterprognosen. Wenn an vielen Orten zu gleicher Zeit täglich Barometer, Thermometer, Windrichtung und -Stärke, Bewölkung, Regen oder Schnee beobachtet werden, und diese Beobachtungen sofort alle an eine meteorologische Zentralstation telegraphiert werden, so ist man dort imstande, die Witterungslage zu überblicken und auf Grund der angegebenen Gesetze das künftige Wetter vorherzusagen (prognostizieren), wenn auch nur für den nächsten Tag und für einen ziemlich kleinen Bezirk. Auch Sturmwarnungen werden ausgegeben.

37. Ausdehnungsbestreben der Luft.

Die luftförmigen Körper unterscheiden sich von den flüssigen Körpern wesentlich durch die **sehr beträchtliche**

Zusammendrückbarkeit und ein **unbegrenztes Ausdehnungsbestreben.** Beide Eigenschaften faßt man auch durch den Ausdruck **Elastizität** zusammen und nennt sie **elastisch-flüssige** Körper, obwohl der Ausdruck Elastizität in etwas anderem Sinne gemeint ist.

Luftförmige Körper haben ein unbegrenztes Ausdehnungs- oder Expansionsbestreben, d. h. sie suchen sich so weit als möglich auszudehnen; sie nehmen den dargebotenen Raum stets vollständig ein. Bringt man 1 *l* Luft in einen 1 *cbm* großen und luftleeren Raum, so dehnt sie sich auf den Raum von 1 *cbm* aus und füllt ihn vollständig aus. Nimmt man aus einem Gefäße, das 1 *l* Luft enthält, ½ *l* Luft heraus, so füllt der darin bleibende ½ *l* dadurch, daß er sich ausdehnt, den ganzen Raum von 1 *l* aus; es ist also in dem Gefäße wieder 1 *l* Luft, die natürlich jetzt dünner ist als zuerst. Ebenso kann man in ein Gefäß von etwa 1 *l* Inhalt zu der schon vorhandenen Luft noch 1 *l* hineinpressen; denn die beiden Luftmengen pressen sich zusammen, so daß sie miteinander nur den Raum von 1 *l* einnehmen. **Luftförmige Körper haben keine selbständige Gestalt, auch kein selbständiges Volumen; sie richten sich in ihrem Volumen stets nach dem dargebotenen Raume.**

38. Luftpumpe.

Die Luftpumpe beruht auf dem Expansionsbestreben der Luft. Sie dient dazu, um die Luft immer mehr aus einem Gefäße zu entfernen, das Gefäß auszupumpen oder zu evakuieren. Sie wurde erfunden von Otto v. Guericke (um 1635), wobei er auch das bis dahin unbekannte Expansionsbestreben der Luft entdeckte.

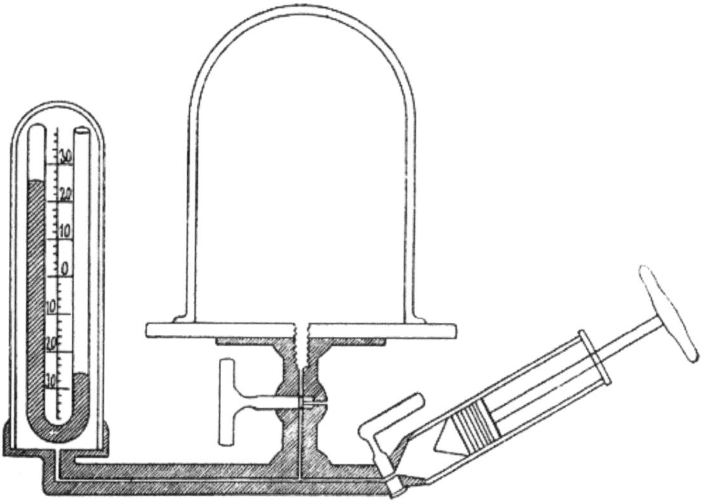

Fig. 59.

Die einstiefelige Luftpumpe: Im Pumpenstiefel, einem genau ausgedrehten Messingrohr, befindet sich ein luftdicht anschließender Kolben, der durch einen Handgriff auf und ab bewegt werden kann. Der Stiefel mündet in ein enges Metallrohr, das sich nach aufwärts biegt und in einen eben abgeschliffenen Glasteller mündet. Auf den Glasteller kann eine Glasglocke luftdicht aufgesetzt werden. Ganz nahe am untern Ende des Stiefels befindet sich ein Hahn, der zweifach durchbohrt ist; durch die eine, gerade Bohrung kann der Stiefel mit dem Rezipienten verbunden werden, durch die andere, krumme Bohrung kann entweder der Stiefel oder bei anderer Stellung der Rezipient mit der äußeren Luft verbunden werden.

Man stellt den Hahn so, daß der Stiefel mit dem Rezipienten verbunden ist, und zieht den Kolben in die Höhe; dadurch wird der Luft im Rezipienten auch noch der Raum des Stiefels dargeboten; sie dehnt sich also auch auf diesen Raum aus, indem ein Teil der Luft des Rezipienten in den Stiefel hinüberströmt; dadurch ist die Luft im Rezipienten schon dünner geworden. Man stellt nun den Hahn in die zweite Stellung, so daß er den Stiefel mit der freien Luft verbindet, und drückt den Kolben hinunter; dadurch wird die im Stiefel enthaltene Luft hinausgeschafft. Man stellt den Hahn wieder in die erste Stellung, macht dasselbe nochmals und fährt so weiter. So oft man den Kolben in die Höhe zieht, dehnt sich die im Rezipienten enthaltene Luft auch auf den Raum des Stiefels aus, wird also wieder mehr verdünnt. Aber da die Luft nur dadurch herausgeht, daß sie sich ausdehnt, so kann man einen wirklich luftleeren Raum durch die Luftpumpe nicht herstellen, sondern nur einen luftverdünnten.

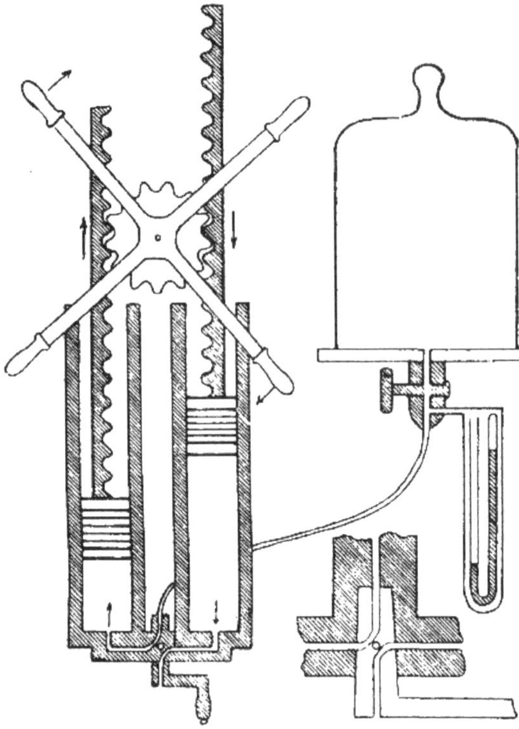

Fig. 60.

Die zweistiefelige Luftpumpe hat zwei nebeneinander stehende Stiefel; die Kolbenstangen sind mit Zähnen versehen, in welche ein Zahnrad beiderseits eingreift; wird dieses mittels eines Kurbelkreuzes gedreht, so geht der eine Kolben nach abwärts, der andere nach aufwärts und umgekehrt, wenn man das Rad nach der anderen Richtung dreht. Die Stiefel sind unten durch eine kurze Röhre verbunden, von deren Mitte das Rohr abzweigt, das zum Rezipienten führt. Ein dort steckender Hahn hat zwei krumme Bohrungen, durch welche der eine Stiefel mit dem Rezipienten, der andere mit der äußeren Luft verbunden ist; durch Drehen des Hahnes können die Stiefel in umgekehrter Ordnung mit Rezipient und äußerer Luft verbunden werden. Man kann so stets den Stiefel, dessen Kolben in die Höhe gezogen wird, mit dem Rezipienten verbinden, so daß die Stiefel abwechselnd den Rezipienten auspumpen.

39. Versuche mit der Luftpumpe.

Die Versuche mit der Luftpumpe erläutern insbesondere das Expansionsbestreben der Luft und die Wirkung des Luftdrucks. Schon nach einigen Kolbenzügen haftet die Glocke fest auf dem Teller, sodaß man sie nicht losreißen kann; denn von oben drückt der gewöhnliche, äußere Luftdruck auf die Glocke nach abwärts; und von unten der Gegendruck auf die untere Fläche des Tellers nach aufwärts; im Innern ist aber nur wenig Luft, die schwächer drückt und dem äußeren Luftdruck nicht mehr das Gleichgewicht hält; deshalb müßte man, um die Glocke loszureißen, eine Kraft anwenden, die fast so groß ist, als der Druck der Luft auf die obere Fläche.

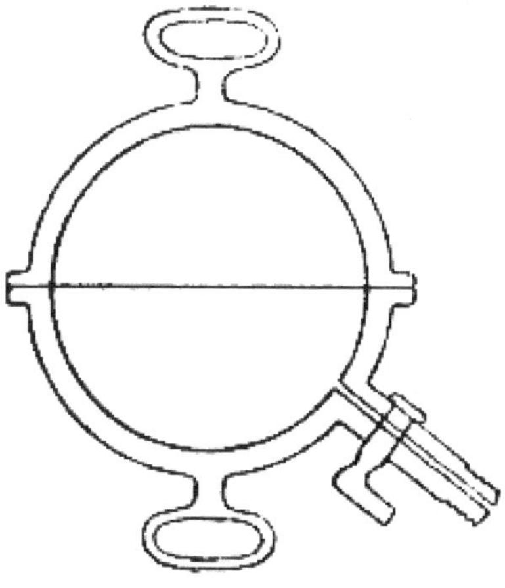

Fig. 61.

Die **Magdeburger Halbkugeln** sind zwei Halbkugeln aus starkem Metall, deren Ränder gut abgeschliffen sind und luftdicht aneinander passen; macht man den Raum im Innern derselben luftleer, so können sie nicht mehr auseinander gerissen werden. Erklärung wie vorher. Da der Luftdruck auf 1 *qcm* 1 *kg*, also auf 1 *qdm* 100 *kg* beträgt, so müßte man bei einer Querschnittsfläche von nur 1 *qdm* schon eine Kraft von 100 *kg* anwenden, um die Halbkugeln voneinander zu reißen.

Diesen berühmten Versuch machte Otto v. Guericke auf Einladung des Kaisers Ferdinand vor dem versammelten Reichstage zu Regensburg 1654. Der Durchmesser der Halbkugeln betrug 0,67 Magdeburger Ellen und obwohl sie nicht ganz ausgepumpt werden konnten, waren doch 16 Pferde nicht imstande, sie voneinander zu reißen. Dieser Versuch war damals so interessant, weil man die Luft bis dahin für nichts angeschaut hatte, oder doch nur für einen Stoff, der leicht und kraftlos ist, den man mit den Händen beiseite schieben kann, und von dem man nicht gut glauben konnte, daß er eine einigermaßen beträchtliche Wirkung hervorbringen könne. Um so interessanter und lehrreicher war es, durch diesen Versuch zu sehen, daß die Luft einen so ungemein großen Druck hervorbringen kann.

Wenn man eine Hohlkugel evakuiert, an eine mit Luft gefüllte Hohlkugel anschraubt und nun die Verbindung zwischen beiden herstellt, so zeigen sich beide Kugeln gleichmäßig mit Luft gefüllt. (Guericke.)

Legt man eine nur halb mit Luft gefüllte, zugebundene Schweinsblase unter den Rezipienten und pumpt aus, so schwillt die Blase an: denn die Luft in ihr dehnt sich aus, sobald die äußere Luft weggeschafft wird. (Guericke.)

Stellt man auf den Teller der Luftpumpe eine abgeschliffene weite Glasröhre, bindet sie oben mit einem elastischen Kautschukblatt zu und pumpt die Luft aus, so wird durch den äußeren Luftdruck der Kautschuk nach abwärts gedrückt, dehnt sich immer mehr aus und platzt zuletzt. Legt man auf die Glasröhre eine Glasplatte und pumpt die Luft unten weg, so wird die Glasscheibe zerdrückt.

Stellt man unter den Rezipienten ein Aneroidbarometer, so sieht man sofort, wenn man den Kolben in die Höhe zieht, wie der Zeiger sich bewegt und dadurch das Abnehmen des Luftdruckes anzeigt; denn je dünner die Luft ist, desto schwächer drückt sie.

Mittels der Luftpumpe kann man auch nachweisen, daß alle Körper gleich rasch fallen. Leichte, lockere Körper wie Papier, Flaumfedern etc. fallen ja in der Luft langsamer als schwere, dichte Körper; im luftleeren Raum sieht man aber den lockeren und den dichten Körper gleich rasch fallen. Galilei bewies dies dadurch, daß er einen leichten Körper (Papierschnitzel) auf den schweren (Münze) legte, und beide zusammen fallen ließ.

Jeder Körper bekommt in der Luft einen Auftrieb. An einer kleinen Wage hängt eine große, hohle, aber verschlossene Glaskugel und ein Messinggewicht, das ihm das Gleichgewicht hält, also eben so schwer zu sein scheint. Bringt man die Wage unter den Rezipienten und pumpt aus, so senkt sich die Glaskugel; denn da ihr Volumen größer ist als das des Messinggewichtes, so erhält sie in der Luft einen Auftrieb; im luftleeren Raum fehlt dieser, deshalb sinkt sie herab.

Der Gewichtsverlust in der Luft beträgt nach dem archimedischen Gesetz 1,29 *g* für jedes *cdm.* Bei gewöhnlichen Wägungen vernachlässigt man diesen Auftrieb, bei feinen physikalischen Wägungen muß er aber berücksichtigt werden.

40. Die Quecksilberluftpumpe.

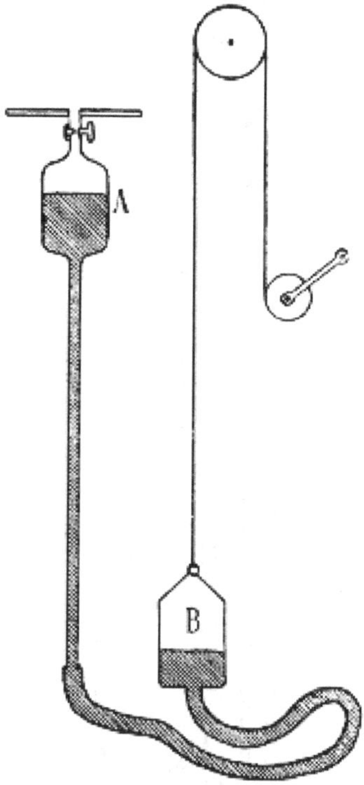

Fig. 61a.

Bei der Quecksilberluftpumpe (Fig. 61a) sind die zwei geräumigen Gefäße A und B durch einen Kautschukschlauch verbunden und halb mit Quecksilber gefüllt. Hebt man B bis zur Höhe des A, so füllt sich A mit Quecksilber, worauf man den Hahnen schließt. Senkt man B, so entsteht in A ein Torricellisches Vakuum, das durch andere Stellung des Hahnes dazu verwendet wird, einen Raum zu evakuieren. Sie ermöglicht, die höchsten Verdünnungen herzustellen.

Bei der Wasserstrahl-Luftpumpe läßt man Wasser in heftigem Strahle durch den Innenraum einer Röhre spritzen; der Wasserstrahl reißt dann die im Rohre befindliche Luft mit sich fort und evakuiert so einen damit kommunizierenden Raum. Sie evakuiert sehr rasch und bequem, aber nur bis zu einem bestimmten Grade.

41. Zusammendrückbarkeit der Luft. Mariottesches Gesetz.

Die Mariottesche Röhre: Längs einer vertikalen Säule sind zwei Holzstücke verschiebbar angebracht, deren jedes eine vertikale Glasröhre trägt. Von diesen ist die eine oben offen, die andere durch Hahn verschließbar, und beide sind unten durch einen langen Gummischlauch verbunden. Dieser ist so mit Quecksilber gefüllt, daß es auch noch in den Glasröhren bis etwa zu deren Mitte reicht.

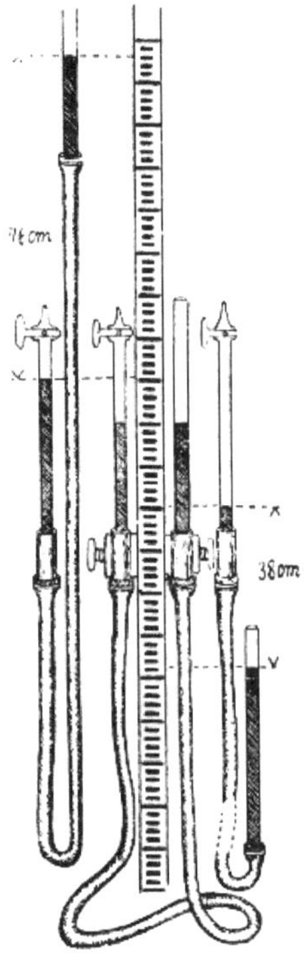

Fig. 62.

Man bringt die Röhren auf gleiche Höhe und öffnet den Hahn, worauf sich das Quecksilber gleich hoch stellt; darauf schließt man den Hahn, wodurch man in der Röhre ein bestimmtes Volumen Luft absperrt, welches unter dem Druck der äußeren Luft, also einer Atmosphäre steht.

Hebt man nun die offene Röhre, und damit das in ihr befindliche Quecksilber, so übt die überstehende Quecksilbersäule auf die Luft in der geschlossenen Röhre einen Druck aus, durch welchen die Luft auf ein kleineres Volumen zusammengepreßt wird. Die Messung ergibt, daß, wenn das Volumen der Luft zweimal kleiner geworden ist, die überstehende Quecksilbersäule eine Höhe von ca. 76 *cm* hat; genauer: die Höhe ist gleich der Höhe des jeweiligen Barometerstandes.

Da der Druck einer solchen Quecksilbersäule gleich dem einer Atmosphäre ist, und auf das Quecksilber im offenen Schenkel noch die äußere Luft mit einer Atmosphäre drückt, so drückt nun auf die Luft im geschlossenen Schenkel ein Druck von zwei Atmosphären, und sie ist dadurch auf ein zweimal kleineres Volumen zusammengedrückt.

Man hebt den offenen Schenkel, bis die Luft im geschlossenen Schenkel auf ein Drittel ihres ursprünglichen Volumens zusammengepreßt ist, findet, daß dann das Quecksilber im offenen Schenkel um 2 · 76 *cm* übersteht, und schließt, daß nun der Druck dreimal so groß ist als wie zuerst, und daß dadurch das Volumen der Luft dreimal so klein geworden ist.

Durch solche Versuche findet man, daß das Volumen der Luft stets ebensovielmal kleiner wird, als man den Druck größer macht.

Um zu zeigen, daß dies Gesetz auch bei Verdünnung der Gase gilt, stellt man die beiden Röhren gleich hoch und schließt den Hahnen. Dann senkt man den offenen Schenkel, so zeigt sich, daß auch im geschlossenen Schenkel das Quecksilber etwas sinkt, daß also die Luft sich ausdehnt. Ist hiebei das Volumen der Luft zweimal so groß geworden, so steht das Quecksilber im offenen Schenkel um 38 *cm* = ½ · 76 *cm* tiefer als im geschlossenen; dies macht ½ Atmosphäre. Auf die Luft im geschlossenen Schenkel drückt also nicht mehr eine ganze Atmosphäre (äußere Luft), sondern davon subtrahiert sich der Druck der Quecksilbersäule von ½ Atmosphäre, so daß nur ein Druck von ½ Atmosphäre übrig bleibt. Der Druck ist demnach zweimal kleiner, das Volumen der Luft zweimal größer geworden.

Senkt man den Schenkel so weit, daß das Volumen der Luft dreimal so groß wird, so steht das Quecksilber um ⅔ · 76 *cm* tiefer. Auf die Luft im geschlossenen Schenkel drückt also nur mehr ⅓ Atmosphäre. So fährt man weiter und findet: je kleiner der Druck, desto größer das Volumen des Gases. Man erhält so das Gesetz: je größer der Druck ist, den man auf ein Gas ausübt, desto kleiner ist sein Volumen und umgekehrt; oder: **die Volumina eines Gases verhalten sich umgekehrt wie die Druckkräfte**; bezeichnet man die Druckkräfte mit P und P´, die Volumina mit V und V´, so ist:

$$P : P' = V' : V. \text{ (I)}.$$

Dieses wichtige Gesetz lehrt, wie das Volumen eines Gases bloß von dem Drucke abhängt, und heißt das **Mariottesche Gesetz**. (Robert Boyle 1666, Mariotte 1684.)

Unter Expansivkraft oder Spannung der Luft versteht man den Druck, den eingeschlossene Luft auf die Wände des Gefäßes ausübt. Sie ist die Folge des Ausdehnungsbestrebens der Luft. Hat man etwa unter dem Rezipienten ein Aneroidbarometer stehen, und ist der Rezipient noch mit der äußeren Luft verbunden, so drückt sie nach dem Gesetze des Boden- und Seitendruckes auf das Barometer. Aber auch wenn man den Hahn absperrt, bleibt dieser Druck bestehen und ist nun anzusehen als Folge des

Ausdehnungsbestrebens der Luft. Er hängt nicht ab vom Gewicht der im Rezipienten enthaltenen Luft, sondern nur von ihrer Dichte. Wenn man nämlich durch Auspumpen die Dichte der Luft geringer macht, so wird ihr Druck geringer, was man am Zurückgehen des Barometerzeigers sieht. Bei den Versuchen an der Mariotteschen Röhre übt die im geschlossenen Schenkel abgesperrte Luft auf die Oberfläche des Quecksilbers einen Druck aus, der offenbar so groß ist als der von außen wirkende Druck, da sich beide Drücke das Gleichgewicht halten; man sieht gerade an diesen Versuchen: wenn das Volumen der eingesperrten Luft 2, 3 . . . . mal kleiner wird, so wird auch ihre Expansivkraft 2, 3 . . . . mal größer und umgekehrt: die Expansivkräfte eines Gases verhalten sich umgekehrt wie seine Volumina. Bezeichnet man die Expansivkräfte mit E und E´, so ist

$$E : E' = V' : V. \text{ (Ia).}$$

Unter Dichte eines Körpers versteht man die Anzahl der in einer Raumeinheit, etwa 1 *ccm*, enthaltenen Moleküle. Wenn man diese Zahl auch nicht berechnen, also die Dichte nicht wirklich finden kann, so kann man doch die Dichten mancher Körper miteinander vergleichen; insbesondere ist klar, daß, wenn man einen Körper auf einen kleineren Raum zusammenpreßt, seine Dichte größer wird, derart, daß **die Dichten sich verhalten umgekehrt wie die Volumina**; bezeichnet man also die Dichten dieses Körpers mit D und D', so ist

$$D : D' = V' : V. \text{ (H = Hilfssatz, gültig für alle Körper.)}$$

Verbindet man diesen Satz mit dem ersten Mariotteschen Satz, nach welchem die Druckkräfte sich verhalten wie umgekehrt die Volumina, so folgt: **Die Dichten eines Gases verhalten sich wie die Druckkräfte**:

$$P : P' = D : D' \text{ (II),}$$

und in Verbindung mit dem Satz Ia folgt: **die Expansivkräfte eines Gases verhalten sich wie seine Dichten:**

$$E : E' = D : D' \text{ (IIa).}$$

Ferner: je größer die Dichte eines Körpers ist, desto größer ist sein sp. G., also D : D' = S : S' (H). Dieser Satz gilt auch von allen Körpern; verbindet man ihn mit II, so folgt: **Die spezifischen Gewichte eines Gases verhalten sich wie die äußeren Druckkräfte**:

$$P : P' = S : S' \text{ (III),}$$

und verbunden mit IIa folgt: **Die Expansivkräfte eines Gases verhalten sich wie die spezifischen Gewichte**:

$$E : E' = S : S' \text{ (IIIa).}$$

Dies sind die wichtigsten Fassungen des Mariotteschen Gesetzes. Sie sind so aufgestellt, daß die Druckkräfte als die von außen wirkenden Ursachen erscheinen, welche die Zustände des Gases, nämlich sein Volumen und seine Dichte beeinflussen (I, II, III) und daß anderseits die Expansivkraft als abhängig erscheint von den Zuständen (Volumen und Dichte), in welchen das Gas sich befindet, oder in welche man es gebracht hat.

Sollen zwei Gasmassen in einen einzigen Raum vereinigt werden, so kann man zur Berechnung die Sätze verwenden: Bei gleichem Volumen addieren sich die Dichten also auch die Druckkräfte. Bei gleichem Druck addieren sich die Volumina.

42. Spezifisches Gewicht der Gase. Luftballon.

Da der Luftdruck auf einem Berge kleiner ist als im Tale, so ist auch die Dichte und das sp. G. der Luft auf dem Berge kleiner als im Tale; die Luft auf dem Montblanc ist nahezu zweimal dünner als am Meere. Streicht die Luft über ein Gebirge, so dehnt sie sich beim Aufsteigen aus und wird beim Absteigen wieder zusammengedrückt (Guericke). Da auch das sp. G. der Luft in der Höhe kleiner ist, so muß man dort mit dem Barometer um mehr als 10 *m* steigen, damit es um 1 *mm* sinkt; denn die (kleinen) Höhen, um welche man steigen muß, verhalten sich umgekehrt wie das sp. G. der Luft, also auch umgekehrt wie die Barometerstände.

Das spezifische Gewicht der Luft wird stets bei einem Barometerstande von 760 *mm* angegeben; es ist 0,001293. Das sp. G. bei einem andern Barometerstande wird berechnet nach dem Satze: (III) P : P' = S : S'.

Dies Gesetz gilt bei allen Gasen.

Man gibt meistens das sp. G. der Gase nicht in bezug auf Wasser, sondern in bezug auf Luft an. Ist das sp. G. der Kohlensäure = 1,5291, so heißt das: Kohlensäure ist 1,53 mal so schwer wie Luft; will man hieraus das sp. G. der Kohlensäure in bezug auf Wasser haben, so muß man es mit 0,00129 multiplizieren nach dem Satze:

sp G Kohlens. Wasser = sp G Kohlens. Luft · sp G Luft Wasser

sp G = 1,5291 · 0,001293 = 0,001977.

Der Luftballon.

Jeder Körper bekommt in der Luft einen Auftrieb, der gleich dem Gewichte der verdrängten Luftmasse ist. Dieser Auftrieb, nicht beträchtlich bei festen und flüssigen Körpern, ist von wesentlichem Einfluß bei luftförmigen. Denn da z. B. Wasserstoffgas ein sp. G. von 0,06926 hat, also ein *cbm* Wasserstoff 0,089 *kg* wiegt, in der Luft aber einen Auftrieb von 1,293 *kg* erfährt, so wird jedes *cbm* Wasserstoff von der Luft nach aufwärts getrieben mit der Kraft von 1,204 *kg*. Dasselbe gilt von jedem Gase, das spezifisch leichter ist als die Luft, also auch von warmer Luft, die von kälterer umgeben ist, da die warme Luft leichter ist als kalte.

Füllt man einen aus leichtem Stoffe gefertigten Ballon mit einem leichten Gas, also Wasserstoff, Leuchtgas, warmer Luft, und ist der Auftrieb des Gases noch größer als das Gewicht des Gases nebst dem Gewicht des Stoffes, aus dem der Ballon gefertigt ist, so steigt der Ballon in die Höhe; es ist ein Luftballon.

Der erste Luftballon wurde von Montgolfier 1783 gefertigt und mit erwärmter Luft gefüllt, in demselben Jahre füllte Charles einen Ballon mit Wasserstoff; bald darauf füllte man sie mit dem billigen Leuchtgas. Vielfach werden sie von Naturforschern benutzt, um den Zustand der Luft und manche Erscheinungen in höheren Luftschichten zu untersuchen, so zuerst von Pilastre du Rocier und Marquis d'Arlandes 1783, Gay-Lussac 1804. Die größte Höhe (9000 m) erreichte Glaisher 1864. Viele Versuche wurden schon gemacht, den Luftballon lenkbar zu machen.

Aufgaben:

44. Wie viel Centner Leuchtgas vom sp. G. 0,894 enthält ein Gasometer von 870 *cbm* Inhalt bei einem Druck von 716 *mm*?

45. Welches Volumen haben 32 *g* Wasserstoffgas bei einem Druck von 2¼ Atmosphären, wenn das sp. Gewicht des Wasserstoffes = 0,0693 ist?

46. Welchen Druck würde Luft ausüben, wenn sie auf ein sp. G. von 0,027 verdichtet ist?

47. Ein Behälter von 12 *l* Größe, gefüllt mit Luft von 760 *mm* Druck, wird mit einem Behälter von 18 *l* Größe, gefüllt mit Luft von 520 *mm* Druck, in Verbindung gesetzt. Welcher Druck stellt sich ein?

48. 10 *l* Luft von 720 *mm* Druck werden in einen Behälter von 30 *l* Größe, welcher schon Luft von 850 *mm* Druck enthält, hineingepreßt. Welcher Druck entsteht dadurch?

49. In einen Behälter von 10 *l* Rauminhalt, der schon Luft von 2¾ Atm. enthält, werden viermal nacheinander je 6 *l* gewöhnlicher Luft hineingepreßt. Welcher Druck ist schließlich vorhanden?

50. a Liter Luft vom Drucke p_1 und c Liter Luft vom Drucke p_2 werden in einen Raum von d Liter Inhalt gebracht. Welcher Druck herrscht dort?

51. In einen Raum von 15 *l* Größe, gefüllt mit Luft von 1 Atm., bringt man 4 *l* Kohlensäure auch von 1 Atm. Welcher Druck ist dann vorhanden und was wiegt 1 *l* der Mischung?

43. Kompressionspumpe. Taucherglocke.

Will man Luft in einen Raum hineinpressen, so benützt man eine Kompressionspumpe, die ähnlich wie eine Evakuationspumpe eingerichtet ist, nur werden die Hähne stets umgekehrt gestellt; zieht man den Kolben in die Höhe, so füllt sich der Stiefel mit äußerer Luft; drückt man den Kolben hinunter, so verbindet der Hahn den Stiefel mit dem Rezipienten, in welchen die Luft gepreßt wird.

Man benützt komprimiertes Leuchtgas zur Beleuchtung der Eisenbahnzüge und bei Leuchtbojen.

Eine Taucherglocke ist ein großer, glockenförmiger Kasten aus starkem Eisenblech; sie wird mittels Ketten auf den Grund des Meeres hinabgelassen. Durch den Druck des Wassers wird aber die Luft in der Glocke stark zusammengepreßt, bei 10 *m* Tiefe auf die Hälfte, bei 20 *m* Tiefe auf ⅓ des Volumens. Um also die Glocke mit Luft gefüllt zu halten, wird schon während des langsamen Herablassens vom Schiffe aus durch Kompressionspumpen Luft in die Glocke gepreßt, so daß die Arbeiter, am Meeresgrunde angekommen, nur in ganz seichtem Wasser stehen. Weiteres Pumpen versorgt sie beständig mit frischer Luft, so daß sie einige Stunden an der Arbeit bleiben können. Von dem starken Drucke der Luft haben die Arbeiter keine weiteren Beschwerden, da sich auch in ihren Lungen solche Luft befindet, und sich deshalb innerer und äußerer Druck das Gleichgewicht halten.

Auf dem großen Drucke komprimierter Luft beruht auch die Wirkung des Schießpulvers und anderer Sprengstoffe (Schießbaumwolle, Dynamit). Der Sprengstoff verwandelt sich durch die Entzündung rasch und fast vollständig in Gas, welches, wenn es nur unter dem Drucke einer Atmosphäre stände, einen viel größeren Raum einnehmen würde als der Stoff, aus dem es entstanden ist. Da es aber im Momente der Entzündung nur denselben Raum hat wie das Pulver, so ist es komprimiert, es hat eine sehr große Expansivkraft, die durch die Verbrennungshitze noch gesteigert wird, und treibt deshalb die Kugel aus dem Geschütze oder sprengt den Felsen. Der Druck der Pulvergase bei groben Geschützen beträgt 1500-2500 Atm.

44. Die Luft als elastischer Körper.

Ist eine Luftmasse allseitig von gewöhnlicher Luft umgeben, so zeigt sie ein ähnliches Verhalten wie elastische Körper.

Wenn man etwa bei der Luftpumpe den Kolben in die Mitte stellt und den Stiefel unten verschließt, so ist der untere Teil mit gewöhnlicher Luft gefüllt. Drückt man nun den Kolben nach abwärts, so wird er nachher durch die Expansivkraft der komprimierten Luft wieder bis zur Mitte zurückgeschoben; zieht man den Kolben nach aufwärts, so wird er nachher durch den Druck der äußeren Luft wieder nach abwärts gedrückt bis zu seiner ersten Stellung. Die Luft zeigt demnach ein ähnliches Verhalten wie elastische Körper; man hat deshalb die Gase elastisch-flüssige Körper genannt, und nennt sie sogar vollkommen elastisch, weil sie sich beliebig stark zusammendrücken und ausdehnen lassen und doch wieder ihr ursprüngliches Volumen unverändert annehmen, also nicht an eine Grenze der Elastizität gebracht werden können. Sie sind aber nicht elastisch in dem Sinne wie man feste und flüssige Körper elastisch nennt; denn ein Bestreben bei Ausdehnung wieder in die ursprüngliche kleinere Gestalt zurückzukehren, haben die luftförmigen Körper überhaupt nicht, sondern sie haben das Bestreben, sich immer weiter auszudehnen.

45. Die Pumpen.

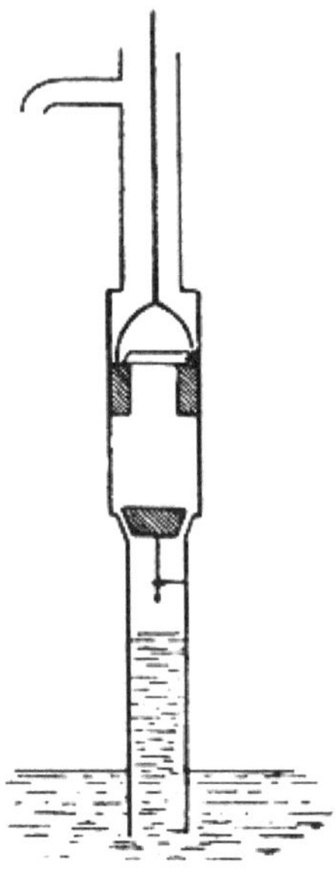

Fig. 63.

Die **Saugpumpe** dient dazu, um Wasser aus einem Brunnen herauszuschaffen. Sie hat einen Pumpenstiefel, ein gut ausgedrehtes Metallrohr, das nach unten als Saugrohr sich bis zum Wasser fortsetzt. Am unteren Ende des Stiefels befindet sich ein nach auswärts sich öffnendes Ventil, das Saug- oder Bodenventil. Im Stiefel befindet sich der Kolben, der mittels der Kolbenstange auf und ab bewegt werden kann. Der Kolben ist durchbohrt und hat oben ein nach oben sich öffnendes Ventil, das Kolben- oder Druckventil. Oben setzt sich der Stiefel in das nach aufwärts führende Steigrohr fort, das zum Ausflußrohre führt.

Zieht man den Kolben aufwärts, so wird die zwischen den beiden Ventilen befindliche Luft verdünnt, das Kolbenventil bleibt geschlossen, weil der äußere Luftdruck stärker darauf drückt als die verdünnte Luft; dagegen öffnet sich das Saugventil, weil die im Saugrohr befindliche gewöhnliche Luft stärker drückt als die verdünnte Luft, und es strömt Luft aus dem Saugrohr in den Stiefel; die Luft im Saugrohr wird dadurch dünner, drückt nicht mehr so stark auf das Wasser als der äußere Luftdruck, folglich steigt das Wasser im Saugrohr etwas in die Höhe.

Drückt man nun den Kolben nach abwärts, so hat sich zunächst das Bodenventil durch sein eigenes Gewicht geschlossen, die Luft im Stiefel wird zusammengedrückt, bekommt eine größere Expansivkraft als die äußere Luft, hebt deshalb das Kolbenventil und strömt dort hinaus. Die Pumpe hat zunächst als Luftpumpe gewirkt, indem sie einen Teil der im Saugrohr enthaltenen Luft entfernt hat.

Pumpt man weiter, so wiederholt sich derselbe Vorgang, wodurch die Luft im Saugrohr immer dünner wird; deshalb steigt auch das Wasser im Saugrohr wegen des äußeren Luftdruckes immer höher und kommt so in den Stiefel; drückt man nun nach abwärts, so strömt das im Stiefel befindliche Wasser durch das Kolbenventil auf die obere Seite des Kolbens; zieht man wieder in die Höhe, so wird einerseits das über dem Kolben befindliche Wasser nach aufwärts gehoben, anderseits würde im Stiefel zwischen den beiden Ventilen ein luftleerer Raum entstehen, weshalb durch den äußeren Luftdruck wieder Wasser in den Stiefel gedrückt wird. Ist das Wasser in der angegebenen Weise angesaugt, und schließen die Ventile gut, so bleibt die Pumpe mit Wasser gefüllt, und gibt, wenn man später wieder pumpt, schon beim ersten Zuge Wasser. (Diese Erklärung zuerst von Robert Boyle 1666.)

Da das Wasser im Saugrohr bis zum Kolbenventil nur durch den äußeren Luftdruck gehoben wird, so darf man den Stiefel nicht höher als 10 *m* über dem Wasserspiegel anbringen, nimmt sogar in der Regel höchstens 8 *m*. Bei tiefen Brunnen ist dies oft unangenehm, aber nicht zu vermeiden.

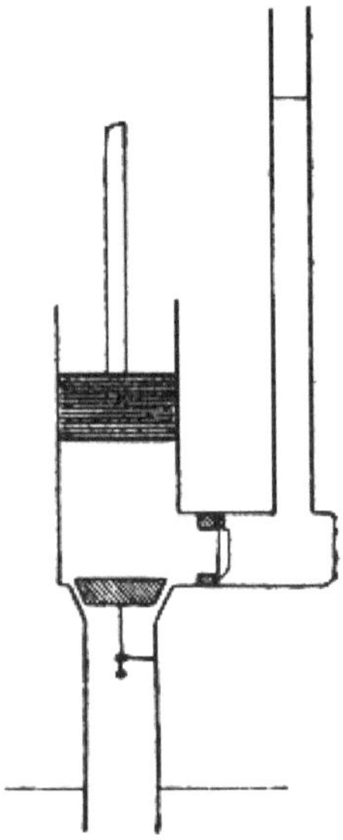

Fig. 64.

Die **Druckpumpe** dient dazu, das Wasser aus dem Brunnen herauszupumpen, und es dann noch auf eine gewisse Höhe zu heben. Sie besteht wie die Saugpumpe aus Pumpenstiefel, Saugrohr und Saugventil; der Kolben aber ist massiv. Am unteren Ende des Pumpenstiefels zweigt sich nach der Seite die Steigröhre ab, an deren Anfang ein nach auswärts schlagendes Ventil, das Druck- oder Steigventil, sich befindet, und die dann nach aufwärts zur Ausflußöffnung führt.

Geht der Kolben aufwärts, so öffnet sich das Saugventil, die Luft strömt aus dem Saugrohr in den Stiefel, und das Wasser steigt im Saugrohr; geht der Kolben abwärts, so wird die Luft im Stiefel zusammengepreßt; öffnet das Steigventil und tritt dort aus; durch weiteres Pumpen wird die Luft im Saugrohr immer mehr verdünnt, so daß das Wasser immer höher steigt, bis es in den Stiefel selbst gelangt; beim Herabdrücken des Kolbens wird es dann in die Steigröhre getrieben und kann in ihr beliebig hoch emporgetrieben werden.

Bei der Saugpumpe wird das Wasser nur gehoben, wenn der Kolben nach aufwärts geht; bei der Druckpumpe wird sowohl beim Aufwärts- als auch beim Abwärtsgehen des Kolbens Wasser gehoben, und die Arbeit ist dadurch gleichmäßiger verteilt; deshalb wendet man mit Vorliebe eine Druckpumpe an, wenn die Pumpe durch eine Maschine getrieben werden soll.

Aufgaben:

52. Bei einer Saugpumpe ist der Kolben 6 *m* über dem Wasserspiegel und noch 7,2 *m* von der Ausflußöffnung entfernt; sein Querschnitt beträgt 0,9 *qdm*. Welche Kraft hat man zum Aufziehen nötig und welche Arbeit leistet man pro 1", wenn man 45 Züge in der Minute macht und die Hubhöhe 18 *cm* beträgt; beidesmal werden für innere Arbeit 15% dazugerechnet. Wie viel Wasser fördert man in einer Stunde?

53. Bei einer Druckpumpe ist der Kolben 8 *m* über dem Wasserspiegel und das Steigrohr reicht noch 13 *m* in die Höhe. Der Kolben hat 1,4 *qdm* Querschnitt und 20 *cm* Hubhöhe. Welche Kraft hat man beim Hub, welche beim Druck nötig? Wie schwer muß man den Kolben durch Zusatzgewicht machen, damit beide Kräfte gleich werden? Welche Arbeit verrichtet man bei 25 Kolbenzügen pro Minute? Wie viel Wasser wird dadurch gefördert?

46. Die Spritzen.

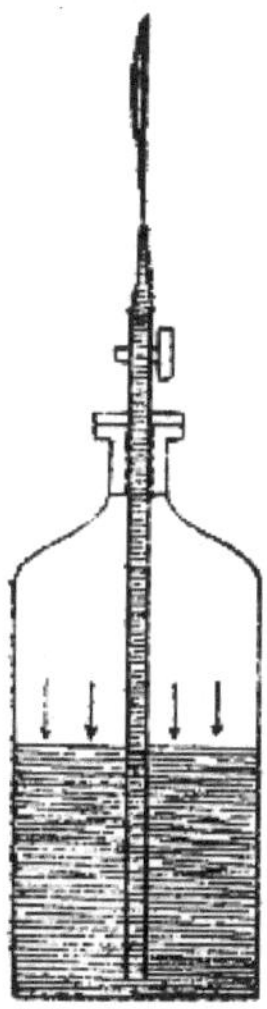

Fig. 65.

Der **Heronsball**: Ein ballonartiges starkwandiges Metallgefäß wird etwa halb mit Wasser gefüllt, dann wird in seine obere Öffnung eine Röhre luftdicht eingeschraubt, die fast bis an den Boden des Gefäßes reicht und oben einen Hahn und eine feine Ausflußöffnung hat. Man preßt durch eine Kompressionspumpe noch mehr Luft in den Ballon, wodurch sie eine große Expansivkraft bekommt. Öffnet man nun den Hahn, so drückt die Luft im Innern des Ballons stärker auf das Wasser als die äußere Luft, und treibt es in Form eines starken Strahles heraus.

Die Steighöhe des Strahles nimmt ab, je mehr die Luft durch Ausdehnung an Expansivkraft verliert und verschwindet, wenn ihre Expansivkraft gleich dem äußeren Luftdruck geworden ist.

Hat die Luft im Ballon eine Spannkraft von 2 Atmosphären, so wirkt diesem Druck der äußere Luftdruck entgegen, so daß ein Überdruck von einer Atmosphäre vorhanden ist; dieser treibt das Wasser auf ca. 10 *m*. Bei einer Spannung von 3 Atmosphären ist die Steighöhe ca. 20 *m* u. s. f. Diese Steighöhe wird nicht ganz erreicht, weil das herausspringende Wasser in der Luft einen Reibungswiderstand erfährt.

Stellt man einen Heronsball unter den Rezipienten der Luftpumpe, so fängt er beim Evakuieren zu springen an. (Robert Boyle.)

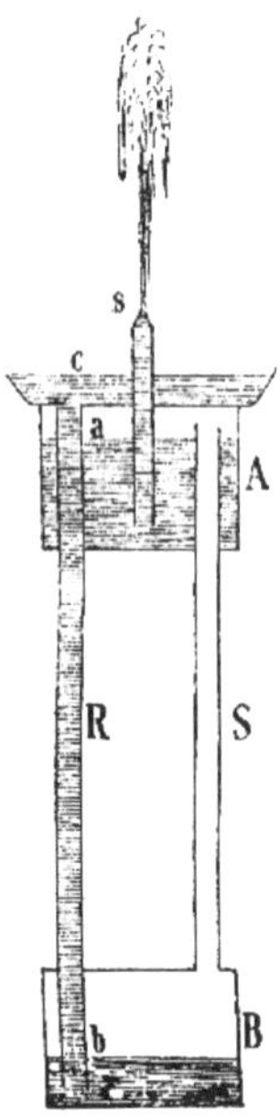

Fig. 66.

Der **Heronsbrunnen**: zwei geschlossene Gefäße A und B sind durch die Röhren R und S in der aus Fig. 66 ersichtlichen Art verbunden. Auf A steht noch ein Auffanggefäß C und aus A reicht eine Röhre mit feiner Mündung (Spritzenöffnung) heraus. A wird mit Wasser gefüllt, B ist leer. Wird nun etwas Wasser in C geschüttet, so springt das Wasser aus A durch die Spritzenöffnung in Form eines kleinen Springbrunnens heraus. Denn das Wasser von C dringt durch R in B ein, verdichtet durch seinen Druck (Höhe cb) die Luft in B, also auch durch die Röhre S die Luft in A; diese treibt das Wasser durch ihren Überdruck (gleich der Höhe cb) aus der Spritzenöffnung, und das Wasser erreicht eine Höhe, welche, von s aus gemessen, um as kleiner ist als bc. Es springt, so lange das Wasser in A reicht, oder bis B sich mit Wasser gefüllt hat; dann muß A gefüllt und B entleert werden. Dieser Apparat bietet ein gutes Beispiel dafür, daß eine Wassersäule einen Druck ausübt, daß sich dieser Druck in der Luft fortpflanzt und selbst wieder einen Druck ausübt. Durch Herabsinken des Wassers von C nach B kann Wasser von A aus gehoben werden. Er wird zu kleinen Zimmerfontänen verwendet.

Eine **Spritze** besteht aus einer Druckpumpe und einem **Windkessel**. Letzterer ist ein starkwandiges, ballonnartiges Gefäß, das in das Steigrohr eingeschaltet ist (Fig. 67); das Steigrohr mündet in einer Spritzenöffnung, dem Mundstück.

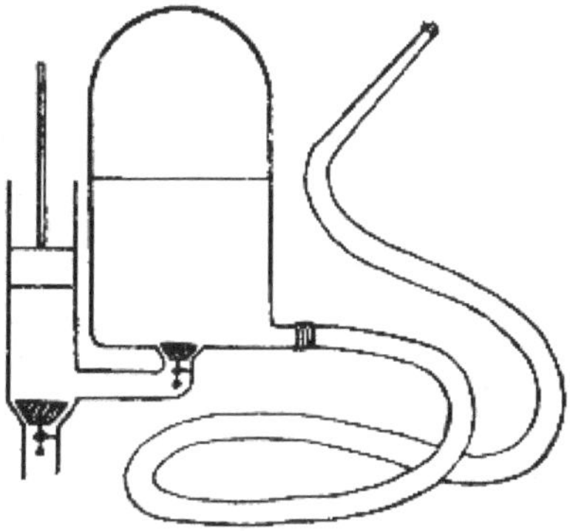

Fig. 67.

Wird nun gepumpt und verschließt man die Spritzenöffnung zuerst mit einem Hahne oder bloß mit dem Daumen, so sammelt sich das Wasser im Windkessel, indem es die dort befindliche Luft zusammendrückt. Läßt man nun die Spritzenöffnung frei, so drückt die Luft im Windkessel das Wasser in Form eines starken Strahles heraus, ähnlich wie beim Heronsball.

Wenn man immer so viel Wasser in den Windkessel pumpt, als herausspritzt, so erhält man einen gleichmäßigen Wasserstrahl, der stets nahezu gleich hoch und gleich weit geht und beständig andauert, oder kontinuierlich ist. Der Strahl springt auch in der Zeit, in welcher der Kolben in die Höhe geht, in der also kein Wasser in den Windkessel gepreßt wird, da in dieser Zeit das im Windkessel vorhandene Wasser durch die komprimierte Luft herausgedrückt wird; je geräumiger der Windkessel ist, desto gleichmäßiger ist der Strahl. (Gartenspritzen, Handfeuerspritzen.)

Die **Feuerspritze** hat zwei Druckpumpen, deren Kolbenstangen an den beiden Armen eines Hebels so angebracht sind, daß sie abwechselnd wirken, also dem Windkessel abwechselnd Wasser zuführen; unten am Windkessel führt ein Rohr nach auswärts, an das der Steigschlauch angeschraubt wird, an dessen Ende die Spritzenöffnung, das Mundstück sich befindet. Aus ihr spritzt dann das Wasser heraus, getrieben durch den Überdruck der im Windkessel befindlichen Luft; ihr Strahl ist noch gleichförmiger als der der einfach wirkenden Spritze.

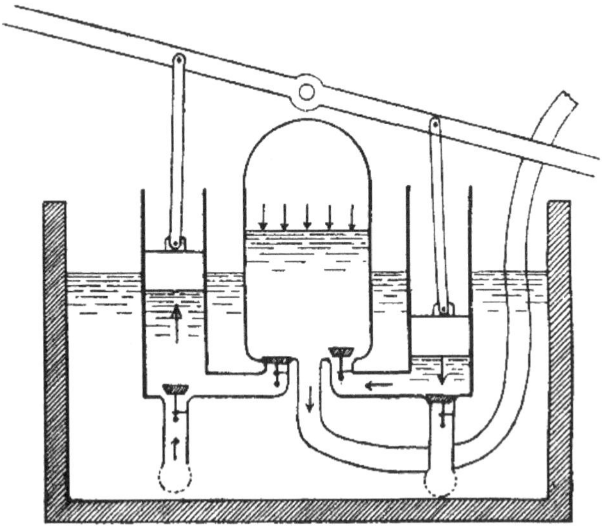

Fig. 68.

Häufig laufen beide Saugrohre in ein Rohr zusammen, und an dieses wird ein langer Saugschlauch angeschraubt. Läßt man diesen ins Wasser hinabhängen, so wird durch die Pumpen das Wasser direkt in die Stiefel gesaugt, und man hat nicht nötig, es herbei zu tragen. Ein solcher Saugschlauch muß sehr fest sein; denn von außen drückt die Luft, während innen ein nahezu luftleerer Raum, also fast kein Druck ist. Der Luftdruck würde ihn also zusammenquetschen, drosseln; man macht deshalb den Saugschlauch aus starken Eisenringen, die durch Kautschuk verbunden und mit Segeltuch umwickelt sind. Der Steigschlauch dagegen, der durch den Druck des Wassers auseinander getrieben wird, besteht bloß aus Segeltuch.

Wasserleitungsanlagen, welche kein Hochreservoir besitzen, ersetzen dieses durch mächtige Windkessel.

Aufgaben:

54. Ein Heronsball von 5 *l* Inhalt ist halb mit Wasser gefüllt. Man pumpt noch 3½ *l* Luft hinein. Wie hoch wird dann das Wasser steigen und wie hoch schließlich, wenn der letzte Rest die Mündung verläßt?

55. Eine Feuerspritze schickt das Wasser 24 *m* hoch. Die Pumpenstiefel haben je 1¼ *qdm* Querschnitt und 2 *dm* Hubhöhe und sind an 45 *cm* langen Druckarmen angebracht, während die Spritzenleute an 135 *cm* langen Armen arbeiten. Wie groß ist die Arbeit der Männer pro 1", wenn in einer Minute 70 Pumpenzüge erfolgen, und ⅓ durch Reibung verloren geht? Welcher Druck herrscht im Windkessel, und wie groß ist der Effekt des gehobenen Wassers?

47. Die Heber.

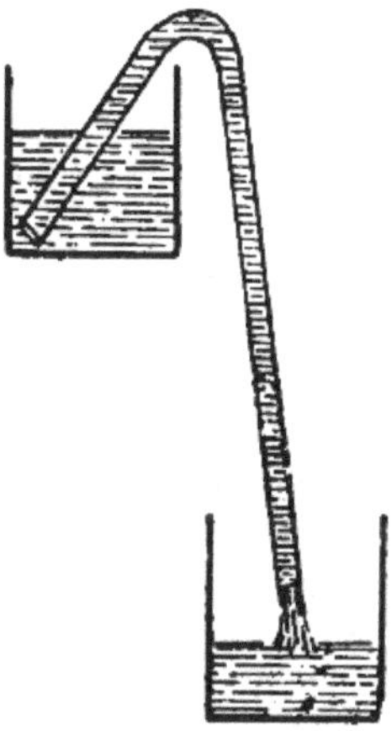

Fig. 69.

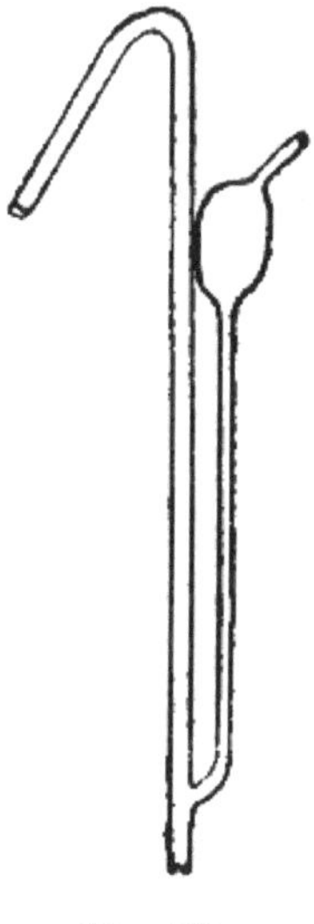

Fig. 70.

Ein **Heber** ist ein in starkem Knie gebogenes Rohr, dessen Schenkel verschiedene Länge haben. Er dient dazu, eine Flüssigkeit aus einem höheren Gefäß in ein niedriger stehendes zu leiten. Man taucht den Heber mit dem kürzeren Schenkel in die Flüssigkeit, so daß der längere Schenkel nach abwärts gerichtet ist, und saugt dann mit dem Munde am längeren Schenkel (Saugheber); dadurch entfernt man die Luft aus ihm, und die Flüssigkeit wird durch den äußeren Luftdruck in den Heber getrieben und füllt ihn an. Ist der Heber angesaugt und gibt man dann das untere Ende des Hebers frei, so fließt die Flüssigkeit aus dem oberen Gefäß durch den Heber in das untere; denn da im längeren Schenkel eine höhere Flüssigkeitssäule ist als im kürzeren, so übt diese einen stärkeren Druck aus als die im kürzeren.

Beim **Giftheber** ist nahe am untern Ende des langen Schenkels ein Saugrohr angebracht, das sich zu einer Kugel ausbaucht. Er wird angesaugt, indem man den langen Schenkel unten verschließt und nun am Saugrohr mit dem Munde saugt; dadurch wird die Luft aus dem Heber entfernt, und er füllt sich mit Flüssigkeit, bevor solche in den Mund gelangen kann.

Der **Stechbecher** ist eine weite Glasröhre, die oben so eng ist, daß man sie mit dem Finger verschließen kann, und unten wie zu einer Spritze ausgezogen, in eine feine Öffnung ausläuft. Taucht man ihn in eine Flüssigkeit, so füllt er sich, soweit er eingetaucht ist. Schließt man oben und zieht ihn heraus, so kann die Flüssigkeit nicht herauslaufen, weil sie getragen wird durch den auf die untere Öffnung nach aufwärts wirkenden Druck der äußeren Luft. Es läuft beim Herausziehen wohl etwas Flüssigkeit heraus; dadurch dehnt sich dann die innere Luft aus und bekommt einen kleineren Druck, welcher eben gerade so groß wird, daß er in Verbindung mit dem Drucke der darin bleibenden Flüssigkeit gleich wird dem äußeren Drucke. Noch dazu ist die untere Öffnung so eng, daß Luft und Wasser sich nicht ausweichen können, also auch das Wasser auf diese Weise nicht herausfließen kann. Er wird benützt, um Proben einer Flüssigkeit aus Fässern herauszunehmen.

Fig. 71.

Vierter Abschnitt.
Die Wärme.

48. Wärmezustand, Temperatur.

Wir unterscheiden schon durch unser Gefühl, ob ein Körper kalt, warm oder heiß ist, finden also einen gewissen Unterschied im Zustande eines Körpers und nennen die Ursache dieses Unterschiedes Wärme. **Der Zustand der Wärme, in dem ein Körper sich eben befindet, heißt seine Temperatur.** Zwei Körper haben gleiche Temperatur, wenn sie in Berührung gebracht ihre Temperatur nicht verändern. Sie haben ungleiche Temperatur, wenn sie bei Berührung ihre Temperatur verändern und zwar wird dabei der kältere Körper wärmer, seine Temperatur steigt, der wärmere wird kälter, seine Temperatur sinkt.

Unser Gefühl ist aber ein ziemlich unzuverlässiges Mittel zur Bestimmung der Temperatur, denn häufig erscheinen uns zwei gleich warme Körper verschieden warm, z. B. Eisen fühlt sich kälter an als Holz, wenn beide sehr kalt sind, dagegen wärmer als Holz, wenn beide sehr warm sind; ja sogar ein und derselbe Körper kann uns verschieden warm erscheinen; taucht man nämlich zugleich die rechte Hand in sehr warmes, die linke in kaltes Wasser, und dann beide zugleich in ein und dasselbe lauwarme Wasser, so findet es die rechte Hand kalt, die linke warm.

49. Die Thermometer.

Das Thermometer dient zur Bestimmung der Temperatur eines Körpers. Das bekannteste, zugleich einfachste und beste ist das **Quecksilberthermometer**; es beruht darauf, daß das Quecksilber, wie jeder andere Körper, sich ausdehnt, wenn es wärmer wird, und sich zusammenzieht, wenn es kälter wird. An eine enge Glasröhre ist unten eine Kugel angeblasen; die Kugel und ein Teil der Röhre sind mit Quecksilber gefüllt. Bei der Erwärmung dehnt es sich aus, hat in der Kugel nicht mehr Platz und steigt deshalb in der Röhre; beim Abkühlen zieht es sich zusammen, sinkt also in der Röhre, indem es wieder in die Kugel zurückgeht. **Durch den Stand des Quecksilbers in der Röhre wird die Temperatur bestimmt.**

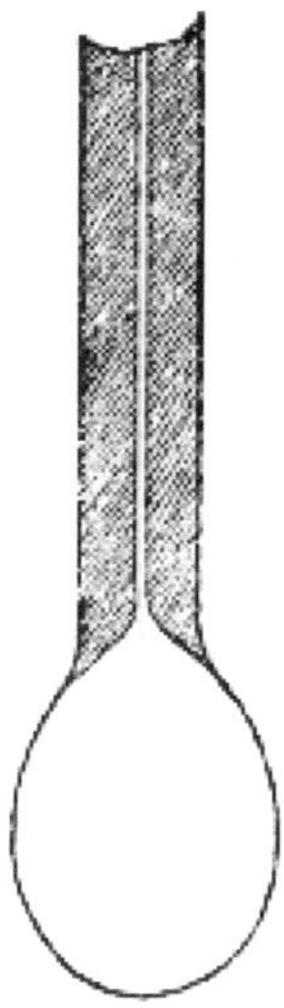

Fig. 72.

Ein gutes Thermometer muß folgende Eigenschaften haben. Das Glas der Kugel muß sehr dünn sein, damit die Wärme leicht in das Quecksilber eindringen kann; man macht das Gefäß häufig länglich, damit die Wärme bei einer größeren Fläche eindringen kann. Die Kugel sollte eigentlich groß sein, damit sie viel Quecksilber faßt; weil aber eine große Masse Quecksilber lange braucht, bis sie die Wärme des sie umgebenden Körpers angenommen hat, macht man die Kugel meist klein und dafür die Röhre recht eng. Das Quecksilber muß ganz rein sein, weil sonst beim Abkühlen häufig das Quecksilber nicht in die Kugel zurückgeht, indem der Quecksilberfaden abreißt. Die Kugel und Röhre müssen luftleer sein; man erreicht dies wie beim Barometer durch Auskochen. Ist die Kugel ausgekocht, so erwärmt man sie bis zu dem Grade, bei dem das Quecksilber die ganze Röhre ausfüllen soll, und schmilzt dann die Röhre oben zu, so daß beim Sinken des Quecksilbers in der Röhre ein luftleerer Raum entsteht.

Die **Röhre muß überall gleich weit sein** oder dasselbe Kaliber haben, damit das Quecksilber bei gleicher Ausdehnung auch um gleich viel in der Röhre steigt. Nur Normalthermometer haben kalibrierte Röhren.

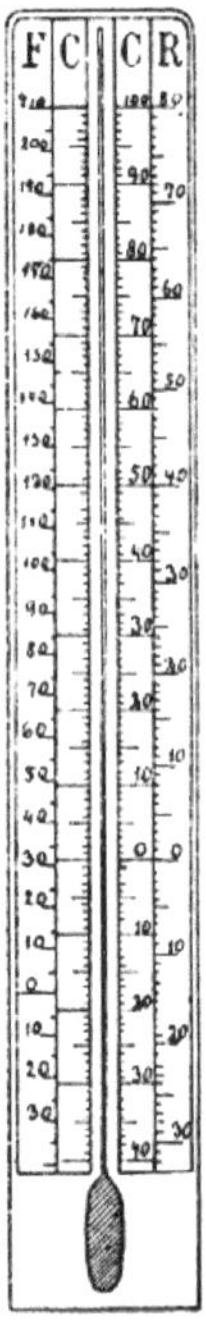

Fig. 73.

Zur Einteilung der Skala bestimmt man die zwei Fixpunkte. Man steckt das Thermometer in gestoßenes Eis, besser in frisch gefallenen Schnee, der in langsamem Schmelzen begriffen ist. So lange die Kugel von schmelzendem Schnee umgeben ist, bleibt das Quecksilber in der Röhre beständig auf demselben Punkte, gleichgültig, wie warm die Umgebung ist. Diesen Punkt bezeichnet man auf der Skala mit 0, und nennt ihn den **Nullpunkt, Eis- oder Gefrier- oder Schmelzpunkt**.

Man hält das Thermometer in den Dampf kochenden Wassers, bezeichnet den Stand des Quecksilbers und nennt diesen Punkt den **Siedepunkt**. Es findet sich, daß hiebei das Quecksilber auch beständig auf derselben Stelle steht, gleichgültig wie stark das Wasser kocht; jedoch werden wir hierüber später noch genaueres erfahren. Die zwei Fixpunkte sind stets leicht und sicher zu bestimmen.

Den Abstand zwischen beiden Punkten teilt man in 100 gleiche Teile oder Grade, so daß der Gefrierpunkt mit 0°, der Siedepunkt mit 100° bezeichnet ist, nennt sie Grade nach **Celsius** (1742) oder Centesimalgrade, trägt ebensogroße Grade über 100 an, indem man einfach weiterzählt, und unter 0, indem man sie dort mit - bezeichnet und Kältegrade nennt.

Diese Einteilung ist jetzt fast allgemein gebräuchlich. Zur Angabe der Temperatur der Luft und des Wassers (an Badeplätzen) benützt man auch noch die ältere Einteilung nach **Réaumur**, nach welcher der Raum zwischen beiden Fixpunkten in 80 Teile geteilt ist, also auf dem Siedepunkt 80° steht: es sind demnach 100° C = 80° R, 5° C = 4° R, n° C = 0,8 n° R.

In England und Nordamerika bedient man sich meist noch der Einteilung nach **Fahrenheit**. Man teilt den Abstand beider Fixpunkte in 180 Teile, trägt noch 32 solche Teile vom Gefrierpunkt nach abwärts an und bezeichnet diesen Punkt mit 0°, so daß am Gefrierpunkt 32°, am Siedepunkt 212° steht; es sind also 100° C = 180° + 32° F, 5° C = 9° + 32° F, 30° C = 54° + 32° F = 86° F, 100° F = (100 - 32) · $\frac{5}{9}$ = 37,77° C (Bluttemperatur des Menschen).

Die Akademie von Florenz stellte seit 1657 die ersten wirklichen Thermometer her, die mit Wasser oder Weingeist gefüllt waren, aber noch keine Fixpunkte hatten. Erst Renaldini schlug 1694 den Schmelz- und Siedepunkt als Fixpunkte vor. Die ersten vergleichbaren Thermometer machte Fahrenheit (1714) und benutzte zuerst Weingeist, dann Quecksilber; als Fixpunkte nahm er eine Kältemischung für 0° und die Temperatur der Mundhöhle für 100°.

Wenn die Thermometerröhre nicht überall gleich weit ist, so sind die Angaben des Thermometers ungenau. Man vergleicht dieses Thermometer etwa von 10 zu 10° mit den Angaben des Normalthermometers, stellt die Abweichungen in eine Tabelle zusammen und korrigiert damit die Angaben des Thermometers.

Bei jedem Thermometer verändert sich mit der Zeit die Lage des Nullpunktes dadurch, daß durch den äußeren Luftdruck die Glaskugel etwas zusammengedrückt wird. Man **kontrolliert** deshalb von Zeit zu Zeit die **Lage des Nullpunktes**, indem man das Thermometer in schmelzendes Eis steckt. (Das Jenaer Normalthermometerglas ist frei von diesem Übelstande.) Nur wenn ein Thermometer so korrigiert und kontrolliert wird, sind seine Angaben zuverlässig und brauchbar; gewöhnliche Thermometer zeigen meist sehr unregelmäßig und oft bis 2° unrichtig.

Das Quecksilberthermometer geht bloß von -39° bis 357°; denn bei -39° gefriert das Quecksilber und bei 357,2° kocht es und entwickelt Dämpfe, die die Kugel zersprengen.

Meistens umfaßt ein Thermometer nur diejenigen Grade, innerhalb deren es benützt werden soll. Für Luftwärme geht es von -30° bis 50°, für kochendes Wasser von 80 bis 102°, andere gehen von 0° bis 100°, oder von 100° bis 200° u. s. w. Man kann dann die Röhre ziemlich kurz machen, ohne daß die Grade zu klein werden.

Für Temperaturen unter -30° benützt man das **Weingeistthermometer**, das wie ein Quecksilberthermometer eingerichtet, aber mit wasserfreiem Weingeist, absolutem Alkohol, gefüllt ist; dieser gefriert nicht, sondern wird bei sehr niedriger Temperatur nur etwas dickflüssig. Es wird durch Vergleich mit anderen Thermometern geteilt. Für Temperaturen über 350° hat man verschiedene Apparate von geringerer Zuverlässigkeit (Pyrometer).

Das **Maximumthermometer** gibt die höchste Temperatur an, die es im Laufe einer gewissen Zeit angenommen hat. Es ist ein Quecksilberthermometer mit etwas weiter Röhre; in der Röhre befindet sich über dem Quecksilber ein Eisenstäbchen, Zeiger oder Index genannt. Steigt das Quecksilber, und ist die Röhre horizontal gestellt, so schiebt es den Index vor sich her; fällt es, so läßt es den Index an der vordersten Stelle liegen, woran man die höchste Temperatur erkennen kann. Durch Erheben des Rohres rutscht der Index wieder zum Quecksilberfaden zurück.

Eine andere Einrichtung ist folgende: Man schmilzt in den unteren Teil der Röhre einen kleinen Glassplitter ein; dieser hindert nicht das Steigen des Quecksilbers beim Erwärmen, aber bei der Abkühlung reißt der Quecksilberfaden am Splitter ab, bleibt in der Röhre und gibt so das Maximum an; durch Schwingen des Thermometers tritt das Quecksilber wieder in die Kugel zurück. Es kann in jeder Lage (nicht bloß in horizontaler) benützt werden, und wird deshalb vom Arzte benützt, um die Bluttemperatur des Kranken zu bestimmen.

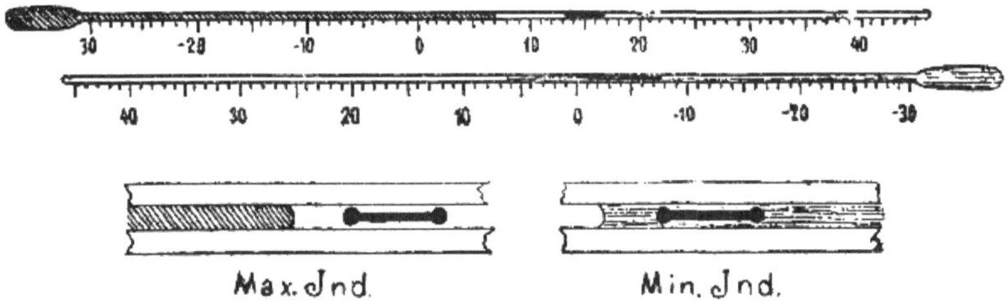

Fig. 74.

Das **Minimumthermometer** gibt die niedrigste Temperatur an, welche es im Verlaufe einer gewissen Zeit angenommen hat. Es ist ein Weingeistthermometer; im Weingeist der Röhre befindet sich ein kleines Glasstäbchen, Index. Neigt man das Rohr, so läuft der Index bis an das vordere Ende des Weingeistfadens, ist aber wegen der Oberflächenspannung nicht imstande, die Grenzfläche des Weingeistes zu durchbrechen. Sinkt die

Temperatur, so nimmt bei horizontal gelegtem Rohre der zurückweichende Weingeist vermöge der Spannung seiner Oberfläche den Index mit zurück; steigt die Temperatur, so fließt der vordringende Weingeist am Glasstäbchen vorbei, ohne es mitzunehmen; der Index liegt also an der hintersten Stelle, bis zu welcher der Weingeist zurückgegangen war.

50. Ausdehnung fester Körper durch die Wärme.

Jeder Körper dehnt sich bei Erwärmung aus. Da die Ausdehnung bei festen Körpern ziemlich gering ist, so bedient man sich des Apparates von Muschenbrook. Der zu untersuchende Stab wird horizontal auf zwei Träger gelegt; mit dem einen Ende berührt er eine Stellschraube, mit dem andern drückt er gegen einen beweglichen Stift (Druckhebel), und zwar sehr nahe an dessen Drehpunkt. Wenn der Stab durch die Erwärmung sich ein wenig ausdehnt, also sein Ende eine kleine Bewegung macht, so macht das Ende des Stiftes eine vielmal (etwa 20 mal) größere Bewegung. Das Ende des Stiftes drückt gegen einen beweglichen Zeiger, sehr nahe an dessen Drehpunkt, so daß die Zeigerspitze wieder eine vielmal größere Bewegung macht (etwa 10 mal); sie macht also eine 200 mal größere Bewegung als das Ende des Eisenstabes, so daß sie sichtbar und an einem geteilten Kreise meßbar ist.

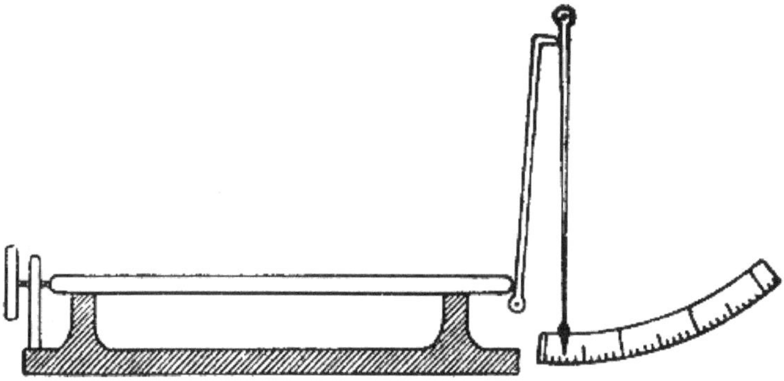

Fig. 75.

Unter den festen Körpern dehnen sich die Metalle am stärksten aus, und unter ihnen **besonders Zink**; ein 1 *m* langer Zinkstab dehnt sich bei Erwärmung um 100° um 3 *mm*, ein Eisenstab bloß um ca. 1 *mm* aus.

Linearer Ausdehnungskoeffizient oder spezifische Längenausdehnung ist die Länge (in Bruchteilen des Meters), um welche sich ein Stab von 1 *m* Länge ausdehnt bei einer Erwärmung von 1° (oder auch das Verhältnis der Ausdehnung bei 1° zur ursprünglichen Länge).

Platin	0,000 009
Eisen	0,000 0116-126
Gold	0,000 014
Kupfer	0,000 017
Silber	0,000 020
Blei	0,000 0284
Zink	0,000 0294-0,000 0311
Stahl ungehärtet	0,000 0108
„ gehärtet	0,000 0137
Gußstahl	0,000 0122
Gußeisen	0,000 0111
Messing	0,000 0187
Messingdraht	0,000 0193
Hartlot(1 Znk, 2 Ku.)	0,000 0126
Zinn	0,000 0194-248
Zement	0,000 0143
Granit	0,000 00868
Holz (Tannen)	0,000 00352
Marmor	0,000 00426
Mauerziegel	0,000 0055
Glas	0,000 007-0,000 009

Die Ausdehnung ist der Länge des Stabes proportional, beträgt also bei l Meter Länge l mal so viel wie bei 1 Meter Länge, und ist der Temperaturerhöhung proportional, beträgt also bei t° t mal so viel wie bei 1°. Bezeichnet man den Ausdehnungskoeffizienten mit c, so dehnt sich 1 Meter bei 1° Erwärmung um c Meter aus; also dehnen sich l Meter bei t° Erwärmung um c l t Meter aus, und da die ursprüngliche Länge l Meter war, so ist die durch die Ausdehnung erhaltene Länge

$$l' = l + c\,l\,t = l\,(1 + c\,t).$$

Bei höheren Temperaturen dehnen sich die Körper im allgemeinen etwas stärker aus als bei niedrigen; die angegebenen Koeffizienten gelten nur zwischen 0° und 100°, und auch da nicht ganz genau.

Wenn auch die Größe der Ausdehnung bei festen Körpern nicht beträchtlich ist, so ist doch die Kraft, mit welcher sie sich ausdehnen, ungemein groß, so daß ihr für gewöhnlich kein Widerstand unüberwindlich ist. Ein eiserner Tragbalken, zwischen zwei Mauern angebracht, drückt dieselben durch, wenn er sich ausdehnt; man läßt deshalb an seinen Enden einen Spielraum. Die Schienen der Eisenbahn werden nicht ganz aneinander gestoßen, damit sie sich ausdehnen können. Daß der Kitt, der zwei Gegenstände verbindet, so selten hält, kommt besonders davon her, daß Kitt und Gegenstand sich verschiedenartig ausdehnen, also entweder eine Pressung oder Zerreißung entsteht.

Fig. 76.

Bei Uhren ist die Ausdehnung der Pendelstange durch die Wärme störend für den gleichmäßigen Gang; denn je länger die Pendelstange wird, desto langsamer geht die Uhr; eine Turmuhr würde also im Sommer nach, im Winter vorgehen. Diesem Mißstande hilft man ab durch das **Kompensations- oder Rostpendel**, das auf der ungleichmäßigen Ausdehnung der Metalle beruht. (Graham 1715.) Man macht das Pendel oben aus einer kurzen Eisenstange ab, die bei b einen Querbalken trägt; von diesem führen zwei Eisenstangen nach abwärts, dann zwei Zinkstangen nach aufwärts und von da führt eine Eisenstange nach abwärts bis zur Linse. Durch die Erwärmung geht die Linse nach abwärts infolge der Ausdehnung der Eisenstäbe ab, bc, de, aber nach aufwärts durch die Ausdehnung des Zinkstabes cd; sind beide Ausdehnungen gleich groß, so bleibt die Linse e gleich weit von a entfernt, also die Pendellänge gleich groß. Da sich Zink dreimal stärker ausdehnt als Eisen, so muß hiebei die Zinkstange cd dreimal kleiner sein, als die Summe der Eisenstäbe ab + bc + de.

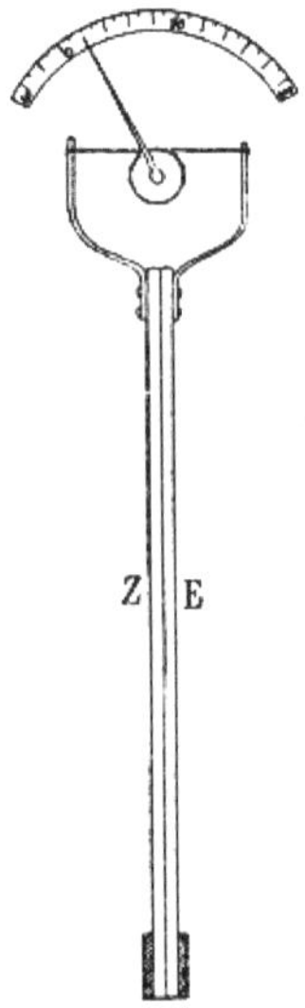

Fig. 77.

Metallthermometer: Zwei Streifen von Metallen, die sich sehr ungleich ausdehnen, z. B. Eisen und Zink, werden der ganzen Länge nach auf einander gelötet, und dieser Stab, **Thermostreifen**, mit dem einen Ende festgeklemmt; dann biegt er sich bei Erwärmung so, daß das Zink außen ist, da sich Zink stärker ausdehnt als Eisen; bei Abkühlung krümmt er sich nach der anderen Seite. Jedoch sind diese Bewegungen des Stabendes sehr gering, werden deshalb durch Übersetzung größer gemacht, und man erhält so ein Metallthermometer. Es wird graduiert durch Vergleich mit einem Normalthermometer. Wegen der großen Masse des Stabes nimmt es die Temperatur nur langsam an, ist träge und wird deshalb nur für bestimmte Zwecke benützt (Thermograph).

Der **kubische Ausdehnungskoeffizient** eines Stoffes gibt an, um wie viele Volumeinheiten sich die Volumeinheit des Stoffes ausdehnt bei 1°; er ist sehr nahe gleich dem dreifachen linearen Ausdehnungskoeffizienten, also = 3 c; ist deshalb das Volumen eines Körpers = v, und erwärmt man ihn um t°, so ist sein neues Volumen **v' = v + 3 c v t = v (1 + 3 c t)**.

Ein Hohlkörper (Glaskugel, Blechkörper) dehnt sich dem Volumen nach ebenso aus, wie wenn sein Hohlraum auch mit der Masse der Hülle ausgefüllt wäre.

Aufgaben:

46. Welchen Druck würde Luft ausüben, wenn sie auf ein sp. G. von 0,027 verdichtet ist?

47. Ein Behälter von 12 *l* Größe, gefüllt mit Luft von 760 *mm* Druck, wird mit einem Behälter von 18 *l* Größe, gefüllt mit Luft von 520 *mm* Druck, in Verbindung gesetzt. Welcher Druck stellt sich ein?

48. Wie lang wird ein Eisendraht von 25,6 *m* Länge bei 60° Erwärmung?

49. Ein Blechgefäß aus Messing faßt bei 0° 7,426 *l*; wie viel faßt es, wenn es um 50° oder um 100° erwärmt wird?

50. Ein Glasballon hat 480 *ccm* Inhalt bei 0°. Wie viel faßt er bei 100°?

51. Ausdehnung flüssiger Körper durch die Wärme.

Flüssige Körper dehnen sich bei Erwärmung auch aus. Das Quecksilber hat einen kubischen Ausdehnungskoeffizienten von 0,00018; da Glas aber einen viel kleineren hat, nämlich ca. 0,000027, so ergibt sich hieraus die Möglichkeit der Konstruktion des Quecksilberthermometers. Quecksilber dehnt sich als Metall sehr gleichmäßig aus, die andern Flüssigkeiten dehnen sich aber so unregelmäßig aus, daß man ein einfaches Gesetz nicht angeben kann: der Ausdehnungskoeffizient wächst bei steigender Temperatur beträchtlich.

Wasser zeigt eine merkwürdige Ausnahme; es **zieht sich von 0° an zusammen bis 4° C, hat bei 4° C seine größte Dichte** und dehnt sich von da an wieder aus (Rumford). Enthält das Wasser andere Stoffe aufgelöst, so zeigt es ein anderes Verhalten; Meerwasser, das 3,7% Salz enthält, hat die größte Dichte bei ca. -2°, gefriert bei -2° bis -2,4°. Ähnliche Unregelmäßigkeit in der Ausdehnung findet auch bei anderen Körpern in der Nähe des Schmelzpunktes statt.

Ein *cdm* Wasser von 4° C hat folgende Volumina:

Temp. C°	*cdm*
0	1,000 136
10	1,000 257
20	1,000 732
30	1,004 234
40	1,007 627
50	1,011 877
60	1,016 954
70	1,022 384
80	1,029 003
90	1,035 829
100	1,043 116
200	1,058 99

Man nimmt als **Masseneinheit die Masse von 1 *ccm* Wasser im Zustand seiner größten Dichte, also bei 4° C**. Auch die spezifischen Gewichte der Körper beziehen sich alle auf Wasser von 4°. Da sich Wasser von 4° an ausdehnt, so erhält es ein kleineres sp. G.; so ist bei 100° sein sp. G. = 0,9586; 1 *l* Wasser von 100° wiegt um 41,4 *g* weniger als 1 *kg*. Daraus folgt: **warmes Wasser bekommt einen Auftrieb, wenn es von kaltem umgeben ist**, infolgedessen es in die Höhe zu steigen bestrebt ist.

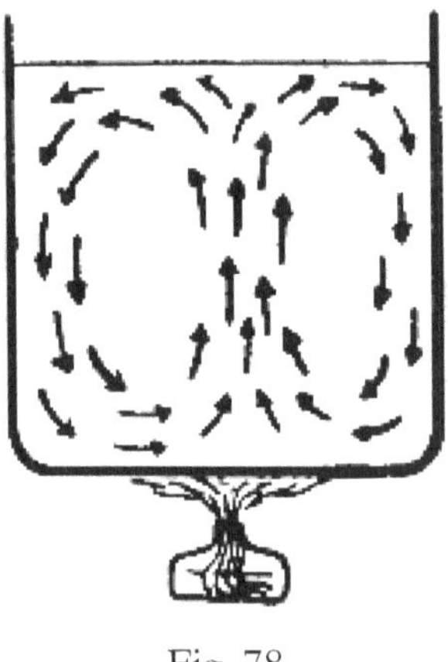

Fig. 78.

Wenn man einen Topf mit Wasser auf das Feuer stellt, so wird das Wasser zunächst am Boden erwärmt, wird leichter und steigt in die Höhe, während das kalte Wasser an den Seitenwänden nach abwärts sinkt; es entsteht ein Kreislauf, eine Zirkulation, welche wesentlich zur gleichmäßigen Durchwärmung beiträgt; ähnliches findet nicht statt, wenn der Topf etwa mit Sand gefüllt ist.

Ähnlich ist folgende Erscheinung: wenn man eine im Viereck gebogene mit Wasser gefüllte Glasröhre an einem untern Eck erwärmt, so steigt das erwärmte Wasser aufwärts, während das kältere im andern Teile der Röhre herabsinkt. Das Wasser kommt so in eine Zirkulation, und da es im oberen Laufe sich abkühlt und unten immer wieder erwärmt wird, so bleibt es in Zirkulation. Hierauf beruht die **Wasserheizung**: Von einem starkwandigen, mit Wasser gefüllten Kessel, der durch eine Feuerung erhitzt wird, führt eine Röhre bis ins oberste Stockwerk, biegt sich heberförmig um und taucht in das in einem offenen Kupferblechkasten (Wasserofen) befindliche Wasser. Aus ihm führt unten eine Röhre heraus, die alle Räume durchzieht, und dann in den unteren Teil des Kessels mündet. Wird das Wasser im Kessel erhitzt, so steigt es in der aufwärts führenden Röhre in die Höhe, und sinkt vom Behälter durch die abwärts führenden Röhren wieder in den Kessel zurück.

Wird Wasser von oben abgekühlt, so geht die Zirkulation in umgekehrter Richtung vor sich: die kälteren Teilchen sinken zu Boden, die wärmeren steigen auf. Dies tritt ein, wenn ein ruhiger See sich abkühlt; ist die Temperatur aber bis 4° gesunken und sinkt sie oben noch tiefer, so dehnen sich die oberen Schichten aus und bleiben oben, da sie leichter sind; die Kälte dringt daher nur langsam nach abwärts; so kommt es, daß sich oben sogar eine Eisdecke bildet, **während von einiger Tiefe an eine gleichmäßige Temperatur von 4° herrscht**.

Aufgaben:

61. Eine Thermometerkugel faßt bei 0° genau 1 *ccm*. Was wiegt das austretende Quecksilber, wenn man sie bis 100° erwärmt? Wie hoch steigt es in einer Röhre von 0,1 *qmm* Querschnitt?

62. Wie groß ist das sp. G. des Wassers bei 50°?

52. Ausdehnung luftförmiger Körper durch die Wärme.

Der Ausdehnungskoeffizient ist bei allen Luftarten nahezu gleich groß (Dalton); **die Ausdehnung ist sehr beträchtlich**, nämlich 0,00367 für 1° von 0° an; sie ist **nahezu gleichförmig**. 1 *l* Luft von 0° dehnt sich, wenn man ihn um 1° erwärmt, um 0,00367 *l* aus, bis 100° um 0,367 *l*, bis 200° um

0,734 *l*, bis 273° um 1 *l*, ist also doppelt so groß geworden, und wird für je weitere 273° wieder um 1 *l* größer.

Bezeichnet man das Volumen der Luft bei 0° mit v_0, den Ausdehnungskoeffizienten mit k = 0,00367 und die Anzahl der Grade mit t_1, so ist die Ausdehnung = v_0 k t_1, also das neue, vergrößerte Volumen v_1 = v_0 + v_0 k t_1,

$$\mathbf{v_1 = v_0 (1 + k\, t_1).}$$

Das sp. G. der Gase bezieht sich stets auf 0° und das der Luft beträgt 0,00129. Da bei Erwärmung auf t_1° das Volumen der Luft (1 + k t_1) mal größer geworden ist, so ist ihre Dichte und auch ihr sp. G. (1 + k t_1) mal kleiner geworden, folglich ist das sp. G. s_1:

$$s_1 = 0{,}001291 + k\, t_1.$$

Hat man v_1 Liter Gas vom sp. G. s (s bei 0°), einer Temperatur von t_1° und einem Druck (Barometerstand) von b *mm* Quecksilber, so ist dessen Gewicht:

$$\text{Gewicht} = v_1 \cdot s \cdot 0{,}00129 \cdot b\, (1 + k\, t_1) \cdot 760\ \textit{kg}.$$

Warme Luft, von kalter umgeben, hat das Bestreben, in die Höhe zu steigen. Wir sehen die durch das Feuer erwärmte Luft aufsteigen und die Rußteilchen (Rauch) mit sich emporführen; die Luft über dem geheizten Ofen steigt in die Höhe. Ein Kamin dient nicht bloß dazu, dem Rauche einen Abzug zu verschaffen, sondern insbesondere dazu, einen Luftzug herzustellen, um das Brennen zu unterhalten. Auf die Öffnungen des Rostes drückt von innen die warme Luft des Kamines nach den Gesetzen des Bodendruckes, von außen der Druck einer gleich hohen Säule kalter Luft; der Unterschied beider bewirkt den Luftzug; dieser ist um so größer, je höher der Kamin und je größer der Unterschied in der Temperatur, also im sp. G. ist. Deshalb haben große Feuerungsanlagen auch sehr hohe Kamine, und ist der Luftzug im Sommer schwächer als im Winter.

Auf dem Aufsteigen der erwärmten Luft beruht auch die **Ventilation geheizter Zimmer**; Ventilation heißt Luftwechsel oder Lufterneuerung. Da der Mensch beim Atmen gute Luft einatmet und schlechte, besonders mit Kohlensäure stark vermischte Luft ausatmet, so muß in einem bewohnten Raume die Luft allmählich und beständig erneuert werden. Dies erreicht man im Sommer leicht durch Öffnen von Fenstern und Türen. Im Winter ventiliert sich das Zimmer von selbst, wenn es geheizt ist; denn die wärmere Zimmerluft hat das Bestreben aufzusteigen, und die kalte äußere Luft hat das Bestreben, unten hereinzuströmen. Die Wände, sowie Boden und Decke sind aber porös, und wenn auch die Poren sehr klein sind, so sind sie dafür in sehr großer Anzahl vorhanden, so daß die Luft ziemlich leicht durch sie hindurchgehen kann. Dazu kommen noch die Ritzen in Böden, Fenstern und Türen.

Diese Selbstventilation genügt vollständig, wenn die Temperaturdifferenz ziemlich groß ist, in dem Zimmer nur mäßig viele Personen sich befinden, die Wände porös und trocken sind, das Haus selbst ziemlich frei liegt und nicht zu dicht bewohnt ist. Das ist aber nur sehr selten der Fall. Wo sie nicht ausreicht, um die Luft eines Zimmers stets rein genug zu erhalten, muß man durch andere Mittel nachhelfen; solche sind: fleißiges Lüften der Zimmer; Öfen, die vom Zimmer aus, nicht vom Gange aus geheizt werden, denn diese entnehmen alle Luft, die sie brauchen, vom Zimmer, so daß wieder ebensoviel Luft von außen hereinströmen muß; zweckmäßig angebrachte Öffnungen, z. B. Öffnen einer ganzen Fensterscheibe möglichst hoch oben; dadurch daß nun die obere Luft leichter hinausströmen kann, strömt unten mehr herein; schließlich das Anbringen einer künstlichen Ventilation. Eine solche besteht meistens aus einem kaminähnlichen Schachte, der vom Fußboden aus durch das ganze Haus in die Höhe führt bis über das Dach hinaus; unten brennt in diesem Schachte beständig eine Gasflamme, welche die Luft in ihm erwärmt. Er wirkt dann wie ein Kamin und entnimmt dem Zimmer viel verdorbene Luft.

53. Erhöhung der Expansivkraft der Luft durch Wärme.

Wir haben gesehen, daß sich Luft ausdehnt, wenn sie erwärmt wird, und dabei vorausgesetzt, daß sie sich auch wirklich ausdehnen kann, sich also in einem offenen Gefäße befindet, das mit der gewöhnlichen Luft in Verbindung steht. Da die ausgedehnte Luft auch dem äußeren Luftdrucke das Gleichgewicht hält, so hat sie auch noch die Spannkraft von einer Atmosphäre, obwohl sie sich ausgedehnt hat. Das Mariotte'sche Gesetz, demgemäß ein Gas eine geringere Spannkraft bekommt, wenn es sich ausdehnt, gilt also nur, wenn das Gas dieselbe Temperatur beibehält.

Wenn die Luft in einem verschlossenen Gefäße erwärmt wird, so kann sie sich nicht ausdehnen, und die Wirkung der Erwärmung zeigt sich dann darin, daß die erwärmte Luft eine größere Spannkraft bekommt. Diese größere Spannkraft ist so groß, wie wenn man die Luft durch Erwärmung zuerst sich hätte ausdehnen lassen, und sie dann unter Beibehaltung ihrer Temperatur wieder auf das ursprüngliche Volumen zusammengepreßt hätte. Bei der Ausdehnung wird aber das Volumen der Luft $(1 + k\,t)$ mal größer. Drückt man das vergrößerte Volumen auf das ursprüngliche zusammen, macht es also $(1 + k\,t)$ mal kleiner, so wird nach dem Mariotte'schen Gesetz ihre Spannkraft $(1 + k\,t)$ mal größer, demnach ist die durch Erwärmung vergrößerte Spannkraft der eingeschlossenen Luft $= p_0\,(1 + k\,t)$. Man erkennt ebenso wie früher, daß die Spannkraft der Luft bei 100° 1,367

Atmosphären, bei 200° 1,734 Atm., bei 270° 2 Atm., bei 546° 3 Atm. beträgt, und daß sie für je weitere 273° um 1 Atm. wächst.

Die Formeln $\mathbf{v_1 = v_0 (1 + k t_1)}$ und $\mathbf{p_1 = p_0 (1 + k t_1)}$ enthalten das **Gay Lussac'sche Gesetz: das Volumen oder der Druck des Gases wird (1 + k t_1) mal größer, wenn man das Gas von 0° auf t_1 Grad erwärmt**.

Umgekehrt: Das Volumen oder der Druck des Gases wird 1 + k t mal kleiner, wenn man es von t° auf 0° abkühlt.

Hat ein Gas vom Volumen v_0 bei 0° einen Druck p_0, und setzt man es einem anderen Druck p_1 aus, wobei man dafür sorgt, daß die Temperatur 0° beibehalten wird, so bekommt es ein anderes Volumen v und es ist nach dem Mariotte'schen Gesetz:

$$v : v_0 = p_0 : p_1; v = v_0 \cdot p_0 p_1.$$

Erwärmt man dieses Volumen v von 0° auf t_1°, wobei man dafür sorgt, daß der jetzige Druck p_1 unverändert bleibt, und das Gas sich ungehindert ausdehnen kann, so wird das Volumen (1 + k t_1) mal größer nach dem Gay Lussac'schen Gesetz; demnach ist sein neues Volumen

$$v_1 = v_0 p_0 p_1 (1 + k t_1), \text{ oder } v_0 p_0 = v_1 p_1 1 + k t_1.$$

Bringt man dasselbe Gas vom Volumen v_0 und dem Druck p_0 auf den Druck p_2 und die Temperatur t_2, so ist ebenso

$$v_0 p_0 = v_2 p_2 (1 + k t_2) \text{ daher ist durch Vergleichung:}$$
$$\mathbf{v_1 p_1 1 + k t_1 = v_2 p_2 1 + k t_2}$$

Diese Formel enthält das **vereinigte Mariotte-Gay-Lussac'sche Gesetz**; sie zeigt, daß das Volumen eines Gases bloß vom Druck und von der Temperatur abhängig ist, ebenso, daß der Druck eines Gases (durch v_1, p_1, t_1 bestimmt) nur vom Volumen (v_2) und der Temperatur (t_2) abhängt, ebenso daß die Temperatur eines Gases (durch v_1, p_1, t_1 bestimmt) nur vom Volumen (v_2) und dem Druck (p_2) abhängt, d. h. daß man dem Gas (v_1, p_1, t_1) eine ganz bestimmte Temperatur t_2 geben muß, wenn es bei vorgeschriebenem Volumen (v_2) einen vorgeschriebenen Druck (p_2) ausüben soll.

Die Formel zeigt allgemein, wie ein Element des neuen Zustandes (v_2 oder p_2 oder t_2) aus den Elementen des früheren Zustandes (v_1 p_1 t_1) und zwei gegebenen Elementen des neuen Zustandes berechnet werden kann.

Diese Formel enthält sowohl das Mariotte'sche Gesetz als auch die beiden Arten des Gay-Lussac'schen Gesetzes als Spezialfälle in sich.

Es muß bemerkt werden, daß es für den zweiten Zustand (v_2 p_2 t_2) gleichgültig ist, in welcher Reihenfolge die Elemente des ersten Zustandes

(v_1 p_1 t_1) in den zweiten übergeführt worden sind, ob sie gleichzeitig oder nacheinander geändert wurden, oder ob sogar Umwege gemacht wurden.

Auf der Ausdehnung der Luft beruht das **Luftthermometer**, wie es vor Erfindung der Weingeistthermometer benützt wurde. Zuerst von Drebbel erfunden, stellte sich Guericke ein Luftthermometer her, bestehend aus einer kupfernen mit Luft gefüllten Kugel, an die sich unten eine U-Röhre anschloß, mit Wasser gefüllt; bei Erwärmung der Luft schob sie das Wasser nach abwärts, so daß es im anderen Schenkel stieg. Die heutigen Luftthermometer sind ähnlich eingerichtete Apparate von hoher Vollkommenheit, und dienen dazu, die Angabe der Quecksilberthermometer zu kontrollieren.

Aufgaben:

63. Was wiegen 7 *cbm* Luft von 23° R?

64. Welches Volumen nehmen 250 *l* Luft von 40° bei 0° ein?

65. Um wie viel dehnen sich 40 *cbm* Luft aus, wenn sie von 0° auf 180° erwärmt werden?

66. Welches Volumen bekommen v *cbm* Luft, wenn man sie von t_1° auf t_2° erwärmt?

67. Welches Volumen haben 6 *kg* Leuchtgas (sp. G.= 0,894) bei 18°?

68. Was wiegen 25 *l* Luft von 30° und 720 *mm* Druck?

69. Was wiegt 1 *cbm* Leuchtgas bei 12° und 71 *cm* Barometerstand?

70. Welches Volumen hat 1 Ztr. Kohlensäure bei -10° und 1¼ Atm. Druck?

71. Welches Volumen nimmt 1 *cbm* Luft von 26° und 754 *mm* Druck ein (Italien), wenn er auf -5° und 485 *mm* Druck (Alpen) kommt?

72. Welche Expansivkraft bekommen 80 *l* Luft von 10° und 73 *cm* Druck, wenn man sie auf 30 *l* von 100° bringt?

73. In einer Flasche von 3¾ *l* Inhalt, welche Kohlensäure von 20° und 71 *cm* Druck enthält, werden noch 15 *l* ebensolches Gas hineingepreßt. Welcher Druck besteht schließlich in der Flasche, wenn man sie auf 0° abkühlt? Wie viel *g* Kohlensäure sind nun darin und welches ist in diesem Zustand ihr sp. G.?

74. 2,6 *l* Gas wiegen bei 17° und 744 *mm* Barometerstand 4,785 *g*; wie groß ist dessen sp. G. bei 0° und 760 *mm*?

75. Welches Volumen nehmen v_1 *l* Luft von p_1 Druck und t_1 Temperatur an, wenn man sie auf 1 Druck und 0° Temperatur bringt?

76. Welchen Druck nehmen v_1 *l* Luft von p_1 Druck und t_1 Temperatur an, wenn man sie auf 1 *l* von 0° Temperatur bringt? Was ergibt sich aus dem Vergleich von 75 und 76?

54. Wärmeleitung.

Wenn man einen Körper an einer Stelle erwärmt, so verbreitet sich die Wärme von dieser Stelle aus nach den kälteren Teilen; diesen Vorgang nennt man **Wärmeleitung**. Ein Körper ist ein **guter** Wärmeleiter, wenn er große Mengen Wärme in kurzer Zeit von einer Stelle zu einer entfernten leitet, oder ein **schlechter** Wärmeleiter, wenn er nur wenig Wärme und langsam leitet. Man unterscheidet auch noch **Halbleiter**, die in ihrem Leitungsvermögen zwischen den guten und schlechten Leitern stehen.

Gute Wärmeleiter sind nur die Metalle; jedoch ist ihre Leitungsfähigkeit sehr verschieden. Bezeichnet man die Leitungsfähigkeit von Silber willkürlich mit 100, so hat Kupfer 74, Gold 53, Messing 23, Zink 19, Zinn 14, Eisen 12, Blei 8, Platin 8, Wismut 2. Von den billigeren Metallen leitet besonders Kupfer die Wärme sehr gut, 6 mal so gut als Eisen, weshalb es gern zu Kochgefäßen, Kesseln, Braupfannen und Wasserheizungsröhren verwendet wird.

Unter die Halbleiter rechnet man die Steine, Glas, Porzellan, Ton. Sie leiten die Wärme viel schlechter als die Metalle, so erwärmt sich ein irdener Ofen viel langsamer als ein eiserner; gibt aber auch seine Wärme viel langsamer an die Luft ab, erwärmt demnach gleichmäßiger und noch lange Zeit, nachdem das Feuer ausgegangen ist. Sehr große irdene Öfen (Kachelöfen, Porzellanöfen) heizen gut; denn die große Masse Ton, aus der sie bestehen, nimmt sehr viel Wärme auf und gibt sie dann langsam an das Zimmer ab.

Zu den schlechten Leitern gehören zunächst Wasser und Luft.

Man erkennt dies, wenn man Wasser oben erwärmt, so daß die erwärmten und deshalb leichten Wasserteilchen oben bleiben und nicht in Zirkulation kommen, so daß nur durch Leitung sich die Wärme nach abwärts fortpflanzen kann.

Zu den schlechten Wärmeleitern gehören dann noch Kautschuk, Schwefel, Bein, Horn u. s. w.; dann eine große Anzahl lockerer Körper, wie Sägspäne, Stroh, Laubwerk, Asche, Wolle, Tuch, Haare, Pelz, Federn, Schnee, Asbest, Glaswolle und ähnliche. Diese leiten die Wärme schlecht, weil schon ihre Masse schlecht leitet, dann weil zwischen ihren fein zerteilten

Teilen eine große Menge Luft vorhanden ist, die ja die Wärme an sich schlecht leitet, und noch dazu in so engen Räumen enthalten ist, daß sie nicht zirkulieren, also auch so die Wärme nicht fortpflanzen kann.

Will man einen kalten Körper gegen das Eindringen der Wärme, oder einen warmen Körper gegen das Ausströmen seiner Wärme, also gegen Abkühlung schützen, so umgibt man ihn mit einer Schichte lockerer Körper, Isolatoren (isolieren = allein stellen, außer Verbindung mit der Umgebung setzen). Beispiele: man schützt Mistbeete gegen Frost durch leichte Strohmatten; Strohdächer halten im Sommer kühl, im Winter warm. Eis verpackt man in Kisten mit doppelten Wänden, wobei der Zwischenraum durch Sägspäne ausgefüllt ist. Feuerfeste Geldschränke haben doppelte Wände, deren Zwischenraum durch Holzasche angefüllt ist.

Die Tiere sind durch Pelz oder Federn hinreichend gegen Kälte geschützt, wir schützen uns durch die Kleider, bei denen es weniger auf die Schwere als auf die Feinheit des Stoffes ankommt; auch bei Federn kommt es nicht auf das Gewicht, sondern darauf an, daß sie leicht und locker (flaumig) sind, und so eine dicke Luftschicht bilden.

Dampfkessel umhüllt man zum Schutz gegen Abkühlung mit Mauerwerk aus besonders porösen Steinen (Korksteine) oder mit Filz, Asbest, Glaswolle u. s. w., ebenso Dampfröhren.

55. Wärmemenge und Wärmequellen.

Die Temperatur eines Körpers mißt man mittels des Thermometers. Damit könnte man auch die Wärmemenge messen, die in einem warmen Körper enthalten ist, wenn alle Körper zu ihrer Erwärmung gleich viel Wärme brauchen würden. Dies ist jedoch nicht der Fall. Man muß sich also an einen bestimmten Stoff halten und definiert:

Die Einheit der Wärmemenge oder eine Kalorie ist diejenige Wärmemenge, welche 1 *kg* Wasser braucht, damit es um 1° C wärmer wird. Um also etwa 6 *kg* Wasser um 5° C zu erwärmen, braucht man 30 Kalorien. Eine kleine Kalorie = 0,001 Cal. ist die Wärmemenge, welche 1 *g* Wasser aufnimmt, wenn es um 1° C wärmer wird.

Verbrennungswärme ist die Anzahl Kalorien, welche 1 *kg* eines Stoffes beim Verbrennen liefert.

Holz, ganz trocken	3800
„mit 25% Wasser	2675
Holzkohlen, ganz trocken	7580

Torf, guter, trocken	5000
„ schlechter (0,2 Asche 0,15 Wasser)	3140
Braunkohlen 1. Qual.	6000
„ 2. „	5000
Steinkohlen 1. Qual. (0,03 Asche)	7500
„ 2. „(0,1 Asche)	6900
„ 3. „(0,2 Asche)	6100
Anthrazit	7800
Koks, 0,1 Asche	7000
„ 0,2 „	6250
Wasserstoffgas	34500
Kohlenoxydgas	2400
Sumpfgas	13000
Ölbildendes Gas	12000
Leuchtgas	11600
Baumöl	11200
Rüböl	9300
Steinöl, sp. G. 0,827	7338
Terpentinöl	10850
Weingeist	7200
Talg	8370
Schwefel	2200
Phosphor	5747

Die Heizkraft der Brennmaterialien ist demnach sehr verschieden; jedoch liefert jeder Brennstoff stets gleich viel Kalorien, gleichgültig, ob man ihn rasch oder langsam verbrennt, wenn nur die Verbrennung jedesmal eine vollständige ist. Es kommen auch andere Vorgänge vor, die man als Verbrennungen bezeichnen muß, obwohl der dabei auftretende Temperaturgrad ein niedriger bleibt, also keineswegs die gewöhnliche

Verbrennungstemperatur erreicht. Z. B. beim Atmen verbinden sich die in unser Blut übergegangenen Speisestoffe mit dem Sauerstoffe der Luft wie bei der Verbrennung; dabei entwickelt sich der Menge nach ebensoviel Wärme, ebensoviel Kalorien, wie wenn der Stoff direkt in der Luft verbrennt. Diese Wärme ersetzt die Abgänge unserer Körperwärme.

Bei unseren Feuerungsanlagen geht die größte Menge der erzeugten Wärme unbenützt verloren.

Unsere mächtigste Wärmequelle, die **Sonne**, liefert uns soviel Wärme, daß ein an der oberen Grenze der Atmosphäre befindliches senkrecht beschienenes Quadratzentimeter in jeder Minute 4 kleine Kalorien (= 0,004 Kal.) erhält (Solarkonstante).

Eine weitere Wärmequelle ist die **Reibung**. Bei jeder Reibung entsteht Wärme, weshalb sich Säge und Bohrer erwärmt, eine schlecht geschmierte Achse wohl auch zum Glühen erhitzt.

Da bei Überwindung der Reibung einerseits Arbeit aufgewendet werden muß, andererseits Wärme erzeugt wird, so sagt man, die aufgewandte Arbeit hat sich in Wärme verwandelt; man fand, daß durch Aufwand von 425 *kgm* Arbeit 1 Kalorie erzeugt wird, und nennt deshalb diese Arbeitsgröße das **mechanische Äquivalent der Wärme**.

Auch durch **Stoß** wird Wärme erzeugt, insofern durch den Stoß eine Bewegung verschwindet, also die zur Bewegung des stoßenden Körpers aufgewandte Arbeit verschwindet. Durch Hammerschläge kann Blei erhitzt, ein eiserner Nagel sogar zum Glühen gebracht werden.

Aufgaben:

77. Wieviel trockenes Holz müßte genügen, um 3 *hl* Wasser von 8° auf 100° zu erwärmen, wenn nur 20% Wärme verloren gingen?

78. Wenn zur Erwärmung von 60 *l* Wasser von 12° auf 80° 5 ℔ Steinkohlen verbraucht wurden, wieviel % Wärme wurden nutzbar gemacht?

56. Spezifische Wärme.

Wärmekapazität oder spezifische Wärme ist die Menge Wärme, welche 1 *kg* eines Stoffes braucht, wenn es um einen Grad erwärmt wird. Man kann sie bestimmen durch die Mischungsmethode. Mischt man etwa 3 *kg* Wasser von 12° mit 5 *kg* Eisen von 100°, wobei das Eisen fein zerteilt ist, rührt rasch um und findet die Temperatur des Gemisches etwa = 25°, so hat das Wasser um 13° zugenommen, das Eisen um 75° abgenommen; beide Wärmemengen müssen einander gleich sein; also, wenn x die Kapazität des Eisens ist, so ist: $13 \cdot 3 = 75 \cdot x \cdot 5$; hieraus $x = 13 \cdot 3$

75 · 5 = 0,104, d. h. 1 *kg* Eisen braucht zu seiner Erwärmung 0,104 Kalorien. Die Wärmekapazität des Eisens = 0,1138.

Die Metalle haben eine sehr kleine Wärmekapazität, Wasser hat eine viel größere, Wasserstoffgas hat weitaus die größte. Wegen der großen Wärmekapazität erwärmt sich Wasser nur langsam; insbesondere große Wassermassen, wie Flüsse, Seen, das Meer erwärmen sich untertags nur wenig, kühlen sich auch nachts nur wenig ab.

Tabelle der Wärmekapazität.

Kupfer	0,0939
Zinn	0,0555
Blei	0,0314
Zink	0,0956
Nickel	0,1092
Platin	0,0324
Quecksilber	0,0319
Silber	0,0570
Wismut	0,0308
Eis	0,502
Holz	0,6
Holzkohle	0,2415
Graphit	0,2040
Diamant	0,1469
Glas	0,177
Olivenöl	0,31
Alkohol	0,70
Luft	0,2377
Ätherdampf	0,4810
Kohlensäure	0,2164
Kohlenoxyd	0,2479

Sauerstoff	0,2182
Wasserstoff	3,4046
Wasserdampf	0,4750

Aufgaben:

79. Wie viel Wärme ist erforderlich, um 80 *cbm* Luft von 0° auf 20° zu erwärmen?

79a. Wenn man 3 *l* Wasser von 40° mit 4 *l* Alkohol von 15° mischt, welche Temperatur stellt sich ein?

79b. In 1½ *l* Wasser von 10° werden 5 ℔ Bleischrot von 200° geschüttet. Welche Mitteltemperatur entsteht?

79c. Um wieviel erwärmt sich 1 *l* Quecksilber, wenn man es mit 1 *l* Wasser von 100° schüttelt?

57. Schmelztemperatur.

Wenn man einen festen Körper, wie Eis, Blei, Schwefel u. s. w. stark genug erwärmt, so schmilzt er, d. h. er verwandelt sich in einen flüssigen Körper, und diese Veränderung des Aggregatszustandes ist eine der wichtigsten Wirkungen der Wärme.

Das Schmelzen fester Körper findet stets bei einer bestimmten Temperatur statt, Schmelztemperatur oder Schmelzpunkt. In folgender Tabelle findet man die Schmelzpunkte einiger Körper.

Die leichtschmelzbaren oder leichtflüssigen Metalle:	
Zinn	230
Wismut	262
Blei	326
Zink	415
Antimon	432
Die schwerschmelzbaren oder strengflüssigen Metalle:	
Aluminium	700

Silber	1000
Kupfer	1050
Gold	1250
Gußeisen	1050-1200
Stahl	1300-1400
Schmiedeeisen	1600
Platin	über 1600

Olivenöl	4
Palmöl	26
Butter	33
Schweinefett	41
Talg	43
Stearin	49
Phosphor (weißer)	44
Wachs	61
Asphalt	100
Schwefel	110
Harz	135
Meerwasser	-2,5
Terpentinöl	-10
Mohnöl	-18
Leinöl	-20
Alkohol	-90

Bei manchen Körpern liegt der Schmelzpunkt so hoch, daß man ihn durch unsere gewöhnlichen Heizmethoden gar nicht erreichen kann. Solche Körper heißen **feuerfeste Körper**, wie reiner Ton, aus dem deshalb die Schmelzöfen, Hochöfen, Herdfütterungen, Tiegel zum Schmelzen des Glases und der Metalle (Hessische Tiegel) hergestellt werden. Auch Kohle ist unschmelzbar, und aus Graphit stellt man Schmelztiegel für Metalle (Passauer-Tiegel) her. Man hat Grund anzunehmen, daß auch die scheinbar unschmelzbaren Körper bei genügend hoher Temperatur schmelzen oder sich zersetzen, und man hat jetzt schon Mittel, um Tonerde in größeren Mengen zu schmelzen.

Wird die Temperatur eines geschmolzenen Körpers wieder bis unter die Schmelztemperatur erniedrigt, so wird er wieder fest, er erstarrt oder gefriert. **Dabei ist die Erstarrunsgstemperatur gleich der Schmelztemperatur.**

Die Schmelztemperatur eines Metalles wird niedriger, wenn ihm leichter schmelzbare Metalle beigemischt sind. Eine Legierung von Silber oder Gold mit Kupfer schmilzt bei niedrigerer Temperatur als reines Silber oder Gold; Messing schmilzt früher als Kupfer, weil Messing aus Kupfer und Zink gemischt ist. Bei manchen Metallegierungen ist die Schmelztemperatur der Mischung sogar niedriger als die des leichtflüssigsten. Das Lot oder Weichlot der Klempner, 2 Teile Blei und 3 Teile Zinn schmilzt schon bei 169°. Noch leichtflüssigeres Lot benützen die Uhrmacher und Goldarbeiter; es besteht aus 5 Teilen Wismut, 3 Teilen Zinn, 5 Teilen Blei und schmilzt bei 100°. Eine Legierung aus 2 Tl. Wism., 1 Tl. Blei, 1 Tl. Zinn schmilzt schon bei 94° (Rosesches Metall).

Wenn Wasser gefriert, dehnt es sich aus, und zwar mit sehr großer Kraft. Es zersprengt eine eiserne Kugel, in der es eingeschlossen ist (Akademie in Florenz). Gefriert Wasser in den Ritzen der Felsen, so zersprengt es dieselben und trägt dadurch zum Verwittern und Abbröckeln der Felsen bei. Starker Winterfrost lockert die Erde.

Wenn Wasser vor jeder Erschütterung bewahrt ist, so kann man es tief unter 0° abkühlen, ohne daß es gefriert, z. B. wenn es in Form kleiner, runder Tropfen auf Samt oder einer bestaubten Fläche liegt; Berühren mit einer Nadelspitze reicht dann hin, um den Tropfen zum Teil erstarren zu machen (Fahrenheit 1721). Auch sinkt der Gefrierpunkt bei großem Drucke etwas, nämlich bei jeder Atmosphäre um $^1/_{135}$° C.

Sind im Wasser fremde Stoffe aufgelöst, so liegt der Gefrierpunkt unter 0° und zwar um so tiefer, je mehr Stoffe darin sind. Meerwasser gefriert erst bei -2,5°, Wasser mit Kochsalz gesättigt erst bei -21°. Früchte enthalten Wasser, in welchem viel Zucker, Gummi, Essigsäure, Apfelsäure und ähnliches aufgelöst ist; sie gefrieren erst einige Grade unter 0°, können also einen leichten Frost aushalten. Die Bäume, Knospen, Gräser und Getreidekeime sind im Winter sehr saftarm, d. h. ihr Saft enthält sehr viele fremde Stoffe aufgelöst, so daß er dickflüssig ist; er gefriert also auch bei sehr strenger Kälte nicht, weshalb diese Gewächse auch im Winter ausdauern.

58. Die Schmelzwärme.

Die Regel, daß ein Körper wärmer wird, wenn man ihm Wärme zuführt, gilt nicht, wenn er seinen Aggregatszustand verändert, wenn er also aus dem festen Zustand in den flüssigen übergeht, schmilzt, oder wenn er aus dem flüssigen Zustand in den luftförmigen übergeht, verdampft. Wenn man eine Schüssel voll Schnee oder Eis ins warme Zimmer bringt oder sogar auf das Feuer stellt, so schmilzt es wohl, aber ein hineingestecktes Thermometer zeigt beständig 0°, bis alles Eis geschmolzen ist. Alle Wärme, die während des Schmelzens dem Schnee zugeführt wurde, hat nicht dazu gedient, um den Schnee zu erwärmen, sondern nur, um ihn zu schmelzen. **Die zum Schmelzen verwendete Wärmemenge nennt man die Schmelzwärme des Wassers**, das ist die beim Schmelzen aufgenommene Wärme, oder auch **latente oder gebundene Wärme** des Wassers, sofern sie beim Schmelzen verschwunden ist, sich verborgen hat (latent), gebunden oder verbraucht worden ist, eben um das Eis zu schmelzen. Die Schwelzwärme beträgt bei Wasser 80 Kal. (genauer 79,25), bei Phosphor 5 Kal., Schwefel 9,4, Zinn 14,3, Blei 5,4, Zink 28,1, Silber 21,1, Quecksilber 2,8 Kal.

Mischt man 1 *kg* Wasser von 80° und 1 *kg* Eis von 0°, so schmilzt das Eis und man erhält 2 *kg* Wasser von 0°; die ganze Wärme des Wassers von 80°, 80 Kal. sind verbraucht worden, um 1 *kg* Eis zu schmelzen. Die Schmelzwärme des Wassers spielt in der Natur eine große Rolle: sie verzögert zu Ende des Winters die Erwärmung; denn es bedarf beträchtlicher Mengen Sonnenwärme, um die großen Massen Schnee und Eis abzuschmelzen. Ist ein Teich zugefroren und es tritt im Frühjahr Wärme ein, so erwärmt sich die umliegende Erde ziemlich rasch, während die Eisdecke des Teiches noch nicht geschmolzen ist. Eisberge schwimmen weit in die gemäßigte Zone, Gletscher reichen tief ins Tal herab; die Eiskeller erhalten sich im Sommer kühl, dem Kranken wird durch Eisbeutel Kühlung verschafft.

Wenn ein flüssiger Körper wieder fest wird, so gibt er seine latente Wärme wieder her. Wirft man ein Stück Blei, das viele Grade unter 0° erkaltet ist, in Wasser von 0°, so überzieht es sich mit einer Eiskruste, während seine Temperatur auf 0° steigt; das hiebei gefrierende Wasser gibt seine latente Wärme her und erwärmt dadurch das Blei. Wenn man in einem Zimmer, das mehrere Grade unter 0 kalt ist, nasse Wäsche von 0° aufhängt, so gefriert die Wäsche und die Temperatur der Zimmerluft steigt. Wasserreichtum eines Landes mildert demnach die Strenge des Winters, denn für jedes *kg* Wasser, das gefriert, werden 80 Kalorien frei, die der Luftwärme zu gute kommen.

Wenn ein fester Körper sich im Wasser auflöst, so wird dadurch das Wasser kälter; denn der feste Körper, wie Salz, Zucker geht aus dem festen in den flüssigen Aggregatszustand über und verbraucht dabei Wärme. Umgekehrt muß man gerade aus diesem Wärmeverbrauch schließen, daß sich das Salz hiebei wirklich in einen flüssigen Körper verwandelt, also schmilzt. Manche Salze lösen sich in sehr großer Menge in Wasser auf; z. B. 1 *kg* salpetersaures Ammoniak in 1 *l* Wasser; dabei sinkt die Temperatur von +10° auf -15,5° C.

Kältemischung: Wenn man Schnee oder feingestoßenes Eis mit Salz vermischt, so geschieht folgendes: das Salz hat eine so große Begierde sich in Wasser aufzulösen, daß es das Eis flüssig macht, um sich in ihm aufzulösen; es bildet sich in dem Gemische viel Salzwasser. **Weil sowohl Eis als Salz sich in flüssige Körper verwandeln, so verbrauchen sie Wärme, weshalb das Gemisch kalt wird**; seine Temperatur sinkt bis -21° (Robert Boyle). Wenn man in das Gemisch ein Gefäß mit Wasser stellt, so gefriert das Wasser. Mittels solcher Kältemischung macht man Gefrornes. Ebenso erhält man Kältemischungen, wenn man Schnee oder Eis mit konzentrierter Schwefelsäure oder Salzsäure mischt. 1,3 *kg* kristallisiertes Chlorcalcium mit 1 *kg* Schnee gemischt, gibt sogar -49°.

Ähnliche Kältemischungen sind: 1 *kg* Schnee, 4 *kg* Vitriolöl, 1 *l* Wasser (-32,5°); 1 *kg* Schnee, 0,625 *kg* Salzsäure (-33°); 1 *kg* Schnee, 0,4 *kg* Kochsalz, 0,2 *kg* Salmiak (-24°).

Aufgaben:

80. Wie viel Eis schmilzt, wenn man einen Eisenblock von 5 *kg* Gewicht und 560° Temperatur in Eis packt?

81. Welche Wärmemenge ist erforderlich, um 12 *kg* Eis von -10° zu schmelzen und auch noch auf 15° C zu erwärmen?

82. 140 *g* Holz wurden so verbrannt, daß die gesamte Verbrennungswärme zum Schmelzen von Eis verwandt wurde. Wenn nun dadurch 6,3 *kg* Eis geschmolzen wurden, wie groß ist die Verbrennungswärme von 1 *kg* Holz?

83. 270 *g* Blei von 85° haben 9 *g* Eis von 0° zum Schmelzen gebracht. Wie groß ist die sp. Wärme des Bleies?

59. Siedetemperatur, Dampfwärme.

Wenn man eine Flüssigkeit stark genug in einem offenen Gefäße erwärmt, so kocht sie, d. h. an den erwärmten Stellen verwandelt sich die Flüssigkeit in Dampf, der in Form von Dampfblasen in die Höhe steigt. **Dampf ist ein luftförmiger Körper, meistens auch durchsichtig und farblos**, z. B. bei Wasser, Weingeist und Quecksilber. **Die Temperatur, bei welcher eine Flüssigkeit kocht, heißt ihre Siedetemperatur oder ihr Siedepunkt**; sie ist bei Wasser 100°, Terpentinöl 157°, Leinöl 316°, konzentr. Schwefelsäure 325°, Quecksilber 357,1°, Schwefel 448°, Benzin 80°, Alkohol 78,4°, Schwefelkohlenstoff 46,8°, Äther 34,9°. Wir vermuten, daß jeder Stoff bei hinreichender Erhitzung sich in Dampf verwandelt, daß also etwa Gold, Eisen, Platin, Kohle u. s. w., genügend hoch erhitzt, verdampfen. Doch kann es dabei vorkommen, daß ein Körper sich zersetzt, d. h. sich in zwei oder mehrere chemisch einfacher zusammengesetzte Stoffe zerlegt (dissoziiert).

Während des Kochens behält das Wasser seine Temperatur unverändert bei. **Alle dem Wasser während des Kochens zugefügte Wärme wird nicht dazu verwendet, um die Temperatur zu erhöhen, sondern dazu, um das Wasser in Dampf zu verwandeln.** Man nennt diese Wärmemenge die **latente oder gebundene Wärme des Dampfes** oder die **Dampfwärme**. Die Dampfwärme des Wassers bei 100° ist 537 Kalorien für 1 *kg*.

Wasserdampf hat eine Temperatur von 100° C ebenso wie das Wasser, enthält aber um 537 Kalorien mehr Wärme als das Wasser von 100°. Deshalb dauert es lange, bis das in einem Topfe befindliche Wasser ganz verdampft ist. Auch wenn Wasser an der Luft verdampft, ohne zu kochen, wird Wärme verbraucht, wodurch der verdunstende Stoff sich abkühlt. **Verdunstungskälte.** Eine Thermometerkugel mit Leinwand umwickelt und dann mit Äther befeuchtet, wird bis unter 0° abgekühlt.

60. Kondensation der Dämpfe.

Wird der Dampf wieder abgekühlt, so verwandelt er sich wieder in eine Flüssigkeit, er verdichtet oder kondensiert sich. Ein kalter Deckel über kochendem Wasser beschlägt sich mit Wasser. Darauf beruht das **Destillieren**. Um eine Flüssigkeit, die mit anderen Stoffen verunreinigt ist, rein zu erhalten, verwandelt man sie in Dampf und kondensiert diesen wieder durch Abkühlung.

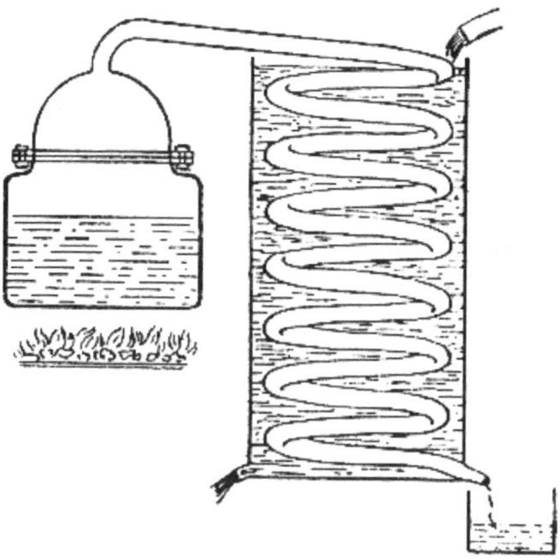

Fig. 79.

Ein **Destillierapparat** besteht aus einem geräumigen Gefäße (**Destillierblase**, -kolben), in das die Flüssigkeit gebracht wird; darauf wird ein luftdicht schließender Deckel, der Helm oder Hut, geschraubt. Aus dem Helme führt ein Rohr heraus, das in vielen Windungen als **Schlangenrohr** durch ein großes Faß, das **Kühlfaß**, nach abwärts führt, unten heraustritt und in eine **Vorlage** mündet. Das Kühlfaß ist mit kaltem Wasser gefüllt, das beständig erneuert wird.

Wird die Flüssigkeit in der Blase zum Kochen gebracht, so steigen die Dämpfe ins Kühlrohr, und werden dort wieder in Flüssigkeit verwandelt, die im Kühlrohre zur Vorlage abläuft.

Man destilliert Wasser, um es zu reinigen. Brunnen-, Fluß- und Meerwasser enthalten fremde Stoffe aufgelöst, welche beim Destillieren als feste Körper in der Blase bleiben. Auch das Regenwasser ist destilliertes Wasser, jedoch durch Staubteilchen verunreinigt. Spiritus wird gewonnen, indem man die gegorene, spiritushaltige Maische destilliert, wobei bloß der Spiritus und etwas Wasser überdestilliert (verdampft), die unvergorenen Stoffe aber in der Blase zurückbleiben. Man erhält reines Quecksilber durch Destillation des unreinen.

Wenn ein Dampf sich wieder in Flüssigkeit verwandelt, so gibt er die latente Wärme des Dampfes wieder her, seine Dampfwärme wird wieder frei. Man muß deshalb das Kühlfaß mit einer entsprechenden Menge kalten Wassers versehen und es rasch erneuern, damit es die Dampfwärme aufnehmen kann, ohne zu warm zu werden.

Dampfheizung: In einem Kessel wird Dampf entwickelt und in Röhren durch die Räume geleitet, die erwärmt werden sollen. Die Röhren geben die Wärme durch Leitung an die umliegende Luft ab; dadurch kondensiert sich in ihnen der Dampf, wobei er seine latente Wärme abgibt. Auch werden oft Stoffe dadurch erwärmt, daß man sie in verschlossene Gefäße bringt und nun Dampf einströmen läßt, der sich an den kalten Stoffen kondensiert und seine latente Wärme freigibt, so lange bis die Stoffe sich auf die Temperatur des Dampfes, 100°, erwärmt haben.

Aufgaben:

84. Bei einem Verbrennungsversuch haben 2 *kg* Steinkohle gerade hingereicht, um 1,6 *kg* Wasser von 100° zu verdampfen. Wie viel Kalorien der Verbrennungswärme wurden hiebei pro 1 *kg* Steinkohle nutzbar gemacht, und wie viel % sind das, wenn 120 *g* derselben Kohlen imstande sind 10,4 *kg* Eis zu schmelzen?

85. Ein Destillierapparat liefert pro Stunde 8 *l* Wasser von 60°. Mit wieviel Wasser von 10° ist das Kühlfaß in jeder Minute zu speisen, wenn es das Kühlfaß mit 40° verlassen soll?

61. Spannkraft der Dämpfe.

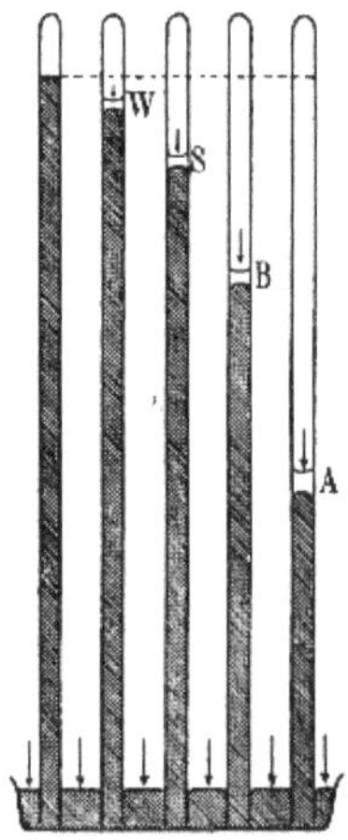

Fig. 80.

Dampf besitzt als luftförmiger Körper die Eigenschaften der Gase: er besitzt Expansionskraft; das ersieht man schon am kochenden Wasser; denn wenn sich ein Wassertröpfchen in Dampf verwandeln soll, so muß es sich, da der Dampf viel leichter ist als Wasser (1696 mal, sp. G. bei 100° = 0,000591), bedeutend ausdehnen, muß deshalb nicht bloß das über ihm liegende Wasser heben, also den Bodendruck des Wassers überwinden, sondern insbesondere den auf dem Wasser liegenden Luftdruck überwinden;

der sich entwickelnde Dampf muß also eine Expansivkraft besitzen, die etwas größer ist als 1 Atmosphäre; **an der Oberfläche des Wassers hat der Dampf eine Spannkraft von einer Atmosphäre.**

Füllt man eine Glasröhre, wie beim Torricellischen Versuche mit Quecksilber und etwas Wasser, so hat man ein Barometer, bei welchem sich im luftleeren Raum etwas Wasser befindet. Ein Teil des Wassers verwandelt sich in Dampf, dieser erfüllt den luftleeren Raum, **übt einen Druck auf das Quecksilber aus, weshalb das Quecksilber tiefer steht als im Barometer. Dampfbarometer.**

Erwärmt man das Wasser im Dampfbarometer, so sinkt das Quecksilber tiefer. Zugleich sieht man, daß bei rascher Erwärmung das Wasser kocht, daß sich also aus dem Wasser neue Dämpfe entwickeln. **Bei der Erwärmung erhalten die Dämpfe eine größere Spannkraft dadurch, daß sich noch neue Dämpfe entwickeln, die zu den vorhandenen Dämpfen hinzutreten und dadurch deren Dichte und Spannkraft erhöhen.** Bringt man in das Dampfbarometer zum Quecksilber andere Flüssigkeiten, wie Spiritus, Benzin, Schwefeläther, so sinkt das Quecksilber bei ihnen tiefer als beim Wasserdampfbarometer, da die Dämpfe des Spiritus bei gleicher Temperatur eine größere Spannkraft besitzen, als die Wasserdämpfe. Durch genaue Ausführung solcher Versuche findet man die Spannkräfte der Dämpfe bei verschiedenen Temperaturen.

Wasser verwandelt sich, wenn es sich in einem sonst leeren Raum befindet, bei jeder Temperatur in Dampf, dessen Spannkraft und Dichte von der Temperatur abhängt. Die Spannung des Wasserdampfes ist insbesondere von Regnault (früher von Dalton 1766) bei verschiedenen Temperaturen gemessen worden und in folgender Tabelle angegeben, deren über 100° liegender Teil erst später erklärt werden wird, und aus Figur 81 ist das Anwachsen der Spannkraft des Wasserdampfes von 0° bis 100° ersichtlich.

t	*mm*	*Atm*
-30°	0,39	0,0005
-20°	0,93	0,0012
-10°	2,09	0,0027
0°	4,60	0,0061
10°	9,16	0,012

20°	17,39	0,023
30°	31,55	0,041
40°	54,90	0,072
50°	91,98	0,121
60°	148,79	0,197
70°	233,09	0,307
80°	354,64	0,477
90°	525,45	0,691
100°	760,00	1,000
110°	1075	1,41
120°	1491	1,96
130°	2030	2,67
140°	2718	3,6
150°	3581	4,7
160°	4651	6,1
170°	5962	7,8
180°	7546	9,9
190°	9442	12,4
200°	11689	15,4
210°	14325	18,8
220°	17390	22,9
230°	20926	27,5

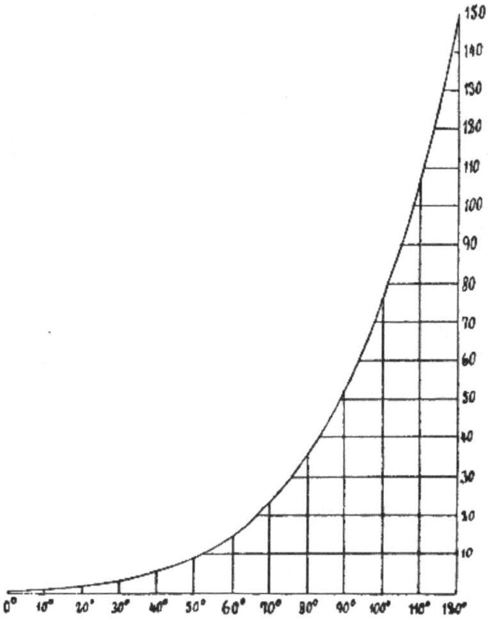

Fig. 81.

Wenn man einen Dampf abkühlt, so verdichtet sich ein Teil desselben wieder zu Wasser, so daß die Spannkraft des übrigbleibenden, also dünneren Dampfes der neuen niedrigen Temperatur entspricht. Auch das findet man am Dampfbarometer bestätigt, denn man sieht bei der Abkühlung das Quecksilber steigen, und kann besonders beim Wasserdampfbarometer ziemlich gut sehen, wie sich die oberen Glaswände mit Wassertröpfchen beschlagen, die davon herkommen, daß sich ein Teil des Dampfes wieder in Wasser verwandelt.

62. Sieden bei niedriger Temperatur.

Jede Flüssigkeit kann bei jeder Temperatur kochen, kocht aber nur dann, wenn der auf der Flüssigkeit lastende Druck kleiner ist, als die Spannkraft der Dämpfe, die sich bei der vorhandenen Temperatur aus der Flüssigkeit entwickeln können. Wasser kann schon bei 83° kochen, aber nicht bei gewöhnlichem Luftdruck, sondern nur, wenn man die Luft teilweise weggenommen hat, so daß der Druck nur ½ Atmosphären beträgt; denn da das Wasser bei 83° einen Dampf von etwas stärkerer Expansivkraft zu entwickeln imstande ist, so können sich diese Dämpfe wirklich entwickeln.

Man findet dies am Ätherdampfbarometer bestätigt: 1) **Man erwärmt den Äther in der Röhre**, so kann er Dämpfe entwickeln von höherer

Spannkraft, als die oben befindlichen kälteren Dämpfe besitzen; also kocht er. 2) **Man kühlt die oben befindlichen Ätherdämpfe ab**, indem man um die Röhre etwas Fließpapier wickelt und auf dieses Äther tröpfelt; denn dieser Äther verdampft sehr rasch, verbraucht dabei viel Wärme und kühlt dadurch den obern Teil der Röhre und die darin befindlichen Ätherdämpfe ab. Deshalb kondensieren sich die Ätherdämpfe teilweise und bekommen eine geringere Spannkraft; aber der Äther in der Röhre, der noch die höhere Temperatur hat, kann noch Dämpfe von höherer Spannkraft hergeben, kocht also.

3) **Man erwärmt den Äther in der Röhre und kühlt zugleich die Dämpfe in der Röhre durch Aufsetzen der Ätherkappe ab**; der Äther in der Röhre kocht dann sehr stark, da nun beide Ursachen zusammenwirken.

Kochen des Wassers bei niedriger Temperatur. Man bringt in eine **Kochflasche** etwas Wasser, bringt es zum Kochen, läßt es einige Zeit kochen, bis die Dämpfe alle Luft aus der Flasche verdrängt haben, verschließt die Flasche mit einem Korke und nimmt sie nun vom Feuer. Man sieht dann das Wasser weiterkochen, sogar stark, wenn man die Flasche mit kaltem Wasser übergießt, denn durch das kalte Wasser werden die Dämpfe kondensiert, erhalten einen niedrigeren Druck, während das Wasser in der Flasche noch heiß ist und deshalb noch Dämpfe von höherem Drucke hergeben kann. Wenn man lauwarmes Wasser in einem Schälchen unter den Rezipienten der Luftpumpe bringt, und rasch evakuiert, so kocht das Wasser. (Robert Boyle 1660.)

Bei einem Druck von 760 *mm* kocht das Wasser bei 100° (Definition). **Ist der Luftdruck geringer, so kocht das Wasser schon bei niedrigerer Temperatur**; auf dem Montblanc, wo der Luftdruck bloß ½ Atmosphäre beträgt, kocht das Wasser schon bei 82°. Der Siedepunkt des Wassers ist vom Barometerstand abhängig. Dies muß man bei der **Bestimmung des Siedepunktes eines Thermometers** berücksichtigen.

Weil der Siedepunkt des Wassers vom Luftdruck abhängt, so kann man das **Thermometer anstatt des Barometers zu Höhenmessungen** benützen. Man hält das Thermometer in die Dämpfe kochenden Wassers, findet etwa 87,6°, erfährt aus der Tabelle, daß der dieser Temperatur entsprechende Dampfdruck = 479,2 *mm* ist, und weiß, daß der vorhandene Luftdruck eben so hoch ist, und kann hieraus auf die Höhe des Berges schließen.

63. Der Vakuumkondensator.

Der Vakuumkondensator oder die Vakuumpfanne dient dazu, einen wasserhaltigen Stoff einzudampfen, ohne daß man den Stoff auf 100° erwärmen muß. Er ist ähnlich eingerichtet wie ein Destillierapparat, nur mündet das Kühlrohr luftdicht in einer verschlossenen Vorlage, welche mit einer Luftpumpe in Verbindung steht.

Die Flüssigkeit z. B. Milch wird in den Kessel gebracht und erwärmt; zugleich wird durch die Luftpumpe die Luft aus Vorlage, Kühlrohr und Helm entfernt, so daß die Milch schon bei niedriger Temperatur, etwa 60° (1/5 Atmosphäre) zu kochen beginnt; die sich entwickelnden Dämpfe treiben die noch vorhandene Luft vor sich her, so daß sie vollständig durch die Luftpumpe entfernt werden kann. Setzt man dann das Kühlfaß in Tätigkeit, so dauert das Kochen der Milch bei niedriger Temperatur fort; denn die Milch hat etwa 60°, gibt also Dämpfe her, deren Spannkraft dieser Temperatur entspricht; im Kühlrohr ist aber etwa bloß eine Temperatur von 40°, folglich haben die dort befindlichen Dämpfe eine niedrigere Spannkraft; deshalb strömen beständig Dämpfe vom Helm ins Kühlrohr und zugleich entwickeln sich einerseits aus der Milch neue Dämpfe, während andererseits die ins Kühlrohr übergetretenen Dämpfe abgekühlt und kondensiert werden; das Kondensationswasser sammelt sich in der Vorlage, und die Milch im Kessel verliert ihr Wasser und wird so kondensiert. Auch der aus dem Zuckerrohr oder den Zuckerrüben gewonnenen Zuckersaft wird mit solchen Apparaten bei niedriger Temperatur kondensiert, ebenso Eiweiß aus Eiern oder Blutwasser.

64. Spannkraft der Wasserdämpfe über 100°.

Wenn Wasser im offenen Gefäß kocht, so steigt seine Temperatur nicht über 100° (genauer: nicht über die dem jeweiligen Luftdruck entsprechende Temperatur); alle weiter zugeführte Wärme wird nicht dazu verwendet, um das Wasser weiter zu erwärmen, sondern bloß dazu, um Dampf zu bilden; je mehr man Wärme zuführt, desto rascher kocht das Wasser.

Wenn man aber Wasser im geschlossenen Gefäße erhitzt, so daß die entstehenden Dämpfe nicht entweichen können, so wächst durch das Hinzutreten der neu gebildeten Dämpfe die Spannkraft der schon vorhandenen; es liegt dann auf dem Wasser ein höherer Druck, als seiner Temperatur entspricht; deshalb hört die Dampfentwicklung etwas auf, und die hinzukommende Wärme wird nun dazu verwendet, um das Wasser weiter zu erwärmen, bis die Temperatur des Wassers höher ist, als der Spannkraft der Dämpfe entspricht; dann entwickelt es wieder Dämpfe, und so geht es fort. Jedoch treten diese Vorgänge nicht sprungweise, sondern gleichzeitig ein: das Wasser erwärmt sich immer weiter, entwickelt stets Dämpfe, die zu den schon vorhandenen hinzutreten und deren Spannkraft stets so erhöhen, daß sie der Temperatur des Wassers entspricht. **Man kann das Wasser in einem geschlossenen Gefäße über 100° erhitzen, wobei die Spannkraft der Dämpfe immer höher wird.** Die Spannkraft wächst sogar sehr stark, und später immer rascher. Man nennt solches Wasser überhitztes Wasser, solchen Dampf gespannten Dampf. Siehe Tabelle Seite 105.

Der **Papin'sche Topf** ist ein starkwandiger eiserner Topf, dessen Deckel luftdicht aufgeschraubt werden kann. Man füllt ihn mit Wasser und solchen Stoffen, die man weichkochen will, die aber beim gewöhnlichen Kochen nicht gut weich werden, z. B. zähem Fleisch; in dem überhitzten Wasser erweicht es leichter. So kann man Knorpeln und Knochen kochen, daß sie zu Brei zerfallen, und in den Papierfabriken werden starre Lumpen, alte Stricke und Säcke, sogar Holz in solchen Papinschen Töpfen, Digestoren, gekocht, so daß sie in die einzelnen Fasern zerfallen, aus denen man dann das Papier macht. Die Digestoren werden häufig durch Einleiten gespannten Dampfes erhitzt; hievon kondensiert sich zuerst ein Teil an den kalten Stoffen, macht sie naß und warm, der folgende erwärmt sie bis zur Temperatur des Dampfes. Auch Dampfheizungen werden oft mit gespanntem Dampf gespeist; das Ende der Leitung ist dann verschlossen oder führt wieder in den Kessel zurück; die Röhren können dann eine Temperatur annehmen, die über 100° liegt, etwa 152° bei 5 Atmosphären.

Dampfmaschine.

65. Die Dampfkessel.

Die wichtigste Anwendung findet der Dampf bei den Dampfmaschinen. Im **Dampfkessel** wird der zur Speisung der Maschine erforderliche Dampf entwickelt. Es gibt zwei Hauptarten von Dampfkesseln: die eingemauerten Kessel und die Siederöhrenkessel. Die **eingemauerten Kessel** (Kessel mit äußerer Feuerung) Fig. 82 und 83 bestehen aus einem großen überall verschlossenen Cylinder aus starkem Eisenblech; er liegt horizontal, stützt sich seitlich auf Mauerwerk, und ist oben mit schlecht leitenden Steinen eingedeckt; unten ist der Feuerungskanal, an dessen vorderem Teile das Feuer brennt, so daß die heiße Luft die ganze Länge des Kessels bestreicht. Um die vom Feuer bestrichene Fläche des Kessels zu vergrößern, sind oft unterhalb desselben zwei kleinere Cylinder parallel dem Kessel angebracht und durch 2 oder 3 aufwärtsführende Röhren mit ihm verbunden (Bouilleurkessel). Fig. 84. Dabei ist die Einmauerung meist so gemacht, daß die heiße Luft vom Feuer zunächst an den zwei Siederöhren entlang streicht und dann längs des Kessels zieht. Oder es wird die Feuerluft durch zwei Rohre geleitet, welche den Wasserraum des Kessels durchziehen (Flammrohrkessel).

Fig. 82.

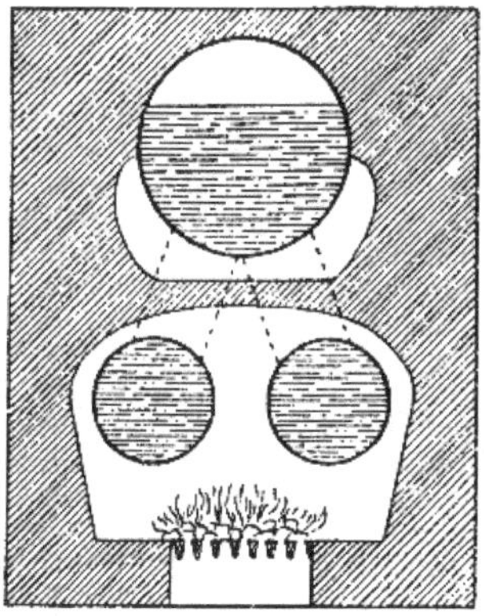

Fig. 83.

Fig. 84.

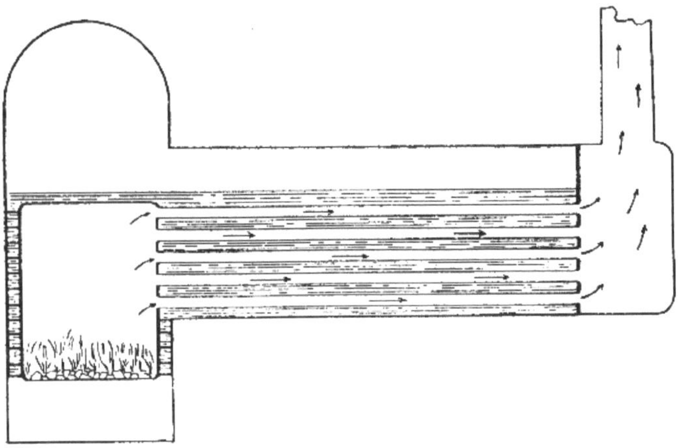

Fig. 85.

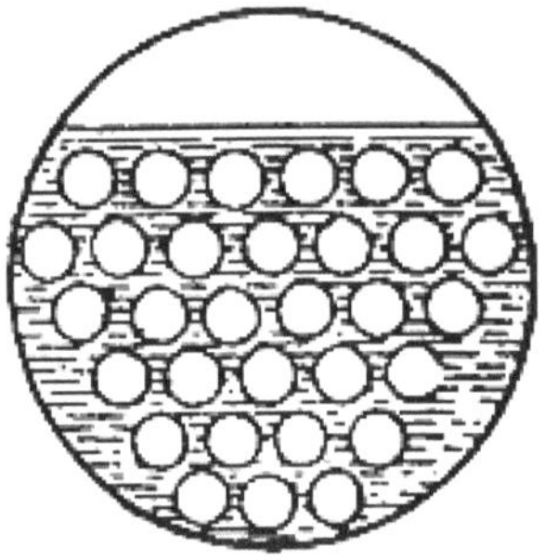

Fig. 86.

Die **Siederöhrenkessel** (Kessel mit innerer Feuerung) Fig. 85 werden angewandt bei fahrenden oder fahrbaren Maschinen, Lokomotiven, Lokomobilen und auch bei solchen stehenden Maschinen, welche wenig Platz einnehmen sollen. Sie sind cylindrisch geformt, die vordere und hintere Verschlußplatte sind mit vielen symmetrisch angebrachten Löchern versehen (Fig. 86), und jedes Paar entsprechender Löcher ist durch eine den Kessel der Länge nach durchziehende Röhre (Siederöhre) verbunden. Das Feuer befindet sich vor der vorderen Platte in der von allen Seiten von Wasser umgebenen Feuerbüchse, so daß die heiße Luft, da sie keinen anderen Ausweg hat, gezwungen ist, durch die Siederöhren zu gehen, um zum Kamin zu gelangen. Es wird so die heiße Luft gleichsam mitten durch das Wasser geleitet, und durch die große Anzahl der Siederöhren eine große Heizfläche hergestellt. Auch schon an den Wänden der Feuerbüchse wird viel Dampf erzeugt. **Jeder Dampfkessel ist vollständig verschlossen, einem Papin'schen Topfe vergleichbar; deshalb entwickeln sich in ihm**

Dämpfe, die eine immer höhere Spannkraft erlangen, während die Temperatur des Wassers und Dampfes entsprechend steigt.

66. Dampfkesselgarnitur.

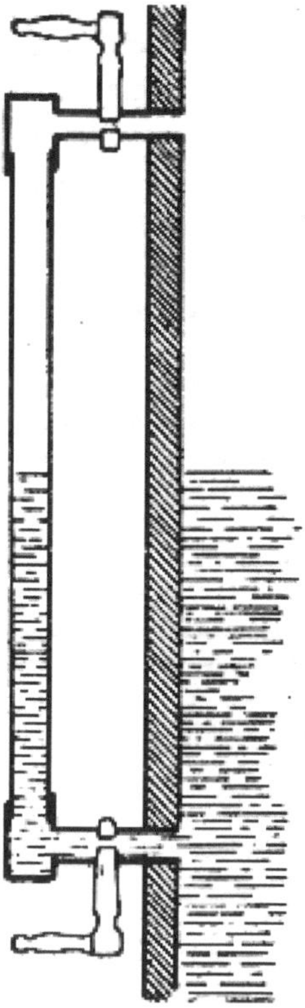

Fig. 87.

An jedem Kessel ist eine Reihe von Apparaten angebracht, die man die Dampfkesselgarnitur nennt, und von denen die folgenden die wichtigsten sind.

1) Der **Wasserstandsmesser**. Ein starkes Glasrohr ist oben und unten in Messingfassungen eingekittet und durch dieselben oben mit dem Dampfraume, unten mit dem Wasserraume des Kessels in Verbindung. Nach dem Gesetze der kommunizierenden Röhren ist der Wasserstand im Glasrohre gleich hoch wie im Kessel. Außerdem muß der Kessel noch mit zwei **Probierhähnen** versehen sein, welche an der obern und untern Grenze des Wasserstandes angebracht sind. Sie dienen einerseits als Kontrolle der Angabe der Wasserröhre, andrerseits als Notbehelf, wenn die Glasröhre zerspringen sollte.

2) **Speisepumpe**. Eine Druckpumpe, die durch die Maschine selbst getrieben wird, pumpt Wasser in den Kessel als Ersatz für den ausströmenden Dampf. Der Maschinist kann die Kolbenhübe nach Bedarf regulieren.

3) Das **Sicherheitsventil**, das sich durch den Druck des Dampfes öffnet, wenn der Dampfdruck eine gefährliche Höhe erreichen sollte. Auf der oberen Kesselwand ist eine kurze Ansatzröhre angebracht; auf ihr befindet sich eine genau passende Messingplatte, die durch einen mit Gewichten belasteten Druckhebel niedergedrückt wird. Bei zu großem Dampfdrucke wird die Platte gehoben, so daß der Dampf massenhaft ausströmt und seine große Spannkraft schnell verliert.

Fig. 88.

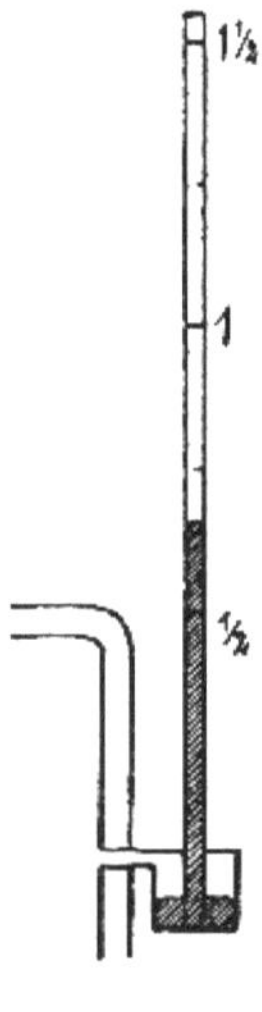

Fig. 89.

4) **Das Manometer oder der Dampfdruckmesser**, wovon es verschiedene Arten gibt. Das **offene Quecksilbermanometer** oder Freiluftmanometer. Aus dem Dampfraume führt eine Röhre in ein verschlossenes Eisenkästchen, in dem sich Quecksilber befindet; in dasselbe

reicht eine in den Deckel des Kästchens luftdicht eingesetzte hohe Glasröhre, in der das Quecksilber um so höher steigt, je höher der Dampfdruck ist, nämlich bei 2 Atmosphären Dampfdruck, also bei 1 Atmosphäre Überdruck 76 *cm*, bei 3 Atm. 2 · 76 = 152 *cm* u. s. w. Nimmt man der Dauerhaftigkeit halber statt der gläsernen Röhre eine eiserne, so bringt man in die Röhre ein cylindrisches Eisenstäbchen an, das dann auf dem Quecksilber schwimmt (Schwimmer); von ihm läuft eine Schnur oben über eine Rolle, und ein kleines an ihr befestigtes Gewichtchen gibt an einer Skala den Quecksilberstand an. Obwohl die Angaben dieses Manometers sehr deutlich sind, so ist es doch nur für sehr mäßige Dampfspannungen anwendbar, weil sonst die Röhre zu hoch werden müßte.

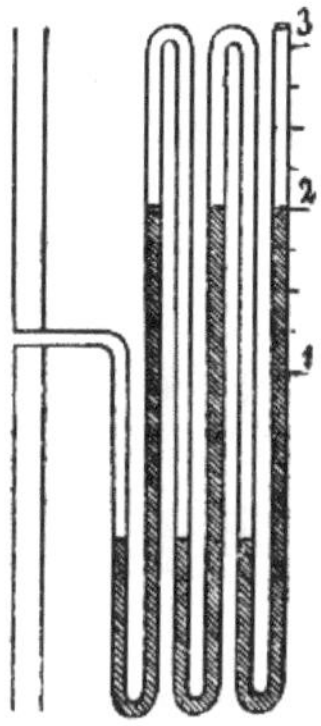

Fig. 90.

Das **Differenzialmanometer**. Aus dem Kessel führt eine eiserne Röhre, die sich mehrmals nach abwärts und aufwärts biegt, überall gleich weit ist und mit einem gläsernen aufsteigenden Schenkel endigt. Die unteren Hälften der Windungen sind mit Quecksilber, die oberen mit Wasser gefüllt, so daß bei 1 Atm. Dampfdruck das Quecksilber in allen Schenkeln gleich hoch steht. Steigt nun der Dampfdruck, so muß, da sich der Druck durch das Wasser auf alle Schenkel fortpflanzt, das Quecksilber in allen abwärtsgehenden Schenkeln sinken und in den aufwärtsgehenden um je ebensoviel steigen. Da aber hiebei nicht bloß eine, sondern mehrere Quecksilbersäulen gehoben werden, so beträgt die Niveaudifferenz in jeder Windung nicht so viel als dem Überdrucke entspricht, sondern so viel mal weniger als die Anzahl der Windungen beträgt. Es bleibt somit die Steighöhe des Quecksilbers bei großer Windungszahl (bis 8) nur mäßig, weshalb die Höhe der Windungen verhältnismäßig klein genommen werden kann und doch für einige Atmosphären ausreicht. (Fig. 90.)

Das **Kompressionsmanometer** ist wie eine Mariotte'sche Röhre eingerichtet. Der Dampf drückt auf das in einem Eisenkästchen befindliche Quecksilber; die durch den Deckel eingelassene und ins Quecksilber tauchende Glasröhre ist aber oben geschlossen und mit Luft gefüllt. Bei einem Dampfdruck von 1 Atm. steht das Quecksilber beiderseits gleich hoch, bei 2 Atm. steigt es in der Röhre und preßt die Luft auf den halben Raum zusammen, genauer: so weit, daß der Druck der gehobenen Quecksilbersäule und der Druck der komprimierten Luft zusammen gerade 2 Atm. betragen; bei 3 Atm. auf $\frac{1}{3}$, bei 4 auf $\frac{1}{4}$ des ursprünglichen Raumes u. s. f. Es ist wenig benützbar, weil besonders bei hohen Drücken die Quecksilberhöhen nur sehr wenig voneinander verschieden sind. (Fig. 91.)

Fig. 91.

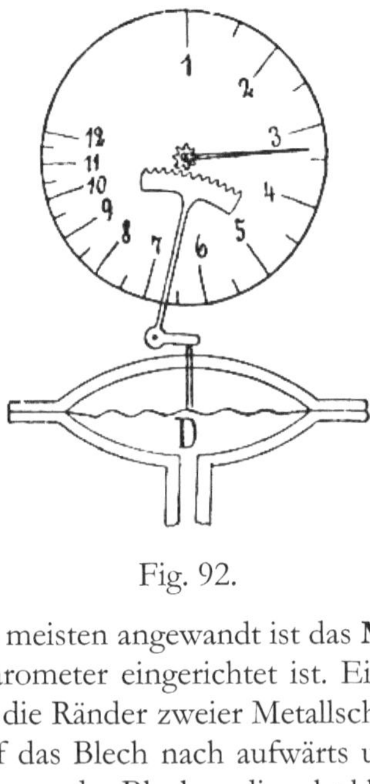

Fig. 92.

Am besten und am meisten angewandt ist das **Metallmanometer**, das ähnlich wie ein Metallbarometer eingerichtet ist. Ein gewelltes, elastisches Metallblech ist zwischen die Ränder zweier Metallschalen eingeklemmt; von unten drückt der Dampf das Blech nach aufwärts um so höher, je stärker sein Druck ist. Die Bewegung des Bleches, die sehr klein ist, wird größer und deutlich sichtbar gemacht, etwa indem der auf der Mitte des Bleches aufsitzende Stift gegen den kurzen Arm eines Winkelhebels drückt, dessen langer Arm ein Stück eines gezahnten Rades trägt; dies greift in die Zähne eines kleinen Rädchens, das einen Zeiger trägt; dieser spielt auf einer Skala, auf der die Atmosphären direkt beobachtet werden können. Der Apparat ist sehr dauerhaft, geht für höheren Dampfdruck fast so gut wie für niedrigen, läßt 1/4 Atm. noch mit Sicherheit ablesen, geht hinreichend genau und ist auch bei fahrenden Maschinen anwendbar. (Fig. 92.)

5) Zu den Kesselgarnituren gehört noch das **Luftventil**, ein nach einwärts schlagendes Ventil, das, wenn Dampfspannung vorhanden ist, geschlossen ist; wenn aber der Kessel nicht mehr geheizt wird, sich abkühlt, und deshalb der Dampfdruck unter 1 Atm. sinkt, so wird es durch den äußeren Luftdruck geöffnet, und Luft strömt in den Kessel.

6) Eine **Dampfpfeife**, um Signale zu geben.

67. Dampfkesselexplosion.

Wenn ein Dampfkessel aus irgend einer Ursache den Druck des Dampfes nicht mehr auszuhalten vermag, so zerspringt er, es entsteht eine Dampfkesselexplosion. Ihre Ursachen sind: 1) Teilweise Zerstörung des Kesselbleches durch Rost. Man untersucht von Zeit zu Zeit die Festigkeit des Kessels durch Wasserdruck, und sucht nach verrosteten Stellen durch Abklopfen des Kessels mittels eines Hammers mit stumpfer Spitze. 2) Zu niedriger Wasserstand. Das Wasser soll stets höher stehen, als das Feuer hinaufreicht (die Wasserlinie soll höher liegen als die Feuerlinie), so daß die dem Kesselblech mitgeteilte Wärme vom Wasser aufgenommen werden kann. Wenn aber durch schlechte Beaufsichtigung der Wasserstand zu nieder geworden ist, so wird ein Streifen des Kesselbleches außen erwärmt, innen aber nicht stark abgekühlt und wird deshalb leicht glühend. 3) Bildung von Kesselstein. Zur Speisung des Kessels wird meist Brunnen- oder Flußwasser verwendet; dies enthält stets erd- und steinartige Stoffe aufgelöst, die bei der Verdampfung des Wassers sich ausscheiden und die innere Wand des Kessels mit einer immer dicker werdenden Kruste, dem Kesselstein, überziehen. Je nach der Beschaffenheit des Wassers ist der Kesselstein locker, schwammig, kann leicht entfernt werden und ist dann unschädlich. Doch ist er auch, besonders wenn das Wasser viel Kalk aufgelöst enthält (hartes Wasser), sehr dicht, hart und festhaftend. Dann heizt sich der Kessel schlecht, weil der Stein die Wärme langsam leitet, und das Kesselblech wird leicht glühend, weil es mit dem Wasser nicht mehr direkt in Berührung steht; an solchen Stellen springt dann der Kesselstein plötzlich in großen Massen weg, das Wasser trifft auf glühende Metallflächen, und entwickelt plötzlich Dampf von sehr hoher Spannung, der den Kessel zersprengt, bevor das Sicherheitsventil Zeit hatte, sich zu öffnen. All diese Ursachen kann man durch gehörige Beaufsichtigung und Instandhaltung der Kessel vermeiden.

68. Die atmosphärische Dampfmaschine.

Die erste Dampfmaschine wurde von Newcomen und Cawley 1705 konstruiert, und fand bald Verbreitung in Bergwerken. In einem vertikal stehenden Cylinder befindet sich der luftdicht anschließende Kolben; er ist durch eine Kette an einem Hebel befestigt, dessen anderer Arm durch eine zweite Kette die Pumpenstange einer Saugpumpe trägt. Durch ein Übergewicht wird die Gesamtbelastung auf Seite der Pumpe etwas größer gemacht als auf Seite des Kolbens.

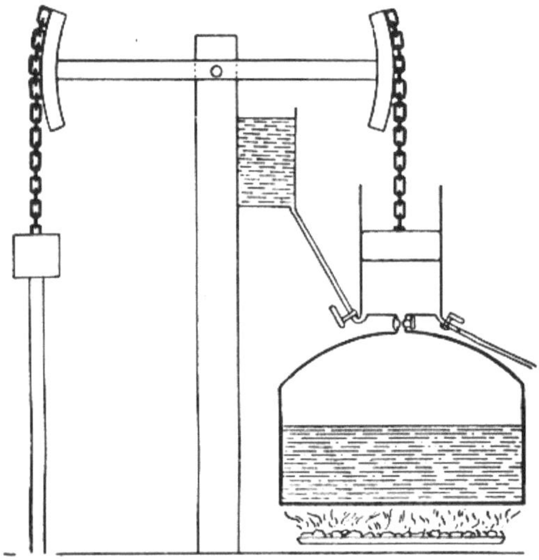

Fig. 93.

Wenn nun der Dampfkolben sich unten befindet, wird durch ein Rohr der Dampf in den Cylinder geleitet; der Dampf hat einen Druck von einer Atmosphäre, trägt also den auf dem Kolben lastenden Luftdruck, weshalb der Pumpenkolben das Übergewicht bekommt und nach abwärts geht; hiebei füllt sich der Dampfcylinder mit Dampf. Nun wird das Dampfzuleitungsrohr abgesperrt, und ein anderes Rohr geöffnet, das auch unten in den Cylinder mündet, und von einem mit kaltem Wasser gefüllten, etwas höher stehenden Reservoir herkommt. Es spritzt dann durch die mit vielen kleinen Löchern versehene Mündung dieses Rohres das Wasser fein zerteilt in den Dampf und kühlt ihn ab; dadurch kondensiert er sich und bekommt eine niedrige Spannkraft, etwa ⅛ Atmosphäre (51°). Auf die obere Fläche des Kolbens drückt aber die äußere Luft mit 1 Atmosphäre, also mit einem Überdruck von $^7/_8$ Atm.; **dieser Druck bewegt den Kolben nach abwärts und hebt dadurch den Kolben der Pumpe** und dadurch das Wasser. Ist der Kolben unten angelangt, so läßt man durch eine dritte kurze Röhre das im Cylinder befindliche Wasser ablaufen, und beginnt wieder von neuem, läßt also wieder Dampf einströmen u. s. w. Da bei diesen Maschinen nicht der Druck des Dampfes eigentlich die Arbeit leistet, sondern der äußere Luftdruck, so nennt man sie auch **atmosphärische Maschinen**; der Dampf ermöglicht, durch seine Kondensation einen luftleeren Raum, richtiger, einen Raum von geringem Drucke herzustellen.

69. Die Watt'sche Dampfmaschine.

James Watt konstruierte unter Benützung der bei der atmosphärischen Maschine auftretenden Vorgänge eine Dampfmaschine, die er so vorzüglich einrichtete, daß sie auch jetzt noch in ihren wesentlichen Teilen beibehalten ist, und die so bedeutend von der früheren Maschine verschieden war, daß man Watt den Erfinder der Dampfmaschine nennt[4].

[4] James Watt lebte 1736-1819; die erste Dampfmaschine wurde fertig 1784.

Die wesentlichen Teile dieser Watt'schen und ebenso jeder anderen Dampfmaschine werden im folgenden beschrieben:

70. Cylinder und Steuerung.

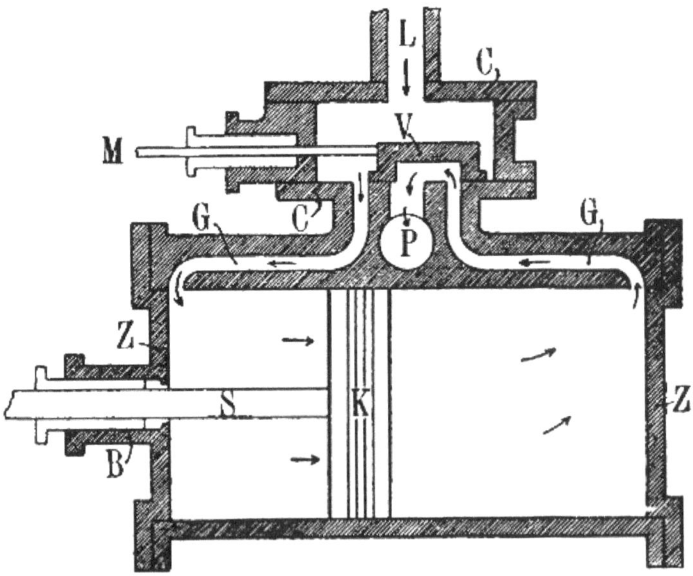

Fig. 94.

Der **Dampfcylinder**. Er kann in jeder Lage angebracht werden; in ihm bewegt sich der luftdicht anschließende Kolben K; an diesem ist die Kolbenstange S befestigt, welche die eine Verschlußplatte Z des Cylinders luftdicht durchdringt in einer Stopfbüchse B. Auf dem Cylinder sitzt der Schieberkasten C, in welchen der Dampf durch das Dampfzuleitungsrohr L geleitet wird; vom Schieberkasten führen zwei breite Röhren G zu den Enden des Cylinders. Damit der Dampf nicht gleichzeitig auf beiden Seiten, sondern abwechselnd erst auf der einen, dann auf der andern Seite des Cylinders einströmt, ist das Schieberventil V vorgelegt. Das ist ein kleines im Schieberkasten befindliches Kästchen, welches so steht, daß es die eine Röhre verdeckt, und dann mittels einer nach außen führenden Stange, der Schieberstange M, so verschoben werden kann, daß es die andere Röhre verdeckt. **Durch die Stellung des Schieberventils kann der Dampf gesteuert, das heißt so geleitet werden, daß er bald auf die eine, bald auf die andere Seite des Kolbens drückt, und ihn so hin- und herbewegt.** Zwischen den beiden Mündungen der Dampfkanäle G befindet sich eine Öffnung P, die nach aufwärts führt. Sie steht durch das Schieberventil mit der Abdampfseite des Cylinders in Verbindung, so daß der auf der Rückseite des Kolbens befindliche Dampf, der Abdampf, durch sie abströmen kann.

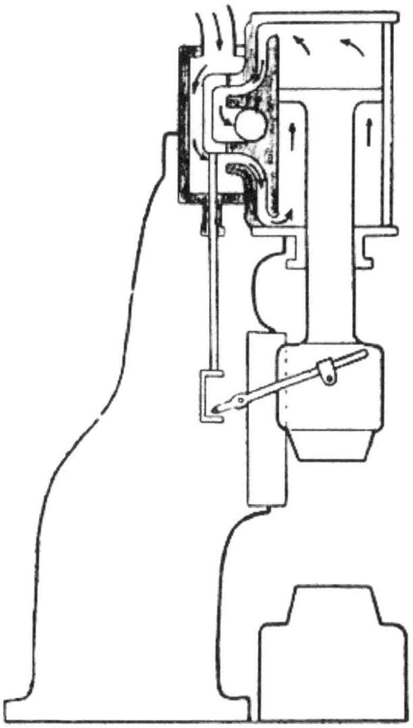

Fig. 95.

Dadurch wird erreicht, daß der Kolben abwechselnd vorwärts und rückwärts bewegt wird. Eine solche Einrichtung genügt z. B. beim **Dampfhammer**. Auf einem starken Gerüste steht oben der Cylinder vertikal, die Kolbenstange geht nach abwärts und trägt den als Hammer dienenden Eisenblock, unter welchem sich der Amboß befindet. Man läßt den Dampf unter dem Kolben einströmen, so wird der Kolben und somit der Hammer gehoben; nun läßt man den im Cylinder befindlichen Dampf in die freie Luft hinausströmen, dann fällt der Hammer durch sein Gewicht herab. Bei einem Kolbendurchmesser von 40 *cm* und einem Dampfdruck von 8 Atm. darf das Gewicht des Hammers nebst Kolbenstange und Kolben 170 Ztr. betragen. **Der schwere Hammer wird durch die Kraft des Dampfes gehoben und schwebend erhalten.** Eine ähnliche Einrichtung hat die Dampframme. Bei den meisten Dampfmaschinen wird die hin- und hergehende, **oscillierende** Bewegung des Kolbens in eine **rotierende** auf folgende Weise verwandelt. Die Kolbenstange ist mit ihrem Ende beweglich mit einer Schub- oder Pleuelstange verbunden und diese greift an einer Kurbel an, welche an der Achse, der Hauptachse der Maschine, angebracht ist. Wenn der Kolben hin- und herbewegt wird, so wird die Achse umgedreht.

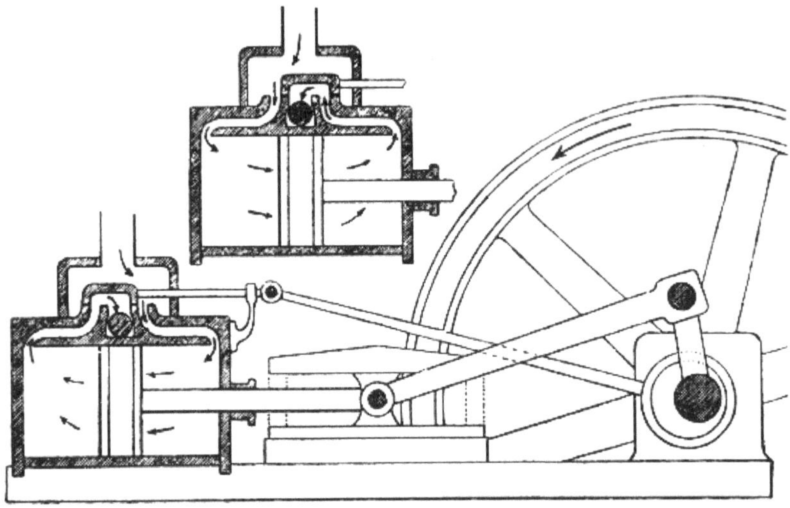

Fig. 96.

Auf dieser Hauptachse ist meist ein Schwungrad angebracht, ein sehr großes und schweres Rad, das den Gang der Maschine gleichmäßig macht und insbesondere über die toten Punkte hinweghilft. Wenn der Kolben am vorderen oder hinteren Ende angelangt ist, so stehen Pleuelstange und Kurbel in derselben Richtung; es kann also die Kraft des Kolbens nicht umdrehend wirken, und zudem hat der Dampf in dieser Stellung meistens keine Kraft, weil hiebei das Schieberventil eben umgestellt oder verschoben wird. Toter Punkt. Das Schwungrad bewegt sich aber infolge seines Beharrungsvermögens weiter und hilft der Maschine über den toten Punkt hinweg. Zudem macht das Schwungrad den Gang der Maschine gleichmäßig. Vom Schwungrad aus wird die Bewegung durch Zahnräder oder durch die Treibriemen auf eine Welle geleitet, die Hauptwelle, und von da aus zur Bewegung der verschiedenen Arbeitsmaschinen verwendet.

Der Excenter oder die excentrische Scheibe dient zur Selbststeuerung des Dampfes. Auf der Hauptachse ist eine Scheibe so angebracht, daß ihr Mittelpunkt etwas außerhalb des Mittelpunktes der Hauptachse liegt, also excentrisch. Um die Scheibe ist ein Messingring gelegt, an welchem die Schieberstange befestigt ist; dreht sich die Hauptachse, so kommt der weiter herausragende Teil des Excenters bald nach vorn, bald nach hinten, schiebt also den Ring, und damit auch das Schieberventil vor- und rückwärts, und es ist leicht, den Excenter so anzubringen, daß das Schieberventil seine Bewegungen auch zur rechten Zeit macht.

An der Hauptachse ist noch ein Excenter oder eine kleine Kurbel angebracht, durch welche die Speisepumpe bewegt wird.

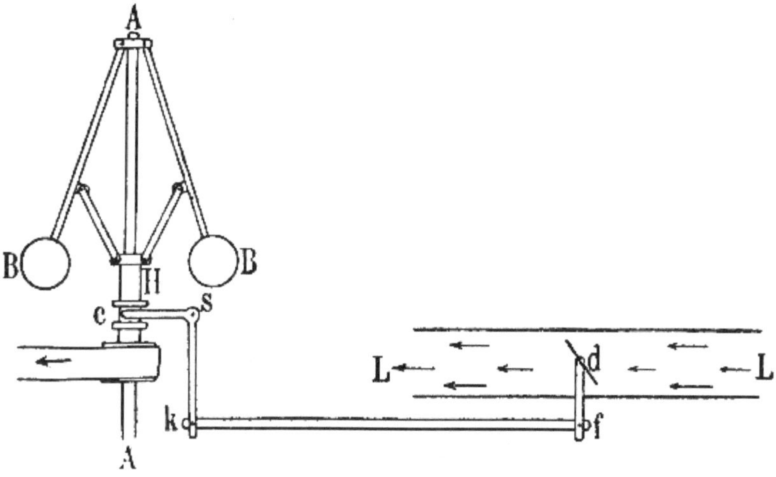

Fig. 97.

Der **Centrifugalregulator** soll bewirken, daß die Maschine in ihrer Geschwindigkeit sich nur wenig ändert, wenn der Dampfdruck im Kessel sich ändert oder auch, wenn zeitweise von der Maschine mehr Arbeit gefordert wird. Von der Hauptachse aus wird durch Zahnrad oder Treibriemen eine vertikale Stange A umgedreht; an ihr sind oben zwei nach abwärts hängende Stangen beweglich eingelenkt, die an den unteren Enden zwei schwere Kugeln B tragen. Je rascher die Maschine geht, desto weiter fliegen die Kugeln durch die sogenannte Centrifugalkraft auseinander. Etwa in der Mitte der Stangen sind zwei andere Stangen beweglich eingelenkt, die mit ihren unteren Enden an einer Hülse H angreifen, welche die vertikale Stange umgibt; je rascher die Maschine geht, desto höher steigt die Hülse. Diese hat nun unten zwei hervorragende ringförmige Wülste, und zwischen diese greift das gegabelte Ende c eines Winkelhebels, so daß dies Hebelende um so höher gehoben wird, je rascher die Maschine geht. Das andere Ende k des Hebels geht dann nach einwärts und dreht dabei eine im Dampfzuleitungsrohre angebrachte Scheibe oder Klappe (die Drosselklappe) so, daß sie das Dampfzuleitungsrohr mehr versperrt, so daß nicht mehr so viel Dampf zum Cylinder kommen kann. Das Umgekehrte findet statt, d. h. die Drosselklappe öffnet sich und läßt mehr Dampf in den Cylinder, wenn die Maschine zu langsam geht.

71. Der Kondensator.

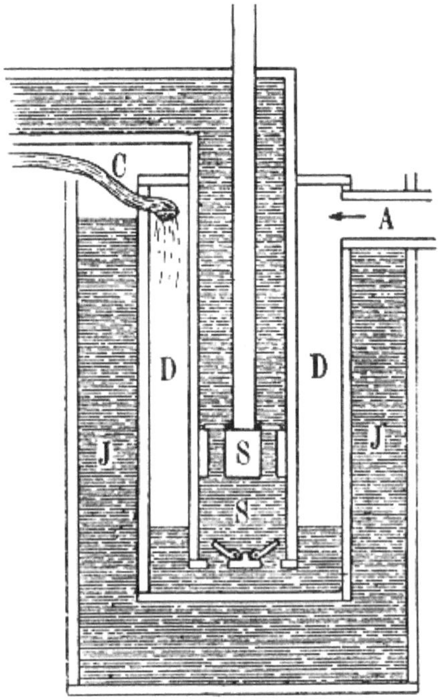

Fig. 98.

Der Kondensator. Auf die eine Seite des Kolbens drückt der Dampf vom Kessel her, während auf der andern Seite der Dampf mit der freien Luft in Verbindung steht, also ausströmt und nur eine Spannkraft von 1 Atm. (besser ca. 1¼ Atm. wegen der Reibung) hat. **Um den Druck des Abdampfes vermindert sich der wirksame Druck des Dampfes.** Um diesen schädlichen Druck des Abdampfes wegzuschaffen und damit den Druck des Kesseldampfes besser auszunützen, dazu dient der Kondensator. Er ist ein ziemlich geräumiger Behälter D aus Kesselblech, in welchen durch eine Röhre A der Abdampf eingeleitet wird. Ferner führt in ihn eine Röhre, die von einem Behälter kalten Wassers, einem Flusse, Bache u. s. w. herkommt und mit vielen feinen Öffnungen (Brause) endigt: **durch Einspritzen von kaltem Wasser wird der im Kondensator befindliche Dampf abgekühlt und kondensiert und erhält dadurch eine niedrige Spannkraft; es strömt dann vom Abdampfraume so viel Dampf in den Kondensator, bis der Druck des Abdampfes fast gleich ist dem des Kondensators.** Das Hinunterströmen des Dampfes geschieht sehr rasch, schon während der Kolben in der Nähe des toten Punktes steht und umgekehrt, so daß sogleich beim Wiederbeginne und während seiner

Bewegung auf der Abdampfseite nur ein geringer Dampfdruck von ¼ bis ⅓ Atm. vorhanden ist.

Zur Kondensation des Dampfes bedarf es großer Mengen Wasser; diese werden, weil im Kondensator der Druck ein geringer ist, durch den äußeren Luftdruck hineingetrieben. Um die Abkühlung des Dampfes noch zu beschleunigen, steht der Kondensator in einem geräumigen Gefäß (J) (Cisterne), das man stets mit frischem Wasser versieht.

Um das Wasser aus dem Kondensator zu entfernen, braucht man eine Saugpumpe (S), die an den Kondensator angesetzt ist und auch von der Maschine selbst getrieben wird.

72. Die Arten der Dampfmaschinen.

Man unterscheidet hauptsächlich drei Arten von Dampfmaschinen:

1) **Die Niederdruckmaschine.** Sie benützt einen Dampf von 1-3 Atmosphären und hat Kondensator. Es ist das die eigentliche Wattsche Maschine. Da der Druck des Dampfes nur gering ist, so muß, damit große Arbeit erzielt wird, der Cylinder groß sein, und man benützt wohl auch zwei oder drei Cylinder. Man braucht deshalb viel Dampf und demnach große Kessel. Wegen des niedrigen Dampfdruckes dürfen die Kessel aus verhältnismäßig dünnem Blech bestehen; dieses leitet die Wärme gut, folglich wird das Brennmaterial gut ausgenützt. Da durch den Kondensator auch der Druck des Abdampfes weggeschafft wird, so ist ihre Wirkung eine gute. Sie werden nicht mehr gebaut.

2) Die **Mitteldruckmaschine.** Sie benützt einen Dampf von 3-5 Atm.; der Abdampf wird nicht kondensiert, sondern geht in die freie Luft; sie nützt demnach den Dampf nicht gut aus. Sie werden nur als kleine Maschinen bis zu etwa 10 Pferdekräften konstruiert, zeichnen sich dann durch ihre Einfachheit und Billigkeit aus und werden benutzt bei kleineren Betrieben, sowie auch als transportable Maschinen, sogenannte Lokomobilen, bei den Dampfdreschmaschinen. Letztere sind sehr einfach eingerichtet; der Siederöhrenkessel steht auf Rädern; auf ihm ist der Cylinder mit Kolben, Kolbenstange, Pleuelstange, Hauptachse, Schwungrad und den zwei Excentern angebracht. Bei solchen Maschinen ist die Feuerungsanlage auch meist recht einfach, und die Hitze des Brennmaterials wird schlecht ausgenützt.

3) **Die Hochdruckmaschinen**, solche sind alle Eisenbahnlokomotiven, deren Erfinder Stephenson ist. Er erfand den transportabeln Siederöhrenkessel und brachte den Dampf auf hohen Druck. Die beiden Cylinder sind am Kessel selbst angebracht, und die Kolben- resp.

Pleuelstange greift an einer mit dem Rade verbundenen Kurbel an. Die Hochdruckmaschine benützt Dampf von 8-10 Atm.; deshalb darf der Cylinder klein sein; man braucht also nur wenig Dampf und also einen kleinen Kessel, der aber sehr stark sein muß. Wegen der Unmöglichkeit bei fahrenden Maschinen das zur Kondensation nötige Wasser mitzuführen, haben solche Maschinen keinen Kondensator. Auch bei stehenden Maschinen wäre der Kondensator nur von geringem Nutzen; denn wenn etwa bei 9 Atmosphären Dampfdruck nur die eine Atmosphäre Abdampfdruck durch Kondensation weggeschafft werden kann, so ist der Gewinn nur gering und wird fast aufgezehrt durch den Arbeitsverlust, den die Kondensatorpumpe verursacht.

Tabelle

über Temperatur, Spannkraft, Dichte und Wärmegehalt des gesättigten Dampfes.

Temperatur C°	Dampfspannung		Volumen von 1 *kg* Dampf *cbm*	Gewicht von 1 *cbm* Dampf *kg*	Wärme bei Bildung 1 *kg* Dampf		
	Atmosphäre	Quecksilberh. *m*			Freie W. Kal.	Latente W. Kal.	Gesamt Kal.
0°	0,006	0,0046	205,222	0,0049	0	606,50	606,5
17,86	0,020	0,0152	66,145	0,0151	17,86	594,04	611,9
33,30	0,050	0,0360	27,852	0,0359	33,30	583,40	616,7
46,25	0,100	0,0760	14,516	0,0680	46,25	574,35	620,6
53,35	0,143	0,1086	10,392	0,0962	53,35	569,45	622,8
60,40	0,20	0,1518	7,583	0,1319	60,40	564,50	624,9
65,36	0,25	0,190	6,157	0,1624	65,36	560,94	626,3
81,72	0,50	0,380	3,227	0,3098	81,72	549,58	631,3
92,18	0,75	0,570	2,215	0,4514	92,18	542,42	634,6
100	1	0,760	1,696	0,5913	100	537,00	637,0
106,33	1,25	0,95	1,380	0,7243	106,33	532,57	638,9
111,83	1,50	1,14	1,167	0,8567	111,83	528,77	640,6
116,50	1,75	1,33	1,013	0,9875	116,50	525,50	642,0

120,64	2	1,52	0,895	1,1157	120,64	522,66	643,3
127,83	2,50	1,90	0,729	1,3709	127,83	517,57	645,4
133,91	3	2,28	0,617	1,6204	133,91	513,19	647,3
139,29	3,50	2,66	0,535	1,8658	139,29	509,61	648,9
144,00	4	3,04	0,474	2,1083	144	506,40	650,4
148,44	4,50	3,42	0,426	2,3468	148,44	503,26	651,7
152,26	5	3,80	0,387	2,5842	152,26	500,64	652,9
155,94	5,50	4,18	0,455	2,8122	155,94	498,06	654,0
159,25	6	4,56	0,328	3,0508	159,25	495,75	655,0
165,40	7	5,32	0,285	3,5093	165,40	491,50	656,9
170,84	8	6,08	0,252	3,9706	170,84	487,66	658,5
175,77	9	6,84	0,227	4,4077	175,77	484,23	660,0
180,30	10	7,60	0,206	4,8484	180,30	481,20	661,5
184,60	11	8,36	0,189	5,2832	184,60	478,20	662,8
188,54	12	9,12	0,175	5,7142	188,54	475,46	664,0
200	15,36	11,69	0,139	7,3172	200	467,50	667,5
215	20,26	15,80	0,107	9,3690	215	457,10	672,1

73. Vergleich der Leistung der Dampfmaschinen.

Vergleicht man die Wirkung einer Hoch- und Niederdruckmaschine von etwa 8 und 2 Atm. und nimmt an, beide haben Kondensator, so möchte es scheinen, als ob die Hochdruckmaschine bedeutend im Vorteil wäre, weil auf den Kolben eine 4 mal größere Kraft drückt. Doch ist das nicht der Fall, wie man aus folgender Überlegung ersieht. Wir nehmen an, daß der Betrieb beider Maschinen gleich viel Geld kosten soll, so muß bei beiden gleich viel Brennmaterial verwendet werden, und es gilt da der wichtige Satz: **eine gewisse Menge Wasser verbraucht zum Verdampfen gleich viel Wärme gleichgültig ob es in Dampf von hohem oder von niedrigem Druck verwandelt wird.** (Watt.) Dieser Satz ist zwar nicht ganz genau richtig (Regnault), aber die Abweichung ist so gering, daß sie bei der folgenden Betrachtung vernachlässigt werden kann. Laut obiger Tabelle (Gesamt-Kalorien) braucht man um 1 *kg* Wasser von 0° in Dampf zu verwandeln, 643,3 Kal. bei 2 Atm. und 658,5 Kal. bei 8 Atm.; der Unterschied beträgt noch nicht 2½%. Man kann also bei gleichem Kohlenverbrauch gleich viel Wasser in Dampf verwandeln. Da aber der Dampf seine hohe Spannkraft insbesondere daher hat, daß er dichter ist, also der Dampf von 8 Atmosphären (nahezu) 4 mal dichter ist als der von 2 Atm., so ist das Volumen des Dampfes von 8 Atm. nahezu 4 mal (3,55 mal) kleiner als das des Dampfes von 2 Atm. (1 *kg* Dampf hat bei 8 Atm. 0,252 *cbm*, bei 2 Atm. 0,895 *cbm*, ist also 3,55 mal kleiner und dichter, sollte also auch nur eine 3,55 mal größere Spannung haben; was ihm noch fehlt, ersetzt er durch die höhere Temperatur.) Soll nun bei beiden Maschinen der Cylinder gleich lang sein und in derselben Zeit gleich oft, also gleich schnell hin und hergehen, so muß der Querschnitt des Hochdruckcylinders (nahezu) 4 mal kleiner sein als der des Niederdruckcylinders. Dann ist aber der Druck des Dampfes auf die Kolben in beiden Maschinen wieder gleich groß, z. B. 8 · 100 = 800 *kg* im Hochdruckcylinder, 2 · 400 = 800 *kg* im Niederdruckcylinder; die Kraft ist somit dieselbe, und da beide Kolben auch in derselben Zeit denselben Weg machen, so ist auch die Arbeit dieselbe. Beide Maschinen liefern für gleichen Kohlenverbrauch gleiche Arbeit.

74. Expansionsmaschine.

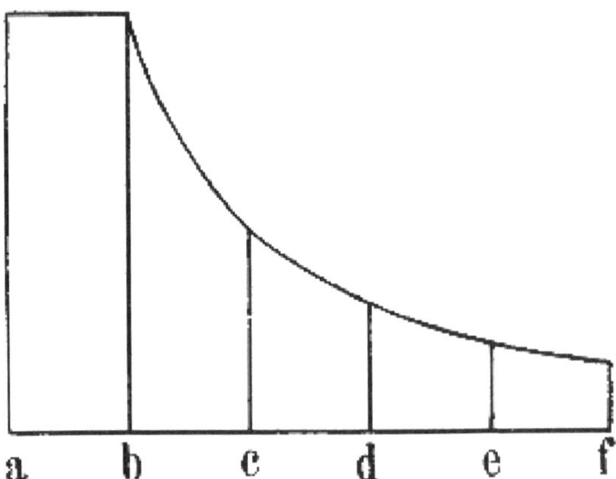

Fig. 99.

Die Hochdruckmaschinen haben noch eine wesentliche Verbesserung erfahren durch **Anwendung der Expansion, d. h. durch Verwendung der bedeutenden Expansivkraft der hoch gespannten Dämpfe: Expansionsmaschinen**. Durch eine besondere Art von Steuerung läßt man nicht den ganzen Cylinder voll Dampf anströmen, sondern **sperrt den Dampfzustoß schon ab, wenn ein Teil des Cylinders z. B. ein Viertel voll** ist. Dieser Dampf von etwa 8 Atmosphären **schiebt den Kolben vermöge seiner Ausdehnungs- oder Expansionskraft bis ans Ende**. Dabei verliert er naturgemäß an Spannkraft; denn wenn der Kolben in der Mitte ist, ist die Spannkraft schon auf 4 Atm., und wenn er am Ende ist, bis auf 2 Atm. gesunken. In Fig. 99 bedeutet a-f die Länge des Cylinders, die vertikalen Linien bedeuten die Dampfspannung; von a bis b strömt der Dampf voll ein, hat also die ganze Spannung; von b bis c sinkt er auf die Hälfte, bis d auf ⅓, bis e auf ¼, bis f auf ⅕ seiner ersten Spannung. Indem man also den stark gespannten Dampf veranlaßt, durch seine Expansivkraft noch Arbeit zu leisten, erzielt man einen beträchtlichen Gewinn, wie aus folgendem Vergleiche ersichtlich ist.

Eine Hochdruckmaschine und eine Expansionsmaschine sollen gleich viel Dampf von je 8 Atmosphären erhalten; die Cylinder sollen gleich lang sein und die Kolben sich gleich schnell bewegen. Wird in der Expansionsmaschine der Dampf schon beim ersten Viertel abgesperrt, so darf der Cylinder einen 4 mal größeren Querschnitt haben, um dieselbe Dampfmenge zu verbrauchen; folglich drückt auf seinen Kolben eine 4 mal größere Kraft, **er leistet also im ersten Viertel seines Weges schon dieselbe Arbeit wie der Hochdruckkolben auf seinem ganzen Wege**. Es sei nämlich dieser Weg = 60 *cm*, die Hochdruckkolbenfläche = 300 *qcm*, so ist die Arbeit im Hochdruckcylinder = 8 · 300 · 0,6 = 1440 *kgm*; die Arbeit im ersten Viertel der Expansionsmaschine

$$= 8 \cdot 1200 \cdot 0{,}6\ 4 = 1440\ kgm.$$

Die ganze Arbeit, die im Expansionscylinder in den folgenden ¾ seiner Länge geleistet wird, ist reiner Gewinn, und dieser ist so groß, daß die Leistung der Expansionsmaschine bei demselben Dampf- (Geld-)verbrauch 2-, sogar 3 mal so groß ist wie der der einfachen Hochdruckmaschine. Es werden demnach die meisten, insbesondere die größeren Maschinen als Expansionsmaschinen konstruiert. Mit Vorteil läßt man den Dampf seine Expansionsarbeit nicht auf einmal, sondern in zwei Cylindern verrichten, welche er nacheinander durchströmt. **Compoundmaschinen** (Verbundmaschinen). Sie haben 2 Cylinder: der erste, kleinere, wirkt als Expansionsmaschine, der Abdampf dieses Cylinders, der nur mehr eine geringe Spannkraft hat (3-4 Atm.), wird, indem er durch einen größeren Behälter (Reciver, daher Recivermaschine) geht, in den größeren Niederdruckcylinder geleitet, wo er nochmals expandiert, und dann als Abdampf kondensiert wird. Solche Maschinen verbinden die Vorteile des hohen Druckes, der Expansion und der Kondensation und sind deshalb die besten. Statt zweier Cylinder verwendet man auch 3, sogar 4, welche der Dampf der Reihe nach durchströmt, und in deren jedem er einen Teil seiner Spannkraft durch Expansion abgibt. Diese Maschinen mit mehrfacher (geteilter) Expansion sind jetzt die besten.

Aufgaben:

86. Ein Dampfkesselventil von 10 *cm* Durchmesser soll sich bei einem Dampfdruck von 6 Atm. öffnen. Wie stark ist es zu belasten? Mit welchem

Gewicht ist der lange Hebelarm zu belasten, wenn der kurze 9 mal kürzer ist?

87. Mit welchem Druck wird bei der Dampfmaschine Fig. 93 der Kolben niedergedrückt, wenn sein Durchmesser 86 *cm* und der innere Druck durch Abkühlen auf ⅓ Atm. gebracht wird?

88. Bei einem Dampfhammer ist der Kolbendurchmesser 36 *cm*, der Durchmesser der Kolbenstange (Hammerstiel) ist 16 *cm*, die Dampfspannung ist 8 Atm. Wie schwer darf der Hammer sein?

89. Wenn eine Dampframme 40 Ztr. wiegt, wie groß muß der Durchmesser des Kolbens bei 5 Atm. Dampfspannung sein, und welcher Nutzeffekt wird erzielt, wenn die Ramme in der Minute 52 Hübe à 24 *cm* macht?

90. Wie viele Pferdekräfte leistet eine Dampfmaschine, welche bei 32 *cm* Kolbendurchmesser und 35 *cm* Hubhöhe in jeder Minute 64 Doppelhübe bei 6 Atm. Dampfspannung macht, wenn 10% für innere Arbeit abzurechnen sind?

91. Eine Zwillingsmaschine hat Kolben von 40 *cm* Durchmesser und 46 *cm* Hubhöhe und macht bei 2,4 Atm. Kesseldampfdruck und einer Kondensatorspannung von 12 *cm* Quecksilberhöhe in jedem Cylinder 54 Doppelhübe pro Minute. Welchen Nutzeffekt kann man von ihr erwarten, wenn 15% ihrer Leistung für innere Arbeit verbraucht werden?

92. Eine Lokomotive macht bei 28 *cm* Kolbendurchmesser und 32 *cm* Hubhöhe in jeder Minute 64 Turen. Welchen Effekt hat sie bei 8½ Atm. Dampfspannung, wenn für innere Arbeit 8% abzuziehen sind?

93. Eine Dampfdreschmaschine arbeitet bei 5½ Atm. Dampfdruck; von den zwei Cylindern hat jeder 11 *cm* Durchmesser und 14 *cm* Hubhöhe. Welchen Effekt hat sie bei 84 Turen pro Minute, wenn 10% für innere Arbeit abgerechnet werden? Wie viel Dampf verbraucht sie in der Stunde und wie groß ist dessen Wärmeinhalt? (Siehe Tabelle Seite 121.)

94. Eine Wasserhaltungsmaschine arbeitet mit 7½ Atm. Druck bei 40 *cm* Kolbendurchmesser und 45 *cm* Hubhöhe. Wie groß ist bei 52 Turen in der Minute die sekundliche Leistung der Maschine, und wie groß ist die Nutzleistung, wenn 8% für innere Arbeit abgerechnet werden müssen? Wie viel Wasser kann in der Stunde auf die Höhe von 24 *m* gehoben werden, wenn bei der Pumpe 12% der Arbeit verloren gehen?

95. Ein Kilogramm Steinkohle liefert 7000 Kalorien. Seine Wärme wird ohne Verlust dazu verwendet, um Wasser von 100° in Dampf von 1 Atm. zu verwandeln, wobei die latente Wärme des Wasserdampfes = 537 Kal. ist. Welche äußere Arbeit leistet der Dampf durch Überwindung des Luftdruckes, wenn 1 *kg* Wasser hiebei 1,696 *cbm* Dampf liefert? (Vergleiche Tabelle Seite 121.) Man vergleiche diese Arbeit mit dem mechanischen Äquivalent der aufgewandten 7000 Kalorien.

75. Die Gaskraftmaschine.

Die Gaskraftmaschine oder der Gasmotor besteht aus Cylinder, Kolben, Kolbenstange, Pleuelstange, Krummzapfen und Schwungrad, wird durch Gas gespeist, und hat eine etwas komplizierte Steuerung, durch welche folgende Vorgänge ermöglicht werden. Der Kolben geht vorwärts, dabei strömt Leuchtgas und Luft in den Cylinder; der Kolben geht zurück und preßt dies Gasgemisch in eine am Cylinderende angebrachte Ausbuchtung, Vorkammer. In dem Moment, in welchem der Kolben wieder umkehrt, öffnet sich auf kurze Zeit eine kleine Röhre an der Vorkammer, so daß sich das Gasgemisch an einer vor dieser Röhre brennenden Gasflamme entzündet. **Das Gasgemisch explodiert**, indem das Leuchtgas in der beigemischten Luft rasch verbrennt; **dadurch bekommen die Gase eine große Expansivkraft und treiben den Kolben vorwärts**. Der Kolben geht zurück und treibt die Verbrennungsgase aus dem Cylinder. Nun beginnt derselbe Vorgang wieder. Unter 4 Kolbengängen ist demnach nur ein wirksamer, nämlich wenn die Kraft des explodierten Gasgemisches den Kolben vorwärts treibt. Die Maschine hat also nicht bloß tote Punkte, sondern immer je 3 tote Gänge zu überwinden; ein verhältnismäßig mächtiges Schwungrad hilft darüber hinweg. Die Gasmotoren haben manche Vorteile; sie brauchen keinen Dampfkessel, sind klein und können überall leicht aufgestellt werden, können jederzeit in Betrieb gesetzt werden und sind auch im andauernden Betriebe nicht teurer als die Dampfmaschinen, bei unterbrochenem Betriebe sogar billiger. Sie erfordern fast keine Beaufsichtigung und nur wenig Arbeit zur Reinigung und Instandhaltung; die Bedienung derselben ist leicht erlernt.

Bei der Petroleummaschine wird das Leuchtgas ersetzt durch Petroleum (auch Benzin), welches beim Einspritzen in den heißen Cylinder sofort verdampft.

76. Feuchtigkeit der Luft.

Die gewöhnliche Luft enthält stets eine gewisse Menge Wasserdampf. Er gelangt in die Luft durch Verdunsten von Wasser. Beim Kochen entwickeln sich Dämpfe auch im Innern der Flüssigkeit, und zwar hauptsächlich an der Stelle, welcher die Wärme zugeführt wird; beim Verdunsten bildet sich der Dampf bloß an der Oberfläche des Wassers. **Das Verdunsten findet bei jeder Temperatur statt**; auch Eis verdunstet, sogar noch bei vielen Graden unter 0.

Die Menge des in der Luft enthaltenen Wasserdampfes mißt man entweder nach der Anzahl von Gramm Wasser, die in 1 *cbm* Luft dampfförmig enthalten sind, oder nach dem Drucke, den der in der Luft vorhandene Wasserdampf ausübt, ausgedrückt in *mm* Quecksilberhöhe; z. B. der Dunstdruck beträgt 6,8 *mm* d. h. der Druck des in der Luft enthaltenen Wasserdampfes beträgt 6,8 *mm* Quecksilberhöhe. **Der Druck der feuchten Luft ist gleich dem der trockenen plus dem des Wasserdampfes.** (Dalton.)

Luft kann gerade so viel Wasserdampf aufnehmen, als ein luftleerer Raum bei derselben Temperatur aufnehmen würde; so beträgt die Spannkraft des Wasserdampfes bei 20° 17,39 *mm*; also kann Luft von 20° so viel Dampf aufnehmen, daß sein Druck 17,39 *mm* beträgt.

Die Menge Wasserdampf, welche die Luft bei einer gewissen Temperatur aufnehmen kann, nennt man die **Feuchtigkeitskapazität**. Sie ist bei niedriger Temperatur gering, bei hoher Temperatur größer (siehe Spannungstabelle des Wasserdampfes). Wenn die Luft so viel Feuchtigkeit enthält, als sie vermöge ihrer Temperatur aufnehmen kann, so nennt man sie absolut feucht oder gesättigt. Meistens hat sie weniger, ist also nicht gesättigt. **Die Menge Feuchtigkeit, welche die Luft wirklich hat, nennt man die absolute Feuchtigkeit**, und mißt sie auch durch ihren Druck in *mm*. Beträgt die absolute Feuchtigkeit der Luft 11,63 *mm*, so heißt das, der in der Luft wirklich vorhandene Wasserdampf hat eine Spannkraft von 11,63 *mm* Quecksilberhöhe. **Das Verhältnis der absoluten Feuchtigkeit zur Feuchtigkeitskapazität nennt man die relative Feuchtigkeit,** und drückt sie aus in **Prozenten der Kapazität**. Wenn z. B. die Luft 20° hat, also 17,39 *mm* enthalten könnte, aber bloß 11,63 *mm* enthält, so enthält sie 11,63 · 100 17,39 = 67% Feuchtigkeit.

Bei einer relativen Feuchtigkeit zwischen 0 und 40% nennt man die Luft trocken, von 40-70% normal, von 70-100% feucht.

77. Hygrometer und Psychrometer.

Apparate, durch welche man den Feuchtigkeitsgehalt der Luft messen kann, nennt man Hygrometer.

Fig. 100.

Das Hygrometer von August (1828) wird Psychrometer (Naßkältemesser) genannt. Es besteht aus zwei Thermometern, die an einem Gestelle nebeneinander angebracht sind; das eine mißt die Temperatur der Luft und heißt das trockene Thermometer; die Kugel des anderen, des feuchten, ist mit dünnem Zeuge umwickelt, das mit Wasser befeuchtet wird durch einen dicken Baumwollfaden, der in ein untergestelltes Schälchen destillierten Wassers hängt. **Das feuchte Thermometer steht meist tiefer als das trockene.** Denn das Wasser am feuchten Thermometer verdunstet, verbraucht dabei Wärme (latente Wärme des Wasserdampfes), und wird deshalb kälter. Dieser Unterschied beträgt um so mehr, je relativ trockener die Luft ist, weil in trockener Luft das Wasser rascher verdampft als in feuchter. Aus Tabellen kann man dann die zugehörige absolute und relative Feuchtigkeit ablesen. Die Angaben dieses Psychrometers sind sehr zuverlässig.

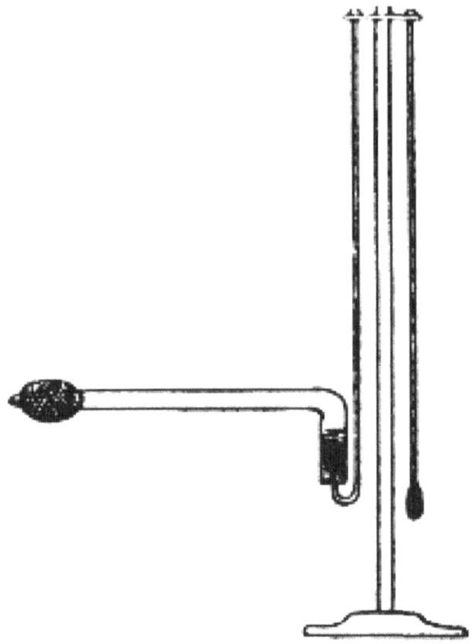

Fig. 101.

Das Daniell'sche Hygrometer (1820) dient zur Bestimmung des **Taupunktes, d. h. derjenigen Temperatur, bei der die Luft mit der eben in ihr enthaltenen Feuchtigkeit gesättigt ist**. Die Kugel eines Thermometers befindet sich in einem Gefäße aus poliertem Silber- oder Nickelblech. Das Gefäß setzt sich oben in eine Glasröhre fort, die seitwärts führt und in einer Glaskugel endigt. Im Gefäße befindet sich etwas Äther; Röhre und Kugel sind durch Auskochen luftleer gemacht und zugeschmolzen, also bloß mit Ätherdampf gefüllt, und die Kugel ist mit Zeug umwickelt. Tröpfelt man auf dieses Zeug etwas Äther, so kühlt er ähnlich wie beim Ätherdampfbarometer durch seine Verdunstungskälte den Ätherdampf in der Kugel ab. Deshalb kommt der Äther im Gefäß ins Kochen und kühlt so die Silberwand ab. Die Luft an der Silberwand wird deshalb auch kalt, und bald so kalt, daß sie mit Feuchtigkeit gesättigt ist; bei der geringsten weiteren Abkühlung scheidet sie Wasserdampf aus, dieser schlägt sich in feinen Tautröpfchen an die Silberwand nieder, trübt dadurch deren Glanz und macht sich so bemerklich. Sobald man diese Trübung wahrnimmt, liest man den Stand des Thermometers ab und findet so den Taupunkt. An einem daneben befindlichen Thermometer liest man die Lufttemperatur ab. Aus Tabellen findet man dann die zugehörige absolute und relative Feuchtigkeit. Je (relativ) trockener die Luft ist, desto weiter ist der Taupunkt von der Lufttemperatur entfernt. Beide Apparate können bei genauen und richtigen Feuchtigkeitsbestimmungen nicht entbehrt werden.

Hygrometrische Substanzen haben die Eigenschaft, den in der Luft enthaltenen Wasserdampf aufzunehmen und in Wasser zu

verwandeln. Manche Stoffe, wie konzentrierte Schwefelsäure, ausgeglühte Potasche, Chlorcalcium nehmen mit großer Begierde den Wasserdampf der Luft auf, so daß man sie dazu verwenden kann, die Luft zu trocknen; sie geben erst bei hoher Temperatur das Wasser wieder her. Manche Körper, die aus getrocknetem tierischen oder pflanzlichen Zellgewebe bestehen, wie Holz, Stroh, Haar, Fischbein, Darmsaiten, Wolle u. s. w. haben auch die Fähigkeit, Wasserdampf aus der Luft aufzunehmen; sie nehmen jedoch nur eine Menge auf, die der relativen Feuchtigkeit der sie umgebenden Luft proportional ist und geben auch bei gewöhnlicher Temperatur, wenn sie in trockenere Luft kommen, einen entsprechenden Teil ihres Wassers wieder her. Dabei erleiden sie eine Formveränderung, Holz quillt auf und wird größer, das Haar wird länger, ebenso Fischbein, und die Darmsaite dreht sich auf. Darauf beruht die Verwendung dieser Körper zu Hygrometern.

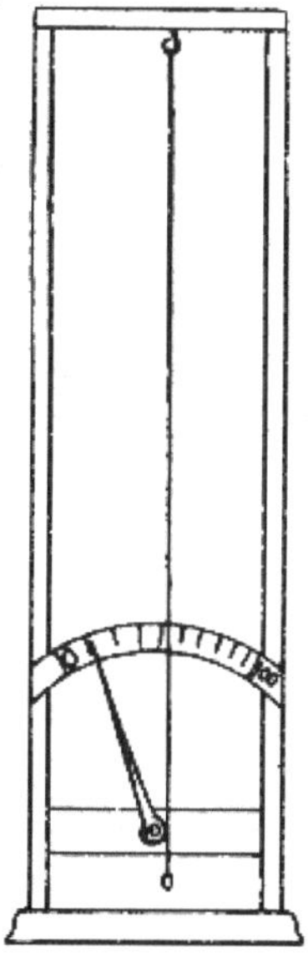

Fig. 102.

Das **Haarhygrometer**. Ein entfettetes Haar ist oben festgemacht, unten um einen drehbaren Stift gewickelt, der einen Zeiger trägt; durch ein kleines Gewicht, das den Stift zu drehen sucht, wird das Haar gespannt erhalten. Es ändert mit der Feuchtigkeit seine Länge, dreht den Stift und den Zeiger, der dann auf einer Skala die relative Feuchtigkeit in Prozenten angibt. Ähnlich ist beim Fischbeinhygrometer an Stelle des Haares ein Streifen Fischbein, quer zur Faser geschnitten, angebracht.

Das Wolpert'sche **Strohhalmhygrometer** besteht aus einem schmalen Streifen eines Strohhalms, der am einen Ende festgeklemmt ist und mit dem anderen Ende vor einer Skala spielt; der Strohhalm ist in ganz feuchter Luft gerade, krümmt sich in trockener Luft so, daß seine glänzende Seite außen ist.

Solche Hygrometer benützt man in Fabriken, Krankenzimmern, Schul- und Wohnräumen, um die Feuchtigkeit der Luft zu messen. Luft zwischen 40 und 70% ist für den Menschen am zuträglichsten, feuchtere Luft erscheint schwül und dumpf, trockene greift die Lunge zu stark an. Da die kalte Luft an sich nur wenig Feuchtigkeit aufnehmen kann, bei 0° 4,6 *mm*, so wird sie, wenn sie im Winter in das Zimmer kommt und dort erwärmt wird, relativ sehr trocken, weshalb man oft durch aufgestellte Verdampfschalen der Zimmerluft Feuchtigkeit zuführen muß.

78. Meteorologische Erscheinungen der Luftfeuchtigkeit.

Aus dem Feuchtigkeitsgehalt der Luft erklären sich viele Erscheinungen in der Witterung. Wolkenbildung geschieht meistens nach folgendem Gesetze: **Wenn man Luft zusammendrückt, so wird sie dadurch allein schon wärmer**; umgekehrt: **wenn man sie ausdehnt, so wird sie dadurch allein schon kälter**. Der Betrag der Temperaturänderung ist sehr beträchtlich. **Das pneumatische Feuerzeug**: Es besteht aus einer Metallbüchse, in die ein Stempel luftdicht paßt; an dessen unterer Fläche befestigt man ein Stückchen Feuerschwamm und stößt den Stempel rasch und stark in die Büchse; dadurch erhitzt sich die Luft so stark, daß sie den Feuerschwamm entzündet, so daß bei raschem Herausziehen des Stempels der Feuerschwamm noch glimmt.

Wolkenbildung: Wenn feuchte Luft aus irgend einer Ursache in die Höhe steigt, dehnt sie sich aus, und wird dadurch kälter; deshalb wird ihre relative Feuchtigkeit größer, sie überschreitet den Taupunkt, kann nicht mehr alle Feuchtigkeit bei sich behalten und scheidet dann Wasser in Form von kleinen Tröpfchen aus. Diese erscheinen uns als Wolke. Wenn solche Luft wieder tiefer sinkt, so wird sie wieder wärmer, kann also die Wasserteilchen wieder verdampfen und als Dampf aufnehmen.

Versuch: Man schwenkt einen Glasballon mit Wasser aus, so daß die Luft in ihm feucht ist, und verschließt ihn mit einem Kork, durch den eine Glasröhre gesteckt ist (bringt auch etwas Zigarrenrauch in die Flasche). Bläst man durch die Röhre Luft in den Ballon, so wird sie verdichtet, wärmer, und nimmt noch mehr Feuchtigkeit auf: läßt man die eingeblasene Luft wieder ausströmen, so dehnt sich die Luft im Ballon aus, und scheidet Nebel aus, der die Luft trübt; wenn man wieder Luft einbläst, verschwindet die Trübung vollständig u. s. f.

Wenn feuchte Luft vom Meere her gegen das Land weht, so muß sie sich erheben, um so mehr, je höher das Land ist. Daher tritt Abkühlung, Wolkenbildung und infolgedessen Regen ein; deshalb regnet es in Gebirgen mehr als im Flachlande. Die Alpen kondensieren fast allen Wasserdampf der über sie hinstreichenden Luft; besonders regnerisch ist deshalb die steil ansteigende Küste Norwegens, das isoliert stehende Harzgebirge, ebenso Röhn, Eifel, Fichtelgebirge, Spessart. Die Regenmengen in allen deutschen Mittelgebirgen sind größer als in den Tälern. Wenn die Luft wieder ins Tal herabsteigt, löst sie die Wolken oft vollständig auf, so daß im Tale weniger Regen, mehr Sonnenschein und schon wegen der Zusammendrückung der Luft mehr Wärme ist.

Daß es auf Bergen kälter ist als im Tale, erklärt sich einerseits daraus, daß die Wärme des Bodens leichter in den Himmelsraum ausstrahlen kann, da die darüber liegende Luftschichte dünner ist, insbesondere aber auch daraus, daß, wenn Luft vom benachbarten Tiefland über das Gebirge weht, sie sich durch die Ausdehnung abkühlt, umsomehr, je höher sie steigt. Beim Herabsteigen wird sie durch das Zusammenpressen wieder wärmer. Trockene Luft nimmt bei je 100 *m* Höhe um 1° C ab, feuchte langsamer. Wenn Luft von Italien her 20° warm ist und über die Alpen etwa nach der Schweiz geht, so hat sie auf der Kammhöhe etwa nur 0°, auf den Bergspitzen aber tief unter 0°. Steigt sie in die Schweiz herunter, so hat sie etwa 15°, weil ja die Schweiz höher liegt als Italien. Dies würde der Fall sein bei trockener Luft. Feuchte Luft scheidet aber auf den Bergen Wasser aus, das als Regen oder Schnee auf die Berge fällt. (Luft von 20° und 86% scheidet bei 3700 *m* 6,6 Gramm Wasserdampf aus jedem *cbm* aus.) Durch die Kondensation des Wasserdampfes wird aber die latente Wärme des Wasserdampfes frei; diese kommt der Luft zugute, so daß sie sich etwas erwärmt, also schon auf den Bergen nicht so kalt ist, als sie infolge der Höhe hätte sein sollen, also auf der Kammhöhe etwa 6° anstatt 0°, auf den Bergspitzen etwa -5° anstatt -12°. Steigt die Luft nun in die Täler herab, so erwärmt sie sich anstatt bloß auf 15° auf 30°, und da sie zudem ihre Feuchtigkeit größtenteils verloren hat, so erscheint sie trocken (30%).

Man übersieht diese Verhältnisse aus folgender Tabelle:[5]

	Italien,	Kammhöhe (2500 *m*),	Schweiz.
Luftdruck	760 *mm*	564,3 *mm*	755,2 *mm*
Temperatur	20°	5,9°	30,5°
Dunstdruck	15,0 *mm*	7,0 *mm*	9,4 *mm*
Relative Feucht.	86%	100%	29%

[5] Aus „Mohn, Grundzüge der Meteorologie".

Ähnliche Verhältnisse trifft man in den Ländern, welche im Bereiche eines herrschenden Windes, etwa des Passatwindes liegen; trifft dieser auf eine Gebirgskette, so verliert er beim Überschreiten derselben seine Feuchtigkeit und erscheint auf der Westseite des Gebirges als sehr trockene Luft. Deshalb findet man z. B. an der Westküste von Südamerika, Südafrika, sowie in dem Teil von Australien, der westlich von seinem an der Ostküste gelegenen Küstengebirge liegt, regenarme, trockene Gegenden: die Guanoinseln, Lüderitzland und die australische Wüste.

Die großen Haufenwolken (cumulus), die sich besonders hoch bei Gewittern bilden, entstehen auf folgende Weise. Wenn durch irgend welche Ursache ein Landstrich stärker erwärmt ist als die umliegenden Landstriche, so steigt die auf ihm liegende Luftmasse in die Höhe, indem von allen Seiten die etwas kältere Luft hinzuströmt. Dies Aufsteigen würde sehr bald ein Ende nehmen, (bei 3-400 *m*), weil durch die Ausdehnung die Luft sich abkühlt. Wenn aber die aufwärts treibende Kraft nur so weit reicht, daß die Temperatur der Luft unter den Taupunkt sinkt, so tritt etwas Neues hinzu, was das weitere Aufsteigen befördert. Sie scheidet Wasser in Form von Nebel aus, wodurch die latente Wärme des Wasserdampfes der Luft zugute kommt. Sie ist deshalb wärmer als sie infolge der Höhe sein sollte und als die umliegende Luft ist, fährt deshalb fort, in die Höhe zu steigen, wobei wieder das nämliche eintritt. Erst wenn sie sehr hoch gestiegen ist, und fast allen Wasserdampf ausgeschieden hat, kann sie beim weiteren Steigen nur mehr wenig Wasserdampf ausscheiden, und die frei werdende latente Wärme genügt nicht mehr, um den durch das Aufsteigen verursachten Kälteverlust zu ersetzen. Die Luft wird deshalb so kalt, als sie infolge der Höhe sein muß, ist noch dazu erschwert mit dem Gewichte der ausgeschiedenen Wassertropfen und hört deshalb in einer gewissen Höhe auf, noch weiter zu steigen.

Eine solche Wolke ist unten scharf abgeschnitten in einer Höhe, in welcher der Taupunkt liegt (Nebelgrenze, bei Gewittern in 1400 *m* Höhe). Nach oben zeigt sie sich geballt, aufgetrieben, mit abgerundeten, scharf gezeichneten Rändern. Sie ist nicht etwa durch Vermischen zweier Luftmassen entstanden, sondern durch Aufsteigen der unteren Luft unter gleichzeitiger Ausscheidung von Wasser (Gipfel der Gewitterwolken in 3600 *m* Höhe).

Je feuchter die Luft ist, zu um so größerer Höhe kann sie steigen. Diese Wolken bilden sich oft sehr rasch, in einer oder einigen Stunden, und da die Luft dabei zu sehr bedeutender Höhe aufsteigt, demnach fast alle Feuchtigkeit ausscheidet, so enthalten sie große Mengen Wasser und geben starke Regengüsse.

Nebel entsteht, wenn feuchte Luft sich unter den Taupunkt abkühlt und Wasser ausscheidet. Er entsteht häufig auf dem Meere, wenn die Luft sich am Tage erwärmt und mit Feuchtigkeit gesättigt hat und sich nachts abkühlt; ebenso zu Lande, besonders in wasserreichen Tälern im Frühjahre und Herbste, wenn auf einen warmen, windstillen Tag eine helle Nacht kommt, in der sich die Luft rasch abkühlt. Ebenso entstehen starke Nebel, wenn warme Luft, die sich auf dem Meere mit Feuchtigkeit gesättigt hat, über einen kalten Meeresteil oder über ein kälteres Land streicht.

79. Kondensation der Gase.

Wenn ein Dampf eine Dichte und Spannkraft hat, die seiner Temperatur entspricht, so ist er gesättigt, er kann nicht mehr Wasser (oder überhaupt Flüssigkeit) aufnehmen; wenn seine Temperatur wächst, kann er wieder Wasser aufnehmen, wenn sie sinkt, muß er Wasser ausscheiden. Überhitzter Dampf ist Dampf, dessen Dichte und Spannkraft kleiner ist, als sie vermöge der Temperatur sein sollten; man erhält ihn am einfachsten, wenn man im verschlossenen Gefäße gesättigten Wasserdampf etwa von 100° bei Abwesenheit von Wasser weiter erwärmt, etwa auf 200°. Dabei steigt seine Dichte gar nicht, seine Spannkraft nur wenig nach dem Gay-Lussak'schen Gesetz; sie steigt etwa auf $1\frac{1}{3}$ Atm., während sie bei 200° 15 Atm. betragen sollte. Der Dampf ist überhitzt. **Durch Abkühlung wird er wieder gesättigt.**

Die gewöhnlichen Gase sind anzusehen als überhitzte Dämpfe. Wenn man Kohlensäure sehr tief abkühlt, so wird sie flüssig, besonders wenn man sie zugleich zusammenpreßt. Wenn man durch eine Kompressionspumpe immer mehr Kohlensäure in ein starkes Gefäß preßt, das durch herumgelegtes Eis auf 0° erhalten wird, so wächst nach dem Mariotte'schen Gesetz die Spannkraft der Kohlensäure bis 40 Atmosphären. Dann aber steigt die Spannkraft nicht mehr, sondern wenn man noch mehr Kohlensäure hineinpumpt, so verwandelt sich stets ebensoviel Kohlensäure in eine Flüssigkeit. Kohlensäure von 0° und 1 Atm. ist also nicht gesättigt: sie ist anzusehen als der überhitzte Dampf einer Flüssigkeit. Ebenso lassen sich viele Gase flüssig machen, z. B. schwefelige Säure, Ammoniak, Schwefelwasserstoff, Kohlensäure, Stickoxyd u. s. w. Solche Gase nannte man koerzible Gase. Manche Gase ließen sich aber nicht flüssig machen; man nannte sie deshalb **inkoerzibel** oder **permanent**; solche sind: Sauerstoff, Stickstoff, Wasserstoff, Leuchtgas. In neuester Zeit hat man auch sie flüssig gemacht.

Wenn man flüssige Kohlensäure bei einer feinen Öffnung ausströmen läßt, so verwandelt sie sich wieder in luftförmige; aber hiebei verbraucht sie so viel Wärme, daß die noch weiter herausspritzende in dem erzeugten kalten Raume sogar gefriert und als Schnee zu Boden fällt. Die gefrorene

Kohlensäure zeigt eine Kälte von etwa -79° und mit Äther gemischt von -100° (ca.). Hineingegossenes Quecksilber gefriert und wird fest wie Silber.

	Kritische Temperat.	Kritischer Druck.	Siedepunkt.	Flüssig bei 0° und
Sauerstoff	-119°	51	-184°	
Wasserstoff	-234°	20	-243°	
Wasser	370°	196	100°	
Stickstoff	-146°	35	-194°	
Ammoniak		—	-33,7°	4,2
Schweflige Säure	—	—	-8°	1,4
Chlor	+146°		-33,6°	6
Chlorwasserstoff	+52°	86	-80°	29
Kohlensäure	+31°	72	-78°	36
Kohlenoxyd	-139°	36	-190°	—
Äthylen	—	—	-103°	45
Acetylen				21½

Für jedes Gas gibt es eine gewisse Temperatur, **die kritische Temperatur** (Andrews 1874), oberhalb welcher es durch keinen noch so hohen Druck in eine Flüssigkeit verwandelt werden kann. Derjenige Druck, welcher das Gas bei der kritischen Temperatur verflüssigt, heißt der **kritische Druck**. Unterhalb der kritischen Temperatur läßt sich jedes Gas in eine Flüssigkeit verwandeln, und es ist der hiezu nötige Druck um so kleiner, je niedriger die Temperatur ist. Diejenige Temperatur, bei welcher sich ein flüssiger Stoff (flüssiges Gas) unter gewöhnlichem Druck in gesättigten Dampf verwandelt und umgekehrt, heißt der Siedepunkt. Gelingt es, ein Gas etwas unter seinem Siedepunkt abzukühlen, so wird es schon bei gewöhnlichem Druck flüssig. In obiger Tabelle ist in der letzten Spalte derjenige Druck in Atmosphären angegeben, welcher ein Gas bei 0° flüssig macht.

80. Mechanische Gastheorie.

Man hat, um sich die Eigenschaften der luftförmigen Körper zu erklären, folgende Annahme (Hypothese) über den luftförmigen

Aggregatszustand gemacht. Die Moleküle der festen und flüssigen Körper liegen ruhig nebeneinander; zwar machen sie schwingende, hin- und hergehende aber keine fortschreitende Bewegungen. **Die Moleküle der gasförmigen Körper besitzen eine fortschreitende Bewegung von großer Geschwindigkeit.** Da aber gewöhnlich, z. B. in der gewöhnlichen Luft, die Moleküle sehr dicht beisammen liegen (ca. 1 Trillion in einem *cmm*, 1 000 000 neben einander auf der Länge eines *mm*), so kann keines seinen Weg unbehindert, geradlinig fortsetzen, sondern sehr oft treffen sie auf einander und prallen dann von einander zurück wie elastische Kugeln (Billardbälle), ohne etwas von ihrer Geschwindigkeit zu verlieren. Trifft ein Molekül auf einen festen oder flüssigen Körper, so prallt es von diesem ab wie ein Ball von der Wand. Auf dieser Annahme beruht folgende Theorie (Anschauungsweise) der Gase, welche man eine mechanische nennt, weil sich alle Erscheinungen erklären lassen bloß mittels mechanischer Eigenschaften (Bewegung, Elastizität etc.) der Moleküle.

1) Die Gase haben das Bestreben, sich auszudehnen. Wenn ein Gas in einem Gefäße mit einem luftleeren Gefäße verbunden wird, so setzen die Gasmoleküle ihre Bewegung ungehindert fort, kommen so in das zweite Gefäß und füllen es an.

2) Die Gase üben einen Druck auf die Gefäßwände aus, der ihrer Dichte proportional ist.

Jedes einzelne Molekül, das gegen die Wand stößt, übt einen kleinen Druck aus, und da beständig eine sehr große Anzahl von Molekülen in rascher Aufeinanderfolge auf die Gefäßwand trifft, so bewirken diese ungemein vielen Schläge einen gleichbleibenden, kontinuierlichen Druck auf die Gefäßwand.

Macht man die Dichte des Gases etwa 2 mal größer, so treffen in derselben Zeit 2 mal mehr Moleküle die Gefäßwand; also ist auch ihr Druck 2 mal größer.

3) Ein Gas verbreitet sich gleichmäßig über den Raum, in dem es enthalten ist.

Ist das Gas ungleichmäßig verteilt, so daß von einer gewissen Stelle aus nach links die Moleküle dichter sind als nach rechts, so wird diese Stelle von links her von mehr Molekülen getroffen als von rechts, also von links mehr gedrückt, als von rechts; deshalb bewegen sich die an dieser Stelle befindlichen Moleküle von links nach rechts. Gleichgewicht zwischen den Teilen des Gases ist vorhanden, wenn jedes Molekül von allen Seiten her von gleich vielen Molekülen getroffen wird, wenn also die Dichte des Gases im ganzen Raume dieselbe ist. Dann ist auch die Spannkraft überall dieselbe.

4) Zwei Gase mischen sich nur langsam mit einander. Weil ja die Anzahl der Moleküle auch in einem kleinen Raume ungemein groß ist, also die Moleküle sich ungemein oft begegnen und von ihrer geradlinigen Bahn ablenken, so kommen sie trotz ihrer großen Geschwindigkeit nicht vorwärts. Schon einem Moleküle, das sich im Innern eines Kubikmillimeters befindet, wird es deshalb schwer, eine Wand zu erreichen. Sind in einem Gefäße zweierlei Arten von Gas getrennt, das eine (schwerere) unten, das andere (leichtere) oben, so wird es dem Molekül des unteren Gases nicht leicht, in den oberen Raum zu gelangen, weil es hiebei beständig von den Molekülen des oberen Gases gestoßen und so von seiner geradlinigen Bahn abgelenkt wird, und umgekehrt. Gleichwohl mischen sich die Gase bei genügend langer Zeit sogar entgegen dem Gesetze der Schwere. Daß zwei Gase von verschiedenem spezifischem Gewicht doch denselben Druck hervorbringen, erklärt sich folgendermaßen. Sauerstoff und Wasserstoff, deren sp. G. sich wie 16:1 verhalten, üben beide denselben Druck aus. Nach dem Gesetz von Avogadro befinden sich in jedem Liter bei demselben Drucke und derselben Temperatur (etwa 0°) gleich viel Gasmoleküle. Da nun das Liter Sauerstoff 16 mal mehr wiegt als das Liter Wasserstoff, so folgt, daß jedes Molekül Sauerstoff 16 mal mehr wiegt als ein Molekül Wasserstoff. Hätten nun beide Gasmoleküle dieselbe Geschwindigkeit, so würden beide gleich oft an die Wände anprallen. Der Druck des Sauerstoffes wäre 16 mal größer als der des Wasserstoffes. Da aber beide denselben Druck ausüben, so nimmt man an, daß die Wasserstoffmoleküle eine größere Geschwindigkeit besitzen und deshalb 1) öfter gegen die Fläche treffen, 2) wegen der größeren Geschwindigkeit auch mit größerer Wucht gegen die Fläche treffen. So ersetzen sie das, was ihnen an Masse abgeht, durch größere Geschwindigkeit, öfteres und stärkeres Anschlagen. **Ein Sauerstoffmolekül hat bei 0° eine Geschwindigkeit von 461 *m*, Stickstoff 492 *m*, Wasserstoff 1844 *m*.**

Wenn ein Gas erwärmt wird im geschlossenen Gefäß, so behält es sein Volumen und bekommt eine größere Spannkraft; befindet es sich im offenen Gefäß, so bekommt es ein größeres Volumen und behält dieselbe Spannkraft. Beides erklärt man dadurch, daß **durch die Erwärmung die Geschwindigkeit der Gasmoleküle größer wird**. Im geschlossenen Raum schlagen nun die Moleküle öfter und mit größerer Wucht gegen die Wände und bringen dadurch den größeren Druck hervor. Im offenen Gefäß dehnt sich das Gas aus, ist aber nun doch imstande, denselben Druck auszuüben wie vorher; denn es ist zwar dünner geworden, es befinden sich also vor einer Fläche (*qcm*) nicht mehr so viele Moleküle; aber diese haben dafür eine größere Geschwindigkeit und schlagen öfter und mit größerer Wucht gegen die Wand. Was ihnen also an Zahl (Dichte) abgeht, ersetzen sie nun durch größere Geschwindigkeit und bringen so denselben Druck wieder hervor.

Kühlt man ein Gas immer mehr ab, so nimmt auch die Geschwindigkeit der Moleküle immer mehr ab. Da das Gas bei -274° keine Expansionskraft mehr hat, so schließt man, daß **die Moleküle bei -274° keine Geschwindigkeit mehr haben**. Man nennt deshalb diese Temperatur von -274° **den absoluten Nullpunkt der Temperatur**.[6]

[6] Man bemerke jedoch, daß die mechanische Gastheorie, obwohl sie eine einfache und leichtverständliche Erklärung sämtlicher Eigenschaften der Gase liefert, doch nur den Wert einer Theorie (Anschauungsweise) hat, weil sie auf der nicht bewiesenen Hypothese (Annahme) der fortschreitenden Bewegung der Moleküle beruht.

Fünfter Abschnitt.
Magnetismus.

81. Einfache Gesetze des Magnetismus.

Man findet in der Natur ein Eisenerz, Magneteisenstein, von welchem manche Stücke die Eigenschaft haben, kleine Eisenstückchen anzuziehen. Diese Eigenschaft nennt man Magnetismus und das Mineral einen natürlichen Magnet; beide waren schon den Alten bekannt.

Ein künstlicher Magnet ist ein Stück Stahl, welches die Eigenschaft besitzt, ein anderes Stück Eisen oder Stahl anzuziehen; magnetische Kraft. Wenn man einen Magnet auf eine Spitze leicht drehbar und frei beweglich stellt, so sucht sich das eine Ende nach Norden, das andere nach Süden zu richten; **Magnetnadel**; Nordpol, Südpol.

Durch Nähern der Pole zweier Magnetnadeln findet man, daß Nord- und Nordpol sich abstoßen, ebenso Süd- und Südpol, daß aber Nord- und Südpol sich anziehen: **Gleichnamige Pole stoßen sich ab, ungleichnamige ziehen sich an.** Es scheinen demnach in einem Magnete zwei Arten magnetischer Kraft vorhanden zu sein, die nordmagnetische und die südmagnetische Kraft.

Wie in einem stabförmigen Magnete die magnetische Kraft verteilt ist, ersieht man ungefähr, wenn man ihn auf Eisenfeilspäne legt und emporhebt; an der Menge der angezogenen Späne erkennt man: der Magnetismus ist an den Enden des Stabes, den Polen, am größten, nimmt gegen die Mitte zu rasch ab, und verschwindet dort; neutrale oder indifferente Zone.

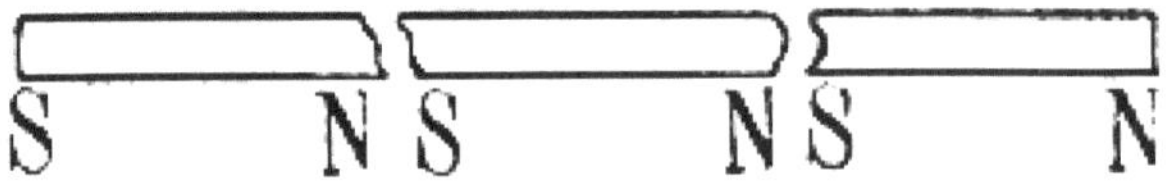

Fig. 103.

Jeder Magnet hat stets beide Pole und in gleicher Stärke. Versucht man, die beiden magnetischen Kräfte zu trennen, durch Zerbrechen des Magnetstabes, so ist jedes selbst wieder ein vollständiger Magnet, dessen Pole in derselben Richtung liegen, wie die des ursprünglichen Magnetes.

82. Magnetische Influenz.

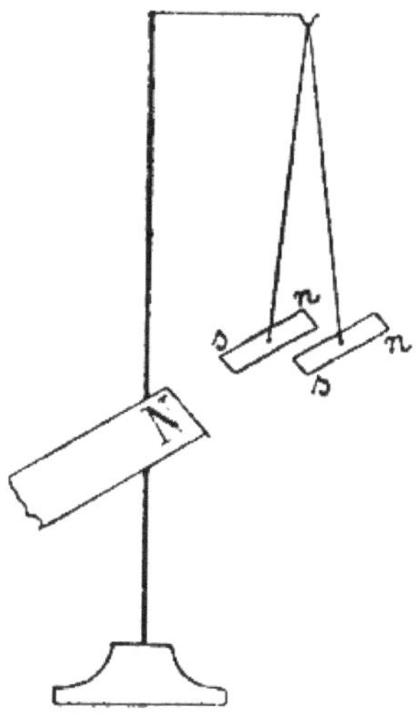

Fig. 104.

Wenn man einem Magnetpole ein Stück weiches Eisen nähert, so wird es angezogen und dabei selbst magnetisch; in ihm wird durch das Annähern magnetische Kraft erregt, **influenziert**, und zwar bekommt es am genäherten Ende einen dem einwirkenden Pole ungleichnamigen, am entfernten Ende einen gleichnamigen Magnetismus: beides ist leicht nachzuweisen.

Das magnetische Doppelpendel besteht aus zwei Stäbchen Eisen, die an gleich langen Fäden an einem Punkte aufgehängt sind. Nähert man ihnen einen Magnetpol, so werden sie angezogen; zugleich aber stoßen sie sich gegenseitig ab, da sie an den benachbarten Enden gleichen Magnetismus haben.

Hängt man an einen Magnetpol ein Stück weiches Eisen, so kann man an dessen freies Ende, weil es jetzt selbst magnetisch ist, ein zweites Eisenstück hängen; dies wird auch magnetisch; deshalb kann man an dessen freies Ende ein drittes Stück hängen, und so mehrmals nacheinander. Bei einem hufeisenförmigen Magnet kann man zwischen dessen Polen leicht eine Kette von vielen Eisenstückchen bilden, deren Enden sich um so stärker anziehen, als sie von den beiden Magnetpolen magnetisch erregt werden.

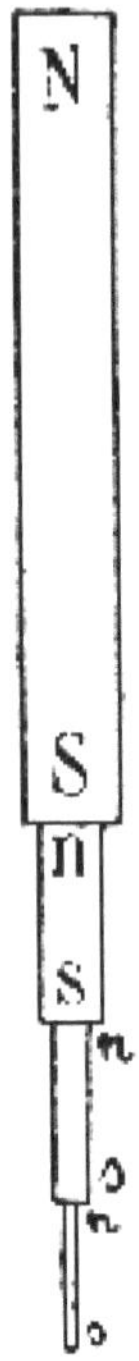

Fig. 105.

Die Erregung der magnetischen Kraft in einem Stück Eisen durch Annäherung an einen Magnetpol nennt man magnetische Influenz. Sie wächst mit der Annäherung, nimmt ab und verschwindet mit der Entfernung.

83. Stahlmagnete.

Nähert man ein Stück Stahl einem Magnetpole, so wird es angezogen und magnetisch influenziert. **Entfernt man es vom Pole, so behält es Magnetismus**; es ist ein bleibender, **permanenter Magnet** geworden.

Weiches Eisen behält in diesem Falle wenigstens eine Spur Magnetismus, **remanenter Magnetismus**, aber um so weniger, je weicher das Eisen ist.

Weiches Eisen wird stärker magnetisch als Stahl; letzterer um so schwächer, je härter er ist; er wird deshalb auch schwächer angezogen. Glasharter Stahl wird nur sehr schwach angezogen. Aber je besser der Stahl ist, um so besser behält er den Magnetismus.

Zur Herstellung künstlicher Magnete benützt man Stahl von mäßiger Härte, geringer Sprödigkeit und hoher Elastizität. Bei kleinen Nadeln genügt ein Anlegen an die beiden Pole eines Hufeisenmagnetes, um sie genügend zu magnetisieren. Größere Stahlstäbe werden der Länge nach mit einem Pole eines kräftigen Magnetes bestrichen. Man setzt den einen Pol auf die Mitte und streicht gegen das eine Ende, hebt den Pol ab und kehrt in großem Bogen zur Mitte zurück und wiederholt denselben Strich mehrmals; dann setzt man den anderen Pol auf die Mitte und streicht gegen das andere Ende und wiederholt auch das mehrmals. Einen Hufeisenmagneten setzt man mit beiden Polen auf die Mitte des Stabes, streicht von da zum linken Ende, dann zum rechten und so mehrmals und hebt das Hufeisen von der Mitte ab. Wenn man mit demselben Pole nach rückwärts streicht, schwächt man den schon influenzierten Magnetismus, hebt ihn auf und ruft dann den entgegengesetzten hervor. Eine Magnetnadel, so an die Pole eines kräftigen Magnetes gehalten, daß sich gleichnamige Pole berühren, wird nicht weggestoßen, sondern erhält durch Influenz umgekehrte Pole, wird angezogen und behält die umgekehrten Pole.

84. Stärke des Magnetismus.

Fig. 106.

Fig. 107.

Absolute Tragkraft eines Magnetes ist das Gewicht, das ein Pol tragen kann. Sie ist bei großen Magneten größer als bei kleinen, hängt auch ab von der Güte des Stahles und von der Stärke des Magnetisierens. Man kann jedoch die Tragkraft eines Magnetes nicht beliebig hoch steigern, sondern sie nähert sich einer Grenze, über welche hinaus der Magnetismus nicht wachsen kann. Dieser Grenze, dem **Sättigungsgrade**, kann man sich um so mehr nähern, je kleiner der Magnet ist; große bleiben stets weit von ihr entfernt.

Ist ein Magnet hufeisenförmig gestaltet, und hängt man an seine beiden Pole ein einziges Stück weiches Eisen (Anker), so trägt er mehr als an den einzelnen Polen zusammen, da beide Pole in demselben Sinne influenzierend auf den Anker wirken.

Relative Tragfähigkeit ist das Verhältnis des getragenen Gewichtes zum Gewichte des tragenden Magnetes. Sie ist bei kleinen Magneten viel beträchtlicher als bei großen. So kann ein kleiner Magnet wohl sein sechsfaches, ein großer kaum sein eigenes Gewicht tragen.

Dies kommt wohl daher, daß bei kleinen Stücken die Influenzwirkung auch die Innenteile beeinflussen kann, was bei großen nicht der Fall ist; ein großes (dickes) Stahlstück wird beim Streichen nur in den äußeren Schichten magnetisch, während der Kern unmagnetisch bleibt. Sehr starke Magnete setzt man deshalb aus einzelnen Stücken zusammen, indem man mehrere Stäbe von geringer Dicke (Blätter, Lamellen) einzeln magnetisch macht und mit gleichen Polen aufeinander legt (Lamellenmagnet Fig. 106), oder durch geringe Zwischenräume getrennt mit gleichen Polen in zwei weiche Eisenstücke (Polschuhe) einsteckt (Magnetisches Magazin, Fig. 107).

85. Theorie des Magnetismus.

Um die Erscheinungen des Magnetismus zu erklären, stellte Ampère folgende Theorie auf.

Man nimmt an, jedes Eisenmolekül sei selbst ein vollständiger Magnet. Im unmagnetischen Eisen liegen sie mit ihren Achsen so regellos, daß nach außen sich keine Wirkung zeigt. Die Moleküle seien drehbar. Sind die Moleküle alle so gedreht, daß alle gleichnamigen Pole nach derselben Richtung schauen, polar angeordnet oder polarisiert sind, so wirken sie nach außen wie ein Magnet, und zwar am Pol am stärksten, weil auf den Pol zu alle Molekularmagnete in gleichem Sinne wirken, gegen die Mitte zu schwächer, weil dort rechts und links liegende Stücke sich in ihrer Wirkung aufheben.

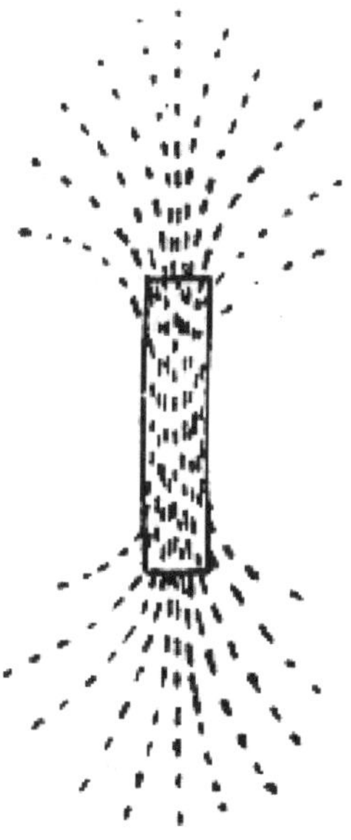

Fig. 108.

Ein Magnet wirkt auf weiches Eisen dadurch, daß er dessen Molekularmagnete polarisiert; doch kehren beim Entfernen des Magnetes die Moleküle des weichen Eisens wieder fast vollständig in die regellose Anordnung zurück, während die des Stahles fast vollständig in der polaren Anordnung bleiben. Je vollständiger die Molekularmagnete in polare Lage gebracht sind, desto stärker ist der Magnetismus; ein Magnet ist gesättigt, wenn alle Moleküle vollständig polarisiert sind.

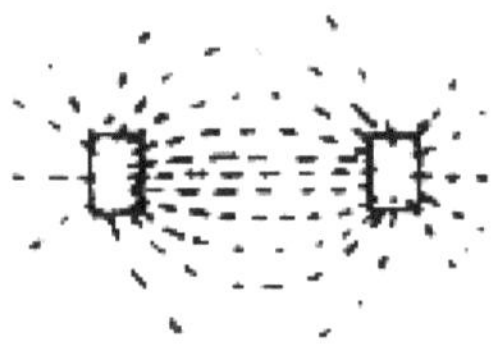

Fig. 109.

Fig. 110.

In neuester Zeit hat man, ohne die Erscheinungen des Magnetismus erklären zu wollen, die Wirkung des Magnetes nach außen auf folgende Weise veranschaulicht.

Wenn ein Magnet nach außen wirkt, so geschieht dies längs der **Kraftlinien**. Bei einem Stabmagnete strahlen die Kraftlinien vorzugsweise von den Polflächen aus, und ihre Richtung wird an jeder Stelle angegeben durch die Richtung einer dort befindlichen kleinen Magnetnadel. Streut man Eisenfeilspäne auf ein Blatt Papier und legt unter das Papier einen Magnetstab, so dreht sich jeder Feilspan in die Richtung der zugehörigen Kraftlinie, so daß deren strahlenförmige Anordnung ein gutes Bild vom Verlauf der Kraftlinien gibt. Stellt man sich vor, daß die Kraftlinien auch im Innern des Magnetstabes verlaufen, so erkennt man, daß sie alle den Magnetstab der Länge nach durchsetzen und dann büschelförmig in die Luft ausstrahlen.

Eine Fläche, welche senkrecht zu den Kraftlinien steht, wird ein magnetisches Feld genannt. Die Stärke eines magnetischen Feldes wird bemessen nach der Anzahl der Kraftlinien, welche die Flächeneinheit des Feldes treffen. Beim Stabmagnet ist das Feld am stärksten an den Polflächen, und die Stärke nimmt mit der Entfernung ab, nahezu wie das Quadrat der Entfernung zunimmt.

Bei einem Hufeisenmagneten laufen die meisten Kraftlinien direkt oder mit geringer Krümmung von Pol zu Pol. Es liegt deshalb zwischen den Polen ein starkes magnetisches Feld.

Ein in der Nähe eines Poles, also in einem magnetischen Feld befindliches Stück Eisen wird selbst magnetisch, **Feldmagnet**; es übt gleichsam eine anziehende und ansammelnde Kraft auf die in seiner Nähe verlaufenden Kraftlinien aus, so daß durch seinen Raum mehr Kraftlinien gehen, als wenn es nicht da wäre. Es sieht so aus, wie wenn die Kraftlinien leichter durch Eisen als durch Luft gingen, und deshalb lieber den widerstandslosen Weg durch das Eisen wählten.

Ein Stück Eisen, welches die Pole eines Hufeisenmagnetes verbindet, zieht fast alle Kraftlinien durch sein Inneres, so daß ein solches Viereck nach außen keine oder fast keine Wirkung hervorbringt, **Ringmagnet**.

86. Kompaß, Deklination, Inklination.

Zur Auffindung der Himmelsrichtung benützt man eine auf einer feinen Spitze leicht drehbar aufgesetzte Magnetnadel und nennt sie Kompaß oder Bussole. Die Nadel befindet sich dabei meist in einem mit Glasdeckel versehenen Kästchen (boussole heißt Kapsel) und spielt über einem Kreise, der in Grade oder in die Himmelsrichtungen geteilt ist. Auf einem Schiffe würde die Nadel wegen der Schwankungen des Schiffes an der freien Bewegung verhindert sein; man wendet deshalb die kardanische Aufhängung an: die Kapsel ist mit zwei gegenüberstehenden Stiften in einem Ringe drehbar befestigt, und der Ring selbst ist auch in zwei gegenüberstehenden Stiften drehbar befestigt, wobei deren Verbindungslinie senkrecht steht zu der der beiden anderen Stifte. Dadurch stellt sich der Boden der Kapsel, deren Schwerpunkt ziemlich tief liegt, stets horizontal, wie sich auch das Schiff dreht oder neigt.

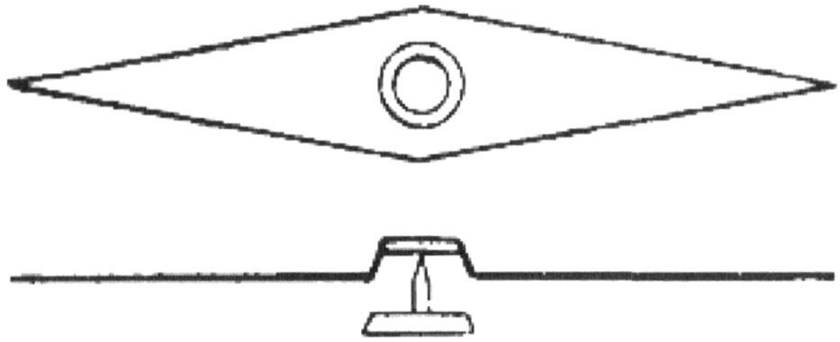

Fig. 111.

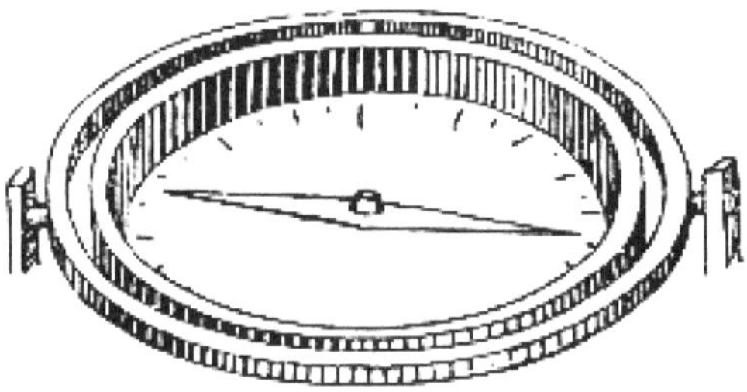

Fig. 112.

Die Magnetnadel weicht von der Nordrichtung etwas nach Westen ab. Die Richtung der Magnetnadel, sowie auch eine durch sie gelegte Vertikalebene nennt man den **magnetischen Meridian**. Diese Abweichung der Magnetnadel von der Nordrichtung nennt man **magnetische Deklination**. Sie ist bei uns ca. 10° westlich und von Ort zu Ort verschieden. Durch das östliche Amerika verläuft eine Linie ungefähr von N nach S, auf welcher die Deklination gleich Null ist; sie heißt die agonische Linie; westlich von ihr wird die Deklination östlich, ist in Asien meist sehr gering bis zur zweiten agonischen Linie, welche vom östlichen Europa schräg gegen Australien zieht; westlich dieser Linie ist die Deklination westlich. Verbindet man alle Punkte der Erdoberfläche, welche denselben Betrag der Deklination haben, durch Linien, Isogonen, Linien gleicher Deklination, so gehen diese Linien in der Hauptrichtung von Nord nach Süd. (Fig. 113.) Ihr Schnittpunkt auf Boothia felix heißt der **magnetische Nordpol der Erde** (Rooß 1831); der im südlichen Eismeer vermutete magnetische Südpol der Erde ist noch nicht erreicht worden.

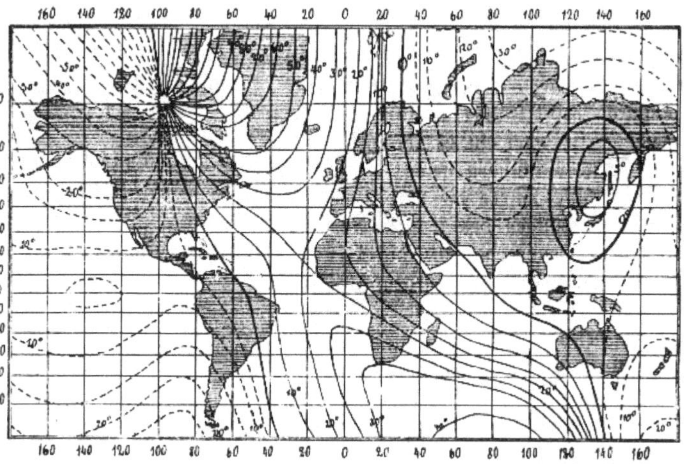

Fig. 113.

Die Deklination ändert sich beständig, nimmt bei uns jetzt eben ab, jährlich um etwa 0,16°, während sie früher zunahm und im Jahre 1814 ihren größten westlichen Betrag hatte. Diese Änderung heißt die säkulare Änderung der Deklination. Ferner ändert sich die Deklination täglich; indem sie täglich eine kleine Schwankung von 8-15' nach Ost und West macht: tägliche Variation (Graham 1722). Schließlich ändert sie sich hie und da unregelmäßig, plötzlich und stark, und kehrt dann zur normalen Größe zurück; diese Störungen treten meist gleichzeitig mit Nordlichtern auf, weshalb man dieselben auch magnetische Gewitter nennt. (Zuerst beobachtet von Halley 1716.)

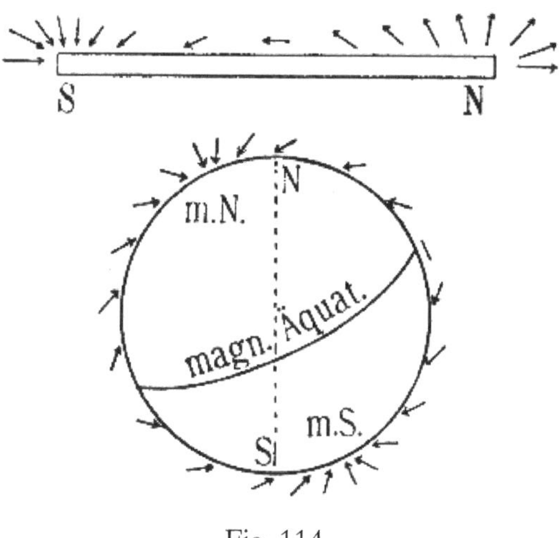

Fig. 114.

Wenn man eine in ihrem Schwerpunkte befestigte Magnetnadel um eine horizontale Achse frei schwingen läßt und in die Richtung des magnetischen Meridians bringt, so neigt sich bei uns das Nordende nach abwärts; **magnetische Inklination**. Sie beträgt bei uns über 60°, ist gegen den magnetischen Nordpol zu größer, beträgt dort 90° und ist gegen den Äquator zu kleiner. Sie wird gleich Null auf einer Linie, die in der Nähe des Äquators läuft, magnetischer Äquator, und ist südlich derselben auch südlich, d. h. die Nadel neigt das Südende nach abwärts. Linien, welche Punkte gleicher Inklination verbinden, heißen Isoklinen.

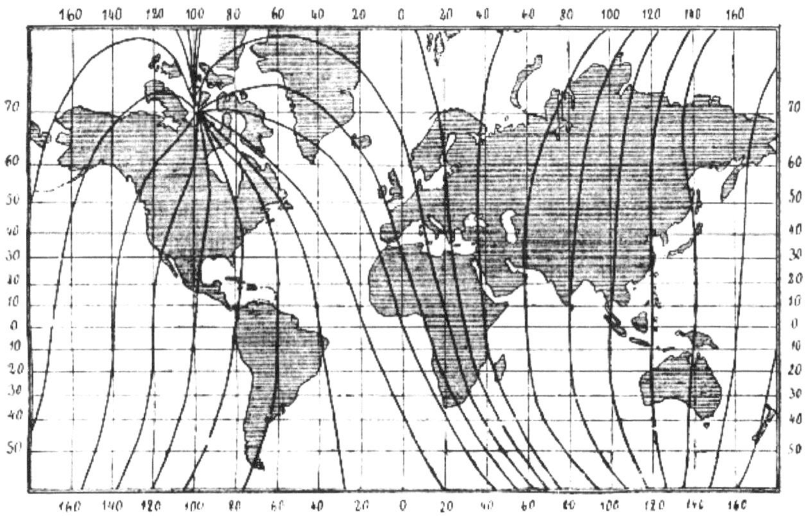

Fig. 115.

Wie die magnetische Kraft auf der Erde verteilt ist, sieht man an Fig. 115. Die dort verzeichneten Linien geben an, in welcher Richtung an jedem Punkt die magnetische Kraft (wenigstens in horizontalem Sinne) wirkt. Die Richtung einer Linie in irgend einem Punkte gibt die Richtung des magnetischen Meridians, das ist die Richtung, welche eine horizontale Magnetnadel annimmt. Der Verlauf jeder Linie gibt an, welchen Weg man machen würde, wenn man stets in der Richtung der Magnetnadel weitergehen würde. Sie geben (in horizontalem Sinne) den Verlauf der magnetischen Kraftlinien auf der Erdoberfläche.

87. Erdmagnetismus. Magnetismus der Lage.

Die Erde wirkt wie ein großer Magnet, dessen Pole ungefähr in den kältesten Gegenden der Erde liegen. Die Erde besitzt an ihrem Nordpole

Südmagnetismus, weil dieser den Nordmagnetismus unserer Magnetnadel anzieht. Die Ursache des Erdmagnetismus ist unbekannt.

Aus dem Erdmagnetismus erklärt sich, daß vertikal gestellte Eisenstäbe an eisernen Gittern, eiserne Träger u. s. w. sich als magnetisch erweisen, und zwar bei uns am unteren Ende Nordpol besitzen, da das dem Nordpol der Erde nähere, untere Ende nordmagnetisch influenziert wird, am stärksten, wenn man den Stab im magnetischen Meridian in der Richtung der Inklinationsnadel hält. Eine Stricknadel, die man in dieser Lage durch Schläge erschüttert, wird bleibend magnetisch. Man nennt diesen Magnetismus den Magnetismus der Lage.

88. Stärke der magnetischen Anziehung.

Die magnetische Anziehung nimmt ab, wenn die beiden Magnete, oder Magnet und influenziertes Eisen, von einander entfernt werden; **sie nimmt ab, so wie das Quadrat der Entfernung zunimmt**. Wenn also ein Magnetpol auf einen etwa 10 *cm* entfernten (kleinen) Magnet eine gewisse Anziehung ausübt, so übt er auf denselben 2, oder 3 mal weiter entfernten (kleinen) Magnet eine 4 oder 9 mal kleinere Anziehung aus. Die magnetische Anziehung scheint bei einigermaßen großer Entfernung verschwunden zu sein, d. h. sie ist mit unseren Apparaten nicht mehr nachweisbar.

Die magnetische Anziehung wird nicht geschwächt durch Dazwischenschieben anderer Körper, die nicht selbst magnetisch werden. Deshalb darf die Magnetnadel des Kompasses von der Kapsel ganz umschlossen sein. Das Dazwischenschieben eines Körpers, der selbst magnetisch wird, hat dagegen einen wesentlichen Einfluß auf die Fernewirkung, da nun nicht bloß der Magnetismus des Poles, sondern auch noch die Magnetismen der influenzierten Pole auf den Magnet wirken. Eine Taschenuhr wird in der Nähe kräftiger Magnete magnetisch in ihren Stahlteilen und dadurch am gleichmäßigen Gange verhindert. Umgibt man die Taschenuhr mit einem Gehäuse aus Eisenblech, so bleibt sie unmagnetisch, denn die Wirkung des Magnetpoles und die der influenzierten Pole des Gehäuses heben sich auf.

Sechster Abschnitt.
Reibungselektrizität.

89. Elektrizität durch Reibung entwickelt.

Wenn man Harz, Siegellack, Bernstein, Kautschuk oder Schwefel mit Wolle reibt, oder wenn man Glas mit Seide oder Leder reibt, so erhalten diese Körper die Kraft, andere Körper anzuziehen; diese Kraft nennt man Elektrizität; **manche Körper werden durch Reiben elektrisch und befinden sich dann in elektrischem Zustande**.

Das elektrische Pendel, ein an einem Seidenfaden aufgehängtes Korkkügelchen, wird angezogen, wenn man ihm einen elektrischen Körper nähert.

Ein elektrischer Körper zieht jeden unelektrischen an; Stücke von beliebigen Stoffen, leicht drehbar aufgestellt oder aufgehängt, werden von elektrischen Körpern gezogen. Der elektrische Körper wird auch vom unelektrischen angezogen; wenn man eine geriebene Kautschukstange auf eine Spitze drehbar befestigt, so dreht sie sich, sobald man ihr einen unelektrischen Körper nähert. **Die elektrische Anziehung ist eine gegenseitige wie die magnetische.**

Prüft man das Verhalten zweier elektrischen Körper zueinander, indem man eine Glasstange und eine Kautschukstange, ähnlich wie eine Magnetnadel, auf einer Spitze drehbar aufstellt, sie durch Reiben elektrisch macht und ihnen nun ebenfalls geriebene Glas- und Kautschukstangen nähert, so findet man, daß die elektrischen Glasstangen sich abstoßen, ebenso die elektrischen Kautschukstangen: zwei elektrische Kräfte derselben Art stoßen sich ab. Die elektrische Glasstange und die elektrische Kautschukstange ziehen sich an. Die auf Glas und Kautschuk befindlichen Elektrizitäten können deshalb nicht von gleicher Art sein. Man erkennt so: **es gibt zwei Arten von Elektrizität**, die Glaselektrizität und die Kautschukelektrizität, und spricht das erste Grundgesetz der Elektrizität aus: **Gleichartige Elektrizitäten stoßen sich ab, ungleichartige ziehen sich an.**

Prüft man alle anderen Körper, wie Siegellack, Schwefel u. s. w., indem man sie der elektrischen Glas- und Kautschukstange nähert, so findet man, daß jeder elektrische Körper entweder die Glasstange anzieht und die Kautschukstange abstößt, also so elektrisch wird wie Kautschuk, oder die Glasstange abstößt und die Kautschukstange anzieht, also so elektrisch wird wie Glas. **Es gibt nur zwei Arten von Elektrizität** (1733); man nennt die

Glaselektrizität die **positive** (+), die Kautschukelektrizität die **negative** (-) Elektrizität (Lichtenberg 1777).

Auf Glas und Kautschuk bleibt die Elektrizität an der Stelle sitzen, an welcher sie durch Reiben hervorgerufen wurde; diese Stoffe können die Elektrizität nicht leiten, sie sind **Nichtleiter der Elektrizität**. Zieht man aber die Glasstange etwa durch die feuchte Hand, durch den feuchten Schwamm, durch Stanniol, so hat sie ihre Elektrizität verloren; sie ist durch die Hand und den menschlichen Körper in die Erde geleitet worden. Der menschliche Körper, das Wasser, der Stanniol sind **Leiter der Elektrizität** (Gray 1729). Zu den Leitern gehören insbesondere alle Metalle und Wasser, zu den Nichtleitern gehören noch Seide, Harz, besonders Schellack und (trockene) Luft. Halbleiter sind lufttrockenes Holz, Papier, Fischbein.

Wenn ein Leiter mit lauter Nichtleitern umgeben ist, so ist er **isoliert**, z. B. eine Messingkugel auf einem Glasfuße.

Wenn man eine isolierte Messingstange am einen Ende mit einem elektrischen Glasstabe bestreicht, so tritt von den Berührungsstellen aus die Elektrizität vom Glase auf die Messingstange und verbreitet sich gleichmäßig auf derselben, wie man daran sehen kann, daß sie nun mit jedem, auch dem nicht bestrichenen Teile die elektrische Glasnadel abstößt.

90. Elektroskop.

Das Elektroskop besteht aus einem Messingstift, der oben eine Messingkugel, unten zwei nebeneinanderhängende feine Goldblättchen trägt; der Stift ist durch den Stopfen einer Glasflasche gesteckt, so daß die Blättchen im Innern der Flasche sich befinden. Die Luft wird durch eingelegtes geschmolzenes Chlorkalzium trocken erhalten, so daß der Metallkörper des Elektroskops isoliert ist.

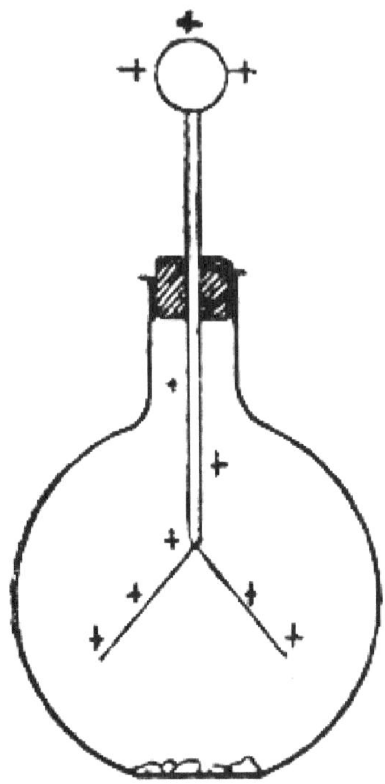

Fig. 117.

Teilt man dem Kopfe des Elektroskops etwas Elektrizität durch Berühren (Bestreichen) mit der elektrischen Glasstange mit, so stoßen sich die Goldblättchen ab und divergieren; denn die Elektrizität hat sich auch auf die Blättchen verbreitet; sie haben gleiche Elektrizität und stoßen sich ab.

Wenn man nun dem Knopfe auch noch - E mitteilt durch Bestreichen mit dem elektrischen Kautschukstabe, so klappen die Blättchen wieder zusammen, und zwar ganz, wenn man die richtige Menge Elektrizität hinzubringt; man schließt also, daß + und - Elektrizität sich aufheben. Nennt man solche Mengen Elektrizität einander gleich, welche sich gerade aufheben, so heißt der zweite Hauptsatz der Elektrizität:

Gleiche Mengen positiver und negativer Elektrizität heben sich auf, neutralisieren sich.

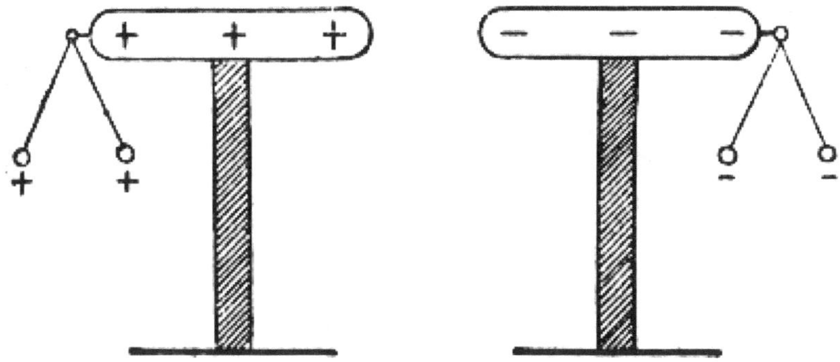

Fig. 118.

Man hat zwei Metallcylinder mit Doppelpendeln von Holundermarkkugeln. Man teilt dem einen Stabe + E mit durch Bestreichen mit der elektrischen Glasstange und dem anderen - E mittels der Kautschukstange, wo möglich gleich viel, so daß die Doppelpendel gleich stark divergieren. Nähert man nun die elektrischen Cylinder einander, bis sie sich berühren, so klappen die Doppelpendel zusammen, da sich + und - E ausgleichen.

Teilt man dem Knopfe des Elektroskopes durch Berührung mit der elektrischen Glasstange + E mit, so ist es „geladen“ mit positiver Elektrizität. Nähert man ihm eine elektrische Glasstange, so gehen die Blättchen weiter auseinander; nähert man ihm eine elektrische Kautschukstange, so klappen sie mehr zusammen. Hiedurch kann man mittels eines geladenen Elektroskopes leicht erkennen, welche Art Elektrizität ein Körper hat.

91. Elektrische Influenz.

Ein Leiter wird durch Annähern eines elektrischen Körpers elektrisch influenziert, und zwar am genäherten Ende ungleichnamig, am entfernten gleichnamig. Elektrische Influenz.

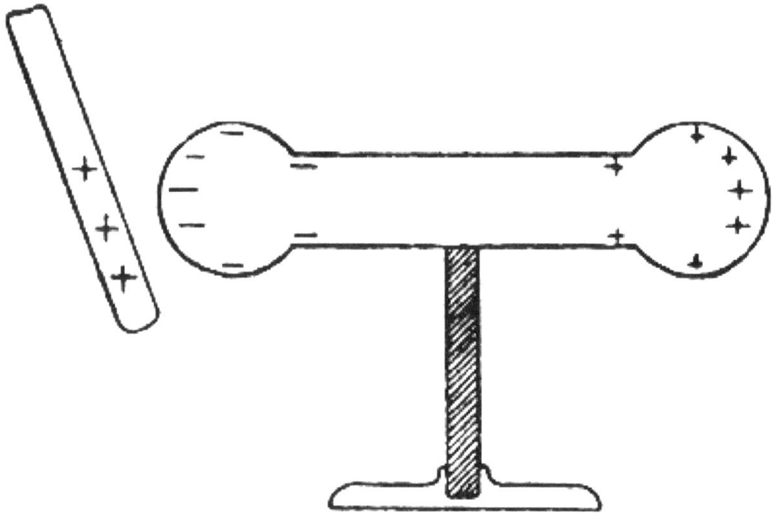

Fig. 119.

Einem auf einem Glasfuße stehenden Metall-Cylinder (Fig. 119) mit Doppelpendeln nähert man eine elektrische Glasstange, so divergieren beide Doppelpendel. Stellt man die in Fig. 118 beschriebenen Metallstangen so zusammen, daß sie sich berühren, also einen einzigen Leiter vorstellen, und nähert die Glasstange, so divergieren die Doppelpendel wie vorher; rückt man nun die Metallcylinder etwas voneinander weg, so bleiben sie elektrisch, auch wenn man die Glasstange entfernt, die eine, welche dem Glasstabe genähert war, hat - E, die andere + E. Durch Influenz entstehen beide Arten von Elektrizität, und zwar am genäherten Ende die ungleichnamige, die Influenzelektrizität 1. Art, am entfernten Ende die gleichnamige, die Influenzelektrizität 2. Art.

Nähert man die so geladenen Metallstangen wieder, so klappen die Doppelpendel zusammen, da sich + E und - E neutralisieren, und da sie ganz zusammenklappen, so folgt: **die Influenzelektrizitäten beider Arten sind an Menge gleich**.

Nähert man einem Elektroskop einen negativ elektrischen Körper, so wird dessen Metallkörper influenziert, und zwar am Kopfe ungleichnamig (+), an dem Blättchen gleichnamig (-), weshalb dieselben divergieren. Entfernt man den elektrischen Körper wieder, so vereinigen sich die getrennten Influenzelektrizitäten wieder, weshalb die Blättchen zusammenklappen. Da die Blättchen leicht divergieren, so dient das Elektroskop dazu, um zu untersuchen, ob ein Körper elektrisch ist.

Auch bei der elektrischen Influenz findet wie bei der magnetischen kein Hinüberfließen der Elektrizität vom einen Körper zum andern statt, sondern sie ist eine Wirkung in die Ferne; **der influenzierende Körper ruft Influenzelektrizität hervor, ohne etwas von seiner Elektrizität herzugeben.**

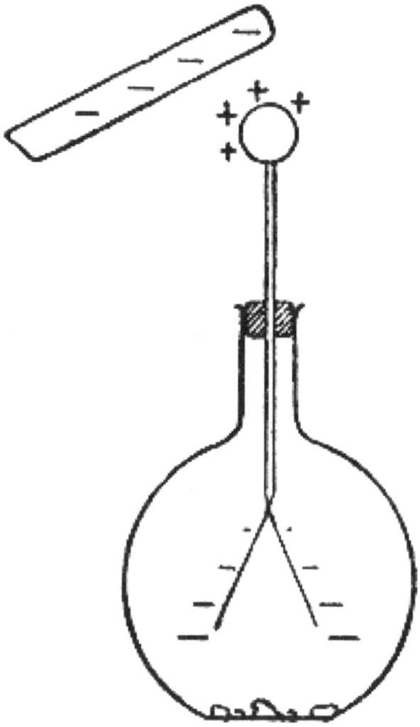

Fig. 120.

Man kann einen Leiter durch Influenzelektrizität elektrisch machen oder elektrisch laden auf folgende Art: Man nähert dem isolierten Leiter die + Glasstange, so wird er influenziert; berührt man ihn nun mit dem Finger, so fließt die positive Influenzelektrizität zweiter Art durch den Finger zur Erde, weil sie von der + Glasstange abgestoßen wird; es bleibt auf ihm die negative Influenzelektrizität erster Art, weil sie von der + Glasstange angezogen wird. Entfernt man nun zuerst den Finger und dann die Glasstange, so verbreitet sich die - Influenzelektrizität erster Art auf dem Leiter, **er ist elektrisch geladen durch Influenzieren und Ableiten der Influenzelektrizität zweiter Art**. Macht man den Versuch mit der - Kautschukstange, so wird er positiv geladen. Ebenso kann man ein Elektroskop laden mit Influenzelektrizität erster Art.

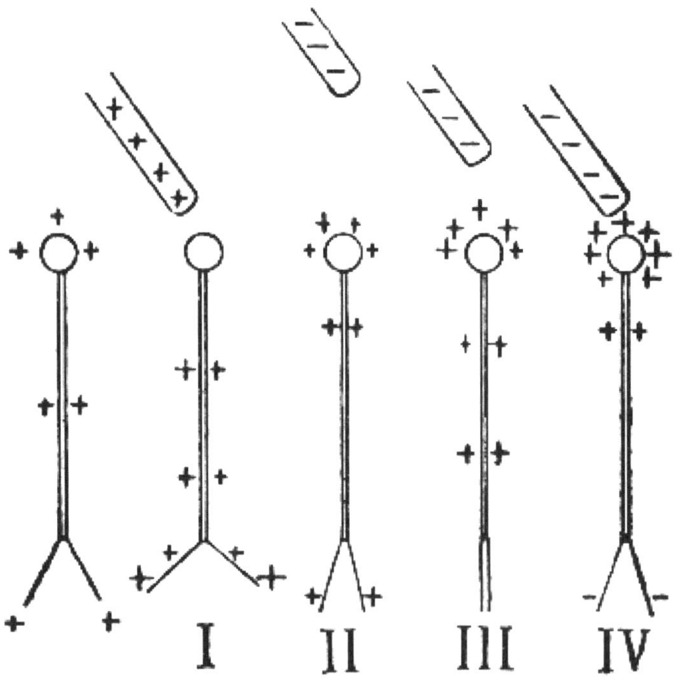

Fig. 121.

Wenn man einem geladenen Leiter einen elektrischen Körper nähert, so wird der Leiter gerade so influenziert, wie wenn er noch gar keine Elektrizität hätte. Ist das Elektroskop + geladen und ich nähere einen + Glasstab, so wird der Knopf negativ, die Blättchen positiv influenziert; auf dem Knopfe wird die schon vorhandene + durch die hinzukommende - Elektrizität geschwächt, auf den Blättchen wird die schon vorhandene + durch die influenzierte + Elektrizität verstärkt; die Blättchen gehen noch weiter auseinander. Nähert man aber dem + geladenen Elektroskope einen - elektrischen Körper, so wird der Knopf +, die Blättchen - influenziert; auf dem Knopfe wird also die schon vorhandene + durch die influenzierte + verstärkt, auf den Blättchen kommt zu der vorhandenen + noch - Influenzelektrizität dazu; es wird also zunächst die vorhandene + geschwächt, weshalb die Blättchen etwas zusammengehen; bei stärkerer Influenz wird sie ganz aufgehoben, weshalb die Blättchen ganz zusammenklappen, und wenn die - Influenzelektrizität sogar stärker ist als die schon vorhandene +, so bleibt in den Blättchen - Influenzelektrizität übrig, weshalb die Blättchen wieder divergieren, aber jetzt mit - Elektrizität. Entsprechendes findet man bei einem - geladenen Elektroskop. Das

Elektroskop dient somit auch dazu, um zu untersuchen, welche Art Elektrizität der genäherte Körper hat.

92. Elektrizität geriebener Körper.

Wenn man Glas mit Leder reibt, so zeigt sich Glas + elektrisch, das Leder unelektrisch, weil seine Elektrizität durch die Hand abgeleitet wird. Wenn man aber ein Stückchen Leder auf einer isolierenden Siegellackstange befestigt, und nun mit dem Leder das Glas reibt, so zeigt sich das Glas +, das Leder - elektrisch. Dasselbe kann man mit jedem Paare von Körpern tun: **stets werden beide Körper entgegengesetzt elektrisch. Die Mengen der dabei erzeugten positiven und negativen Elektrizität sind gleich.**

Welche Art Elektrizität ein Stoff bekommt, hängt auch davon ab, mit welchem Stoffe er gerieben wird, ja sogar, wie er gerieben wird; Ebonit[7] wird mit Raubtierfell und Wolle -, mit Leder + elektrisch. Ein Metall, auf einer Siegellackstange befestigt, wird durch Reiben elektrisch; insbesondere ein Amalgam, d. i. eine durch Zusammenschmelzen erhaltene Legierung von Quecksilber (2 Teile) mit Zink (1 T.) und Zinn (1 T.), erhält mit Glas, englischem Flintglas, gerieben stets - Elektrizität; man streicht solches pulverförmiges Amalgam auf Leder, das man zuerst mit etwas Fett eingerieben hat, und benützt es so vielfach als Reibzeug. Auch zwei chemisch gleich beschaffene Körper geben aneinander gerieben meistens Elektrizität, wenn nur ihre Oberflächen etwas voneinander verschieden sind, oder ihre Wärme etwas verschieden ist (der wärmere wird negativ). Die Art des elektrischen Zustandes ist also nicht mit der Natur des Stoffes verknüpft, sondern von den jeweiligen Umständen abhängig.

[7] Ebonit ist vulkanisierter, d. h. mit Schwefel versetzter Kautschuk.

In folgender **Spannungsreihe** sind die Stoffe so geordnet, daß jeder Stoff, mit einem der folgenden gerieben, + elektrisch wird, um so stärker, je weiter die Stoffe voneinander abstehen.

- +
- Engl. Flintglas,
- Glimmer,
- Raubtierfell,
- Gewöhnl. Glas,
- Flanell,
- Mattes Glas,

- Seide,
- Baumwolle,
- Leinen,
- Metalle,
- Kork,
- Harze,
- Ebonit,
- amalg. Leder,
- Speckstein.
- -

93. Elektrophor (Volta 1775).

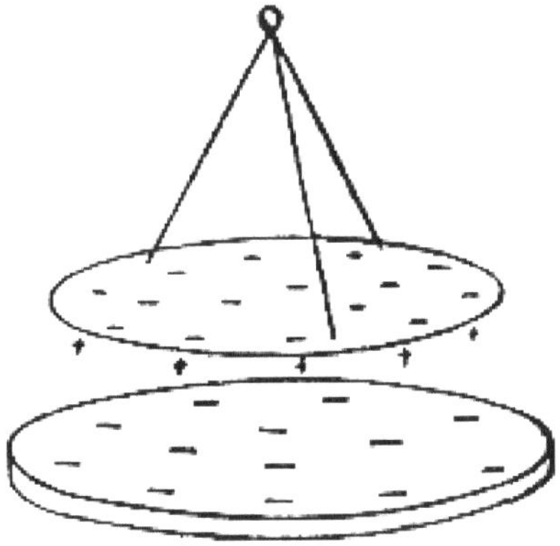

Fig. 122.

Der Elektrophor besteht aus einem Harzkuchen oder einer Ebonitplatte, die durch Reiben oder Peitschen mit einem Fuchsschwanze - elektrisch gemacht wird, und aus einem Deckel oder Schild, das ist ein rundes Stück Blech oder mit Stanniol beklebter Pappendeckel, also ein Leiter, der an drei isolierenden Seidenfäden gehalten werden kann. Setzt man den Deckel auf die elektrische Platte, so wird er influenziert, unten +, oben -; berührt man ihn nun mit dem Finger, so läuft die abgestoßene - Influenzelektrizität zweiter Art fort, und der Deckel behält die angezogene + Influenzelektrizität erster Art; entfernt man nun auch den Finger und hebt den Deckel am Seidenfaden in die Höhe, so hat er die + Influenzelektrizität, und zwar in ziemlich großer Menge, so daß sie schon in Form eines Funkens auf den genäherten Finger überspringt. Nimmt man dem Deckel seine Elektrizität, so kann man denselben Versuch vielmals wiederholen. **Der**

Elektrophor dient dazu, um größere Mengen Elektrizität zu erzeugen durch Influenz und Ableiten der Influenzelektrizität zweiter Art.

Die Platte verliert dabei nichts von ihrer Elektrizität, oder doch nicht viel; denn nur in den wenigen Punkten, in denen der Deckel die Platte wirklich berührt, geht die negative Elektrizität der Platte auf den Deckel über, geht also verloren. Der Versuch gelingt auch, wenn man den Schild nicht bis zur Berührung nähert; jedoch ist dann die influenzierte Elektrizität schwächer.

Bedeckt man den Elektrophor mit dem Schild und läßt ihn so an einem trockenen Orte stehen, so behält er wochen-, ja monatelang seine Elektrizität. Denn die Elektrizität der Platte wird einerseits von der Elektrizität des Deckels, anderseits von der auch influenzierten Elektrizität der (leitenden) Unterlage gegenseitig angezogen und so festgehalten.

94. Stärke der elektrischen Anziehung.

Die Kraft, mit welcher sich zwei elektrische Massen anziehen (oder abstoßen), hängt ab von der Menge der auf den Körpern befindlichen Elektrizität und ist dem Produkte dieser Mengen proportional. Wenn sich zwei gleiche Mengen Elektrizität gegenüberstehen und mit einer gewissen Kraft anziehen, so ziehen sich zwei Mengen, von denen die eine 3 mal, die andere 5 mal so groß ist wie die zuerst gewählten, mit einer Kraft an, die $3 \cdot 5 = 15$ mal so groß ist wie die zuerst vorhandene Kraft. Zudem nimmt die Anziehung ab, wie das Quadrat des Abstandes zunimmt. **Die elektrische Anziehung ist also proportional dem Produkte der elektrischen Mengen und umgekehrt proportional dem Quadrate ihres Abstandes** (Coulomb.) Die **Einheit der Menge** oder Quantität der Elektrizität ist diejenige Menge, welche eine ihr gleich große Menge, welche 1 *cm* von ihr entfernt ist, mit der Krafteinheit 1 Dyn (= $^1/_{981}$ *g*) abstößt. (Siehe Anhang.)

Die elektrische Anziehung wird durch Dazwischenschieben eines Nichtleiters nicht gehindert. Sie durchdringt gleichsam die Nichtleiter, weshalb man dieselben auch dielektrische Massen nennt. Dazwischenschieben von Leitern bringt eine wesentliche Änderung in der elektrischen Anziehung hervor, da die Leiter selbst elektrisch influenziert werden und mit diesen elektrischen Mengen nun selbst anziehend wirken.

Gerade diese Fernewirkung der Elektrizität, sowie die Fähigkeit, hiebei manche Stoffe zu durchdringen, manche aber selbst elektrisch zu erregen, lassen uns das Wesen der Elektrizität, sowie der elektrischen Anziehung rätselhaft erscheinen.

95. Verteilung der Elektrizität auf einem Leiter. Wirkung der Spitze.

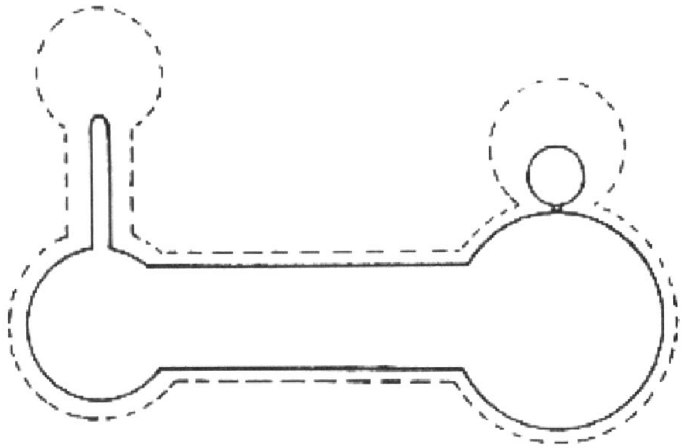

Fig. 123.

Wenn auf einem Leiter Elektrizität vorhanden ist, so verbreitet sie sich, da die einzelnen Teilmengen der Elektrizität sich gegenseitig abstoßen, über die ganze Oberfläche. Aber nur auf einer Kugel ist sie gleichmäßig verteilt, d. h. so, daß auf jedem gleich großen Flächenstückchen gleich viel Elektrizität sitzt; auf jedem anderen Leiter ist sie ungleichmäßig verteilt und zwar so, daß an den stärker gekrümmten Stellen die Elektrizität dichter ist; je stärker also eine Stelle gekrümmt ist, um so mehr Elektrizität sitzt auf ihr. (Elektrisches Verteilungsgesetz.) Die Figur 123 stellt einen isolierten Leiter vor, dessen Oberfläche verschiedene Krümmung besitzt. Die gestrichelte Linie soll durch ihren Abstand von der Oberfläche angeben, wie groß etwa die Dichte der Elektrizität an jeder Stelle ist.

Wenn auf einem Leiter eine Spitze angebracht ist, so ist, weil die Fläche an der Spitze ungemein stark gekrümmt ist, **die Dichte der Elektrizität auf der Spitze sehr groß**.

Mit der Dichte der Elektrizität wächst ihre Spannung, das ist die nach außen gerichtete abstoßende Kraft der gleichnamig elektrischen Teilchen; damit wächst auch das Bestreben und die Fähigkeit, von dem Leiter wegzugehen, die Luft zu durchbrechen und auf einen benachbarten Leiter überzuspringen, **elektrischer Funke**. Da aber auf einer Spitze die Dichte und damit auch die Spannung der Elektrizität sehr groß ist, so kann die Elektrizität durch eine Spitze leicht ausströmen. Hiebei werden die der Spitze zunächst liegenden Luftteilchen elektrisch geladen, als gleichnamig elektrisch von der Spitze abgestoßen und entführen so der Spitze die Elektrizität.

Bringt man auf dem Knopfe des Elektroskops eine Spitze an, und nähert ihr die elektrische Glasstange, so wird das Elektroskop influenziert, an den Blättchen +, an der Spitze -; die - Elektrizität strömt durch die Spitze leicht aus, geht durch die Luft zur Glasstange und neutralisiert sich mit der dort befindlichen + Elektrizität; die Elektrizität der Blättchen bleibt im Elektroskope; es ist + geladen: **Ein Elektroskop kann gleichnamig geladen werden durch Influenz und Ausströmen der Influenzelektrizität erster Art durch eine Spitze.** Da einerseits die influenzierten Mengen + und - Elektrizität gleich sind, anderseits nur so viel freie + E im Elektroskop zurückbleibt, als - E bei der Spitze ausströmt, und schließlich die ausströmende - E eine gleiche Menge + E der Glasstange neutralisiert, so verliert die Glasstange so viel + E, als schließlich im Elektroskop freie + E vorhanden ist. Es schaut also so aus, als sei ein Teil der + E von der Glasstange weg durch die Luft und die Spitze in das Elektroskop gegangen; man sagt abkürzend: **die Spitze saugt die Elektrizität auf.**

Man kann jeden isolierten Leiter elektrisch machen, wenn man auf ihm eine Spitze anbringt und dieser einen elektrischen Körper nähert.

Umgekehrt, wenn man einem isolierten Leiter, der eine Spitze besitzt, Elektrizität mitteilt, **so strömt fast alle Elektrizität durch die Spitze aus**; nur ein kleiner Rest bleibt auf dem Leiter, so daß die Elektrizität auf ihm nur eine geringe Spannung bekommt. An einem Leiter, dem man größere Mengen Elektrizität mitteilen will, müssen demnach Spitzen, scharfe Ecken und Kanten vermieden werden; er muß möglichst schwach gekrümmte, glatte Flächen haben.

Von Wichtigkeit sind noch folgende Sätze:

Der Sitz der Elektrizität auf einem isolierten Leiter ist dessen äußere Oberfläche; im Innern eines geschlossenen oder nur nahezu geschlossenen, hohlen Leiters gibt es keine freie Elektrizität. Nachweis mittels eines biegsamen Drahtnetzes.

Ein elektrischer Leiter, welcher in das Innere eines metallischen Hohlkörpers gebracht wird, gibt bei Berührung mit der Innenwand seine ganze Ladung an die umschließende Metallhülle ab.

Bei gleichbleibender Ladung nimmt die elektrische Dichte eines Körpers in dem Maße ab, als seine Oberfläche vergrößert wird. Nachweis durch Aufrollen eines Drahtnetzes, sowie durch Seifenblase.

Ist die Elektrizität auf einem Leiter nach dem Flächengesetz in verschiedener Dichte verteilt, so hat sie doch auf der ganzen Oberfläche denselben Zustandsgrad; denn ein Elektroskop gibt, mit beliebigen Punkten der Oberfläche leitend verbunden, stets denselben Ausschlag. Dieser

Zustandsgrad heißt das **Potenzial** der Elektrizität. **Die Elektrizität hat auf der ganzen Oberfläche des Leiters dasselbe Potenzial.** Als Einheit des Elektrizitätsgrades oder des Potenzials ist eingeführt das Volt. Man kann ein Elektroskop nach Volt eichen, so daß am Grad des Ausschlages direkt die Anzahl der Volt abgelesen werden können.

Die durch Reibung hervorgebrachte Elektrizität kann leicht einen sehr hohen Zustandsgrad erreichen; so kann die Hartgummiplatte des Elektrophors durch Peitschen mit dem Fuchsschwanz einen Elektrizitätsgrad von ca. 30 000 Volt erreichen. Die Höhe des Potenzials ist aber von der Natur der verwendeten Stoffe abhängig; sie erreicht bei bestimmter Stärke des Reibens ein Maximum und kann durch noch heftigeres Peitschen nicht weiter erhöht werden.

Ein Potenzial von ca. 1000 Volt liefert einen Funken von ca. 1 *mm* Länge, weshalb mittels des Elektrophors Funken von ca. 30 *mm* Länge erhalten werden können.

Das Potenzial wächst auf ein und demselben Leiter mit der Dichte. Gibt man dem Leiter eine doppelte Ladung, so zeigt er einen entsprechend größeren Ausschlag am Elektroskop: er hat doppeltes Potenzial.

Wenn man drei isolierte aber leitend verbundene Kugeln gemeinsam ladet, so haben sie dasselbe Potenzial; denn sowohl verbunden, als auch jede für sich, geben sie denselben Ausschlag am Elektroskop. Prüft man die Dichten, so verhalten sie sich umgekehrt wie die Radien, wie es dem Flächengesetz entspricht. Die zweimal größere Kugel hat also eine zweimal kleinere Dichte, aber eine viermal größere Oberfläche, demnach eine zweimal größere Ladung. **Bei gleichem Potenzial verhalten sich die auf zwei Kugeln befindlichen Mengen Elektrizität wie die Radien der Kugeln.**

Die Elektrizität ist der Menge nach unzerstörbar. Wenn man die auf einem Leiter befindliche Elektrizität auf beliebige andere Leiter verbreitet und schließlich wieder auf dem ersten Leiter ansammelt, so hat sie dieselben Eigenschaften wie zuerst, ist also unverändert geblieben. Daß die Elektrizität, wenn man sie auf einen ungemein großen Körper verbreitet, also etwa zur Erde ableitet, für unsere Wahrnehmung verschwunden ist, spricht nicht gegen ihre Unzerstörbarkeit.

Wegen der Unzerstörbarkeit kann man die Elektrizität wie eine Masse betrachten, welche sich von den gewöhnlichen Massen jedoch dadurch unterscheidet, daß sie, mit einer gleich großen Menge entgegengesetzter Elektrizität zusammengebracht, verschwindet. Wenn man eine Kugel von 1 *cm* Radius auf den Elektrizitätsgrad 1 Volt ladet, so ist die Menge der auf der

Kugel vorhandenen Elektrizität = $1/_{300}$ der Mengeneinheit. Eine Kugel von r *cm* Radius enthält also bei demselben Grade r . $1/_{300}$ Mengeneinheit. Dieselbe Kugel enthält dann bei n Volt eine Elektrizitätsmenge n · r · $1/_{300}$ Mengeneinheiten.

Man nennt eine Menge von 3000 Millionen Elektrizitätseinheiten 1 Coulomb. Sie ist von solcher Größe, daß wir für gewöhnlich keinen Leiter mit 1 Coulomb laden können; denn eine Kugel von 100 *cm* Durchmesser enthält bei 30 000 Volt nur 100 · 30 000 · $1/_{300}$ = 10 000 Mengeneinheiten, also nur $1/_{300\,000}$ Coulomb.

Bringt man gleiche Mengen Elektrizität auf Leiter von verschiedener Form und Größe, so zeigen sie am Elektroskop verschiedenen Ausschlag, also verschiedenen Zustandsgrad, verschiedenes Potenzial. Diese Leiter haben verschiedene **Kapazität**. Ein Leiter hat die zweifache Kapazität, wenn man auf ihn zweimal so viel Elektrizität bringen muß, damit er dasselbe Potenzial hat.

Die **Kapazität** wird gemessen durch die **Menge** Elektrizität, welche man einem Leiter geben muß, damit er ein bestimmtes Potenzial erreicht. Nimmt ein Leiter bei 1 Volt eine Elektrizitätsmenge von 1 Coulomb auf, so sagt man, er hat die Kapazität von 1 Farad. Da die Kapazität der gewöhnlichen Konduktoren eine viel geringere ist, so nennt man die Kapazität von ein Milliontel Coulomb ein Mikrofarad.

Soll Elektrizität auf einen Leiter gebracht werden, so daß er ein bestimmtes Potenzial erhält, so ist dazu eine gewisse Arbeit erforderlich, und umgekehrt: Fließt Elektrizität von einem Leiter zur Erde ab, so leistet sie dabei eine gewisse Arbeit. Das **Potenzial** einer Ladung kann gemessen werden durch die **Arbeit**, welche eine gewisse Menge Elektrizität, die auf einem Leiter von bestimmter Kapazität ist, beim Abfließen leistet. Geht hiebei die Menge von 1 Coulomb von Zustandsgrad 1 Volt auf die Spannung Null zurück, oder geht sie von der Spannung n Volt auf die Spannung n - 1 Volt zurück, so leistet sie die Arbeit von 1 Watt. Geht aber eine Menge von M Coulomb in der Spannung um V Volt zurück, so leistet sie die Arbeit von M · V Watt. Hiebei ist 1 Watt = $1/_{9,81}$ *kgm*.

Beispiel. Ein Konduktor von Kugelform und 10 *cm* Radius enthält bei 60 000 Volt 10 · 60 000 · 1300 = 2000 Mengeneinheiten = 23 000 000 Coulomb. Diese Elektrizität leistet beim Abfließen zur Erde 2 · 60 0003 000 000 = 4100 Watt = 0,004 *kgm* ca. Ebensoviel Arbeit ist erforderlich, um diese Menge Elektrizität auf der Kugel anzuhäufen.

96. Elektrisiermaschine.

Auf der Wirkung der Spitzen beruht auch die Elektrisiermaschine. Sie besteht aus dem Reibzeug, dem Aufsaugeapparat und dem Konduktor. Das

Reibzeug besteht 1. aus einer großen, dicken, gut polierten **Glasscheibe**, die durch eine Kurbel gedreht werden kann, 2. aus **zwei Reibkissen**, die mit Seide oder Leder überzogen und mit Amalgam bestrichen sind. Sie sind zu beiden Seiten der Glasscheibe angebracht und durch Federn angedrückt, so daß die Glasscheibe beim Drehen sich an ihnen reibt und + elektrisch wird, während die Kissen - elektrisch werden. Zum **Aufsaugeapparat** gehören zwei **Spitzenrechen**, die zu beiden Seiten der Glasscheibe so aufgestellt sind, daß die elektrisch gewordene Scheibe zwischen ihnen durchgeht. Die Spitzenrechen sind durch Messingarme mit dem Konduktor leitend verbunden. Der **Konduktor**, ein isolierter Leiter, ist gewöhnlich eine Messingkugel auf einem Glasfuß.

Die Glasscheibe wird positiv elektrisch, kommt so zwischen die Holzringe und influenziert die Spitzen -, den Konduktor +; die - E der Spitzen strömt aus, vereinigt sich mit der + E der Glasscheibe und neutralisiert sie; die + E des Konduktors wird dadurch frei. Durch fortgesetztes Drehen strömt immer mehr - E aus den Spitzen aus, es wird also immer mehr + E auf den Konduktor frei, sie bekommt eine immer größere Dichte und man sieht sie bald in Form langer Funken auf genäherte Leiter überspringen.

Als Erfinder der Elektrisiermaschine gilt Otto von Guericke. Seine Maschine bestand aus einer Schwefelkugel, die auf einer Achse befestigt war und so gedreht wurde; hielt man dabei die trockene Hand daran, so wurde sie elektrisch. Später wurde die Schwefelkugel durch Glaskugel und Glasscheibe, die Hand durch ein Reibzeug ersetzt und Konduktor und Spitzenrechen dazugefügt.

Man kann selbst durch fortgesetztes Drehen nicht beliebig viel Elektrizität auf dem Konduktor ansammeln, also die Dichte nicht beliebig hoch steigern; **sie wächst nur so lange, bis das Potenzial gleich dem der Scheibe geworden ist**.

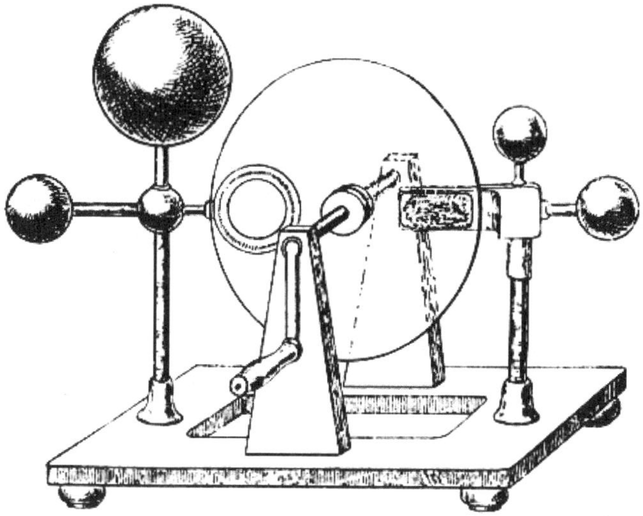

Fig. 124.

Da beim Reiben zweier Körper stets gleiche Mengen entgegengesetzter Elektrizität erzeugt werden, so kommt auch auf den Reibkissen - E zum Vorschein; man kann auch diese ansammeln, indem man die Reibkissen durch einen Glasfuß isoliert, und an ihnen einen Konduktor anbringt. Gewöhnlich leitet man die - E der Reibkissen durch ein Kettchen zur Erde (an die Gasleitung) ab.

97. Versuche mit der Elektrisiermaschine.

Wenn man dem geladenen Konduktor einen Leiter nähert, dessen anderes Ende abgeleitet, d. h. mit der Erde leitend verbunden ist, so sieht man einen **glänzenden Funken** vom Konduktor zum Leiter überspringen und hört einen **Knall**. Auf dem genäherten Teil des Leiters ist entgegengesetzte Elektrizität influenziert; diese und die Elektrizität des Konduktors ziehen sich an, und wenn ihre Spannung groß genug ist, verlassen sie ihre Leiter, durchbrechen die Luft, vereinigen sich und heben sich auf. **Die Lichterscheinung entsteht nicht etwa da, oder bloß da, wo die Elektrizitäten zusammentreffen, sondern auf dem ganzen Wege, den sie durchlaufen; der Ausgleichspunkt ist durch keinerlei besondere Wirkung ausgezeichnet**. Der Weg des Funkens ist vielfach gezackt, weil die Elektrizität die Luft nicht bloß durchbricht, sondern auch vor sich herschiebt, also verdichtet, und dann seitlich ausweicht. Der Funke teilt sich oft in zwei oder mehrere Zweige, die sich wieder vereinigen, oder es spalten sich von ihm Verästelungen ab, die sich nicht mehr mit ihm vereinigen.

Beim elektrischen Funken werden von den Körpern Stoffteilchen weggerissen, welche sich verflüchtigen oder verbrennen.

Der Funke springt nie auf einen genäherten Nichtleiter, weil dieser nicht influenziert ist, also auf ihm keine entgegengesetzte Elektrizität vorhanden ist. Wohl aber springt ein Funke durch einen Nichtleiter, wenn er dünn genug ist (Blatt Papier) und hinter ihm ein Leiter sich befindet, welcher influenziert ist. **Der Nichtleiter wird dabei durchbohrt.**

Springt ein Funke auf einen isolierten Leiter über, so gleicht er sich mit dessen Influenzelektrizität 1. Art aus. Es wird also auf dem Leiter so viel Elektrizität frei, als den Konduktor verlassen hat. Dadurch ist die Menge der vorhandenen Elektrizität nicht verringert, sondern nur anders verteilt worden. Das Potenzial ist kleiner geworden.

Steckt man auf den Konduktor einen Draht und läßt von dessen oberem Ende mehrere schmale Streifen leichten Papiers herunterhängen, so fliegen die Papierstreifen auseinander (wie die Stäbe eines ausgespannten Regenschirmes), weil sie elektrisch geworden sind, sich also gegenseitig abstoßen und auch vom Konduktor abgestoßen werden.

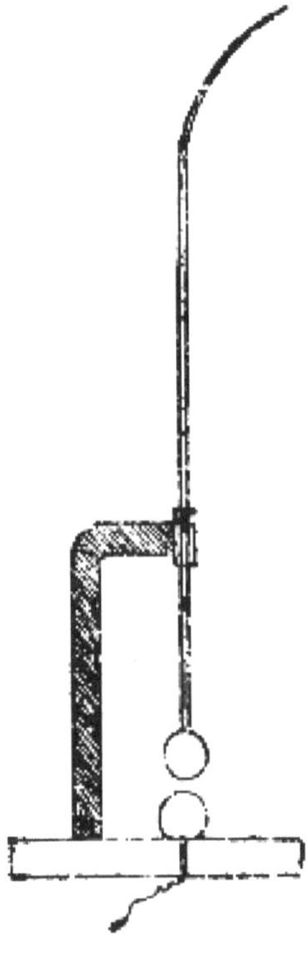

Fig. 125.

Befestigt man auf dem Konduktor eine Spitze, so strömt dort die Elektrizität aus und es ist nicht möglich, den Konduktor stark zu laden. Dieses Ausströmen ist mit einer **Lichterscheinung** verbunden; es zeigt sich ein von der Spitze ausgehendes **Büschel** von schwach leuchtenden **rötlichen und violetten** Strahlen, wenn + E ausströmt, Büschellicht, dagegen ein **kleiner heller Lichtpunkt**, wenn - E ausströmt, Glimmlicht. Das Ausströmen geschieht, wie früher erwähnt, dadurch, daß die nächstliegenden Luftteilchen, besonders Wasserdampf, von der Spitze elektrisch gemacht und dann abgestoßen werden; es entsteht also ein von der Spitze ausgehender Luftstrom, den man durch die Verdunstungskälte fühlt, wenn man den befeuchteten Finger davor hält. Die Spitze selbst erleidet einen Rückstoß, den man am elektrischen Flugrad wahrnehmen kann.

Der **Funkenzieher**, Figur 125, besteht aus einem langen Draht, welcher am oberen Ende zugespitzt, am unteren Ende mit einer Kugel versehen und durch einen Glasfuß isoliert ist. Unter der Kugel ist in kurzem Abstande eine zweite Kugel angebracht, die zur Erde abgeleitet ist. Nähert man diesen Apparat mit der Spitze dem Konduktor einer tätigen Elektrisiermaschine, so erkennt man die Wirkung der Spitze, indem von ihr negative Influenzelektrizität ausströmt und zum Konduktor übergeht; dadurch wird + E auf der Kugel frei und springt in Funken auf die benachbarte abgeleitete Kugel über.

Ähnlich wie eine Spitze wirkt eine Flamme, da sie die auf dem Leiter befindliche Elektrizität durch die Verbrennungsgase fortführt. Befestigt man ein Wachslicht auf dem Konduktor, so behält der Konduktor gar keine Elektrizität. Befestigt man das Wachslicht an der Spitze des Funkenziehers, so wirkt es wie die Spitze, sogar noch auf viel größere Entfernung. Ein in der Nähe der Elektrisiermaschine brennendes Gaslicht entzieht dem Konduktor alle Elektrizität, so daß jeder Versuch mißlingt, u. s. w.

98. Influenzmaschine.

Die Influenzmaschine (erfunden von Holz 1865), auch Elektrophormaschine genannt, hat kein Reibzeug, und hat ihren Namen davon, daß bei ihr, ähnlich wie beim Elektrophor, die Elektrizität durch Influenz hervorgebracht wird.

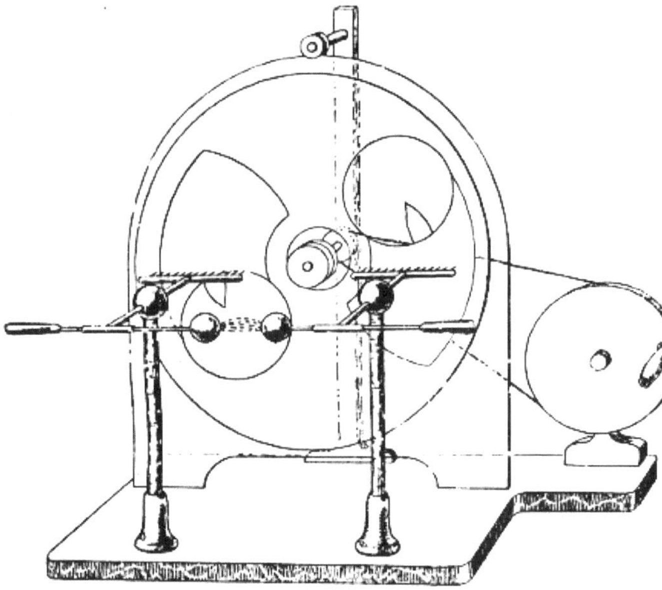

Fig. 126.

Zwei gut gefirnißte Glasscheiben sind parallel in geringem Abstand aufgestellt; die kleinere ist auf einer Achse befestigt und kann mittels Schnurlaufes gedreht werden; die andere steht fest, hat in der Mitte einen Ausschnitt, um die erwähnte Achse durchzulassen, und rechts und links noch je einen Ausschnitt, außerdem hat sie rechts unterhalb und links oberhalb des Ausschnittes auf ihrer Rückseite ein Stück Papier aufgeklebt. Von jedem Papierbelege geht auf den Ausschnitt zu ein Papierstreifen, biegt sich nach vorn durch den Ausschnitt und berührt wohl auch mit seiner Spitze die drehbare Scheibe. Diese wird so gedreht, daß ihre Teile immer zuerst zum Ausschnitte und dann zum Papierbelege kommen; es wird also „gedreht gegen die Papierspitzen".

Vor der drehbaren Scheibe sind zwei Saugkämme angebracht, so daß sie den Papierbelegen gegenüberstehen. Von den Saugkämmen führen zwei Messingarme zu Polhaltern; durch diese führen zwei verschiebbare Messingstangen, die gegeneinander gerichtet sind und dort zwei Kugeln, die Pole, tragen; an den anderen Enden sind Kautschukhandgriffe angebracht.

Wirkung der Maschine. Nachdem man dem einen Papierbeleg Elektrizität mitgeteilt hat, etwa durch Annähern einer geriebenen Kautschukplatte, dreht man in der angegebenen Weise gegen die Papierspitzen und entfernt die Pole etwas voneinander; man sieht zwischen ihnen eine erstaunliche Menge elektrischer Funken überspringen.

Auf welche Weise die Maschine so „erregt“ wird, werden wir nachher besprechen; jetzt betrachten wir den Vorgang, nachdem die Maschine erregt ist. Die beiden Belege haben Elektrizität, der rechts liegende etwa -, der linke +. Der rechts liegende influenziert durch die sich drehende Scheibe hindurch den Saugkamm, an den Spitzen +, am Pol -, die + E der Spitzen strömt aus und kommt auf die sich drehende Glasscheibe; diese ist also dort, wo sie sich von dem Saugkamme rechts entfernt (der Figur gemäß im untern Laufe vorn), + elektrisch. So kommt sie zum Papierbelege links, der + geladen ist, und auch zum Saugkamme. Sie selbst und der Papierbeleg influenzieren den Saugkamm, an den Spitzen -, am Pol +; es strömt die - E an den Spitzen aus auf die Scheibe, neutralisiert dort die + E und ladet sie noch mit - E; es ist also die Scheibe dort, wo sie den Saugkamm links verläßt (also im oberen Laufe), - elektrisch. So kommt sie wieder zwischen Papierbeleg und Saugkamm rechts, wodurch sich derselbe Vorgang wiederholt. Die Vorgänge sind wegen der Kontinuität der Drehung selbst kontinuierlich. Es tritt deshalb an den Polen beständig rechts - E, links + E auf, und diese gleichen sich im Funkenstrome aus.

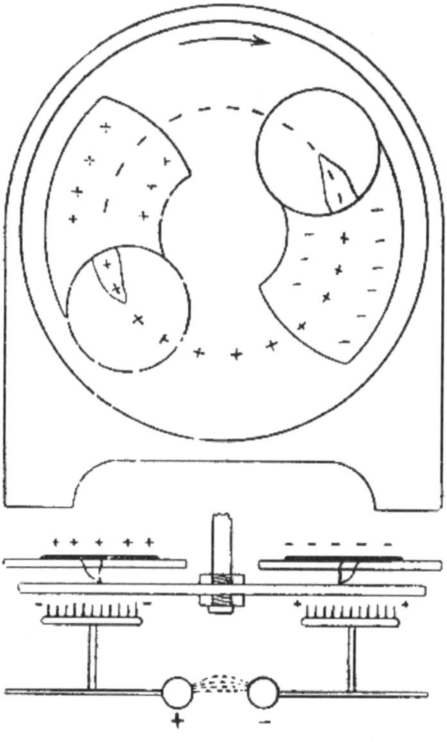

Fig. 127.

Die drehbare Scheibe ist in ihrem unteren Laufe + elektrisch und kommt so, bevor sie zwischen Saugkamm und Papierbeleg links kommt, an den Ausschnitt und die Papierspitze, die sie von hinten berührt. Die + E der Glasscheibe influenziert nun das Papier [Papier ist hiebei ein Leiter] und zwar an der Spitze - und auf dem Papierbelege +; so wird die + Ladung des Papierbeleges verstärkt. Die - E der Papierspitze strömt auf die Rückseite der sich drehenden Scheibe und bleibt dort, ist aber an Menge gering. Im oberen Laufe hat die drehbare Scheibe vorn - E und nun auch hinten - E (wenig). So kommt sie an den Ausschnitt rechts, influenziert den berührenden Papierstreifen an der Spitze +, und am Papierbeleg -; dadurch wird einerseits die - Ladung des Papierbeleges ergänzt und verstärkt, anderseits strömen aus dem Papierstreifen + E auf die Rückseite der drehenden Scheibe, neutralisiert die dort befindliche (geringe) - E und erteilt ihr noch etwas + E. So geht es fort.

Der Vorgang auf der Rückseite der Scheibe ist also sehr nahe verwandt mit dem auf der Vorderseite, tritt jedoch viel schwächer auf, und dient, die Verluste der Papierbelege an die Luft zu ersetzen. Er schwächt die Wirkung des Vorganges bei den Saugkämmen; deshalb ist in feuchter Luft, wenn die Verluste sehr groß sind, der Vorgang an den Saugkämmen schwach, also der Funkenstrom an den Polen gering.

Die Erregung: Man schließt die Pole, teilt dem einen Papierbeleg (etwa dem linken) + Elektrizität mit, und beginnt zu drehen, so wirkt sofort diese Elektrizität, ladet die Scheibe vorn -, den anderen Saugkamm +, und die Scheibe ladet, sobald sie eine halbe Drehung gemacht hat, den anderen Beleg, -; es beginnt die Verstärkung der Ladungen auf den Papierbelegen, und nach wenig Drehungen ist die Maschine erregt, so daß beim Öffnen der Pole der Funkenstrom sich zeigt.

Die Maschine liefert mehr Elektrizität als die Reibungselektrisiermaschinen. Bei der Reibungselektrisiermaschine wird keineswegs die ganze Arbeit, welche man beim Umdrehen aufwendet, in Elektrizität verwandelt, sondern nur ein verhältnismäßig kleiner Bruchteil, gewiß weniger als $^1/_{100}$; der größte Teil dieser Arbeit wird in Wärme verwandelt (Reibungswärme). Bei der Influenzmaschine braucht man, wenn sie nicht erregt ist, nur wenig Kraft, um die Reibung zu überwinden; ist sie erregt, so braucht man, wie man leicht fühlt, mehr Kraft; dieser Mehraufwand an Kraft wird vollständig in Elektrizität verwandelt; denn er dient dazu, um links die Abstoßung der auf der unteren Hälfte der drehenden Scheibe ankommenden + E und der + E des Beleges und dann die Anziehung der - E der oben fortgehenden Scheibe und der + E des Beleges zu überwinden (ähnlich rechts). Die Folge davon, daß diese anziehenden und abstoßenden Kräfte überwunden werden, ist eben das Freiwerden der

Elektrizität, und es tritt hiebei nur ein kleiner Verlust ein, um die Ladung der Belege zu ergänzen.

99. Elektrische Kondensation.

Ein isolierter Leiter, mit dem Konduktor der Elektrisiermaschine verbunden, kann wie der Konduktor selbst, nur bis zu einem gewissen Grade mit Elektrizität geladen werden. Man kann aber auf ihm noch größere Mengen Elektrizität ansammeln, also gleichsam die Elektrizität verdichten oder kondensieren auf folgende Weise: Der mit dem Konduktor verbundene Leiter sei eine Metallplatte (A), sie heißt Kollektorplatte; dieser parallel stellt man in mäßigem Abstande eine zweite Metallplatte (B) auf, sie heißt die Kondensatorplatte.

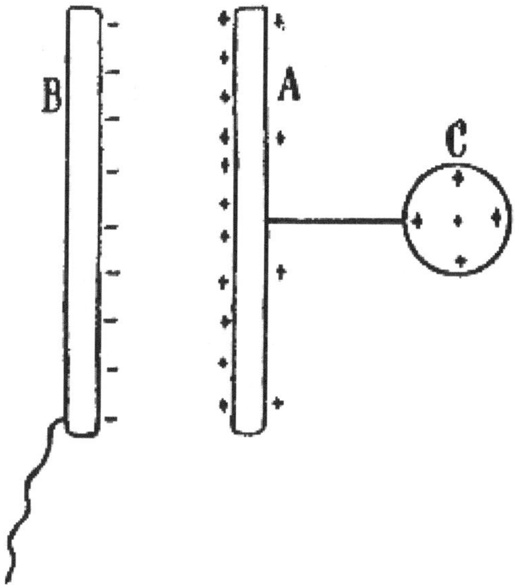

Fig. 128.

Ohne Anwesenheit der Kondensatorplatte kommt auf die Kollektorplatte eine gewisse Menge Elektrizität, die dem Potenzial auf dem Konduktor entspricht: ihre Menge sei ausgedrückt durch + 16, + 8 auf jeder Seite.

Wird der Kondensator genährt, so wird er influenziert, und zwar vorn, d. i. auf der zugewendeten Seite -, hinten, d. i. auf der abgewandten +; die letztere leiten wir zur Erde ab, weil sie die Wirkung der - E stören würde. **Die Elektrizität des Kondensators influenziert rückwärtswirkend den Kollektor**, und zwar vorn +, hinten -, beidesmal etwa 6; dadurch wird die + Elektrizität auf dem Kollektor vorn verstärkt, 8 + 6 = 14, hinten geschwächt 8 - 6 = 2. **Durch die Nähe der Kondensatorplatte wird zunächst nur**

eine andere Verteilung der auf dem Kollektor befindlichen Elektrizität erreicht, während ihre Gesamtmenge dieselbe geblieben ist, 8 + 8 = 14 + 2.

Stets wenn man einem elektrischen Leiter einen Leiter nähert, wird dessen Ladung anders verteilt; sie begibt sich mehr auf die Seite, welche dem genäherten Leiter zugewendet ist.

Bleibt nun die Rückseite des Kollektors mit dem Konduktor einer tätigen Elektrisiermaschine verbunden, so entspricht nun die auf der Rückseite befindliche Menge + 2 nicht mehr dem Potenzial der Elektrizität auf dem Konduktor, sondern ist viel zu klein; **es kann jetzt vom Konduktor neue Elektrizität auf den Kollektor herüberströmen**. Nehmen wir an, es fließen wieder + 16 E herüber, so verteilen sich diese aus denselben Gründen so, daß auf die Vorderseite 14 E, auf die Rückseite 2 E hinkommen; es sind nun auf der Rückseite des Kollektors + 4 E. Da deren Menge noch nicht dem Potenzial des Konduktors entspricht, so kann noch weitere Elektrizität vom Konduktor zum Kollektor gehen; **jede neu herüberkommende Menge wird wieder ebenso verteilt wie die schon vorhandene**. Es strömen noch so oft 16 E herüber, bis auf der Rückseite des Kollektors wieder + 8 ist, wie es dem Potenzial des Konduktors entspricht. Da nun, so oft auf der Rückseite des Kollektors + 2 E ist, auf der Vorderseite + 14 E ist, auf der Rückseite aber + 8 E sein können, so können auf der Vorderseite 4 · 14 E sein; **deshalb kann sich auf dem Kollektor mehr Elektrizität ansammeln** (4 mal mehr) **als ohne Anwesenheit des Kondensators**. Auf dem Kondensator ist natürlich eine entsprechende Menge - Elektrizität, also 4 · 13 E.

Die Zahl 4 heißt die Verstärkungszahl, sie gibt an, wie viel mal die Menge der Elektrizität auf dem Kollektor größer wird durch die Anwesenheit des Kondensators. Sie wächst, wenn der Abstand der Platten kleiner wird; denn dadurch wird die Wirkung der Influenz und Rückwärtsinfluenz größer.

Es ist jedoch nicht nur der Abstand des influenzierenden Körpers, sondern — aus einem uns noch ganz unbekannten Grunde — in hohem Grade die Natur des umgebenden dielektrischen Stoffes maßgebend (Faraday). Ist statt Luft ein anderes Dielektrikum vorhanden, so wird die Verstärkungszahl und damit die Menge der angesammelten Elektrizität größer: bei Schwefel 3,84, Ebonit 3,15, Glas 3,01-3,24, Vakuum 0,999, Wasserstoff 0,995, Kohlensäure 1,0003 mal so groß wie bei Luft.

Bringt man die Platten einander einigermaßen nahe, so wächst infolge der Elektrizitätsansammlung die Spannung bald so stark, daß beide Elektrizitäten in Form eines Funkens sich ausgleichen und die beabsichtigte Ansammlung vereiteln. **Um den Ausgleich zu verhindern, bringt man zwischen beide Platten einen starren Nichtleiter**, also etwa eine

Ebonitplatte oder eine Glasplatte. Sodann kann man die beiden Platten einander sehr stark nähern, also auch sehr viel Elektrizität auf ihnen ansammeln, ohne daß sie das Glas zu durchbrechen im stande wäre.

100. Die Franklin'sche Tafel.

Die Franklin'sche Tafel ist eine Glasplatte, die auf beiden Seiten mit Stanniol beklebt ist bis einige *cm* vom Rande entfernt. Setzt man die eine Stanniolplatte mit dem Konduktor einer Elektrisiermaschine in leitende Verbindung, so ist sie die Kollektorplatte; die andere Stanniolplatte ist die Kondensatorplatte und wird mit der Erde in leitende Verbindung gesetzt, damit die + Influenzelektrizität 2. Art abfließen kann (tut man das nicht, so kann man sie in Funkenform auf einen genäherten Leiter überspringen sehen). **Es sammelt sich auf dem Kollektor viel positive, auf dem Kondensator viel negative Elektrizität, und die Tafel ist geladen.** Verbindet man durch einen Leiter beide Platten, so springt ein Funke über, an dessen starkem Glanze und lautem Knalle man erkennt, daß eine große Menge Elektrizität ihn verursacht hat.

101. Die Leydener Flasche.

Die Leydener Flasche oder Kleist'sche Flasche besteht aus einem Becherglas, das innen und außen bis einige *cm* vom Rande mit Stanniol beklebt ist; sie ist bedeckt mit einem Holzdeckel, durch welchen ein Metallstift gesteckt ist; dieser trägt oben eine Messingkugel, unten ein Messingkettchen, das bis auf den Boden reicht.

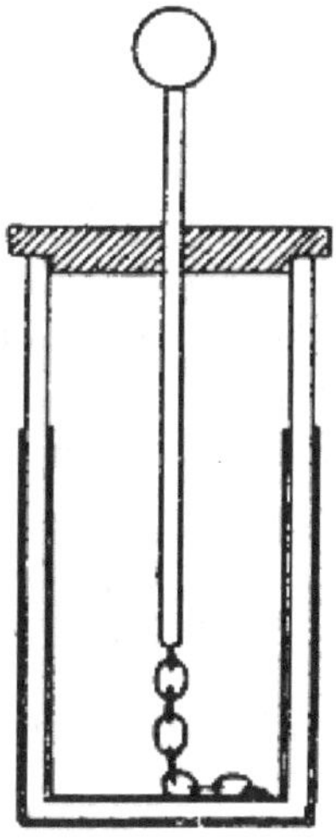

Fig. 129.

Sie wird geladen, indem man die Kugel und somit den inneren Stanniolbeleg mit dem Konduktor einer Elektrisiermaschine verbindet; dann ist der innere Beleg die Kollektorplatte, der äußere die Kondensatorplatte und meist hinreichend abgeleitet dadurch, daß man ihn auf den Tisch stellt. Sie wird entladen, indem man den äußeren Beleg mit der Kugel verbindet (Auslader).

Eine kleine Leydener Flasche faßt 30 mal, eine große 5-600 mal so viel Elektrizität wie eine Kugel von 10 *cm* Radius.

Ist die Leydener Flasche geladen, so sind die auf den Belegen vorhandenen Elektrizitäten **gebunden, sie ziehen sich gegenseitig an**, so daß nicht eine ohne die andere fortfließen kann. Dies erkennt man an der - E des äußeren Beleges unmittelbar, ersieht es aber auch am innern Belege, wenn man die geladene Flasche auf einen Isolierschemel (Schemel mit Glasfuß) stellt; berührt man nun den Knopf ableitend, so fließt nur wenig Elektrizität ab (schwacher Funke). Denn die - E des äußeren Beleges ist, da sie Influenzelektrizit ist, an sich schon an Menge geringer als die influenzierende + E des inneren Beleges, kann also nur eine Menge influenzierend anziehen, die kleiner ist als sie selbst; es läuft also so viel von der + E des inneren Beleges fort, daß der zurückbleibende Rest gerade noch durch die anziehende Kraft der - E gehalten oder gebunden werden kann. Nun hat der äußere Beleg Überschuß, den man ableiten kann, dann wieder der innere; man kann so eine Leydener Flasche auch ruckweise entladen. Ist die Leydener Flasche isoliert aufgestellt, so kann man sie auch durch den äußeren Beleg laden.

Wenn man eine Leydener Flasche so konstruiert, daß man den inneren Beleg herausnehmen kann, so zeigt sich der Beleg sehr wenig elektrisch. Die größte Menge Elektrizität ist auf der inneren Glasfläche sitzen geblieben, da sie von der äußeren - E angezogen wird und sich vom Beleg leicht trennt. Kann man auch den äußeren Beleg abheben, so zeigt sich auch dieser sehr wenig elektrisch; fast alle Elektrizität sitzt auf dem Glase. Entladet man die abgehobenen Belege und fügt sie wieder an das Glas, so zeigt sich die Flasche wieder geladen, wenn auch etwas schwächer als zuerst.

Elektrischer Rückstand. Eine Leydener Flasche zeigt sich kurze Zeit nach der Entladung wieder geladen, jedoch schwach; sie gibt einen kleinen Funken und dann noch mehrere, immer schwächer werdende.

102. Elektrische Batterie.

Um noch größere Mengen Elektrizität anzusammeln, nimmt man mehrere Leydener Flaschen, verbindet die inneren Belege, indem man die Knöpfe verbindet, und die äußeren Belege, indem man sie auf eine gemeinschaftliche Stanniolunterlage stellt: **elektrische Batterie**.

Größere und kleinere Flaschen unterscheiden sich nicht bloß dadurch, daß in den größeren mehr Elektrizität angesammelt werden kann, sondern auch durch die Spannung der Ladung. Ist das Glas gleich dick, so ist die Verstärkungszahl dieselbe; aber auf den kleineren Beleg setzt sich schon ohne Kondensation eine dichtere Elektrizität, entsprechend dem Flächengesetz, da eine kleinere Fläche wirkt wie eine Fläche von stärkerer Krümmung. Da also auf dem kleineren Belege die Dichte größer ist, in beiden Flaschen aber gleich vielmal vergrößert wird, **so ist die Dichte und somit die Spannung der Elektrizität in der kleinen Flasche stärker als in der größeren Flasche**. Der Entladungsfunke der kleineren Flasche ist demnach länger, bis mehrere *cm* lang, jedoch entsprechend der nicht beträchtlichen Gesamtmenge der Elektrizität nicht besonders glänzend; bei größeren Flaschen ist der Entladungsfunke wegen der geringen Spannung nur kurz, oft bloß 1 *cm*, dagegen wegen der bedeutenden Menge der Elektrizität sehr kraftvoll, stark knallend und stark glänzend, so daß er dem Auge als dick erscheint.

103. Wirkungen der elektrischen Entladung.

Läßt man mehrere kräftige Funken durch die Luft gehen, so entsteht ein eigentümlicher **stechender Geruch**; dieser rührt wohl von dem Ozon her, das sich dabei aus dem Sauerstoff der Luft bildet.

Läßt man starke Funken durch dünne Drähte gehen, so werden die Drähte warm, oft glühend, sogar geschmolzen; dünner Eisendraht zerstiebt bei kräftiger Entladung in ungemein viele Teilchen, die durch die Luft sprühen und mit hellem Glanze verbrennen. Man nimmt hiezu Batterien von großen Flaschen, welche große Mengen Elektrizität ansammeln. Ein Leiter wird durch den Durchgang der Elektrizität meist nicht beschädigt, nur **um so stärker erwärmt, je dünner er ist**. Wenn der Leiter nur geringen Widerstand bietet, so ist die Entladung eine plötzliche, fast momentane, und es tritt dann neben der Wärmewirkung wohl auch eine mechanische Wirkung ein: der Draht wird geknickt, zerrissen, oder zerstiebt sogar. Schaltet man aber in den Weg der Elektrizität einen schlechten Leiter ein, z. B. ein Stückchen feuchte Schnur, so daß die Elektrizität sich etwas langsamer ausgleicht, so erfolgt nur Wärmewirkung. (Entzündung von Minen.)

Läßt man den elektrischen Funken durch den menschlichen Körper gehen, so fühlt man einen durch die Glieder **zuckenden Schlag**, der die Muskeln zusammenzieht. Dieser Schlag wird schon schmerzhaft, wenn man die Flasche auch nur schwach geladen hat (3-4 maliges Umdrehen der Maschine). Stärkere Entladungen können für den menschlichen Körper gefährlich werden; sie führen Lähmung einzelner Gliedmaßen oder größerer Körperteile, Taubheit, Lähmung der Sprache, ja sogar den Tod herbei. Läßt man einen elektrischen Funken durch das geschlossene Auge eindringen (natürlich wählt man einen sehr schwachen), so empfindet man eine Lichterscheinung.

Durchgang durch einen Nichtleiter. Wenn der Stoff die Elektrizität nicht leitet, so wird er durchbohrt, durchbrochen oder zertrümmert; starkes Papier, Glas. Die Löcher im Papiere haben dabei auf beiden Seiten aufgeworfene Ränder, wie wenn im Innern des Papieres eine Explosion stattgefunden und die Papiermasse beiderseits herausgeworfen hätte. Im Glase ist das Loch oft so fein, daß es nur mit dem Vergrößerungsglase gesehen werden kann. Pulver und Schießbaumwolle werden entzündet, ein lose hingelegtes Häufchen Pulver aber meist nur zerstreut. Holz wird durchbohrt, oft zersplittert, wohl auch entzündet.

104. Atmosphärische Elektrizität.

Die Luft in höheren Schichten (meistens von 300-400 *m* über dem Boden an) ist stets elektrisch: **atmosphärische Elektrizität**. Ihre Spannung ist meist sehr gering, so daß es besonders empfindlicher und eigens eingerichteter Elektroskope bedarf, um sie nachzuweisen. Man leitet vom Knopfe des Elektroskopes einen Draht isoliert zu einer Stange, läßt ihn in einer feinen Spitze oder kleinen Flamme endigen und hebt nun mittelst der Stange diese Spitze rasch nach aufwärts; sie wird nun von der atmosphärischen Elektrizität, da sie ihr etwas näher gekommen ist, etwas stärker influenziert, die Influenzelektrizität erster Art strömt aus der Spitze aus; die Influenzelektrizität zweiter Art wird im Elektroskop frei.

Die atmosphärische Elektrizität ist meist positiv, jedoch vielen Schwankungen (auch ziemlich regelmäßigen, täglichen und jährlichen) unterworfen. Ihre Entstehung ist unbekannt.

105. Elektrizität der Gewitter.

Die Gewitterwolke ist mit großen Massen Elektrizität von hoher Spannung geladen. **Franklin** ließ (1752) beim Herannahen eines Gewitters einen Papierdrachen steigen, an welchem eine nach aufwärts gerichtete Spitze angebracht war; das Ende der Schnur bestand aus Seide. Er bemerkte, wie die Fasern der Hanfschnur sich sträubten (weil sie elektrisch geworden waren) und sah, als die Schnur durch den Regen naß geworden war, Funken aus einem an der Hanfschnur hängenden Schlüssel herausspringen. Drache, Spitze und Hanfschnur stellen einen isolierten Leiter vor, aus der Spitze strömt die Influenzelektrizität erster Art aus, und in der Schnur wird deshalb die Influenzelektrizität zweiter Art frei. Seit Franklin wurde dieser (sehr gefährliche) Versuch öfters und stets mit demselben Erfolge wiederholt. Art und Stärke der Elektrizität prüft man ungefährlich mit dem Elektroskop. Man findet die Elektrizität meist positiv, sie wächst an Stärke, bis es blitzt, nimmt dann sprungweise ab, wird wohl auch negativ und wächst dann wieder. Über die Art der Entstehung und Ansammlung der Elektrizität in der Gewitterwolke weiß man nichts Sicheres.

106. Der Blitz.

Der Blitz ist der Entladungsfunke der in der Gewitterwolke vorhandenen Elektrizität. Man unterscheidet dreierlei Arten von Blitzen, die Strahlen-, Flächen- und Kugelblitze. Die **Strahlenblitze** verlaufen entweder bloß in den Gewitterwolken, oder gehen auch zur Erde. Sie haben eine gezackte Form, entstehen oft aus mehreren Teilen, spalten sich auch wieder, beschreiben, wenn sie zur Erde gehen, einen der Hauptrichtung nach geraden und in der Wolke einen vielfach gebrochenen Weg, der aber nicht wieder rückwärts führt.

Durch den in der Wolke verlaufenden Blitz verteilt sich die in einem Teile der Wolkenmasse entstehende und zu großer Spannung angewachsene Elektrizität auf die anderen Teile (Ballen) der ganzen Wolkenmasse. Durch den zur Erde gehenden Blitz gelangt sie zu der auf der Erde influenzierten Elektrizität und gleicht sich mit ihr aus, während die Influenzelektrizität zweiter Art, die auf der entgegengesetzten Seite der Erde (bei den Antipoden) entsteht, schon wegen ihrer Verteilung auf eine sehr große Fläche als nicht mehr vorhanden angesehen werden darf.

Die Blitze in der Wolke haben oft eine Länge von mehreren Kilometern; der einschlagende Blitz hat nur eine Länge von einigen hundert Metern (Abstand der Wolke vom Boden). Gleichwohl hat der in der Wolke verlaufende Blitz keine höhere Spannung der Elektrizität; er fährt von Ballen zu Ballen, durchdringt die Wolkenmassen, welche durch die Wasserteile einen, wenn auch schlechten Leiter bilden, setzt sich also aus mehreren Teilen zusammen, und durchläuft so mittels derselben Spannung einen viel längeren Weg, als wenn er durch die Luft zur Erde geht.

Flächenblitze verlaufen nur in den Wolken; man sieht einen Teil, eine Fläche der Wolken, plötzlich in hellem, grell-weißem Lichte aufleuchten, jedoch keinen Strahl. Näheres über ihre Entstehung und ihren Verlauf ist nicht bekannt, doch ist ihre Anzahl verhältnismäßig groß, oft größer als die der Strahlenblitze.

Kugelblitze sind sehr selten. Es sind Strahlenblitze, die zur Erde gehen; wenn sie aber in die Nähe der Erde oder eines hohen Gegenstandes gekommen sind, gehen sie langsam, so daß man ihren Weg mit dem Auge verfolgen kann, erscheinen dann als eine glänzende Lichtkugel (Feuerkugel), laufen als solche sogar noch durch den Blitzableiter, einen Baum und ähnliches und verschwinden dann in der Erde. Das Wetterleuchten rührt von fernen Blitzen her und kann bis zu 400 bis 500 *km* Entfernung wahrgenommen werden, oft als Wiederschein an sehr hohen Wolken.

Ziemlich selten ist auch das **St. Elmsfeuer**. Steht das Gewitter gerade über uns, so beobachtet man manchmal Lichtbüschel, flackernde, zuckende, auch ziemlich ruhige Lichtstrahlen von gelblichem und rötlichem Lichte, die an hervorragenden spitzigen Gegenständen, Blitzableiterspitzen, Helm-, Lanzen-, Masten- und Kirchturmspitzen, den emporgehaltenen Fingern, den Spitzen von Bäumen und Sträuchern zum Vorschein kommen. Es ist dies das elektrische Büschellicht (oder Glimmlicht), das dadurch entsteht, daß die Influenzelektrizität erster Art der Erde bei den Spitzen von Leitern ausströmt, durch die Luft zur Wolke geht und dort die entgegengesetzte Elektrizität neutralisiert. Es bewirkt so anstatt der raschen Entladung durch den Blitz eine langsame und ungefährliche Entladung durch Ausströmen.

107. Weg des Blitzes.

Der zur Erde gehende Blitz sucht ins Grundwasser zu kommen; hat er dies erreicht, so gleicht er sich mit der influenzierten Elektrizität aus und ist verschwunden. Beim Einschlagen bevorzugt er besonders folgende Gegenstände. 1. Größere Wassermassen, wie einen Fluß, Teich, See; da die Wassermasse ein guter Leiter ist, so wird sie besser influenziert als das benachbarte (trockene) Erdreich, und zieht deshalb die Elektrizität der Wolke an. Die Ufer größerer Wasserflächen sind fast frei von Blitzgefahr. 2. Größere Metallmassen, wie Metalldächer, eiserne Brücken, größere Lager von Eisenbahnschienen etc. aus demselben Grunde. Doch ist es wohl eine törichte Furcht, zu glauben, kleine Metallgegenstände, wie das Geld in der Tasche, ein Gewehr, ein Regenschirm mit Metallgestell, der Reif am Wagenrad etc. ziehe den Blitz an. 3. Gegenstände, welche hoch über ihre Umgebung hervorragen; als solche sind besonders anzuführen: Kirchtürme, Schornsteine (die durch den Ruß dem Blitze einen bequemen Weg bieten), die Masten der Schiffe, einzeln stehende Bäume und Häuser, die Auffangstangen der Blitzableiter, ja schon ein Mensch auf freiem Felde. Solche hervorragende Gegenstände bevorzugt der Blitz, insofern durch sie der Weg zum Grundwasser abgekürzt wird; anstatt nämlich diesen Weg ganz durch die Luft zu machen, wählt er im unteren Teile seines Laufes den hohen Gegenstand, weil und soferne ihm dieser weniger Widerstand bietet als die Luft. Ein guter Leiter wird hierbei noch besonders vom Blitze bevorzugt; denn in manchen Fällen, in denen die Spannung der Gewitterelektrizität nicht stark genug ist, um die ganze Strecke durch die Luft bis zum Boden zu durchbrechen, genügt die Spannung, um die kürzere Strecke durch die Luft bis zur Spitze des hohen Gegenstandes zu durchbrechen. Das Aufstellen eines Blitzableiters erhöht also die Blitzgefahr etwas, und in diesem Sinne ist es richtig, wenn man sagt, der Blitzableiter zieht den Blitz an. 4. Eine wesentliche Rolle spielt der Untergrund; eine trockene, undurchlässige Schichte (Lehm, kompakter Felsen) schützt gegen Blitzschlag, da der Blitz, um zum Grundwasser zu gelangen, die schlecht leitende Erd- oder Felsschichte durchbrechen müßte; ist der Untergrund aber feucht und durchlässig, so stellt er eine leitende Verbindung mit dem Grundwasser her, und wird deshalb vom Blitz bevorzugt.

108. Blitzableiter.

Der Blitzableiter beseitigt die Gefahren des einschlagenden Blitzes, indem er den einschlagenden Blitz auffängt (Auffangstangen) und dann zur Erde ableitet (Ableitung). Die **Auffangstangen** sind (2-3 *m*) hohe, dicke, eiserne Stangen, die auf den höchsten Teilen des Hauses aufrecht befestigt werden. Da sie weit über die anderen Teile des Hauses hervorragen, so trifft der Blitz in sie und nicht in das Haus. Die auffangende Wirkung der Stange erstreckt sich aber nur über einen Kreis, dessen Radius 2 mal so groß ist wie die Höhe der Stange. Ist ein Gebäude groß, so bringt man mehrere Auffangstangen an, so daß die Auffangkreise die ganze Dachfläche bedecken. Bei einem Turme läßt man von der Auffangstange mehrere (4) Ableitungsstangen herabgehen und verbindet sie in mäßigen Abständen durch Metallringe, die um den Turm laufen, so daß der Turm gleichsam in ein Metallnetz eingehüllt ist (Straßburger Münster).

Die Auffangstangen werden oben spitzig gemacht und zum Schutze gegen das Verrosten vergoldet oder mit Platinspitze versehen. Man hat den Zweck der Spitzen darin gesucht, daß durch sie viel Influenz-Elektrizität gegen die Wolke ausströme und dadurch deren Elektrizität schwäche, und in der Tat zeigen sich große Städte fast frei von Blitzgefahr; doch einerseits ist man nur selten imstande, ein solches Ausströmen durch ein Büschel- oder Glimmlicht wahrzunehmen, und andererseits mögen die viel zahlreicheren Schornsteine durch die Verbrennungsgase Elektrizität ausströmen lassen und so die Schwächung der Gewitterelektrizität herbeiführen. [8] Trifft ein Blitz in die Spitze, so kann wohl während des Herunterfahrens eine erhebliche Masse Elektrizität durch die Spitze dem Blitze entgegenströmen, dadurch seine Gewalt verringern und auf eine größere Zeit verteilen, und darin liegt wohl ein Nutzen der Spitze.

[8] „Die die Blitzgefahr verhütende Wirkung der Spitzen ist den großartigen Vorgängen in der Atmosphäre gegenüber so gering, daß sie fast vollständig verschwindet“ (Académie française). „Die Wirkung der Spitzen erscheint in hohem Grade zweifelhaft“ (Akademie in Berlin).

Die **Ableitung** soll den durch die Auffangstange aufgenommenen Blitz zur Erde, oder die Influenzelektrizität der Erde ungefährlich zur Spitze leiten. Die Ableitungsstangen führen deshalb von den Auffangstangen ohne Unterbrechung bis tief in die Erde. Eiserne Ableitungsstangen müssen sehr dick sein, zusammenstoßende Enden müssen gut aneinander geschweißt sein; kupferne dürfen, da Kupfer ca. 6 mal so gut leitet wie Eisen, viel dünner sein, und sind, da Kupfer nicht von Rost zerfressen wird, dauerhafter als Eisen. Die Ableitungsstangen werden auf kürzestem Wege zur Erde geführt, wobei scharfe Ecken vermieden werden; in die Erde werden sie so tief geführt, bis das Erdreich beständig feucht ist; dort läßt man sie in Kupferstreifen oder -Platten endigen, die man mit Kohle umgibt, um mit dem Grundwasser eine möglichst innige, großflächige, widerstandslose Verbindung herzustellen. Von jeder Auffangstange soll wenigstens eine Ableitung zur Erde gehen, außerdem werden alle Auffangstangen unter sich verbunden, da dann der Blitz sich auf alle Ableitungen verteilt. Große Metallmassen am Hause, wie Metalldächer, Dachrinnen, eiserne Gitter u. s. w. werden in die Ableitung eingeschaltet, indem man sie am oberen und unteren Ende mit der nächsten Stelle der Ableitung verbindet; der Blitz durchläuft dann auch diese Metallmassen, aber ungefährlich, da er aus dem unteren Ende wieder in die Leitung übergeht.

Ein guter Blitzableiter schützt das Gebäude vor den Gefahren des Blitzschlages; wenn auch die Wahrscheinlichkeit des Blitzschlages durch den Blitzableiter etwas erhöht wird. Sehr gefährlich ist eine schlechte Ableitung, da leicht der Blitz von ihr abspringt und dann in das Haus fährt, oder einen Zweig in das Haus sendet. Dies tritt ein: wenn die Leitungsdrähte zu dünn sind, oder zwei Drahtenden schlecht geschweißt oder gelötet sind, oder wenn scharfe Ecken in der Leitung sind, denn sie wird an solchen Stellen zerrissen; oder wenn die Ableitung nahe an Metallmassen vorübergeht, die nicht in die Leitung eingeschaltet sind, denn es springt dann wohl ein Teil des Blitzes auf die Metallmasse und durch sie ins Haus; oder wenn die Ableitung nicht ganz ins feuchte Erdreich führt, denn der Blitz sucht sich dann auch einen vielleicht bequemeren Weg durch das Haus.

109. Wirkungen des Blitzes.

Wenn der Blitz in einen Gegenstand schlägt, so bringt er vielfach zerstörende Wirkungen hervor; nur im Wasser verschwindet er schadlos. Nichtleiter werden durchbohrt: Holz wird zersplittert, ein Baum zerspalten, die Rinde abgeschält, die Äste werden abgeschlagen und oft weit herumgeschleudert; Mauern werden zersprengt oder gespalten, Steine losgerissen, Mauerstücke verschoben oder umgeworfen. Durch Metallteile läuft er oft, ohne sie zu beschädigen; sogar ganz dünne Drähte, Klingelzüge, ja sogar die dünnen Metallüberzüge vergoldeter Leisten werden oft vom Blitze durchlaufen, ohne daß er eine Spur hinterläßt. Doch werden Metalle oft auch glühend gemacht, abgeschmolzen oder zersprengt. Durch Glas geht er selten, weil er an den Fenstern meist Metallteile findet; doch werden die Fensterscheiben oft durch den Luftdruck zersprengt. Häuser, Scheunen, Strohhaufen u. s. w. werden manchmal entzündet, doch sind die zündenden Blitze viel seltener als die nicht zündenden. Der Weg, den der Blitz in einem

Gebäude nimmt, erscheint oft sehr unregelmäßig; doch scheint er dabei dem Gesetze zu folgen: **der Blitz nimmt stets den Weg, auf welchem die Summe aller von ihm zu überwindenden Widerstände am kleinsten ist**; er macht demgemäß oft scheinbar einen Umweg, wenn er dabei gute Leiter trifft, die nur durch geringere Lücken getrennt sind; bei einer Telegraphenleitung läuft er meist nicht an der Stange herunter, sondern durchläuft eine wohl meilenlange Leitung, weil ihn diese mit geringerem Widerstande in den Boden führt. In trockenem Sand (Lüneburger Heide, Sahara) bilden sich sogenannte Blitzröhren; die Sandkörner werden geschmolzen und bilden dann eine Röhre, die innen ziemlich glatt ist, aber außen durch angeschmolzene Sandkörner rauh erscheint; manchmal gabelt sich eine solche Blitzröhre.[9]

[9] Die Blitzgefahr hat sich in Deutschland in den letzten 25-30 Jahren verdreifacht (Bezold); der jährliche Blitzschaden an Gebäuden beträgt jetzt 6-8 Millionen Mark.

Sehr gefährlich wird der Blitz, wenn er durch den menschlichen (oder tierischen) Körper geht. Sehr oft ist plötzlicher Tod die Folge; oft aber betäubt er den Menschen nur vorübergehend oder durchfährt ihn unter Verursachung eines heftigen zuckenden Schmerzes. Vielfach führt er bleibende oder nur schwer heilbare Schädigung der Gesundheit herbei, wie Lähmung einzelner Gliedmaßen oder der Sprache, Taubheit, Geistesstörung, Zerrüttung des Nervensystems etc. Manche Leute mögen auch schon durch den großen Schrecken, den diese überwältigende Naturerscheinung hervorbringt, Schaden leiden. Ein- und Austrittsstelle des Blitzes sind meist nur durch kleine Brandwunden, versengte Haare oder Kleidungsstücke bezeichnet, oft gar nicht mehr erkennbar. Gröbere Zerreißung der Gewebe im Innern des Menschen kommt nicht vor.

Siebenter Abschnitt.
Galvanische Elektrizität.

110. Erregung der galvanischen Elektrizität.

Wenn man Zink in verdünnte Schwefelsäure bringt, so bildet sich Zinksulfat und freier Wasserstoff.

$$SO_4H_2 + Zn = SO_4Zn + H_2.$$

Fig. 130.

Hiebei wird das aus der Flüssigkeit herausragende Zinkende negativ elektrisch, und die Flüssigkeit positiv elektrisch. Zink ist imstande, in Berührung mit Schwefelsäure Elektrizität zu erregen; **es wirkt elektromotorisch, es hat eine elektromotorische Kraft**.

Ebenso wirkt Zink in Salz- oder Salpetersäure elektromotorisch. Ebenso wie Zink wirken auch andere Metalle und man findet allgemein: **Wenn ein Metall mit einer Flüssigkeit in Berührung kommt, auf die es chemisch einwirkt, so tritt infolge der chemischen Einwirkung auch eine elektrische Wirkung auf derart, daß das Metall negativ, die Flüssigkeit positiv elektrisch wird.**

Wirkt das Metall nicht auf die Flüssigkeit wie Platin auf Wasser oder Schwefelsäure, so tritt auch keine elektrische Wirkung ein.

Diese Elektrizitäten unterscheidet man von der Reibungselektrizität durch die Bezeichnung: galvanische Elektrizität nach ihrem Entdecker Galvani, einem italienischen Arzte 1789. Sie ist aber nur nach ihrer Entstehungsart und Entstehungsursache von der Reibungselektrizität verschieden, in ihrem Wesen, ihren Wirkungen und Gesetzen aber mit ihr identisch.

Die Ursache der Elektrizitätserzeugung liegt in folgendem: wenn sich Zink in Schwefelsäure auflöst, so entsteht dabei auch eine gewisse Menge

Wärme, ähnlich einer Verbrennungswärme. Es entsteht aber hiebei nicht so viel Verbrennungswärme, als entstehen sollte, sondern anstatt eines Teiles derselben tritt Elektrizitätserregung auf.

111. Stärke der elektromotorischen Kraft.

Je stärker ein Metall auf eine Flüssigkeit einwirkt, je größer die Wärmemenge ist, welche bei der Zersetzung zum Vorschein kommen sollte, **desto größer ist das Potenzial der frei werdenden Elektrizitäten**, desto größer ist die elektrische Potenzialdifferenz zwischen Metall und Flüssigkeit.

Jedes Molekül Zn, das sich mit SO_4 verbindet und H_2 ausscheidet, bringt eine gewisse Menge $\pm$ E von bestimmtem Potenzial hervor. Diese sammeln sich auf dem Zink und der Flüssigkeit, bis auch diese dieselbe Potenzialdifferenz haben. Dann hört der chemische Prozeß auf, da die durch ihn hervorgebrachten elektrischen Mengen nicht mehr imstande sind, die schon vorhandene Elektrizität zu verdichten. **Die elektrische Potenzialdifferenz wächst nur bis zu einer gewissen Grenze.**

Wenn man chemisch reines Zink oder sehr gut amalgamiertes Zink (Zink, das man mit einer anhaftenden Schichte Quecksilber überzogen hat), in die Schwefelsäure taucht, so bemerkt man, daß sich wohl einige Bläschen H_2 bilden, daß damit aber der chemische Prozeß ebenso wie der elektrische aufhört. Bei gewöhnlichem Zink ladet sich auch Zink und Flüssigkeit mit Elektrizität von ebenso großer Potenzialdifferenz, aber der chemische Prozeß dauert fort; es entsteht aber dann keine Elektrizität mehr, sondern die Verbrennungswärme wird als solche frei.

Die elektromotorische Kraft zweier Substanzen, z. B. Zink und Schwefelsäure **wird gemessen durch die Potenzialdifferenz der getrennten Elektrizitäten.** Prüft man nun verschiedene Metalle und verschiedene erregende Flüssigkeiten, so zeigt sich: je stärker die Stoffe auf einander einwirken, desto größer ist die Potenzialdifferenz, desto größer also die elektromotorische Kraft.

112. Gesetze für die elektromotorische Kraft.

Die elektromotorische Kraft wirkt unabhängig vom elektrischen Zustande der beiden Stoffe. Wenn etwa beide Stoffe, Zink und Schwefelsäure, schon elektrisch sind, etwa durch eine Elektrisiermaschine geladen sind, etwa mit dem Potenzial + 17, und es wirkt nun die elektromotorische Kraft etwa so, daß das Zink - 8 und die Flüssigkeit + 3 an elektrischem Potenzial bekommen sollte, so erhält das Zink ein Potenzial = 17 - 8 = 9, die Flüssigkeit ein Potenzial = 17 + 3 = 20. Es ist dann dieselbe Potenzialdifferenz = 11 vorhanden, wie wenn beide Stoffe zu Anfang gar keine Elektrizität gehabt hätten.

Die durch die elektromotorische Kraft hervorgebrachte Potenzialdifferenz ist unabhängig von der Größe der verwendeten Stoffe. Sind beide Stoffe klein, so zersetzen sich nur wenig Moleküle und die Elektrizität ist an Menge gering, aber ausreichend um an den kleinen Flächen eine entsprechende Potenzialdifferenz hervorzubringen. Sind beide Stoffe sehr groß oder mit sehr großen isolierten Leitern verbunden, so müssen sich entsprechend viele Moleküle zersetzen. Bei den gewöhnlichen Versuchen, wobei ein Zinkstab in eine Tasse Schwefelsäure gesenkt wird, genügt eine ungemein kurze Zeit, um so viele Moleküle zu zersetzen, bis beide Stoffe vollständig geladen sind. Nur wenn beide Stoffe sehr groß sind, wenn etwa das Zink mit einem sehr langen Drahte, die Flüssigkeit mit der Erde in Verbindung gesetzt wird, verfließt eine meßbare Zeit bis beide Stoffe mit entsprechendem Potenzial geladen sind.

Sind beide Stoffe der Größe nach verschieden, so sind die Potenziale der auf ihnen befindlichen freien Elektrizitäten auch verschieden, da durch den chemischen Prozeß stets gleiche Mengen ± E erzeugt werden.

Verbindet man das Zink mit der Erde, macht es also dadurch zu einem ungemein großen Leiter, so hat es das Potenzial = 0, also hat die isolierte Flüssigkeit ein Potenzial, das der elektromotorischen Kraft entspricht, etwa + 11; wenn man die Flüssigkeit (durch einen Platindraht) mit der Erde verbindet, so hat die Flüssigkeit ein Potenzial = 0, also das Zink - 11. **Wird einer der beiden Stoffe zur Erde abgeleitet, so ist sein Potenzial = 0, das des anderen gleich der ganzen Potenzialdifferenz, welche der elektromotorischen Kraft des Systems entspricht.**

Wenn zwei Metalle zugleich in derselben Flüssigkeit wirken, so schwächen sich ihre elektromotorischen Kräfte, indem jede unabhängig von der andern wirkt, aber in entgegengesetztem Sinne. Ist etwa ein Zink- und ein Kupferdraht zugleich in Schwefelsäure, so wirkt einerseits das Zink und bringt auf sich - 100 E, auf dem Kupfer, das ja mit der Flüssigkeit in Berührung steht, + 100 E hervor, andrerseits wirkt aber auch das Kupfer und bringt auf sich - 37 E, auf dem Zink + 37 E hervor; die Folge ist, daß auf dem Zink - 63 E, auf dem Kupfer + 63 E vorhanden ist.

113. Elektromotorische Kraft mehrerer Elemente.

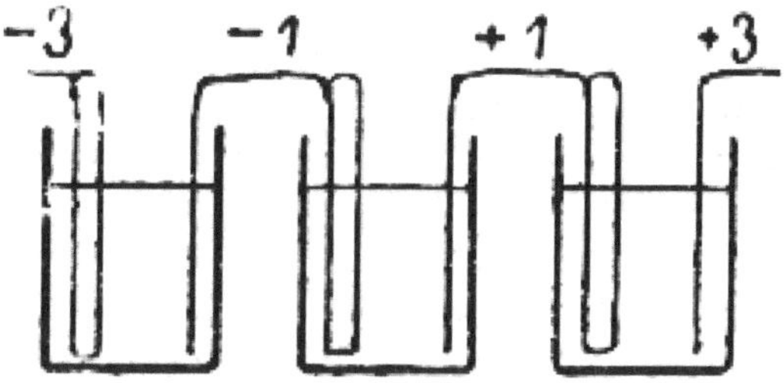

Fig. 131.

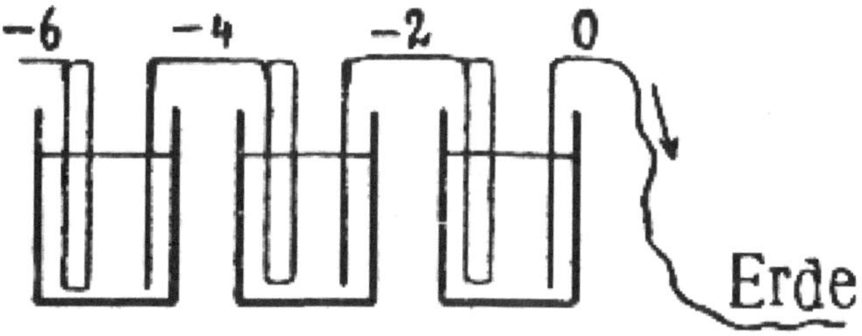

Fig. 132.

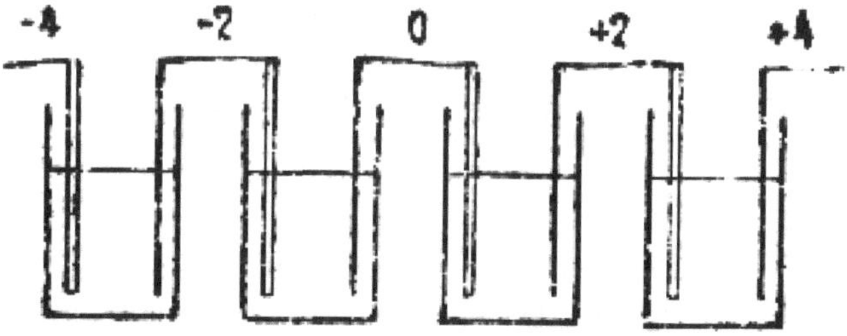

Fig. 133.

Eine Zusammenstellung eines Zink- und Kupferstabes (oder -Bleches) in Schwefelsäure heißt ein Volta'sches Element, die herausragenden Metallenden sind die Pole. Bezeichnen wir die elektromotorische Kraft mit 2 E, so daß etwa Zink - E, Kupfer + E hat, und verbinden nun zwei solche Elemente derart, daß man das Kupfer des ersten mit dem Zink des zweiten Elementes verbindet, so haben die verbundenen Metalle ein Potenzial = 0, da + E und - E sich aufheben; das freie Zink des ersten hat also - 2 E, das freie Kupfer des zweiten + 2 E. Hat man 3 Elemente und verbindet stets das Kupfer des vorhergehenden mit dem Zink des folgenden, so haben je zwei verbundene Metalle dieselbe Elektrizität, und zwischen zwei durch die Flüssigkeit getrennten Metallen muß eine elektrische Potenzialdifferenz von 2 E vorhanden sein; demnach hat man etwa die Verteilung wie in Fig. 131. Oder wenn man etwa das freie Kupferende zur Erde ableitet, so ist seine Elektrizität = 0, demnach die Verteilung wie in Fig. 132. Bei 4 Elementen hat man die Verteilung wie in Fig. 133. Die Spannungsdifferenz der beiden freien Pole bei 4 Elementen = 8 E = 4 · 2 E; eine Zusammenstellung von n gleichen Elementen wirkt gerade so, wie ein Element von n mal so großer elektromotorischer Kraft. **Die elektromotorische Kraft mehrerer mit ungleichen Polen verbundener Elemente ist gleich der Summe der elektromotorischen Kräfte der einzelnen Elemente.**

114. Die Zamboni'sche Säule und deren Anwendung.

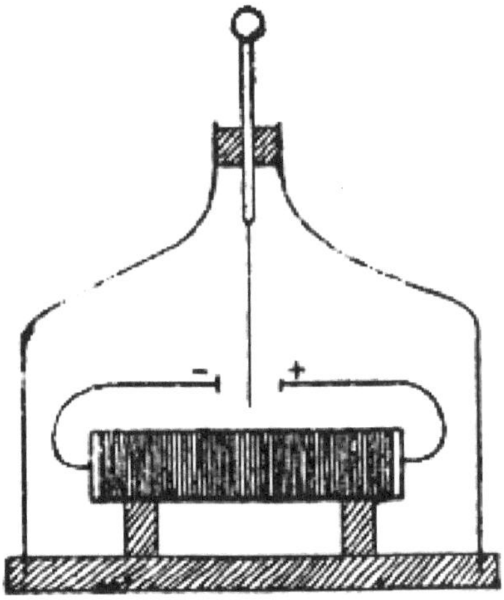

Fig. 134.

Auf der Summierung der elektromotorischen Kräfte beruht die Zamboni'sche oder die trockene Säule. Wenn man unechtes Gold- und Silberpapier (Kupfer- und Zinkpapier) mit den Papierflächen auf einander klebt und daraus etwa talergroße Scheibchen schneidet, so stellt jedes Scheibchen ein Element dar, bei dem die Schwefelsäure vertreten ist durch die Feuchtigkeit des Kleisters. Wenn man viele Scheibchen auf einander legt, so daß immer die Kupferseite des vorhergehenden und die Zinkseite des folgenden sich berühren, Zambonische Säule (1812), so ist bei mehreren Hundert, ja Tausend solcher Scheibchen das Potenzial der freien Elektrizität auf den Polen meist so groß, daß sie schon mit einem gewöhnlichen Goldblatt-Elektroskope nachgewiesen werden kann.

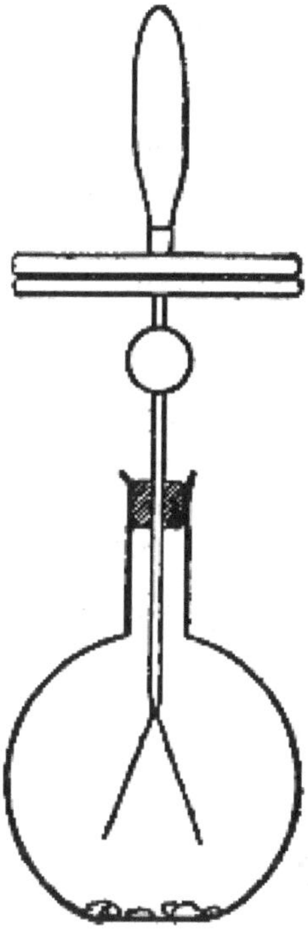

Fig. 135.

Das Bohnebergersche Elektroskop: Man schließt die Säule in eine Glasröhre ein, legt auf beide Pole Messingplatten und führt von diesen Drähte weg, die sich mit ihren Enden nähern und in geringem Abstand in zwei Messingplatten endigen; diese sind nun die Pole. Über ihnen befindet sich der Stift eines Elektroskopes, von welchem ein langes, schmales Goldblättchen herunterhängt gerade zwischen die beiden Polplatten. Da beide Polplatten gleich stark und entgegengesetzt elektrisch sind, so wird das zwischen ihnen hängende Goldblättchen von keiner angezogen und hängt ruhig in der Mitte. Teilt man nun dem Knopfe etwas Elektrizität, z. B. negative, mit, so wird das Goldblatt auch -, also vom + Pole angezogen und vom - Pole abgestoßen. Schon sehr geringe Mengen Elektrizität bewirken einen Ausschlag.

Das Fechner'sche Elektroskop benützt auch noch Kondensation der Elektrizität. Man schraubt auf den Knopf dieses Elektroskopes eine gut abgeschliffene Messingplatte, die oben mit einer dünnen Firnisschichte versehen ist und die Rolle der Kolektorplatte spielt. Auf sie setzt man mittels eines isolierenden Handgriffes eine eben solche, unten gefirnißte Messingplatte, die Kondensatorplatte; die Firnisschichte zwischen beiden ist der Isolator. Wenn man nun die untere Platte mit einer Elektrizitätsquelle in

Verbindung setzt, deren Potenzial so gering ist, daß sie am gewöhnlichen Elektroskope keinen Ausschlag gibt, zugleich aber die obere Platte aufsetzt und ableitend mit dem Finger berührt, so sammelt sich auf beiden Platten vielmal mehr Elektrizität, da wegen der großen Annäherung der Platten die Verstärkungszahl groß ist. Entfernt man zunächst die Elektrizitätsquelle, dann die obere Platte, so verbreitet sich die auf der unteren Platte angesammelte Elektrizität auf dem Elektroskop, das Goldblättchen bekommt also eine stärkere Elektrizität und gibt nun einen Ausschlag. Mit guten Apparaten dieser Art kann man nachweisen, daß Zink in Schwefelsäure negativ elektrisch ist: Fundamentalversuch des Galvanismus. Der Kondensator kann auch auf ein gewöhnliches Goldblatt-Elektroskop aufgeschraubt werden, und wurde so von Volta 1783 erfunden und zum Nachweise der galvanischen Elektrizität benutzt 1794.

115. Der galvanische Strom.

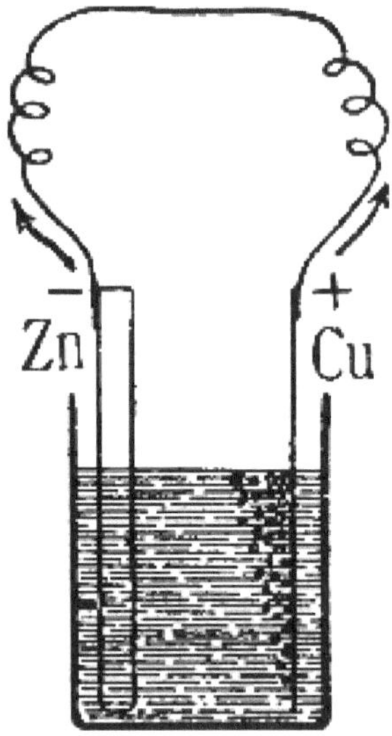

Fig. 136.

Sollen die durch die elektromotorische Kraft getrennten Elektrizitäten sich wieder vereinigen, so muß man das herausragende Zinkende durch einen Draht mit der Flüssigkeit in Verbindung bringen, am einfachsten dadurch, daß man eine Zink- und eine Kupferplatte in die Schwefelsäure taucht, ohne daß sie sich berühren, und die herausragenden Enden durch einen Draht verbindet. Es entsteht dann der galvanische Strom, indem einerseits vom Zinkpole die negative Elektrizität, andrerseits vom Kupferpole die positive Elektrizität in den Draht läuft; beide begegnen sich irgendwo auf dem Draht und heben sich auf. Der Prozeß hört damit aber nicht auf, da sich durch die elektromotorische Kraft des Systems immer neue Elektrizitäten entwickeln.

Das beständige Fließen der Elektrizität nennt man einen elektrischen oder galvanischen Strom. Sind beide Pole verbunden, so sagt man, der Strom ist geschlossen, er fließt; sind sie nicht verbunden, so sagt man, der Strom ist offen, er fließt nicht.

Bei Stromschluß dauert der chemische Prozeß fort. Der durch die chemische Zersetzung frei werdende Wasserstoff steigt nicht am Zink auf, sondern am Kupfer. Er wandert unsichtbar zum Kupfer und man bildet sich hierzu folgende Vorstellung. Das Zn zersetzt das nächstliegende Molekül Schwefelsäure, indem es sich mit dem Radikal SO_4 verbindet zu $ZnSO_4$; dadurch wird H_2 frei; das verbindet sich mit dem SO_4 des nächstliegenden SO_4H_2 und bildet somit wieder H_2SO_4; dadurch wird wieder H_2 frei; dies tauscht sich ebenso aus gegen das H_2 des nächsten SO_4H_2, und so geht es fort, bis schließlich das letzte H_2 am Kupfer frei wird, als Träger der positiven Elektrizität diesem seine positive Elektrizität mitteilt, und dann als freies Gas entweicht. In Figur 137 ist oben die Reihe der Moleküle vor dem chemischen Angriff, unten nach demselben durch Zeichnung angedeutet. Das Wandern des H_2 und das damit verbundene gegenseitige Zersetzen der Moleküle tritt in raschester Aufeinanderfolge, bei allen Molekülen (fast) zur selben Zeit ein.

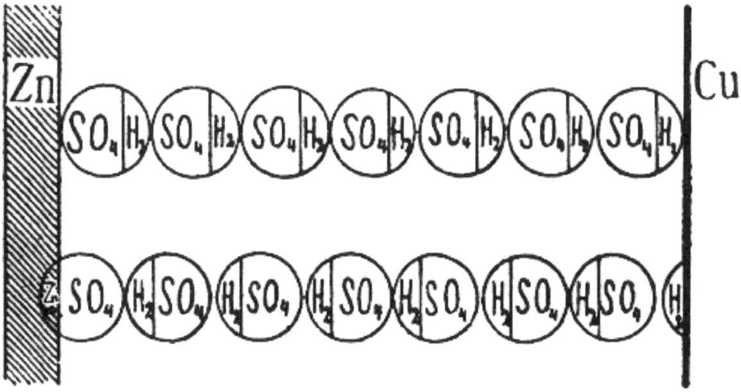

Fig. 137.

116. Die galvanischen Elemente.

Das **Volta'sche** Element, Zink- und Kupferblech in verdünnter Schwefelsäure, hat wesentliche Mängel. Es entwickelt sich Wasserstoff auch am Zink; wenn aber die Produkte einer chemischen Zersetzung an derselben Stelle zum Vorschein kommen, wird nur Wärme und keine Elektrizität produziert; das Zink wird unnütz verbraucht; **nur wenn die Produkte einer**

chemischen Zersetzung an verschiedenen Orten zum Vorschein kommen, entsteht statt der Wärme Elektrizität. Durch Amalgamieren des Zinkbleches sucht man sich gegen diesen Verlust zu schützen, erreicht das aber oft nur unvollkommen. Ferner wirkt der Wasserstoff selbst elektromotorisch, und zwar dem Zink entgegengesetzt, so daß er die elektromotorische Kraft des Zinkes schwächt: **der Wasserstoff polarisiert** oder wirkt polarisierend. Man sucht den Wasserstoff wegzuschaffen, indem man ihn mit Sauerstoff sich verbinden läßt.

Galvanische Elemente, welche ihre Stoffe nicht unnütz verbrauchen, und den positiven Pol depolarisieren, nennt man **konstante Elemente**, weil sie einen Strom von konstanter Stärke liefern. Solche sind:

Das **Daniell'sche** Element (1836). In ein Becherglas stellt man einen engeren Becher, aus porösem, unglasiertem Tone [Tonzelle, Diaphragma]; füllt man das Glas mit einer gesättigten Lösung von Kupfersulfat, SO_4Cu (Kupfervitriol, blauer Vitriol) und die Tonzelle mit verdünnter Schwefelsäure, so stehen beide Flüssigkeiten durch die Poren des Tones in Verbindung, ohne sich (rasch) mischen zu können. Man stellt in die Schwefelsäure einen Zinkcylinder oder Zinkblock und in das Kupfersulfat ein Kupferblech.

Chemischer Vorgang: Zn verbindet sich mit dem nächsten SO_4 zu $ZnSO_4$; dadurch wird H_2 frei; dieses wandert durch die Schwefelsäureschichte (wie beim Voltaschen Elemente). Trifft nun schließlich das H_2 auf das erste Molekül SO_4Cu außerhalb des Diaphragmas, so verbindet es sich mit dessen SO_4 zu SO_4H_2; es wird also die verbrauchte Schwefelsäure wieder gebildet; das Cu dieses SO_4Cu wandert nun ebenso durch die ganze Schichte des SO_4Cu; das letzte Cu Molekül wird am Kupferbleche frei und schlägt sich dort als metallisches Kupfer nieder. Natürlich geschehen alle diese Vorgänge in raschester Aufeinanderfolge, innerhalb der kleinen Dimensionen solcher Elemente geradezu gleichzeitig. In Zeichen kann man diesen Vorgang so darstellen:

$$\Big|\ \mathrm{Zn}\ \Big|\ SO_4H_2\ \ldots\ldots\ SO_4H_2\ \ldots\ SO_4Cu\ \ldots\ldots\ SO_4Cu\ \Big|\ \mathrm{Cu}\ \Big|$$

Das Produkt links ist SO_4Zn, das Produkt rechts ist Cu, die Menge des freien SO_4H_2 bleibt erhalten, die Menge des SO_4Cu nimmt ab. Hiebei wird Zn -, Cu + elektrisch.

Das Element ist nicht sparsam; denn ein großer Teil des Zinkes läßt das H_2 direkt entweichen; dabei wird nicht nur keine Elektrizität erzeugt, sondern auch keine Schwefelsäure neu gebildet, weshalb diese meist bald verbraucht ist. Die elektromotorische Kraft des Elementes ist größer als die des Volta'schen, da nicht H_2, sondern Cu sich ausscheidet, welches weniger stark polarisiert als H_2. Das Element bleibt tätig bis alles SO_4Cu verbraucht ist; man nimmt also große Mengen desselben, legt wohl auch noch Kupfervitriolkrystalle ein, die sich dann nach Bedarf auflösen. Mit gewissen Abänderungen wird es noch heute benützt.

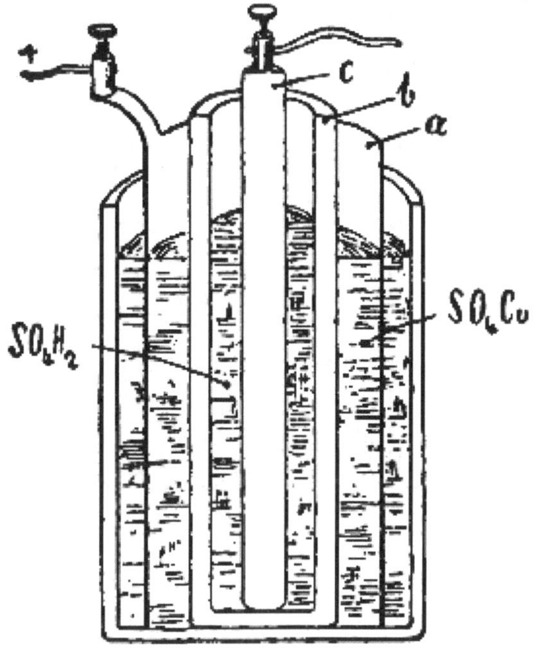

Fig. 138.

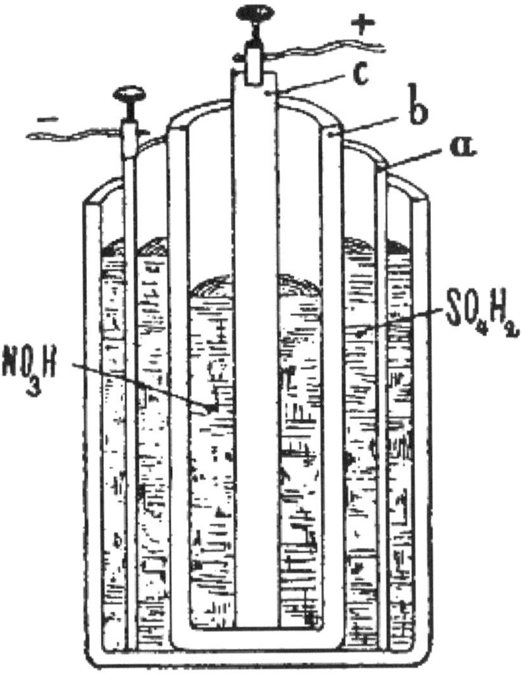

Fig. 139.

Das **Grove**'sche Element (1839). In ein Becherglas stellt man eine Tonzelle, füllt das Glas mit verdünnter Schwefelsäure, die Zelle mit konzentrierter Salpetersäure und stellt in erstere ein Zinkblech und in letztere ein Platinblech. Chemischer Vorgang:

Zn	SO_4H_2	.....	SO_4H_2	...	ONO_2H	.....	ONO_2H	Pt

Es geht Zn in Lösung und bildet Zinksulfat. Die Salpetersäure zerlegt sich in Untersalpetersäure NO_2H und O, das sich mit H_2 zu Wasser verbindet. Die Untersalpetersäure steigt als brauner, zum Husten reizender Dampf auf, weshalb man das Element mit einem Glasdeckel verschließt.

Das Element ist nicht sparsam aus demselben Grunde wie früher; aber seine elektromotorische Kraft ist sehr groß; da die entstehende Untersalpetersäure am Platin nicht elektromotorisch wirkt, also das Element die ganze elektromotorische Kraft des Zinkes besitzt.

Das Element ist teuer im Betrieb, weil es zwei Säuren verbraucht, wird aber für manche Zwecke noch angewandt.

Das **Bunsen**'sche Element (1842) ist ebenso eingerichtet, nur ist das Platinblech durch einen Block galvanischer Kohle ersetzt; das ist eine harte, poröse Kohle, welche sich bei der Gasfabrikation an den Wänden der Retorten ansetzt; sie wird pulverisiert, mit Syrup zu einem steifen Teig angemacht, geformt und geglüht.

Das **Chromsäure**-Element (Bunsen). Man bereitet sich eine Mischung aus 0,765 *kg* Kaliumbichromat (saurem chroms. Kal.), 0,832 *l* Schwefelsäure (sp. G. 1,836) und 9,2 *l* Wasser und bringt in diese Mischung eine Zink- und eine Kohlenplatte ohne Diaphragma.

Die Mischung erhält Chromsäure als depolarisierende, Kaliumsulfat als neutrale und Schwefelsäure als erregende Substanz. Zn bildet damit SO_4Zn; das H_2 reduziert die Chromsäure zu Chromoxyd, letzteres bildet mit SO_4H_2 Chromsulfat, das sich mit dem Kaliumsulfat zu einem Doppelsalz, Chromalaun, zusammensetzt. Diesen und Zinksulfat hat man dann schließlich in Lösung.

$$Cr_2O_7K_2 + 7\ SO_4H_2 + 3\ Zn = (K_2SO_4 + Cr_2\ (SO_4)_3) + 3\ SO_4Zn + 7\ OH_2$$

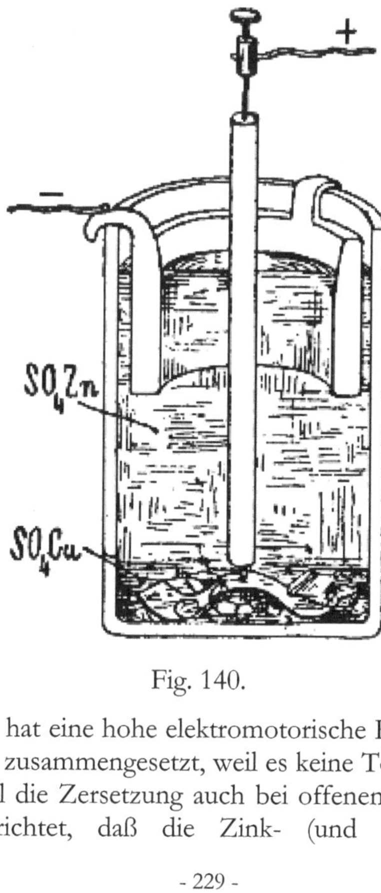

Fig. 140.

Das Element hat eine hohe elektromotorische Kraft, weil H_2 beseitigt wird; es ist einfach zusammengesetzt, weil es keine Tonzelle hat, es ist zwar nicht sparsam, weil die Zersetzung auch bei offenen Polen andauert, wird jedoch so eingerichtet, daß die Zink- (und Kohlen)platten beim

Nichtgebrauch aus der Flüssigkeit bequem herausgehoben und beim Gebrauch eingetaucht werden können (Tauchelement), und wird so besonders von Ärzten vielfach gebraucht.

Das **Meidinger**-Element: In ein geräumiges Becherglas wird oben ein dickwandiger Zinkcylinder eingehängt und auf den Boden ein Kupferblech gelegt, von dem ein durch Kautschuk isolierter Draht nach oben herausführt. Das Glas wird gefüllt mit Wasser, in dem etwas Zinksulfat (etwa 1/6 gesättigt) oder etwas (5%) Bittersalz (Magnesiumsulfat) aufgelöst ist. Man wirft einige Kupfervitriolkrystalle hinein, die sich rasch auflösen, und das Kupferblech mit einer gesättigten Lösung von Kupfersulfat bedecken. Die Lösung bleibt wegen ihres größeren spezifischen Gewichtes am Boden und gelangt, wenn das Element ruhig steht, nur sehr langsam nach oben durch Diffusion.

Man kann nicht gut annehmen, daß der chemische Angriff vom Zink aus geschehe, da dasselbe nicht im stande ist, SO_4Zn oder SO_4Mg zu ersetzen, sondern man muß annehmen, daß der Angriff dort erfolgt, wo die zwei Flüssigkeitsschichten von SO_4Zn und SO_4Cu aneinander grenzen. Chemischer Vorgang:

| Zn | SO_4Zn ..... SO_4Zn SO_4Cu ..... SO_4Cu | Cu |

Es geht also Zn in Lösung, bis die Flüssigkeit damit gesättigt ist, was sehr lange dauert; Cu geht aus der Lösung und der vorhandene Kupfervitriol wird verbraucht, kann aber leicht ersetzt werden, indem man nach Bedarf weitere Kupfervitriolkrystalle hineinwirft.

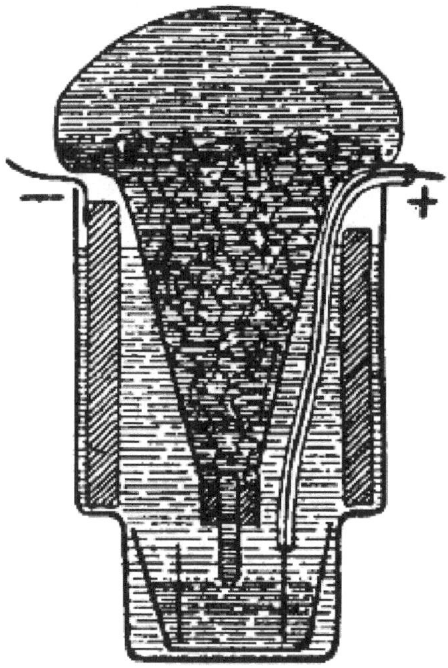

Fig. 141.

Noch bequemer sind die Meidinger Ballon-Elemente eingerichtet. Ein geräumiges Becherglas hat in der Mitte eine Einschnürung, auf dieser steht in der oberen Hälfte der Zinkzylinder und am Boden ist das Kupferblech, von dem der Draht nach aufwärts führt; das Glas wird mit schwacher Zinkvitriollösung gefüllt. Ferner wird ein geräumiger Glasballon mit Krystallen und gesättigter Lösung von Kupfersulfat gefüllt, mit einem Korke verschlossen und durch denselben ein Federkiel (Glasröhre) gesteckt. Der gefüllte Ballon wird dann umgekehrt und so in das Becherglas gestellt, daß die Öffnung des Federkiels nahe am Boden ist. Es strömt nun durch Diffusion Kupfersulfat aus dem Glasballon und bedeckt das Kupfer mit einer gesättigten Lösung. Der chemische Prozeß ist derselbe. Das Element dauert, ohne weiterer Aussicht zu bedürfen, bis zu einem Jahre und wird deshalb besonders zu Haustelegraphen benützt.

Das **Leclanché**'sche Element. In einem Becherglase steht eine Tonzelle, gefüllt mit Braunsteinpulver und etwas Kohle; im Braunsteinpulver steckt ein Kohlenblock. Im Glase befindet sich gesättigte Salmiaklösung, etwa ⅓ voll, und darin steckt ein fingerdicker Zinkstab. Chemischer Prozeß: Das Zink zersetzt den Salmiak und verbindet sich mit Chlor; Ammonium wird frei, wandert zum Braunstein und entreißt ihm Sauerstoff; das gibt Ammoniak, das sich bald verflüchtigt, und Manganoxyd. Die elektromotorische Kraft ist ziemlich groß = 1,3 Daniell, und das Element empfiehlt sich durch seine einfache Zusammensetzung.

Bei allen Elementen ist Zink der negative Pol. Es gibt noch andere Elemente von geringerer Wichtigkeit.

117. Wirkung des Stromes auf die Magnetnadel.

Entdeckung **Örstedt's** (1820). Leitet man den galvanischen Strom durch einen Draht über eine Magnetnadel, etwa von Süd nach Nord, so wird die Magnetnadel abgelenkt; beim Aufhören (Öffnen) oder Entfernen des Stromes kehrt die Nadel in ihre ursprüngliche Richtung zurück. Man kann den Draht auf verschiedene Art der Nadel nähern, von oben, unten, vorn und hinten, kann jedesmal die Richtung des Stromes umkehren und so fort, so wird jedesmal die Nadel abgelenkt, und zwar nach folgender **Regel**: Schwimmt man im positiven Strome, den Kopf voran, das Gesicht der Nadel zugekehrt, so wird der Nordpol der Nadel nach links abgelenkt. Oder man halte die rechte Hand so, daß die innere Fläche der Nadel zugekehrt ist, und der Zeigefinger die Richtung angibt, wohin der positive Strom geht, so zeigt der Daumen, nach welcher Richtung der Nordpol der Nadel abgelenkt wird — **Daumenregel**. Also nur wenn der Strom quer über die Nadel geht von West nach Ost, wird die Nadel nicht abgelenkt.

118. Galvanometer.

Diese Eigenschaft benützt man zur Herstellung von Galvanometern, durch welche das Vorhandensein eines Stromes nachgewiesen und dessen Stärke gemessen werden kann.

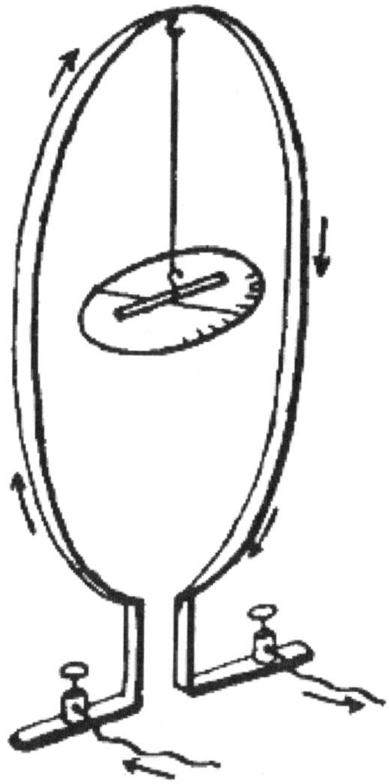

Fig. 142.

1) Die **Tangentenbussole**: ein Kupferring ist vertikal gestellt und unten offen, so daß dort der Strom eingeleitet werden kann. Eine Magnetnadel ist so an einem Seidenfaden aufgehängt, daß sie im Mittelpunkte des Ringes schwebt und über einer Kreisteilung sich dreht. Man stellt den Apparat so, daß die Ebene des Kupferringes mit der Richtung der Magnetnadel übereinstimmt, also im magnetischen Meridian liegt. Bei Stromschluß wird die Nadel abgelenkt. Aus der Größe der Ablenkung schließt man auf die Stärke des Stromes. Wie das geschieht, und warum der Apparat Tangentenbussole heißt, kann erst später erklärt werden.

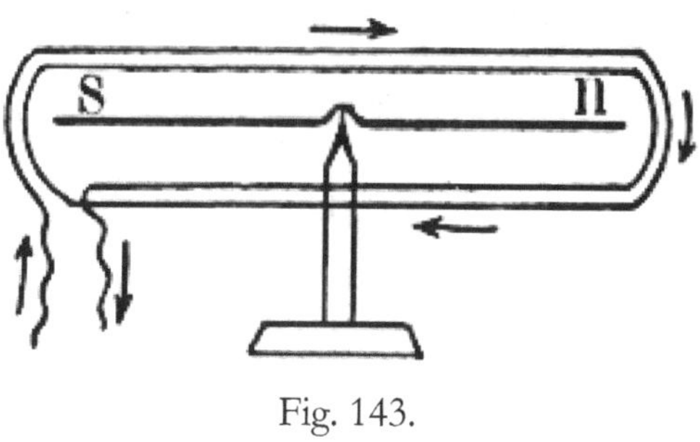

Fig. 143.

2) Das Galvanometer mit dem **Schweigger'schen Multiplikator** (1820). Kupferdraht, der zur Isolierung mit Seide umsponnen ist, wird in vielen Windungen um eine passende Holzspule gewickelt, in deren Innerem die Magnetnadel frei hängt oder leicht drehbar aufgestellt ist. Jede Windung, welche den Strom durchläuft, wirkt für sich ablenkend auf die Nadel in demselben Sinne, deshalb verstärken sich ihre Wirkungen; **das Drahtgewinde heißt Multiplikator**. In Fig. 143 sind die vielen Drahtwindungen, die bei empfindlichen Apparaten oft viele Hunderte, ja Tausende sind, bloß durch deren zwei angedeutet, und in Figur 144 ist ein Vertikalgalvanometer dargestellt, welches die Bewegung der Magnetnadel an einem Zeiger zu beobachten erlaubt.

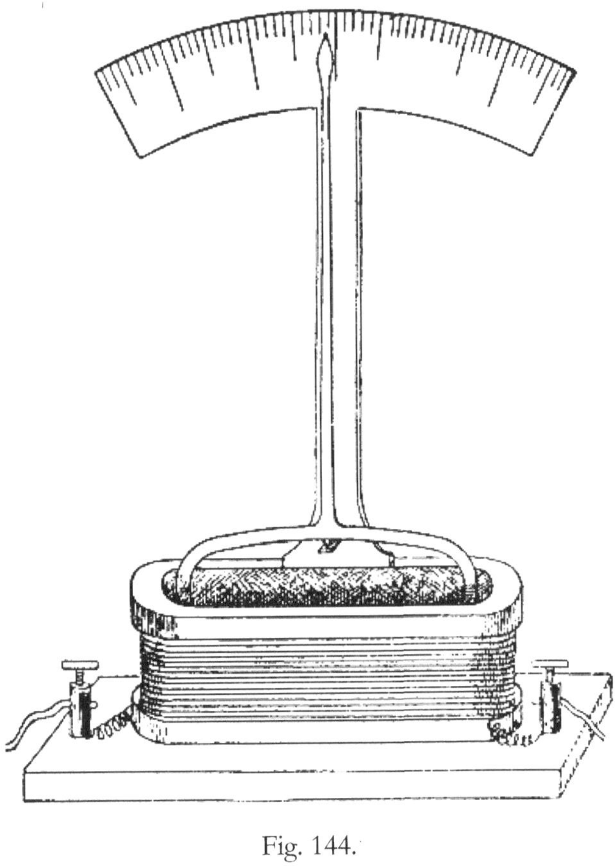

Fig. 144.

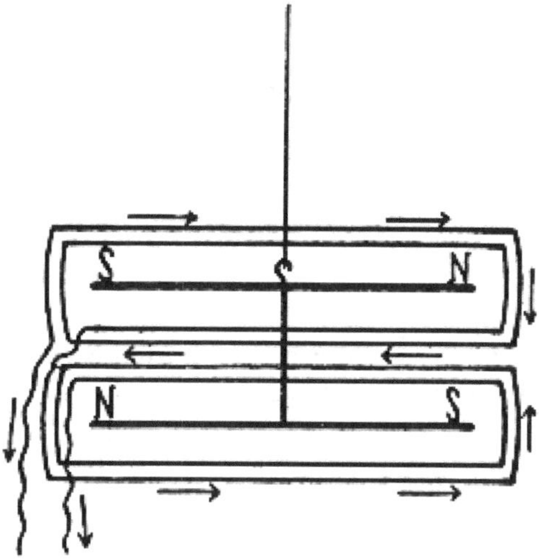

Fig. 145.

Zum Nachweise sehr schwacher Ströme nimmt man eine **astatische Doppelnadel**. Eine solche besteht aus zwei Magnetnadeln, die in ihren Mitten durch ein Stäbchen so verbunden sind, daß sie über einander stehen und ihre Pole nach entgegengesetzten Richtungen schauen. Sind ihre Nadeln gleich stark magnetisch, so ist sie nicht mehr dem Einflusse des Erdmagnetismus unterworfen und bleibt in jeder Richtung stehen; denn die Erde sucht jede Nadel mit gleicher Kraft nach einer anderen Richtung zu drehen. Nun werden beide Nadeln mit Multiplikatorwindungen umgeben, so daß sie in **demselben** Sinne abgelenkt werden, und reagieren schon auf die schwächsten Ströme.

119. Verteilung der Elektrizität in einem Strome.

Ohmsches Gesetz über das Gefälle.

Durch die elektromotorische Kraft bildet sich auf der Grenzfläche zwischen Zink und Flüssigkeit einerseits negative, andrerseits positive Elektrizität; beide fließen durch den Schließungsdraht und gleichen sich aus. Es ist deshalb auf der ganzen Strecke zwischen Zink und der Ausgleichstelle freie negative Elektrizität, und auf der Strecke vom Zink durch die Flüssigkeit bis zur Ausgleichstelle freie positive Elektrizität vorhanden, beidesmal in abnehmender Stärke. Die Abnahme des Potenzials der freien Elektrizität von den Polen bis zur Ausgleichstelle nennt man nach Ohm das Gefälle des Stromes. Man kann es darstellen durch eine Linie, deren Punkte von einer geraden Linie, welche den Verbindungsdraht vorstellt, um so weiter entfernt sind, je größer das Potenzial ist, wie in Fig. 146.

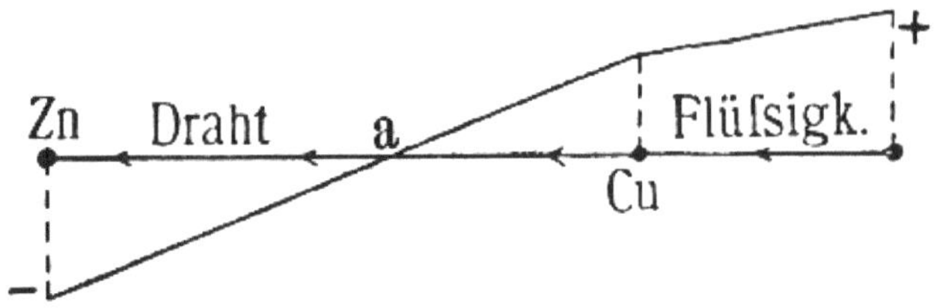

Fig. 146.

Indem jede Stelle von der benachbarten Stelle, welche höheres Potenzial hat, Elektrizität erhält, andererseits an die benachbarte Stelle niedrigeren Potenzials Elektrizität abgibt, fließt durch jede Stelle des Drahtes Elektrizität, während gleichzeitig das Gefälle sich erhält. An den Polen wird die abfließende Elektrizität durch die elektromotorische Kraft wieder ersetzt.

Leicht ist zu sehen, daß an keiner Stelle das Gefälle = 0 (horizontal) oder gar in entgegengesetztem Sinn vorhanden sein kann, da beidesmal durch weiteres Fließen der Elektrizität sofort das normale Gefälle wieder hergestellt werden würde.

Ohm'sches Gesetz über das Gefälle.

Jede Stelle des Stromkreises erhält so viel Elektrizität von der einen Seite, als sie nach der andern Seite abgibt; denn gäbe sie weniger ab, so würde sie Elektrizität ansammeln, ihr Potenzial müßte steigen, so daß sie einerseits von links nichts bekommen könnte, andrerseits nach rechts mehr abgeben würde. Da dieser Satz für jede Stelle gilt, so folgt: **Die Mengen der durch jeden Querschnitt des Stromkreises fließenden Elektrizität sind alle einander gleich. Die Menge der in einer Sekunde durch einen Querschnitt fließenden Elektrizität nennt man die Stromstärke**; die Stromstärke ist in jedem Teile des Stromquerschnittes dieselbe. Man vergleiche den galvanischen Strom mit einem Flusse, bei dem auch trotz Stromschnellen und Stromerweiterungen die Stromstärke in jedem Querschnitte dieselbe ist, d. h. bei dem auch in jeder Sekunde durch jeden Querschnitt gleich viel Wasser läuft.

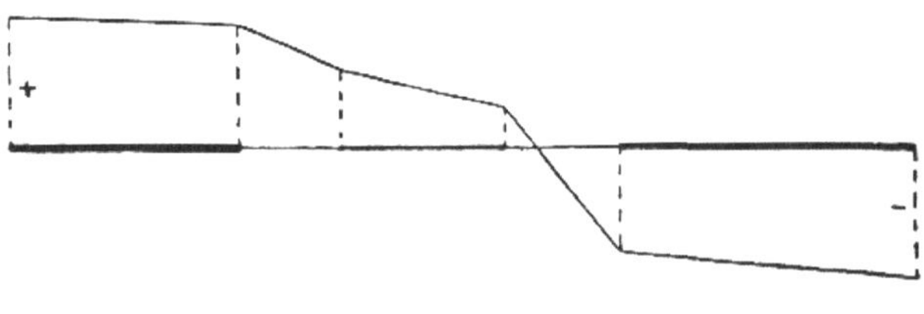

Fig. 147.

Besteht der Stromweg aus gleichmäßigem Material, gleich dickem Kupferdraht, so ist auch das Gefälle gleichmäßig. Besteht der Stromweg aus verschiedenartigem Material, z. B. verschieden dicken Drähten verschiedener Metalle, Flüssigkeitsschichten u. s. w., so bieten diese dem Durchgange der Elektrizität einen verschiedenen Widerstand. Durch eine Stelle größeren Widerstandes (dünneren Drahtes) könnte nur weniger Elektrizität fließen als durch eine Stelle geringeren Widerstandes (dickeren Drahtes). Da aber in demselben Stromkreise durch jede Stelle gleichviel Elektrizität fließen muß, so muß das Gefälle ein ungleichmäßiges sein: an den Stellen größeren Widerstandes muß das Gefälle größer sein und umgekehrt: **das Gefälle in einem Stromkreis ist proportional den Widerständen**. Siehe Fig. 147.

Die Potenzialdifferenz verteilt sich auf den Stromkreis proportional den Widerständen.

120. Leitungswiderstand. Rheostat und Rheochord.

Leitungswiderstand ist der Widerstand, welchen ein Stoff dem Durchgange der Elektrizität entgegensetzt. Man fand folgende Gesetze:

**Der Leitungswiderstand ist 1) proportional der Länge, *l*,
2) umgekehrt proportional dem Querschnitte, *q*,
3) proportional dem spezifischen Leitungswiderstand, *c*.**

Letzteres zieht man in Rechnung, indem man einen beliebigen Stoff als Vergleichsstoff annimmt, z. B. Quecksilber, und den Widerstand jedes Stoffes mit dem eines Quecksilberkörpers von gleicher Lange und gleichem Querschnitt vergleicht. Diese Zahl ist der spezifische Widerstand des Stoffes.

Als Widerstandseinheit war gebräuchlich der Widerstand einer Quecksilbersäule von 1 *m* Länge und 1 *qmm* Querschnitt bei 0° C; sie heißt die **Siemens-Einheit** = SE. Jetzt ist das **Ohm** eingeführt, das um etwa 6% größer ist als eine SE; 1 SE = 0,9413 Ohm.

Bezeichnet man allgemein die Länge in Metern mit l, den Querschnitt in *qmm* mit q, den sp. W. mit c, so ist der Widerstand w = c · l q SE = c · l q · 0,9413 Ohm.

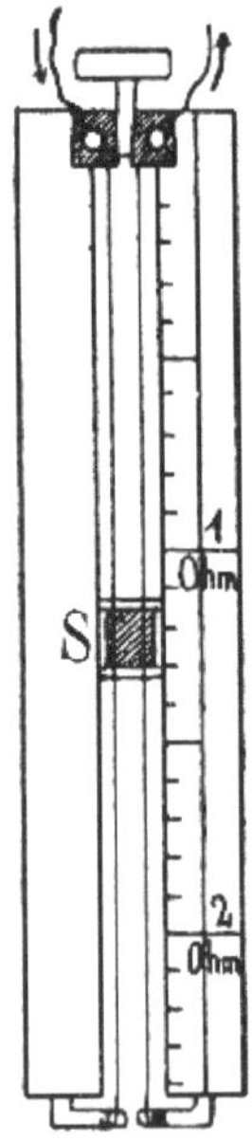

Fig. 149.

Apparate, welche ermöglichen, eine beliebige Anzahl gemessener Widerstände in den Stromkreis einzuschalten, sind:

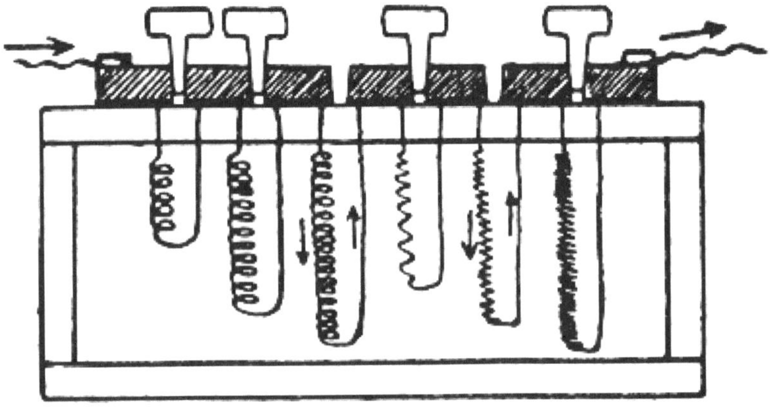

Fig. 148.

1) der **Rheostat**, z. B. der Stöpselrheostat. Mehrere Messingblöcke sind neben einander in kurzen Zwischenräumen angebracht. Der erste und zweite Block sind durch einen Draht verbunden, dessen Widerstand genau ein Ohm ist; ebenso der 2. und 3. Block durch einen Widerstand von 2 Ohm und so

folgen Widerstände, die man = 2, 5, 10, 20, 20, 50, 100, 200, 200, 500 Ohm macht. Außerdem kann man benachbarte Blöcke verbinden durch Einstecken eines Messingstöpsels. Man leitet den Strom in den ersten Block und aus dem letzten Block heraus. Sind alle Stöpsel eingesteckt, so durchläuft der Strom nur die Blöcke und Stöpsel ohne Widerstand. Zieht man irgend einen Stöpsel aus, so muß der Strom den Widerstand zwischen den getrennten Blöcken durchlaufen. **Durch Ausziehen der Stöpsel kann man beliebige Widerstände einschalten.**

2) Das **Rheochord**. Zwei Messingblöcke sind auf einem Brette in geringer Entfernung befestigt. Von ihnen aus sind 2 Platindrähte parallel über das Brett gespannt, laufen dabei durch ein Kästchen aus Eisen, das mit Quecksilber gefüllt ist, und stehen dadurch in leitender Verbindung. Leitet man den Strom in die Blöcke und zieht zwischen ihnen den Stöpsel aus, so muß der Strom die Stücke der Platindrähte von den Blöcken bis zum Kästchen durchlaufen. **Durch Verschieben des Kästchens kann man den Widerstand verändern**, und auf einer Skala neben der Schiene sind die Bruchteile von Widerstands-Einheiten angegeben, die diesem Widerstande gleich sind. Rheostat und Rheochord sind gewöhnlich nach „Ohm“ geteilt (Ohmkasten).

121. Messung von Widerständen.

Rheostat und Rheochord dienen auch dazu, um Widerstände zu messen. Einfaches Verfahren: Man schaltet in einen Stromkreis zuerst den zu messenden Widerstand, und dann so viel Rheostatwiderstand ein, bis die Galvanometernadel wieder dieselbe Stellung hat, wie zuerst, dann ist der eingeschaltete Rheostatwiderstand gleich dem zu messenden Widerstand. Dies Verfahren ist nicht genau, weil schon während der kurzen Dauer des Versuches sich die elektromotorische Kraft des Elements geändert haben kann.

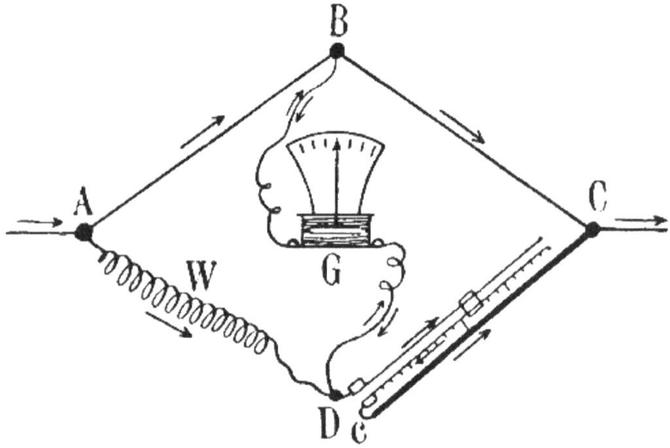

Fig. 150.

Die **Wheatstone'sche Brücke**. Sie beruht auf dem Gesetz der **Stromverzweigung**. Findet der Strom zwei Wege, so verteilt er sich auf beide und zwar so, daß durch den Zweig mit kleinerem Widerstande ein Zweigstrom von größerer Stärke fließt: **Die Stromstärken der Zweige verhalten sich umgekehrt wie die Widerstände der Zweige.** Sind die Widerstände der Zweige gleich, so sind auch die Ströme in beiden Zweigen gleich stark.

Die Wheatstone'sche Brücke ist folgendermaßen eingerichtet: Der Strom führt zum Stifte A und verzweigt sich dort: der eine Zweig führt zum Stifte B und von da zum Stifte C, wobei die Drähte AB und BC genau gleichen Widerstand haben. Der andere Zweig führt von A nach dem Stifte D, dieser Teil ist der zu messende Widerstand w, dann von D nach C, dieser Teil ist ein Rheostat mit Rheochord. Schließlich sind B und D durch die Brücke, ein empfindliches Galvanometer, verbunden.

Dem Strom bieten sich zwischen A und C vier Wege:

- 1) . . . . A, B, C . . . .
- 2) . . . . A (w) D (Rh) C . . . . .
- 3) . . . . A B (g) D (Rh) C . . . .
- 4) . . . . A (w) D (g) B C . . . .

Die beiden letzten Ströme, welche das Galvanometer (G) in entgegengesetzter Richtung durchfließen, lenken die Nadel gar nicht ab, wenn sie gleich stark sind. Ihre Widerstände sind:

3) Draht AB, Galvanometerwiderstand g, Rheostatwiderstand Rh, also: AB + g + Rh.

4) Eingeschalteter Widerstand W, Galvanometerwiderstand G, Draht BC, also: W + G + BC. Da G = G, BC = AB, so sind die beiden Zweigwiderstände einander gleich, wenn W = Rh; dann sind aber auch die Zweigströme einander gleich und die Nadel steht auf 0. Schaltet man am Rheostat so viele Widerstände ein, daß die Nadel auf 0 steht, so ist der zu messende Widerstand W gleich dem Widerstande des Rheostaten und Rheochordes.

Dabei ist zu bemerken, daß, wenn die Nadel auf 0 steht, nicht wirklich zwei Ströme von entgegengesetzter Richtung durch das Galvanometer fließen, sondern daß in diesem Falle gar kein Strom das Galvanometer durchfließt; es ist das ebenso, wie wenn ein Wasserstrom sich in die Zweige ABC und ADC teilt und diese Zweige unterwegs durch den Kanal BD verbunden werden; in ihm ist das Wasser dann ruhig, wenn der Punkt D das Gefälle des Zweiges ADC ebenso halbiert, wie B das Gefälle des ABC halbiert.

Tabelle der spezifischen Leitungswiderstände.

Quecksilber	=	1	Verdünnte Schwefelsäure	sp. G.	1,01	131600
Wismut	=	1,33		„	1,05	34300
Antimon	=	0,36		„	1,10	18400
Neusilber	=	0,21		„	1,23	12600
Blei	=	0,20	Salpetersäure			16000
Zinn	=	0,13	Kupfervitriol 2 Teile in 10 Tl. Wasser			
Eisen	=	0,099	gelöst			170000
Platin	=	0,092	Zinkvitriol 3 Tl. in 10 Tl. Wasser			
Zink	=	0,057	gelöst			220000
Messing	=	0,051	Kochsalzlösung gesättigt			57000
Gold	=	0,021	Wasser			14000000
Kupfer	=	0,016	Graphit			17,7
Silber	=	0,015	Gaskohle			32,6

Bei wachsender Temperatur nimmt der Widerstand bei Metallen zu, bei Flüssigkeiten ab.

Da unter den billigen Metallen Kupfer den geringsten Widerstand hat, so wird es zu kurzen Leitungen, Multiplikatorwindungen etc. stets verwendet. Bei langen Leitungen (Telegraph) benützt man Eisen, das jedoch einen 6 mal so großen Widerstand hat. Das Leitungsvermögen der Metalle für Elektrizität ist annähernd proportional dem für Wärme. Verunreinigung oder Legieren der Metalle erhöht im allgemeinen ihren Widerstand beträchtlich (Messing). Flüssigkeiten (außer Quecksilber) haben alle einen viel größeren, reines Wasser hat einen ungemein hohen Widerstand. Löst man im Wasser Salze auf, oder vermischt es mit Säuren, so wird sein Widerstand beträchtlich kleiner, bei Schwefelsäure mehr als tausendmal. Doch haben nicht gerade die konzentrierten Lösungen den kleinsten Widerstand; so hat z. B. Kochsalzlösung bei 30 *g* Salz auf 100 *g* Wasser, Schwefelsäure bei 13 Äquivalenten H_2O auf ein SO_4H_2 (sp. G. 1,23) den geringsten Widerstand. Sollen Flüssigkeitsschichten einen geringen Widerstand haben, so müssen sie kurz sein und großen Querschnitt haben. Z. B. die Schwefelsäureschichte in einem Grove'schen Element bei 1 *cm* Länge (Abstand der Zinkplatte vom Diaphragma) und 20 *cm* Breite (der Zinkplatte) und 15 *cm* Tiefe (des Eintauchens) hat einen Widerstand:

$$W = c\,lq = 18\,000 \cdot 0{,}01200 \cdot 150 = 0{,}006 \text{ SE} = 0{,}056 \text{ O}.$$

Die Zinkvitriolschichte beim einfachsten Meidingerelement bei einer Länge (Höhe) von 10 *cm* und einem Becherdurchmesser von 10 *cm* hat einen Widerstand von ca.

$$W = 220\,000 \cdot 0{,}1\,50 \cdot 50 \cdot 3{,}14 = 2{,}8 \text{ SE} = 2{,}64 \text{ O}.$$

Telegraphendraht von 4 *mm* Durchmesser hat für jedes Kilometer ca. 8 Ohm, der menschliche Körper von Hand zu Hand ca. 1000 Ohm Widerstand.

Aufgaben:

96. Welchen elektrischen Widerstand hat ein Draht von 5 *qmm* Querschnitt und 6,4 *km* Länge?

97. Wie groß ist der Widerstand einer Schwefelsäureschichte zwischen zwei Platten von 84 *cm* Länge und 62 *cm* Breite bei einem Abstand von 1,2 *cm*, wenn der sp. Widerstand 184 000 ist?

122. Ohm'sche Gesetze über die Stromstärke. (1827.)

Die von einem Elemente hervorgebrachte Stromstärke hängt ab von der elektromotorischen Kraft und vom Widerstande, und zwar: **die**

Stromstärke ist direkt proportional der elektromotorischen Kraft und umgekehrt proportional dem Widerstande. (Ohm'sches Gesetz.)

Als Einheit der elektromotorischen Kraft oder der durch die elektromotorische Kraft hervorgebrachten Potenzialdifferenz nimmt man das Volt (abgekürzt aus Volta), das ist eine elektromotorische Kraft, die um ca. 5% geringer ist, als die eines Daniell-Elementes. **Die Stromeinheit ist 1 Ampère, d. h. derjenige Strom, den die Einheit der elektromotorischen Kraft, also 1 Volt liefert, wenn der Widerstand auch eine Einheit also 1 Ohm beträgt, kurz:**

1 Volt liefert in 1 Ohm 1 Ampère. Dabei beträgt diejenige Elektrizitätsmenge, welche bei 1 Amp. in 1 Sekunde durch den Stromquerschnitt fließt, gerade 1 Coulomb. Bezeichnet man die Stromstärke mit J, die elektromotorische Kraft mit E, den Widerstand mit W, so ist: J = EW oder Amp. = Volt Ohm. Unter Widerstand ist der gesamte Widerstand zu verstehen, also nicht bloß der äußere Widerstand a von Pol zu Pol, sondern auch der innere Widerstand i, welchen die Flüssigkeitsschichte zwischen den beiden Polplatten bietet.

Von den gebräuchlichsten Elementen haben:

	Elektromot. Kraft.	Inneren Widerstand.
Meidinger	0,95 Volt	9 - 10 Ohm.
Daniell	1,06 „	2 - 5 „
Leclanché	1,48 „	2 „
Grove und Bunsen	1,81 „	0,25 „

Um starke Ströme zu bekommen, muß man beide Widerstände klein machen, den innern dadurch, daß man die Platten groß macht, nahe an einander bringt, tief eintaucht und Flüssigkeiten von geringem sp. Widerstand anwendet, den äußeren dadurch, daß man kurzen und dicken Schließungsdraht anwendet. Ist der äußere Widerstand von selbst schon groß, etwa 1000 Ohm, also ein langer dünner Draht, den man nicht verkürzen kann, so ist der Strom schwach und es macht dann wenig Unterschied, ob der innere Widerstand klein (0,1) oder verhältnismäßig groß ist (1 oder 4).

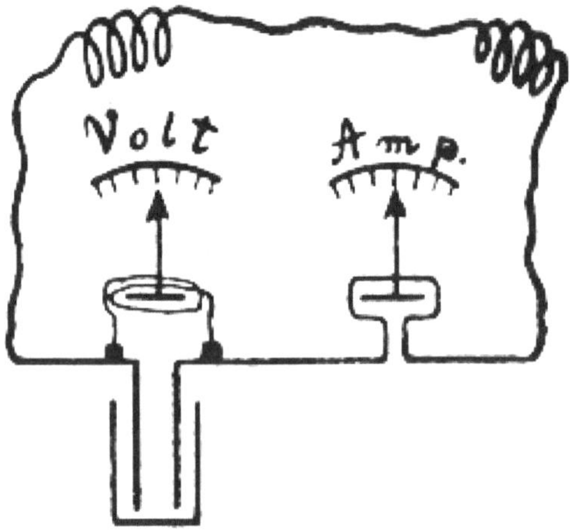

Fig. 151.

Wenn man von den Polklemmen Zweigdrähte zu einem Galvanometer leitet, dessen Widerstand vielmal größer ist, als der äußere Widerstand des Stromkreises, so fließt durch das Galvanometer ein Zweigstrom von geringer Stärke; seine Stärke ist bloß abhängig von der an den Polen vorhandenen Potenzialdifferenz; deshalb kann letztere durch den Ausschlag der Galvanometernadel erkannt werden. Die Kreisteilung gibt dabei meist die Potenzialdifferenz direkt in Volts: **Voltmeter**. Gerade diese Potenzialdifferenz wird in der praktischen Anwendung ausgenützt und als **Polspannung** oder **Klemmspannung** bezeichnet.

Schaltet man irgendwo in den äußeren Stromkreis ein Galvanometer ein mit so geringem Widerstand, daß dadurch der Gesamtwiderstand des Stromkreises nur unmerklich verändert wird, so kann daran die im Stromkreis vorhandene Stromstärke erkannt werden: **Ampèremeter**.

Aufgaben:

a) Berechne die Stromstärke eines Daniell-Elementes, dessen elektrom. Kraft = 1,05 V, innerer Widerstand = 2 O, und dessen äußerer Widerstand gebildet wird: 1. durch einen Kupferdraht von 5 *m* Länge und 1,4 *mm* Durchmesser, oder 2. durch einen Eisendraht von 800 *m* Länge und 0,8 *mm* Durchmesser.

b) Berechne die Stromstärke eines Chromsäure-Elementes, dessen elektrom. Kraft = 2,2 V, dessen innerer Widerstand 0,25 O und dessen äußerer Widerstand gebildet wird 1. durch einen 12 *m* langen Kupferdraht von 1 *qmm* Querschnitt und einen 20 *m* langen Kupferdraht von ½ *qmm* Querschnitt, oder 2. durch einen 1200 *m* langen Kupferdraht von 0,1 *qmm*

Querschnitt. Berechne ferner, wie viele Meter eines 1 *mm* dicken Kupferdrahtes als äußerer Schließungskreis genommen werden müssen, damit die Stromstärke gerade 1 A oder gerade 2 A ist.

c) Berechne die Stromstärke eines Meidingerelements, dessen elektrom. Kraft = 0,8 V, dessen innerer Widerstand 10 O und dessen äußerer Widerstand 1. 1 O oder 2. 10 O, oder 3. 100 O ist.

123. Galvanische Batterie.

Genügt ein Element nicht, um eine gewünschte Stromstärke herzustellen, so nimmt man deren mehrere und verbindet sie zu einer Batterie, was auf dreierlei Arten geschehen kann.

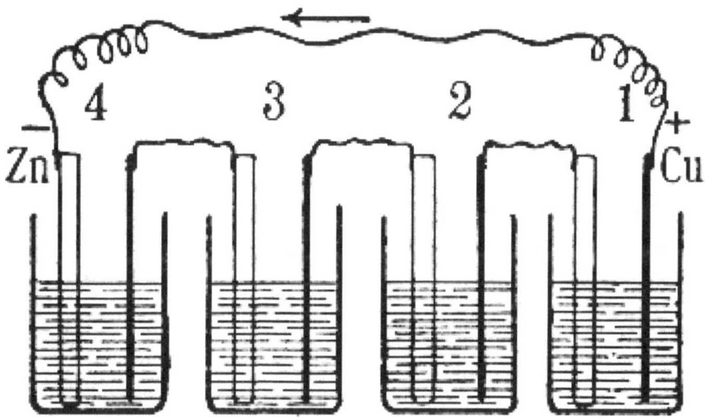

Fig. 152.

1. **Serienschaltung**: Verbindung auf elektromotorische Kraft, Verbindung der ungleichnamigen Pole, Verbindung auf Intensität oder Spannung. Man läßt den + Pol des ersten Elementes frei und verbindet seinen - Pol mit dem + Pol des zweiten, den - Pol des zweiten mit dem + Pol des dritten u. s. f., bis der - Pol des letzten frei bleibt. Die freien Pole der äußersten Elemente sind die Pole der Batterie. Auch hiefür gilt das Ohmsche Gesetz J = E W, jedoch ist unter E die Summe aller elektromotorischen Kräfte der einzelnen Elemente zu verstehen; wenn man also n gleiche Elemente von der elektromotorischen Kraft e nimmt, so ist E = n e; unter dem Widerstande ist zu verstehen der äußere Widerstand a und die Summe sämtlicher inneren Widerstände; ist der innere Widerstand eines Elementes = i, so ist bei n gleichen Elementen W = a + n i.

Die Stromstärke einer Batterie von n gleichen Elementen ist also J = n e a + n i.

Serienschaltung nützt bei großem äußeren Widerstande. Die Stromstärke ist, wenn der innere Widerstand sehr klein ist im Verhältnis zum äußeren, nahezu proportional der Anzahl der Elemente oder der elektromotorischen Kraft. Die Verbindung geschieht nach dem Schema von Fig. 152.

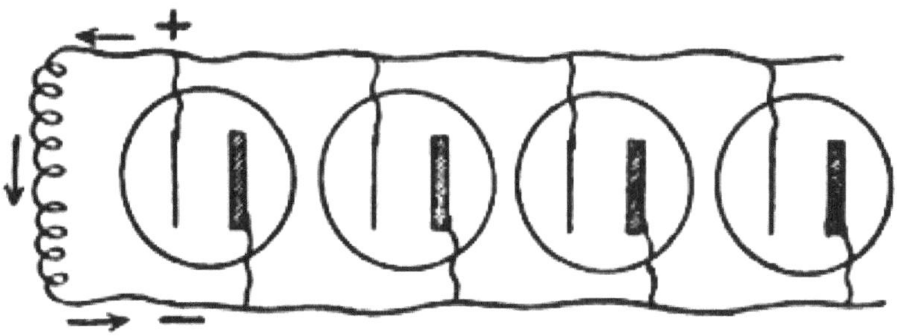

Fig. 153.

2) **Parallelschaltung:** Verbindung auf Widerstandsverminderung, Verbindung gleichnamiger Pole, Schaltung auf Quantität: Man verbindet sowohl alle + Pole als auch alle - Pole durch je einen Draht; diese beiden Drähte sind dann die Pole der Batterie. Verbindet man sie, so ist der Strom geschlossen. Es schaut dann so aus, als wären alle Zinkplatten zu einer einzigen Platte verbunden und ebenso alle Kupfer (oder +) Platten. Es gilt das Ohm'sche Gesetz; dabei ist die elektromotorische Kraft dieselbe, wie bei einem Elemente, aber der innere Widerstand ist kleiner; denn während er bei einem Element aus dem Widerstande i der zwischen beiden Platten liegenden Flüssigkeitsschichte besteht, ist bei n Elementen diese Flüssigkeitsschichte n mal breiter, der Querschnitt der Flüssigkeitsschichte n mal größer, der Widerstand n mal kleiner, also i n; demnach die Stromstärke

$$J = e a + i n .$$

Diese Zusammenstellung ist von Nutzen, wenn der innere Widerstand groß ist im Verhältnis zum äußeren.

3) **Gemischte Schaltung.** Man teilt die vorhandenen Elemente, z. B. 12, in Gruppen von je gleich viel Elementen, z. B. je 3, also 4 Gruppen, schaltet die Elemente jeder Gruppe unter sich auf Quantität, so stellt jede Gruppe gleichsam ein Element vor, und verbindet die Gruppen nun auf elektromotorische Kraft.

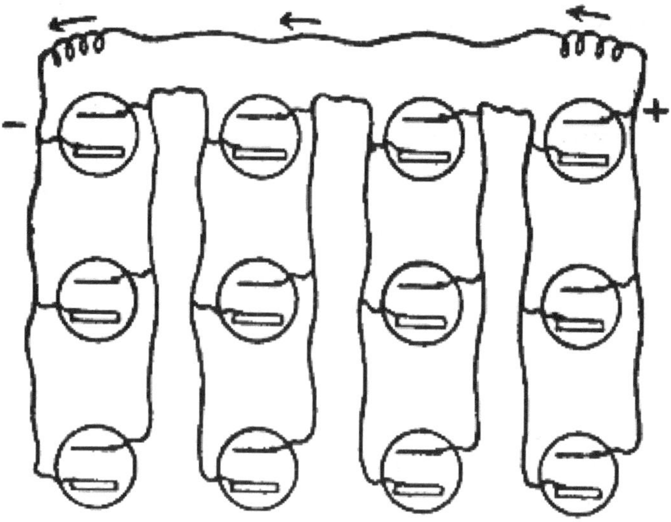

Fig. 154.

Das Ohmsche Gesetz hat dieselbe Form, also ist bei n Gruppen à m Elementen die Stromstärke

$$J = n\,e\,a + n\,i\,m = 4\,e\,a + 4\,i\,3.$$

Man kann nach Belieben mehr oder weniger Gruppen bilden, doch liefert in jedem besonderen Falle gerade diejenige Schaltung den **stärksten Strom, bei welcher der innere Widerstand gleich dem äußeren ist**.

Aufgaben:

a) Wie groß ist die Stromstärke bei einem Meidingerelement von der elektromotorischen Kraft 0,9 V, wenn der innere Widerstand 7 O, der äußere 1 O ist? Wie groß wird die Stromstärke, wenn man 6 solche Elemente in Serie schaltet?

b) Wie groß ist die Stromstärke bei einem Leclanché-Element, dessen elektromotorische Kraft = 1,4 V, innerer Widerstand = 3 O, äußerer Widerstand = 50 O. Wie groß ist die Stromstärke, wenn man 10 solche Elemente in Serie schaltet?

c) Welche Stromstärke liefert ein Bunsen-Element von 2,5 V und 0,1 O innerem Widerstand, wenn der äußere 0,01 O ist? Wie groß ist die Stromstärke, wenn man 5 solche Elemente parallel schaltet?

d) Welche Stromstärke liefert ein Daniell-Element von 1,05 V und 0,5 O innerem Widerstand, wenn der äußere 1 O ist? Wie groß wird die

Stromstärke, wenn man 4 solche Elemente parallel, oder wenn man sie in Serie schaltet?

e) Von 18 Daniell-Elementen, deren elektromotorische Kraft = 1,05 V und deren innerer Widerstand je 3 O ist, macht man bei einem äußeren Widerstand von 2 O 1. Serienschaltung, 2. Parallelschaltung, 3. gemischte Schaltung von 6 Gruppen à 3 Elementen, 4. gemischte Schaltung von 3 Gruppen à 6 Elementen. Wie groß ist in jedem Falle die Stromstärke?

98. Ein Element hat bei 0,30 Ohm äußerem Widerstand eine Stromstärke von 3 Amp., bei 10 O äußerem Widerstand aber nur 1¼ A. Wie groß ist seine elektromotorische Kraft und der innere Widerstand?

99. Welche Stromstärke erhält man, wenn man 4 galvanische Elemente von je 1,8 V hintereinander schaltet, wenn der innere Widerstand bei jedem 0,3 O und der äußere 2 O beträgt? Wie groß muß man den äußeren Widerstand nehmen, um eine Stromstärke von 3 A zu erhalten?

100. Wie viele Leclanché-Elemente von 1,5 V Spannung und 2 O innerem Widerstand muß man hintereinander schalten, um bei einem äußeren Widerstand von 40 O eine Stromstärke von 0,2 A zu erhalten?

101. Welche Stromstärke erhält man, wenn man 3 Bunsen-Elemente von 1,8 V und 0,3 O parallel schaltet, bei einem äußeren Widerstand von 1 O?

124. Galvanis Grundversuch.

Der Entdecker der galvanischen Elektrizität, Galvani, fand (1789), daß ein frisch abgeschnittener Froschschenkel Zuckungen macht, wenn man den Funken einer Leydener Flasche durchgehen läßt und daß eben solche Zuckungen zum Vorschein kamen, als der Froschschenkel mit einem kupfernen Haken an einem eisernen Gitter hing und durch den Wind an die Stäbe des Gitters anschlug. Indem er die Bedingungen dieses „Froschexperimentes“ untersuchte, wurde er der Entdecker der nach ihm benannten Elektrizität. Er deutete die Erscheinung jedoch nicht richtig, und erst Volta behauptete 1794, daß durch Berührung zweier verschiedener Metalle Elektrizität erzeugt werde. Wenn man nämlich eine Zink- und eine Kupferplatte mit isolierenden Handgriffen (aus Glas) versieht, aneinander drückt und wieder voneinander entfernt, so zeigen beide Platten am Kondensationselektroskop Elektrizität. Volta behauptete, die Elektrizität sei nur durch die Berührung der zwei verschiedenen Metalle entstanden, und nannte sie deshalb auch Berührungs- oder Kontaktelektrizität. Dieser Versuch war der Fundamentalversuch der galvanischen Elektrizität (1800). Das Zucken des Froschschenkels kommt, meinte Volta, davon her, daß die getrennten Elektrizitäten sich durch den Froschschenkel ausgleichen. Dieser Erklärung schloß sich Galvani nicht an, da sich fand, daß die Zuckungen auch eintreten, wenn nur ein Metall, ja wenn nur ein feuchter Leiter vorhanden war; deshalb blieb Galvani bei seiner Ansicht stehen, daß hier tierische Elektrizität vorhanden sei, wovon die eine Art Elektrizität in den Nerven, die andere in den Muskeln sei, und daß der Leiter, der beide berührt, bloß den Ausgleich beider Elektrizitäten ermöglicht, und so die Zuckung verursacht. In der Tat gibt es eine tierische Elektrizität, die auf ähnliche Weise im tierischen Organismus vorhanden ist, und Galvani wurde so zugleich der Entdecker der tierischen Elektrizität.

125. Voltas Kontaktelektrizität.

Aber auch Volta blieb, nachdem durch den Fundamentalversuch der Nachweis der Elektrizität gelungen war, bei seiner Meinung stehen und bekräftigte sie durch weitere Versuche. Er behauptete, stets bei der Berührung zweier verschiedener Leiter werde Elektrizität erregt, und unterschied zwei Klassen von Elektromotoren, die festen (metallischen) und die flüssigen, wovon die der ersten Klasse weitaus die wirksamsten sind. Wenn man also eine Zink- und eine Kupferplatte in Schwefelsäure taucht und oben verbindet, so wirkt die Berührung von Zn und Cu elektromotorisch; allerdings wirkt auch die Berührung jedes Metalles mit der Flüssigkeit elektromotorisch, jedoch sehr schwach, so daß es die elektromotorische Kraft von Zn Cu wenig schwächt; der flüssige Leiter ermöglicht also das Zustandekommen eines Stromes.

Diese Theorie, der zufolge die Berührung zweier verschiedener Metalle elektromotorisch wirkt, wird die Kontakttheorie genannt; sie wurde von Volta und seinen Anhängern weiter ausgebildet und auf einen hohen Stand der Vollkommenheit gebracht, so daß sämtliche Erscheinungen und Gesetze des Stromes durch dieselbe erklärt werden konnten.

Dieser Theorie gegenüber steht die „chemische Theorie", wie wir sie bisher entwickelt haben. Ihr zufolge entsteht die Elektrizität durch Berührung heterogener (stofflich verschiedener) Körper infolge chemischer Einwirkung der beiden Körper aufeinander und als Ersatz für die Wärme, welche beim chemischen Prozeß zum Vorschein kommen sollte, aber nicht zum Vorschein kommt.

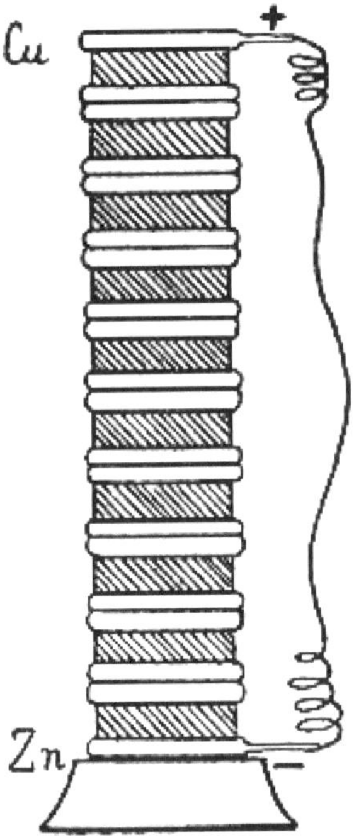

Fig. 155.

126. Die Voltasche Säule.

Im Verfolg seiner Untersuchungen kam Volta zur Konstruktion der berühmten Volta'schen Säule 1800. Nimmt man eine Zink- und eine Kupferscheibe (etwa talergroß) und legt zwischen beide eine Tuch- oder eine Filzscheibe, die mit Salzwasser oder verdünnter Schwefelsäure getränkt ist, so stellt diese Zusammenstellung ähnlich wie bei der Zambonischen Säule ein Element dar. Schlichtet man nun mehrere solche Elemente übereinander auf, so daß jede Kupferplatte eines vorhergehenden Elementes von der Zinkplatte des folgenden berührt wird (ähnlich wie bei der trockenen Säule), so hat man die Voltasche Säule. Fig. 155.

Die Säule stellt eine auf elektromotorische Kraft geschaltete Batterie von vielen Elementen dar. Mit ihr wurden die ersten Untersuchungen über galvanische Elektrizität angestellt und wesentliche Eigenschaften und Wirkungen des galvanischen Stromes entdeckt. Der Aufbau der Säule ist aber mühselig, da die Metallscheiben stets blank geputzt werden müssen; zudem ist der Strom nur kurze Zeit nach dem Aufbaue kräftig, nimmt rasch ab, wenn die geringe Menge Flüssigkeit in den Filzscheiben verbraucht ist und hört bald ganz auf; zur praktischen Verwendung ist sie ganz untauglich. Sie ist deshalb bald verdrängt worden durch die galvanischen Elemente und Batterien, und schon Volta stellte einen Becher oder Tassenapparat zusammen, die ursprünglichste Form unserer heutigen galvanischen Batterien.

127. Wirkung zweier Stromteile aufeinander.

Der galvanische Strom bringt mannigfache Wirkungen hervor, die im folgenden besprochen werden. Diese Wirkungen sind höchst eigentümlicher Art, und es fehlt uns bei den meisten die Kenntnis, wie sie hervorgebracht werden. Eine wesentliche Eigenschaft haben aber alle gemeinsam: Wenn wir bei Betrachtung der Ohmschen Gesetze den Stromkreis gleichsam in zwei Teile geteilt haben, den Teil, in welchem die positive Elektrizität fließt, und den, in welchem die negative fließt, so können wir nun diese Abteilung wieder fallen lassen; denn beide Teile unterscheiden sich in ihren Wirkungen nicht voneinander. Es ist ganz gleichgültig, ob die positive Elektrizität von rechts oder die negative von links durch den Draht läuft; teilt man dem Elemente mitsamt dem ganzen Stromkreise etwa durch die Elektrisiermaschine eine gewisse Menge positiver Elektrizität mit, so ist im ganzen Stromkreise keine negative Elektrizität vorhanden, sondern nur ungleich verteilte positive Elektrizität; die Stromstärke und Stromwirkung bleibt genau dieselbe. Nicht das Vorhandensein der freien Elektrizität verursacht die Stromwirkung, sondern **das durch die ungleichmäßige Verteilung, das Gefälle, hervorgebrachte Fließen der Elektrizität bringt die Wirkung hervor**.

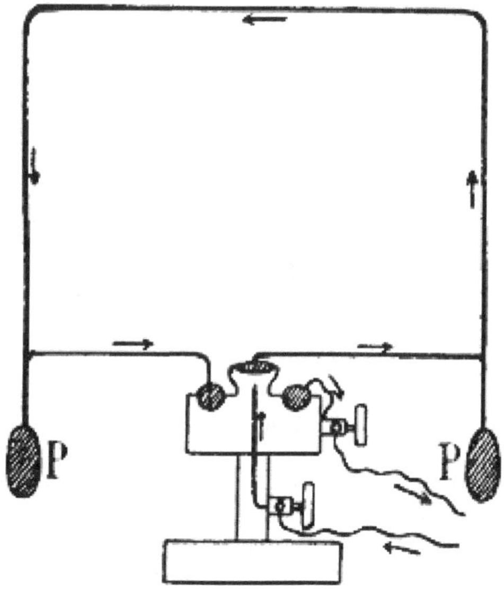

Fig. 156.

Man betrachtet den ganzen Stromkreis als einen einzigen Strom und versteht unter „Richtung des Stromes“ diejenige Richtung, in welcher die positive Elektrizität fließt.

Auch die Ausgleichstelle ist durch keinerlei besondere Wirkung ausgezeichnet.

Ampères Gesetze: **Zwei parallele und gleich gerichtete Ströme ziehen sich an, zwei parallele und entgegengesetzt gerichtete Ströme stoßen sich ab, zwei gekreuzte Ströme suchen sich so zu drehen, daß sie parallel und gleichgerichtet sind.**

Zum Beweise bedient man sich des Ampèreschen Gestelles, Fig. 156, bei welchem der Strom einen leicht beweglichen Leiter durchfließt.

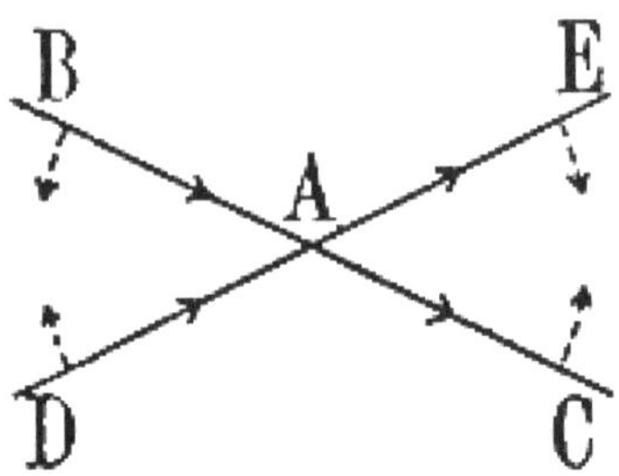

Fig. 157.

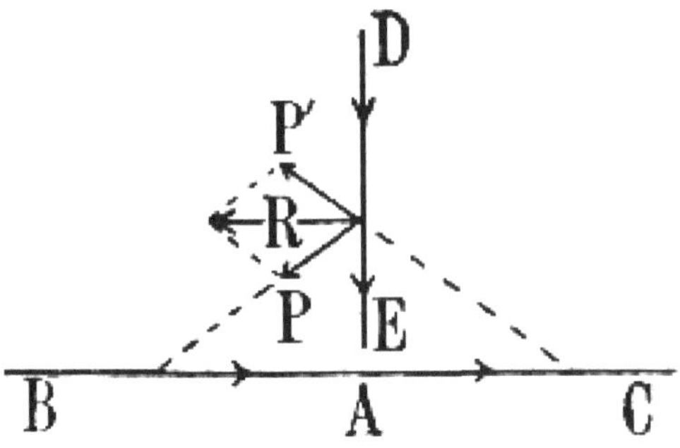

Fig. 158.

Betrachtet man bei gekreuzten Strömen die Stromteile bis zum Kreuzungspunkte, Fig. 157, so ziehen sich BA und DA an, ebenso AE und AC, während die Stromteile AB und AE sich abstoßen, ebenso DA und AC. Man kann also auch sagen: Zwei sich kreuzende Stromteile ziehen sich an, wenn sie beide zum Kreuzungspunkte hin- oder beide von ihm weglaufen; zwei solche Ströme stoßen sich ab, wenn der eine zum Kreuzungspunkte hin- der andere davon wegläuft.

Daraus ergibt sich eine wichtige Folgerung: es sei BAC (Fig. 158) ein Strom und DE ein Stromteil, der so auf ihn zufließt, daß er ihn in A kreuzen würde, so ziehen sich BA und DE an mit einer Kraft, deren Größe und Richtung in P gezeichnet ist, aber AC und DE stoßen sich ab mit einer Kraft P'. P und P' geben nach dem Satze vom Kräfteparallelogramm eine Resultierende R, welche den Leiter DE zu bewegen sucht in einer Richtung, die der Stromrichtung BAC entgegengesetzt ist. Ist also etwa DE um D drehbar, so muß sich E (unserer Zeichnung gemäß) nach links drehen.

Man hat Apparate konstruiert, in denen ein Stromteil durch einen kreuzenden Strom in kontinuierliche Drehung versetzt wird; doch fehlt ihnen praktische Anwendung.

Die anziehende und abstoßende Wirkung zweier Stromteile nimmt mit der Entfernung ab, wie das Quadrat der Entfernung zunimmt.

128. Der Erdstrom.

Ist das Rechteck auf dem Ampèreschen Gestelle aufgestellt und von einem Strome durchflossen, so dreht es sich, bis der Strom in der unteren Seite von Ost nach West läuft, genauer, in einer Richtung, welche zur Richtung der Magnetnadel senkrecht steht. Man schließt: **in der Erde fließt ein Strom in der Richtung von Ost nach West, senkrecht zur Richtung der Magnetnadel: Erdstrom**.

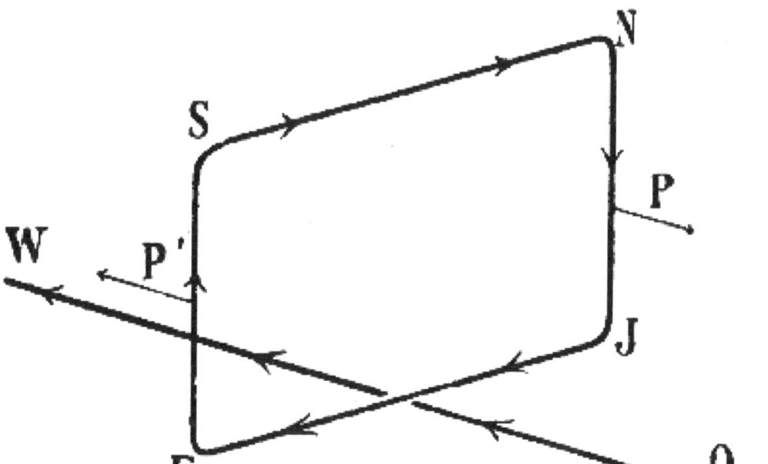

Fig. 159.

Diese Einwirkung des Erdstromes auf das bewegliche Rechteck darf man nicht so erklären, daß der von O nach W laufende Erdstrom den Stromteil JF (Fig. 159) so dreht, daß JF parallel und gleich gerichtet OW wird; denn der Erdstrom wirkt auch auf die obere Seite des Rechteckes und sucht den Strom SN nach entgegengesetzter Richtung zu drehen. Hat der das Rechteck kreuzende Strom nur eine mäßige Entfernung von ihm, so ist die Wirkung des kreuzenden Stromes auf die nähere Seite stärker und das Rechteck dreht sich. Den Erdstrom müssen wir aber weit entfernt annehmen, so daß er von FJ und NS gleichweit entfernt ist; deshalb sind beide Kräfte gleich und heben sich auf.

Aber auf den Stromteil NJ wirkt der Erdstrom ziehend in der Richtung P (Osten) und auf den Stromteil FS wirkt er ziehend in der Richtung P' (Westen); beide suchen also das Rechteck so zu drehen, daß der Nordpunkt N nach Osten, der Südpunkt S nach Westen geht. Nach dieser Drehung fließt der Strom in der unteren Seite des Rechteckes von Osten nach Westen.

Man muß annehmen, die ganze Erde sei beständig von einem elektrischen Strome, dem Erdstrom, umflossen, dessen Richtung senkrecht zur freischwebenden Magnetnadel steht.

Im Erdstrome ist umgekehrt auch die Ursache des Erdmagnetismus zu suchen. Das heißt, die Erde hat Magnetismus wohl nicht deshalb, weil in ihr große Massen permanenter Magnete vorhanden sind, sondern sie lenkt die Magnetnadel ab, weil sie von einem elektrischen Strome umflossen wird.

Die Ursache des Erdstromes ist uns unbekannt. Er wird hervorgebracht wahrscheinlich nicht von Kräften, welche in der Erde selbst ihren Sitz haben (terrestrische oder tellurische Kräfte), sondern von Kräften, welche von außen, vom Weltraume, etwa von der Sonne her auf die Erde einwirken (kosmische Kräfte).

129. Das Solenoid.

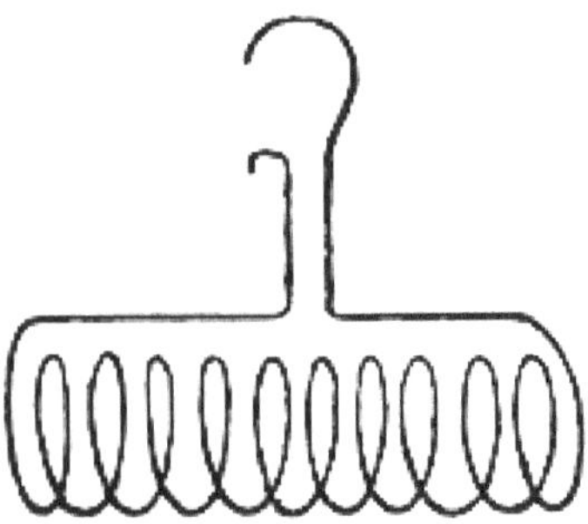

Fig. 160.

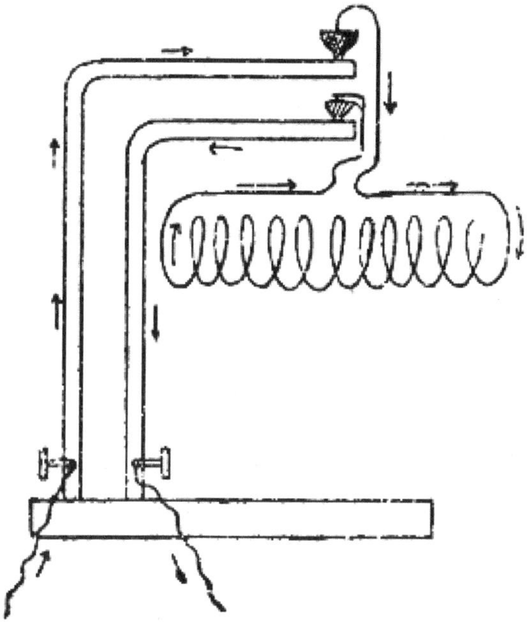

Fig. 161.

Ein in Form eines Kreises laufender Stromteil heißt ein Kreisstrom. Eine Verbindung mehrerer Kreisströme derart, daß alle ihre Mittelpunkte in einer geraden Linie, der Achse, liegen, alle ihre Ebenen auf der Achse senkrecht stehen, und alle Kreise in derselben Richtung durchlaufen werden, heißt ein Solenoid. Ein solches kann man mit großer Annäherung herstellen, wenn man einen Draht in engen Spirallinien um einen Cylinder wickelt. Man versieht die Enden mit Haken und hängt es an einem Ampèreschen Gestelle auf: frei bewegliches Solenoid. Der Erdstrom wirkt auf jeden Kreisstrom des Solenoides drehend in demselben Sinne; das Solenoid dreht sich deshalb, bis die Ströme unten von Ost nach West laufen, also die Achse die Richtung der Magnetnadel hat. Man nennt die Enden des Solenoides auch Nordpol und Südpol; am Nordpol läuft der Strom entgegengesetzt dem Zeiger der Uhr, am Südpol geradeso wie der Zeiger der Uhr. Leitet man einen Strom in der Richtung der Achse über ein Solenoid, so dreht es sich wie eine Magnetnadel (der Nordpol weicht links aus), und man erkennt die Ursache darin, daß der Strom und die Kreisströme des Solenoids gekreuzt sind und sich parallel und gleich gerichtet zu stellen suchen. Nähert man zwei Pole zweier Solenoide einander, so stoßen sich gleichnamige Pole ab, ungleichnamige ziehen sich an; dies erklärt sich aus der Wirkung paralleler Ströme.

Die Pole eines Magnetes wirken auf die Pole des Solenoides wie auf Magnetpole. Ein magnetischer Nordpol zieht den Südpol des Solenoides an und stößt den Nordpol desselben ab:

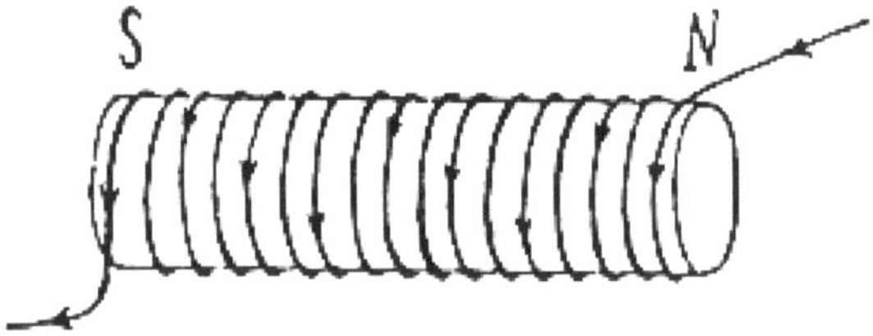

Fig. 162.

Ein Solenoid wirkt nach außen wie ein Magnet.

Bringt man einen Stab weiches Eisen in ein Solenoid in der Richtung der Achse, so wird das Eisen selbst magnetisch und erhält dieselben Pole, wie das Solenoid.

Dies erklärt man durch die Annahme, daß jedes Molekül Eisen beständig von einem Kreisstrom umflossen sei, daß im unmagnetischen Eisen die Achsen der Molekularkreisströme nach allen möglichen Richtungen liegen, daß sie aber durch die richtende Wirkung eines darumgelegten Solenoides parallel gerichtet werden, so daß die Molekularkreisströme sich gegenseitig verstärken; deshalb wird das Eisen magnetisch, indem es wirkt wie ein Solenoid. **Ein Magnet kann angesehen werden als ein Solenoid, dessen Kreisströme am Nordpol laufen entgegengesetzt dem Zeiger der Uhr.**[10]

[10] Die Auffindung all dieser Gesetze, des Erdstroms, des Solenoids, des Elektromagnetes gelang Ampère 1820; von ihm stammt auch die Bezeichnung Solenoid (röhrenförmig).

130. Der Elektromagnet. Stärke des Elektromagnetismus.

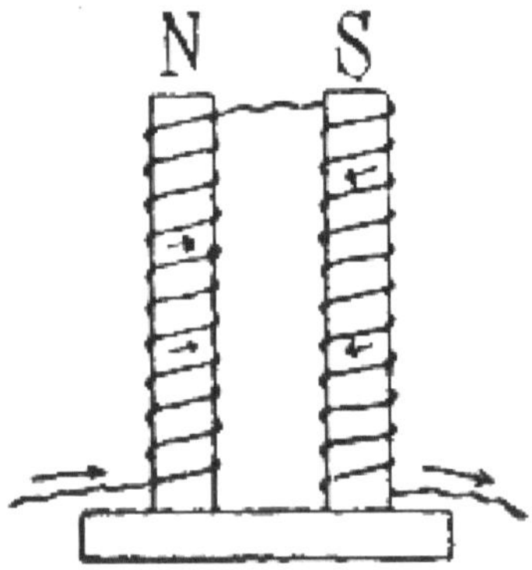

Fig. 163.

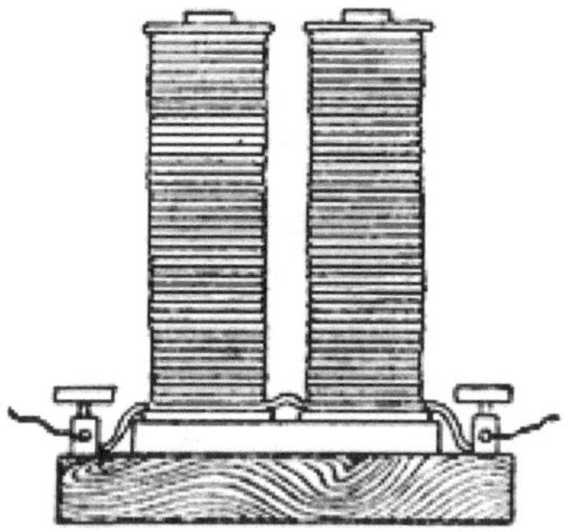

Fig. 164.

Ein Elektromagnet ist ein Stück Eisen, das durch die Wirkung eines Solenoids magnetisch geworden ist. Er erhält den **Nordpol** an dem Ende, wo der + Strom läuft **entgegengesetzt dem Zeiger der Uhr**: kehrt man den Strom um, so vertauschen sich auch die Pole. Oft gibt man dem Elektromagnete eine Hufeisenform; er besteht dann aus zwei parallel gestellten Eisenstäben, den Eisenkernen, die unten durch ein eisernes Querstück verbunden sind. Man steckt über die Kerne je eine Holzspule und umwickelt beide mit übersponnenem Kupferdraht, jedoch in entgegengesetzter Richtung, um entgegengesetzte Pole zu erhalten. Bei Stromschluß werden die Eisenkerne magnetisch, beim Öffnen werden sie wieder unmagnetisch.

Elektromagnete werden verhältnismäßig stärker magnetisch als Stahlmagnete, da beim weichen Eisen sich die Moleküle leichter und vollständiger drehen, polarisieren lassen als beim Stahle. **Die Stärke des Magnetismus hängt ab von der Masse der Eisenkerne**; je größer deren Masse, desto stärker ist der Magnetismus; ferner von der polarisierenden Kraft, also **von der Stärke des Stromes und der Anzahl der Windungen**. Jedoch kann ein Stück Eisen nicht beliebig stark magnetisiert werden; sind alle Moleküle vollständig oder nahezu vollständig polarisiert, so ist der Magnet **gesättigt**, seine Kraft wird nicht mehr verstärkt, wenn man den Strom oder die Anzahl Windungen vergrößert.

Bei starkem Strome genügen schon wenig Windungen dicken Drahtes, um den Eisenkern genügend zu magnetisieren.

Ist der Strom schwach, etwa weil er schon einen großen äußeren Widerstand überwinden mußte, so nimmt man dünnen Draht und macht sehr viele Windungen; die dadurch erfolgte Vergrößerung des äußeren Widerstandes schadet der Stromstärke nicht mehr viel, während die Vergrößerung der Windungszahl den Magnetismus verstärkt.

Die Eisenkerne müssen aus möglichst weichem Eisen bestehen, damit sie den Magnetismus leicht annehmen und beim Öffnen des Stromes möglichst vollständig wieder verlieren.

Wird der Strom um Stahl geleitet, so wird der Stahl auch magnetisch, wenn auch nicht so gut als weiches Eisen; aber er behält seinen Magnetismus fast vollständig. Man kann so sehr kräftige permanente Stahlmagnete machen, wendet aber doch hiebei meist die Streichmethode an, indem man den zu magnetisierenden Stahl an den Polen eines kräftigen Elektromagnetes streicht.

131. Die elektrische Klingel und ihre Anwendung.

Die elektrische Klingel hat folgende Einrichtung: vor den Polen eines **Elektromagnetes** befindet sich ein Stück weiches Eisen, der **Anker**; er ist befestigt an einem **federnden Stahlblech**, welches ihn etwas von den Polen wegzieht. Der Anker trägt an einem Fortsatz einen **Klöppel**, der an eine **Glocke** schlägt, wenn der Anker zu den Polen hinbewegt wird. Das am Anker befestigte Stahlblech hat auch einen Fortsatz, welcher eine **Stellschraube** berührt, wenn der Anker von den Polen entfernt wird, dagegen die Stellschraube nicht mehr berührt, wenn der Anker den Polen genähert wird.

Der Strom durchläuft die Windungen des Elektromagnetes, geht dann in das federnde Stahlblech und durch die berührende Stellschraube zur Batterie zurück. Hält man den Strom geschlossen, so werden die Magnete erregt, ziehen den Anker an und bewirken so einen Glockenschlag. Durch die Bewegung des Ankers hat sich aber auch die Stahlfeder von der Stellschraube entfernt und hat den Strom dadurch unterbrochen (**Selbstunterbrechung**); die Magnete verlieren dadurch ihre Kraft und lassen den Anker los, der durch die Federkraft sich wieder von den Polen entfernt. Dadurch kommt aber die Stahlfeder wieder in Berührung mit der Stellschraube, stellt also den Strom wieder her, und es beginnt derselbe Vorgang und wiederholt sich, solange man den Strom geschlossen hält; es entstehen also infolge der Selbstunterbrechung in rascher Aufeinanderfolge Schläge an die Glocke, ein Klingeln, dessen Tempo durch die Stellung der Stellschraube etwas reguliert werden kann.

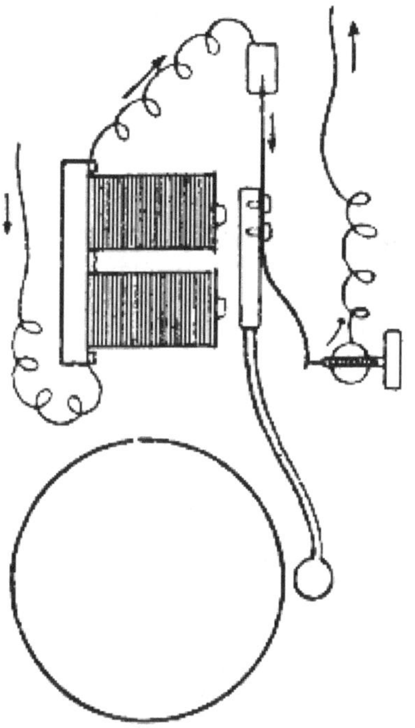

Fig. 165.

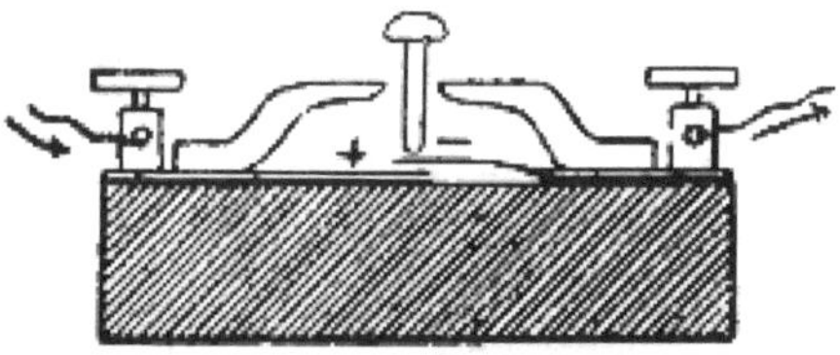

Fig. 166.

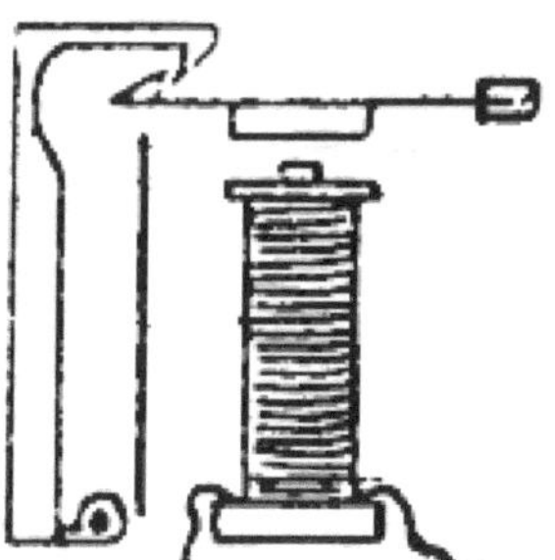

Fig. 167.

Um den Strom bequem schließen zu können, bedient man sich eines **Drückers**, bei dem man mittels eines Porzellan- (Bein-)Knopfes ein etwas in die Höhe gebogenes, elastisches Blechstück auf ein festes Blechstück niederdrückt.

Beim **Haustelegraphen**, wie er besonders in Gasthäusern vielfach verwendet wird, kann man durch den im Zimmer befindlichen Drücker den Strom schließen und so durch Klingeln ein Zeichen geben. Um aber zu erfahren, in welchem Zimmer gerufen wird, werden die Drähte von den Drückern durch einen Nummernkasten geleitet, in welchem für jedes Zimmer ein Nummernapparat (Fig. 167) sich befindet. Dieser besteht im wesentlichen aus einem kleinen Elektromagnet, der einen Anker anzieht; dieser läßt dabei eine kleine Falltüre los, welche herunterklappt und dadurch die betreffende Zimmernummer sichtbar macht. Die Art der Drahtführung ist aus Fig. 168 ersichtlich; man reicht für alle Zimmer mit nur einer Batterie von einigen Meidingerelementen aus.

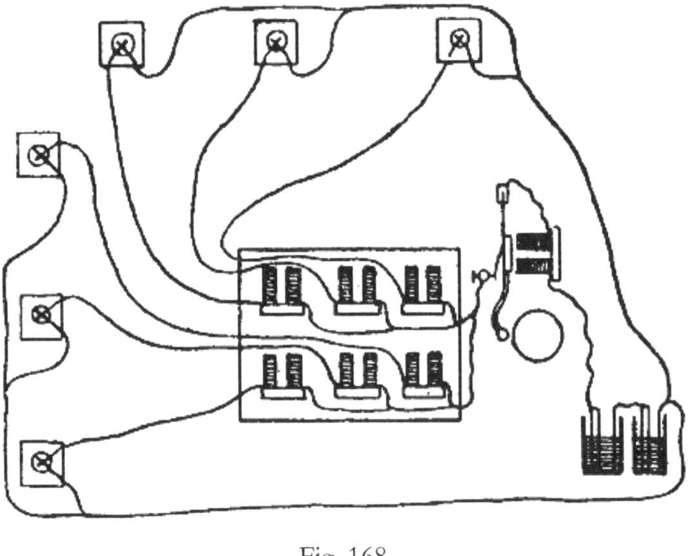

Fig. 168.

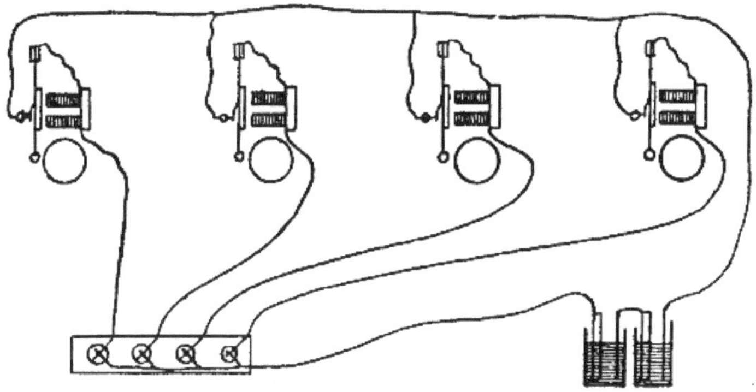

Fig. 169.

Fig. 170.

Das Schema Fig. 169 zeigt eine Einrichtung, bei welcher man von einem Orte aus nach verschiedenen Richtungen hin Klingelsignale geben kann; sie wird in Fabriken, größeren Geschäften etc. benützt.

Der **elektrische Feuermelder**. Er besteht aus einem Thermostreifen (Streifen aus Zink und Eisen), der am einen Ende festgeklemmt ist und bei Temperaturänderungen mit dem anderen Ende kleine Bewegungen macht. Er berührt dann eine Stellschraube und schließt dadurch den Strom, der von der Batterie in den Thermostreifen geleitet und dann von der Stellschraube zur Klingel geführt wird. Durch Drehen der Stellschraube kann bewirkt werden, daß der Strom stets dann geschlossen wird, wenn die Temperatur eine gewisse Höhe (oder Tiefe) erreicht hat. Man verwendet sie so etwa in Warenlagern, damit ein ausbrechender Brand sich durch Erwärmung des Thermostreifens signalisiert, und in Gewächshäusern, um besonders nachts zu hohe und zu niedrige Temperaturen signalisieren zu lassen. (Fig. 170.)

Der **Einbruchsmelder**, elektrische Sicherung gegen Einbruch. Man bringt an der Türe des Kassaschrankes oder des Zimmers oder Ladens etc. einen Kontakt an, der sich von selbst schließt, sobald die Türe nur ein wenig geöffnet wird. Die geschlossene Tür drückt auf einen Hebel; dieser schnappt beim Öffnen durch eine Feder zurück, berührt mit seinem anderen Ende ein Platinplättchen und schließt dadurch den Strom, der zu einer elektrischen Klingel führt und so das Öffnen der Türe signalisiert. Um unterwegs unnötigen Lärm zu verhindern, kann man etwa durch Ausziehen eines Stöpsels zwischen zwei Backen den Strom unterbrechen.

Die elektrischen Telegraphen.

132. Der Morsesche Schreibtelegraph.

Der Telegraph (Fernschreiber) ermöglicht, Zeichen, welche die Bedeutung von Buchstaben haben, in sehr kurzer Zeit an einen weit entfernten Ort zu signalisieren.

Schon im Jahre 1809, kurz nachdem Volta seine Säule gebaut hatte, schlug Sömmering vor, mittels Wasserzersetzung zu telegraphieren; doch hat diese Einrichtung niemals praktische Verwendung gefunden. Schilling konstruierte 1832 das Modell eines Telegraphen und Gauß und Weber stellen 1833 die erste größere Telegraphenleitung in Göttingen her. Doch kann deren Einrichtung auch erst später erklärt werden. Steinheil in München verbesserte den Apparat (1838), so daß schon geschriebene Zeichen übermittelt wurden. Morse, ein Amerikaner, konstruierte 1837 ein Modell und etwas später den Schreibtelegraphen, welcher noch gegenwärtig in Verwendung steht.

Der Morsesche Schreibtelegraph.

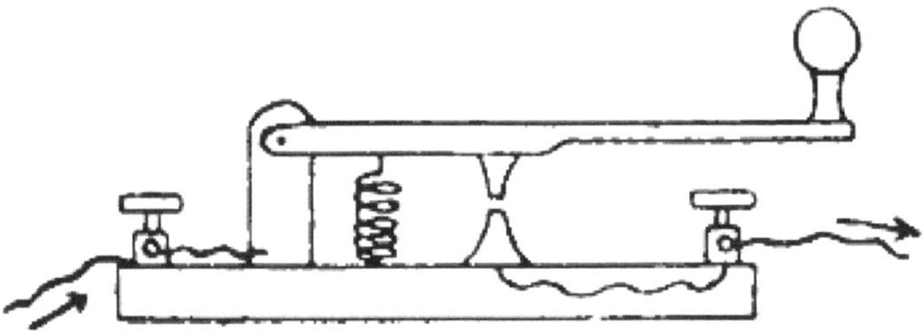

Fig. 171.

Der **Zeichengeber** hat den Zweck, den Strom nach Belieben und bequem schließen und öffnen zu können. Auf der Aufgabestation A befindet sich als Zeichengeber der **Taster** oder Drücker, auch Schlüssel genannt. Er besteht aus einem Hebel, der mittels eines Elfenbeinknopfes niedergedrückt werden kann und dann durch eine Feder wieder zurückschnellt. Beim Niederdrücken berührt er mittels eines hervorragenden Daumens einen Stift und schließt dadurch den Strom. Man ist imstande, durch den Zeichengeber den Strom kurze oder längere Zeit zu schließen.

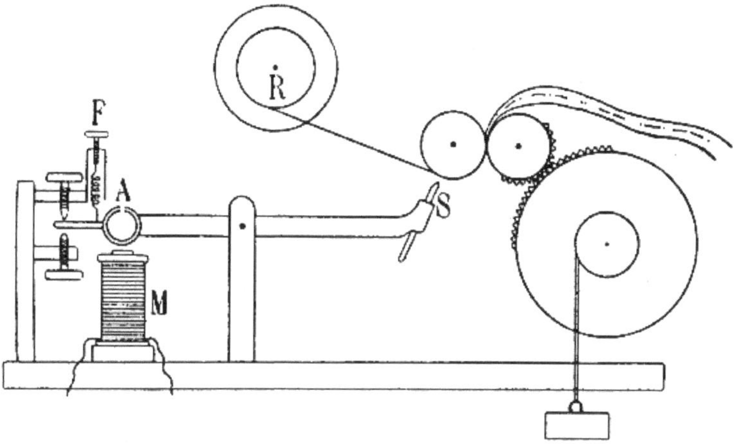

Fig. 172.

Der Zeichenempfänger besteht aus einem **Elektromagnet** M, dessen Windungen vom Strome durchflossen werden, so daß er beim Schließen des Stromes magnetisch, beim Öffnen unmagnetisch wird. Etwas oberhalb ist ein **Hebel** AS angebracht; dieser trägt am einen Ende ein Stück weiches Eisen, das als **Anker** A gerade über den Polen des Elektromagnetes liegt; wird der Elektromagnet magnetisch, so zieht er den Anker an, wird er unmagnetisch, so reißt eine **Abreißfeder** F den Anker wieder von den Polen weg. Stellschrauben, welche ober- und unterhalb des Hebels angebracht sind, begrenzen die Bewegung. Das andere Hebelende trägt einen **Schreibstift** S (Bleistift oder Stahlstift), welcher, wenn der Anker angezogen ist, auf einen **Papierstreifen** drückt und auf ihm Zeichen macht. Der Papierstreifen kommt von einer Papierrolle R und läuft zwischen zwei rauhen Walzen durch; die Walzen werden durch ein Triebwerk (Uhrwerk, das von Zeit zu Zeit aufgezogen wird) in mäßige Drehung versetzt, ziehen dabei den Papierstreifen heraus und führen ihn in der Nähe des Schreibstiftes vorbei. Bei kurzem Stromschlusse macht der Schreibstift nur einen Punkt, bei längerem einen Strich auf den fortlaufenden Papierstreifen. Morse setzte aus Punkten und Strichen ein Alphabet zusammen, das von allen Nationen angenommen wurde und nun internationale Gültigkeit hat, so daß z. B. der Buchstabe a in allen Sprachen durch dasselbe Zeichen telegraphiert wird. Den Schreibstift hat man durch eine Färbevorrichtung ersetzt und nennt einen damit versehenen Apparat einen **Farbenschreiber**. An Stelle des Schreibstiftes ist am Hebelende eine kleine Platte angebracht, welche, wenn der Anker angezogen wird, das Papier etwas nach aufwärts drückt. Dadurch kommt das Papier in Berührung mit dem **Schreibrädchen**; das ist eine Scheibe, die am Rande eine stumpfe Schneide besitzt, durch das Uhrwerk beständig gedreht wird, dabei eine Farbwalze berührt und von derselben mit zähflüssiger Farbe versehen wird.

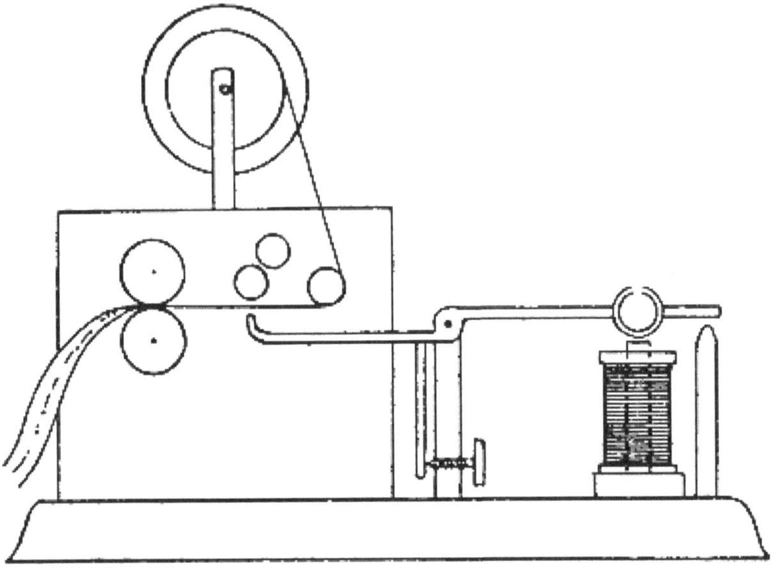

Fig. 173.

133. Der Nadel- und der Zeiger-Telegraph.

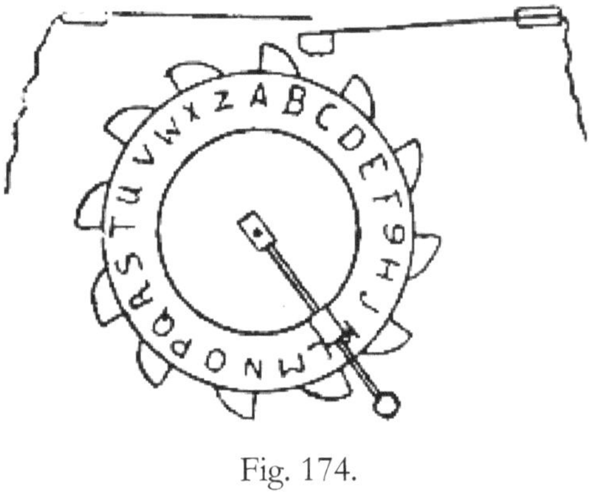

Fig. 174.

Der **Nadeltelegraph** (Wheatstone). Der Zeichengeber besteht aus einem Drücker, durch den man imstande ist, nach Belieben den positiven oder den negativen Strom in die Telegraphenleitung zu schicken (Kommutator, Stromwender). Der Zeichenempfänger besteht aus einer **Magnetnadel**, die mit **Multiplikatorwindungen** umgeben ist. Da nun je nach der Richtung des Stromes die Nadel nach der einen oder anderen Seite abgelenkt wird, so kann man nach Belieben **Ausschläge nach rechts oder links** hervorbringen, und damit ein Alphabet zusammensetzen.

Ein großer Vorteil des Nadeltelegraphen ist seine fast unbegrenzte Empfindlichkeit, da auch sehr schwache Ströme, wie sie bei sehr langen (überseeischen) Leitungen vorkommen, durch Benützung von Multiplikatoren mit großer Windungszahl doch noch imstande sind, eine leichte, am Seidenfaden aufgehängte Magnetnadel zu drehen.

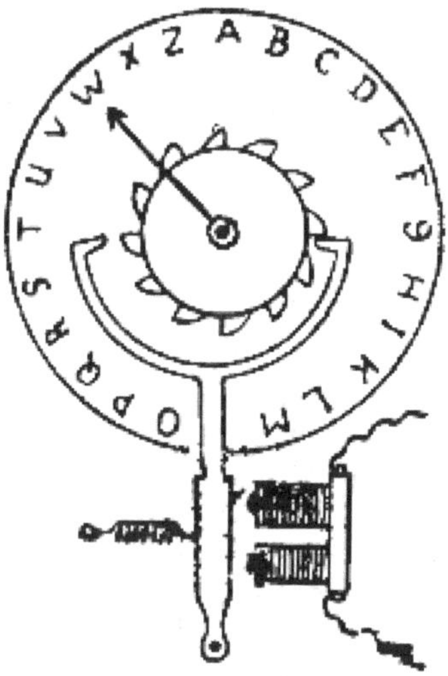

Fig. 175.

Der **Zeigertelegraph**. Der Zeichengeber besteht aus einem Rade, das durch eine Kurbel gedreht werden kann. Am Umfange des Rades sind Steigzähne angebracht, zwischen denen ebenso breite Lücken sind. Beim Drehen des Rades drückt ein Steigzahn das Ende eines federnden Bleches nach auswärts, so daß es gegen ein anderes federndes Blech drückt und dadurch den Strom schließt. Ist der Zahn vorübergegangen, so springt die Feder in die nächste Lücke und der Strom ist offen. **Durch Umdrehen des Rades wird in regelmäßiger Folge der Strom geschlossen und wieder geöffnet.** Neben den Zähnen und Lücken stehen die Buchstaben des Alphabetes.

Der Zeichenempfänger besteht aus einem **Elektromagnete**, welcher bei Stromschluß einen **Anker** anzieht. Dieser greift mit einem gabelförmigen Fortsatz in ein **Steigrad** ein und dreht es je um einen Zahn weiter; dadurch rückt auch der **Zeiger** um einen Buchstaben weiter. Indem man beim Zeichengeber ziemlich rasch herumdreht, rückt beim Empfänger der Zeiger gleich rasch weiter. Indem man beim gewünschten Buchstaben anhält, signalisiert man ihn.

134. Der Typendrucktelegraph.

Der Typendrucktelegraph wurde vom Amerikaner Hughes (1859) erfunden und bewirkt durch eine sinnreiche aber sehr komplizierte Einrichtung, daß die Depesche vom Zeichenempfänger selbst auf den Papierstreifen in gewöhnlicher Schrift gedruckt wird.

Die Typendrucktelegraphen wirken vollkommen sicher, arbeiten etwa 3 mal so schnell wie die Morseschen Schreibtelegraphen und ersparen in der Empfangsstation die Mühe des Abschreibens der Depesche, da dem Adressaten die bedruckten Papierstreifen unmittelbar übergeben werden können. Auf allen bedeutenderen Stationen sind schon solche Typendrucktelegraphen in Gebrauch.

135. Das Relais.

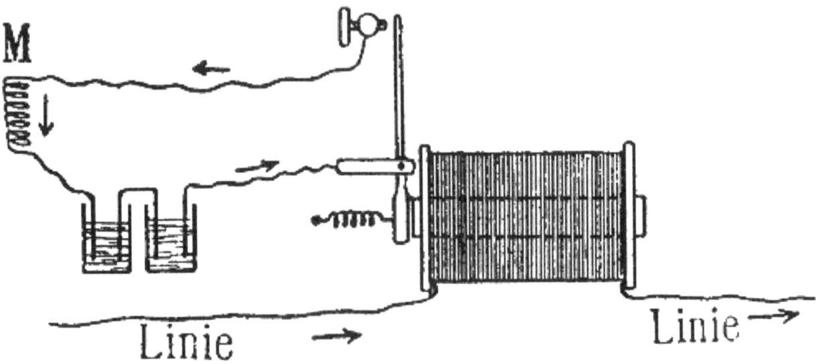

Fig. 176.

Wenn man von einer Hauptstation mit mehreren, hintereinander liegenden Nebenstationen in Verbindung treten will, so müßte der Strom so stark sein, daß er in sämtlichen Stationen zugleich das Anziehen der Anker bewirkt. Hiezu müßte der Strom eine beträchtliche Stärke haben. Man erzielt eine Ersparnis durch Einrichtung des **Relais**. Dies besteht aus einem Elektromagnet mit leicht beweglichem Anker. Wird dieser angezogen, so schließt er durch Berührung einer Stellschraube den Strom einer **Lokalbatterie**, die den Elektromagnet M des Zeichenempfängers erregt. Da der Elektromagnet des Relais keine Arbeit zu leisten hat, so kann er sehr leicht gemacht werden, so daß eine **Linienbatterie** von mäßiger Elementenzahl hinreicht, alle Relais der Nebenstationen zu bedienen. Die

Lokalbatterie jeder Station braucht, da sie bloß einen Elektromagneten zu versehen hat und keine lange Leitung hat, nur 2 oder 3 Elemente.

136. Telegraphenleitung.

Der Strom wird vom Zeichengeber der einen Station zum Zeichenempfänger der anderen Station geleitet durch die bekannten Telegraphendrähte, verzinkte Eisendrähte. Sie werden von hohen Stangen getragen und, damit sie von der Erde **isoliert** sind, auf Glas- oder Porzellanglocken befestigt. Es sollte eine ebensolche Leitung vom Zeichenempfänger zum andern Pole der Batterie zurückführen. Aber bald nach Erfindung der Telegraphen fand Steinheil (1837), daß man diese **Rückleitung** sparen und an ihrer Stelle mit Vorteil die **Erde** benützen könne (Erdleitung). Man führt von dem einen, etwa dem - Pole der Batterie einen Draht in die feuchte Erde und läßt ihn dort in eine Platte (Bodenplatte) endigen. Dadurch ist dieser Pol abgeleitet. Man führt nun vom andern, dem + Pole der Batterie, den Draht zum Drücker, dann zur Telegraphenleitung (Linie), zum Elektromagnet des Zeichenempfängers und dann auch sofort zur Erde in eine Bodenplatte; dadurch ist auch der positive Pol abgeleitet. Wenn nun durch den Drücker der Strom geschlossen wird, so läuft einerseits die - E direkt zur Erde, anderseits läuft die + E durch Leitung und Empfänger zur Erde. Von beiden Bodenplatten aus fließen die Elektrizitäten zur Erde ab, verbreiten sich auf ihr und sind dadurch verschwunden. Die Erdleitung ist nicht bloß praktisch wichtig, sondern auch theoretisch interessant, weil man erkennt, daß zum Zustandekommen des galvanischen Stromes nicht der wirkliche Ausgleich von ± E notwendig ist, sondern daß etwa die positive Elektrizität allein schon dadurch, daß sie durch den Draht fließt, alle Wirkungen des galvanischen Stromes hervorbringen kann; denn auf dem ganzen Drahte vom + Pole bis zur weit entfernten Erdplatte ist nur positive Elektrizität vorhanden, am Pole von hoher Spannung, an der Erdplatte von sehr geringer Spannung (= 0). Diese ungleiche Verteilung der Elektrizität bringt den Strom hervor, wenn durch Ableitung des - Poles dafür gesorgt ist, daß auch der - Pol keine hohe Spannung bekommen kann.

Telegraphenleitungen, welche durch das **Meer** gelegt werden, werden durch eine Hülle aus **Guttapercha isoliert**. Um dieser Leitung Festigkeit zu verleihen, wird sie mit Hanf und dann mit einem Kranze dicker Eisendrähte umgeben, nochmal mit Hanf umsponnen (worauf beim Küstenkabel noch ein Kranz von Eisenstäben folgt) und geteert. Auf ähnliche Art werden **Erdleitungen** eingerichtet.

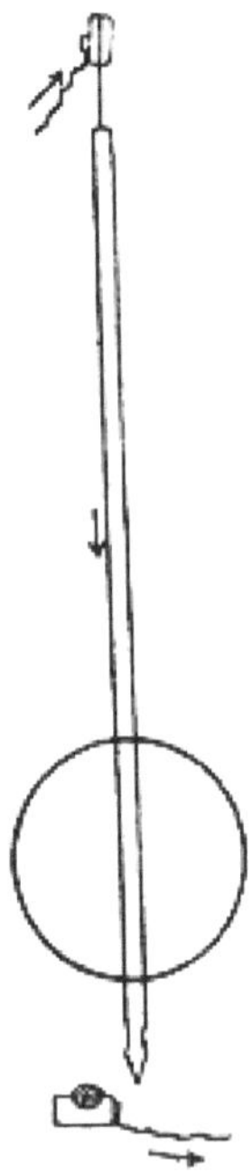

Fig. 177.

137. Die elektrischen Uhren.

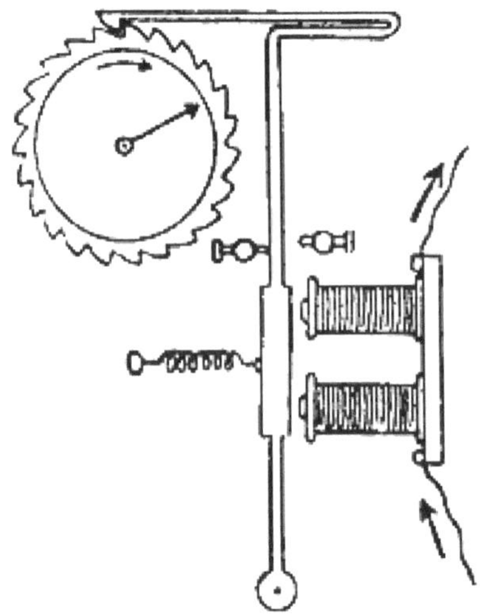

Fig. 178.

Der galvanische Strom wird auch dazu benützt, den Gang einer Uhr auf ein weit entferntes Zeigerwerk zu übertragen, so daß beide stets dieselbe Zeit angeben. Eine solche Einrichtung nennt man eine **elektrische Uhr**. Hat eine Uhr ein Sekundenpendel, so versieht man dessen Ende mit einer **Platinspitze**, welche bei jeder Schwingung einen **Quecksilbertropfen** berührt, der aus einer Vertiefung eines Eisenblockes herausragt. Dadurch wird der Strom in jeder Sekunde geschlossen.

Das **elektrische Zeigerwerk** ist ähnlich eingerichtet wie der Zeichenempfänger des Zeigertelegraphen. Der Strom durchläuft den **Elektromagnet**, vor dessen Polen sich der bewegliche **Anker** befindet; dieser trägt oben einen **Haken**, welcher in die Zähne eines **Steigrades** eingreift und es bei jedem Stromschluß um einen Zahn weiter dreht. Der Zeiger des Steigrades bewegt sich somit wie ein Sekundenzeiger.

Will man etwa nur die Minuten übermitteln, oder bloß nach je 5 oder 10 Minuten den Strom schließen, so wählt man auf der Normaluhr ein Rad, das sich etwa in der Stunde 10 mal herumdreht, und schlägt auf ihm 6 Stifte ein, oder man schlägt auf dem Stundenrade 12 resp. 6 Stifte ein. Bringt man ferner einen Hebel J so an, daß sein eines Ende c von den Stiften nach aufwärts gedrückt wird, so wird sein anderes Ende a nach abwärts gedrückt, berührt mit seiner Platinspitze ein federndes Blech FF' und schließt dadurch den Strom. Ist der Stift am Hebelende vorbeigegangen, so wird es durch eine Abreißfeder wieder nach abwärts gezogen, bis der nächste Stift kommt und wieder einen Stromschluß bewirkt. So wird in regelmäßigen Zwischenräumen der Strom geschlossen.

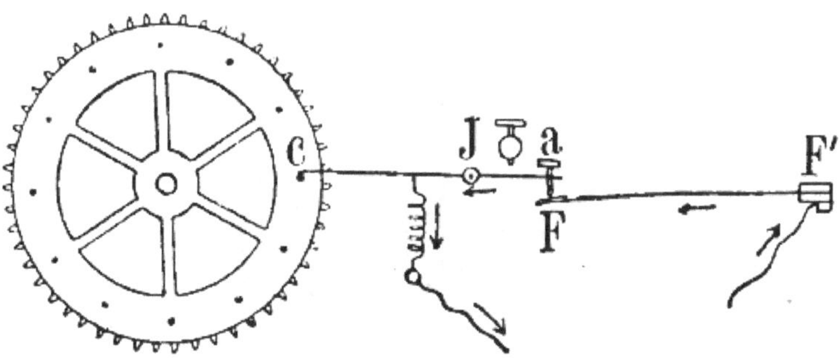

Fig. 179.

Chemische Wirkungen des galvanischen Stromes.

138. Elektrolyse.

Manche Flüssigkeiten leiten die Elektrizität. Ein- und Austritt des elektrischen Stromes in die Flüssigkeit geschieht stets nur unter chemischer Zersetzung der Flüssigkeit. **Eine durch den galvanischen Strom verursachte chemische Zersetzung einer Flüssigkeit in ihre einfacheren Bestandteile nennt man Elektrolyse.** Die beiden

Drahtenden oder Metallplatten, durch welche der Strom in die Flüssigkeit geleitet wird, heißen **Elektroden** (Elektrizitätswege), die Platte, durch welche die + Elektrizität eingeleitet wird, heißt **Anode** (aufsteigender Weg), die andere, negative Platte, heißt **Kathode** (absteigender Weg). Der der Zersetzung unterliegende Körper heißt das Elektrolyt; die Zersetzungsprodukte heißen Ionen; **die Ionen kommen stets an getrennten Stellen zum Vorschein;** der an der Anode ausgeschiedene Stoff heißt **Anion** oder der elektronegative Bestandteil, der an der Kathode ausgeschiedene Stoff heißt **Kation** oder der elektropositive Körper, weil er im Sinne des + Stromes wandert. Diese Benennungen stammen von Faraday 1833.

139. Elektrolyse des Wassers.

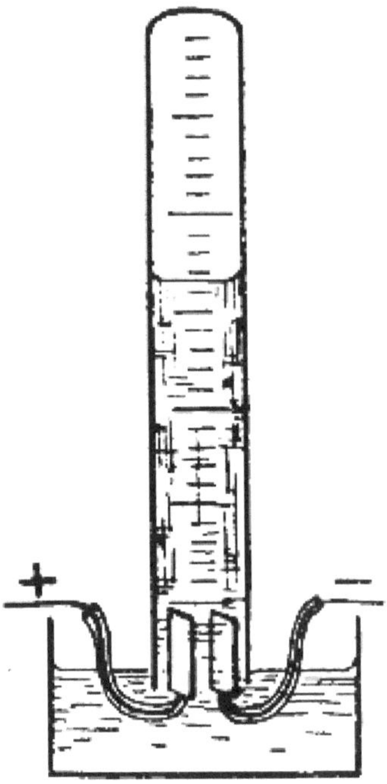

Fig. 180.

Taucht man zwei Platinbleche als Elektroden in Wasser, so **geschieht die Zersetzung des Wassers derart, daß der Sauerstoff an der Anode, der Wasserstoff an der Kathode zum Vorschein kommt**: beide können getrennt in pneumatischen Wannen aufgefangen werden.[11] Man erklärt den Vorgang auf folgende Art: Durch die Kathode kommt die negative Elektrizität an der Grenze des Wassers und trennt durch ihren Einfluß die chemisch verbundenen Stoffe H_2 und O. Dabei wird Elektrizität produziert, und zwar wird H_2 +, O - elektrisch. H gleicht seine + E mit der - E der

Kathode aus, wird frei und steigt als Gas in die Höhe; das O verbindet sich mit dem H_2 des nächstliegenden Wassermoleküls und gleicht seine - E mit dessen + E aus; dadurch wird das nächste O frei und - elektrisch und wandert so weiter, bis schließlich das letzte O mit - E geladen an der Anode anlangt, dort seine - E mit der + E der Anode ausgleicht und als freies Gas aufsteigt. Es ist das ein ebensolcher Austausch (Wanderung) der einzelnen Bestandteile von Molekül zu Molekül wie bei den galvanischen Elementen. Ebenso wie in den galvanischen Elementen Elektrizität nur dadurch frei wird, daß die Zersetzungsprodukte an verschiedenen Stellen zum Vorschein kommen, so **wird bei der Elektrolyse Elektrizität verbraucht, weil die Zersetzungsprodukte an verschiedenen Stellen zum Vorschein kommen.**

[11] Die erste Wasserzersetzung beobachteten Nicholson und Carlisle, als sie (1800) bei einer Voltaschen Säule den vom Kupfer kommenden Draht in einen auf der obersten Zinkplatte liegenden Wassertropfen tauchten.

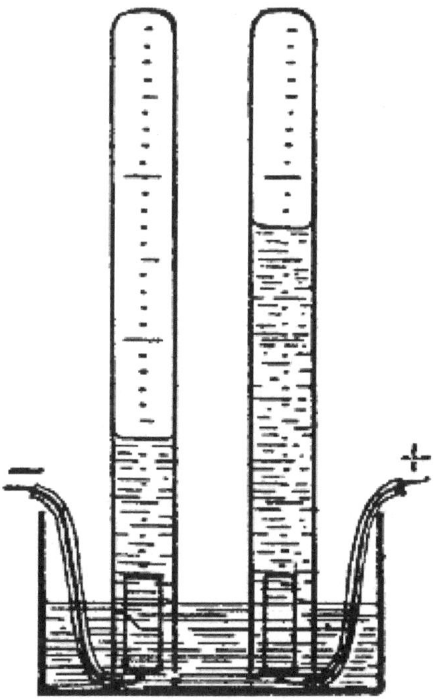

Fig. 181.

Durch Zerreißung von H_2O sind beide Teile elektrisch geworden und haben ihre Elektrizitäten mit denen der Elektroden ausgeglichen; es ist also von den Elektroden Elektrizität weggeschafft worden, gerade so, wie wenn diese Elektrizität durch die Flüssigkeit gewandert wäre. **Flüssigkeiten leiten die Elektrizität nur, insofern und weil sie vom Strom zersetzt werden** (De la Rive). Außer der Elektrizitätsbewegung durch die Ionen findet keine Elektrizitätsbewegung durch die Masse des Leiters ähnlich wie bei den Metallen statt. Daraus folgt: **die Menge der in die Flüssigkeit übertretenden Elektrizität, also die Stromstärke, ist proportional der Menge des ausgeschiedenen Wasserstoffes.** Für jedes Molekül H_2 wird auch ein Atom O ausgeschieden, deshalb sind auch die ausgeschiedenen Mengen H_2 und O einander chemisch äquivalent, auf 2 *g* H treffen 16 *g* O oder auf 2 *ccm* H trifft 1 *ccm* O, also 3 *ccm* Knallgas. Man benützt deshalb auch die Wasserzersetzung, um die Stromstärke zu messen. Bei dem dazu geeigneten Apparat, dem **Voltameter** werden die erzeugten Gasmengen entweder gemeinsam oder getrennt in **graduierten Glascylindern aufgefangen**. Man verzichtet hiebei oft darauf, auch den Sauerstoff aufzufangen, weil er nicht in ganzer Menge als Gas aussteigt; denn ein Teil wird vom Wasser absorbiert, ein anderer Teil bildet Wasserstoffsuperoxyd und bleibt so auch in Wasser gelöst, und ein Teil bildet Ozon, das eine größere Dichte hat als Sauerstoff. Ein Strom von 1 Ampère zersetzt in der Minute 0,00552 *g* Wasser, in der Stunde 0,331 *g* Wasser.

140. Elektrolyse von Salzen.

Ebenso wie Wasser lassen sich viele andere Stoffe elektrolytisch zersetzen, insbesondere die meisten Metallsalze, am leichtesten die Salze der Schwermetalle, wobei diese Salze meist in Wasser gelöst sind. Wenn man den Strom z. B. durch eine Lösung von Kupfer- oder Zinksulfat oder Silbernitrat leitet, so wird das Metall an der Kathode ausgeschieden; das Säureradikal SO_4 oder NO_3 verbindet sich mit dem nächstliegenden Metallatom; dadurch wird dessen Säureradikal frei und wandert so fort, bis es an die Anode kommt; dort entreißt es einem Wassermoleküle den Wasserstoff und bildet damit freie Säure, während der Sauerstoff sich als Gas entwickelt. **An der Kathode scheidet sich das Metall, an der Anode die Säure und Sauerstoff aus.**

Auch bei der Elektrolyse der Salze wird Elektrizität frei, das Metall wird + und heißt deshalb das positive Elektrolyt, das Säureradikal wird - und heißt das negative Elektrolyt; beide gleichen ihre Elektrizität mit der der Elektroden aus. Die Flüssigkeit wird dabei immer ärmer an Metallsalz und reicher an freier Säure und zwar von der Anode aus. Ist alles Metall aus der Flüssigkeit ausgeschieden, so beginnt eine einfache Wasserzersetzung, bei starken Strömen und kleinen Elektrodenflächen auch schon früher.

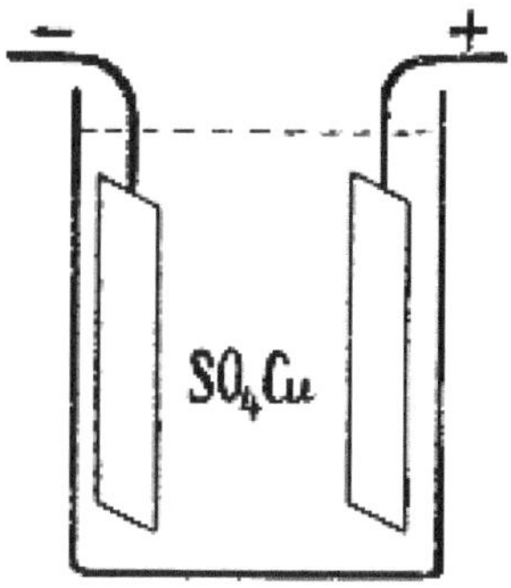

Fig. 182.

Wird bei der Elektrolyse eines Salzes als Anode nicht ein Platinblech, sondern eine Platte von demselben Metalle, welches als Salz in der Flüssigkeit gelöst ist, verwendet, ist also etwa eine Kupferanode in Kupfersulfatlösung, so verbindet sich das Säureradikal (SO_4), das an der Anode zum Vorschein kommen sollte, mit dem Metall (Cu) der Anode, löst also die Anode auf und bildet damit wieder dasselbe Salz (SO_4Cu), welches in der Flüssigkeit gelöst ist. In diesem Falle, bei **löslicher Anode**, bleibt die Flüssigkeit stets gleich reich an Salz, und **soviel sich an der Kathode Metall niederschlägt, ebensoviel wird von der Anode Metall weggenommen**. Ähnliches findet stets statt, wenn das Anodenmetall mit dem sich ausscheidenden Säureradikal eine lösliche Verbindung eingehen kann. Ist z. B. Kupferanode in Zinksulfatlösung, so wird an der Kathode Zn ausgeschieden, und an der Anode verbindet sich SO_4 mit Cu, so daß Zn aus der Lösung verdrängt und durch Cu ersetzt wird.

Davy entdeckte 1807 durch Elektrolyse die Metalle Kalium und Natrium. Man gräbt in ein Stück Ätzkali ein Loch, füllt es mit Quecksilber, in welches man den Kathodendraht taucht, und das Ätzkali stellt man in Quecksilber, in das man den Anodendraht taucht. Bei sehr starkem Strome geschieht die Zersetzung des Ätzkali in Ka und O, das Kalium entsteht an der Kathode und bildet mit Quecksilber ein Amalgam, aus welchem es durch Destillation gewonnen werden kann.

Berzelius fand, daß bei Elektrolyse von manchen Salzen der Alkali- und alkalischen Erdmetalle sich H_2 und O ausscheiden, und daß daneben sich die Salze zerlegen in die Säure, welche an der Kathode, und in die basischen Stoffe (Hydroxyde), welche an der Anode sich ausscheiden.

Aluminium wird jetzt durch Elektrolyse der feuerflüssigen Tonerde gewonnen. Tonerde wird im Kohlentiegel sehr stark erhitzt, dann wird durch sie ein Strom geleitet, welcher die Tonerde zunächst bis zum Schmelzen erhitzt und dann zersetzt. An der oben befindlichen Kohlenanode scheidet sich Sauerstoff aus, der sich mit der Anode zu Kohlenoxydgas verbindet. An der Kathode scheidet sich Aluminium aus. Natrium wird technisch durch Elektrolyse von geschmolzenem Chlornatrium dargestellt.

141. Das elektrolytische Gesetz.

Auch die Elektrolyse von Salzen benützt man zur Messung der Stromstärke; man benützt Kupfer- oder Zinksulfatlösung mit Kupfer- resp. Zink-Anoden, oder Silbernitratlösung mit Silberanoden, bestimmt durch Wägung die Menge des an der Kathode niedergeschlagenen Metalles und schließt daraus auf die Stromstärke: 1 Amp. scheidet in einer Stunde 1,166 *g* Cu oder 3,974 *g* Ag aus.

Faraday fand 1834 hierüber folgende Gesetze:

1) Die Elektrolyse eines und desselben Stoffes ist der Stromstärke proportional (schon erwähnt).

2) **Bei Elektrolyse verschiedener Stoffe werden** (bei gleicher Stromstärke und in gleichen Zeiten) **solche Mengen von Stoffen ausgeschieden, welche sich chemisch vertreten können** (äquivalent sind). Äquivalente Mengen verschiedener Stoffe brauchen zu ihrer elektrolytischen Ausscheidung gleich viel Elektrizität. Läßt man also gleiche Ströme oder denselben Strom durch einen Wasserzersetzungsapparat, eine Kupfer-, Silberlösung u. s. w. gehen, so verhalten sich die ausgeschiedenen Gewichtsmengen

$$H_2 : O : Cu : Ag_2 : Zn = 2 : 16 : 63{,}4 : 216 : 65{,}2.$$

Derselbe Strom, welcher in einer Stunde 1 *g* Wasserstoff ausscheidet, scheidet in einer Stunde 8 *g* Sauerstoff, 31,7 *g* Kupfer, 108 *g* Silber, 32,6 *g* Zink aus.

Aufgaben:

102. Wie viel Amp. hat ein Strom, welcher in 2½ Std. 116 *g* Wasser zersetzt? Wie viel *ccm* Wasserstoff entstehen dabei?

103. In einem Kupfervoltameter wurden in 10 Minuten 3,62 *g* Kupfer niedergeschlagen. Wie groß war die Stromstärke?

104. Welche Stromstärke ist im stande, in 24 Std. 5 Ztr. Kupfer auszuscheiden?

142. Anwendung des elektrolytischen Gesetzes auf galvanische Elemente und Batterien.

Das elektrolytische Gesetz gilt in jedem galvanischen Elemente. Wenn sich in einem Elemente 65,2 *g* Zn auflösen, so produzieren sie so viel

Elektrizität, als 2 *g* H zum Freiwerden nötig haben, und es werden im Element selbst 63,4 *g* Kupfer ausgeschieden. Leitet man diesen Strom durch eine Kupferlösung, so werden darin auch 63,4 *g* Cu aufgelöst und abgesetzt, und wenn man den Strom nacheinander durch mehrere Kupfer- oder Silberlösungen leitet, so werden in jeder 63,4 *g* Cu oder 216 *g* Ag ausgeschieden, die genau den 65,2 *g* Zn entsprechen, welche sich im Elemente auflösen.

Ähnliches gilt auch bei einer auf elektromotorische Kraft verbundenen Batterie. Das erste Element liefert eine Elektrizitätsmenge, welche der in Lösung gehenden Menge Zn entspricht (1 Amp. für je 0,0205 *g* Zn pro Min.). Vom + Pole läuft die Elektrizität zum - Pole des zweiten Elementes; deshalb ist das Zink des zweiten Elementes Anode in Bezug auf den Strom des ersten Elementes, also löst sich Zink des zweiten Elementes auf in einer Menge, die der durchfließenden Elektrizitätsmenge entspricht (0,0205 *g* Zn pro Min. für je 1 Amp.), die also der gelösten Menge Zink des ersten Elementes gleich ist.

Die im ersten Elemente erzeugte Elektrizität wird also beim Durchgang durch das zweite Element weder vermehrt noch vermindert, sondern bleibt der Quantität nach dieselbe; wohl aber wird sie verstärkt, wie wir bald sehen werden. Dasselbe gilt von allen folgenden Elementen. Sind also beliebig viele, der Art und Größe nach sogar beliebig verschiedene Elemente in demselben Stromkreise auf Intensität verbunden, so ist die im Stromkreise zirkulierende Menge Elektrizität nur so groß, als der in einem Elemente sich auflösenden Menge Zink entspricht, und **in jedem Elemente wird gleich viel Zink gelöst**. Leitet man den Strom der Batterie durch einen Silbervoltameter oder Wasserzersetzer etc., so entspricht die Menge des niedergeschlagenen Silbers etc. der Menge des in einem Elemente sich auflösenden Zinkes, also 0,06624 *g* Ag oder 0,00552 *g* Wasser oder 0,00492 O oder 0,0006 H pro Min. für jedes Ampère.

Sind die Elemente auf Quantität geschaltet, so läuft sämtliche in den einzelnen Elementen produzierte Menge Elektrizität durch denselben Draht; **die Stromstärke entspricht der Summe all der Zinkmengen, welche in den einzelnen Elementen gelöst werden**, im Voltameter scheidet sich deshalb eine dieser Gesamtmenge entsprechende Menge Elektrolyt aus, und es ist wohl möglich, daß in den einzelnen Elementen in gleichen Zeiten verschiedene Mengen Zn gelöst werden.

143. Polarisationsstrom.

Bei der Elektrolyse tritt stets eine elektromotorische Kraft auf, welche dem zersetzenden Strome entgegenwirkt, ihn also schwächt. Leitet man den Strom einer Batterie durch einen Wasserzersetzer, so wird durch das Zersetzen des Wassers in H_2 und O eine elektromotorische Kraft tätig, welche den Strom schwächt; denn dort, wo H_2 auftritt, also an der Kathode, entsteht ein positiver Pol, und an der Anode ein negativer.

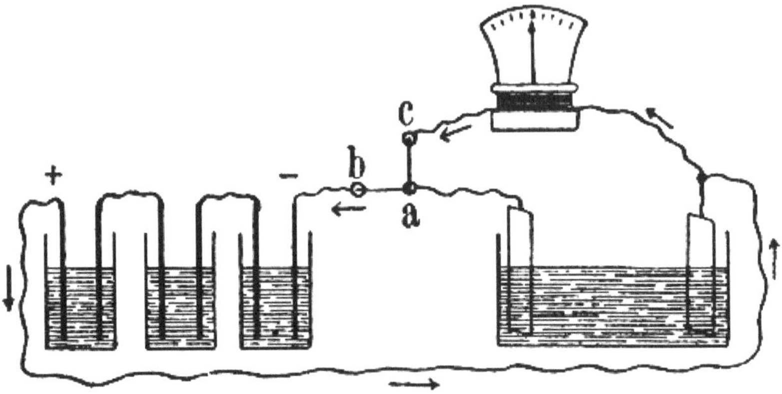

Fig. 183.

Benützt man als Elektroden in Wasser zwei Platinbleche, so bleiben von den ausgeschiedenen Gasen H_2 und O kleine Mengen am Platin haften. Entfernt man nun den ursprünglichen, primären Strom und verbindet die Platinbleche mit einem Galvanometer (indem man das Drahtstück ab rasch nach ac verlegt), so erkennt man das Vorhandensein des sekundären oder Polarisationsstromes. Er läuft so, als wäre das Blech, welches als Kathode gedient hat, nun der negative Pol; wo also zuerst die negative Elektrizität hineinlief, da läuft sie beim Polarisationsstrom heraus. **Die Richtung des Polarisationsstromes ist der des ursprünglichen entgegengesetzt.** Auch hiebei geht ein chemischer Prozeß vor sich, indem das am Platin haftende H_2 durch Vermittelung des Wassers wandert und sich mit dem an der Anode haftenden O verbindet. Der Polarisationsstrom entsteht also durch Wiedervereinigung von H_2 und O.

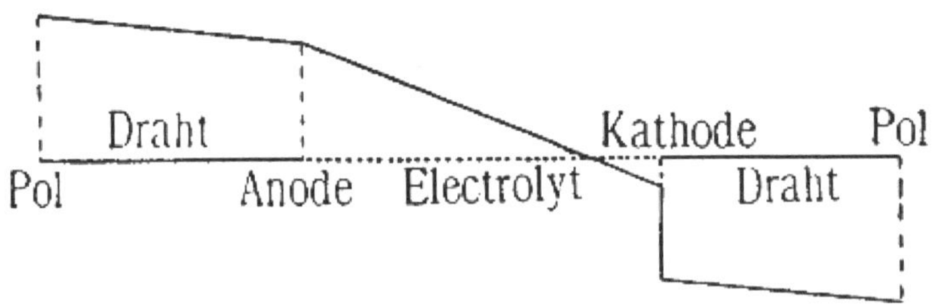

Fig. 184.

Geht der Strom durch den Wasserzersetzer, so ist der Polarisationsstrom als solcher nicht vorhanden, wohl aber dessen elektromotorische Kraft. Diese wirkt in entgegengesetztem Sinne wie die Batterie und schwächt sie. Deshalb zeigt das Gefälle, das auf dem metallischen oder flüssigen Leiter ein kontinuierliches ist, beim Übergang vom metallischen Leiter in die Flüssigkeit einen Sprung, einen Absprung, der auf einmal ein ganzes Stück des Gefälles verbraucht. Fig. 184. Dieser Betrag elektrischer Kraft wird aber gerade dazu verwendet, um die chemische Verwandtschaft von H_2 und O zu lösen; es bedarf einer Arbeit, die chemisch verbundene Moleküle H_2 und O zu trennen, und diese Arbeit wird geleistet von der Elektrizität, indem sie einen Teil ihres Potenzials dazu verwendet.

144. Polarisation bei Elementen.

Ein Sprung im Gefälle findet auch bei jeder auf elektromotorische Kraft zusammengesetzten Batterie statt, insofern in jedem Elemente das Potenzial erhöht wird. Durch das erste Element (Fig. 185) wird eine Potenzialdifferenz geschaffen an der Grenzfläche von Zink und Flüssigkeit; die + Elektrizität geht mit Gefälle durch die Flüssigkeit des Elementes und durch den Verbindungsdraht zum Zink des zweiten Elementes; dort wirkt die elektromotorische Kraft des zweiten Zinkes und erhöht dies elektrische Potenzial um den Betrag b'c' (= bc), wenn das zweite Element dieselbe elektromotorische Kraft hat wie das erste; dann folgt Gefälle zum - Pole des dritten Elementes; dort wieder Erhöhung des Potenzials u. s. f.

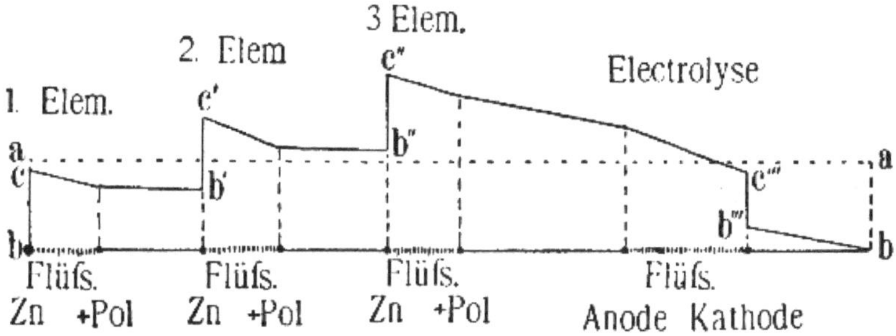

Fig. 185.

Sind in einem Stromkreise mehrere elektromotorische Kräfte tätig, so ist die elektromotorische Kraft des Stromes gleich der algebraischen Summe sämtlicher elektromotorischen Kräfte, wobei die in dem einen Sinne wirkenden Kräfte als +, die in dem andern Sinne wirkenden Kräfte als - anzusetzen sind, die Aufeinanderfolge der Kräfte aber eine beliebige ist. In jedem Elemente geschieht eine chemische Verbindung, es verschwindet chemische Verwandtschaft, dafür wird eine elektrische Potenzialdifferenz hergestellt, oder eine schon vorhandene erhöht. Bei jeder Elektrolyse wird eine chemische Verbindung gelöst, es wird chemische Verwandtschaft hergestellt; dazu wird elektrische Kraft verbraucht, d. h. eine vorhandene elektrische Potenzialdifferenz wird verbraucht, und so entsteht der Absprung im Gefälle.

Wenn bei der Elektrolyse eines Metallsalzes die Anode aus dem entsprechenden Metalle besteht, sich also auflöst, so kommt keine elektromotorische Kraft zum Vorschein; denn es wird hiebei keine chemische Verbindung gelöst, sondern es findet nur ein gegenseitiger Austausch derselben Stoffe von Molekül zu Molekül statt. Es genügt in diesem Falle die geringste elektromotorische Kraft, um die Elektrolyse hervorzubringen.

145. Galvanoplastik. Herstellung dicker Metallniederschläge.

Die Galvanoplastik zerfällt in zwei Teile, 1) die eigentliche Galvanoplastik, die Herstellung dicker Metallniederschläge, um einen Gegenstand in Metall abzuformen, 2) die Galvanostegie, das Überziehen eines Gegenstandes mit einer dünnen festhaftenden Metallschichte.

Galvanoplastik in Kupfer. (Jakobi 1838.) Will man eine Münze in Kupfer nachbilden, so macht man von ihr einen Abdruck etwa in Blei, das Negativ, welches die Erhabenheiten der Münze vertieft enthält. Hängt man das Negativ an einem Kupferdrahte in eine Lösung von **Kupfersulfat als Kathode**, ihm gegenüber als **Anode ein Kupferblech** und schließt den Strom, so löst sich Kupfer von der Anode und schlägt sich auf dem Blei als **metallischer fester Niederschlag** ab, der immer dicker wird. Ist er stark genug, so kann man das Blei entfernen, und das Kupfer zeigt ein getreues Abbild der Münze.

Hiezu genügt auch eine Abänderung des Daniellschen Elementes. Man füllt einen großen Trog (Steingut oder Holz mit Blei ausgeschlagen), mit Kupfervitriollösung, die mit etwas Schwefelsäure angesäuert ist und stellt mehrere Tonzellen mit Schwefelsäure und Zinkblöcken ein. Die Zinkblöcke werden durch Drähte mit einem Kupferstab verbunden, und von diesem aus hängt das Negativ in die Kupfervitriollösung. So stellt das Ganze gleichsam ein Daniellsches Element vor; Zink löst sich auf, Kupfer wird an den hineingehängten Negativen niedergeschlagen.

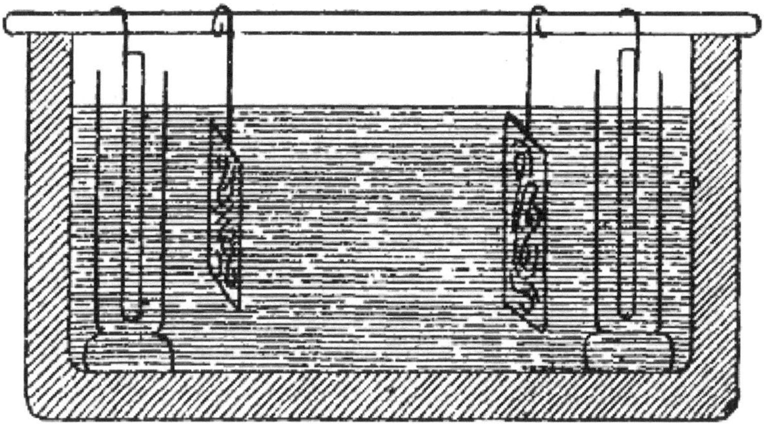

Fig. 186.

Als Material für das Negativ benützt man leichtflüssige Metalle, Wachs, Stearin, besonders auch Guttapercha. Bei nichtmetallischen Stoffen muß das Negativ leitend gemacht werden durch Einreiben mit Graphit- oder Bronzepulver.

Auf diese Weise macht man Kopien von Münzen, Medaillen, Schmuckgegenständen, besonders auch von Kupferstichplatten und Holzschnitten (Cliché).

146. Herstellung dünner Metallniederschläge.

Die **Galvanostegie** oder galvanische Metallisierung wird angewandt, **um einen metallenen Gegenstand mit einer dünnen Schichte eines edleren Metalles zu überziehen**, um ihm ein schöneres Aussehen zu geben oder ihn gegen Rost zu schützen. Am gebräuchlichsten sind:

a) Das galvanische **Versilbern**: ein passendes Bad macht man aus 10 *l* destilliertem Wasser, darin löst man 250 *g* Cyankalium auf und fügt 100 *g* Silber (in Silbernitrat verwandelt und dann in etwas Wasser aufgelöst) hinzu. Es findet Wechselzersetzung statt, indem sich Kaliumnitrat und Cyansilber bildet, welch letzteres in dem überschüssig vorhandenen Cyankalium gelöst bleibt.

Man versilbert mit einer Batterie, indem man den Gegenstand als Kathode und ein Silberblech als Anode ins Bad bringt. Das Bad bleibt gesättigt, da sich von der Anode so viel Silber löst, als sich an der Kathode niederschlägt.

b) **Vergolden.** (Zuerst gefunden von de la Rive 1841). Es gibt eine große Anzahl von Vorschriften für Vergoldungsbäder. Ein kalt angewandtes

Bad hat folgende Zusammensetzung: Wasser 1 *l*, Cyankalium 40 *g*, Gold 10 *g* (in Chlorid verwandelt), Ammoniak 2 *g*.

Ein warm (bei 60-80°) angewandtes Bad hat folgende Zusammensetzung: In 8 *l* Wasser werden 600 *g* krystallisiertes phosphorsaures Natrium gelöst, in 1 *l* Wasser werden 10 *g* Gold (als Chlorid) gelöst und beide Lösungen gemischt. In 1 *l* Wasser löst man 100 *g* zweifach schwefligsaures Natrium und 15-20 *g* Cyankalium und fügt diese Lösung zu der zuerst bereiteten.

Als Anoden verwendet man entweder Goldblech, von dem sich beim Stromschlusse Gold im Bade auflöst, jedoch meist nicht so viel, als sich an der Kathode niederschlägt, weshalb das Bad sich erschöpft; oder man nimmt ein Platinblech, von welchem sich nichts ablöst, so daß sich das Bad erschöpft; es wird dann durch weiteren Zusatz von Goldsalz wieder aufgebessert, oder durch ein neues ersetzt.

c) **Verkupfern.** Eisen und Zink lassen sich nicht gut direkt versilbern oder vergolden, man muß sie zuerst verkupfern, und auch sonst will man manche aus Eisen oder Zink gefertigte Gegenstände verkupfern, um ihnen ein schöneres Aussehen zu geben oder sie gegen Rost zu schützen. Man benützt als Anode einer starken Batterie ein Kupferblech in folgendem Bade. Man löst in 20 *l* Regenwasser 300 *g* schwefligsaures Natrium und 500 *g* Cyankalium, löst in 5 *l* Wasser 350 *g* essigsaures Kupfer und 200 *g* Ammoniak und mischt nun beide Flüssigkeiten, wobei sie sich vollständig entfärben.

d) Kupferne und eiserne Gegenstände (eisernes Küchengeschirr, Eisendraht) werden auch oft **verzinnt**; ein Bad, das meist heiß angewandt wird, ist folgendes: 300 *l* Regenwasser, 3 *kg* Weinstein, 300 *g* Zinnchlorür.

e) **Vernickeln.** Man verwendet als Bad eine gesättigte Lösung von schwefelsaurem Nickeloxydul, als Anode ein Nickelblech, und vernickelt Gegenstände aus Kupfer, Messing und Eisen.

Aufgaben:

105. In welcher Zeit werden sich bei 2,6 Amp. 10 *g* Silber ausscheiden, und wie viel Zink wird dabei im Element verbraucht?

106. Wie lange muß ein Negativ im galvanischen Bad sein, damit es sich bei 30 *cm* Länge und 18 *cm* Breite mit einer 0,8 *mm* dicken Kupferschichte überzogen hat, wenn die Stromstärke 12 Amp. beträgt?

Achter Abschnitt.
Induktions-Elektrizität.

147. Fundamental-Versuche und -Gesetze.

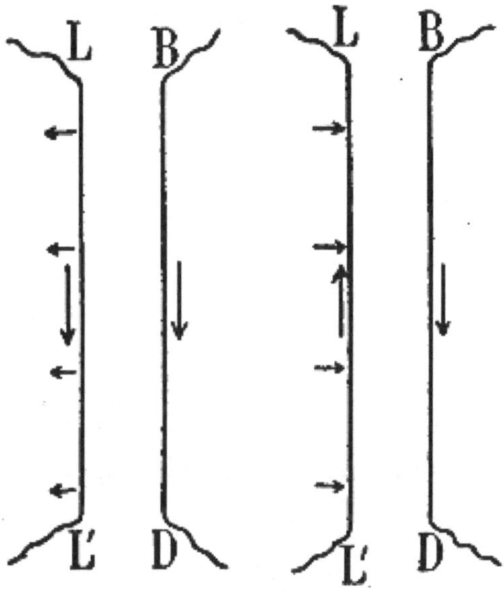

Fig. 187.

Die Induktionselektrizität wird nach folgendem Gesetze hervorgebracht. **Wird ein Teil eines geschlossenen Leiters einem Teil eines galvanischen Stromes genähert, oder von ihm entfernt, so entsteht jedesmal in dem geschlossenen Leiter ein elektrischer Strom, der Induktionsstrom.**

Die Richtung des Induktionsstromes ist stets eine solche, daß durch die Einwirkung des induzierten Stromes auf den induzierenden nach den Ampèreschen Gesetzen die Bewegung verlangsamt würde (Gesetz von Lenz); es hat also der beim Annähern induzierte Strom L'L die entgegengesetzte Richtung, wie der induzierende Strom BD, so daß diese beiden, in entgegengesetzter Richtung laufenden Ströme sich abstoßen, demnach die Bewegung des Annäherns verlangsamen würden; es hat ferner der beim Entfernen induzierte Strom LL' die gleiche Richtung wie der induzierende Strom BD, so daß also die beiden in gleicher Richtung laufenden Ströme sich anziehen, also die Bewegung des Entfernens verlangsamen würden.

Man erregt diese Induktionsströme und weist sie leicht nach auf folgende Art.

Man benützt: 1) die **induzierende Rolle** (P), das ist ein in vielen Windungen auf eine Spule gewickelter, isolierter Kupferdraht, durch welchen der Strom einer Batterie geleitet werden kann.

2) Die **induzierte oder Induktionsrolle** (J); das ist ein über eine größere Spule in sehr vielen Windungen gewickelter, meist viel feinerer, isolierter Kupferdraht: die Induktionsrolle kann so über die induzierende geschoben werden, daß letztere von ersterer ganz umhüllt wird. Die beiden Enden der Induktionsrolle J führen zu Klemmschrauben, von denen Drähte zu einem empfindlichen Galvanometer führen, so daß die **Induktionsrolle mit den Galvanometerwindungen einen geschlossenen Leiter bildet**.

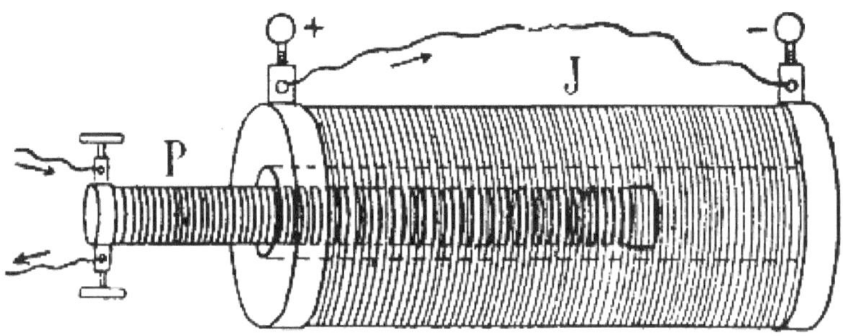

Fig. 188.

a) **Elektrische Induktion.** Man leitet den Strom der Batterie durch die induzierende Rolle und schiebt dann die Induktionsrolle über die induzierende, so entsteht in der Induktionsrolle durch die Annäherung des geschlossenen Leiters an den Stromteil ein Strom, welcher die Nadel des Galvanometers ablenkt. Dieser Strom ist dem induzierenden oder primären Strome entgegengesetzt gerichtet und heißt **Schließungsstrom**.

Man zieht die Induktionsrolle von der induzierenden weg, so entsteht in der Induktionsrolle ein Strom, der die Nadel des Galvanometers nach der entgegengesetzten Richtung ablenkt; dieser Strom ist dem induzierenden Strome gleichgerichtet und heißt **Öffnungsstrom. Die beiden Induktionsströme sind der Richtung nach verschieden.**

Die Ströme dauern nur so lange, als die Bewegung des Annäherns und Entfernens dauert; **sobald die Bewegung aufhört, hört der Induktionsstrom auf**, weshalb die Nadel des Galvanometers auf 0 zurückgeht.

Wenn man die Induktionsrolle über die induzierende gesteckt hat, und nun erst den Strom in der primären Rolle schließt, so entsteht ein Induktionsstrom von derselben Richtung, wie beim Annähern, also ein Schließungsstrom; wenn man den Strom in der primären Rolle öffnet, so entsteht ebenso ein Öffnungsstrom. Diese Ströme sind von derselben Richtung wie die zuerst gefundenen, haben auf sie ihren Namen übertragen, haben ganz ähnliche Entstehungsursache, aber, dem raschen Hineinlaufen des Stromes in die primäre Rolle entsprechend, eine sehr kurze, fast momentane Dauer, und verlaufen deshalb mit größerer Kraft.

b) **Magnetelektrische Induktion.** Schiebt man in die Induktionsrolle einen permanenten Magnet, so entsteht ein Strom; beim Herausziehen des Magnetstabes entsteht ein entgegengesetzt gerichteter Strom. Der Magnet wirkt ja nach Ampères Theorie wie ein Solenoid, und da der vorher benützte primäre Strom die Form eines Solenoides hatte, so kann er durch einen Magnet ersetzt werden. **Durch Annähern und Entfernen des Magnetes können Ströme induziert werden.**

Auch die Richtung dieser Ströme kann leicht gefunden werden, da beim Magnete am Nordpole, d. h. wenn man den Nordpol dem Auge zukehrt, die Ströme entgegengesetzt dem Zeiger der Uhr laufen. Steckt man den Magnet mit dem Nordpol voran in die Induktionsrolle, so ist der Induktionsstrom diesen Ampère-Strömen entgegengesetzt, und läuft wie die Uhr; zieht man den Magnet wieder heraus, so läuft der Strom gegen die Uhr. Bei Benützung des Südpoles entstehen Ströme von je entgegengesetzter Richtung.

c) **Elektromagnetische Induktion.** Wenn man in das Innere der induzierenden Rolle ein Stück weiches Eisen oder besser ein Bündel weicher Eisenstäbe steckt, und nun dieselben Versuche wie in a wiederholt, so erhält man Ströme von gleicher Richtung wie vorher, jedoch von größerer Stärke. Denn der in der primären Rolle steckende Eisenkern wird bei Stromschluß magnetisch, beim Öffnen wieder unmagnetisch; die Kreisströme dieses Elektromagnetes sind aber gleich gerichtet den Kreisströmen der primären Rolle; beide wirken induzierend in demselben Sinne, weshalb die Induktionsströme der Summe beider Wirkungen entsprechen.

Alle diese wichtigen Gesetze wurden von Faraday 1813 entdeckt. Besonderes Interesse erregen die Magnetinduktionsströme deshalb, weil man, ähnlich wie man mittels des Stromes Magnetismus hervorrufen kann (Elektromagnet), so nun mittels des Magnetes auch wieder den elektrischen Strom hervorrufen kann, weil man ferner, ohne eine Batterie nötig zu haben, mittels des Magnetstabes allein Ströme erzeugen kann, und schließlich weil gerade diese magnetelektrischen Induktionsströme in jüngster Zeit eine ungeahnte Entwicklung erfahren und vielfache und großartige Anwendung gefunden haben. Man erhält diese magnetelektrischen Ströme als Äquivalent für die Kraft, die man aufwenden muß zur Überwindung der Kraft, mit welcher die induzierten Ströme die Magnetpole anziehen resp. abstoßen.

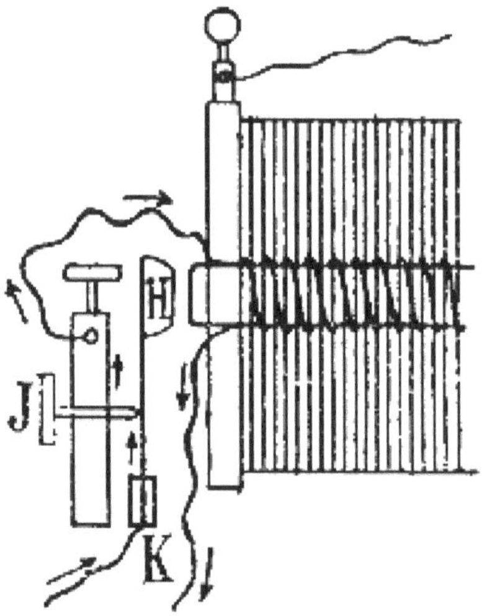

Fig. 189.

148. Der elektrische Induktionsapparat.

Der elektrische Induktionsapparat hat eine **induzierende Rolle** von wenig Windungen eines ziemlich dicken Drahtes, so daß der Widerstand gering ist. In ihr steckt ein **Bündel weicher Eisenstäbe**, beiderseits etwas hervorschauend. Um die induzierende Rolle ist die **Induktionsrolle** gelegt, bestehend aus sehr vielen Windungen eines sehr dünnen Kupferdrahtes. Isolierung desselben mit Seide allein würde nicht genügen; deshalb wird der Draht mehrmals mit Schellack überstrichen. Man richtet es nun so ein, daß **der primäre Strom sich selbst unterbricht**, und benützt dazu den **Neef'schen** oder **Wagner'schen** Hammer. Man leitet den primären Strom durch eine Klemme (K) in ein federndes Messingblech, das an seinem freien Ende einen eisernen Knopf, den Hammer (H) trägt, der dem etwas herausragenden Ende des Bündels weicher Eisenstäbe gegenübersteht. In der Mitte wird das federnde Blech von einer Stellschraube (J) berührt, von welcher der Strom in die primäre Rolle und dann in die Batterie zurückgeht. Der Strom unterbricht sich wie bei einer elektrischen Klingel und es erfolgt rasch nacheinander Stromschluß und Stromöffnung, und infolgedessen jedesmal in der Induktionsrolle ein Strom. Zum Anziehen des Hammers verwendet man auch (Fig. 190) einen eigenen kleinen Elektromagnet (E) der auch vom Batteriestrom durchflossen wird. Diese Induktionsströme können leicht in solcher Stärke erzeugt werden, daß zwischen den Enden der Induktionsrolle glänzende Funken überspringen; denn **die elektromotorische Kraft des Induktionsstromes wächst wie die Anzahl der Windungen.** Demnach ist bei sehr vielen Windungen auch die **Spannung** der an den freien Enden der Induktionsrolle auftretenden Elektrizitäten sehr groß, so daß sie sich sogar durch die Luft ausgleichen. Man kann mit dieser Induktionselektrizität auch Leydener Flaschen laden.

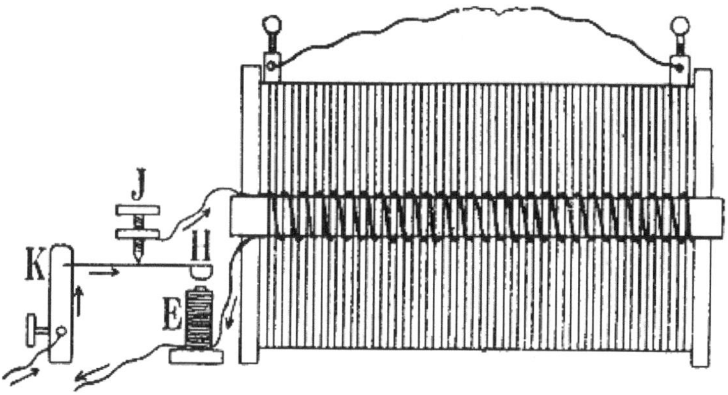

Fig. 190.

Sehr mächtige solche Apparate wurden zuerst von Rhumkorff (1851) gemacht; die Induktionsrollen haben bis 30 000 Windungen und geben Funken von 20 *cm*, ja bis 30 *cm* Länge. Die Funken verlaufen in gezackten Linien wie gewöhnliche elektrische Funken, sind imstande, starre Nichtleiter, wie Glas, Holz, Kautschuk etc. zu durchlöchern, Papier, Gas und Pulver zu entzünden, und werden deshalb auch zu Minenzündungen verwendet.

Solche Induktionsströme, sowie auch konstante Ströme werden auch zu Heilzwecken benützt (Elektrotherapie).

149. Induktion des Stromes auf seine eigene Leitung.

Wenn man den Strom in einem Leiter schließt, so wirkt jeder vom Strome schon durchflossene Teil des Leiters auf jeden folgenden Teil induzierend, bringt also darin einen Schließungsstrom hervor. Besonders kräftig ist diese Wirkung, wenn im Schließungsdrahte parallele Windungen vorhanden sind. **Da der Schließungsstrom dem primären Strom entgegengesetzt gerichtet ist, so schwächt er ihn**; der Batteriestrom fließt deshalb nicht sofort in seiner ganzen (den Ohmschen Gesetzen entsprechenden) Stärke, sondern wächst allmählich auf diese Höhe an.

Dieser beim Stromschluß in der eigenen Leitung induzierte Strom heißt **Gegenstrom**.

Ähnliches findet statt, wenn der Strom geöffnet wird; dadurch daß der Strom in der ersten Windung aufhört, induziert er in den folgenden einen Strom von gleicher Richtung, der also den noch vorhandenen Strom stärkt und dadurch auch dessen Aufhören verzögert. Dasselbe findet in jeder folgenden Windung statt. Diese beim Öffnen entstehende Induktion auf die eigene Leitung bewirkt also, daß, nachdem der Hauptstrom schon unterbrochen ist, in der Leitung noch ein Strom läuft, der **Öffnungsextrastrom**, auch bloß **Extrastrom** oder **Extrakurrent** genannt, der dem Hauptstrom gleichgerichtet ist, und sogar **mit noch höherer elektromotorischer Kraft** verläuft.

Der Öffnungsstrom zeichnet sich durch besondere Wirkungen aus. Wenn man einen Strom dadurch unterbricht, daß man zwei Drahtenden trennt, so springt ein Funke über, hervorgebracht durch die hohe elektromotorische Kraft des Extrastromes, welche Elektrizitäten von hoher Spannung an die Drahtenden bringt. Der Funke reißt dabei Teilchen der Leiter weg, die dann in der Luft verbrennen.

Bei der elektrischen Uhr, bei der elektrischen Klingel, beim Telegraphen entsteht bei jedem Öffnen des Stromes der Extrastrom, bringt einen Funken hervor und beschädigt dadurch den Kontakt. Man macht die Kontaktteile deshalb meist aus Platin, da dies stets blank bleibt.

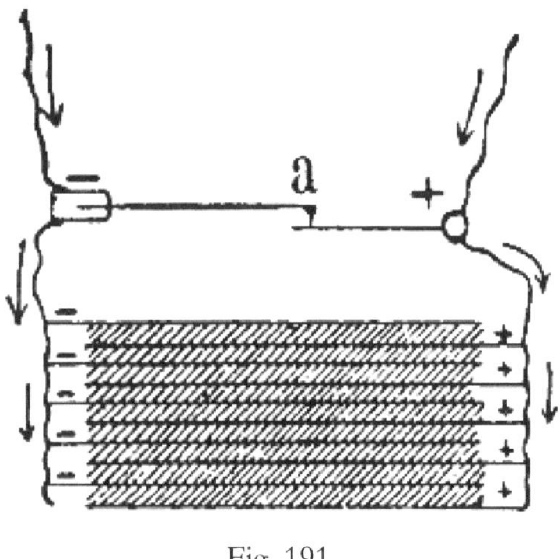

Fig. 191.

Man beseitigt diese Funkenbildung durch Einschaltung eines **Kondensators.** Der Kondensator besteht aus mehreren über einander geschichteten Stanniolblättern, die durch Wachstuchblätter isoliert sind. Alle in der Ordnungszahl ungeraden Stanniolblätter werden unter sich und mit dem einen Teile des Kontaktes, die geraden Stanniolblätter mit dem andern Teile des Kontaktes verbunden. Wenn nun in a der Strom geöffnet wird und der Öffnungsstrom entsteht, so daß etwa von rechts +, von links - E zur Kontaktstelle hinläuft, so laufen die Elektrizitäten auch in die Stanniolblätter und werden an deren großen Flächen kondensiert. Deshalb bekommt die freie Elektrizität an der Trennungsstelle keine hohe Spannung, und es entsteht kein Funke. Später kann der Funke auch nicht mehr entstehen, da die Entfernung der Kontaktstücke bald zu groß geworden ist. Die in den Stanniolblättern aufgespeicherte Elektrizität gleicht sich dann, rückwärts fließend, durch die Batterie aus.

Auf diesen Extraströmen beruht der **Selbstinduktionsapparat**. Er besteht aus einem **Elektromagnet** von sehr vielen Windungen, vor dessen Polen sich ein **Wagner'scher Hammer** befindet, der den Strom in rascher Folge unterbricht. Jeder Öffnungsstrom bewirkt nun einen Funken am Kontakte; leitet man aber von den zwei Kontaktstücken wie in Fig. 192 Drähte fort, zwischen welche eine Leiter von großem Widerstande, also etwa der menschliche Körper, ein Wasserzersetzer oder ähnliches, eingeschaltet ist, so geht der Öffnungsstrom durch diesen Leiter und nicht durch die Luftschichte am geöffneten Kontakt. Schon in dieser einfachen Form, gespeist von nur einem Elemente, wird dieser Induktionsapparat vielfach von Ärzten benützt. Durch diesen Apparat gelingt auch die Wasserzersetzung, wenn sie auch mit einem Elemente allein wegen dessen geringer elektromotorischen Kraft nicht eintreten könnte; denn der durch den Wasserzersetzer fließende Extrakurrent hat eine hohe elektromotorische Kraft.

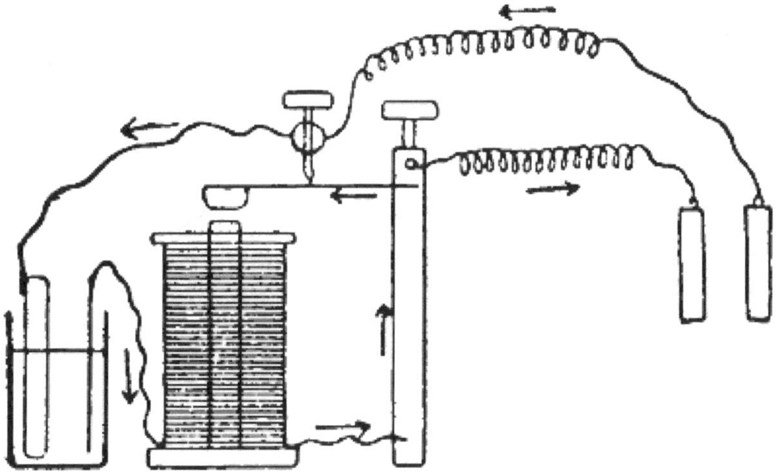

Fig. 192.

150. Induktion im magnetischen Feld.

Die Gesetze der magnetelektrischen Induktion werden einfach und anschaulich durch Betrachtung der magnetischen Kraftlinien und durch Anwendung des dynamischen Prinzips. Das dynamische Prinzip, eine Erweiterung des Gesetzes von Lenz lautet: Die Richtung eines durch eine Bewegung induzierten Stromes ist stets so, daß durch Rückwirkung des induzierten Stromes auf den induzierenden Pol die Geschwindigkeit der Bewegung verlangsamt würde; **den Induktionsstrom erhält man als Ersatz oder Äquivalent für den Aufwand derjenigen Kraft (Dynamis), durch welche man das Verlangsamen verhindert**.

Wird ein Draht vor dem Pol eines Magnetes bewegt, so entsteht ein Induktionsstrom nur dann, wenn der Draht magnetische Kraftlinien durchschneidet. Die Induktion ist am stärksten, wenn der Draht im magnetischen Feld selbst liegt und bei der Bewegung die Kraftlinien senkrecht durchschneidet.

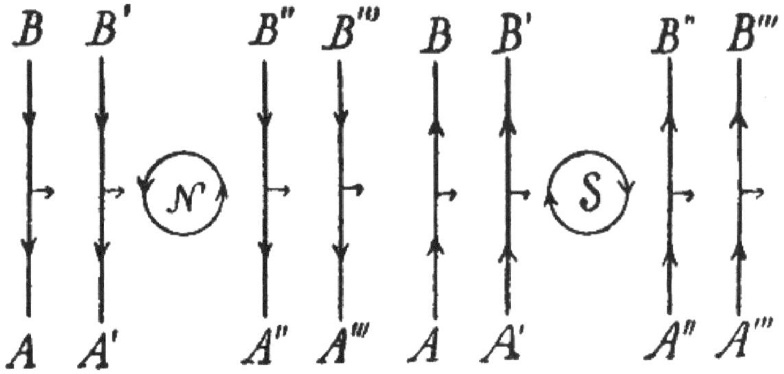

Fig. 193.

Es sei in Fig. 193 AB ein Drahtstück, das im magnetischen Feld vor einem Nordpol N vorbeigeführt wird, so daß es dessen Kraftlinien durchschneidet, so wird in ihm, solange es sich dem Pole nähert, ein Strom induziert, der den Pol (nach Örstedts Regel) abstößt, der also die Richtung A'B' hat; wenn sich dann der Draht vom Pol entfernt (von A''B'' nach A'''B'''), so wird in ihm ein Strom induziert, der den Pol anzieht, der also die Richtung B''A'' hat. Während also ein Drahtstück vor dem Nordpol vorbeigeführt wird und die aus dem Nordpol ausstrahlenden Kraftlinien durchschneidet, hat der Induktionsstrom eine während dieser Bewegung unveränderliche Richtung. Führt man den Draht vor einem Südpol vorbei, so hat der Induktionsstrom die entgegengesetzte Richtung.

Man nimmt nach Ampère an, daß im Magnete jedes Molekül Eisen von einem Kreisstrom umflossen sei, welcher am Nordpol läuft entgegengesetzt dem Zeiger der Uhr. Stellt man sich vor, daß auch jede Kraftlinie an jedem Punkte von solchen Ampèreströmen umflossen sei, so ergibt sich die einfache Regel:

Wenn ein Drahtstück eine Kraftlinie durchschneidet, so hat der Induktionsstrom dieselbe Richtung wie der Ampèrestrom an der zuerst getroffenen Seite.

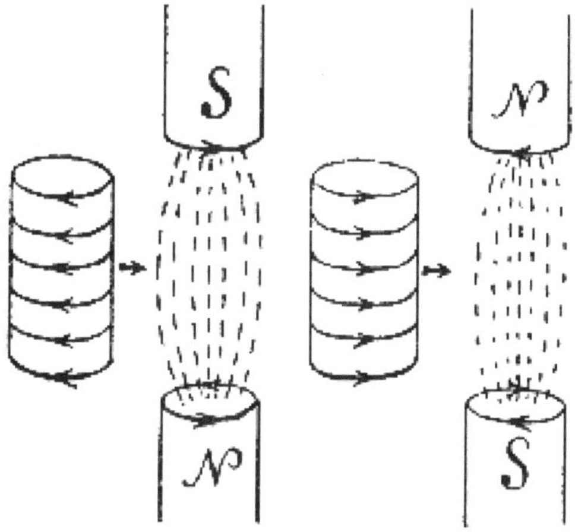

Fig. 194.

Wenn ein Solenoid an einem Pol vorbei oder zwischen zwei entgegengesetzten Polen durchbewegt wird, so müssen beim Annähern Induktionsströme entstehen wie an gleichartigen Polen. Nach der vorher aufgestellten Regel: die bei der Bewegung vorangehenden Teile der Drahtwindungen durchschneiden die Kraftlinien und erhalten Induktionsströme von derselben Richtung wie der Ampèrestrom an der zuerst getroffenen Stelle. Diese Richtung behält der Induktionsstrom, bis das Solenoid vor dem Pol oder zwischen den Polen angekommen ist. Wird das Solenoid wieder von den Polen entfernt, indem man es etwa in derselben oder in einer anderen Richtung bewegt, so entstehen nun Induktionsströme von entgegengesetzter Richtung wie vorher, denn sie müssen nun laufen wie auf ungleichnamigen Polen. Oder nach der vorher aufgestellten Regel: man berücksichtige, daß, während das Solenoid zwischen den Polen steht, alle oder doch fast alle Kraftlinien durch sein Inneres laufen, besonders, wenn im Innern des Solenoides ein Kern weiches Eisen (Feldmagnet) steckt; bei der Entfernung vom Pol durchschneiden also die Drähte des Solenoides nur die hinteren Teile die Kraftlinien und erhalten Induktionsströme. Das gibt dieselbe Richtung der Induktionsströme; sie laufen wie auf entgegengesetzten Polen.

Wenn ein **Drahtstück** an einem Pol vorbeigeführt wird, so entsteht in ihm nur **ein einziger** Induktionsstrom; wenn ein **Solenoid** an einem Pol vorbeigeführt wird, so entstehen in ihm **zwei Ströme** von verschiedener Richtung, der eine beim Annähern, der andere beim Entfernen. Wenn man ein Solenoid vom Nordpol entfernt und zugleich einem Südpol nähert, wenn also das Solenoid einen Polwechsel ausführt, so entstehen, wie leicht zu sehen ist, zwei Ströme von gleicher Richtung, welche sich zu einem einzigen Strom aneinander schließen. Führt das Solenoid dann den entgegengesetzten Polwechsel aus, indem es vom Südpol zum Nordpol geht, so entsteht ein Strom von entgegengesetzter Richtung.

Die elektromotorische Kraft dieser Induktionsströme ist abhängig von der Stärke des magnetischen Feldes und von der Geschwindigkeit der Bewegung; **die elektromotorische Kraft ist um so größer, je mehr Kraftlinien in einer Zeiteinheit durchschnitten werden.**

151. Der magnetelektrische Induktionsapparat.

Der magnetelektrische Induktionsapparat hat einen **kräftigen Stahlmagnet** von Hufeisenform, vor dessen Polen sich zwei **Induktionsspulen J** mit Eisenkernen befinden. Die Induktionsspulen sind auf einer drehbaren Achse so befestigt, daß sie sich beim Drehen der Achse von einem Pole des Magnetes zum andern Pole hinbewegen, also einen **Polwechsel** ausführen. Dadurch entstehen Induktionsströme, welche dadurch verstärkt werden, daß die Eisenkerne die magnetischen Kraftlinien in sich hineinziehen.

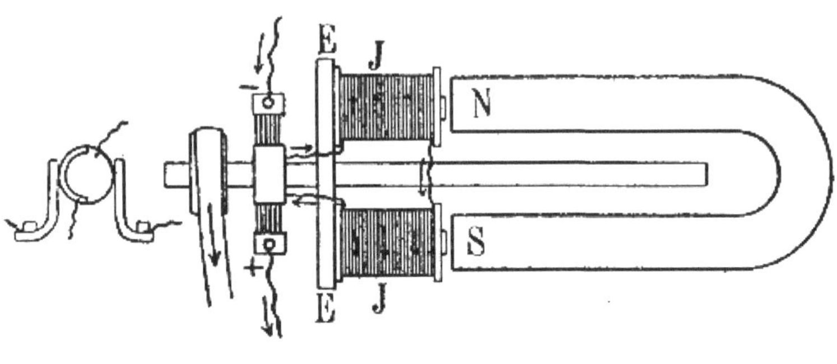

Fig. 195.

Die Induktionsströme sind Wechselströme, welche ihre Richtung wechseln, wenn die Rollen vor den Polen sind.

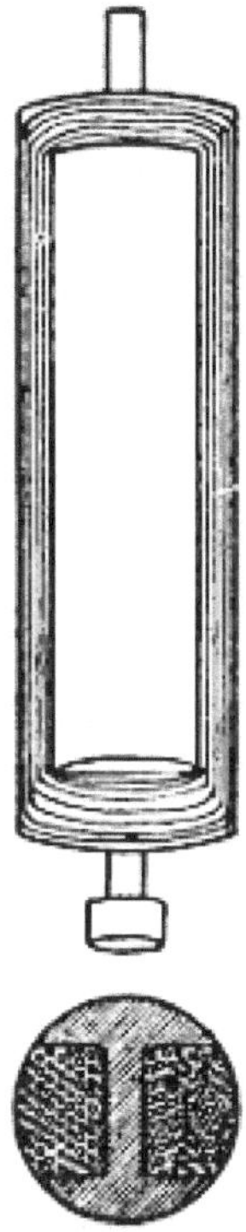

Fig. 196.

Man verbindet die zwei Rollen wie zwei Elemente auf Intensität (Spannung) oder auf Quantität, und hat dann zwei freie Drahtenden, aus welchen die Ströme herausgeleitet werden müssen. Man bringt auf der Achse zwei Messingscheiben, die **Kollektoren** oder **Stromsammler**, isoliert an und führt zu ihnen die Drahtenden. Man läßt dann an den Scheiben zwei **kupferne Federn** schleifen, die zu **Klemmschrauben** führen und so die Ströme herausleiten: Es ist eine **Wechselstrommaschine**.

Will man die Ströme **gleichgerichtet** herausleiten, so bringt man als Kollektor den **Kommutator** (Stromwender) an. Auf der Achse werden zwei halbkreisförmige isolierte Scheiben so befestigt, daß sie eine ganze Scheibe zu bilden scheinen, und die Poldrähte der Induktionsrolle werden zu den Halbscheiben geführt. Zwei Federn berühren die Halbscheiben und sind so angebracht, daß, wenn die Induktionsrollen vor den Polen stehen, jede Feder gerade die Trennungslinie der beiden Halbscheiben berührt, also beim Umdrehen in diesem Momente von der einen Halbscheibe auf die andere übertritt. Da nun in demselbem Momente auch die Richtung des Induktionsstromes wechselt, so kommen aus den Schleiffedern die Induktionsströme gleichgerichtet heraus. Es ist eine **Einstrom-** oder **Gleichstrommaschine**.

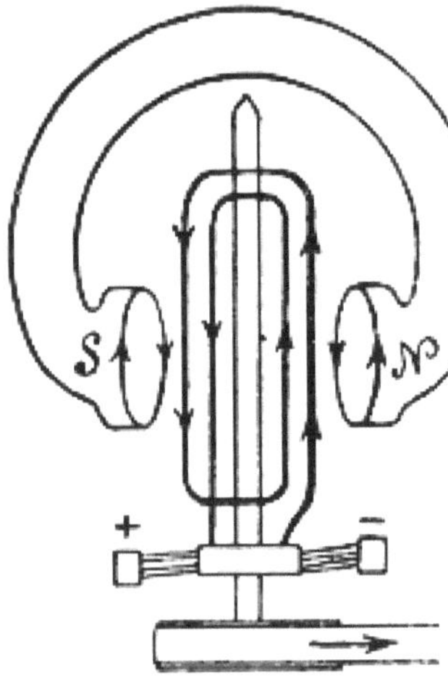

Fig. 197.

Um größere Wirkung zu erzielen, bringt man mehrere Magnete mit wechselnden Polen in einem Kreise an, und läßt eine gleiche Anzahl von Induktionsspulen, die auf einer gemeinsamen Achse befestigt sind, vor ihnen vorbei gehen, so daß in jeder Rolle bei jedem Polwechsel ein Strom entsteht. Die Drahtenden der Rollen verbindet man nach Bedarf auf Intensität oder auf Quantität und leitet sie zu Schleiffedern wie früher.

Besser und einfacher ist die von **Siemens** erfundene Induktionsspule (**Cylindermagnet**); sie besteht aus einem stabförmigen Stück weichen Eisens, in welches der Länge nach zwei tiefe und breite Rinnen eingegraben sind; längs dieser Rinnen wird nun der Länge nach isolierter Draht eingewickelt, so daß er sie fast ausfüllt. Die Spule ist drehbar um die Längsachse, und ihre Enden führen zu Kollektoren wie früher.

Der Eisenkern hat den Zweck, die Kraftlinien durch den Raum zu leiten, in welchem sich die Drähte bewegen. Diejenigen Teile der Drahtwindungen, welche eben am Nordpol vorbeigehen und dort die Kraftlinien durchschneiden, erhalten einen gewissen Strom, die anderen Teile, welche dabei eben am Südpol vorbeigehen, erhalten entgegengesetzten Strom; beide Ströme durchlaufen aber die Windungen in derselben Richtung. Wenn die Windungen die Mittelebene zwischen Nord- und Südpol überschreiten, wechselt der Strom in den Drahtwindungen seine Richtung. Die Siemens'sche Induktionsspule liefert demnach Wechselstrom, welcher aber in Gleichstrom verwandelt werden kann.

152. Die dynamoelektrische Maschine.

Die Stärke des bei magnetelektrischen Maschinen induzierten Stromes hängt ab von der **Anzahl der Windungen** und der **Geschwindigkeit der Umdrehung**, und zwar ist die elektromotorische Kraft des Stromes jeder dieser Ursachen nahezu direkt proportional. Sie ist aber auch proportional der Stärke des verwendeten Magnetes. Man ersetzt deshalb den Stahlmagnet der magnetelektrischen Maschine durch den kräftigeren Elektromagnet.

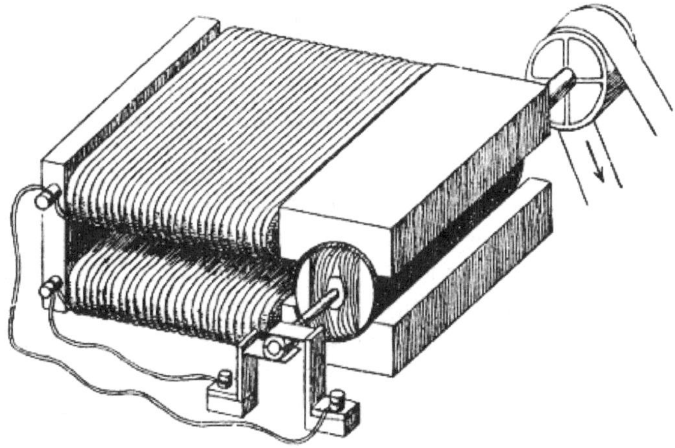

Fig. 198.

Um aber den Elektromagnet magnetisch zu machen, dazu hat man einen Strom nötig; diesen durch eine Batterie zu erzeugen, ist teuer und umständlich. Dr. Werner Siemens verdankt man den glücklichen Gedanken, den durch die Umdrehung der Induktionsspule erhaltenen gleichgerichteten Strom sogleich auch dazu zu verwenden, um den Elektromagnet zu speisen. Man nimmt also eine Siemens'sche Spule, steckt sie zwischen die Pole eines großen Elektromagnetes, dessen Eisenkerne entsprechend der Länge der Spule, breite Eisenplatten sind, leitet von der einen Schleiffeder der Spule den Draht in die Windungen des Elektromagnetes und verbindet deren Ende mit der anderen Schleiffeder.

Läßt man, nachdem der Apparat so konstruiert ist, einen Batteriestrom durch den Elektromagnet gehen, so wird er magnetisch; entfernt man den Batteriestrom, so behalten die Eisenkerne einen kleinen Rest Magnetismus, den **remanenten Magnetismus**. Dieser genügt, um fernerhin die **Selbsterregung** der Maschine zu veranlassen; denn schon bei der ersten Umdrehung induziert der remanente Magnetismus einen wenn auch schwachen Strom; dieser wird durch den Kommutator gleichgerichtet und durchläuft den Elektromagnet und zwar so, daß er den vorhandenen remanenten Magnetismus verstärkt. Bei der zweiten Umdrehung erregt der nun stärkere Elektromagnet einen stärkeren Strom, der auch wieder durch den Elektromagnet läuft und diesen verstärkt. So geht es nun fort, **Strom und Elektromagnet verstärken sich gegenseitig und die Maschine erregt sich durch fortgesetzte Multiplikation des anfangs vorhandenen schwachen Magnetismus**. Hört man auf zu drehen, so verschwindet der Strom und damit der Magnetismus; aber es bleibt eine Spur Magnetismus zurück, genügend, um beim Wiederbeginn des Umdrehens die Selbsterregung der Maschine wieder einzuleiten. Die Maschine erregt sich hiebei sehr rasch, so daß wenige Umdrehungen genügen, um sie in volle Tätigkeit zu setzen. Die Stärke des Stromes und des Elektromagnetes wachsen bis zu einer Grenze, welche dem **Sättigungsgrade** des Magnetes entspricht.

Diese Maschinen sind deshalb besonders interessant, weil sie zuerst keinen Strom und auch keinen, wenigstens keinen beträchtlichen Magnetismus haben, sondern bloß aus totem Material bestehen (Kupferdrähte und Eisenstücke), das nicht verbraucht wird, und daß sie doch ungemein viel Energie elektrischer und magnetischer Art liefern. Diese Energie, welche insbesondere im elektrischen Strom liegt, bekommt man aber nicht umsonst, sondern man erhält sie nur dadurch, daß man Kraft aufwendet, um die Spule umzutreiben; weil mittels dieser Maschine die mechanische Arbeit verwandelt wird in Elektrizität, so nennt man sie **dynamoelektrische** Maschine (Dynamis = Kraft) oder bloß **Dynamomaschine**, oder **Dynamo**. **Sie erregt sich selbst, und wirkt nach dem dynamischen Prinzip.**

153. Der Gramme'sche Ringinduktor.

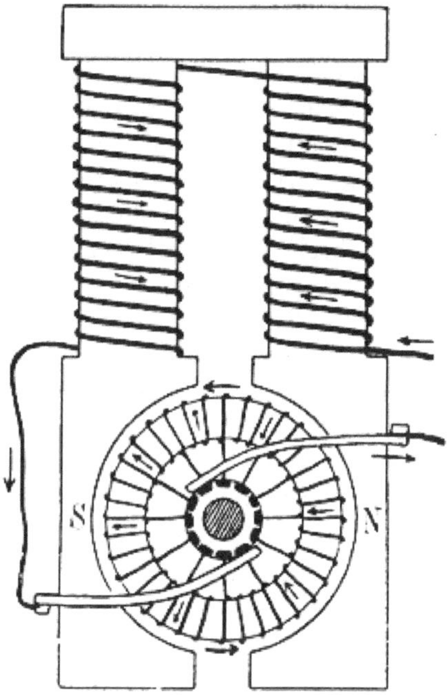

Fig. 199.

Gramme ersetzte die Siemens'sche Spule durch einen ringförmigen Induktionsapparat, den **Gramme'schen Ring**. Dieser besteht aus einem **Ring** von weichem Eisen, der die Gestalt eines hohlen Cylinders hat; er ist mit isoliertem **Kupferdrahte** bewickelt, und zwar geht der Draht an der äußeren Fläche des Ringes längs einer Cylinderkante, kehrt auf der zugehörigen inneren Kante zurück, geht dann wieder längs der äußeren Kante, dann längs der inneren Kante zurück u. s. f. bis der ganze Ring bewickelt ist. Die Drahtwindungen sind in **Gruppen** abgeteilt, etwa 12 wie in der Figur, und das Ende jeder Gruppe ist mit dem Anfange der nächsten verbunden. Von jeder Verbindungsstelle führt ein Drahtstück in der Richtung des Radius gegen die Achse des Ringes zum **Kollektor**; dieser besteht aus Kupferstäben, die auf einem cylindrischen Holzstück parallel zu dessen Achse isoliert eingelassen sind. Auf diesen Kupferstreifen schleifen zwei **Kupferdrahtbürsten**, durch Federn angedrückt, die eine oben, die andere unten. Rechts und links vom Ringe stehen **die Pole eines kräftigen Elektromagnetes**, der durch den Strom des Ringes selbst gespeist wird; dann erregt sich auch diese Maschine selbst durch den remanenten Magnetismus und wirkt nach dem dynamischen Prinzip.

Die Induktionsströme kommen auf folgende Weise zustande. Die Kraftlinien gehen vom Nordpol in den nächstliegenden Teil des Ringes, durchlaufen den Eisenkörper des Rings, ohne ihn unterwegs zu verlassen, und treten auf der gegenüberliegenden Seite in den Südpol über. Diejenigen Gruppen, welche eben dem Südpol zugekehrt sind, stellen eine Drahtspule vor, die nur am oberen und unteren Ende mit den Schleiffedern in Verbindung steht. In jeder Windung wird also ein Strom von gleicher Richtung induziert, und zwar immer nur auf der äußeren Seite des Ringes, da nur dort Kraftlinien durchschnitten werden; der auf der Innenseite des Ringes laufende Teil jeder Drahtwindung ist inaktiv. Die Gesamtheit der Windungen dieser Ringhälfte liefert also einen Strom, der seine + E etwa nach der oberen, seine - E nach der unteren Schleiffeder schickt. In den Windungen der anderen Ringhälfte entsteht ein Strom von entgegengesetzter Richtung, da die Kraftlinien von der entgegengesetzten Seite her durchschnitten werden. Da aber die Windungen dieser Seite auch nach entgegengesetzter Richtung laufen (was sich auf der einen Seite nach aufwärts windet, windet sich auf der andern Seite nach abwärts), so liefert auch diese Seite + E zur oberen, - E zur unteren Schleiffeder.

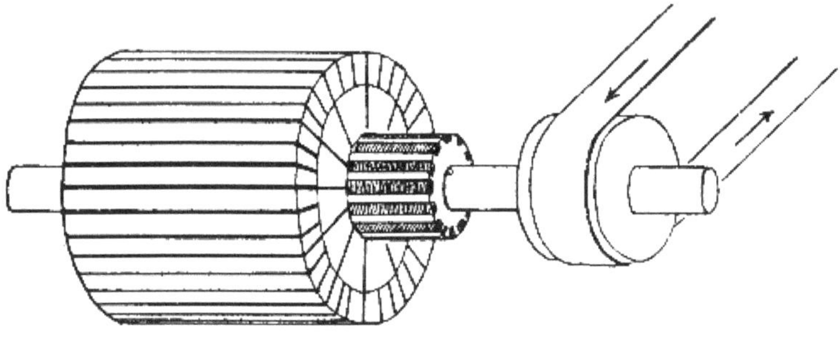

Fig. 200.

Beide Hälften sind anzusehen als zwei Elemente, deren positive Pole zur oberen, deren negative Pole zur unteren Schleiffeder führen, die also auf Quantität verbunden sind.

Da bei der Drehung die gegenseitige Stellung der Windungen stets dieselbe bleibt, indem für jede Windung, die aus ihrer Stellung rückt, die folgende nachrückt, und für jede Gruppe, die von der rechten Seite oben auf die linke übertritt, auch unten eine Gruppe von der linken auf die rechte Seite tritt, so ist der Strom fast gleichmäßig, nie unterbrochen und verändert seine Stärke nicht, wenn man gleich rasch weiter dreht.

Wenn der Gramme'sche Ring rasch gedreht wird, so müssen seine Eisenteile, wenn sie an den Elektromagnetpolen vorübergehen, rasch

Magnetismus annehmen und wieder verlieren; es ist aber dazu doch einige Zeit erforderlich; deshalb hat der sich drehende Ring seine Pole nicht gerade den Magnetpolen gegenüber, sondern im Sinne der Drehung erst etwas später, also links etwas weiter unten, rechts etwas weiter oben. Damit verschieben sich auch die Stellen, in denen die Induktionsströme ihre Richtung wechseln, etwas im Sinne der Drehung. Diese Stellen nennt man auch die neutralen Punkte. Es werden deshalb die Schleiffedern im Sinne der Drehung etwas verschoben, möglichst genau an die neutralen Punkte. Daß wirklich Kraft verwendet werden muß, um die Maschine zu treiben, erkennt man leicht an dem folgenden Versuche. Verbindet man die Pole der Maschine nicht miteinander, so geht das Umdrehen der Maschine verhältnismäßig leicht; denn weil der Strom nicht geschlossen ist, erregt sich die Maschine nicht, die Elektromagnete bleiben schwach magnetisch, und es ist beim Umdrehen nur die Reibung zu überwinden. Sobald man aber die Pole verbindet, fühlt man, daß nun viel mehr Kraft nötig ist; denn nun erregt sich die Maschine, **es wird ein elektrischer Strom produziert, und gerade dazu wird die Kraft verwendet**.

Häufig benützt man nicht den ganzen Strom zur Erregung der Elektromagnete, sondern nur einen Zweig desselben. Von der einen Polklemme führt ein Draht zu den Windungen des Elektromagnetes und dann zur anderen Polklemme; das ist der eine, innere Zweig, welcher den Elektromagnet erregt. Von der einen Polklemme führt ein zweiter Draht dorthin, wo man den Strom benützen will, und von da zurück zur anderen Polklemme; das ist der äußere Zweig. Diese Verzweigung hat den Vorteil, daß auch dann, wenn der äußere Kreis nicht geschlossen ist, oder wenn im äußeren Kreise ein großer Widerstand vorhanden ist, doch der innere Kreis geschlossen bleibt, und deshalb die Elektromagnete stets erregt sind.

Einem umfangreichen Gramme'schen Ring kann man auch mehr Magnetpole gegenüberstellen, muß dann auch entsprechend mehr Schleiffedern anbringen und hat dann eine **mehrpolige** Maschine.

Man kann diese Maschine leicht den verschiedensten Zwecken anpassen. Soll sie Ströme von hoher Spannung liefern, so bringt man im Induktionsring viele Windungen an; da der Draht dabei ziemlich dünn genommen werden muß, so erhöht sich der innere Widerstand. Will man Ströme von niedriger Spannung, so genügen wenige Windungen im Induktionsring; diese kann man dann aus dicken Drähten, dicken Stäben anfertigen, so daß der innere Widerstand gering ist; ist dabei auch der äußere Widerstand gering, so hat man große Stromstärke von niedriger Spannung.

Man mißt die Leistung einer Dynamomaschine nach Ampère-Volt. Liefert eine Maschine einen Strom von 1 Amp. Stärke, und ist dabei die Potenzialdifferenz an den Polklemmen 1 Volt, so sagt man, sie liefert ein **Ampère-Volt**, 1 A V; sie ist imstande, die ganze Elektrizitätsmenge, welche bei 1 A Stromstärke durch die eine Polklemme hereinfließt, bei der andern Polklemme mit einer um 1 V höheren Spannung hinauszuliefern. Gibt eine andere Maschine einen Strom von 5 A auch bei 1 V, so ist, da sie eine 5 mal so große Elektrizitätsmenge in ihrer Spannung erhöht, ihre Leistung 5 mal so groß; ihre Leistung ist 5 A V. Liefert eine 3. Maschine einen Strom von 5 A bei 6 V, so ist, da sie die Elektrizitätsmenge auf eine 6 mal so hohe Spannung bringt, oder 6 mal nacheinander die Spannung um 1 V erhöht, ihre Leistung 6 mal so groß wie die der zweiten Maschine; ihre Leistung ist demnach = 5 · 6 = 30 A V. Dies gibt den Satz: **Die Leistung einer elektrischen Maschine wird gemessen durch das Produkt aus Stromstärke (A) mal Potenzialdifferenz (V):**

Leistung = Amp. Volt.

Da bei einer Stromstärke von 1 Amp. in einer Sekunde eine Elektrizitätsmenge von 1 Coulomb durchfließt und diese Menge in der Spannung um 1 Volt erhöht wird, so ist die dazu erforderliche Arbeit 1 Amp. Volt = 1 Watt = $^1/_{9,81}$ *kgm*. Umgekehrt muß auf eine elektrische Maschine, welche Strom liefern soll, für jedes Amp. Volt pro Sekunde eine Arbeit von 1 Watt = $^1/_{9,81}$ *kgm* verwendet werden. Demgemäß sollte eine elektrische Maschine für jede Pferdekraft einen Strom von 735 A V geben; in Wirklichkeit liefert sie ca. 600 A V, die besten liefern bis 700 A V. Bedarf demnach eine Maschine 10 Pferdekräfte, so liefert sie einen Strom von 10 · 600 = 6000 A V; je nach ihrer Einrichtung liefert sie einen Strom von niedriger Spannung (etwa 3 V), der aber dann eine große Stromstärke hat (2000 A) **Quantitätsstrom**; oder sie liefert einen Strom von hoher Spannung (100 V, 500 V), der aber dann nur eine mäßige oder geringe Stromstärke besitzt (60 A bezw. 12 A), **Spannungsstrom**.

Man hat an diesen Maschinen noch manche abgeänderte Konstruktionen versucht, von denen die Siemens'sche Trommelmaschine und die Schuckert'sche Flachringmaschine genannt sein mögen, weil bei ihnen die inaktiven Teile der Drahtwindungen möglichst vermieden sind. Man konstruiert jetzt Dynamos von jeder gewünschten Stärke.

Aufgaben:

107. Eine Dynamomaschine gibt einen Strom von 60 Amp. à 80 V. Wie viel Pferdekräfte beansprucht sie, wenn 8% für innere Arbeit verloren gehen?

108. Wie viel Amp. à 88 V kann eine Dynamomaschine liefern, wenn sie 12 Pferdestärken verbraucht und 12% verloren gehen?

154. Verwendung der Dynamomaschine zur Galvanoplastik.

Man verwendet solche Maschinen zur Galvanoplastik in großen Anstalten für galvanisches Versilbern, Vergolden, Vernickeln, Verkupfern etc. anstatt der Batterien. Da es hiebei darauf ankommt, möglichst viel Metall niederzuschlagen, die Menge des Metalles aber direkt proportional ist der Menge der durchfließenden Elektrizität (Faraday), so sucht man eine möglichst große Stromstärke zu erzielen; da nun der äußere Widerstand in den kurzen Zuleitungsdrähten und in den großen Bädern mit den breiten Elektroden sehr klein ist, so macht man auch den inneren Widerstand sehr klein; man macht also wenig Windungen am Gramme'schen Ringe, etwa bloß 24 Gruppen à 1 oder 2 Windungen, macht dafür die Drähte sehr dick, so daß sie wie Kupferstäbe oder -barren aussehen, und gibt auch den Elektromagneten nur wenige Windungen, aus dicken Kupferstäben bestehend. Die elektromotorische Kraft ist dann nicht bedeutend, aber, da der Gesamtwiderstand sehr klein ist, ist die Stromstärke doch sehr groß, und auch die Elektromagnete werden trotz der wenigen Windungen stark magnetisch.

Mittels solcher durch Dampfmaschinen betriebener Maschinen scheidet man metallisches Kupfer aus dem bergmännisch gewonnenen Kupfersulfat aus, und erhält dabei sehr reines Kupfer, da es frei ist von Schlacken und anderen Metallen. Man gewinnt durch eine Maschine, die 6-8 Pferdekräfte erfordert, täglich 5-6 Ztr. Kupfer. Mit solchen Maschinen wird fabrikmäßig versilbert, vergoldet oder vernickelt, und nur die Billigkeit des dadurch erzeugten Stromes ermöglicht die weite Verbreitung und allgemeine Verwendung galvanisch versilberter und vernickelter Gegenstände.

155. Wärmewirkung des elektrischen Stromes.

Stets wenn ein elektrischer Strom einen Leiter durchfließt, erzeugt er in ihm Wärme; feiner Draht wird durch den Strom glühend gemacht, ja sogar geschmolzen. Sind in demselben Stromkreise mehrere Leiter von verschiedenem Widerstande nacheinander eingeschaltet, wie etwa dünnere und dickere Drähte, so wird in den Teilen, welche den größeren Widerstand besitzen, auch mehr Wärme erzeugt. Wie sich das Gefälle auf die einzelnen Teile des Leiters verteilt, so daß derjenige Leiter, der den größeren Widerstand hat, auch das größere Gefälle hat, ebenso verteilt sich auch die erzeugte Wärmemenge; die in zwei Teilen desselben Stromkreises erzeugten Wärmemengen (Kalorien) verhalten sich gerade so, wie die auf diesen Teilen verbrauchten Beträge des Gefälles. Die Wärmemengen erscheinen als Äquivalente für die im Gefälle verschwundenen Potenzialdifferenzen. Da aber das Gefälle dem Widerstande proportional ist, so folgt: **In demselben Stromkreise verhalten sich die Wärmemengen zweier Leitungsstücke**

wie deren Widerstände. Dies gilt in demselben Stromkreise, also bei derselben Stromstärke oder bei Strömen von gleicher Stärke.

Um zu untersuchen, wie die Wärme von der Stromstärke abhängt, wenn das Gefälle dasselbe ist, verzweigt man den Strom zwischen den Punkten a und b, so daß der Widerstand des Zweiges acb etwa halb so groß ist wie der Widerstand des Zweiges adb; es ist dann das Gefälle auf beiden Zweigen dasselbe, die Stromstärke aber im Zweige acb zweimal so groß wie im Zweige adb. Man findet dann, daß auch die Wärmemenge (Kalorien) im Zweige acb zweimal so groß ist wie im Zweige adb, schließt also, **bei demselben Gefälle ist die Wärmemenge der Stromstärke proportional.** Verbindet man beide Sätze, so ergibt sich folgendes: Soll in einem Drahtstücke die Stromstärke doppelt so groß werden, so muß, da der Widerstand nicht geändert wird, das Gefälle doppelt so groß werden. Es wird also erstens eine zweimal so große Potenzialdifferenz verbraucht, deshalb also zweimal so viel Wärme erzeugt; aber zweitens, es fließt nicht bloß dieselbe Elektrizitätsmenge durch, sondern eine zweimal so große; also nicht bloß von einer Elektrizitätsmenge wird eine doppelte Potenzialdifferenz verbraucht, sondern von einer doppelten Elektrizitätsmenge wird je die doppelte Potenzialdifferenz verbraucht; deshalb ist die Wärme viermal so groß $= 2^2$. Allgemein: **die in einem Drahtstücke erzeugte Wärmemenge ist dem Quadrate der Stromstärke proportional.** (Joule.) Dieser Satz kann auch auf einen ganzen Stromkreis ausgedehnt werden. Hat man ein Element in einem Stromkreise von gewissem Widerstand a + i, so liefert sein Strom eine gewisse Menge Wärme, die der Menge des verbrauchten Zinkes entspricht. Nimmt man 2 Elemente, verbindet sie auf elektromotorische Kraft und bewirkt, daß der Gesamtwiderstand, 2 i + a', gerade so groß ist wie vorher i + a, so hat man doppelten Strom (Ohmsches Gesetz) und erhält vierfache Wärmemenge (Joule). Dies entspricht der verbrauchten Menge Zink; denn bei doppelter Stromstärke wird in jedem Elemente doppelt so viel Zink verbraucht; also vierfache Menge Zink, daher vierfache Wärmemenge. **Die in einem Stromkreise oder einem Stromteile erzeugte Wärmemenge ist dem Quadrat der Stromstärke proportional.**

Fig. 201.

156. Das elektrische Bogen- oder Kohlenlicht.

Das elektrische Licht wurde erfunden von Davy 1808. Man leitet den Strom in zwei Stäbe aus dichter Gaskohle (Retortenkohle, galvanische Kohle), bringt diese in Berührung und entfernt sie nun ein wenig, so wird dadurch der Strom nicht unterbrochen, sondern er besteht weiter, und es bildet sich zwischen den Enden der Kohlenstäbe ein intensiv glänzendes Licht, das elektrische Licht. Durch den elektrischen Strom werden feinste Teilchen von den Kohlenstäben losgerissen, durch die Luft von Pol zu Pol geführt, und bilden so den Leiter, durch welchen der Strom fließt.

Der Widerstand dieses Leiters ist aber sehr hoch, gewöhnlich ca. 6 Ohm; deshalb ist das Gefälle auf ihm sehr groß, also die Wärmemenge groß; und da die Wärme noch dazu nur zur Erhitzung der an Masse geringen Kohlenteilchen verwendet wird, so werden diese ungemein hoch erhitzt und senden ein sehr helles Licht aus. Da die Kohlenteilchen in etwas gebogener Linie von einem Kohlenstücke zum andern laufen, so nennt man das Licht auch das elektrische Bogenlicht, oder den elektrischen Lichtbogen. Die Hitze ist so groß, daß Platin und Tonerde in ihm schmelzen. Das Licht selbst ist sehr stark; schon das schwächste hat ca. 200 Normalkerzen. Gewöhnlich wendet man es in der Stärke von ca. 1000 NK. an, kann aber seine Leuchtkraft bis 100 000 NK. steigern. Beim Abbrennen höhlt sich die positive Kohle trichterförmig aus (Krater), wird dort heftig weißglühend und wirft viel Licht nach abwärts. So gibt eine Siemenslampe bei 4-5 *mm*

Lichtbogen horizontal 580 Kerzen, unter 45° nach abwärts 3830 Kerzen und liefert für eine Pferdekraft 344 bezw. 2300 NK.

Erst seit der Erfindung der magnetelektrischen Maschinen, besonders der Dynamomaschinen, ist es möglich, den Strom so billig zu liefern, daß das elektrische Bogenlicht sogar billiger kommt als Gaslicht von gleicher Lichtstärke. Je 0,7 Pferdekraft reicht für je ein Bogenlicht à 1000 NK. aus.

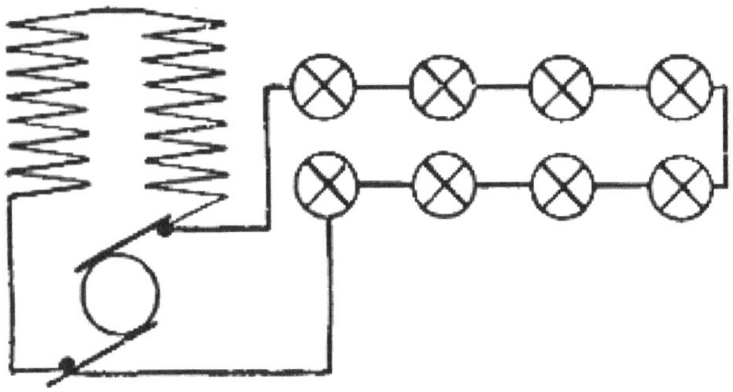

Fig. 202.

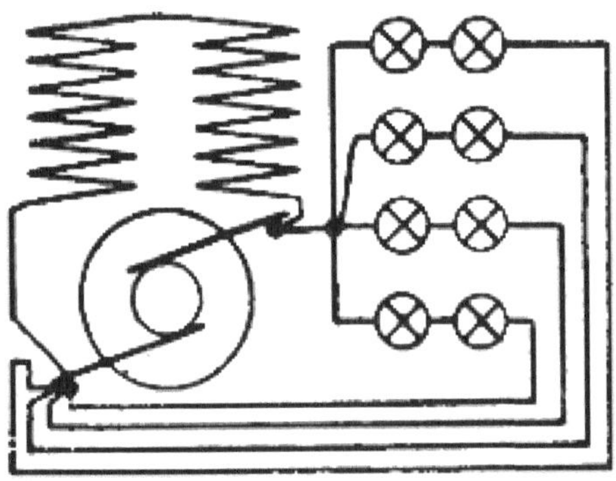

Fig. 203.

Sollen durch eine Dynamomaschine mehrere elektrische Lampen gespeist werden, so schaltet man die Lampen entweder hintereinander, **Serienschaltung**, wobei dann die Dynamomaschine, da jede Lampe ca. 50 V Spannung verbraucht, so vielmal 50 V Spannungsdifferenz an den Polklemmen geben muß, als Lampen eingeschaltet sind; die Stromstärke braucht aber nur 8-9 Amp. zu sein. Oder man verzweigt den Strom in so viele Zweige als Lampenpaare vorhanden sind; jeder Zweig speist dann zwei hintereinander geschaltete Lampen oder nur eine Lampe von doppelter

Lichtstärke; die Lampenpaare sind parallel geschaltet, **Parallelschaltung**; die Maschine liefert 100-110 V, aber so vielmal 8-9 A, als Lampenpaare vorhanden sind. Fig. 202 und 203 geben die in der Technik gebräuchliche Art dieser Schaltungen.

Die beiden Kohlenstäbe werden dadurch, daß von ihnen Teilchen weggerissen werden, kürzer, und brennen auch deshalb ab, weil sie besonders an den Enden sehr heiß sind. Dadurch wird ihr Abstand immer größer, der Lichtbogen länger, sein Widerstand größer und bald so groß, daß die Stromstärke nicht mehr hinreicht, ihn zu erhalten; die Lampe erlischt dann plötzlich. Um dies zu verhindern, müssen die Kohlenstäbe immer wieder genähert werden, und da noch dazu der positive Kohlenstab doppelt so rasch abbrennt als der negative, so muß, wenn man das Licht immer in demselben Punkte haben will, die Bewegung des + Stabes doppelt so groß sein als die des - Stabes. Vorrichtungen, durch welche der die Lampe speisende Strom nach Bedarf selbst die Bewegung der Kohlenstäbe hervorbringt, also den Abstand und Ort der Kohlenenden immer nahezu unverändert erhält, nennt man Regulatoren. Einer der ersten ist der Siemens'sche Differenzialregulator (Differenziallampe, 1878).

Das elektrische Licht eignet sich durch seine große Stärke besonders zur Beleuchtung großer Räume, Straßen, Plätze, Bahnhöfe, Fabriksäle u. s. w. besonders auch für Leuchttürme. Seine Farbe ist, verglichen mit dem gelben und rötlichen Gas- und Öllicht, eine weiße, ähnlich dem Sonnenlicht.

157. Das elektrische Glühlicht.

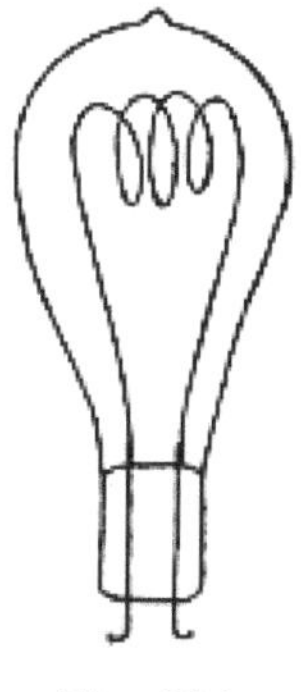

Fig. 204.

Die Glühlampe (Edison): In ein kugel- oder birnförmiges Glasgefäß führen zwei eingeschmolzene Platindrähte, deren innere Enden durch eine dünne **Kohlenfaser** verbunden sind. Die Glaskugel ist verschlossen und **luftleer**. Leitet man den Strom mittels der Platindrähte durch die Kohlenfaser, so wird sie glühend, ohne zu verbrennen, weil keine Luft vorhanden ist. Die glühende Kohlenfaser strahlt dabei ein schönes, mildes, einem guten Gaslichte vergleichbares Licht aus, gewöhnlich in der Stärke von 16 NK. (Edisons A Lampe), also etwa gleich einem guten Gaslicht.

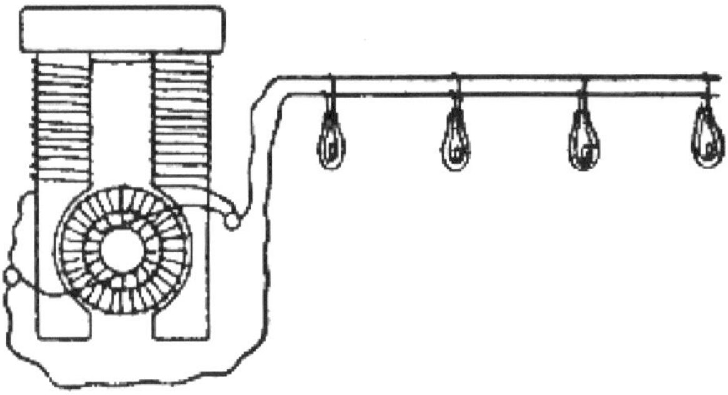

Fig. 205.

Soll durch eine Maschine eine größere Anzahl Glühlichter gespeist werden, so werden sie stets parallel geschaltet; die zwei Zuleitungsdrähte laufen nebeneinander her, und von ihnen zweigen kurze Drähte zu jeder Lampe ab. Die gewöhnlichen Glühlampen erfordern eine Spannungsdifferenz von 100-110 V. Man richtet es deshalb meist so ein, daß die Maschine 110 V liefert; dann kann man wie in Fig. 206 angedeutet, mehrere Leitungen mit parallel geschalteten Glühlichtern abzweigen, nach Bedarf entweder zwei hintereinander geschaltete Bogenlampen, oder eine 16 A Lampe oder eine 8 A Lampe mit Zusatzwiderstand einschalten, oder eigene Leitungen zu solchen Lampenpaaren abzweigen, und erhält eine gemischte Beleuchtungseinrichtung.

Die Glühlampen stellen sich im Betrieb teurer als die Bogenlichter; mit einer Pferdekraft erzeugt man einen Strom, der bloß für 10 bis 13 A Lampen ausreicht, also bloß 10 · 16 = 160 NK. Licht gibt (bei großen Maschinen bis 200 NK. pro Pferdekraft), während die Pferdekraft beim Bogenlichte ca. 1400 NK. liefert. Dafür hat das Glühlicht den Vorteil, daß es besser verteilt und so seine Leuchtkraft besser ausgenützt werden kann.

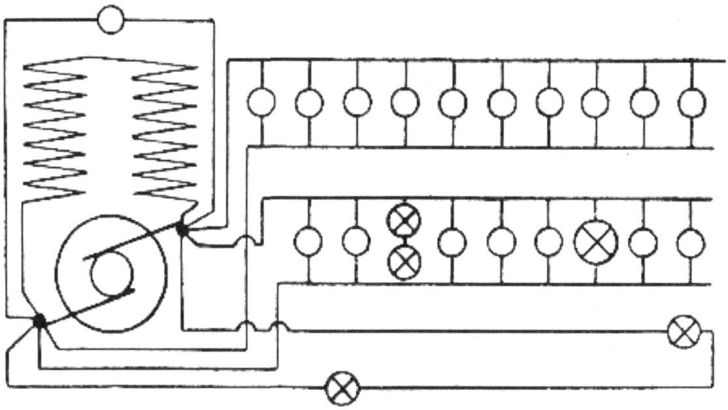

Fig. 206.

Ein großer Vorteil beider Arten elektrischen Lichtes besteht darin, daß sie nicht feuergefährlich sind. Zwar ist der elektrische Lichtbogen ungemein heiß, aber die ganze Lampe kann mit einer Glaskugel umgeben werden, die fast luftdicht schließt und das Hineinfallen brennbarer Körper hindert; die Glaskugel erwärmt sich dabei nur unmerklich. Das Glühlicht ist vollständig im Glas verschlossen, und das Glas erwärmt sich auch so wenig, daß nicht einmal Schießbaumwolle daran sich entzündet.

Ein wichtiger Vorzug ist der, daß die elektrischen Lampen die Luft nicht verunreinigen und erhitzen wie Gas- und Öllampen. Sie liefern keine, die Bogenlampen nur unbedeutende Verbrennungsprodukte, und die Wärme beträgt für je 100 NK. in der Stunde bei Bogenlampen ca. 100, bei Glühlichtern ca. 400 Kalorien, während Gas bei derselben Lichtstärke 1500 bis 12 000, Petroleum 3400 bis 7000 Kalorien erzeugt.

158. Verwandlung von Elektrizität in mechanische Kraft.

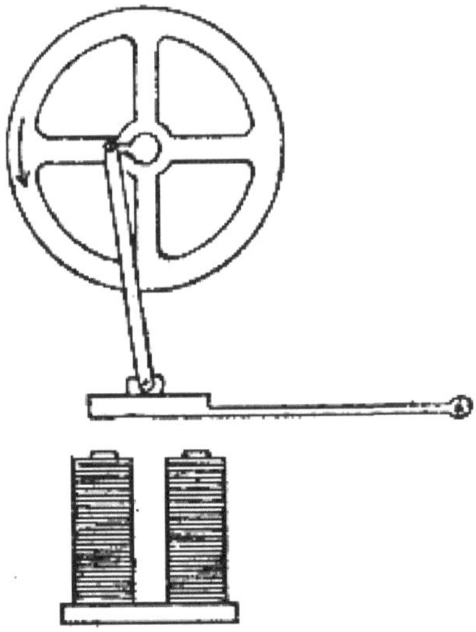

Fig. 207.

Bald nach Erfindung des Elektromagnetes versuchte man, dessen große Kraft zur Hervorrufung von Bewegung zu verwenden, nannte solche Maschinen elektromagnetische Kraftmaschinen oder elektrische Motoren und konstruierte mehrere Arten.

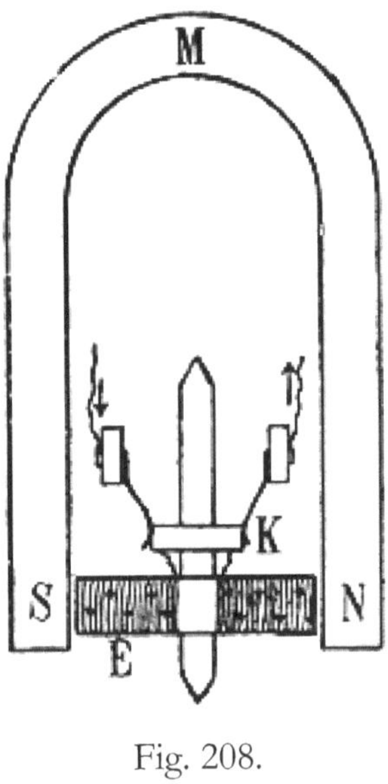

Fig. 208.

Bei den einfachsten befindet sich vor den Polen des Elektromagnetes ein Anker von weichem Eisen, der beweglich aufgestellt ist, vom

Elektromagnete angezogen wird, und diese Bewegung einem Schwungrade mitteilt. Hat der Anker die Pole erreicht, so wird der Strom unterbrochen, und das Schwungrad zieht den Anker wieder von den unmagnetischen Polen weg. Nun wird der Strom wieder geschlossen, und es beginnt dasselbe Spiel.

Oder man nahm einen kräftigen Hufeisenmagnet, stellte ihn vertikal, und brachte zwischen die Pole einen stabförmigen Elektromagnet E, der um eine vertikale Achse leicht drehbar aufgestellt wurde. Der Strom wird so eingeleitet, daß die Pole des Elektromagnetes gleichnamig sind den Polen des Stahlmagnetes; deshalb werden sie abgestoßen, der Elektromagnet dreht sich und wird nun von den anderen Polen angezogen; sobald die Pole des Elektromagnetes an die ungleichnamigen Pole des Stahlmagnetes gekommen sind, bewirkt ein einfacher Kommutator K (Halbscheiben mit Kontaktfedern, wie beim Siemens-Induktor), daß der Strom nun in entgegengesetzter Richtung den Elektromagnet durchfließt, also seine Pole umkehrt; er wird deshalb von den Polen des Stahlmagnetes wieder abgestoßen, macht die zweite halbe Drehung, und so geht es fort.

Man ersetzte den Stahlmagnet durch einen kräftigen Elektromagnet und erzielte noch kräftigere Wirkungen. Man brachte anstatt zweier Elektromagnetpole deren mehrere in einem Kreise an, und brachte ebenso auf der Achse eine gleiche Anzahl von Elektromagnetpolen an, sorgte ebenso dafür, daß die Pole sich abstoßen und die Ströme zur rechten Zeit gewechselt wurden.

Den Strom nahm man aus einer Batterie, konnte leicht eine umdrehende Bewegung hervorbringen und damit eine Arbeitsmaschine treiben. So war Jakobi in Petersburg (1849) imstande, mittels seines elektrischen Motors ein Boot auf der Newa zu bewegen. Man hoffte, durch praktische Einrichtung der Motoren es dahin zu bringen, daß die erzeugte Arbeit billiger würde als die der Dampfmaschinen. Doch war das nicht zu erreichen; denn die galvanischen Batterien verbrauchen ein viel zu teures Material (Zink, Schwefelsäure u. s. w.), so daß sie, wenn man auch die elektrische Kraft sehr gut ausnützt, doch nur weniger Arbeit liefern als für dasselbe Geld die Dampfmaschine, trotzdem sie ihr Brennmaterial sehr schlecht ausnützt (Liebig).

159. Elektrische Kraftübertragung.

Die elektrische Kraftübertragung beruht auf folgenden Vorgängen. Leitet man einen elektrischen Strom in eine Dynamomaschine, so wird dadurch der Anker (Siemensspule oder Grammescher Ring) in Umdrehung versetzt; denn durch den Strom wird zunächst der Elektromagnet magnetisch; aber auch der Eisenkern des Grammeschen Ringes wird magnetisch und zwar, wenn etwa die Schleiffedern oben und unten sich befinden (Fig. 209 B), kann man sich den Kern in 2 Hälften, rechts und links, zerlegt denken, und an der Art der Bewickelung derselben erkennt man, daß beide oben Südpol und unten Nordpol haben. Beide Pole werden von den Elektromagnetpolen abgestoßen resp. angezogen, deshalb kommt der Ring in Drehung und kann eine Arbeitsmaschine treiben. Es wird also die Energie des elektrischen Stromes zu mechanischer Arbeit verwendet. Man nennt diejenige Maschine, durch deren Umdrehen man den Strom erzeugt, welche also die aufgewandte Arbeit in Elektrizität verwandelt, eine **dynamoelektrische** Maschine (Fig. 209 A), und nennt die Maschine, welche durch den elektrischen Strom in Umdrehung versetzt wird, mittels welcher also der elektrische Strom wieder in Arbeit verwandelt wird, eine **elektrodynamische** Maschine oder einen **elektrischen Motor** (Fig. 209 B). In der Konstruktion ist kein Unterschied zwischen beiden, **jede dynamoelektrische oder magnetelektrische Gleichstrommaschine kann auch als elektrodynamische verwendet werden.**

Sind zwei Maschinen wie in Fig. 209 verbunden, so daß beide vom Strome der Maschine A in derselben Richtung durchflossen werden, so dreht sich B in entgegengesetzter Richtung, wie A gedreht wird.

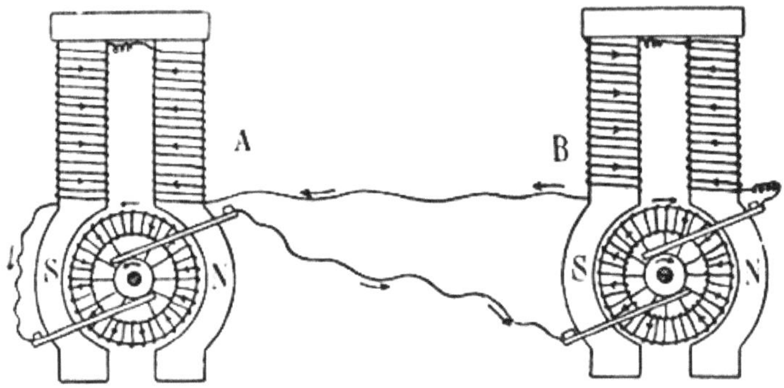

Fig. 209.

Es wird wirklich ein Teil der elektrischen Energie dazu verbraucht, um die mechanische Kraft zu liefern. Denn wenn die elektrodynamische Maschine gesperrt, d. h. am Umdrehen gehindert ist, so werden wohl die Eisenkerne magnetisch, der Strom verläuft wie in freier Leitung, das Gefälle verteilt sich nach den Ohmschen Gesetzen auf die Drähte der Bewickelungen und der Leitung, und die ganze Energie des Stromes wird bloß zu Wärmeerzeugung in diesen Drähten verbraucht. Läßt man aber die elektrodynamische Maschine gehen, so wird ein Teil des Gefälles verbraucht, um die umdrehende Kraft zu liefern. Über die Größe der erzeugten Arbeit gilt derselbe Satz wie früher. Eine dynamoelektrische Maschine liefert für jede Pferdekraft einen Strom von 735 A V (etwas weniger); jede elektrodynamische Maschine liefert für je 735 A V eine Pferdekraft (etwas weniger). Z. B. ein elektrischer Motor wird von einem Strom von 40 A gespeist, welcher an seinen Polklemmen noch 110 V Spannungsdifferenz zeigt; er verbraucht demnach 40 · 110 A V = 4400 A V und sollte dafür fast 6 Pferdekräfte liefern. Er liefert bei guter Konstruktion deren 5.

Wenn die Maschine A von einer Dampfmaschine oder einer Wasserkraft getrieben und die dadurch erzeugte Elektrizität nach B zu der elektrodynamischen Maschine geleitet wird, so sagt man, **die Kraft ist elektrisch von A nach B übertragen worden.** Es geht naturgemäß von der in A aufgewendeten Arbeit ein Teil verloren; denn zum Fließen von A nach B (und wieder zurück) braucht die Elektrizität ein Gefälle, dessen Betrag der durch A erzeugten Potenzialdifferenz entnommen, in den Leitungsdrähten in Wärme verwandelt wird und so verloren geht; der übrig bleibende Betrag der Potenzialdifferenz wird in B in Arbeit verwandelt. Bei großen Entfernungen sinkt also der Nutzeffekt.

Elektrische Eisenbahnen: An einem Waggon befindet sich die elektrodynamische Maschine, welche ihre Bewegung dem Rade des Wagens überträgt und diesen dadurch fortbewegt. Der Strom wird erzeugt durch eine dynamoelektrische Maschine, die sich auf der Station befindet; er wird dann in einen Draht geleitet, der wie ein Telegraphendraht neben der Bahn herläuft, von diesem abgenommen durch eine kleine Schleiffeder und kommt so in die Maschine. Die Rückleitung geschieht durch die Schienen. Solche elektrische Eisenbahnen werden mit Vorteil zu Straßenbahnen, für Tunnels, unterirdische Eisenbahnen und Bergwerke, wohl auch für Vollbahnen verwendet.

160. Die Sekundärelemente der Akkumulatoren.

Schaltet man in den Strom einer Batterie ein Meidingerelement ein mit ungleichen Polen wie bei Serienschaltung, so geht Zn in Lösung, Cu aus Lösung; seine elektromotorische Kraft wirkt in demselben Sinne wie die der Batterie, verstärkt sie also. Wenn man aber das Meidingerelement umgekehrt einschaltet, so ist Cu Anode, geht also in Lösung, Zn ist Kathode, an ihm wird Zink niedergeschlagen: Es tritt jetzt der umgekehrte chemische Prozeß ein. Dazu ist aber Arbeit erforderlich, und diese wird genommen von der elektrischen Arbeit des Batteriestromes, indem von der durch die Batterie erzeugten Potenzialdifferenz so viel genommen, also verbraucht wird, als zur Durchführung des chemischen Vorganges erforderlich ist. War hiebei das Meidingerelement schon verbraucht, also schon fast alles SO_4Cu verbraucht, so wird wieder SO_4Cu gebildet und Zn wird metallisch ausgeschieden; das Element wird wieder leistungsfähig. Wenn man dann die Batterie entfernt und das Meidingerelement in sich schließt, so liefert es wieder einen Strom. Ein Gramm Zn, das vorher ausgeschieden wurde, hat dazu eine gewisse

Quantität Elektrizität verbraucht; genau dieselbe Quantität Elektrizität liefert es nun wieder, wenn es in Lösung geht; zum Ausscheiden des Zn mußte von der elektrischen Potenzialdifferenz der Batterie ein gewisser Betrag weggenommen werden; genau dieselbe Potenzialdifferenz liefert dies Zn wieder, wenn es nun in Lösung geht. **Von der elektrischen Energie der Batterie ist durch das Element ein Teil weggenommen und in Form der chemischen Energie des freien Zinkes aufgespeichert worden.** Man nennt deshalb ein solches Element einen **Aufspeicherer, Akkumulator der Elektrizität** oder ein **sekundäres Element**.

Nach **Gaston Planté**, dem Erfinder der Akkumulatoren, nimmt man **2 Bleiplatten**, welche mit **Bleioxyd** überzogen sind, stellt sie in verdünnte Schwefelsäure, verbindet sie mit den Polen einer Batterie (oder einer Dynamomaschine) und ladet sie so: es entsteht zunächst eine Wasserzersetzung, an der mit dem - Pol verbundenen Platte, der Kathode, entsteht H_2, **desoxydiert** das Bleioxyd und reduziert es zu metallischem Blei; an der Anode wird O frei und verbindet sich mit dem Bleioxyd zu **Bleisuperoxyd**. Entfernt man nun die primäre Batterie, und verbindet die Pole der Bleiplatten, so liefern sie einen Strom; hiebei gibt das Bleisuperoxyd den überschüssigen Sauerstoff ab, welcher durch die Flüssigkeit wandert und sich mit dem Blei der andern Platte zu Bleioxyd verbindet. Die Platte, die beim Laden Kathode war, wird beim Entladen der - Pol, oder, bei der Platte, bei welcher die - E hineinkam, kommt sie auch wieder heraus. Der entstandene Strom ist ein Polarisationsstrom.

Die Bleiplatten nehmen beim ersten Laden nur sehr wenig Sauerstoff auf. Wenn man aber das Laden und Entladen oftmal wiederholt, dabei einigemale die Pole umkehrt, und die Elemente auch einige Zeit geladen stehen läßt, so können die Platten immer mehr Sauerstoff aufnehmen. Die Platten werden dadurch gleichsam aufgelockert und eine immer dicker werdende Schichte nimmt am chemischen Prozeß teil, die Platten werden „formiert“.

In der Anwendung werden die Sekundärelemente zu Batterien zusammengestellt und durch Dynamomaschinen geladen. Ihren Entladungsstrom verwendet man dann zum Speisen elektrischer Lampen oder elektrischer Motoren.

Bei größeren elektrischen Beleuchtungsanlagen sind solche Akkumulatoren fast unentbehrlich, da sie ermöglichen, die Maschinen stets in gleicher Stärke gehen zu lassen; sie nehmen dann bei geringem Lichtbedarf den überschüssigen elektrischen Strom auf und geben ihn bei erhöhtem Lichtbedarf (abends) ohne großen Verlust wieder her (Pufferbatterie).

Geschichtliches über Dynamomaschinen.

Die erste magnetelektrische Maschine stellte Pixii 1832 her; bei ihr rotierte der Magnet vor den Induktionsspulen. Saxton änderte dies dahin ab, daß er die leichteren Induktionsspulen vor den Polen des festen Magnetes rotieren ließ und einen Kommutator anbrachte. Stöhrer verstärkte die Wirkung, indem er mehrere Magnetpole (6) im Kreise anbrachte, und vor denselben eine Scheibe rotieren ließ, welche ebensoviele Induktionsspulen trug. Nollet vergrößerte diese Maschinen durch Anbringung von noch mehr Magnetpolen (64 und 96) und entsprechender Anzahl von Induktionsspulen; sie wurden von der Gesellschaft l'Alliance gebaut, heißen Alliance-Maschinen, und wurden bald zur Erzeugung von elektrischem Bogenlicht auf Leuchttürmen verwendet.

Dr. Werner Siemens erfand 1857 den Cylinder-Induktor, Pacinotti in Florenz erfand 1860 den Ring-Induktor; doch wurde derselbe wenig bekannt.

Wilde in Manchester verbesserte 1866 die magnetelektrischen Maschinen auf folgende Weise: er stellte die elektrische Maschine aus zweien zusammen; die eine war eine magnetelektrische, bei der ein Siemens'scher Cylinder-Induktor zwischen permanenten Magneten rotierte; die andere war größer und ähnlich eingerichtet, nur waren die permanenten Magnete ersetzt durch einen mächtigen Elektromagnet, zwischen dessen Polen ebenfalls ein Siemens'scher Cylinder-Induktor rotierte; die durch die erste Maschine erhaltenen gleichgerichteten Ströme verwandte er, um den Elektromagnet der zweiten Maschine zu erregen; da derselbe dadurch sehr stark magnetisch wurde, so lieferte sein Induktor mächtige Ströme.

Das Prinzip der dynamoelektrischen Maschine, demgemäß der durch Rotation des Induktors erhaltene Strom selbst dazu verwendet wird, um die Elektromagnete zu erregen, wurde von Werner Siemens 1866 entdeckt, und gleichzeitig von Wheatstone. Beide veröffentlichten ihre Entdeckung in derselben Sitzung der „Royal Society" in London am 14. Februar 1867.

Gramme erfand 1871, ohne von Pacinotti's Erfindung Kenntnis zu haben, nochmals den Ringinduktor mit verbessertem Kollektor, und seit dem stellt man unter Benützung des dynamischen Prinzips viele Maschinen von verschiedener Größe und für verschiedene Zwecke her.

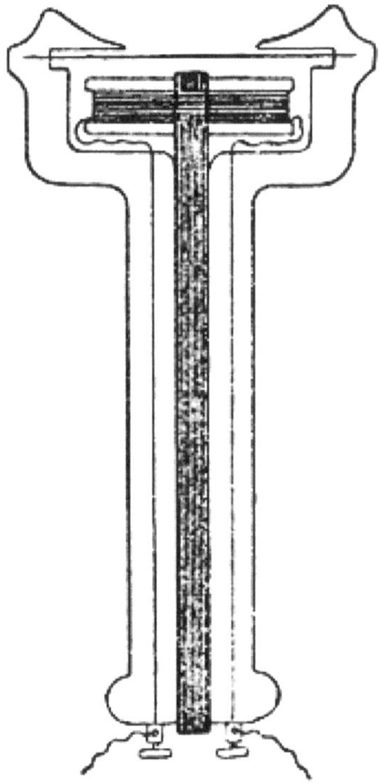

Fig. 210.

161. Telephon.

Das Telephon oder der Fernsprecher dient dazu, die menschliche Sprache auf große Entfernungen zu übertragen. Das erste Telephon wurde von dem Lehrer Ph. Reiß (1861) erfunden, fand aber wenig Beachtung und deshalb keine Verbesserung. Das von Graham Bell (1876) erfundene **Magnettelephon** hat folgende Einrichtung: Ein starker, stabförmiger **Stahlmagnet** ist an seinem oberen Ende durch eine **Induktionsspule** von sehr vielen Windungen eines feinen, isolierten Kupferdrahtes gesteckt. Die Enden des Drahtes führen zu zwei Klemmschrauben. Vor diesem Pole des Magnets ist ein dünnes **Eisenblech** so angebracht, daß es an seinen Rändern festgeklemmt und mit seiner Mitte nur wenig vom Pole entfernt ist. Der zum Festklemmen des Bleches benützte und angeschraubte Deckel hat in der Mitte eine Öffnung, durch welche man gegen das Blech sprechen kann.

Dies **Sprechtelephon** ist mit einem ganz gleich konstruierten **Hörtelephon** verbunden durch isolierte (Telegraphen-)Leitungen, von denen eine durch die Erde ersetzt werden kann. Spricht nun die eine Person gegen die Öffnung des Telephons, so geschieht folgendes:

Die menschliche Sprache besteht aus Schwingungen der Luft, die nach Geschwindigkeit und Art verschieden sind. Diese Luftschwingungen treffen auf das Blech und versetzen es in eben solche Schwingungen; dadurch kommt das Blech dem Magnetpol bald näher, bald ferner. Jede Annäherung hat aber Verstärkung des Magnets, jede Entfernung Schwächung desselben zur Folge. Verstärken und Schwächen des Magnetes bringt aber in den Drahtwindungen der Spule Induktionsströme hervor, Wechselströme, die nach Anzahl und Stärke den Luftschwingungen entsprechen. Dies geschieht im Sprechtelephon.

Diese Ströme kommen nun durch die Leitung zum Hörtelephon, durchlaufen die Spule und machen dadurch den Magnet bald stärker, bald schwächer magnetisch, da sie ja Wechselströme sind; deshalb zieht der Magnet das Eisenblech bald stärker, bald schwächer an, das Eisenblech macht deshalb Schwingungen, die nach Anzahl und Art denen des Sprechtelephons entsprechen. Diese Schwingungen teilen sich der Luft mit und erzeugen den Ton, den man aus dem Telephon hören kann.

Das Telephon überträgt die Töne zwar sehr deutlich, aber sehr schwach. Man versuchte die Telephone zu verbessern durch Anwendung größerer Bleche, Anbringung zweier Magnetpole und hat dadurch wirklich kräftigeren Laut erlangt; doch wurde an Deutlichkeit verloren.

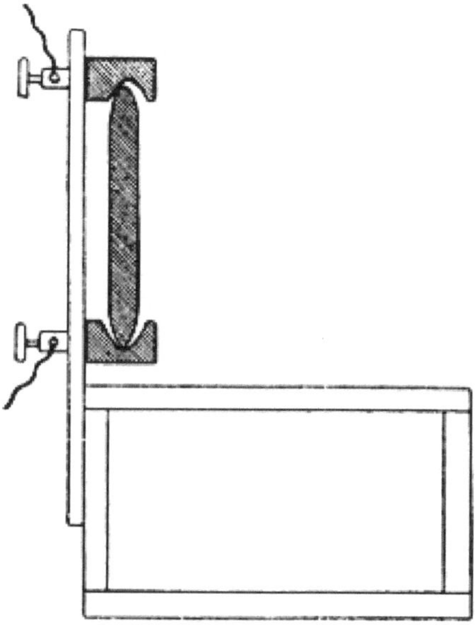

Fig. 211.

162. Mikrophon.

Das Mikrophon, erfunden von Hughes, hat folgende Einrichtung: von einem **Resonanzkästchen** geht ein Brettchen nach aufwärts; auf ihm sind zwei **Kohlenblöcke** festgeschraubt und mit Klemmschrauben versehen; beide Kohlenblöcke haben kleine Vertiefungen. Zwischen ihnen befindet sich ein **Kohlenstift**, beiderseits zugespitzt, unten in der Vertiefung des unteren Blockes stehend, oben in die Vertiefung des oberen hineinragend, so daß er sich leicht an ihn anlehnt. Man leitet den Strom von einem Elemente zum unteren Kohlenblocke; dann geht er durch den Kohlenstift in den oberen Block; von dort leitet man ihn zu einem Telephon und von da zum Elemente zurück; dadurch ist der Strom geschlossen, verläuft in stets gleicher Stärke und verursacht kein Geräusch im Telephon.

Wenn man aber am Mikrophon ein kleines Geräusch oder einen schwachen Ton erzeugt, so kommt auch das Brettchen und damit der obere Kohlenblock in Schwingungen. Dieser drückt deshalb gegen den berührenden Kohlenstift bald stärker, bald schwächer, dadurch wird der **Widerstand an der Berührungsstelle bald schwächer, bald stärker**, und dadurch der **Strom des Elementes bald stärker, bald schwächer**, entsprechend den Schwingungen des erzeugten Geräusches. Das Stärker- und Schwächerwerden des Stromes erzeugt aber im Telephone einen Ton, der ebenfalls dem ursprünglichen Geräusch entspricht, und laut genug ist, so daß man ihn deutlich hören kann. Der Apparat heißt Mikrophon, weil man damit einen schwachen Ton noch hören kann.

163. Mikrophontransmitter.

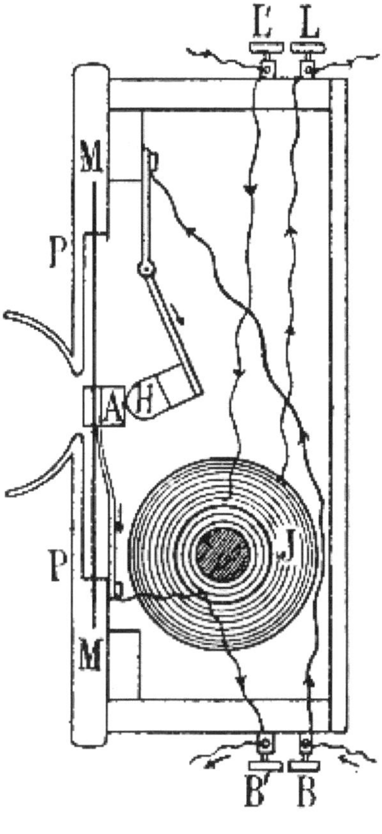

Fig. 212.

Eine Abänderung des Mikrophons wird in Verbindung mit einem Telephone benützt zum Telephonieren (Fernsprechen) und zwar als Zeichengeber und heißt Transmitter oder **Mikrophontransmitter**. Er hat im wesentlichen folgende Einrichtung: Der Deckel eines Kästchens besteht aus einer dünnen elastischen Holzplatte (M), vor ihr ist eine harte Platte P angebracht; diese hat in der Mitte ein Loch mit einem Schalltrichter, der den Ton auffängt und gegen die elastische Membran leitet. Auf der hinteren Seite der Membran ist in deren Mitte ein Kohlenblock A befestigt. Dieser wird berührt von einem Graphitblock H, der in einer Messingfassung drehbar so aufgehängt ist, daß er sich nur schwach an den Kohlenblock anlehnt.

Diese beiden, oder **Kohlenstifte in Kohlenblöcken** wie beim Mikrophon, ersetzen das Mikrophon, wenn man durch die Klemmschraube B einen Strom einleitet.

Ist aber dabei das Hörtelephon weit entfernt, also die Leitung lang, und der Widerstand groß, so bewirken die Änderungen des Berührungswiderstandes nur sehr geringe Änderungen der Stromstärke, so daß der im Telephon erzeugte Ton ungemein schwach wird.

Man leitet deshalb den Strom des Elements nicht durch die „Linie“ ins Telephon, sondern nur durch die primäre Rolle eines kleinen **Induktionsapparates J** im Innern des Mikrophonkästchens. Da der Strom des Elementes geringen Widerstand hat, so ändern die Änderungen des Berührungswiderstandes die Stromstärke wesentlich. Dies erzeugt in der Induktionsspule J entsprechende Induktionsströme, welche wegen der großen Anzahl der Windungen eine hohe elektromotorische Kraft haben und damit bedeutenden Widerstand überwinden können. Diese Induktionsströme leitet man bei L und L' heraus, führt sie dann durch die „Linie“ zum weit entfernten Telephon und kann dort die Töne hören.

Will man auch gegensprechen, so muß jede Station einen Transmitter und ein Telephon besitzen und alle 4 Induktionsspulen dieser Apparate sind zu einer einzigen Leitung verbunden.

Um den Wunsch nach telephonischer Mitteilung an die andere Station durch ein lautes Zeichen zu übermitteln, bedient man sich meist einer elektrischen Klingel, die man in Tätigkeit setzt durch die Ströme des Magnetinduktionsapparates.

In Städten werden in der Zentralstation auf Wunsch die Drähte zweier Abonnenten mit einander verbunden durch einen Zentralumschalter.

164. Thermoelektrizität.

Stets wenn zwei verschiedene Metalle an einer Stelle zusammengelötet und an den beiden anderen Enden durch einen Leiter verbunden werden, entsteht ein Strom, wenn man die Lötstelle erwärmt.

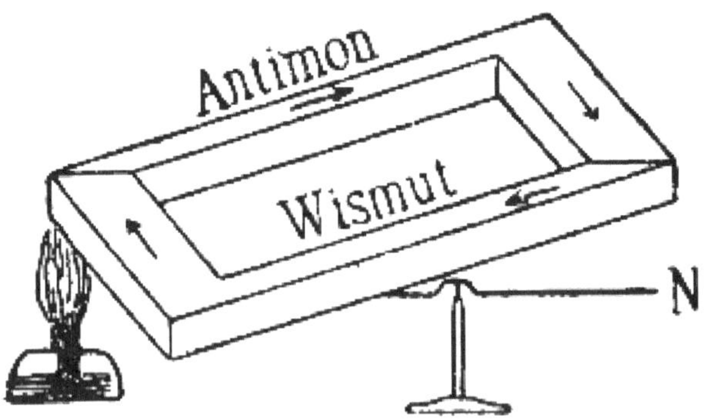

Fig. 213.

Macht man einen rechteckigen Rahmen aus Wismut und Antimon, so daß zwei zusammenstoßende Seiten aus Wismut, die beiden anderen aus Antimon bestehen und an gegenüberliegenden Ecken sich die Lötstellen befinden, und erhitzt man nun eine Lötstelle, so entsteht in dem Rechteck ein Strom, welcher leicht eine Magnetnadel ablenkt.

Die durch Wärme hervorgebrachte Elektrizität heißt Thermoelektrizität, der Strom ein Thermostrom (Seebeck 1821). Die Thermoströme unterscheiden sich von den galvanischen Strömen nur durch die Entstehungsursache; sonst folgen sie denselben Gesetzen und bringen dieselben Wirkungen hervor. Ein Paar an einer Stelle zusammengelöteter Metallstäbe heißt ein **Thermoelement**.

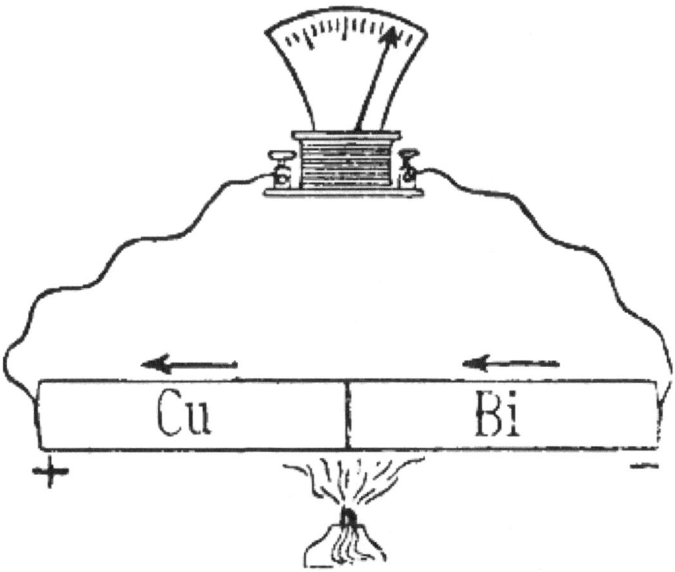

Fig. 214.

Ein Thermostrom kommt nur zu stande, wenn die Lötstelle wärmer ist, als die anderen Teile des Stromkreises, wenn also von der warmen Lötstelle nach beiden Seiten hin die Temperatur abnimmt. Ist dies der Fall, so entsteht eine elektromotorische Kraft, deren Größe abhängig von der Temperaturdifferenz der beiden Lötstellen und derselben nahezu proportional ist.

Die elektromotorische Kraft ist aber auch abhängig von der Natur der verwendeten Metalle. Man kann alle Metalle in eine Reihe ordnen, so daß jedes Metall mit einem der folgenden verbunden negativ elektrisch wird. Diese thermoelektrische Reihe ist nach Bequerel - Wismut, Nickel, Platin, Kobalt, Mangan, Silber, Zinn, Blei, Messing, Kupfer, Gold, Zink, Eisen, Antimon +.

Die elektromotorische Kraft der Thermoelemente ist im allgemeinen nicht besonders groß; so kann ein Element aus Wismut und Antimon etwa $\frac{1}{10}$ Volt haben. Ein Element aus Kupfer und Eisen hat, wenn es an der kalten Lötstelle 0°, an der warmen 100° hat, nur eine elektromotorische Kraft von 0,0011 Volt.

Der Vorteil der Thermoelemente liegt aber darin, daß sie sehr einfach konstruiert sind und daß ihr innerer Widerstand meist sehr klein ist; z. B. wenn in dem Wismut-Antimonelemente jedes Metall etwa 2 *cm* lang ist und $\frac{1}{10}$ *qcm* Querschnitt hat, so ist sein innerer Widerstand = 0,0034 Ohm. Ist demnach der äußere Widerstand auch klein, so ist mit solchen Elementen ein verhältnismäßig starker Strom zu erzielen.

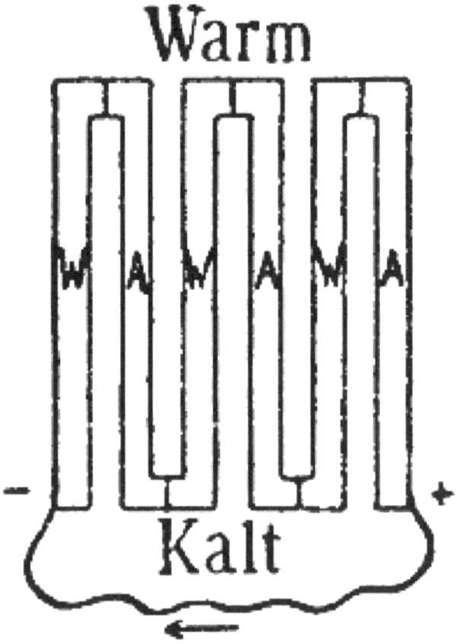

Fig. 215.

Um mehrere Thermoelemente zu einer Batterie zu vereinigen, verbindet (verlötet) man das freie Antimonende des ersten mit dem freien Wismutende des zweiten Elementes und so fort; man bringt dabei die Stäbe in solche Lage, daß abwechselnd die Lötstellen nach der einen und nach der anderen Seite schauen, so daß die nach der einen Seite gerichteten Lötstellen von einer gemeinsamen Wärmequelle erwärmt, die andern alle zugleich abgekühlt werden können. Die Thermoelemente sind somit auf Intensität zu einer Batterie (Thermosäule, Thermokette) verbunden, ihre elektromotorische Kraft ist gleich der Summe der elektromotorischen Kräfte der einzelnen Elemente.

Die Anwendung der Thermoelektrizität ist beschränkt. Man benützt Thermobatterien zu Schulversuchen anstatt der gewöhnlichen galvanischen Elemente, und sie sind hiezu bequem, weil sie zur Herrichtung nur das Anzünden einer Lampe erfordern.

Thermobatterien dienen zur Messung sehr kleiner Temperaturdifferenzen. Man nimmt eine Thermosäule von etwa 20-40 Elementen, ordnet das eine System der Lötstellen so an, daß sie ein Quadrat erfüllen, und verbindet die Enden mit einem sehr empfindlichen Galvanometer (von geringem Widerstande). So lange beide Flächen, welche die Lötstellen enthalten, gleich warm sind, zeigt das Galvanometer keinen Ausschlag, sobald aber die eine Fläche nur etwas stärker erwärmt wird, entsteht ein Thermostrom, der einen Ausschlag hervorbringt. Man benützt sie, nach Melloni, besonders zu Untersuchungen über strahlende Wärme, indem man auf die eine Fläche die Wärmestrahlen auffallen läßt und die andere Fläche durch ein Gehäuse gegen Wärmestrahlen schützt. Mit solchen Apparaten kann sogar die von Fixsternen ausgestrahlte Wärme nachgewiesen werden.

Zur Messung sehr hoher Temperaturen (als Pyrometer) dient ein Thermoelement aus Platin einerseits und einer Legierung aus Platin und Rhodium (9 : 1) andrerseits. Die Lötstelle wird der Hitze ausgesetzt und der entstandene Thermostrom am Galvanometer gemessen.

Neunter Abschnitt.
Wellenlehre und Akustik.

165. Entstehung der Wellen.

Eine eigentümliche Art von Bewegung und Fortpflanzung derselben ist die wellenförmige Bewegung, wie sie etwa im Wasser entsteht, wenn man einen Stein hineinwirft. Im ruhigen Wasser ist die Oberfläche eben und horizontal, und die Wasserteilchen sind im Gleichgewichte, weil sie von allen Seiten gleich stark gedrückt werden.

Durch Hineinwerfen des Steines wird das Gleichgewicht gestört; denn der Stein schiebt die Wasserteilchen beiseite, so daß sie einen ringförmigen Wall bilden, und an der getroffenen Stelle selbst eine Vertiefung entsteht. Dadurch ist das Gleichgewicht gestört; an der erhöhten Stelle gehen die Wasserteilchen nach abwärts und an der vertieften werden sie durch den Überdruck der höher liegenden Teile nach aufwärts gedrückt.

Diese beiden Bewegungen setzen sich aber nicht bloß bis zur natürlichen Gleichgewichtslage fort, sondern noch darüber hinaus wegen des Beharrungsvermögens.

Dadurch, daß die Wasserteilchen an den erhöhten Stellen herabsinken, drücken sie auf die benachbarten und heben diese nach aufwärts; während also der eine Wall nach abwärts sich bewegt und eine Vertiefung bildet, entsteht rings um ihn ein anderer, etwas weiterer, erhöhter Wall. Es hat sich somit das Gleichgewicht noch nicht hergestellt; denn es sind nun andere Wasserteile einerseits oberhalb, andrerseits unterhalb der natürlichen Gleichgewichtslage, daher entsteht derselbe Vorgang wieder; der Wall sinkt nach abwärts, die vertieften Teile werden nach aufwärts gehoben, und rings um den äußeren herabsinkenden Wall entsteht ein neuer Wall und so geht es fort. Wir sehen so, daß der ringförmige Wall sich immer weiter ausdehnt, daß neue ringförmige Erhebungen folgen, daß das einmal gestörte Gleichgewicht sich auf immer andere und andere Stellen überträgt. Bei zunehmender Ausbreitung werden die Wälle immer niedriger, bis sie der Wahrnehmung entgehen.

166. Form der Wellen.

Die einzelnen Wasserteilchen machen auf- und abgehende Bewegungen oder Schwingungen. Wenn sich also die ringförmigen Wälle nach auswärts weiter bewegen, so geschieht dies nicht dadurch, daß die in den Wellen enthaltene Wassermenge sich nach auswärts bewegt und so gleichsam über den ruhigen Wasserspiegel hingleitet, sondern nur dadurch, daß die Wasserteilchen auf und ab schwingen, weshalb auch kleine auf dem Wasser schwimmende Gegenstände von der Welle nicht nach auswärts fortgeschoben werden, sondern nur an der auf- und abwärts gehenden Bewegung teilnehmen.

Gestalt der Oberfläche der Wasserwelle: derjenige Teil, in welchem die Wasserteilchen über der natürlichen Gleichgewichtslage sich befinden, heißt ein **Wellenberg**, derjenige, in welchem sie sich unterhalb befinden, ein **Wellental**; ein Berg und ein benachbartes Tal bilden eine Welle und ihre Länge heißt eine **Wellenlänge**.

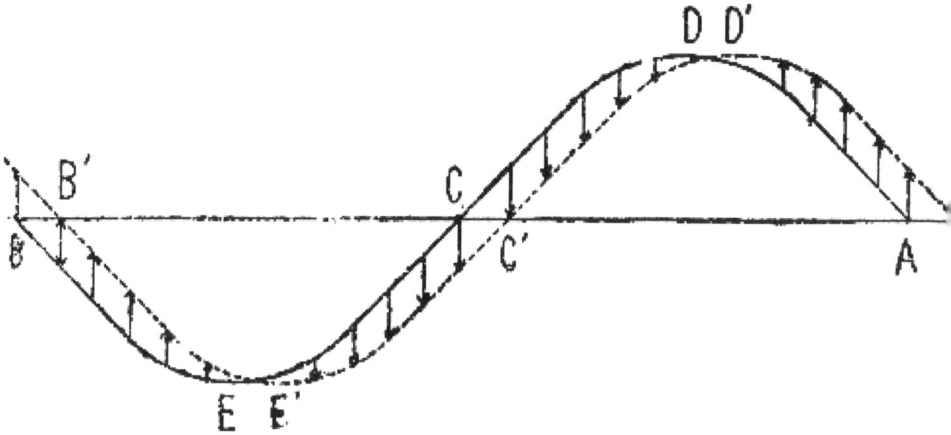

Fig. 216.

Die Form einer einfachen Welle ist aus Fig. 216 ersichtlich.

Wenn sich die Welle in der Richtung von B nach A fortpflanzt, so sind die Punkte E und D momentan in Ruhe, die Punkte C, B und A haben eben ihre größte Geschwindigkeit, A und B nach aufwärts und C nach abwärts; die dazwischen liegenden Punkte haben um so geringere Geschwindigkeiten, je näher sie an E resp. D liegen, und zwar bewegen sich die Punkte zwischen B und E nach aufwärts, zwischen E und D nach abwärts und zwischen D und A nach aufwärts, und auch die zunächst vor A liegenden Teile werden, wenn sie noch ruhig sind, in die aufwärts gehende Bewegung eingezogen. Macht jedes Teilchen eine dieser Angabe entsprechende kleine Bewegung, so ist die neue Form der Welle B'E'C'D'A'. Es hat sich somit Berg und Tal in der Richtung der Fortpflanzung der Welle etwas vorwärts verschoben.

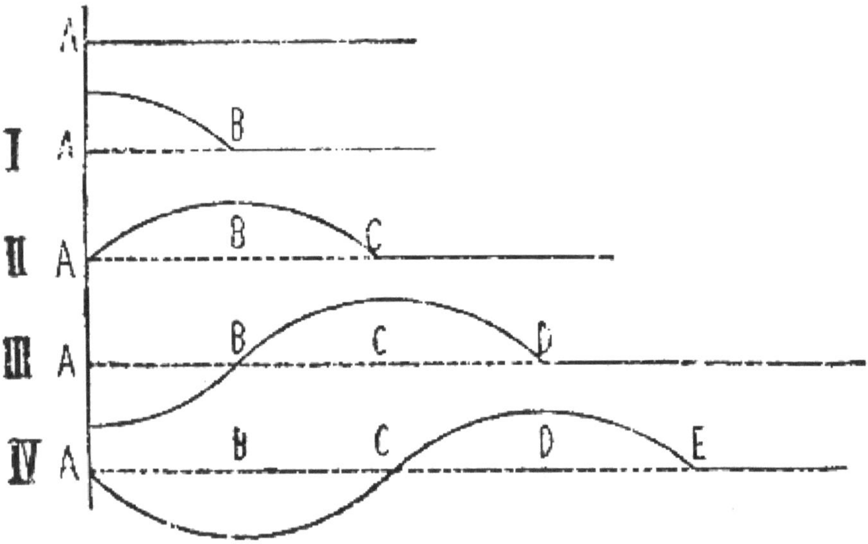

Fig. 217.

In Fig. 217 ist angedeutet, wie sich eine in A ankommende Wellenbewegung nach rechts fortsetzt. Während in I A sich zum Gipfel des Berges erhebt, erheben sich nach und nach die vor ihm liegenden Teile bis B und bilden einen halben Berg, die erste Viertelwelle. Während in II von B aus dieselbe Bewegung sich nach C fortpflanzt, steigen nach und nach die zwischen A und B liegenden Teile bis zum Kamm des Berges, und sinken dann entsprechend herab, so daß der Kamm von A nach B fortgerückt ist. Während auf diese Weise in III der Berg AC fortrückt, sinken die Teile zwischen A und B nach abwärts, so daß die erste Talhälfte entsteht, und während in IV dieser Teil sich ebenso fortpflanzt, rückt zwischen A und B der Grund des Tales von A nach B fort, indem ein Teilchen nach dem andern zum Grund des Tales hinabrückt und dann wieder entsprechend nach aufwärts geht.

Während dieser Zeit hat einerseits der Punkt A eine vollständige Schwingung gemacht, andererseits die Welle sich gerade um ihre Länge AE fortgepflanzt: **während der Schwingungsdauer eines Teilchens pflanzt sich die Welle um ihre eigene Länge fort**.

167. Bedeutung der Wellen.

Wellenbewegung ist eine eigentümliche Art von Fortpflanzung der Bewegung, weil sie nicht ein Fortschreiten einer bewegten Masse, sondern eine sich durch eine Masse fortsetzende schwingende Bewegung einzelner Massenteile ist.

Die wellenförmige Bewegung ist deshalb von besonderer Wichtigkeit, weil sowohl der Schall als auch Licht und Wärme wellenförmige Bewegungen sind, und weil man nur durch das Verständnis der Wellenbewegung einen Einblick in den Verlauf und die Gesetze dieser wichtigen Naturerscheinungen bekommt.

Die Wellenbewegung überträgt eine Arbeit, die an einer Stelle geschieht, **an andere Stellen**. Wenn wir im Wasser Wellen erzeugen, so ist die hiebei geleistete Arbeit nicht verloren; denn wenn sich die Wellen fortpflanzen und etwa an das Ufer gelangen, so sind sie dort imstande, selbst wieder Arbeit zu leisten; wir sehen ja, wie die Meereswellen die Steine hin- und herrollen, wie sie ein Schiff, ein Floß heben und senken, und wenn wir auf dem Floße eine Stange befestigen, die durch einen Hebel mit einer Pumpe in Verbindung steht, so kann durch die Wellenbewegung die Pumpe getrieben, Wasser gehoben, also Arbeit geleistet werden. Die Arbeit, welche aufgewendet wurde, um die Wellenbewegung hervorzurufen, hat sich durch die Wellenbewegung nach anderen Orten fortgepflanzt und ist dort wicder als Arbeit zum Vorschein gekommen. Die ungeheuere Menge Wärme, die wir von der Sonne erhalten, ist das Resultat einer Wellenbewegung, welche von der Sonne ausgeht, sich bis zur Erde fortpflanzt, dort auf Stoffe trifft, in welchen sie sich nicht fortpflanzen kann, deshalb als Wellenbewegung verschwindet und dadurch die in ihr befindliche Arbeit leistet, welche als Erwärmung des Körpers zum Vorschein kommt.

Bei allseitiger Ausbreitung der Welle wird naturgemäß die Größe oder Stärke der Bewegung der einzelnen Teile immer kleiner. Ist dagegen das Wasser in einem Kanale von stets gleicher Breite eingeschlossen, so behält die Wellenbewegung beim Fortschreiten stets dieselbe Stärke und überträgt die in ihr liegende Arbeit ungeschwächt auf eine große Entfernung, abgesehen von Reibungsverlusten.

168. Reflexion der Wellen.

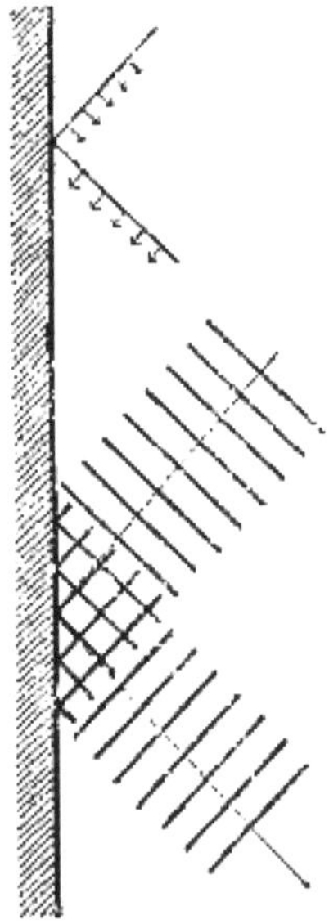

Fig. 218.

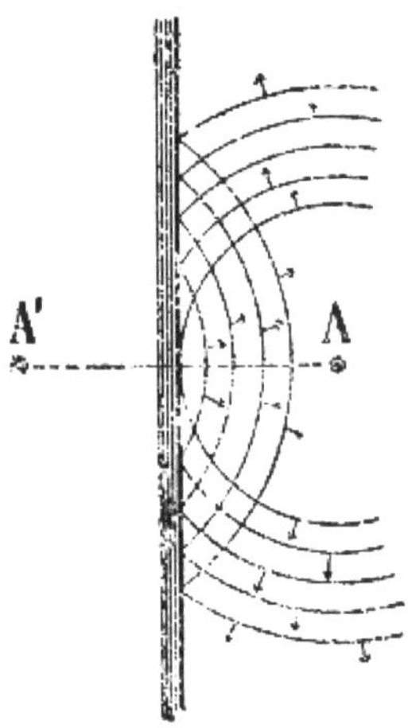

Fig. 219.

Wenn die Welle an einen Stoff trifft, der seiner Natur nach die Wellenbewegung nicht machen kann, z. B. wenn die Wasserwelle an das Ufer trifft, so wird die Welle zurückgeworfen oder reflektiert, wenn der begrenzende Stoff glatt ist. Trifft die Wasserwelle an eine gerade Wand, so wird sie regelmäßig zurückgeworfen, und man unterscheidet hiebei leicht zweierlei Fälle: kommt ein System paralleler Wellen (Fig. 218) an die Wand, so sind die zurückgeworfenen Wellen auch wieder parallel, in der Fortpflanzungsrichtung aber geändert, so daß der Winkel, unter welchem die Welle die Mauer trifft, gleich ist dem Winkel, unter welchem die Welle die Mauer verläßt. Wenn eine von einem Punkte A ausgehende Welle (oder ein Wellensystem), Fig. 219, eine gerade Wand trifft, so wird sie so reflektiert, daß es aussieht, als wäre sie von einem hinter der Wand liegenden Punkte A' hergekommen, der ebensoweit senkrecht hinter der Wand liegt, als A vor der Wand liegt.

169. Entstehung und Wesen des Schalles.

Ein Schall entsteht, wenn ein Körper eine sehr rasche hin- und hergehende Bewegung macht; wenn sich diese Schwingungen durch die Luft bis zu unserem Ohre fortpflanzen, so hören wir den Schall.

Die Fortpflanzung des Schalles in der Luft geschieht durch eine wellenförmige Bewegung der Luft, und gerade diese **Wellenbewegung der Luft** (oder eines anderen Stoffes) nennen wir **Schall oder Ton**, während wir den schwingenden Körper den schallgebenden oder tönenden Körper nennen.

Bei den Wasserwellen ist die Schwerkraft die Ursache des gestörten Gleichgewichts. Bei einem tönenden Körper, z. B. einer Glocke, schiebt die vorwärtsgehende Glockenwand die Luft vor sich her, bewirkt also eine Verdichtung und damit eine **Drucksteigerung der Luft**; die zurückgehende Glockenwand hinterläßt einen luftleeren (oder wegen des Nachströmens der Luft nur verdünnten) Raum und bewirkt so eine **Druckverminderung**. Beide **Druckänderungen** bedingen eine **Störung im Gleichgewichtszustande der Luft**, und verursachen die Luftwelle.

Bei den Wasserwellen bewegen sich die Wasserteilchen in vertikaler Richtung, während die Welle sich in horizontaler Richtung ausbreitet; die Teilchen schwingen in einer zur Fortpflanzungsrichtung senkrechten Richtung: transversale Schwingung, Querschwingung. Bei den Luftwellen schwingen die Luftteilchen gerade in der Richtung, in welcher sich die Bewegung fortpflanzt: **longitudinale Schwingung**, Längsschwingung.

170. Form der Schallwellen.

Wenn ein schwingender, tongebender Körper die benachbarten Luftteilchen vorwärts schiebt und ihnen dann wieder Platz macht zum Zurückfließen, so entsteht durch das Vorwärtsschieben ein luftverdichteter Raum mit Drucksteigerung, und die Folge ist, daß diese Luftteilchen auf die benachbarten drücken, auch sie vorwärts schieben und so die Drucksteigerung auf die folgenden Stellen fortpflanzen. Beim Zurückgehen des schwingenden Körpers werden die Luftteilchen in den entstehenden Raum zurückkehren und dadurch eine Luftverdünnung mit Druckverminderung hervorbringen, so daß auch die weiter vorwärts liegenden Luftteilchen in den luftverdünnten Raum zurückkehren, und sich auch die Luftverdünnung nach den folgenden Stellen fortpflanzt. **Die Luftteilchen machen eine vor- und rückwärtsgehende Bewegung und pflanzen so die Luftverdichtung und -Verdünnung immer weiter fort.** Der Teil, in welchem die Luft verdichtet ist, heißt ein Wellenberg und der Teil, in welchem sie verdünnt ist, ein Wellental: ein Berg und ein benachbartes Tal bilden zusammen eine Luftwelle, und ihre Länge heißt die Wellenlänge.

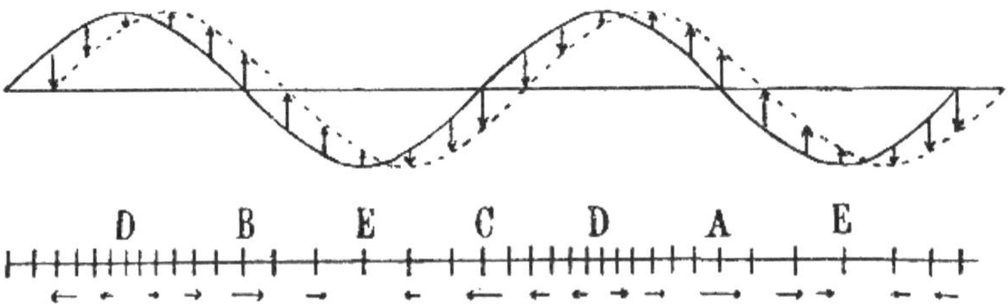

Fig. 220.

Ist zwischen B und C Fig. 220 ein Wellental und zwischen C und A ein Wellenberg, so ist in E die Luft am dünnsten, in D am dichtesten, in B, C und A hat sie die normale Dichte und Spannung. In B, C und A haben die Luftteilchen die größte Geschwindigkeit und zwar stets in der Richtung, daß sie von der Stelle des höheren Druckes auf die Stelle des niedrigeren Druckes hinströmen; in E und D haben sie eben keine Bewegung, und die dazwischen liegenden Teilchen bewegen sich in dem Sinne, welcher der Druckverteilung entspricht, um so schwächer, je näher sie an E resp. D liegen. Nachdem jedes Teilchen eine entsprechende kleine Bewegung gemacht hat, hat sich sowohl die Stelle D der Luftverdichtung als auch die Stelle E der Luftverdünnung um etwas nach rechts verschoben, die Welle hat sich nach rechts fortgepflanzt. Hierauf machen die Teilchen eine der neuen Druckverteilung entsprechende Bewegung und die Welle pflanzt sich dadurch fort.

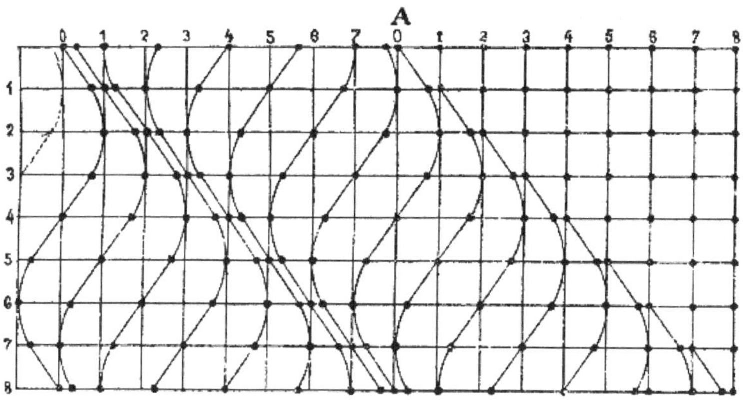

Fig. 221.

In Figur 221 ist die Lage der Luftteilchen gezeichnet, wenn in A eine Welle (ein Berg) ankommt und sich nach rechts fortpflanzt; durch die verschiedenen Lagen eines und desselben Teilchens ist je eine Linie gezogen. Während der Punkt A eine ganze Schwingung macht, hat sich die Welle um ihre eigene Länge SA = A' c fortgepflanzt.

Befindet sich der tönende Körper in freier Luft, so pflanzt sich auch die wellenförmige Bewegung der Luft nach allen Seiten fort. Deshalb wird sich nach einer gewissen Zeit die Bewegung fortgepflanzt haben bis zu allen Punkten einer Kugeloberfläche, in deren Mitte der tönende Körper sich befindet, und wird sich auf immer größer werdende Kugelflächen ausbreiten, so daß stets alle Punkte derselben Kugelfläche die Bewegung gleichzeitig beginnen und gleichmäßig vollführen.

Eine vom schwingenden Körper ausgehende Gerade, längs deren die Schwingungen der Luftteilchen geschehen und längs deren sich der Schall fortpflanzt, wird wohl auch ein Schallstrahl genannt.

171. Geschwindigkeit und Stärke des Schalles.

Zur Fortpflanzung des Schalles in der Luft ist eine gewisse Zeit nötig. **Die Strecke, längs welcher sich der Schall in einer Sekunde fortpflanzt, heißt die Geschwindigkeit des Schalles.** Man mißt sie, indem man etwa von einer Kanone sich um eine gemessene Strecke entfernt (5 *km*) und nun die Zeit beobachtet, welche zwischen der Wahrnehmung des Blitzes und des Kanonendonners verfließt (15 Sek.). Dadurch findet man die Geschwindigkeit des Schalles = 333 *m* in ruhiger Luft. (Zuerst gemessen von Gassendi † 1655.) Wind vergrößert oder verkleinert diese Geschwindigkeit um seine eigene Geschwindigkeit, je nachdem er mit oder gegen den Schall weht.

Jeder Schall und jeder Ton pflanzt sich mit derselben Geschwindigkeit fort. Man hört deshalb eine Musik, Militärmusik, in der Entfernung ebenso, natürlich schwächer, wie in der Nähe. Der Donner entsteht dadurch, daß in allen Punkten der Blitzbahn zugleich ein Schall (Knall) entsteht, daß dessen einzelne Wellen aber verschieden lange Zeit brauchen, um zu unserm Ohre zu gelangen, das ja von den einzelnen Teilen der Blitzbahn verschieden weit entfernt ist. Da der Schall in den einzelnen Teilen der Blitzbahn auch verschiedene Stärke hat, so erklärt sich hieraus das Rollen des Donners.

Der Schall pflanzt sich nicht bloß in der Luft, sondern in allen elastischen Körpern fort. So pflanzt sich der Schall im Wasser fort; denn man hört eine Glocke, die unter Wasser angeschlagen wird. Ebenso pflanzt sich der Schall in festen Körpern fort; wenn man die Taschenuhr an das eine Ende eines Baumstammes halten läßt, so kann man ihr Ticken am andern Ende deutlich hören, da sich der Schall hiebei vorzugsweise im Baumstamm fortpflanzt. Wenn man sich eine angeschlagene Stimmgabel auf den Kopf stellt, hört man sie, indem die Schwingungen der Gabel direkt durch die Knochen des Kopfes zum Ohre vordringen. Ebenso erklärt sich das Faden- oder Schnurtelephon.

In festen und flüssigen Körpern hat der Schall eine größere Geschwindigkeit als in der Luft.

Der Schall pflanzt sich im luftleeren Raume nicht fort, was leicht durch einen Versuch an der Luftpumpe gezeigt werden kann.

Wenn ein Schall sich in einem festen oder flüssigen Körper ausbreitet, so geschieht dies auch in Form von longitudinalen, nach allen Richtungen sich ausbreitenden Wellen. Als Ursache der Fortpflanzung ist hiebei die Elastizität der Körper anzusehen, da durch die schwingende Bewegung abstoßende und anziehende elastische Kräfte im Körper ausgelöst werden.

Die Schallstärke nimmt mit der Ausbreitung ab. Da wir kein bequemes Mittel besitzen, um Schallstärken zu messen, so müssen wir uns mit folgendem begnügen. Bei allseitiger Ausdehnung hat die Wellenbewegung nach einer gewissen Zeit alle Punkte einer Kugelfläche erreicht; nach zweimal (3 mal etc.) so langer Zeit hat sich die Wellenbewegung auf eine Kugelfläche von 2 mal (3 mal etc.) so großem Radius, also 4 mal (9 mal . . . n^2 mal) so großer Fläche ausgebreitet, also muß die Intensität der Wellenbewegung nun 4 mal (9 mal . . . n^2 mal) schwächer sein. Man schließt also: **die Schallstärke nimmt bei ungehinderter allseitiger Ausbreitung ab, wie das Quadrat der Entfernung zunimmt.**

Da wir den Pfiff der Lokomotive in 1 *m* Entfernung noch ertragen, in 10 *km* Entfernung, wobei seine Intensität $10\,000^2 = 100\,000\,000$ mal schwächer ist, noch hören können, so erkennt man, innerhalb wie großer Grenzen unser Ohr noch empfindlich ist.

172. Reflexion des Schalles.

Trifft der Schall auf einen festen Körper, so wird er zurückgeworfen, reflektiert, wie jede Wellenbewegung. Der Schall wird unter demselben Winkel reflektiert, unter welchem er auffällt; also nur wenn er senkrecht auffällt, geht er auf demselben Wege zurück.

Darauf beruht das **Echo** oder der **Widerhall**, das Zurückkommen des Schalles, wenn er auf eine Wand trifft. Auch ein Wald gibt ein Echo, wirkt also wie eine feste Wand, obwohl er aus einzelnen Blättern, Zweigen etc. besteht, die nicht in derselben Ebene liegen; ein Teil des Schalles dringt dabei in das Innere des Waldes ein.

Ein **mehrfaches Echo** entsteht, wenn mehrere reflektierende Flächen in verschiedenen Entfernungen sich befinden; die nächstliegende Fläche liefert das erste, stärkste Echo, die ferner liegende gibt den Ton etwas später und schwächer zurück u. s. f. Um das Echo zu hören, muß man so weit von der Wand entfernt sein, daß man den Schall und sein Echo getrennt unterscheiden kann. Für ein einsilbiges Echo oder Händeklatschen beträgt die Entfernung etwa 15 *m*, für ein zweisilbiges mindestens doppelt so viel etc.

Auf der Reflexion des Schalles beruht auch der **Nachhall in geschlossenen Räumen**, Zimmern, Sälen, Kirchen etc. Da der Ton von den Wänden, von der Decke und dem Boden vielfach reflektiert wird, so hört man außer dem direkt zum Ohr gelangenden Tone auch noch Nachklänge, die wegen des größeren Weges etwas später ankommen. Beträgt diese Verspätung nur sehr wenig, so hört man Ton und Nachklang fast zu derselben Zeit; der Nachklang verstärkt dann den direkten Ton. Deshalb kann man sich in Zimmern und geschlossenen Räumen leichter verständlich machen als im Freien, und die Schallstärke nimmt nicht ab, wie das Quadrat der Entfernung zunimmt, sondern in viel kleinerem Verhältnisse.

Wenn aber der Nachklang infolge mehrmaliger Reflexion auch noch zu merklich späterer Zeit kommt, so vermischt er sich mit dem folgenden Worte, mit den folgenden Tönen der Musik, so daß beides nur undeutlich, unklar und verschwommen gehört wird. Bringt ein Raum nur einen kurzen Nachhall hervor, der die direkten Wellen verstärkt, so nennt man den Raum **gut akustisch**, sagt, er hat eine **gute Akustik**; ist der Nachhall aber lange dauernd, so daß man eine Rede nicht gut verstehen und die Musik nicht rein und klar vernehmen kann, so daß aufeinanderfolgende Töne sich zu einem Tongewirr vermischen, so nennt man den Raum schlecht akustisch.

Fig. 222.

Fig. 223.

Wie man den Raum zu bauen hat, damit er eine gute Akustik bekommt, ist bis jetzt noch nicht genau bekannt; man empfiehlt eine möglichst reiche Gliederung der Wände, Vermeidung glatter Flächen, Bekleidung der Wände mit weichem Material, also Holz und Tuch, anstatt mit harten Stoffen, wie Stein, wie ja auch ein leerer Saal stets schlechter akustisch wirkt, als ein mit Menschen gefüllter. Jedoch verhindert das nur, daß der Nachhall lang dauernd wird, bewirkt aber nicht, daß er stark ist und zugleich rasch aufhört, wie es am besten wäre.

Auf der Reflexion beruht auch das **Sprachrohr** (Moreland 1670). Es besteht aus einem Rohr aus Blech oder Pappe, welches am einen Ende eine der Mundweite entsprechende Öffnung hat, zu welcher man hineinspricht, und sich gegen das andere Ende derart erweitert, daß der Längsdurchschnitt die in Fig. 222 gezeichnete Form einer **Parabel** hat. Die Schallwellen, welche in das Rohr eindringen, werden dann von den Wänden des Rohres so reflektiert, daß sie alle nahezu der Längsachse des Rohres parallel werden. Sie pflanzen sich dann auch, wenn sie das Rohr verlassen, vorzugsweise in dieser Richtung fort, treffen demnach eine entfernte Stelle in viel größerer Stärke, als bei ungehinderter Ausbreitung. Deshalb lassen gute Sprachrohre das Gesprochene bei sonst stiller Luft bis auf ½ Stunde Entfernung noch deutlich vernehmen.

Das **Hörrohr** dient dazu, um einen ankommenden schwachen Ton deutlich hörbar zu machen. Es ist trichterförmig gebogen, so daß die bei der weiten Öffnung eindringenden Wellen durch Reflexion an den Wänden des Hörrohres so abgelenkt werden, daß sie (nahezu) alle durch die gegenüberliegende kleine Öffnung desselben gehen und sich so verstärken. Hält man diese kleine Öffnung ans Ohr, so ist die Stärke des Tones (nahezu) so vielmal größer, als der Querschnitt der weiten Öffnung des Hörrohres größer ist als der natürliche Eingang des Ohres.

173. Der Ton. Schwingungszahl des Tones.

Wenn die Luftschwingungen in **unregelmäßiger** Aufeinanderfolge entstehen, so hört man einen **Schall**, dessen verschiedene Arten man durch die Bezeichnungen: Knall, Klirren, Brausen, Zischen, Rasseln etc. zu unterscheiden sucht.

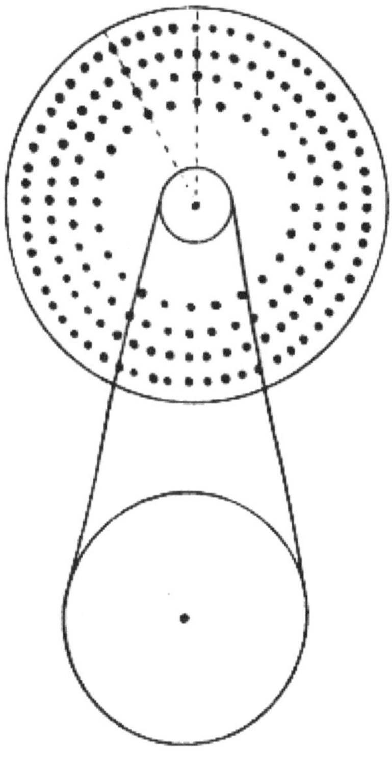

Fig. 224.

Ein **Ton** entsteht, wenn die Luftschwingungen **regelmäßig** erfolgen, so daß jede Schwingung gleich viel Zeit braucht. Die **Sirene** (nach Seebeck). Auf einer Metallscheibe bringt man in konzentrischen Kreisen eine Anzahl Löcher an in gleichen Abständen. Bläst man nun, während die Scheibe gedreht wird, durch ein Rohr gegen eine Lochreihe, so kann der Luftstrom bald durch ein Loch hindurchgehen, bald wird er von der Scheibe aufgehalten; es entstehen also abwechselnd Luftstöße, welche, da sie in rascher und gleichmäßiger Aufeinanderfolge entstehen, einen Ton hervorbringen. **Dadurch ist auch bewiesen, daß der Ton aus Luftschwingungen besteht**, und daß zu deren Hervorbringung ein schwingender Körper nicht notwendig ist. Bei raschem Drehen wird der Ton höher, bei langsamerem tiefer: **Die Höhe des Tones ist abhängig von der Schwingungszahl.**

Dreht man mit gleichmäßiger Geschwindigkeit, so daß ein Ton von gleichbleibender Höhe entsteht, so kann man aus der Anzahl der Löcher im Kreise und aus der Anzahl der Umdrehungen der Scheibe in 1" finden, wie viele Schwingungen der Ton in 1" macht. **Schwingungszahl des Tones.**

In der Zeit, in welcher ein Luftteilchen eine Schwingung macht, pflanzt sich die Welle um ihre eigene Länge fort. Wenn also ein Ton in einer Sekunde n Schwingungen macht und sich dabei um 333 *m* fortpflanzt, so folgt, daß die Länge der Welle = 333n Meter ist. Ist die Fortpflanzungsgeschwindigkeit des Schalles c und die Wellenlänge l, so ist l = c n, oder c = n · l. Man kann also aus der Schwingungszahl eines Tones auch **die Länge seiner Welle berechnen**. Je tiefer der Ton, desto länger ist seine Welle.

Jeder musikalische Ton ist seiner Höhe nach bestimmt durch seine Schwingungszahl, und kann durch sie wieder gefunden werden, wozu die Sirene von Cagniard Latour, dem Erfinder der Sirenen (1819) dient. Der tiefste, in der Musik gebräuchliche Ton, das Kontra-C, macht 33 Schwingungen, der höchste, das fünfgestrichene c macht 4224 Schwingungen, doch kann man noch 3 Oktaven darüber bis zum achtgestrichenen c mit 32 770 Schwingungen die Töne wahrnehmen, jedoch an dieser oberen Grenze, ebenso wie an der unteren, nicht mehr gut unterscheiden. Der Ton a der Stimmgabeln macht 435 Schwingungen bei 15°: Normalstimmung.

174. Schwingungsverhältnisse musikalischer Töne.

Besonders wichtig sind die **Schwingungsverhältnisse** derjenigen Töne, welche in der Musik gebräuchlich sind. Bringt man auf der Sirenenscheibe außer der ersten Lochreihe noch eine mit **doppelt so vielen** Löchern an, so gibt bei gleicher Umdrehungsgeschwindigkeit die zweite Reihe die **obere Oktave** des Tones der ersten Reihe. Es ist dabei gleichgültig, wie rasch man die Scheibe dreht; wenn nur beide Reihen bei derselben Geschwindigkeit angeblasen werden. Da sich hiebei die Schwingungszahlen wie 1:2 verhalten, so sagt man: **Grundton und Oktave haben das Schwingungsverhältnis 1 : 2**, oder die Oktave macht in derselben Zeit doppelt so viele Schwingungen wie der Grundton. Aus dem Satze über die Wellenlänge folgt dann, daß die **Wellenlänge** der Oktave 2 mal **kleiner** ist als die des Grundtons.

Ähnlich findet man das Schwingungsverhältnis von Grundton zu Quinte, also etwa: c : g = 2 : 3,
das von Grundton zu Quarte, also etwa: g : $\bar{c}$ = 3 : 4,
das von Grundton zur (großen) Terz, also: $\bar{c}$: $\bar{e}$ = 4 : 5.

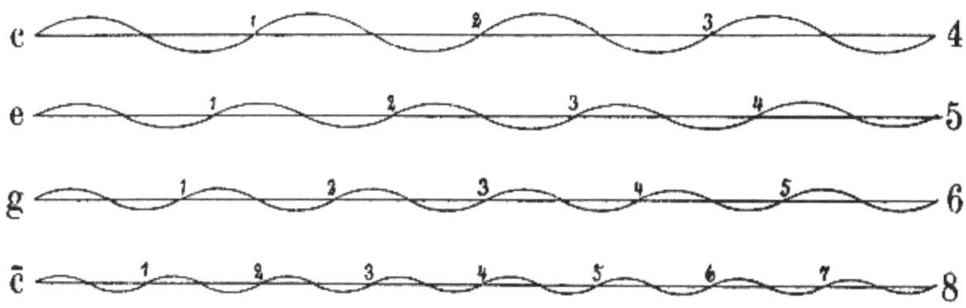

Fig. 225.

Der Dur-Dreiklang hat also folgende Schwingungsverhältnisse: c : e : g : $\bar{c}$ = 4 : 5 : 6 : 8, und diese Schwingungsverhältnisse gelten nicht bloß von dem hier als Beispiel angegebenen von c zu $\bar{c}$ gehenden Dreiklang, sondern von jedem über einem beliebigen Grundton liegenden Dreiklang.

In Fig. 225 sind die Wellen angedeutet, welche einem Dur-Dreiklang entsprechen.

Den Musiker werden noch folgende Verhältnisse interessieren.

Man kann die Schwingungszahlen der Töne einer Dur-Tonleiter durch folgende Zahlen darstellen:

c24 d27 e30 f32 g36 a40 h45 $\bar{c}$48.

Das Schwingungsverhältnis der ganzen Töne ist

c d = 2427 = 89; f g = 3236 = 89; a h = 4045 = 89.

Diese Intervalle nennt man große ganze Töne; ferner ist

d e = 2730 = 910, g a = 3640 = 910;

diese Intervalle sind kleine ganze Töne. Das Verhältnis beider ist 89 · 109 = 8081, und heißt ein Komma.

Das Schwingungsverhältnis der halben Töne ist

e f = 3032 = 1516 und h c = 4548 = 1516.

Schaltet man zwischen c und d einen halben Ton ein, cis, so ist seine Schwingungszahl 24 · 1615 = 25,6 und setzt man nach cis wieder einen halben Ton vom Verhältnis 1615, so würde seine Schwingungszahl 25,6 · 1615 = 27,3 also höher als d; es sind also die Intervalle der zwei halben Töne zwischen c und d, f und g, a und h kleiner als der halbe Ton zwischen e und f.

Noch größer wird der Unterschied, wenn man zwischen die kleinen ganzen Töne halbe Töne einschaltet.

Die Schwingungsverhältnisse der Töne der Dur-Tonleiter sind:

c Grundton, d 98, e 109, f 1615, g 98, a 109, h 98, $\bar{c}$ 1615,

und diese Verhältnisse gelten nicht bloß für die c-dur-Tonleiter, sondern für jede über einem beliebigen Grundton aufgebaute Tonleiter. Wenn also der Musiker rein spielen will, so muß die diesen Verhältnissen entsprechende Aufeinanderfolge von großen und kleinen ganzen Tönen und von halben Tönen der angegebenen Größe stattfinden. Der Musiker achtet auch hierauf beim Singen und Geigen; aber bei Klavier und Orgel, wo die Bildung der Tonhöhe nicht in seiner Hand liegt, würden Unzuträglichkeiten entstehen, sobald man aus einer anderen Tonart spielt. Ist z. B. auf der Orgel die c-dur-Tonleiter den angegebenen Verhältnissen gemäß gestimmt, so kann man auf ihr in c-dur rein spielen; geht man aber nach g-dur über, so muß zunächst f um einen halben Ton erhöht und durch fis ersetzt werden.

Aber die Tonleiter wäre noch nicht rein; denn schon das erste Intervall g : a ist ein kleiner ganzer Ton, während es ein großer sein sollte, und das umgekehrte findet beim nächsten Intervall a : h statt. Ähnliches findet statt, wenn man auf noch andere Tonarten übergeht. Wenn man also auf der Orgel die Töne für eine Tonleiter genau richtig macht, so passen sie nicht ganz für die anderen Tonarten.

Diesen Übelstand kann man vermindern dadurch, daß man auf ganz reine Stimmung überhaupt verzichtet und eine Universalskala einführt, welche für jede Tonart gleich gut, wenn auch für keine vollkommen paßt. Man teilt nämlich das Schwingungsverhältnis der Oktave (2 : 1) in 12 gleiche Intervalle, so daß jeder folgende halbe Ton gleich vielmal öfter schwingt als der vorhergehende, also gleichschwebende Temperatur hat. Ein halber Ton hat also das konstante Schwingungsverhältnis $\sqrt[12]{2}$, welches nahezu = 1615 · 147148 ist, sich also auch vom halben Tone sehr wenig unterscheidet. Die so erhaltenen halben Töne benützt man zur Bildung jeder Tonart. Hiebei werden die Oktaven natürlich alle ganz rein, und die Quinten und Quarten fast vollkommen rein; dagegen weichen die Terzen und Sexten von den reinen Intervallen beträchtlicher ab, jedoch um weniger als ein Komma.

Aus den angegebenen Schwingungsverhältnissen musikalischer Töne erkennt man das Gesetz, daß uns das Zusammenklingen zweier oder mehrerer Töne nur dann eine angenehme Empfindung verursacht, wenn die Schwingungszahlen in einem durch kleine ganze Zahlen ausdrückbaren Verhältnisse stehen (oder nur sehr wenig davon abweichen wie bei der gleichschwebenden Temperatur). Zwei Töne, welche im Schwingungsverhältnis 1 : 2 stehen, wie Grundton und Oktave geben also den einfachsten Zusammenklang, die vollkommenste Harmonie. Quinte, Quarte und Terz, als Zweiklänge, und den bekannten Dur-Dreiklang fühlen wir als harmonische Zusammenklänge und ihre Schwingungsverhältnisse sind auch durch einfache Zahlen ausgedrückt. Je größer diese Verhältniszahlen werden, um so unangenehmer wirkt der Zusammenklang auf unser Ohr, derart, daß wir den Zusammenklang als unbefriedigend empfinden, als etwas, das der Auflösung bedarf, oder daß wir ihn sogar als Disharmonie empfinden, die das Ohr beleidigt.

175. Schwingende Saiten.

Wird eine Saite zwischen zwei festen Punkten gespannt, wie bei den Geigen, der Zither, dem Klavier u. s. w., so gibt sie einen Ton, wenn man sie mit einem Bogen streicht oder zupft oder mit einem „Hammer" schlägt. Sie wird dadurch aus ihrer Gleichgewichtslage gebracht, wird gebogen, erhält eine größere Länge und kehrt vermöge ihrer Elastizität in die Gleichgewichtslage zurück, schwingt vermöge des Beharrungsbestrebens darüber hinaus nach der anderen Seite, kehrt zurück u. s. f.; sie macht **regelmäßige Schwingungen um die Gleichgewichtslage**, und bringt so einen Ton hervor.

Die Höhe des Tones ist abhängig von der **Spannung** der Saite; je stärker die Spannung, desto höher der Ton; ferner vom Gewicht der Saite; je schwerer die Saite ist, desto langsamer sind die Schwingungen; deshalb werden bei Saiteninstrumenten für die tieferen Töne die Saiten mit Draht umsponnen. Schließlich ist die Tonhöhe abhängig von der **Länge** der Saite und zwar sind die **Schwingungszahlen den Längen umgekehrt proportional**.

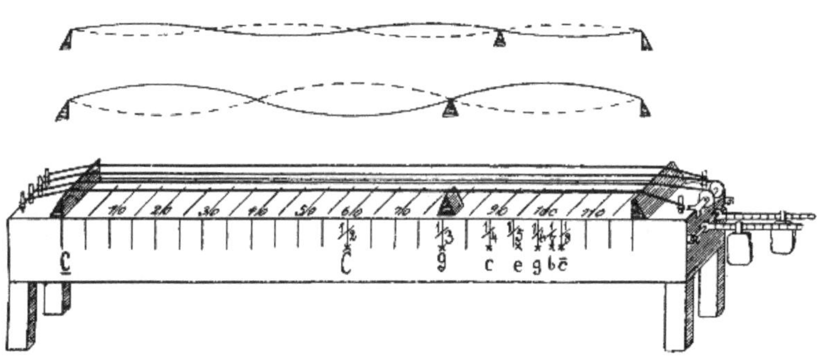

Fig. 226.

Macht man eine Saite zweimal kürzer, so gibt sie die Oktave, dreimal kürzer, die obere Quinte, viermal kürzer, die zweite Oktave etc. (Violinspieler).

Sehr wichtig für alle Saiteninstrumente ist die **Resonanz**, das ist das Mitschwingen eines festen elastischen Körpers, um den Ton der Saite zu verstärken. Zwischen den zwei Händen gespannt und angezupft, gibt eine Saite kaum einen hörbaren Ton. Zur Verstärkung dient der Resonanzboden oder -kasten. Befestigt man die Saite an zwei Punkten auf einer sehr gut elastischen Holzplatte, dem **Resonanzboden**, so teilt sich ihre Schwingung der Holzplatte mit, und diese setzt große Massen von Luft in Bewegung und bringt dadurch einen starken Ton hervor. Bei der Geige teilt die Saite ihre Schwingungen durch den Steg dem Resonanzboden mit. Auch das Klavier hat einen Resonanzboden aus Tannenholz von gleichmäßiger Struktur und frei von Ästen.

Ein physikalischer Apparat dieser Art ist das **Monochord**. Es besteht aus einem einfachen langen Kasten aus Holz, dessen obere Platte den Resonanzboden vorstellt; über ihn wird eine Saite gespannt, die vorn und hinten über keilförmige Holzschneiden (Stege) geht. Die Länge zwischen beiden Schneiden ist die Länge der schwingenden Saite. Durch einen beweglichen Steg kann man der Saite verschiedene Längen geben und dadurch obiges Gesetz bestätigen. (Siehe Figur 226.)

176. Obertöne.

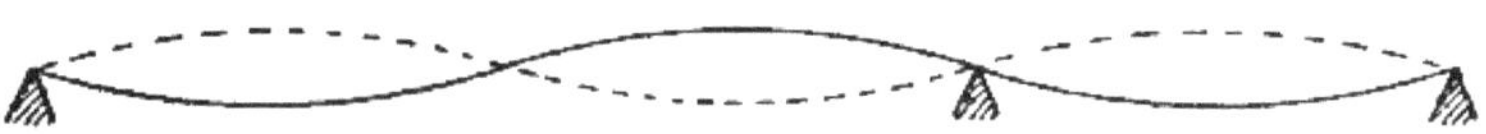

Fig. 227.

Wenn man die Saite in der Mitte zwischen den festen Stegen durch den beweglichen Steg unterstützt, und die eine Hälfte anstreicht, so gibt sie die Oktave; zugleich schwingt auch die andere Hälfte der Saite mit, und zwar ebenso rasch. Beide Hälften machen dabei ihre Schwingungen stets in entgegengesetzter Richtung. Wenn man die Saite im ersten Drittel unterstützt und das erste Drittel anstreicht, so schwingt auch der andere Teil der Saite mit, aber nicht als ganzes, sondern indem er sich in zwei Teile, die zwei anderen Drittel, teilt, deren jedes so rasch schwingt wie das angestrichene Drittel. Der Punkt zwischen den beiden Teilen schwingt hiebei nicht, bleibt in Ruhe und wird **Schwingungsknoten** genannt. Setzt man auf die Saite kleine Papierschnitzel (Reiterchen), so werden durch die Schwingungen der Saite alle Reiterchen abgeworfen, nur das am Schwingungsknoten sitzende bleibt ruhig. Ähnliches tritt ein, wenn man die Saite im ersten Viertel, Fünftel,

Sechstel etc. unterstützt, oder leicht mit dem Finger berührt. Man sagt: die Saite teilt sich in **aliquote Teile** und gibt **Obertöne** statt des Grundtones, wobei unter Oberton ein Ton zu verstehen ist, der eine ganze Anzahl Mal so oft schwingt als der Grundton. Diese Versuche sowie die Benennung „Knoten und Bäuche“ rühren von Saveur († 1716) her.

Aber auch wenn man die Saite nicht mit dem Finger berührt, sondern frei anstreicht, teilt sie sich stets zugleich in aliquote Teile und zwar in mehrere Arten. Es entstehen somit stets außer dem Grundtone zugleich ein oder mehrere Obertöne. Diese Obertöne sind meist einzeln nicht hörbar, einerseits weil sie zu schwach sind, andrerseits weil unser Ohr nicht geübt ist, auf sie zu achten; wohl aber beeinflussen sie je nach ihrer Anzahl, Art und Stärke den Klang des Grundtones.

177. Schwingende Stäbe und Platten.

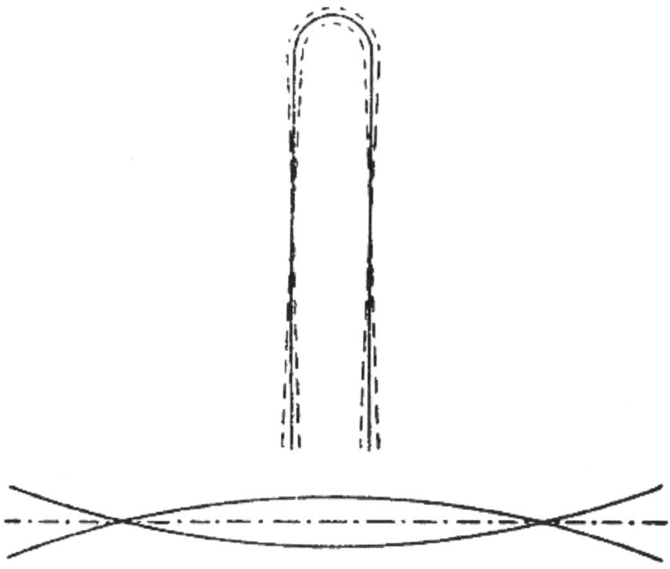

Fig. 228.

Wird ein elastischer Stab am einen Ende festgeklemmt und am anderen Ende angeschlagen, so macht er Schwingungen und erzeugt einen Ton. Ähnlich wie eine Saite kann er sich dabei auch in mehrere Teile teilen. Die **Stimmgabel** teilt sich in drei Teile, so daß die beiden Zinken je nach entgegengesetzten Richtungen schwingen und der mittlere (krumme) Teil der Gabel auch entsprechende Schwingungen macht; letztere gehen, wenn die

Gabel vertikal gehalten wird, auf und ab, teilen sich demnach leicht einer Platte mit, auf welche die Stimmgabel gestellt wird. Doch liegen bei einer Stimmgabel die Knotenpunkte viel näher am Bügel als in Fig. 228 gezeichnet.

Nur wenn die **Platte** längs einer ganzen Seite befestigt ist, kann sie als Ganzes schwingen wie ein elastischer Stab; ist sie nur in einem Punkte befestigt, so **teilt sie sich in mehrere Teile**, von denen jeder für sich schwingt. Wenn man eine Glasscheibe an einem Punkte, etwa in der Mitte, festklemmt, sie mit etwas Sand bestreut und nun am Rande anstreicht, etwa in der Mitte einer Seite, so gibt sie einen Ton, die Sandkörner werden von den schwingenden Teilen der Platte weggeschleudert und sammeln sich an den ruhigen Stellen. Streicht man andere Stellen der Platte, unterstützt eine Stelle mit dem Finger, oder klemmt die Platte an einer anderen Stelle fest, so erhält man andere Einteilungen der Platte, der Sand sammelt sich längs anderer Knotenlinien und es entstehen so die **Chadnischen Klangfiguren**. Zwei benachbarte, durch eine solche Linie getrennte Felder schwingen stets gleich rasch und nach entgegengesetzten Richtungen.

Ebenso wie Platten schwingen die Glocken; bei ihnen ist der oberste Punkt der feste Punkt; durch ihn gehen die Knotenlinien; die zwischen ihnen liegenden, gleich großen Teile der Glocke schwingen jeder für sich, jeder stets entgegengesetzt wie der benachbarte; die Anzahl der Teile ist daher stets eine gerade, am einfachsten 4. Ähnlich wie eine Saite zerlegt sich aber auch eine Glocke zugleich noch in eine andere Anzahl Teile, z. B. 6 oder 8, und bringt dadurch noch Obertöne hervor; von diesen sind manchmal einer oder einige so deutlich, daß sie als eigene Töne gehört werden.

178. Stehende Wellen in gedeckten Pfeifen.

Dringt eine Luftwelle ins Innere einer Röhre ein, so wird sie vom verschlossenen Ende reflektiert; deshalb müßte jedes Luftteilchen zweierlei Bewegungen machen; diese setzen sich zusammen zu einer resultierenden Bewegung; beide Wellen, die direkte und die reflektierte, **interferieren** sich und bilden eine **stehende Welle**.

An der **Verschlußplatte** bleiben die Luftteilchen ruhig, sind aber abwechselnd verdichtet und verdünnt. In einem Punkte, welcher vom Ende um eine **halbe Wellenlänge** entfernt ist, ist stets zugleich der Anfang oder irgend ein Teil des Wellenberges und der Anfang oder der entsprechende Teil des Wellentales. Da die Bewegungen hiebei entgegengesetzt sind, so heben sie sich auf; der Punkt bleibt auch in Ruhe, und in ihm ist auch die Luft abwechselnd verdichtet und verdünnt. Beide Punkte nennt man **Knotenpunkte**. Je nach der Länge der Röhre können deren noch mehrere vorhanden sein im Abstand von je einer halben Wellenlänge. Der Punkt zwischen dem Ende und dem nächsten Knotenpunkt ist vom Ende um ¼ Wellenlänge entfernt. In ihm sind die vorhandenen Wellenteile stets um ½ Wellenlänge verschieden, also ist in ihm die Luft weder verdünnt noch verdichtet, und er macht eine hin- und hergehende Bewegung. Solche Stellen nennt man **Wellenbäuche**. Zwischenliegende Punkte machen eine der Art und Größe nach ähnliche Bewegung.

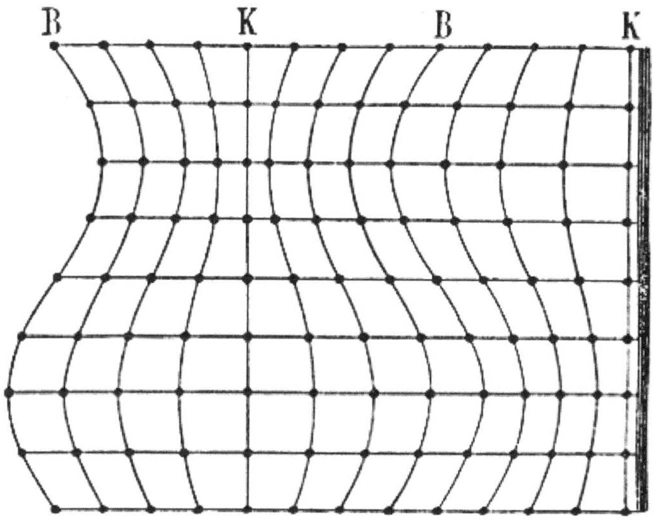

Fig. 229.

Am offenen Ende der Röhre muß die Luft die Bewegung des schwingenden Körpers mitmachen können, muß sich also wie in einem Wellenbauch bewegen können; es muß deshalb die Länge der Röhre sich nach der Wellenlänge richten oder umgekehrt. Die Länge der Röhre muß also entweder = ¼ der Wellenlänge des erzeugten Tones sein oder = ¼ l + ½ l, wobei ein freier Knoten entsteht (Fig. 229) oder = ¼ l + 2 · ½ l, wobei 2 freie Knoten oder = ¼ l + 3 · ½ l, wobei 3 freie Knoten entstehen.

In Fig. 229 ist in 8 Phasen die Bewegung der Luftteilchen in einer stehenden Welle gezeichnet.

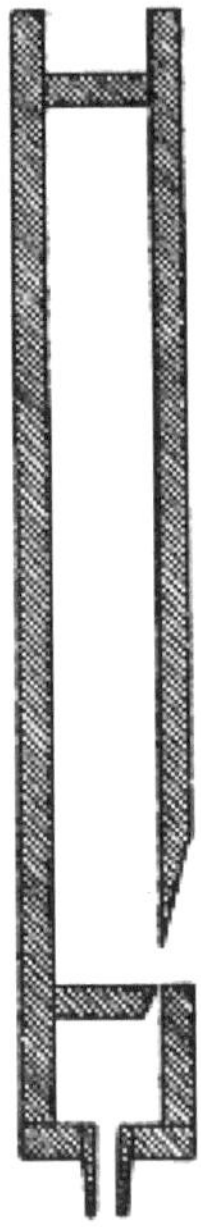

Fig. 230.

Hierauf beruhen die **gedeckten Orgelpfeifen**. Ein Rohr von gewisser Länge (= $1/4$ der gewünschten Wellenlänge) ist am oberen Ende geschlossen, ebenso am unteren Ende; doch ist dort ein feiner Spalt längs einer Seitenwand offen gelassen, durch welchen Luft eingeblasen wird. Von der Seitenwand, welche an diesen Spalt grenzt, ist unten ein Teil mit scharfer Schneide weggenommen. Von der eindringenden Luft geht ein Teil in die Röhre und bringt dort eine Luftverdichtung hervor. Diese bewirkt, daß die Luft sich dann ausdehnt, bei der Öffnung austritt und zugleich die aus dem Spalt kommende Luft seitwärts nach außen drückt. Dann strömt wieder Luft vom Spalt in das Innere, die Luft verdichtet sich wieder und so geht es fort. Die Luft in der Pfeife bewegt sich wie eine stehende Welle von $1/4$ Wellenlänge und dadurch, daß bei der unteren Öffnung bald Luft heraus- und hineingeht, entstehen in der äußeren Luft Schwingungen, also ein Ton. In gewissen Fällen (bei stärkerem Blasen, geringerer Weite des Rohres) kann sich die Luft in der Pfeife auch so bewegen, daß ein freier Knoten entsteht, die Wellenlänge ist dann dreimal kürzer, der Ton hat dreimal so viel Schwingungen.

179. Stehende Wellen in offenen Pfeifen. Blasinstrumente.

Ist die Röhre (Pfeife) offen, so können auch stehende Wellen entstehen, doch muß mindestens ein freier Knoten da sein. Dieser liegt in der Mitte und die Wellenlänge ist gleich der doppelten Pfeifenlänge; bilden sich zwei Knoten oder mehrere, so sind sie stets um $1/2$ Wellenlänge entfernt und liegen so, daß die Enden der Röhre Schwingungsbäuche sind; bei zwei Schwingungsknoten ist die Wellenlänge gleich der Pfeifenlänge, und die Schwingungszahl doppelt so groß als bei einem Knoten. Bei gleicher Pfeifenlänge ist die Wellenlänge in der offenen zweimal kürzer, also die Schwingungszahl zweimal größer als in der gedeckten; **die offene Pfeife gibt die Oktave der gedeckten**.

Eine offene Pfeife ist die **Flöte**, bei welcher durch Öffnen der Löcher die Länge der Pfeife und damit die Tonhöhe geändert werden kann.

Klarinett, Hoboe und Fagott haben am Anfang ein elastisches Holzblättchen, **weiche Zunge**, das der einströmenden Luft nur einen schmalen Spalt offen läßt, selbst in Schwingungen gerät und so die Luft bald einläßt, bald nicht einläßt. Seine Schwingungen richten sich nach den Schwingungen der Luft in der Röhre und durch kräftigeres oder schwächeres Andrücken der Lippen unterstützt der Bläser diese Wirkung.

Harte Zungen, wie federnde Metallbleche können sich in ihrer Schwingungszahl nicht nach der Länge des Rohres richten; deshalb wird die Länge des Rohres entsprechend der Schwingungszahl der Feder gemacht; oder es ist eine solche harte Zunge gerade vor einem Ausschnitt in einem Stück Holz angebracht, so daß sie diesen Ausschnitt gerade bedeckt (Mundharmonika); bläst man durch das Loch, so gerät die Zunge (Feder) in Schwingungen, verschließt und öffnet abwechselnd den Ausschnitt, und bringt so Stöße in der Luft hervor, die einen Ton erzeugen. Frei in der Luft schwingend wäre der von der Feder allein erzeugte Ton sehr schwach. Ziehharmonika, Harmonium und einige Orgelregister.

Die **Blechblasinstrumente** sind lange, offene Pfeifen von geringer Weite. Die Luftschwingung wird erzeugt, indem der Bläser die geschlossenen Lippen gegen das Mundstück preßt und nun durchbläst. Ähnlich wie bei weichen Zungen geraten die Lippen des Bläsers in schwingende Bewegung; die Luft im Rohre schwingt wie in einem offenen Rohre, indem sich ein oder mehrere freie Knoten bilden. Indem man das Rohr bald länger, bald kürzer macht durch Ausziehen (Posaune) oder durch Klappen, bekommt man verschiedene Töne. Aber auch schon bei derselben Rohrlänge versteht es der Bläser, verschiedene Töne hervorzubringen, indem er durch Spannung der Lippen die Wellenlänge im Rohre beeinflußt, so daß sich mehr oder weniger Knoten bilden. So bildet er leicht zu jedem Ton die Oktave (zweimal mehr Knoten) oder wie bei den Signaltrompeten 4 oder 5 Töne, die in naher Verwandtschaft stehen, deren Schwingungszahlen sich etwa wie 2 : 3 : 4 : 5 : 6 : 8 verhalten, die also 2, 3, 4, 5, 6, 8 Knoten haben.

180. Das Mitschwingen.

Treffen die Luftschwingungen eines Tones eine Saite, welche auf denselben Ton gestimmt ist, so wird die Saite selbst in Schwingungen versetzt, sie schwingt mit.

Denn wenn die Tonwelle an der Saite ankommt, so wird diese durch den Druck der verdichteten Luft beiseite gedrückt und schwingt bei der folgenden Luftverdünnung zurück. Wenn nun jede folgende Luftverdichtung gerade zu der Zeit kommt, in welcher die Saite wieder die Bewegung in der ersten Richtung macht, so wird diese Bewegung verstärkt, so daß sie bald wahrnehmbare Schwingungen macht. Sind jedoch der ankommende Ton und der Eigenton der Saite verschieden, so wird es bald dahin kommen, daß die Saite, welche nach dem ersten Impulse infolge ihrer Spannung schwingt, eine Bewegung macht, die der Wirkung der Luftwelle gerade entgegengesetzt ist, wird dann in ihrer Bewegung wieder gehemmt und kommt nicht in fühlbare Schwingungen.

Man beobachtet das Mitschwingen, wenn man gegen eine Geige oder ein Klavier bei aufgehobenem Dämpfer singt.

Das Mitschwingen ist ein Beispiel von Kraftübertragung durch Wellenbewegung.

181. Die Resonatoren.

Wenn man eine tönende Stimmgabel über die Öffnung eines (ziemlich engen) cylindrischen Glasgefäßes hält, so schwingt die Luft im Glase mit, wenn sie schwingen kann wie in einer gedeckten Pfeife, wenn also die Länge des Gefäßes gleich ¼ Wellenlänge des erregenden Tones ist. Dann entsteht nämlich eine stehende Luftwelle, welche den Ton der Stimmgabel verstärkt durch Mitschwingen. Ist das Gefäß nicht auf den Ton der Stimmgabel abgestimmt, so tönt sie nicht mit.

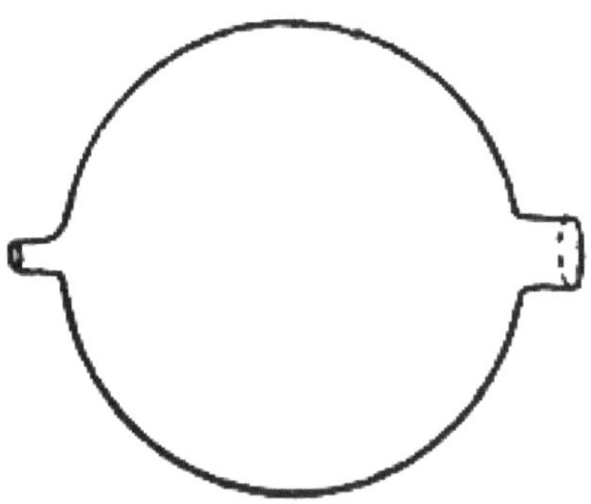

Fig. 231.

Resonatoren sind **trichterförmige** oder bauchige **Gefäße** aus Blech oder Glas, welche vorn eine weite Öffnung haben, durch welche sie den ankommenden Ton auffangen und gegenüber eine kleine, ins Ohr passende Öffnung. Wenn nun ein Ton eindringt, der die Luftmasse des Resonators in Schwingungen zu versetzen vermag, für welchen also der Resonator seiner Größe nach paßt, für welchen er gestimmt ist, so verstärkt sich durch Mittönen der eingeschlossenen Luft der Ton und wird dadurch im Ohre deutlich vernehmbar. Dringt ein anderer Ton ein, so kommt die Luft des Resonators nicht in Schwingungen, so daß man den Ton fast nicht hört.

Mit solchen Resonatoren kann man **die Obertöne eines Tones untersuchen**. Hält man den Resonator, der etwa auf den ersten Oberton (die Oktave) gestimmt ist, ans Ohr, so hört das Ohr den Grundton nicht oder nur schwach, den Oberton aber verstärkt. So untersucht man den Ton dann für die folgenden Obertöne, indem man Resonatoren benützt, die für diese Obertöne abgestimmt sind.

Auf solche Weise ist es Helmholtz gelungen, die **Klangfarbe zu analysieren**, d. h. zu untersuchen, welcher Art und Stärke die Obertöne bei bestimmten Klängen sind, und nachzuweisen, daß die Verschiedenartigkeit der Klänge nur darin ihren Grund hat, daß dem Grundtone bestimmte Obertöne beigemischt sind. Umgekehrt gelang ihm auch die **Synthese** (Zusammensetzung) der Klänge, indem er einem Grundton, welcher keine Obertöne besitzt, gewisse Obertöne in entsprechender Stärke beimischte.

182. Interferenz der Schallwellen.

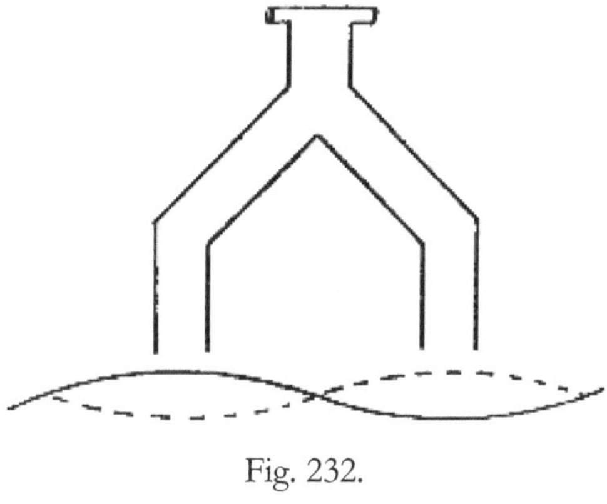

Fig. 232.

Wenn wellenförmige Bewegungen von verschiedenen Orten her an demselben Punkte ankommen, so heben sie sich auf, oder schwächen sich wenigstens, wenn sie den Punkt zugleich nach entgegengesetzten Richtungen zu bewegen suchen. **Die Wellen interferieren oder stören sich.**

Man hält ein Rohr, das oben mit einer elastischen Membran überspannt ist und nach unten sich gabelt (Fig. 232) mit den unteren Enden über benachbarte Teile einer in aliquoten Teilen schwingenden Saite, die ja stets nach entgegengesetzten Richtungen schwingen, so heben sich die in die Röhren eindringenden Wellen derart auf, daß die Membran oben gar nicht schwingt, was man daran sieht, daß aufgestreute Sandkörner in Ruhe bleiben.

Wenn zwei Saiten oder Orgelpfeifen nahezu auf denselben Ton gestimmt sind, so daß sie nur um 1 oder 2 Schwingungen in der Sekunde differieren, so hört man nur einen Ton, aber man bemerkt ein gleichmäßiges Anschwellen und Nachlassen der Tonstärke, was man **Schwebung** nennt.

Differieren beide Saiten um eine Schwingung in der Sekunde, und schwingen beide eben in derselben Richtung, so verstärken sich ihre Wellen, und man hört den Ton stark. Aber die eine Saite wird mit ihren Schwingungen vorauseilen, so daß nach einer halben Sekunde die Saiten gerade nach entgegengesetzten Richtungen schwingen; ihre Wellen schwächen sich oder heben sich ganz auf, so daß der Ton verschwindet. Am Ende der Sekunde machen die Saiten ihre Schwingungen wieder in derselben Richtung, ihre Töne verstärken sich also wieder, und so geht es fort. Es entsteht durch Interferenz dieser Wellen ein beständiges Anschwellen und Nachlassen der Tonstärke. Ist die Schwingungszahl der 2. Saite um 2 pro 1" größer als die der ersten, so hört man zwei Schwebungen in der Sekunde, u. s. f. Die Anzahl der Schwebungen in 1" ist also gleich der Differenz der Schwingungszahlen in 1". Die Figur 233 zeigt die Bahn eines schwingenden Punktes, welcher von zwei Wellen à 9 resp. 10 Schwingungen getroffen wird, der also bei je 10 Schwingungen eine Schwebung macht. Wächst die Zahl der Schwebungen in 1" über 12, so kann man sie nicht mehr gut einzeln wahrnehmen, es entsteht bei etwa 20 Schwebungen ein Schwirren, bei noch mehr der Eindruck einer schreienden Dissonanz.

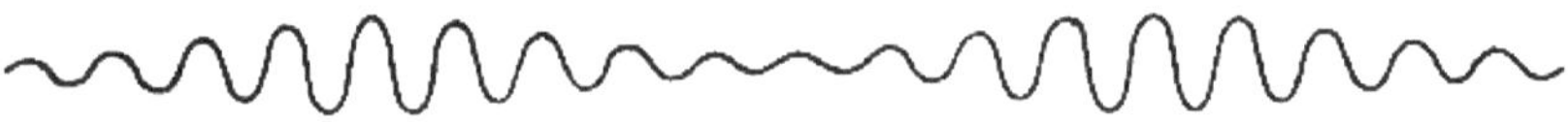

Fig. 233.

Steigt die Anzahl der Schwebungen in 1" über 48, so hört man nicht nur die beiden erzeugenden Töne getrennt, jeden für sich, sondern man hört noch einen tieferen Ton, dessen Schwingungszahl eben dieser Anzahl der Schwebungen entspricht. Da nun das Ohr von einer großen Anzahl Schwebungen getroffen wird, die in ihrem Anschwellen und Nachlassen ebenso regelmäßig verlaufen wie die Schwingungen eines Tones, so erzeugen diese Schwebungen selbst den Eindruck eines Tones, den man den Differenzton nennt. Läßt man an Orgelpfeifen einen Grundton (c) und die

Quinte (g) zugleich tönen, so hört man zugleich die untere Oktave (C) des Grundtones (c) als Differenzton.

183. Die menschliche Sprache.

Der Ton der menschlichen Sprache wird hervorgebracht im Kehlkopfe, einem knorpeligen Ansatz am oberen Ende der Luftröhre. Er ist durch zwei elastische Membranen, die **Stimmbänder** oder **Stimmlippen**, verschlossen bis auf einen schmalen Spalt, die **Stimmritze**. Gewöhnlich sind die Stimmbänder nicht gespannt, sondern schlaff und gewähren der Luft beim Atmen freien Durchgang. Beim Sprechen werden durch Muskeln des Kehlkopfes die Stimmbänder angespannt, die Stimmritze schließt sich bis auf einen schmalen Spalt und **die durchgehende Luft setzt die Stimmbänder in schwingende Bewegung**. Dadurch kommt die Luft selbst in Schwingungen und erzeugt so den Ton. Die Stimmbänder schwingen alternierend; je stärker sie gespannt werden, um so höher wird der Ton. Vor dem Kehlkopf bis zur freien Luft befindet sich noch die Rachenhöhle und die Mundhöhle; beide bilden ein eigentümlich geformtes Ansatzrohr, dem durch die verschiedene Lage der Zunge, Wangen, Zähne und Lippen die verschiedenartigste Form gegeben werden kann. Dies beeinflußt nicht die Tonhöhe, denn diese wird nur durch die Spannung der Stimmbänder hervorgebracht, wohl aber die Tonfarbe, den Klang des Tones, und bildet so die Sprache. Es bilden sich nämlich je nach dieser verschiedenartigen Mundstellung Obertöne, die nach Art, Höhe und Stärke verschieden sind, sich dem Grundton beimischen und so dessen Klang verändern. Zwei verschiedene Vokale, z. B. a und e, in derselben Tonhöhe gesprochen oder gesungen, unterscheiden sich nur durch die verschiedene Art, Höhe, Anzahl und Stärke der demselben Grundton beigemischten Obertöne. Bei manchen Vokalen ist es (Helmholtz) sogar gelungen, die wichtigsten dieser Obertöne zu finden. Gleich hohe Töne verschiedener Instrumente z. B. Geige, Flöte, Horn, Trompete u. s. w., die ja das Ohr als gleich hohe anerkennt, aber doch als verschieden klingende empfindet, unterscheiden sich nur durch die verschiedene Anzahl, Art und Stärke der beigemischten Obertöne.

184. Das Ohr.

Das Ohr hat außen die **Ohrmuschel**, welche wie ein Hörrohr zum Auffangen der Schallschwingungen dient; sie setzt sich fort in den **äußeren Gehörgang**, der am Ende durch eine elastische Membran, das **Trommelfell**, geschlossen ist; da dieses stets gespannt ist, so wird es durch die Schwingungen der Luft in entsprechende Schwingungen versetzt. Hinter dem Trommelfell ist die **Paukenhöhle**, die mit Luft gefüllt ist und durch die Eustachische Röhre, die in die Rachenhöhle mündet, mit der äußern Luft in Verbindung steht. In der Paukenhöhle sind die vier **Gehörknöchelchen**: der Hammer ist mit dem Stiel am Trommelfell angewachsen und liegt mit dem dicken Ende auf dem Amboß; der Amboß ist mit einem Fortsatz am Kopfknochen (Felsenbein) angewachsen, berührt mit dem andern Ende das kleine Linsenbein und dies berührt den Steigbügel; letzterer ist mit seiner breiten Fläche am ovalen Fensterchen angewachsen; das ist eine Membran, welche dem Trommelfell gegenüberliegt und den Eingang bildet zum letzten Teile des Ohres, dem **Labyrinthe**. Durch die Gehörknöchelchen wird die Schwingung des Trommelfelles auf das ovale Fensterchen übertragen und gelangt so in das Labyrinth. Das Labyrinth besteht aus mehreren Gängen im Knochen, ist mit einer wäßrigen Flüssigkeit angefüllt, und in ihm verbreiten und verteilen sich die Fasern des vom Gehirn kommenden **Gehörnerves**. Im Labyrinth befinden sich drei **kreisförmige Bogengänge**, deren Ebenen nahezu aufeinander senkrecht stehen, und deren Bedeutung noch wenig klar ist, ferner die **Schnecke**. Diese ist ein schneckenförmiger Gang, in welchem kleine **Stäbchen** (die Cortischen Fasern) wie die Stufen einer Wendeltreppe übereinander liegen: die untersten sind die längsten und dicksten; nach oben werden sie immer kürzer und dünner; sie sind von Nervenfasern durchzogen. Man glaubt nun, daß diese Fasern für Schwingungen von verschiedener Schwingungszahl eingerichtet sind, so daß jede nur dann mitschwingt, wenn ein Ton ankommt, der dieselbe Schwingungszahl hat; dadurch wird dann das in dem Stäbchen liegende Nervenende gereizt und so der Ton empfunden.

Da nun die meisten Töne mit Obertönen vermischt sind, so muß man annehmen, daß nicht bloß diejenigen Fasern mitschwingen, welche dem Grundtone, sondern auch diejenigen, welche den Obertönen entsprechen. Daß das möglich ist, ersieht man, wenn man in ein Klavier einen Vokal a, oder e singt; man hört dann nicht bloß einen Ton von gleicher Höhe aus dem Klavier wiederklingen, sondern der Ton hat den Klang des Vokales a oder e. Da nun die Klangfarbe dadurch entsteht, daß dem Grundtone gewisse Obertöne beigemischt sind, so muß man annehmen, daß im Klavier auch alle die Saiten mitschwingen, welche den vorhandenen Obertönen entsprechen. Ebenso schwingen von den Gehörfasern in der Schnecke auch alle diejenigen mit, welche den vorhandenen Obertönen entsprechen. Da die Anzahl der Corti'schen Fasern sehr groß ist, ca. 3000, so ist die Möglichkeit vorhanden, daß bei dem bekannten Umfange der wahrnehmbaren Töne (ca. 10 Oktaven = 120 halbe Töne) jeder Ton mit all seinen Obertönen durch Mitschwingen von entsprechenden Fasern im Ohre nachgebildet und so empfunden wird.

Wenn unser Ohr eine große Anzahl verschiedener Töne, etwa eine Orchestermusik aufnimmt, so gelangt nur die Resultierende all dieser Wellenbewegungen durch die Gehörknöchelchen ins Labyrinth. Daß dort die Resultierende wieder in ihre einzelnen Komponenten, die einzelnen Töne, zerlegt wird, ja daß jeder solche Ton selbst wieder in seine Obertöne zerlegt, einzeln von den Corti'schen Fasern aufgenommen und doch wieder vereinigt dem Bewußtsein zugeführt wird, daß wir nach Klang, Höhe, Stärke und auch nach Richtung jeden einzelnen Ton wahrnehmen, daß wir von zwei Sängern, welche denselben Ton singen, jedes einzelnen Stimme erkennen: all das würde wohl auch dann noch unser höchstes Staunen erregen, wenn wir genauer wüßten, wie es dabei zugeht.

Zehnter Abschnitt.
Optik.

185. Wesen des Lichtes.

Licht ist eine von einem Körper ausgehende Tätigkeit, welche, wenn sie in unser Auge gelangt, die Empfindung des Sehens hervorbringt. Man nahm früher an, von dem leuchtenden Körper werde ein ungemein feiner Stoff ausgesandt, Lichtstoff, der nach allen Richtungen hin gradlinig weiterfliegt und so auch in unser Auge kommt, Emissionstheorie, und insbesondere Newton (1704) gelang es, durch sie alle damals bekannten Erscheinungen zu erklären.

Man fand aber später noch einige Erscheinungen, welche sich durch die Emissionstheorie nicht erklären ließen, und stellte deshalb eine neue Theorie auf, die Undulationstheorie, Wellen- oder Schwingungstheorie (Huyghens 1665, Thomas Young 1802 und Fresnel). Man nimmt an: Das ganze Weltall ist angefüllt mit einem äußerst feinen Stoffe, dem Äther; dieser hat kein wahrnehmbares Gewicht, ist so fein, daß er jeden Körper durchdringt, so daß auch zwischen den Molekülen des Glases, Wassers etc. Ätherteilchen sind. Der Äther ist elastisch; wenn ein Ätherteilchen seine Stelle verläßt, so wirkt es ziehend und drückend auf die benachbarten, so daß diese auch in Bewegung kommen, und nun ihrerseits wieder ebenso auf ihre Nachbarn einwirken, so daß die Bewegung eines Ätherteilchens sich auf sämtliche vorhandenen Ätherteilchen fortpflanzt. **Das Licht besteht in einer wellenförmigen Bewegung des Äthers.** Ein leuchtender Körper ist imstande, die Ätherteilchen in schwingende Bewegung zu versetzen, und diese pflanzt sich nach allen Richtungen hin in geraden Linien auf alle andern Ätherteilchen fort. Eine in Schwingungen befindliche Reihe von Ätherteilchen oder auch ein ganzes Bündel paralleler Ätherreihen nennt man einen Lichtstrahl.

Die Bewegung der Ätherteile ist eine transversale: die Ätherteile schwingen senkrecht zur Richtung des Lichtstrahles.

186. Durchsichtigkeit.

Das Licht pflanzt sich in gerader Linie fort. Trifft es auf einen Körper, so durchdringt es ihn; dann nennen wir ihn **durchsichtig**, wie Luft, Wasser, Glas, Diamant etc.; oder es ist nicht imstande, den Körper zu durchdringen; dann nennen wir den Körper **undurchsichtig** (opak), wie die Metalle, Steine, Holz etc.

Es gibt weder einen vollständig durchsichtigen, noch einen vollständig undurchsichtigen Körper. Auch die klarsten Stoffe lassen nicht alles Licht durchdringen, sondern verschlucken, vernichten (absorbieren) immer mehr Licht, je tiefer es eindringt. Meerwasser ist stellenweise sehr klar; aber in Tiefen von 3-400 *m* dringt kein Sonnenlicht mehr. Es gibt auch keinen ganz undurchsichtigen Körper; jeder läßt das Licht wenigstens in geringe Tiefen eindringen. Gold läßt, zu einem sehr dünnen Blättchen ausgeschlagen, wenigstens etwas (grünliches) Licht hindurch (Robert Boyle). Körper, die bei mäßiger Dicke etwas Licht durchdringen lassen, nennt man **durchscheinend** (transparent); solche sind: Fett, Wachs, Alabaster, weißer Marmor, Milchglas, Achat etc. Bei geringer Dicke sind solche Körper fast ganz durchsichtig, bei großer Dicke undurchsichtig.

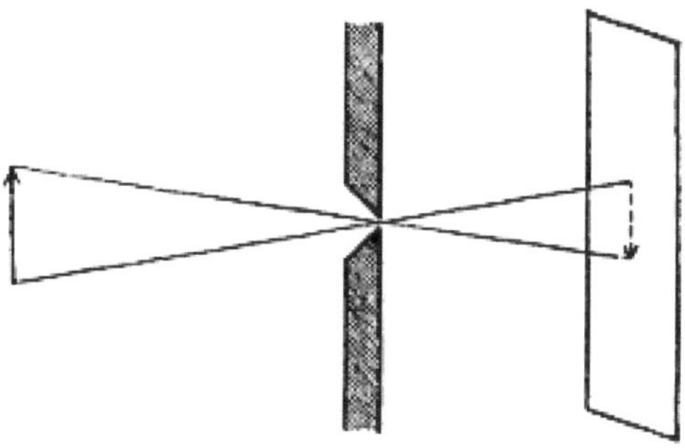

Fig. 234.

Auf der gradlinigen Fortpflanzung des Lichtes beruht die hübsche Erscheinung in einer Dunkelkammer, einem Zimmer, das man ganz verfinstert hat. Bringt man in einem Fensterladen eine kleine Öffnung (1 *mm* weit) an, so dringen von den außenliegenden Gegenständen Lichtstrahlen in das Zimmer, treffen dort einen Papierschirm oder die Wand und erzeugen so ein Bild der äußeren Gegenstände. Das Bild ist verkehrt, lichtschwach, aber deutlich. Durch Vergrößerung der Öffnung wird das Bild lichtstärker, aber undeutlicher. Sonnenstrahlen, die zwischen den Blättern eines Baumes zu Boden fallen, erzeugen dort kreisrunde oder rundlich begrenzte Bilder; bei einer Sonnenfinsternis dagegen Bilder, die der Form der verfinsterten Sonne entsprechen.

187. Schatten.

Wegen der gradlinigen Fortpflanzung des Lichtes erhält der Raum hinter einem undurchsichtigen Körper kein Licht vom leuchtenden Körper; dieser lichtleere Raum heißt der Schatten. Wir befinden uns nachts im Erdschatten; bei einer Mondsfinsternis tritt der Mond in den Erdschatten, bei einer Sonnenfinsternis befinden wir uns im Mondschatten.

Ist der leuchtende Körper ein Punkt, so hat der Schatten die Form eines Kegels, der vom undurchsichtigen Körper nach rückwärts sich immer mehr erweitert (Schattenkegel).

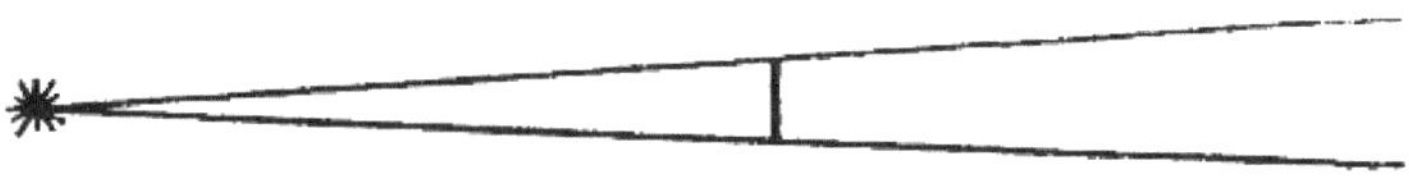

Fig. 235.

Ist der leuchtende Gegenstand selbst einigermaßen ausgedehnt, so entsteht außer dem Haupt- oder Kernschatten noch ein Halbschatten, d. h. ein Raum, in welchem nur ein Teil des Lichtes des leuchtenden Gegenstandes eindringt.

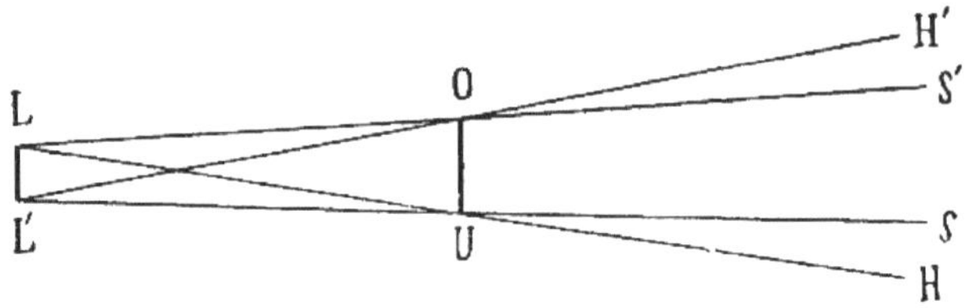

Fig. 236.

In Fig. 236 ist SUOS' der Kernschatten, welcher rings umgeben ist vom Halbschatten HUS, H'OS'. Eine Stelle des Halbschattens erhält um so weniger Licht, je näher sie dem Kernschatten liegt.

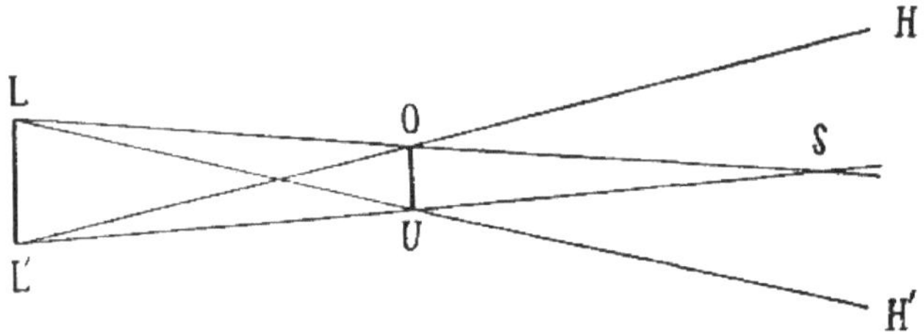

Fig. 237.

Ist der schattengebende Körper UO kleiner als der leuchtende Gegenstand (Fig. 237), so ist der Kernschatten begrenzt, da er sich in OSU kegelförmig zuspitzt, ist jedoch umgeben von einem sich kegelförmig erweiternden Halbschatten.

So gibt die Erde, von der Sonne beschienen, einen Kernschatten, der in eine Spitze ausläuft, also kegelförmig ist (weil ja die Erde kleiner ist als die Sonne), und einen diesen Kernschatten umgebenden Halbschatten, der außen noch am meisten Licht enthält und um so dunkler, tiefer wird, je mehr man sich dem Kernschatten nähert. Bei einer Mondsfinsternis zeigt der Erdschatten auf dem Monde keine scharfe Grenze, sondern einen verwaschenen Rand, den Halbschatten.

188. Geschwindigkeit des Lichtes.

Das Licht braucht, wie jede Bewegung, eine gewisse Zeit, um sich von einem Orte zu einem andern fortzupflanzen. Diese Zeit ist für irdische Erscheinungen so kurz, daß man sie für gewöhnlich vernachlässigen kann; in demselben Momente, in welchem der Blitz in der Wolke aufleuchtet, sehen wir ihn schon; den Blitz der Kanone sieht man im Moment des Abfeuerns.

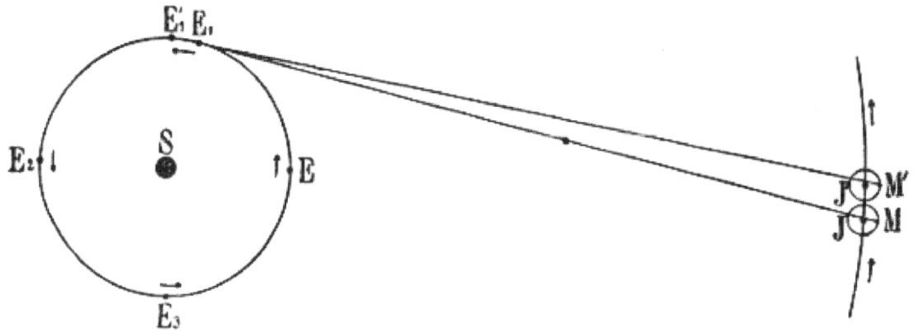

Fig. 238.

Die Geschwindigkeit des Lichtes wurde zuerst gemessen durch Olaf Römer, einen dänischen Astronomen, und zwar durch Beobachtung der Verfinsterung der Jupitertrabanten (1676). Der Planet Jupiter J wird von 4 Monden umkreist, vom innersten M sehr rasch, in 42½ Stunden, wobei er jedesmal in den Schatten des Jupiter kommt und verfinstert wird, was von der Erde aus leicht beobachtet werden kann. Die Zeit zwischen dem Beginne einer Verfinsterung und dem Beginne der nächsten ist gleich der (synodischen) Umlaufszeit des Trabanten, und sollte demnach stets dieselbe sein. Nun fand O. Römer: Wenn die Erde in Konjunktion oder Opposition mit dem Jupiter, also in E oder E_2 steht, so beträgt diese Zeit 42½ Stunden (ca.), befindet sich aber Jupiter im Quadranten, also die Erde in E_1 oder E_3, so ist diese Zeit um 14 Sekunden länger oder kürzer, je nachdem sich die Erde vom Jupiter weg oder auf ihn zu bewegt. Erklärung: Wenn die Erde sich in E oder E_2 befindet, so hat sie sich in den 42½ Stunden nahezu parallel zum Laufe des Jupiter bewegt, also ist ihre Entfernung von ihm nahezu gleich geblieben. Befindet sich die Erde aber in E_1, so bewegt sie sich gerade vom Jupiter weg, entfernt sich also in 42½ Stunden um ca. 590 000 geogr. Meilen von ihm. Da nun beim Beginne der zweiten Verfinsterung das Licht die Erde nicht mehr an demselben Orte, sondern an einem weiter entfernten Orte trifft, so braucht es eine gewisse Zeit, um diese 590 000 g. M. zurückzulegen, und um soviel erscheint der Eintritt der zweiten Verfinsterung verzögert. Diese Verzögerung beträgt 14", also legt das Licht in 14 Sekunden 590 000 g. M. zurück, also in 1" 42 100 g. M. Daß in E_3, wo sich die Erde gerade auf den Jupiter zu bewegt, die Verfinsterung um 14" verfrüht erscheint, erklärt sich ähnlich.

Dem französischen Physiker Fizeau gelang es, die Geschwindigkeit des Lichtes zu messen, durch Verwendung von verhältnismäßig kurzen irdischen Entfernungen. Er fand eine Geschwindigkeit von 315 364 *km* pro 1".

Wegen der großen Geschwindigkeit des Lichtes werden irdische Entfernungen stets in ungemein kleinen Zeiten durchlaufen. Zu den großen Entfernungen des Weltraumes braucht es eine entsprechend große Zeit: von der Sonne zur Erde 8' 11", und bis zum äußersten Planeten Neptun 4 St. 19 M. Bis zum nächsten Fixstern, welcher 223 000 Erdweiten entfernt ist, braucht das Licht 3 J. 6 M.

189. Stärke des Lichtes und deren Messung. Photometer.

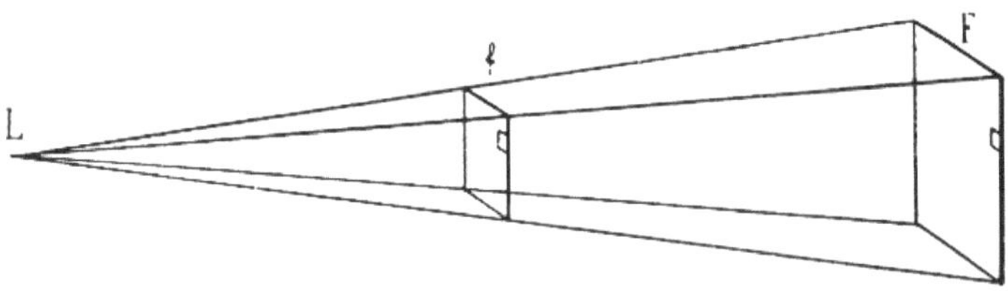

Fig. 239.

Während das Licht sich von einem Punkt aus nach allen Seiten ausbreitet, nimmt es an Stärke ab. Diejenige Lichtmenge, welche von L ausgehend die Fläche f trifft, breitet sich, wenn man eine Fläche in 2 mal (n mal) größerer Entfernung aufstellt, auf eine 4 mal (n^2 mal) größere Fläche F (Fig. 109). Es trifft also auf eine kleine Flächeneinheit von F nur mehr 4 mal (n^2 mal) weniger Licht als auf die gleiche Flächeneinheit von f, oder F wird 4 mal (n^2 mal) weniger stark beleuchtet als f. **Die Beleuchtungsstärke einer Fläche ist dem Quadrat ihrer Entfernung von der Lichtquelle umgekehrt proportional**, oder: **die Lichtstärke nimmt ab, wie das Quadrat der Entfernung zunimmt**. Das Sonnenlicht ist auf dem Mars 2,3 mal, auf dem Neptun ca. 900 mal schwächer, auf der Venus 1,9 mal, auf dem Merkur zwischen 4,6 und 10,6 mal stärker als bei uns.

Daß wir ein Gaslicht in einer Entfernung von ½ *m* ohne Schaden, und in einer Entfernung von 10 *km* (bei reiner Luft noch viel weiter), also bei 400 000 000 mal geringerer Stärke noch sehen können, zeugt von der vorzüglichen Einrichtung unseres Auges.

Unter Lichtstärke einer Flamme oder eines leuchtenden Körpers überhaupt versteht man die Menge Licht, welche die Flamme aussendet. Um die Lichtstärke zweier Flammen zu vergleichen, entfernt man die stärkere so weit, bis eine gewisse Fläche von ihr eben so stark beleuchtet wird als von der schwächeren Flamme. Ist hiebei die stärkere Flamme 2 mal (n mal) so weit von der Fläche entfernt, wie die schwächere, so folgt nach dem ersten Satz, daß ihre Lichtstärke 4 mal (n^2 mal) so groß ist wie die der schwächeren. **Die Lichtstärken zweier Flammen, welche ein und dieselbe Fläche uns verschiedenen Entfernungen him, verhalten sich wie die Quadrate ihrer Abstände von der Fläche.**

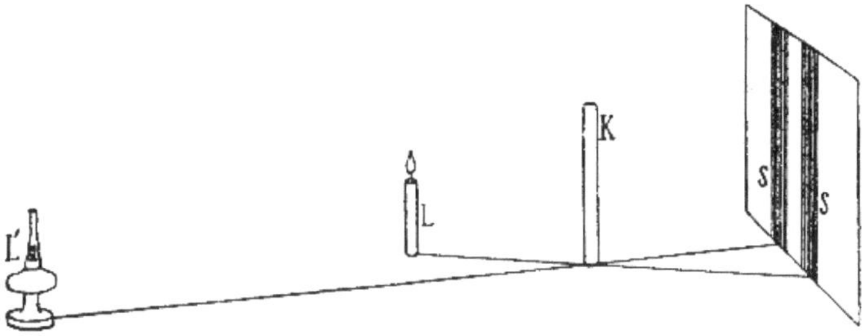

Fig. 240.

Auf diesem Satze beruhen die Photometer, Apparate, durch welche man die Lichtstärken zweier Flammen vergleicht. Beim **Photometer von Rumford** (Fig. 240) werden durch zwei Flammen L und L' von einem Stabe K auf einem Schirm zwei Schattenbilder S und S' entworfen, von denen jedes von der andern Flamme beleuchtet wird. Entfernt man die eine Flamme so weit, daß die Schatten gleich hell erscheinen, so verhalten sich die Lichtstärken wie die Quadrate der Entfernungen der Flammen vom Schirm.

Beim **Photometer von Bunsen** ist auf einem Schirm von Seidenpapier ein kleiner Stearinfleck angebracht; dieser ist durchscheinend, so daß er, wenn hinter dem Schirm eine Flamme brennt, hell auf dunklem Grunde erscheint. Nähert man nun auch von vorn ein Licht A, so sieht man bei einer bestimmten Annäherung den Stearinfleck verschwinden. Entfernt man A und nähert ein anderes Licht B von vorn, bis wieder der Stearinfleck verschwindet, so erhält nun der Schirm von B ebensoviel Licht als vorher von A, also verhalten sich die Lichtstärken von A und B wie die Quadrate ihrer Entfernungen vom Schirm.

Die gebräuchlichste **Lichteinheit** ist die Normalkerze oder deutsche Vereinskerze, das Licht einer Paraffinkerze von 22 *mm* Durchmesser und 30 *mm* Flammenhöhe. Es liefert z. B. ein Petroleumrundbrenner von 25 *mm* Durchmesser bei 54 *g* Ölverbrauch pro Stunde 16 Kerzen Lichtstärke.

Unter 1 **Meterkerze** versteht man die Beleuchtungsstärke, welche eine kleine Fläche von 1 Normalkerze in 1 *m* Entfernung bei senkrechter Beleuchtung empfängt. Eine Flamme von N Normalkerzen Lichtstärke liefert demnach in a *m* Entfernung bei senkrechtem Einfallen eine Beleuchtung von $N a^2$ Meterkerzen, bei schiefem: $N a^2 \cos \alpha$ Meterkerzen.

Aufgaben:

109. Bei einem Photometer von Rumford ist eine deutsche Vereinskerze 64 *cm*, eine Petroleumlampe 1,53 *m* vom Schirm entfernt, so daß die Schatten gleich dunkel erscheinen. Wie viele Normalkerzen beträgt die Leuchtkraft dieser Lampe?

110. Wie viele Meterkerzen beträgt im vorigen Beispiel die Beleuchtung des Schirmes durch die Lampe allein?

111. In welcher Entfernung beleuchten 3 Argandbrenner à 22 N.K. eine Wand ebenso stark als eine Vereinskerze in ½ *m* Entfernung? Wie viele Meterkerzen hat die Beleuchtung?

190. Reflexion des Lichtes.

Trifft das Licht auf die Grenzfläche zweier Stoffe (Medien), so teilt es sich in zwei Teile; der eine Teil dringt in das zweite Medium ein (und wird entweder durchgelassen oder verschluckt, wovon später), der andere Teil kehrt in das erste Medium zurück, wird zurückgeworfen oder reflektiert.

Ist diese Grenzfläche rauh und uneben wie bei Holz, Stein, Erde, Papier, so wird das auffallende Licht nach allen Seiten hin zurückgeworfen, gleichgültig, wie es einfällt: zerstreute Zurückwerfung oder diffuse Reflexion. Sie bewirkt, daß wir solche Gegenstände überhaupt sehen, da die reflektierten Lichtstrahlen in unser Auge fallen, wo es sich auch befinden mag. Wir nennen einen Gegenstand hell, wenn er verhältnismäßig viele Lichtstrahlen zurückwirft (weißes Papier), dagegen dunkel, wenn er sehr wenig Licht zurückwirft (braune Stoffe, Erde u. s. w.) und schwarz, wenn er fast gar kein Licht zurückwirft. Einen absolut schwarzen Körper, der gar kein Licht zurückwirft, gibt es nicht; ein solcher müßte auch bei der stärksten Beleuchtung ganz unsichtbar sein; sehr schwarz ist Tusch und Lampenruß.

191. Definition des optischen Bildes.

Das Auge sieht einen Punkt, wenn von den Lichtstrahlen, die von dem Punkte ausgehen, ein (kegelförmiges) Bündel ins Auge fällt.

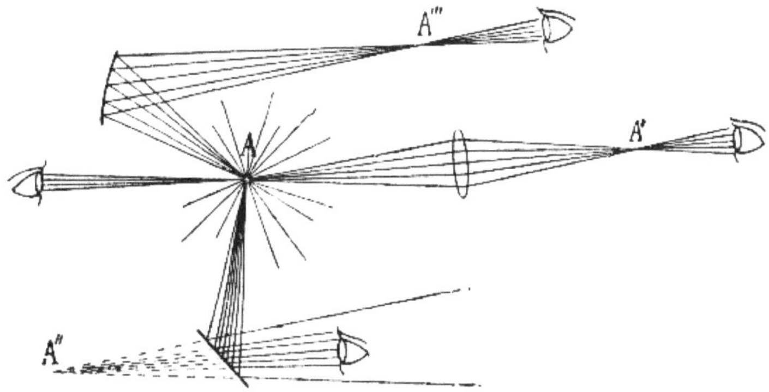

Fig. 241.

Werden alle Strahlen eines solchen Bündels durch irgend welche Ursachen von ihrer Bahn abgelenkt, so daß sie nachher wieder in einem Punkte A' oder A''' (Fig. 241) zusammentreffen, so nennt man diesen Punkt A' oder A''' ein **optisches Bild** des Punktes A. Denn die Lichtstrahlen setzen dann ihren geradlinigen Weg fort und bilden wieder ein kegelförmiges Strahlenbündel. Trifft dieses Bündel in das Auge, so hat es denselben Eindruck, wie wenn es vom Strahlenbündel des leuchtenden Punktes getroffen würde; das Auge glaubt in A' den leuchtenden Punkt zu sehen. Deshalb nennt man A' das Bild von A, und zwar ein **reelles Bild**; ebenso A'''.

Werden jedoch die Strahlen eines solchen Bündels so abgelenkt, daß sie sich nicht wirklich in einem Punkte schneiden, aber doch so laufen, als wenn sie alle von einem Punkte A'' herkämen, so nennt man diesen Punkt A'' ein **virtuelles Bild**. Wird ein Auge in den Gang dieser Lichtstrahlen gebracht, so hat es den Eindruck, wie wenn die Strahlen wirklich von A'' herkämen, es glaubt, in A'' den leuchtenden Punkt A zu sehen.

Werden aber die Strahlen so abgelenkt, daß sie nach der Ablenkung keinen Vereinigungsort (weder einen reellen, noch virtuellen) haben, so hat das Auge, das man in den Gang solcher Lichtstrahlen bringt, wohl noch den Eindruck von Licht, Helligkeit, Farbe, aber nicht mehr den Eindruck, als sehe es den Punkt A. Es entsteht kein optisches Bild.

192. Reflexionsgesetze.

Ist die Grenzfläche zweier Medien glatt, so erfolgt die Reflexion nach den Reflexionsgesetzen (regelmäßige Reflexion):

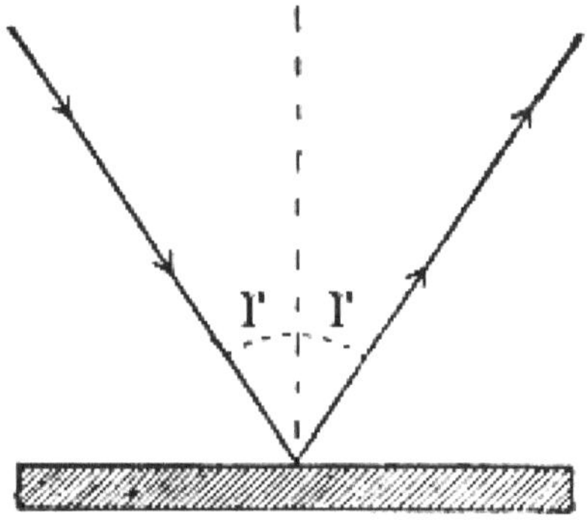

Fig. 242.

1) **Jeder Lichtstrahl wird nur nach einer Richtung reflektiert.**

2) **Der einfallende Strahl, der reflektierte und das Einfallslot liegen in einer Ebene, Reflexionsebene.** Die Reflexionsebene steht senkrecht auf der reflektierenden Ebene.

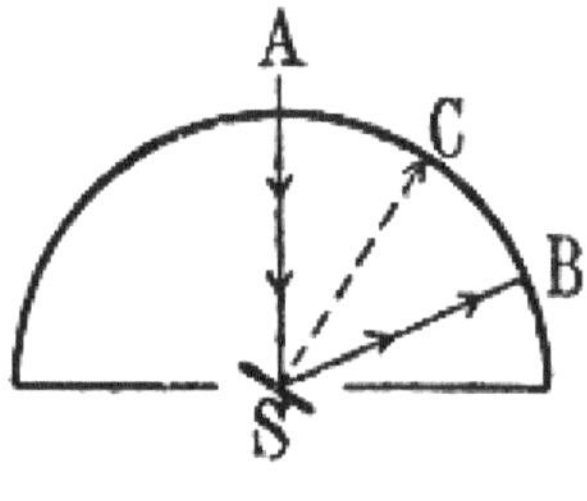

Fig. 243.

3) **Der Einfallswinkel ist gleich dem Reflexionswinkel**, d. h. der Winkel, welchen der einfallende Strahl mit dem Einfallslot bildet, ist gleich dem Winkel, welchen der reflektierte Strahl mit dem Einfallslot bildet.

Der Reflexionsapparat: Auf einem Brettchen ist ein im Halbkreise gebogenes Blech befestigt, in Grade geteilt und in der Mitte mit einem Spalte versehen. Im Mittelpunkte des Kreises (Fig. 243) ist ein kleiner Spiegel drehbar aufgestellt und mit einem Zeiger verbunden, welcher auf ihm senkrecht steht, also die Spiegelnormale oder das Einfallslot darstellt, und mit seinem Ende längs des Halbkreises sich bewegt. Läßt man durch den Spalt einen Lichtstrahl auf den Spiegel fallen, dreht diesen, so daß der Zeiger etwa auf 32° zeigt, also der Einfallswinkel 32° beträgt, so wird das Licht reflektiert, und trifft den Halbkreis bei 64°; demnach ist auch der

Reflexionswinkel 32°. Durch Versuche mit verschiedenen Einfallswinkeln findet man das Gesetz bestätigt.

193. Planspiegel.

Eine glatte Grenzfläche zweier Medien nennt man Spiegel, und zwar Planspiegel, wenn die Fläche eben ist.

Wenn ein Bündel paralleler Lichtstrahlen auf einen Planspiegel fällt, so sind auch die reflektierten Strahlen unter sich parallel.

Treffen Lichtstrahlen von einem leuchtenden Punkte aus divergent den Spiegel, so divergieren auch die reflektierten Strahlen und zwar so, als ob sie von einem Punkte herkämen, der hinter dem Spiegel liegt eben so weit wie der leuchtende Punkt vor demselben und zwar in der Verlängerung der vom leuchtenden Punkte auf den Spiegel gezogenen Senkrechten (Spiegelnormale).

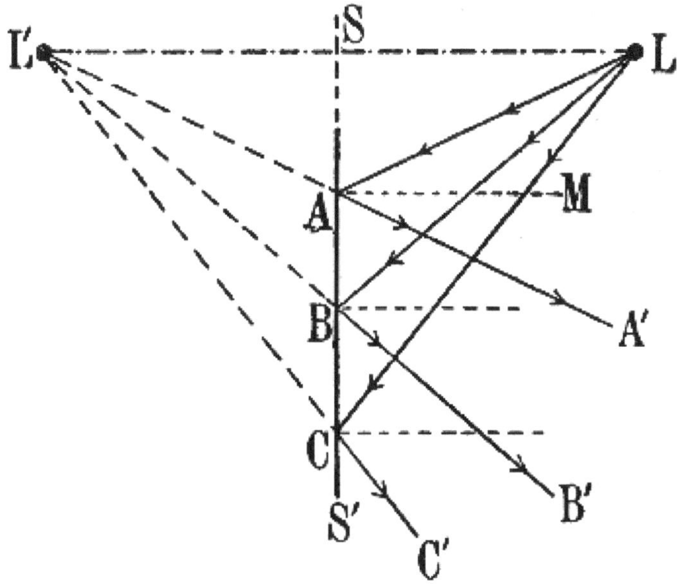

Fig. 244.

Ableitung: Es sei (Fig. 244) SS' der ebene Schnitt des Spiegels und L der leuchtende Punkt; ich mache LS ⊥ SS', verlängere LS, so daß L'S = LS, und beweise, daß jeder reflektierte Strahl durch L' geht. Sei LA ein beliebiger Strahl, so ziehe ich L'A und verlängere ihn nach AA', so ist △ LAS ≅ △ L'AS; [denn SL = SL', SA = SA, ∢ LSA = ∢ L'SA = R]; also ∢ LAS = ∢ L'AS; aber ∢ L'AS = S'AA', demnach ∢ LAS = ∢ S'AA' also auch, wenn MA

⊥ SS' (Einfallslot), ∢ LAM = ∢ A'AM; AA' ist also, da Einfallsw. = Reflexionsw., der reflektierte Strahl von LA. Was von LA bewiesen wurde, kann ebenso von jedem beliebigen anderen Strahle LB, LC etc. bewiesen werden; also gehen die reflektierten Strahlen wirklich so, als wenn sie von L' herkämen. Man sagt: **Der Planspiegel entwirft von dem leuchtenden Punkte L ein virtuelles Bild in L', das in der Verlängerung der Spiegelnormale eben so weit hinter dem Spiegel liegt als der leuchtende Punkt vor dem Spiegel.** Das angegebene Gesetz gilt nicht bloß von Strahlen, welche in der Ebene LSS' liegen. Läßt man, wie in Figur 245 angedeutet, von L Strahlen ausgehen, die nicht in einer Ebene liegen, so werden sie auch so reflektiert, als wenn sie vom Punkte L' herkämen, dessen Lage dem angegebenen Gesetze entspricht. Beweis ebenso.

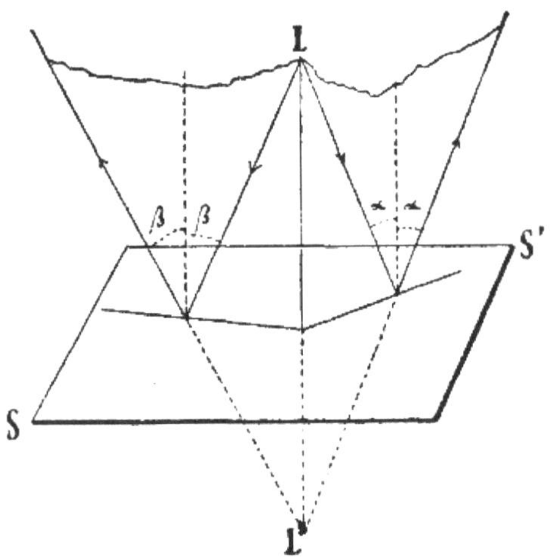

Fig. 245.

Aufgaben:

112. Unter welchem Gesichtswinkel sieht man einen 1,2 *m* hohen Gegenstand in 15 *m* Entfernung?

113. Unter welchem Gesichtswinkel sieht man sich selbst, wenn man 4 *m* vor einem Spiegel steht, bei 1,7 *m* Größe? Wie groß muß der Spiegel sein, um die ganze Figur zu zeigen?

114. Dreht man einen Spiegel um den Winkel α, so dreht sich jeder von ihm reflektierte Strahl um den Winkel 2α. Beweis?

115. Wenn man 3,6 *m* vor einem Spiegel steht, unter welchem Gesichtswinkel sieht man dann das Spiegelbild eines 60 *cm* großen Gegenstandes, der 2 *m* (10 *m*) vor dem Spiegel steht?

115 a. Welche Bewegung macht das Bild eines Punktes, der sich einem Spiegel nähert?

115 b. Wenn bei einem Glasspiegel nicht nur die hintere mit Metall belegte Fläche, sondern auch die vordere Glasfläche spiegelt, um wie viel scheinen die zwei Bilder eines Punktes voneinander entfernt zu sein?

194. Winkelspiegel.

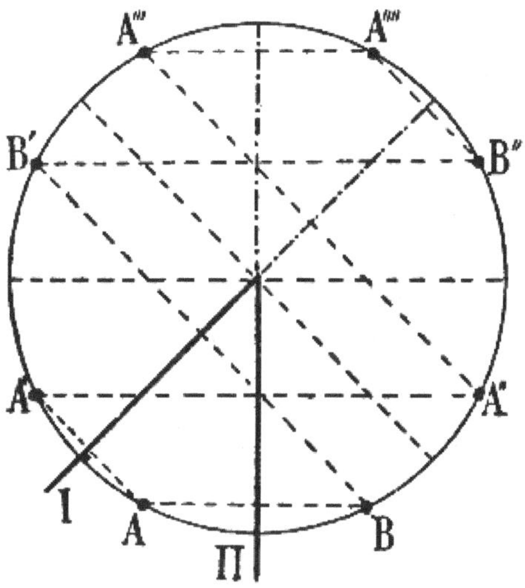

Fig. 246.

Zwei unter einem Winkel gegeneinander geneigte Planspiegel bilden einen Winkelspiegel. Befindet sich ein leuchtender Punkt zwischen beiden, so entstehen von ihm mehrere Bilder. Es sei A der leuchtende Punkt (Fig. 246), so entwirft Spiegel I das Bild A'; da dies Bild vor Spiegel II liegt, so entwirft dieser das Bild A''; dies Bild liegt vor I, also entwirft I das Bild A'''; dies liegt vor II, also entwirft II das Bild A''''; A'''' liegt hinter I, also spiegelt es sich nicht mehr. Nun spiegelt sich A auch in II; II entwirft also das Bild B; von ihm entwirft I das Bild B'; von ihm entwirft II das Bild B''; von ihm I das Bild B''', das bei der in der Figur angenommenen Anordnung (∢ v. 45°) mit A'''' zusammenfällt.

Die Bilder liegen in einem Kreise, dessen Ebene senkrecht zur Schnittlinie der Spiegel ist; ihre Anzahl, den Gegenstand mitgerechnet, ist 8, allgemein = 360a, wenn die Neigung der beiden Spiegel a° ist. Die Anzahl der Bilder wächst, wenn der Winkel kleiner wird. Das Kaleidoskop besteht aus drei unter je 60° gegen einander geneigten spiegelnden Glasstreifen, die in eine Röhre gefaßt sind; vor derselben zwischen zwei Deckgläsern liegen kleine Stückchen farbigen Glases, welche durch Drehen und Schütteln immer in andere Lage gebracht werden können. Durch die Spiegelung setzen sich aus den Glasstückchen und deren Spiegelbildern sechsseitige Sternfiguren zusammen, die durch ihre Regelmäßigkeit gefallen und durch ihre Wandelbarkeit ergötzen.

Das Debuskop ist ein Winkelspiegel aus zwei Silberspiegeln zusammengestellt; sein Winkel kann beliebig verändert werden; stellt man es auf eine Zeichnung, so sieht man sie zu einem regelmäßigen Stern vervielfältigt, und kann sich so aus unregelmäßigen Strichen Motive zu gefälligen Sternmustern suchen.

Aufgaben:

116. Bei einem Winkelspiegel von 45° ist ein Strahl nach zweimaliger Brechung senkrecht zu seiner ursprünglichen Richtung.

116 a. Bei einem Winkelspiegel von 90° ist ein Strahl nach zweimaliger Brechung seiner ursprünglichen Richtung parallel.

195. Sphärische Spiegel.

Ein sphärischer Spiegel ist gekrümmt wie die Oberfläche einer Kugel; ist dabei die innere, hohle Seite spiegelnd, so heißt er ein Hohlspiegel oder konkaver sphärischer Spiegel; ist die äußere Seite spiegelnd, so heißt er ein konvexer Spiegel.

Brennpunkt des Hohlspiegels.

Die Hohlspiegel sind gewöhnlich rund, und die Verbindungslinie des Krümmungsmittelpunktes mit der Mitte des Spiegels, also OM, ist die Hauptachse; jede andere durch O gehende Linie heißt eine Nebenachse des Spiegels.

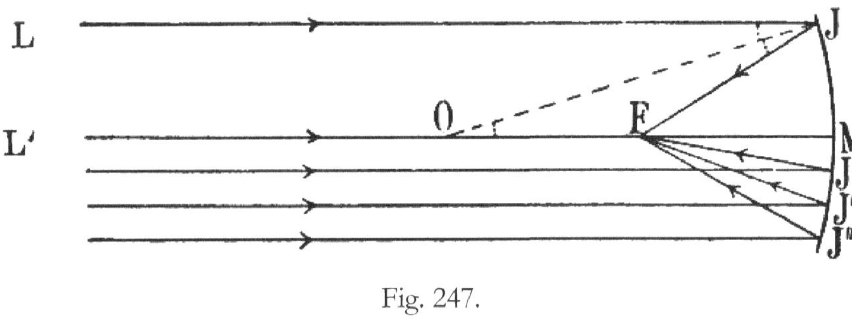

Fig. 247.

Wir lassen ein Bündel paralleler Lichtstrahlen der Hauptachse MO parallel auf den Spiegel fallen (Fig. 247) und untersuchen den Gang der reflektierten Strahlen. Es sei LJ ein solcher Strahl, so kann man das in J liegende Flächenstückchen des Spiegels als eben betrachten; das Einfallslot ist dann der Krümmungsradius JO, da er senkrecht auf der Fläche steht. Macht man den Reflexionswinkel gleich dem Einfallswinkel, und nennt den Schnittpunkt des reflektierten Strahles mit der Achse F, so ist LJO = OJF (Reflexionsges.), LJO = JOF (Wechselwinkel), also OJF = JOF, somit △ FJO gleichschenklig, oder JF = FO. Wir nehmen nun an, J liege so nahe an M, daß man ohne nennenswerten Fehler JF = FM setzen kann, so ist auch FM = FO, d. h. der reflektierte Strahl schneidet die Achse in der Mitte des Radius. Für jeden anderen parallelen Strahl L'J' gilt dieselbe Ableitung und das gleiche Resultat, ebenso auch für jeden Strahl, der in einem andern Achsenschnitte des Spiegels liegt.

Folglich: **Alle parallel der Hauptachse auffallenden Strahlen gehen nach der Reflexion durch denselben Punkt F** um so genauer, je näher sie an der Mitte M auffallen, Zentralstrahlen.

Läßt man Sonnenlicht auf den Hohlspiegel fallen, so wird es in einen kleinen Fleck vereinigt, ebenso aber auch alle Wärmestrahlen; es ist deshalb in diesem Punkte (Flecke) sehr viel Wärme vereinigt, so daß ein leicht entzündlicher Körper dort entzündet wird. Man nennt deshalb diesen Punkt F den Brennpunkt oder Fokus, seinen Abstand vom Spiegel, also FM, die Brennweite oder Fokaldistanz, f, und den Hohlspiegel auch Brennspiegel.

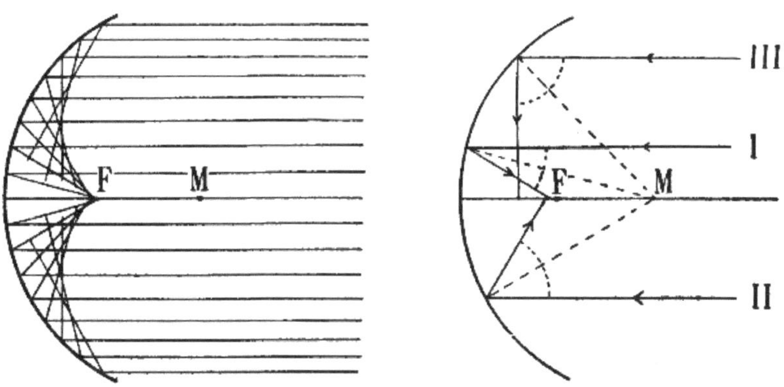

Fig. 248.

Ist die Öffnung eines Hohlspiegels einigermaßen groß im Verhältnis zum Radius, so weichen die reflektierten Strahlen beträchtlich von dem eben beschriebenen Gange ab, gehen also nicht mehr alle durch den Brennpunkt, sondern berühren eine krumme Linie, welche im Brennpunkte eine Spitze hat, Brennlinie oder katakaustische Linie.

Betrachtet man nicht nur den in der Figur gezeichneten Achsenschnitt, sondern alle Achsenschnitte, so liefert jeder eine Brennlinie; sie erfüllen eine Brennfläche, die katakaustische Fläche.

196. Bildgleichung des Hohlspiegels.

Wir lassen das Licht ausgehen von einem auf der Hauptachse im Endlichen liegenden Punkte L und untersuchen den Gang der reflektierten Strahlen (Fig. 249). Ist LJ der einfallende Strahl, OJ das Einfallslot, JB der reflektierte Strahl, so daß LJO = OJB, und B dessen Schnittpunkt mit der Achse, so ist in △ BJL der Winkel an der Spitze halbiert, daher

$$LJ : JB = LO : OB.$$

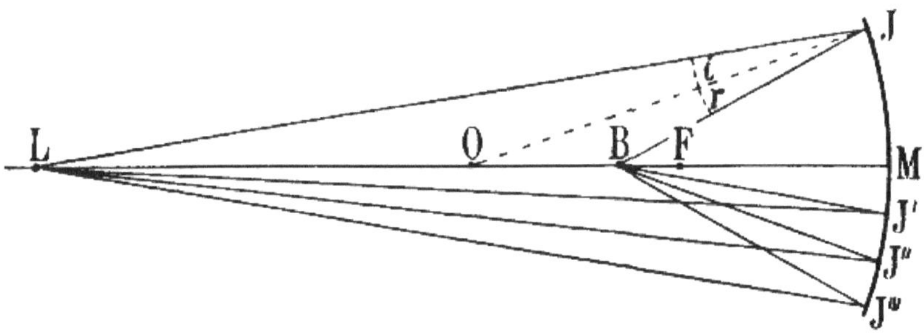

Fig. 249.

Betrachten wir nur Zentralstrahlen, so daß ohne nennenswerten Fehler LJ = LM und BJ = BM, so ist

$$LM : BM = LO : OB.$$

Bezeichnet man den Abstand des leuchtenden Punktes vom Spiegel, also LM, mit a, den Abstand des Punktes B vom Spiegel mit b und setzt r = 2 f, so wird aus obiger Proportion: a : b = (a - 2 f) : (2 f - b); hieraus 2 a f - a b = a b - 2 b f, 2 a f + 2 b f = 2 a b, und durch Division mit 2 a b f 1a + 1b = 1f. Aus dieser Gleichung kann b berechnet werden. Für jeden anderen Zentralstrahl LJ gilt dieselbe Ableitung, folglich gehen alle reflektierten Strahlen durch denselben Punkt B. Man hat also den Satz: **Liegt der leuchtende Punkt auf der Hauptachse, so gehen die reflektierten Strahlen alle durch einen Punkt B der Hauptachse.** Dieser Punkt B ist deshalb ein reelles Bild des leuchtenden Punktes L, und sein Abstand b vom Spiegel berechnet sich aus der Gleichung 1a + 1b = 1f (Bildgleichung).

Lichtpunkt L und Bildpunkt B liegen harmonisch zu O und M, oder Lichtpunkt und Bildpunkt teilen den Radius äußerlich und innerlich in demselben Verhältnisse.

197. Größe, Art und Lage der Bilder beim Hohlspiegel.

Hält man in B einen kleinen Schirm, so wird ein Punkt desselben von allen reflektierten Strahlen getroffen, also beleuchtet: das Bild ist auf einem Schirm auffangbar.

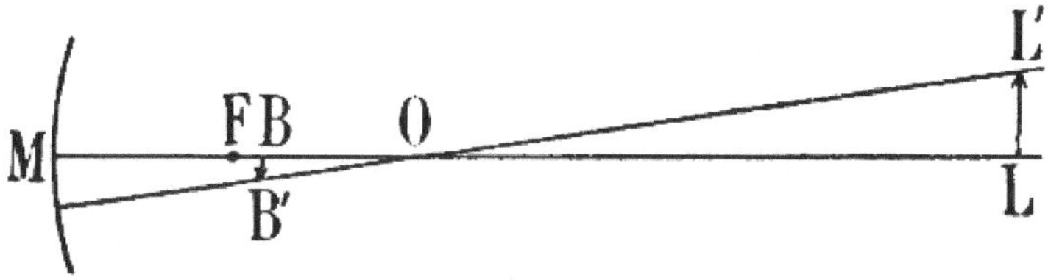

Fig. 250.

Liegt der leuchtende Punkt nicht in L (Fig. 250), sondern senkrecht zur Achse etwas entfernt in L', so kann man L'O als dessen Achse ansehen und findet sein Bild in B', wobei auch B'B senkrecht zur Achse. Besteht der leuchtende Körper aus der Linie LL', so ist das Bild BB'.

Vergleicht man die Größe des Bildes BB' mit der Größe des Gegenstandes LL', so hat man LL' : BB' = LO : BO; aber LO : BO = LM : BM = a : b (siehe Ableitung), also LL' : BB' = a : b; d. h. **die Größen von Gegenstand und Bild verhalten sich wie ihre Abstände vom Spiegel.**

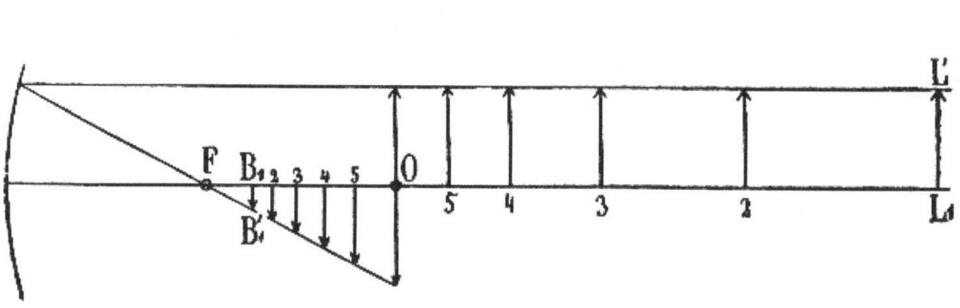

Fig. 251.

Wir betrachten an der Hand der Bildgleichung 1b = 1f - 1a die Bilder, welche entstehen, wenn der leuchtende Punkt vom Unendlichen immer näher an den Spiegel rückt, und kontrollieren die Richtigkeit durch einfache Versuche mittels eines Hohlspiegels, einer Flamme und eines beweglichen Papierschirmes.

Liegt der Punkt im Unendlichen, so ist a = ∞, 1a = 0, also 1b = 1f, also b = f; das Bild liegt im Brennpunkte. Rückt L vom Unendlichen gegen den Spiegel (Fig. 251), so wird a kleiner, 1a größer, demnach 1b kleiner, also b größer; das Bild rückt vom Brennpunkte aus vom Spiegel weg, anfangs sehr langsam, später rascher. Rückt L bis in den Mittelpunkt O, so ist a = 2 f, also b = 2 f, d. h. auch das Bild ist im Mittelpunkt angekommen und ist so groß wie der Gegenstand. **Während der leuchtende Punkt vom Unendlichen bis zum Mittelpunkt rückt, rückt das Bild vom Brennpunkte bis zum Mittelpunkte; die Bilder sind dabei verkehrt, reell, verkleinert, aber wachsend.**

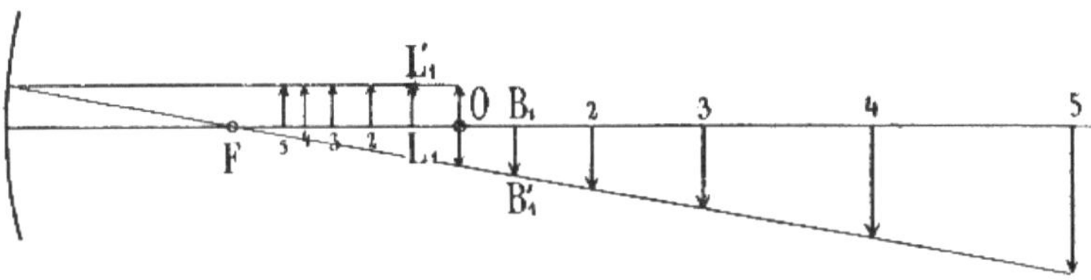

Fig. 252.

Rückt L noch näher an den Spiegel (Fig. 252), so wird a noch kleiner, 1a größer, somit 1b kleiner, also b größer, d. h. das Bild rückt noch weiter vom Spiegel. Kommt der leuchtende Punkt in den Brennpunkt, so ist a = f, also 1b = 0 und b = ∞, d. h. das Bild liegt im Unendlichen; die reflektierten Strahlen laufen parallel. **Während der leuchtende Punkt vom Mittelpunkte bis zum Brennpunkte rückt, rückt das Bild vom Mittelpunkte ins Unendliche; die Bilder sind verkehrt, reell, vergrößert und wachsend.** Der Brennpunkt selbst bekommt dadurch noch eine weitere Bedeutung: **die vom Brennpunkt ausgehenden Strahlen sind nach der Reflexion parallel der Achse**.

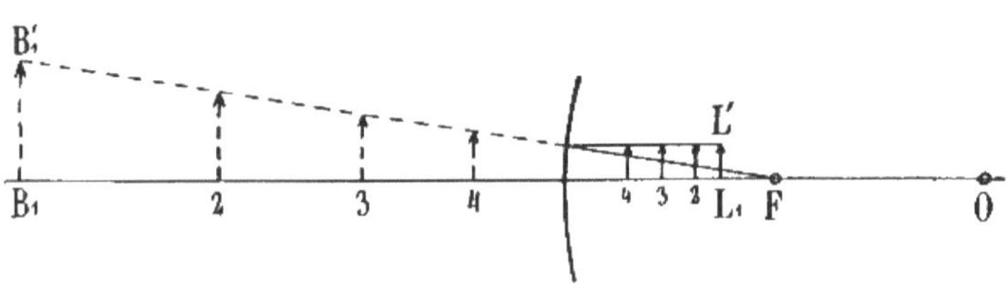

Fig. 253.

Rückt L noch näher an den Spiegel (Fig. 253), so wird a < f, also 1a > 1f, somit b negativ; das bedeutet, das Bild liegt hinter dem Spiegel (wie beim Planspiegel), ist demnach virtuell, d. h. die Lichtstrahlen laufen nach der Reflexion so, als wenn sie von einem hinter dem Spiegel liegenden Punkte herkämen. Die Bilder können nicht auf dem Schirme aufgefangen werden. So lange a noch nahezu = f ist, ist b sehr groß, die Bilder liegen sehr weit hinter dem Spiegel und sind deshalb stark vergrößert. Rückt der leuchtende Punkt ganz an den Spiegel, ist also a = 0, also 1a = ∞, so ist 1b = - ∞, also b = 0, d. h. auch das Bild liegt am Spiegel. **Während der leuchtende Punkt vom Brennpunkte an den Spiegel rückt, liegt das Bild hinter dem Spiegel und rückt vom Unendlichen auch bis zum Spiegel: die Bilder sind dabei virtuell, aufrecht und vergrößert, aber abnehmend.**

198. Konstruktion der Bilder beim Hohlspiegel.

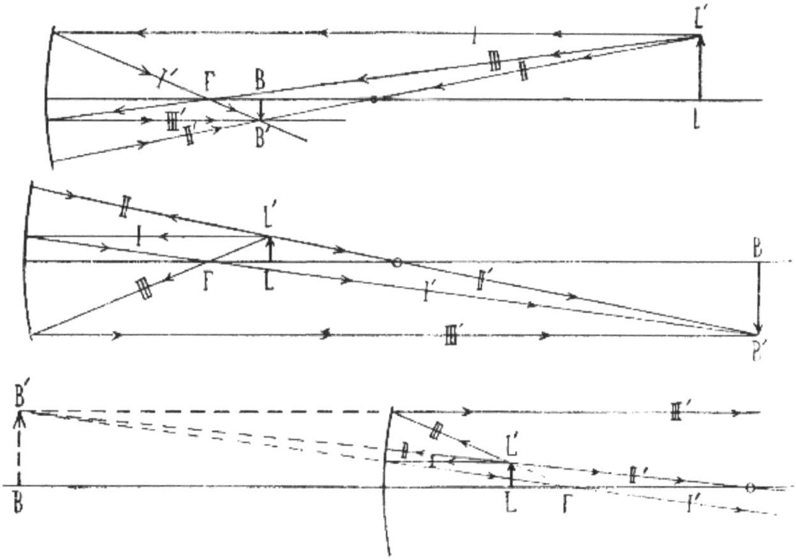

Fig. 254.

Man kann Ort, Art und Größe dieser Bilder auch durch eine geometrische Konstruktion finden durch Benützung der beiden Sätze: **I. Ein parallel der Achse ausfallender Strahl geht nach der Reflexion durch den Brennpunkt, II. ein durch den Krümmungsmittelpunkt gehender Strahl geht auf demselben Wege zurück**, da er den Spiegel senkrecht trifft. Man kann noch den dritten dazu nehmen: **ein durch den Brennpunkt gehender Strahl wird nach der Reflexion parallel der Achse**. Man wählt zu dem gegebenen leuchtenden Punkte L einen senkrecht zur Achse etwas seitwärts gelegenen Punkt L', zieht die zwei eben angegebenen Strahlen und ihre reflektierten, so ist der Schnittpunkt B' dieser reflektierten Strahlen das Bild von L'; zieht man noch B'B senkrecht zur Achse, so ist BB' das Bild von LL'. Auf solche Weise sind die Konstruktionen in Fig. 254 ausgeführt unter Benützung aller drei Sätze. Jedoch ist zu beachten, daß man nur Zentralstrahlen benützen darf, wenn man eine einigermaßen brauchbare Konstruktion bekommen will, daß aber gerade bei Benützung von Zentralstrahlen der Schnittpunkt der reflektierten Strahlen sehr unsicher wird. Die Ausführung solcher Konstruktionen ist deshalb zwar gut, wenn man sich den Gang der Lichtstrahlen klar machen will; aber für praktische Zwecke zieht man die leichte Berechnung mittels der Bildgleichung vor.

Man kann auch leicht eine geometrische Konstruktion angeben, so daß b dem aus der Bildgleichung entspringenden Wert a fa - f entspricht. Z. B. Auf den Schenkeln eines beliebigen Winkels XOY trage man von O aus OF = OF' = f, vervollständige damit den Rhombus OFMF' und zieht durch M eine beliebige Gerade, welche OX in A, OY in B schneidet, so ist, wenn OA = a, OB = b. Beweis?

Aufgaben:

117. Vor einem Hohlspiegel von 80 *cm* Brennweite befindet sich in 12 *m* Entfernung ein Gegenstand von 1,4 *m* Höhe. Wo liegt das Bild und wie groß ist es?

118. Vor einem Hohlspiegel von 2 *m* Krümmungsradius befindet sich in 40 *cm* Abstand ein Gegenstand. Wo liegt das Bild?

118a. Wie groß ist der Krümmungsradius eines Hohlspiegels, welcher von einem 160 *cm* entfernten Punkt ein Bild in 40 *cm* Entfernung entwirft?

199. Anwendung des Hohlspiegels; Brennspiegel.

Der Hohlspiegel wird als Brennspiegel verwendet. Die Sonne hat einen Durchmesser von 185 640 geogr. M. und eine Entfernung von 19 936 000 geogr. M.; das Bild der Sonne, das der Hohlspiegel erzeugt, liegt im Brennpunkte; ist die Brennweite etwa 100 *cm*, so ist der Durchmesser des Sonnenbildes = x zu berechnen aus 19 936 000 : 185 640 = 100 : x; x = 0,93 *cm*. Alle auf den Spiegel fallenden Sonnenstrahlen werden demnach auf eine Kreisfläche von 0,93 *cm* Durchmesser vereinigt. Hat der runde Hohlspiegel etwa einen Durchmesser von 50 *cm*, so ist seine Fläche $50^2 \cdot 3{,}144$ *qcm*, die Fläche des Bildes ist $0{,}93^2 \cdot 3{,}144$ *qcm*, also $50^2 0{,}93^2$ mal kleiner; die Brennfläche erhält also ca. 2900 mal so viel Licht und Wärme wie eine direkt von der Sonne beschienene gleichgroße Fläche. Davon geht etwa die Hälfte bei der Reflexion verloren; doch bleibt genug übrig, um eine intensive Erhitzung zu erzielen. Mit solchen Hohlspiegeln kann man Platin schmelzen, sogar verdampfen.

Man verwendet die durch große Brennspiegel gesammelte Sonnenwärme auch zum Heizen eines kleinen Dampfkessels. Dabei ist der Hohlspiegel drehbar aufgestellt, um dem Gang der Sonne folgen zu können. Tschirnhaus machte 1687 zuerst einen großen Brennspiegel aus Kupfer mit drei Leipziger Ellen Durchmesser, zwei Ellen Brennweite und erzielte mächtige Wirkung. Als die Akademie von Florenz vor dem Brennspiegel große Eismassen aufstellte und in den Brennpunkt ein Thermometer brachte, sank dieses; warum?

200. Beleuchtungsspiegel.

Der Arzt verwendet den Hohlspiegel, um das Innere des Auges oder des Ohres oder den hintern Teil der Rachenhöhle oder den Kehlkopf stark zu beleuchten und so auf Krankheit untersuchen zu können, indem er durch ein kleines in der Mitte des Spiegels angebrachtes Loch blickt; ein solcher Spiegel heißt dann je nach seinem Zwecke Augenspiegel u. s. w. (Helmholtz, 1851.)

Beleuchtung fern liegender Gegenstände. Stellt man eine stark leuchtende Lampe in den Brennpunkt des Hohlspiegels, so wird alles auf den Hohlspiegel fallende Licht (das nicht absorbiert wird) in einer zur Achse parallelen Richtung reflektiert, kann demnach einen fern liegenden Gegenstand gut beleuchten. Das vom Hohlspiegel reflektierte Licht ist jedoch nicht vollkommen parallel, sondern divergiert etwas; denn 1) ist es nicht möglich, die Lampe genau in den Brennpunkt zu stellen; 2) die Flamme ist nicht nur ein leuchtender Punkt, sondern ein leuchtender Fleck; die von den verschiedenen Punkten derselben ausgehenden Lichtstrahlen werden demnach auch nach verschiedenen Richtungen reflektiert; 3) um möglichst viel Licht mit einem solchen Reflektor aufzufangen und fortzuschicken, macht man den Hohlspiegel möglichst groß; aber die nahe am Rande ausfallenden Strahlen werden dann nicht mehr in derselben (zur Achse parallelen) Richtung reflektiert wie die Zentralstrahlen. Das vom Hohlspiegel reflektierte Licht beleuchtet demnach nicht bloß eine dem Hohlspiegel gleich große, sondern eine verhältnismäßig viel größere Fläche, etwa ein ganzes Haus.

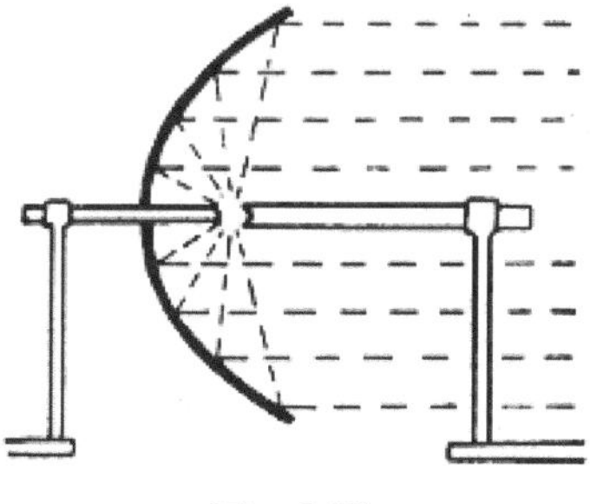

Fig. 255.

Man wendet deshalb sphärische Hohlspiegel von mehr als etwa 60° Weite nicht an; will man noch mehr Licht auffangen, so benützt man **parabolische Hohlspiegel** (Fig. 255). Solche sind gekrümmt wie das Rotationsparaboloid; das ist die Fläche, welche entsteht, wenn man eine Parabel um ihre Achse dreht. Die Parabel hat die Eigenschaft, daß alle vom Brennpunkte ausgehenden Lichtstrahlen parallel der Achse reflektiert werden. Ist das Licht eine Flamme, deren Punkte nicht alle im Brennpunkte stehen können, so divergiert das reflektierte Licht auch beträchtlich. Benützt man aber elektrisches Licht, indem man die positive Kohle mit ihrem „Krater" dem Spiegel zukehrt, so hat ja das elektrische Licht nur geringe Ausdehnung (einige *mm*), deshalb divergiert das reflektierte Licht nur wenig, und sehr weit entfernte Gegenstände können noch sehr gut beleuchtet werden. So wendet man das elektrische Licht auf Leuchttürmen, im Kriege u. s. w. an.

Die Stirnlampen der Lokomotiven sind meist aus sehr vielen kleinen Planspiegeln zusammengesetzt, die so auf einer gekrümmten Fläche festgekittet sind, daß sie möglichst gut mit einer Parabelfläche übereinstimmen. Der Beleuchtungszweck wird dadurch recht gut erreicht.

Hohlspiegel von geringer Krümmung benützt man als Toilette-, Rasierspiegel u. s. w., indem man sich so nahe vor den Spiegel stellt, daß man sich zwischen Brennpunkt und Spiegel befindet und nun, ähnlich wie beim Planspiegel sein eigenes, virtuelles, aufrechtes, aber nun vergrößertes Bild betrachtet.

201. Konvexe Spiegel.

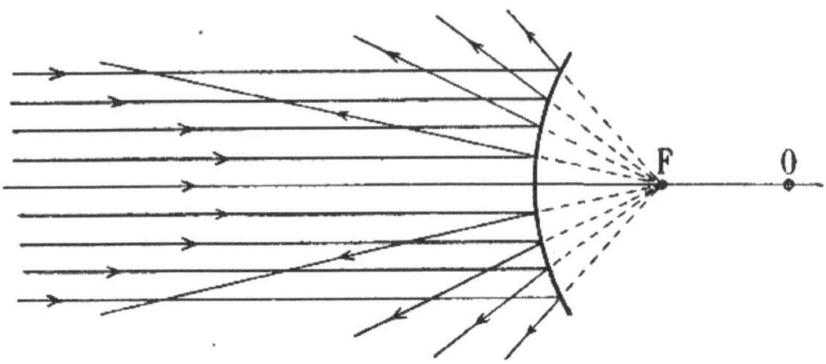

Fig. 256.

Beim konvexen Spiegel spiegelt die äußere Fläche einer sphärischen Fläche. Da die Anwendung sehr unbedeutend ist, so genügen folgende Andeutungen. Der Brennpunkt liegt in der Brennweite $f = \frac{1}{2}$ r, liegt aber hinter dem Spiegel und ist virtuell; d. h. nach der Reflexion gehen die Strahlen so auseinander, als wenn sie von dem hinter dem Spiegel liegenden Punkte F herkämen. In der mathematischen Ableitung setze man den Krümmungsradius, der diesmal die entgegengesetzte Richtung hat wie beim konkaven Spiegel, = - r, so wird auch f negativ.

Man findet dieselbe Bildgleichung 1f = 1a + 1b, wobei aber f negativ zu nehmen ist; tun wir dies, so ist 1b = - 1f - 1a, also b stets negativ und dem absoluten Betrag nach kleiner als f; **wenn der leuchtende Punkt vom Unendlichen bis an den Spiegel rückt, so befindet sich das Bild stets hinter dem Spiegel und rückt vom Brennpunkte gegen den Spiegel; die Bilder sind virtuell, aufrecht und verkleinert**, können also von einem vor dem Spiegel befindlichen Auge als solche wahrgenommen werden.

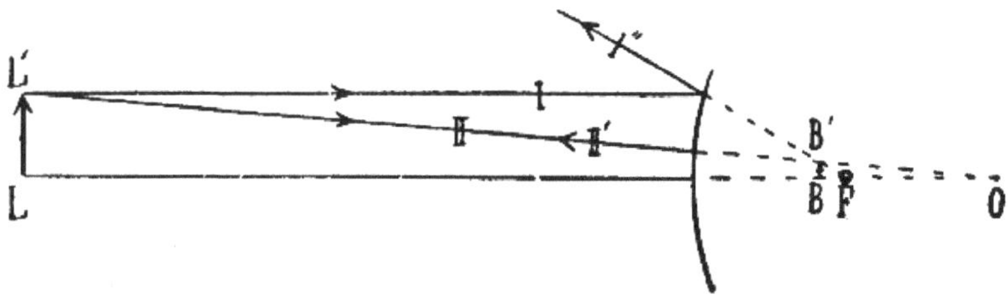

Fig. 257.

Auf dieselbe Weise wie früher können die Bilder auch konstruiert werden. (Fig. 257.) Man benützt konvexe Spiegel als kleine Toilettenspiegel, da man in ihnen trotz ihres kleinen Umfangs doch das ganze Gesicht, wenn auch verkleinert, auf einmal sehen kann. Spiegelnde Glaskugeln in Gärten, an Aussichtspunkten.

Aufgabe:

119. Vor einem Konvexspiegel von 20 *cm* Radius befindet sich ein 5 *cm* hoher Gegenstand in 50 *cm* Entfernung. Wo liegt das Bild, wie groß ist es, und wie groß erscheint es vom Gegenstand aus betrachtet?

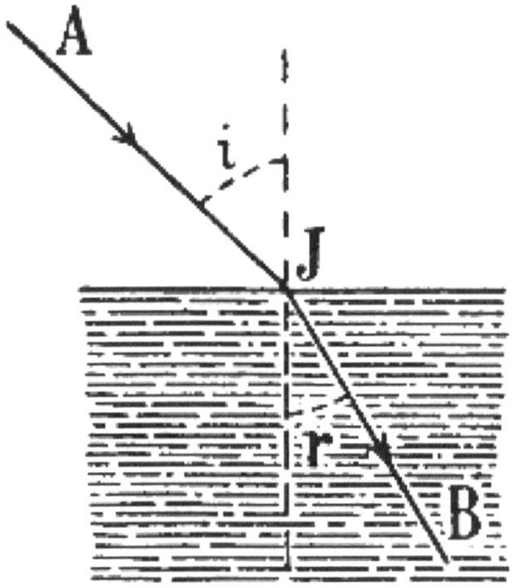

Fig. 258.

202. Brechung des Lichtes. Brechungsgesetze.

Wenn das Licht auf die Grenzfläche zweier Stoffe, Medien, trifft, so wird ein Teil desselben reflektiert, der andere Teil dringt in das zweite Medium ein. Ist dasselbe durchsichtig, so geht er im zweiten Medium weiter. Dabei verändert er beim Übergange in das zweite Medium seine Richtung, d. h. er wird gebrochen, erfährt eine Brechung, Refraktion.

Brechungsgesetze: 1) Der einfallende, der gebrochene Strahl und das Einfallslot liegen in einer Ebene, Brechungsebene, die auf der Grenzfläche, der brechenden Fläche, senkrecht steht.

2) Das Verhältnis des sinus des Einfallswinkels zum sinus des Brechungswinkels ist für jedes Paar Medien eine Konstante und wird der Brechungskoeffizient oder Brechungsexponent genannt (Snell 1620, Descartes 1649).

Beispiel: Geht Licht von Luft in Wasser, so ist der Brechungsexponent 1,33; d. h. zu jedem Einfallswinkel i gehört ein Brechungswinkel r, so daß sin i : sin r = 1,33. Bei Öl gehört zu jedem Einfallswinkel ein anderer, etwas kleinerer Brechungswinkel, so daß sin i : sin r = 1,47.

Jede Substanz hat einen besonderen Brechungskoeffizienten. Ist er groß so sagt man, die Substanz bricht das Licht stark; ist er klein, d. h. nahe an 1, so bricht sie schwach.

Brechungskoeffizienten.

Diamant	2,47-2,75

Phosphor	2,22
Schwefel (kryst.)	2,11
Rubin	1,78
Topas	1,61
Quarz	1,54
Steinsalz	1,54
Flußspat	1,43
Kronglas	1,53
Flintglas	1,70
Schwefelkohlenstoff	1,63
Kanadabalsam	1,53
Olivenöl	1,47
Schwefelsäure	1,43
Alkohol	1,37
Äthyläther	1,36
Wasser	1,33
Luft	1,00029
Sauerstoff	1,00027
Stickstoff	1,00030
Wasserstoff	1,00014
Chlor	1,00077
Schwefelkohlenstoffdampf	1,0015

Geht das Licht umgekehrt aus Wasser in Luft, so wird es so gebrochen, daß es ausschaut, als wäre es auf demselben Wege zurückgegangen. **Das Licht legt vorwärts und rückwärts denselben Weg zurück.** Wenn also das Licht (Fig. 258) den Weg AJB von Luft in Wasser macht, so macht es den Weg BJA von Wasser in Luft. Der Brechungskoeffizient von Wasser in Luft ist also sin r : sin i = 1n. Ist (wie beim Eintritt aus Luft in Wasser) der Brechungswinkel kleiner als der Einfallswinkel, so sagt man: das zweite Medium ist **optisch dichter** als das erste, das Licht wird **zum** Einfallslot gebrochen und der Brechungskoeffizient ist **größer als eins**. Ist (wie beim Austritt von Wasser in Luft) der Brechungswinkel größer als der Einfallswinkel, so sagt man, das zweite Medium ist **optisch dünner** als das erste oder das Licht wird **vom** Einfallslot gebrochen und der Brechungskoeffizient ist **kleiner als eins**.

Kennt man den Brechungskoeffizienten, so kann man den gebrochenen Strahl durch **Konstruktion** finden auf folgende Arten:

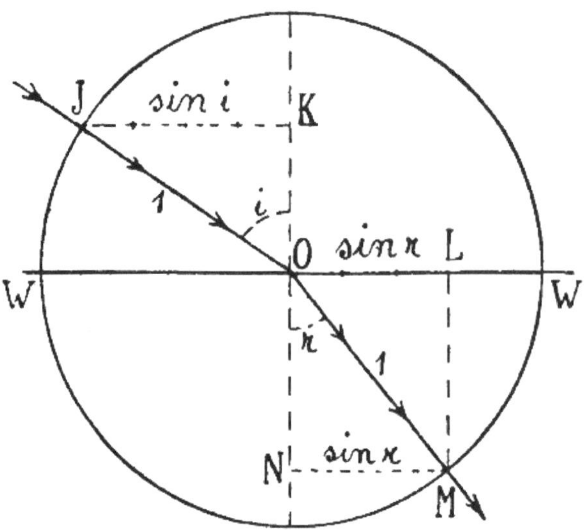

Fig. 259.

1. Art: Es sei WW in Grenzfläche zwischen Luft und Wasser, der Brechungskoeffizient also = 1,33 = 4/3 (ca). Ist nun (Fig. 259) OK das Einfallslot und OJ ein beliebiger einfallender Lichtstrahl, so beschreibt man um O einen Kreis mit beliebigem Radius, den man mit 1 bezeichnet. Zieht man JK ⊥ OK, so ist JK = sin i. Da nun sin r = 3/4 · sin i sein muß, so teilt man JK in 4 Teile, nimmt 3 davon, und trägt sie in OL auf, zieht LM ∥ ON bis zum Kreis, so ist OM der gebrochene Strahl; denn zieht man noch MN, so ist MN = sin r = 3/4 sin i.

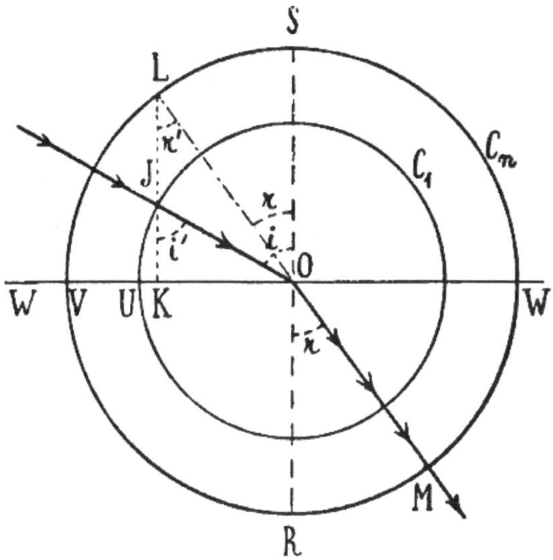

Fig. 260.

2. Art: Es sei WW die Grenzfläche der Medien (Fig. 260), RS das Einfallslot, so beschreibe man um O zwei Kreise C_1 und C_n mit den Radien OU = 1, OV = n. Ist JO ein Lichtstrahl, J sein Schnittpunkt mit dem Kreis C_1, so ziehe JK ⊥ WW, verlängere es bis zum Schnittpunkt L mit C_n, und ziehe LO, so ist das die Richtung des gebrochenen Strahles, also dessen Verlängerung OM der gebrochene Strahl. Es ist zu beweisen, daß $\sin i : \sin r = n$; aber $i = i'$, $r = r'$ und $\sin i' = KOJO$, $\sin r' = KOLO$, demnach $\sin i' : \sin r' = LOJO$, oder $\sin i : \sin r = n$.

Aufgaben:

120. Ein Lichtstrahl fällt unter i = 56° auf Wasser (Olivenöl); unter welchem Winkel wird er gebrochen?

121. Wenn Licht unter 32° die Wasserfläche von unten trifft, unter welchem Winkel tritt es in Luft aus?

121a. Suche zu mehreren einfallenden Strahlen durch Konstruktion die gebrochenen Strahlen in Glas, Rubin und Diamant.

121b. Suche umgekehrt den Gang der Lichtstrahlen von Wasser oder Glas in Luft.

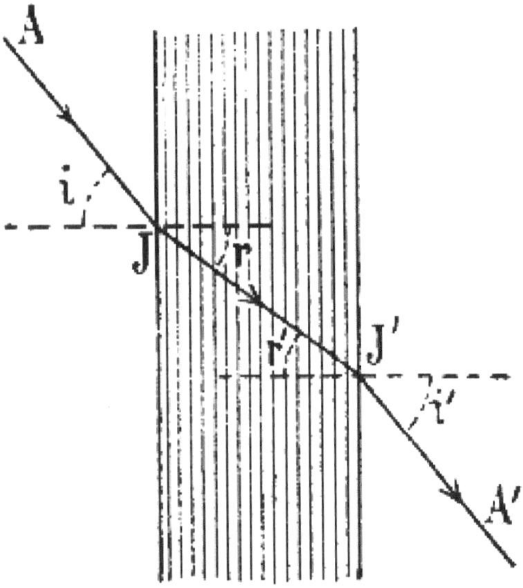

Fig. 261.

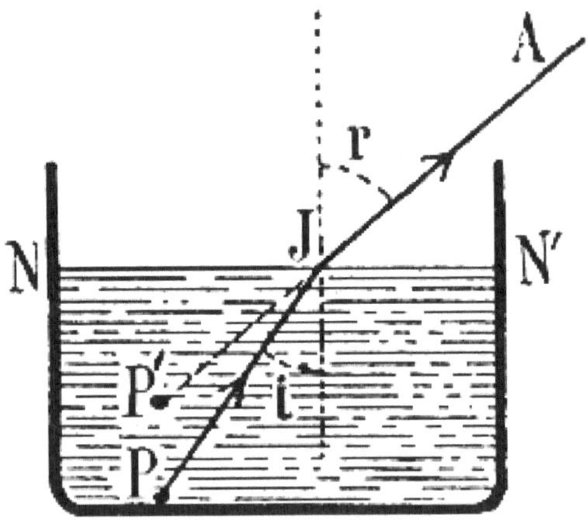

Fig. 262.

203. Gang des Lichtes durch Platten.

Geht Licht durch eine von zwei parallelen, ebenen Flächen begrenzte Substanz (Fensterscheibe) **und befindet sich vor und hinter der Substanz derselbe Stoff** (Luft), **so hat der austretende Lichtstrahl dieselbe Richtung wie der eintretende, nur ist er ein wenig verschoben.** Geht der Strahl AJ (Fig. 261) aus Luft in Glas, so ist sin isin r = n. Bei J' tritt er aus Glas in Luft, wird also vom Einfallslot gebrochen, so daß sin r'sin i' = 1n = sin rsin i; da aber r' = r als Wechselwinkel, so ist auch i' = i, also J'A' ‖ AJ. Die kleine Verschiebung, welche der Strahl dabei erfährt, ist bei

Fensterscheiben wegen ihrer geringen Dicke ganz unbedeutend, bei dicken Glasplatten kann sie leicht wahrgenommen werden.

Ein in Wasser liegender Gegenstand scheint uns höher zu liegen, als er in Wirklichkeit liegt. Das in A befindliche Auge (Fig. 262) sieht den Punkt P nicht in der Richtung AP, sondern der Strahl PJ wird, wenn er von Wasser in Luft geht, vom Einfallslot gebrochen und kommt ins Auge in der Richtung JA; das Auge glaubt daher, der Punkt P befinde sich in der Verlängerung von JA, etwa in P'.

Ähnlich erklärt sich folgendes (Fig. 262): Man nimmt ein leeres Gefäß (Schüssel etc.) und hält das Auge so, daß es, über den Rand wegblickend, eine auf dem Boden liegende Münze P nicht sehen kann. Man gießt Wasser in das Gefäß, so wird man bei derselben Stellung des Auges die Münze sehen können, wenn man das Gefäß etwa bis NN' gefüllt hat. Wenn wir in einen klaren Bach oder See vom Ufer aus hineinsehen, so halten wir ihn für weniger tief als er in Wirklichkeit ist. Eine schräg ins Wasser gestellte Stange erscheint gebrochen; man trifft einen Fisch nicht, wenn man in der Richtung auf ihn schießt, in der man ihn sieht; man muß etwas tiefer zielen.

Liegen mehrere Substanzen hinter einander, durch parallele, ebene Flächen begrenzt, und ist die letzte Substanz dieselbe wie die erste, so hat das Licht in der letzten Substanz wieder dieselbe Richtung wie in der ersten (Fig. 263). Geht Licht von Luft in Wasser, dann in Glas, dann wieder in Luft, so hat es wieder dieselbe Richtung, AJ || MA'. Bezeichne ich den Brechungsexponent von Luft in Wasser mit nLW, und ähnlich die anderen, so ist sin i sin r = nL W' sin r sin r' = nW G' sin r' sin i = nG L', also durch Multiplikation: nL W · nW G · nG L = 1; oder da nG L = 1 : nL G, so ist nL W · nW G = nL G.

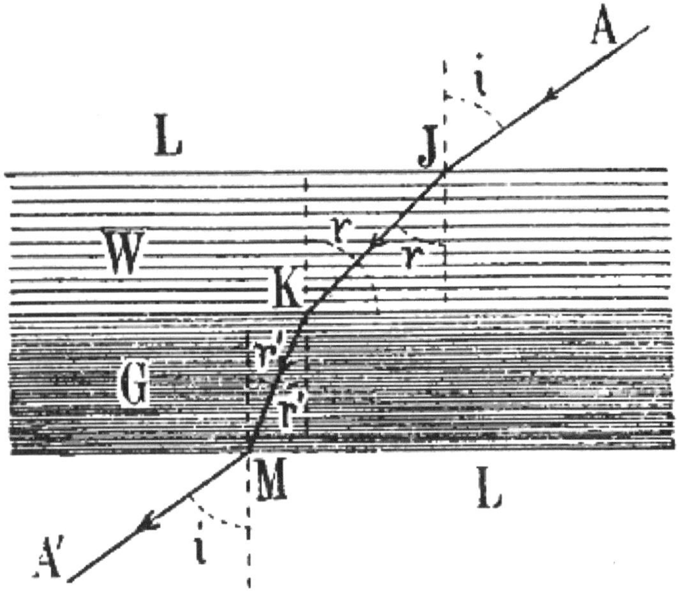

Fig. 263.

Aus diesem Satze folgt: Geht Licht aus einem Medium I (Luft) durch mehrere, parallel begrenzte Medien in ein Medium II, so hat es in Medium II dieselbe Richtung, wie wenn es direkt vom Medium I in das Medium II gegangen wäre; z. B. der aus Luft durch Wasser in Glas gegangene Strahl KM hat dieselbe Richtung, wie wenn er direkt aus der Luft in Glas gegangen wäre.

204. Atmosphärische Strahlenbrechung.

Das Licht der Himmelskörper geht aus dem leerem Weltraum (aus dem Äther) in die atmosphärische Luft und wird dabei gebrochen. Die Luft ist nach oben zu immer dünner; zerlegen wir sie in horizontale Schichten, so wird der Lichtstrahl von Schichte zu Schichte je ein klein wenig abgelenkt; beschreibt also eine krummlinige Bahn; die Richtung, die er schließlich hat, ist dieselbe, wie wenn er direkt aus dem Äther in die unterste Schichte der Luft übergetreten wäre.

Diese **atmosphärische Strahlenbrechung** bewirkt, daß wir die Gestirne höher sehen, als sie in Wirklichkeit stehen, besonders wenn sie noch nahe am Horizonte stehen; da hiebei auch noch die Kugelgestalt der Erde mitwirkt, so kommt es, daß wir Sonne und Mond schon sehen, wenn sie noch unter dem mathematischen Horizont liegen, oder daß wir sie noch sehen, wenn sie schon untergegangen sind. In besonders günstigen Fällen ist es sogar möglich, bei einer totalen Mondsfinsternis den verfinsterten, eben aufgehenden Mond und die eben untergehende Sonne zugleich zu sehen

(Galileische Mondsfinsternis). Der Mond ist deshalb auch bei totaler Verfinsterung nicht ganz finster, da etwas Sonnenlicht durch die Erdatmosphäre aus seiner Bahn abgelenkt wird, ihn trifft, und ihm oft ein blutrotes Ansehen gibt.

Unter **absolutem Brechungskoeffizient** eines Mediums versteht man den Brechungskoeffizient vom leeren Raum (Äther) in das Medium. Man mißt aber gewöhnlich den Brechungskoeffizient von Luft in das Medium; beide hängen durch die Gleichung zusammen:

$$n_{\text{Äther Stoff}} = n_{\text{Äther Luft}} \cdot n_{\text{Luft Stoff}}.$$

Aufgaben:

a) Berechne den Brechungsexponent von Wasser in Glas und von Olivenöl in Alkohol.

b) Welche Verschiebung erfährt ein Lichtstrahl, welcher eine 1 *cm* dicke Glasscheibe unter einem Einfallswinkel von 70° durchdringt?

205. Grenzwinkel. Totale Reflexion.

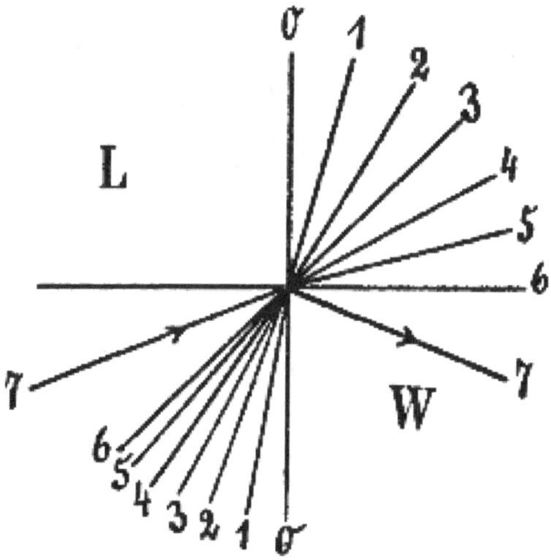

Fig. 264.

Geht Licht vom dünneren ins dichtere Medium, so wird es zum Einfallslot gebrochen. Zum Einfallswinkel von 90° gehört ein Brechungswinkel r, bestimmt aus $\sin 90 \sin r = n$, also $\sin r = 1n$; dies ist der größte Winkel, unter dem das Licht in das zweite Medium gelangt, er wird deshalb Grenzwinkel genannt. Dringt Licht von allen Seiten her durch eine kleine Öffnung in das zweite Medium, so wird es in einen Lichtkegel vereinigt, dessen Kante mit der Achse den Grenzwinkel bildet (Strahl 6 in Fig. 264); jenseits dieses Winkels dringt kein Licht in das zweite Medium.

Geht Licht vom dichteren ins dünnere Medium, so wird es vom Einfallslote gebrochen. Da der Brechungswinkel höchstens 90° sein kann, und hiezu ein Einfallswinkel i gehört, so daß sin i sin 90 = 1n, also sin i = 1 n, so folgt, daß alles Licht, das unter einem noch größeren Einfallswinkel auffällt, nicht in das dünnere Medium gelangt. Auch dieser Winkel wird Grenzwinkel genannt und ist derselbe wie der vorher so benannte. Der Grenzwinkel beträgt im Diamant (gegen Luft) 23°, Quarz 40° 29', Flintglas 36°, Kronglas 40° 49', Wasser 48° 45', und in Luft (gegen den luftleeren Raum) 88° 24'. Alles jenseits des Grenzwinkels auffallende Licht wird reflektiert nach den gewöhnlichen Reflexionsgesetzen (Strahl 7 in Fig. 264). Man nennt dies innere Reflexion oder **totale Reflexion**, da das ganze Licht reflektiert wird. (Welche Konstruktion im Sinne der Fig. 260 ergibt den Grenzwinkel.)

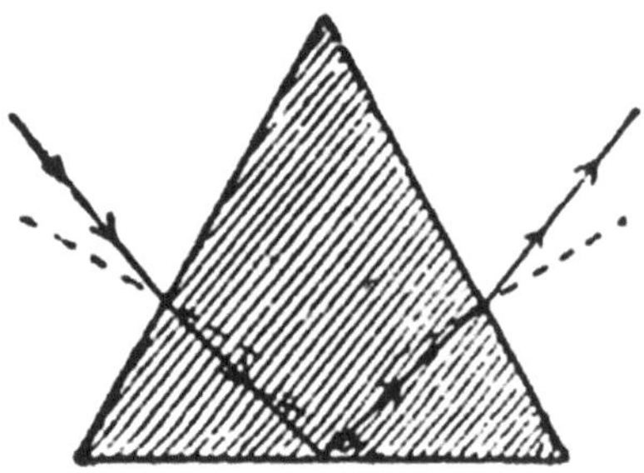

Fig. 265.

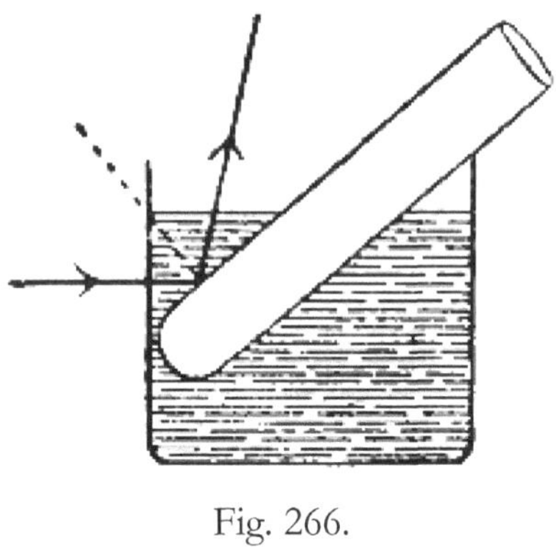

Fig. 266.

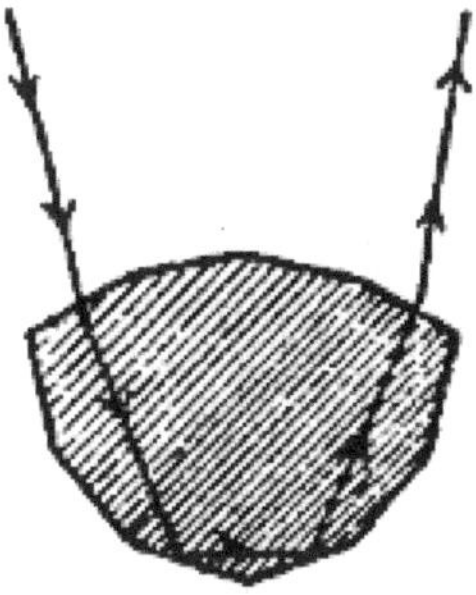

Fig. 267.

Totale Reflexion an einem dreiseitigen Glasprisma (Fig. 265). Das Licht tritt bei der ersten Prismenfläche ein, wird etwas gebrochen, trifft so die untere Fläche, und wird, da es jenseits des Grenzwinkels auffällt, total reflektiert, trifft dann die dritte Prismenfläche, wird etwas gebrochen und kommt so ins Auge. Das Auge sieht daher die jenseits des Prismas liegenden Gegenstände in der unteren Prismenfläche gespiegelt, und zwar sehr lichtstark, da alles Licht reflektiert wird. Hält man ein leeres Reagenzglas schräg ins Wasser (Fig. 266) und blickt von oben darauf, so werden die von der Seite (vom Fenster) her einfallenden Lichtstrahlen total reflektiert. Deshalb spiegeln und glänzen auch Luftbläschen im Wasser so stark.

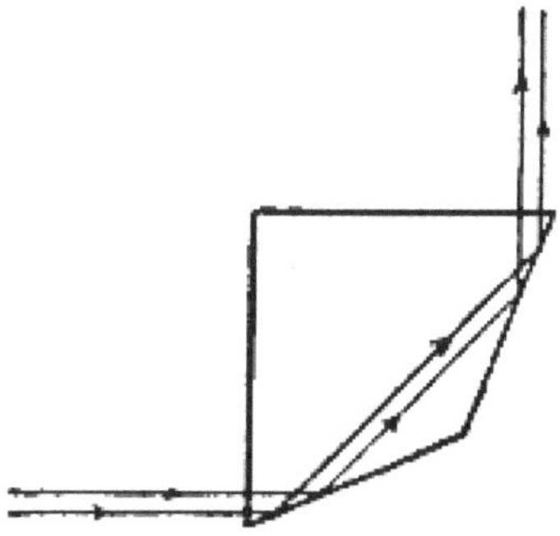

Fig. 268.

Diamant hat einen sehr großen Brechungsexponenten; deshalb ist der Grenzwinkel sehr klein. Diamanten werden geschliffen, so daß sie die Form zweier mit den Grundflächen auf einander sitzenden Pyramiden haben (Fig. 267), die obere ist stumpfer, die untere spitzer. Fast alles oben einfallende Licht trifft die unteren Flächen so, daß es jenseits des Grenzwinkels auffällt, also total reflektiert und bei den oberen Flächen wieder in die Luft zurückgeworfen wird; darauf beruht das Blitzen, Funkeln, Brillieren des Diamanten; schleift man Glas, Bergkrystall u. s. w. ebenso, so funkeln sie weniger, weil der Grenzwinkel größer ist, also viele Strahlen unten nicht zurückgeworfen, sondern durchgelassen werden, also verloren gehen.

Bei der camera lucida (Wollaston) dringt das Licht (Fig. 268) bei einer Prismenfläche ein, wird an den zwei folgenden Flächen total reflektiert und tritt bei der 4. Fläche aus. Ein dort befindliches Auge sieht den Gegenstand gespiegelt, und, an der Kante des Prismas vorbeischauend, zugleich den Zeichenstift, der nun den Gegenstand nachzeichnet (Zeichenprisma).

Aufgaben:

122. Kann Licht, das von außen her in das Innere eines kugelförmigen Wassertropfens eingedrungen ist, im Innern des Tropfens total reflektiert werden?

122a. Auf ein Glasprisma, dessen Querschnitt ein rechtwinklig gleichschenkliges Dreieck ist, fällt ein Lichtstrahl parallel der Hypotenuse; verfolge durch Konstruktion seinen Gang durch das Prisma.

122b. Auf eine kugelförmige Luftblase in Wasser fällt paralleles Licht. Welcher Bereich der Kugelfläche reflektiert total?

206. Brechung durch ein Prisma.

Ist ein durchsichtiger Stoff von zwei gegen einander geneigten Flächen begrenzt, so nennt man ihn ein **optisches Prisma** (Fig. 269). Trifft der Lichtstrahl unter dem Winkel i die erste Fläche, so wird er unter dem Winkel r gebrochen, so daß sin i sin r = n; er trifft dann unter dem Winkel i' (= α - r) die zweite Fläche, wird dort nochmals gebrochen, so daß sin i' sin r' = 1n, hat also beim Austritte eine andere Richtung; der Lichtstrahl ist durch das Prisma abgelenkt worden. Der Winkel α heißt der brechende Winkel des Prismas. Man benützt Prismen zur Bestimmung des Brechungskoeffizienten nach folgenden zwei Methoden:

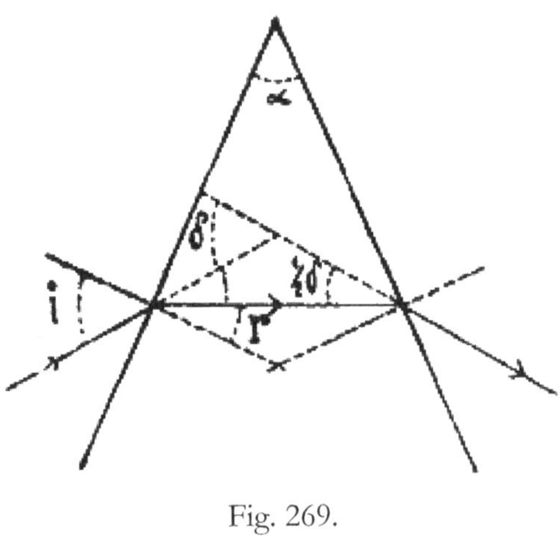

Fig. 269.

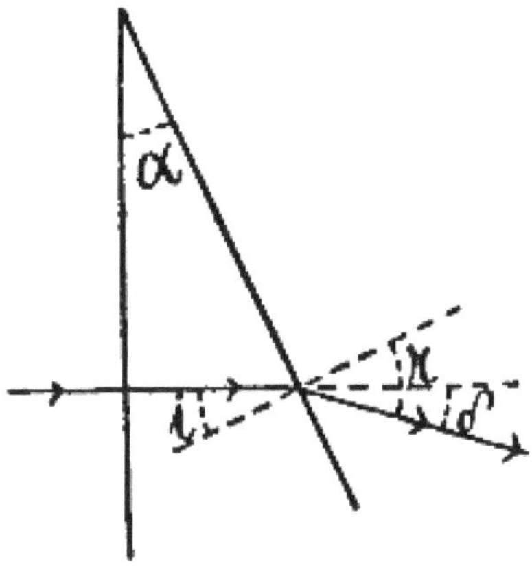

Fig. 270.

1) Methode der senkrechten Inzidenz (Fig. 270). Man läßt den Lichtstrahl senkrecht auf die erste Fläche fallen, so wird er nur von der zweiten gebrochen. Man mißt den brechenden Winkel α und die Ablenkung δ, so ist $i = \alpha$, $r = \alpha + \delta$, also $\sin i \sin r = 1n$, also $n = \sin (\alpha + \delta)\sin \alpha$.

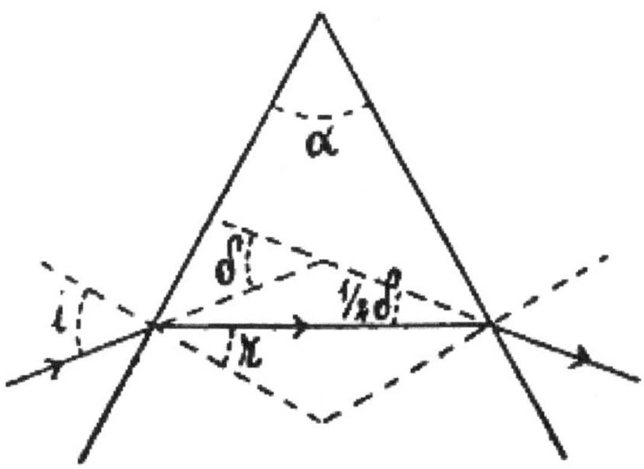

Fig. 271.

2) Methode durch das Minimum der Ablenkung (Fig. 271). Stellt man das Prisma so, daß der Lichtstrahl beim Ein- und Austritt gleiche Winkel mit den Prismenflächen macht, so findet man, daß er dann gerade am wenigsten abgelenkt ist; dreht man das Prisma ein wenig nach der einen oder anderen Seite, so wird der Lichtstrahl stärker abgelenkt. Stellt man das Prisma so, daß der Lichtstrahl das Minimum der Ablenkung zeigt, und mißt den brechenden

Winkel α des Prismas und die Ablenkung δ, so ist sin i sin r = n, aber i = $\alpha 2 + \delta\ 2$, r = $\alpha 2$, also n = sin ½ ($\alpha + \delta$)sin (½ α).

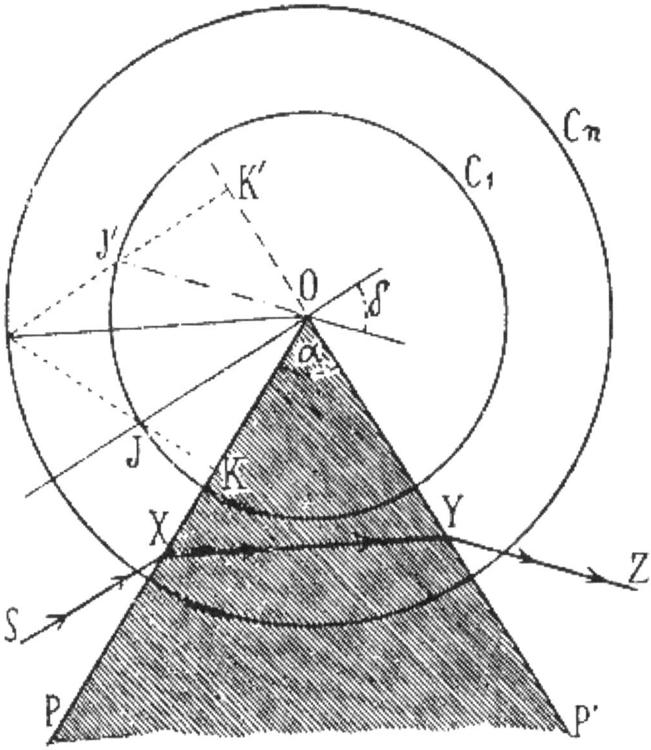

Fig. 272.

Konstruktion: Ist POP' der senkrechte Querschnitt des Prismas (Fig. 272) und ist SX ein einfallender Strahl, so wird er gebrochen, kommt nach Y und wird dort nach Z gebrochen. Der Gang dieser Lichtstrahlen kann mit Hilfe der früheren Konstruktion gefunden werden. Wir beschreiben um O die Kreise C_1 und C_n, ziehen JO ‖ SX, dann JK ⊥ OP, so ist LO die Richtung des gebrochenen Strahles XY.

Für die Brechung von Glas in Luft bei der Fläche OP' haben wir zu machen LK' ⊥ OP' finden dadurch J', also J'O als Richtung des gebrochenen Strahles; demnach YZ ‖ J'O. Der einfallende Strahl SX wird also durch die Brechung an den zwei Flächen des Prismas um den Winkel δ = JOJ' abgelenkt.

Aufgaben:

123. Auf ein Prisma mit dem brechenden Winkel $\alpha = 33°$ fällt ein Lichtstrahl unter $i = 53°$. Unter welchem Winkel verläßt er das Prisma und um welchen Winkel wird er im ganzen abgelenkt, wenn $n = 1{,}6$ ist? Wie stellt sich die Lösung für $i = 20°$ oder für $\alpha = 42°$? (Konstruktion und Berechnung.)

124. Auf ein Prisma vom brechenden Winkel $\alpha = 10°$ fällt in einer zur brechenden Kante senkrechten Ebene ein Lichtstrahl unter $i = 17°$, jedoch von der Seite her, auf welcher die brechende Kante liegt. Unter welchem Winkel verläßt er das Prisma, und wie groß ist die Ablenkung, wenn $n = 1{,}592$ ist? Wie stellt sich die Lösung für $i = 30°$ oder für $\alpha = 20°$?

125. Unter welchem Winkel müßte das Licht nach den Bedingungen der Aufgabe 124 einfallen, damit es die zweite Prismenfläche gerade im Grenzwinkel trifft?

126. Ein Glasprisma hat als Querschnitt ein gleichschenkliges Dreieck mit dem Winkel $\alpha = 120°$ an der Spitze. In der Ebene dieses Dreiecks fällt ein Lichtstrahl parallel der Basis auf die eine Seite. Welchen Weg macht der Lichtstrahl ($n = 1{,}5$)?

127. Wie stellt sich die Lösung von 126, wenn der Lichtstrahl die erste Seitenfläche unter einem Einfallswinkel von 50° trifft?

128. Ein Lichtstrahl trifft senkrecht auf die eine Fläche eines Prismas von $\alpha = 20°\ 37'$; unter welchem Winkel verläßt er die zweite Fläche?

Sphärische Linsen.

207. Brennpunkt der positiven Linsen.

Eine optische Linse ist ein durchsichtiger Stoff, der von zwei sphärisch gekrümmten Flächen begrenzt ist. Die Verbindungslinie der Mittelpunkte beider Krümmungen ist die Achse der Linse.

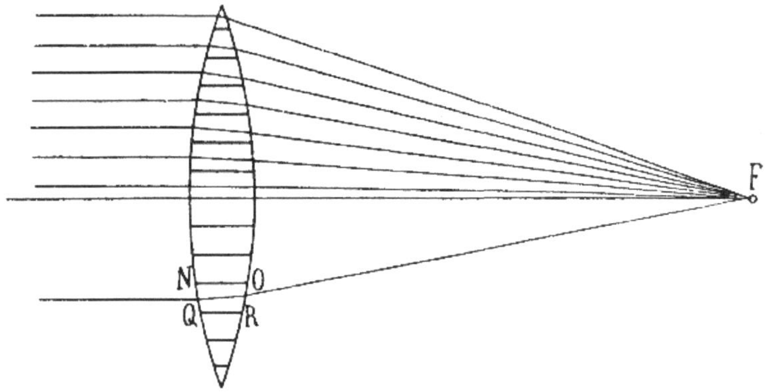

Fig. 273.

Wir betrachten einen Querschnitt der optischen Linse und lassen Lichtstrahlen auffallen parallel der Achse. Denken wir uns den Querschnitt selbst wieder in Stücke zerschnitten parallel der Achse (Fig. 273), so kann jedes Stück, etwa NORQ als ein Prismenabschnitt betrachtet werden; deshalb wird das Licht abgelenkt. Je weiter ein solches Prismenstück von der Achse entfernt ist, desto größer ist die Neigung der brechenden Flächen, desto größer ist die Ablenkung des Lichtes. Dies zeigt die Möglichkeit, daß die gebrochenen Strahlen sich alle wieder in einem Punkte der Achse vereinigen. Das Experiment zeigt, daß dies wirklich der Fall ist.

Fällt paralleles Licht, etwa Sonnenlicht auf eine Linse parallel der Achse, so gehen die Strahlen nach der Brechung alle durch einen Punkt der Achse.

Weil sich in diesem Punkte auch die Wärmestrahlen der Sonne sammeln, und dort eine große Hitze erzeugen, so wird er der **Brennpunkt**, Focus, genannt. Seine Entfernung von der Linse heißt **Brennweite**.

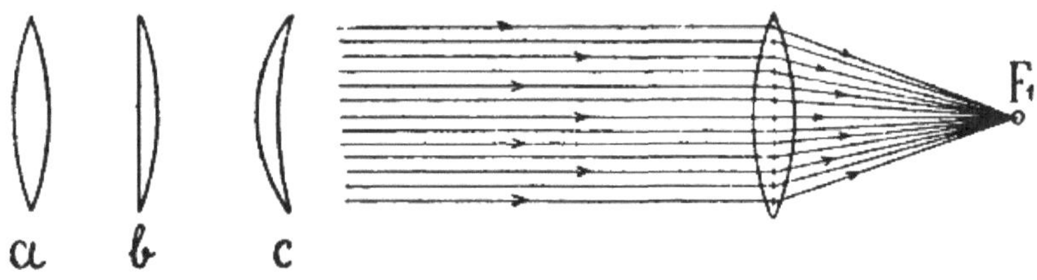

Fig. 274.

Die Linse ist **in der Mitte dicker** als am Rand, die gebrochenen Strahlen werden wirklich in einem Punkte F_1 vereinigt (Fig. 274), die Linse hat einen reellen Brennpunkt und wird auch **positive Linse** oder **Sammellinse** genannt. Sind beide Flächen nach außen konvex, so heißt sie bikonvex (a); ist eine Fläche eben, so heißt sie plankonvex (b); ist eine Fläche nach außen konkav, jedoch schwächer gekrümmt als die konvexe, so heißt sie konkavkonvex (c).

Läßt man das Licht von der anderen Seite auf die Linse fallen, so zeigt sie ebenso einen Brennpunkt in gleicher Brennweite.

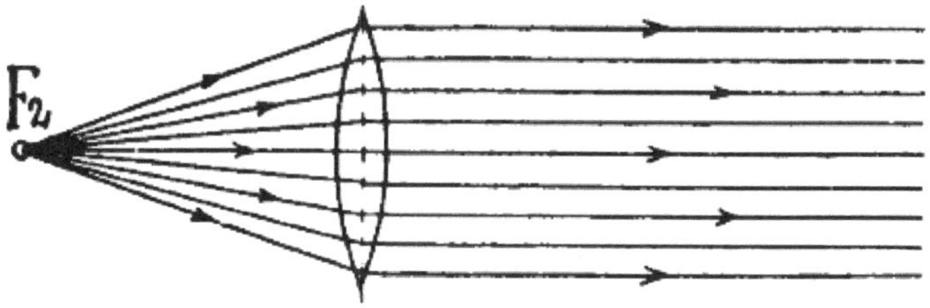

Fig. 275.

Da das Licht vorwärts und rückwärts denselben Weg zurücklegt, so ergibt sich: **das von einem Brennpunkt ausgehende Licht wird nach der Brechung der Achse parallel** (Fig. 275). Kommt das Licht nur von einer Seite, (links) so nennt man den hinter der Linse liegenden Brennpunkt den ersten Brennpunkt F_1; den vor der Linse liegenden, von welchem das Licht ausgehen muß, um nach der Berechnung der Achse parallel zu werden, nennt man den zweiten Brennpunkt F_2.

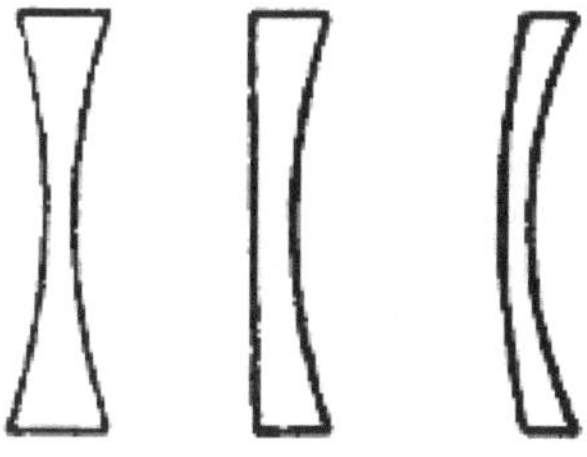

Fig. 276.

208. Brennpunkt der negativen Linsen.

Ist eine Linse in **der Mitte dünner** als am Rand (Fig. 276), so sind entweder beide Flächen nach außen konkav — **bikonkave** Linse —, oder es ist eine davon eben — plankonkav — oder es ist zwar eine davon konvex, jedoch schwächer gekrümmt, als die konkave — konvexkonkav.

Wir zerlegen den Querschnitt wieder in einzelne Stücke, so sind (Fig. 277) deren Grenzflächen die Flächen von Prismen, deren brechende Kante diesmal der Achse zugekehrt ist.

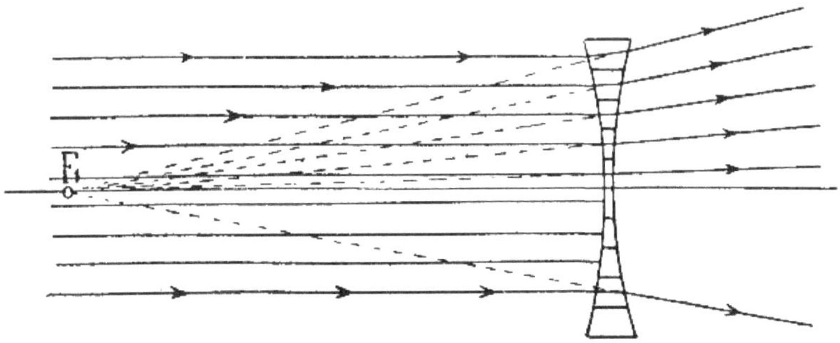

Fig. 277.

Läßt man nun ein Bündel paralleler Lichtstrahlen parallel der Achse einfallen, so werden sie so gebrochen, daß sie sich von der Achse entfernen, um so mehr, je größer der Abstand des Teilprismas von der Achse ist. Hieraus erkennt man die Möglichkeit, daß die gebrochenen Strahlen so divergieren, als wenn sie von einem vor der Linse liegenden Punkt herkämen.

Betrachtet man einen hinter einer bikonkaven Linse liegenden Gegenstand, so sieht man ihn deutlich, wenn auch verkleinert. Dies beweist, daß die Linse von ihm ein **virtuelles**, wenn auch verkleinertes Bild erzeugt hat. Wir schließen aus diesem Versuch:

Parallel der Achse einfallende Lichtstrahlen werden von einer konkaven Linse so gebrochen, wie wenn die gebrochenen Strahlen von einem vor der Linse liegenden Punkte herkämen. Dieser Punkt heißt **erster Brennpunkt** und ist ein virtueller Bildpunkt eines im Unendlichen liegenden Lichtpunktes. Konkave Linsen heißen auch Zerstreuungsgläser oder negative Linsen.

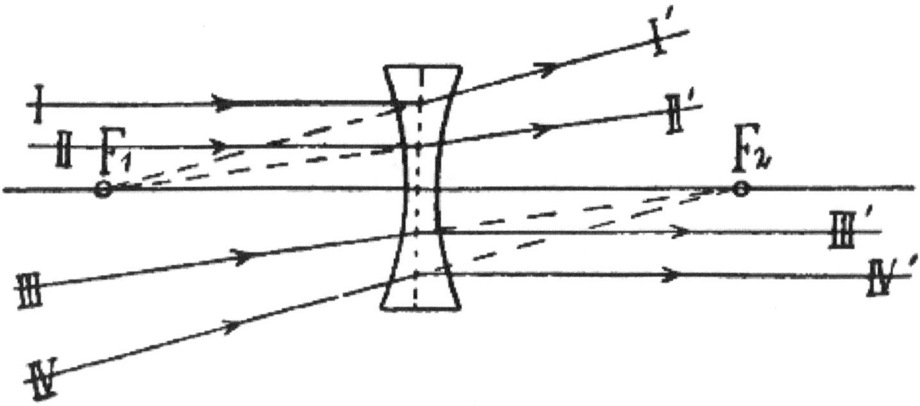

Fig. 278.

Läßt man das Licht von der andern Seite einfallen, so erhält man einen zweiten Brennpunkt in gleicher Entfernung auf der andern Seite der Linse.

In Fig. 278 ist dargestellt, wie die Strahlen I und II von links her parallel der Achse einfallen, und so gebrochen werden, als I' und II', wie wenn sie vom Brennpunkt F_1 herkämen. Ferner kommen die Strahlen III und IV von links her so, wie wenn sie auf den zweiten Brennpunkt F_2 hin wollten, und werden so gebrochen, daß sie als III' und IV' der Achse parallel werden.

209. Größe der Brennweite.

Die Brennweite f berechnet sich aus der **Brennpunktsgleichung**:

$$1f = (n - 1) (1 r_1 - 1r_2),$$

wobei n den Brechungskoeffizient, r_1 und r_2 die Krümmungsradien der zwei sphärischen Flächen bedeuten und jeder als positiv genommen wird, wenn das Licht die konvexe Seite der Krümmung trifft.

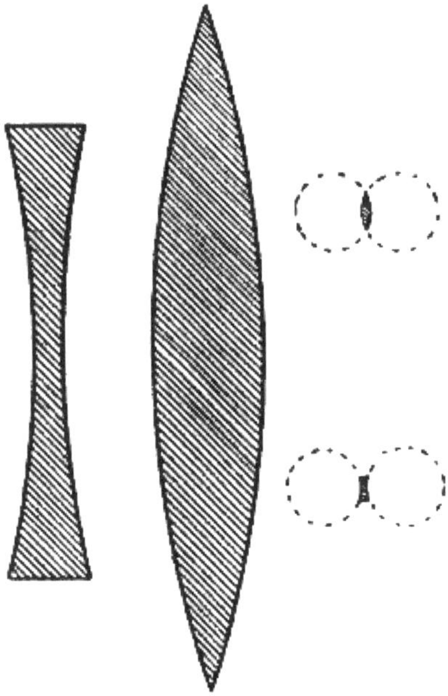

Fig. 279. Fig. 280.

Ergibt sich f als positiv, so hat man eine Sammellinse; wird f negativ, so hat man eine Zerstreuungslinse.

Soll eine Linse eine sehr kurze Brennweite haben, also f klein sein, so gibt man dem r_1 und r_2 verschiedene Zeichen, so daß ihre Werte addiert werden (also bikonvex oder bikonkav) und sucht r_1 und r_2 möglichst klein zu machen. Dann muß aber auch die Linse sehr klein sein. Linsen von kurzer Brennweite haben meist entgegengesetzt gerichtete Krümmungsflächen, sehr kleine Krümmungsradien und können nicht groß sein (Fig. 280).

Soll die Linse eine große Brennweite haben, also f groß sein, so macht man die Krümmungsradien r_1 und r_2 beide sehr groß. Hiebei ist es möglich, die Linse selbst groß zu machen, ohne daß ihre Dicke verhältnismäßig zu groß wird. Linsen von großer Brennweite haben sehr große Krümmungsradien und können (aber müssen nicht) groß sein (Fig. 279).

Brennversuche wurden bald nach Erfindung der Brenngläser gemacht; Mariotte machte positive Linsen aus Eis und entzündete damit Schießpulver; Tschirnhaus machte Linsen von 90 *cm* Durchmesser und 4,34 *m* Brennweite, in deren Brennpunkt alle Metalle schmolzen, Wasser ins Kochen kam und die Verbrennlichkeit des Diamanten nachgewiesen wurde (1687). Für optische Zwecke waren diese Linsen ganz unbrauchbar, denn sie waren voll „Schlieren".

210. Ableitung der Bildgleichung.

Fällt Licht von einem in mäßiger Entfernung liegenden leuchtenden Punkt auf eine positive Linse, so werden die Lichtstrahlen auch in einen Punkt vereinigt, der aber vom Brennpunkt verschieden ist.

Die Lage dieses Bildpunktes findet man auf folgende Art. Liegt der leuchtende Punkt in der Achse, so liegt auch das Bild in der Achse. Rückt man den leuchtenden Punkt senkrecht zur Achse etwas seitwärts, so rückt auch der Bildpunkt senkrecht zur Achse etwas seitwärts. Beides bestätigt der Versuch, das letztere auch dadurch, daß man die Linse etwas dreht.

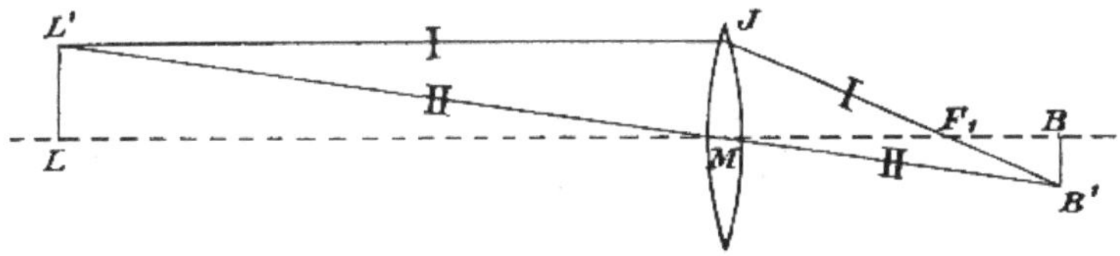

Fig. 281.

Ist nun in Fig. 281 L' ein leuchtender Punkt, so geht 1) der parallel der Achse gehende Strahl I nach der Brechung durch den ersten Brennpunkt F_1; 2) der durch die Mitte der Linse gehende Strahl II geht ungebrochen durch, da er dort, besonders wenn man die Dicke der Linse sehr klein nimmt, parallele Flächen trifft. Der Schnittpunkt B' beider Strahlen bestimmt somit die Lage des Bildpunktes B, welcher dem leuchtenden Punkte L zugehört. Somit ist auch B das Bild von L.

Bezeichnet man den Abstand des leuchtenden Punktes von der Linse, LM, mit a, den Abstand des Bildpunktes B von der Linse, BM, mit b, die Brennweite F_1M mit f, so ist

$\triangle$ B'BM ~ $\triangle$ L'LM, also BB' : LL' = b : a; ferner

$\triangle$ $B'BF_1$ ~ $\triangle$ JMF_1, also BB' : MJ = b - f : f; da nun

LL' = MJ, so folgt durch Vergleichung:

b : a = b - f : f; hieraus a · (b - f) = b f, oder

a b = b f + a f. Dividiert man beiderseits mit a b f, so wird

1f = 1a + 1b. (Bildpunktsgleichung.)

211. Bilder positiver Linsen.

In Bezug auf die Größe der Bilder folgt aus Fig. 281:

LL' : BB' = a : b ; d. h.

Gegenstand und Bild verhalten sich wie ihre Abstände von der Linse.

Liegt das Bild **hinter** der Linse, so ist es **reell**, liegt es **vor** der Linse, so ist es **virtuell**.

Liegen Gegenstand und Bild auf **verschiedenen** Seiten der Linse, so sind sie der Stellung nach verschieden, das Bild ist **verkehrt**; liegen beide auf **derselben** Seite der Linse, so haben sie gleiche Stellung, das Bild ist **aufrecht**.

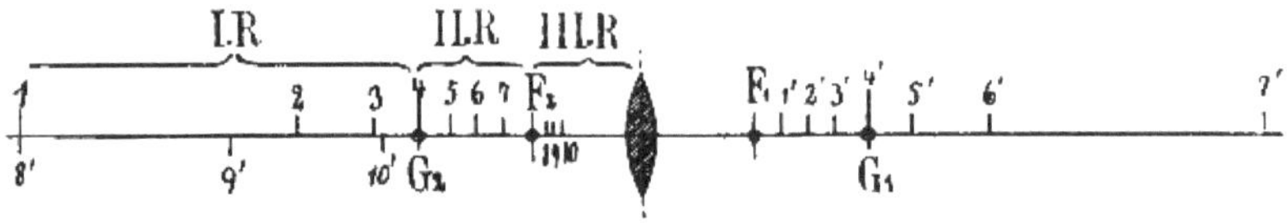

Fig. 282.

Zur Untersuchung der Lage der Bilder benützen wir die Bildgleichung $1f = 1a + 1b$, woraus $1b = 1f - 1a$. Wir nehmen an, das Licht komme von links, so liegt der erste Brennpunkt F_1 rechts, der zweite Brennpunkt F_2 links von der Linse. Wir teilen den Raum vom Unendlichen bis zur Linse in drei Räume: der erste Raum reicht vom Unendlichen bis zum zweiten Gegenpunkt im Endpunkt der doppelten zweiten Brennweite (G_2), der zweite Raum reicht von da bis zum zweiten Brennpunkt (F_2), der dritte Raum reicht von da bis zur Linse. Ebenso wird der Raum hinter der Linse geteilt; der dritte Raum von der Linse bis F_1, der zweite von F_1 bis G_1, der erste von G_1 bis ins Unendliche.

Liegt der leuchtende Punkt im Unendlichen, ist $a = \infty$, so liegt das Bild im ersten Brennpunkt, $b = f$, und ist reell. Das Bild eines endlichen Gegenstandes (Sternes) wäre demnach ein Punkt. Zwei Sterne geben Bilder von meßbarem Abstand. Ihre Bilder liegen dort, wo die Achsen der von ihnen ausgehenden Büschel paralleler Strahlen die in F_1 zur Achse senkrechte Ebene (Brennpunktsebene) treffen.

Rückt (Fig. 283) der leuchtende Punkt vom Unendlichen gegen G_2, so wird a kleiner, also 1a größer, also wird aus der Bildgleichung 1b kleiner, also b größer; das Bild rückt demnach von F_1 gegen G_1 zu in den zweiten Raum. Ist der l. P. in G_2 angekommen, so ist $a = 2$ f, also auch $b = 2$ f, deshalb liegt das Bild in G_1. **Während der leuchtende Punkt den ersten Raum vom Unendlichen bis G_2 durchläuft, durchläuft das Bild von F_1 aus den zweiten Raum bis G_1 und ist reell. Das Bild ist dabei verkleinert und**

verkehrt. Liegt der Gegenstand in G_2, so liegt sein Bild in G_1, ist verkehrt, reell und gleich groß.

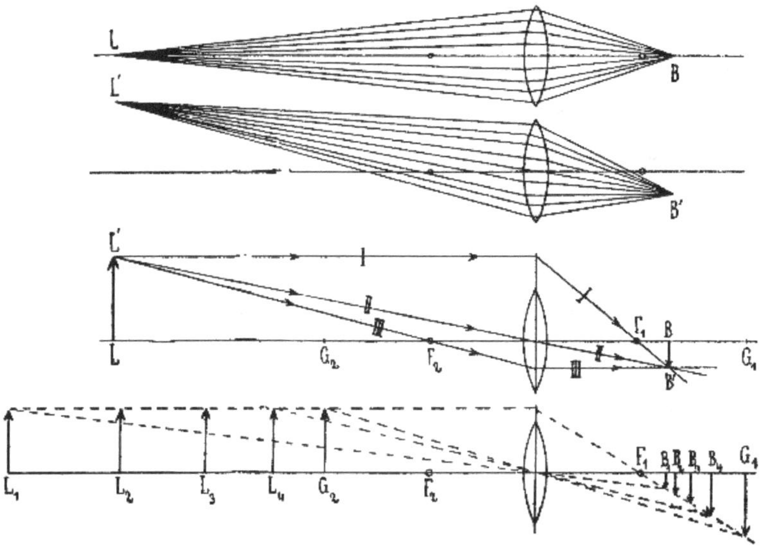

Fig. 283.

In Fig. 283 ist zuerst dargestellt, wie die Lichtstrahlen vom Punkt L ausgehen, durch die Linse (zweimal) gebrochen und dann in einen Punkt B vereinigt werden. Liegt L' seitwärts der Achse, so liegt auch B' seitwärts der Achse. In der dritten Figur ist dargestellt, wie man das Bild durch eine Konstruktion finden kann. Man benützt 3 von L' ausgehende Strahlen: I parallel der Achse, geht dann durch F_1; II geht durch die Mitte der Linse ungebrochen weiter; III geht durch F_2 und wird nach der Brechung parallel der Achse. In der vierten Figur sind für mehrere Lagen des leuchtenden Gegenstandes L_1, L_2 .... G_2 die Bilder B_1, B_2 .... G_1 gezeichnet.

Rückt (Fig. 284) der l. P. von G_2 in den zweiten Raum, so wird a noch kleiner, 1 a größer, also 1b noch kleiner, demnach b noch größer; das Bild rückt von G_1 aus von der Linse weg in den ersten Raum. Ist der l. P. in F_2 angekommen, so ist a = f, also 1b = 0, also b = ∞: das Bild liegt im Unendlichen, die Lichtstrahlen sind nach der Brechung parallel der Achse. **Während der leuchtende Punkt den zweiten Raum von G_2 nach F_2 durchläuft, durchläuft das Bild den ersten Raum von G_1 bis ins Unendliche und ist reell. Die Bilder sind dabei vergrößert und verkehrt.**

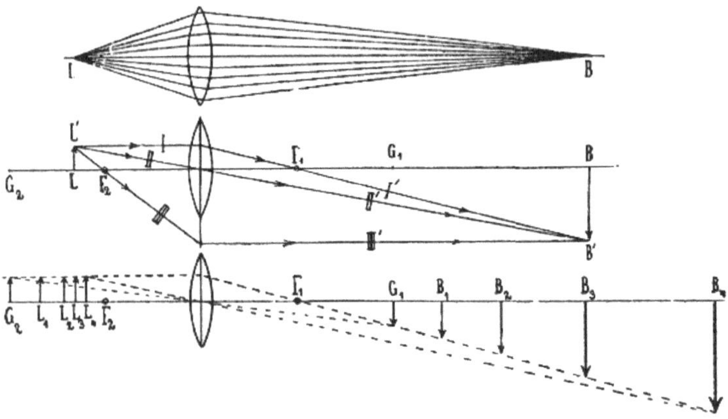

Fig. 284.

In Fig. 284 ist zuerst dargestellt, wie die von L ausgehenden Lichtstrahlen durch die Linse (zweimal) so gebrochen werden, daß sie sich in einem Punkt B vereinigen. In der zweiten Figur wird das Bild BB' durch Konstruktion gefunden, indem man drei Strahlen I, II, III von denselben Eigenschaften wie vorher benützt. In der dritten Figur ist für mehrere Lagen des leuchtenden Gegenstandes G_2, L_1, L_2 . . . . das zugehörige Bild G_1, B_1, B_2 . . . . gezeichnet.

Rückt (Fig. 285) der l. P. vom F_2 in den dritten Raum, so wird $a < f$, also $1a > 1f$; deshalb ergibt sich 1b negativ. Das bedeutet, daß das Bild nicht hinter, sondern vor der Linse liegt. So lange dabei a noch nahezu = f ist, ist auch b noch sehr groß; wird a noch kleiner und schließlich = 0, so wird auch b kleiner und schließlich = 0. **Während der leuchtende Punkt von F_2 aus den dritten Raum durchläuft bis zur Linse, durchläuft das Bild den ganzen Raum vor der Linse vom Unendlichen bis zur Linse und ist virtuell. Die Bilder sind dabei vergrößert und aufrecht.**

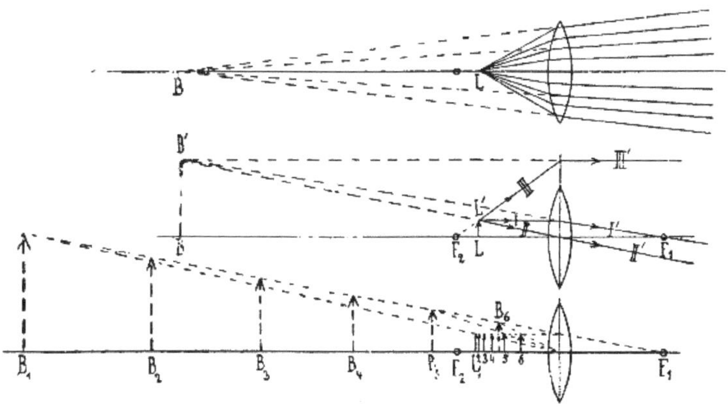

Fig. 285.

In Fig. 285 ist zuerst gezeichnet, wie die von L herkommenden Strahlen durch die positive Linse (zweimal) so gebrochen werden, daß sie nach der Brechung divergieren, wie wenn sie von dem vor der Linse liegenden Punkte B herkämen. In der zweiten Figur ist das Bild BB' konstruiert: I parallel der Achse geht dann durch F_1, II geht durch die Mitte der Linse ungebrochen weiter, III, welches so geht, als wenn es von F_2 herkäme, wird nach der Brechung parallel der Achse; die drei gebrochenen Strahlen I', II', III' divergieren so, wie wenn sie von B' herkämen. In der dritten Figur ist für verschiedene Lagen des leuchtenden Gegenstandes L_1, L_2 etc. das virtuelle Bild B_1, B_2 etc. gezeichnet.

Mit einer Kerzenflamme und einer positiven Linse kann man leicht die reellen Bilder erzeugen, auf einem Schirme auffangen und ihre Lage, Art und Größe ersehen.

Aufgaben:

129. 5,4 *m* vor einer positiven Linse von 90 *cm* Brennweite befindet sich ein leuchtender Gegenstand von 37 *cm* Durchmesser. Wo erscheint das Bild, welcher Art und wie groß ist es?

130. Vor einer positiven Linse von 30 *cm* Brennweite befinden sich zwei leuchtende Punkte in 2,4 *m* bezw. 2,5 *m* Entfernung. Wie weit stehen ihre Bilder von einander ab?

131. 120 *cm* vor einer positiven Linse steht eine Kerzenflamme; 40 *cm* hinter der Linse entsteht das reelle Bild der Flamme. Wie läßt sich hieraus die Brennweite der Linse berechnen?

132. Wenn zwei Sterne einen scheinbaren Abstand von 2' 38" haben, wie weit sind dann ihre Bilder von einander entfernt, welche durch eine positive Linse von 3,8 *m* Brennweite erzeugt werden? Unter welchem Gesichtswinkel erscheint dieses Bildpaar aus der deutlichen Sehweite von 18 *cm* betrachtet?

133. Berechne Art, Lage und Größe des Bildes aus folgenden Angaben, wobei G die Größe des Gegenstandes bedeutet:

a)	f = 1,4 *m*,	a = 3,5 *m*,	G = 20 *cm*;
b)	f = 0,6 *m*,	a = 4 *mm*,	G = 0,3 *mm*;
c)	f = 3 *cm*,	a = 5 *cm*,	G = 1,4 *cm*;
d)	f = 30 *cm*,	a = 2 *m*,	G = 2,4 *cm*;
e)	f = 10 *cm*,	a = 6 *cm*,	G = 0,20 *cm*;
f)	f = 10 *cm*,	a = 12 *cm*,	G = 0,2 *cm*.

212. Bilder negativer Linsen.

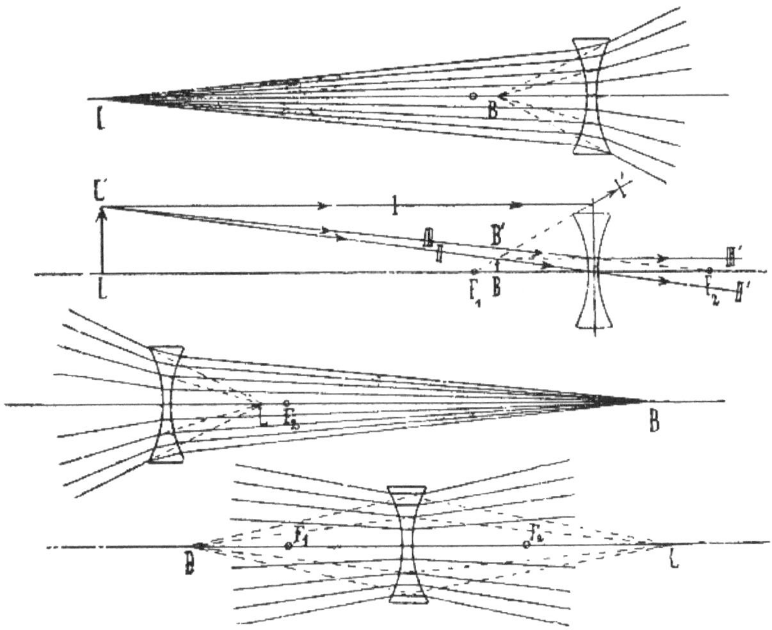

Fig. 286.

Für Linsen mit negativer Brennweite gilt dieselbe Gleichung, nur hat f einen negativen Wert. Demnach 1b = - 1f - 1a. Hieraus folgt: Solange a positiv ist, also **wenn der leuchtende Punkt vom Unendlichen bis zur Linse rückt**, ist b stets negativ, das Bild liegt vor der Linse und ist virtuell; und da für a = ∞, b = - f, und für a = 0, b = 0 wird, **so rückt das Bild vom Brennpunkt an die Linse; es ist verkleinert und aufrecht.** In Fig. 286 ist zuerst gezeichnet, wie die von L herkommenden Strahlen durch die negative Linse (zweimal) so gebrochen werden, daß sie nach der Brechung divergieren, wie wenn sie von einem Punkte B vor der Linse herkämen.

In der zweiten Figur ist das Bild BB' konstruiert: I parallel der Achse, geht nach der Brechung so, wie wenn es von F_1 herkäme; II geht durch die Mitte der Linse ungebrochen weiter; III geht so, wie wenn es durch F_2 gehen wollte und wird so gebrochen, daß es parallel der Achse wird.

In der dritten Figur ist dargestellt, wie Lichtstrahlen, welche konvergent auf die Linie treffen, so wie wenn sie auf einen hinter der Linse zwischen der Linse und F_2 liegenden Punkt L hingehen wollten, so gebrochen werden, daß sie sich in einem Punkte B treffen. In diesem Fall ist a negativ und kleiner als f; dann wird b + und größer als f. Z. B. f = -27, a = -21,7; dann ist b = 110.

In der vierten Figur ist dargestellt, wie Lichtstrahlen, welche auf einen hinter der Linse hinter F_2 liegenden Punkt L konvergieren, so gebrochen werden, daß sie divergieren, wie wenn sie von einem vor der Linie liegenden Punkte B herkämen. In diesem Falle ist a negativ und größer als f, dann wird b negativ, z. B. f = -27; a = -60, gibt b = -40.

Barrow († 1677) gab eine geometrische Methode an, um bei jeder Linse die Lage des Bildes zu finden für jede Lage des l. P. Cavalieri stellte 1647 die erste Brennpunktsgleichung für Glaslinsen auf.

213. Das Auge als optischer Apparat.

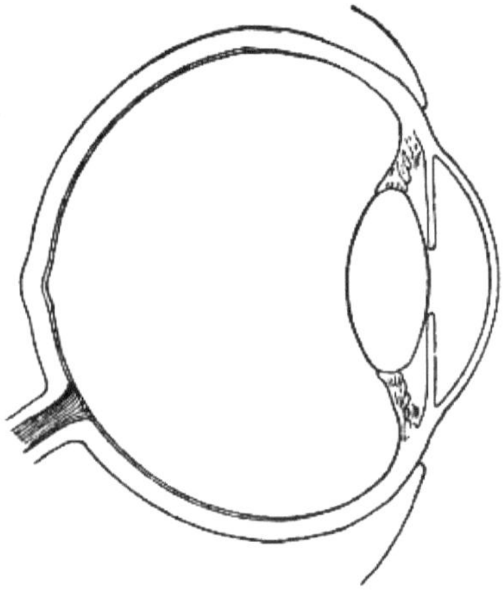

Fig. 287.

Der Augapfel ist eingehüllt von der harten Haut, welche undurchsichtig, außen weiß, innen geschwärzt und lederartig hart ist. Vorn ist ein Teil derselben ersetzt durch die Hornhaut, welche durchsichtig und etwas stärker gewölbt ist. Das Innere des Auges ist durch die Regenbogenhaut in zwei Teile geschieden: die vordere, kleinere Augenkammer ist angefüllt mit einer klaren, wässerigen Flüssigkeit, die hintere, größere Augenkammer ist mit einer gallertartigen Masse gefüllt, die ganz klar ist, das Licht stark bricht und Glaskörper heißt. In der hinteren Augenkammer sitzt gleich hinter der Regenbogenhaut die Kristallinse, eine klare, das Licht stark brechende, positive Linse von kurzer Brennweite, bestehend aus einer knorpelähnlichen durchsichtigen Masse. Die Regenbogenhaut, Iris, ist undurchsichtig, vorn braun oder blau oder grau, und hat in der Mitte eine Öffnung, das Sehloch oder die Pupille, durch welches Licht ins Auge dringt. Sieht man ins Dunkle, so erweitert sich die Pupille, um viel Licht eindringen zu lassen; sieht man ins Helle, so verengt sie sich, spielt also die Rolle einer Blende. Die hintere Wand der Augenkammer ist mit der Netzhaut (retina) ausgekleidet, in welcher sich der Sehnerv verbreitet; dieser kommt vom Gehirne, dringt seitwärts ins Auge ein, zerteilt sich in seine einzelnen, sehr zahlreichen Fasern, und diese endigen in sehr dünnen Stäbchen und Zapfen, die dicht neben einander stehend dem Lichte ihre Enden zukehren. Werden diese Nervenenden vom Lichte getroffen, so empfinden wir das Licht, wir sehen.

Die Lichtstrahlen werden durch Hornhaut und Kristallinse gebrochen und in einem Punkt hinter der Linse vereinigt. Liegt der Bildpunkt genau auf der Netzhaut, so sehen wir den Punkt klar und deutlich, liegt aber das Bild vor oder hinter der Netzhaut, so wird nicht bloß ein Punkt, sondern eine ganze Fläche (Zerstreuungskreis) der Netzhaut von den Lichtstrahlen getroffen; das Auge empfindet noch Licht und Farbe, aber nicht mehr deutlich, sondern verwaschen, verschwommen.

Wir sehen einen Gegenstand nur dann deutlich, wenn das Bild genau auf der Netzhaut liegt. Dieses Bild ist verkleinert, reell und verkehrt (Scheiner). Nur der Teil der Netzhaut, der von der Augenachse getroffen wird, sieht scharf und deutlich, dort stehen die Nervenfasern am engsten; er heißt der gelbe Fleck, macula lutea. Weiter entfernte Teile der Netzhaut sehen weniger scharf; um also einen Gegenstand deutlich zu sehen, richten wir die Augenachse auf ihn, z. B. wir folgen mit den Augen den Buchstaben, wenn wir lesen.

Dort, wo der Sehnerv ins Auge tritt, ist er noch nicht verzweigt, dort sind keine Nervenenden, an dieser Stelle ist also das Auge blind. Macht man auf ein Papier zwei (dicke) Punkte horizontal etwa 5 *cm* entfernt, betrachtet mit dem rechten Auge den links liegenden, senkrecht auf die Papierfläche sehend, so findet man, wenn man näher hin oder weiter weg geht, daß man den rechts liegenden Punkt nicht mehr sieht, sein Bild liegt dann an dieser Eintrittsstelle des Sehnerves. (Mariotte.)

214. Akkommodation.

Die brechenden Flächen des Auges, Hornhaut und Kristallinse wirken wie eine einzige Linse oder Fläche. Da eine solche von Gegenständen in verschiedenen Entfernungen auch Bilder erzeugt, die in verschiedenen Entfernungen hinter der Linse liegen, und wir den Gegenstand nur dann deutlich sehen, wenn das Bild genau auf der Netzhaut liegt, so folgt, daß wir Gegenstände, die in verschiedenen Entfernungen liegen, nicht zugleich deutlich sehen können, ja daß, wenn das Auge sonst keine Vorrichtung hätte, wir nur Gegenstände in ganz bestimmter Entfernung deutlich sehen könnten.

Das Auge kann sich innerhalb gewisser Grenzen so einrichten, daß es Gegenstände in verschiedenen Entfernungen nacheinander deutlich sehen kann, das Auge kann akkommodieren (sich anbequemen, anpassen). Die Kristallinse ist befestigt an einem sie rings umgebenden Band, und dessen Spannung kann durch den im Auge befindlichen, ringsum am Rand der Hornhaut entspringenden Muskel, den Ciliarmuskel, verringert werden. Dann wölben sich die Flächen der Linse, namentlich die vordere stärker, und die Brennweite wird kürzer. Befindet sich nun der betrachtete Punkt im Unendlichen, so bleibt der Muskel ganz schlaff, die Linse ist möglichst flach, ihre Brennweite möglichst groß, sie reicht gerade bis zur Netzhaut. Rückt der leuchtende Punkt gegen das Auge, so würde das Bild hinter die Netzhaut fallen; durch Anspannung des Muskels wird nun die Brennweite kürzer, so daß das hinter dem Brennpunkte liegende Bild wieder gerade auf der

Netzhaut liegt. Je näher der Punkt ans Auge rückt, um so stärker wirkt der Muskel, um so kürzer wird die Brennweite. Auf diese Weise richtet das Auge seine Brennweite stets genau entsprechend der Entfernung des betrachteten Punktes, eine staunenswerte Einrichtung. (Thomas Young 1800.)

Das Auge kann nicht auf zwei Punkte in verschiedenen Entfernungen (Hand- und Schultafel) zugleich akkommodieren.

Die Akkommodationsfähigkeit des Auges ist nicht unbeschränkt. Ein normales Auge sieht die unendlich fernen Punkte (die Sterne) deutlich, Fernpunkt, und auch alle Punkte bis in eine Nähe von ca. 20 *cm*, Nahpunkt.

215. Fehler in der Akkommodation. Brillen.

Das kurzsichtige Auge. Durch angestrengtes, lange dauerndes Sehen in großer Nähe, besonders in der Jugend, wird das Auge kurzsichtig, es kann nicht mehr auf ferne Gegenstände akkommodieren; der Fernpunkt liegt sehr nahe 2 *m*, 1 *m*, 50 *cm* am Auge. Dies kommt daher, daß infolge angestrengten und andauernden Sehens in die Nähe im Auge Blutandrang entsteht, der die in der Jugend noch weichen Teile der Netzhautgrube (am gelben Flecke) nach auswärts drückt, so daß die Entfernung der Netzhaut von der Linse größer, die Augenachse länger wird. Deshalb können die Bilder fern liegender Gegenstände nicht mehr auf der Netzhaut liegen. Einen (kleinen) Vorteil hat das kurzsichtige Auge dadurch, daß es auch noch Gegenstände näher als 20 *cm* sehen kann, der Nahepunkt rückt näher ans Auge (bis 5 *cm*). Die Akkommodationsbreite eines kurzsichtigen Auges reicht also etwa von 1 *m* bis 5 *cm*.

Man hilft dem kurzsichtigen Auge durch eine **Brille mit negativen Linsen** und wählt deren Brennweite gleich dem Abstand des Fernpunktes vom Auge; denn dann entwirft diese Brille von den Punkten, die zwischen dem Unendlichen und dem Fernpunkte (Brennpunkte) liegen, Bilder, die zwischen dem Brennpunkte (Fernpunkte) und dem Auge liegen; das Auge kann dann auf diese Bilder akkommodieren. Für Punkte innerhalb des Nahepunktes braucht das Auge die Brille nicht, weshalb empfohlen wird, bei Betrachtung naher Gegenstände die Brille zu entfernen.

Das weitsichtige Auge. Bei vorgerücktem Alter von 40 bis 50 Jahren wird manchmal die Kristallinse etwas härter, so daß sie sich bei Betrachtung naheliegender Punkte nicht mehr stark genug wölben kann, wohl auch wird die Wölbung der Hornhaut etwas flacher; dadurch wird das Auge weitsichtig, d. h. es verliert die Fähigkeit, auf naheliegende Punkte zu akkommodieren; der Nahepunkt rückt weiter weg, bis 40, bis 60, bis 100 *cm*. Fernliegende Gegenstände sieht das Auge noch ganz gut, oft ausgezeichnet, denn der Fernpunkt liegt im Unendlichen.

Zur Betrachtung naheliegender Gegenstände (zum Lesen und Schreiben) bedient sich der Fernsichtige einer **Brille mit positiven Linsen**, hält sie so, daß der Gegenstand im dritten Raume der Linse liegt, also zwischen zweitem Brennpunkt und Linse; dann entwirft die Linse ein vergrößertes, virtuelles, aufrechtes Bild vor der Linse, das aber in größerer Entfernung liegt; wird nun die Brennweite der Linse so gewählt, daß das Bild jenseits des Nahepunktes liegt, so kann das Auge darauf akkommodieren. Bei Betrachtung fernliegender Punkte muß die Brille stets entfernt werden.

216. Das scharfe Sehen.

Will man einen Gegenstand möglichst gut sehen, d. h. die einzelnen Teile gut unterscheiden können, so muß der Gegenstand jedenfalls in der Akkommodationsbreite liegen. Sind aber zwei Punkte recht nahe beisammen, z. B. 1 *mm*, und vom Auge recht weit entfernt z. B. eine Meile, so liegen die Bilder wohl klar auf der Netzhaut, aber so nahe beisammen, daß sie etwa auf dasselbe oder auf sehr benachbarte Nervenenden treffen; man hat also auch nur eine Empfindung, man sieht die Punkte nicht getrennt. Sie müssen näher am Auge liegen, damit ihre Bilder auf verschiedenen oder ziemlich entfernten Nervenenden der Netzhaut liegen. Man sieht daher um so mehr Einzelheiten (Details) an dem betrachteten Gegenstand, je näher er dem Auge ist, also unter je größerem Gesichtswinkel man ihn sieht. Für ein gutes Auge ist eine Schrift von 1 *mm* Höhe der kleinen Buchstaben in 1 *m* Entfernung noch lesbar also bei 2 *mm* Höhe in 2 *m* Entfernung u. s. w.

217. Die Lupe oder das einfache Mikroskop.

Um einen Gegenstand möglichst gut zu sehen, muß man ihn möglichst nahe ans Auge halten, um den Sehwinkel groß zu machen; aber wir können ihn nicht näher als bis an den Nahepunkt bringen. Um den Gegenstand gleichwohl näher ans Auge bringen zu können, benützt man die **Lupe** oder das Vergrößerungsglas, eine **positive Linse von sehr kurzer Brennweite** (etwa 1 *cm*).

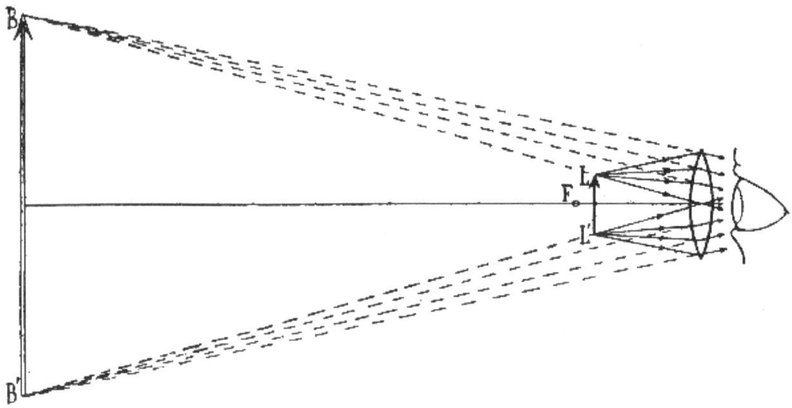

Fig. 288.

Man hält den Gegenstand zwischen den zweiten Brennpunkt und die Linse (Fig. 288); dann entsteht ein Bild, welches vergrößert, virtuell, aufrecht, vor der Linse und weiter entfernt ist. Hält man nun das Auge hinter die Lupe und liegt das Bild in der Akkommodationsbreite des Auges, so kann man dieses Bild deutlich sehen.

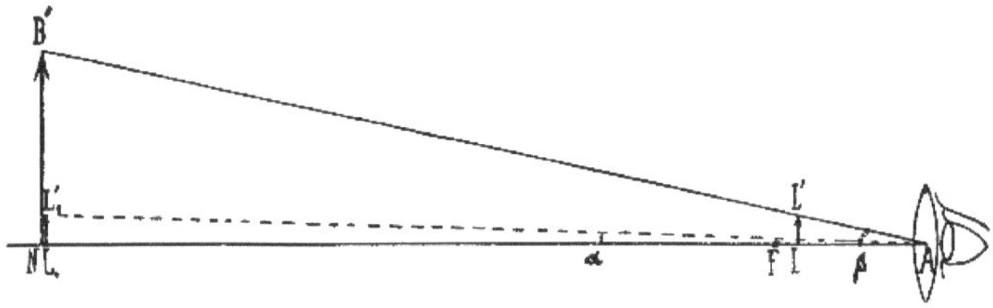

Fig. 289.

Stärke der Vergrößerung. Würde man den Gegenstand ohne Lupe betrachten, so müßte man ihn mindestens in den Nahepunkt halten nach $L_1L'_1$ (Fig. 289), 20 *cm* vom Auge; er erscheint dann unter einem kleinen Gesichtswinkel, etwa 1°. Betrachtet man ihn aber mit einer Lupe von 4 *cm* Brennweite, so ist er 4 *cm* (oder etwas weniger) von der Lupe entfernt in LL', also auch, wenn das Auge sich unmittelbar hinter der Lupe befindet, 4 *cm* (ca.) vom Auge entfernt, ist also fünfmal so nahe am Auge, erscheint demnach unter (nahezu) fünfmal so großem Gesichtswinkel β, etwa 5°, also fünfmal vergrößert. **Der Gegenstand erscheint** (nahezu) **so vielmal größer, als die Brennweite in der Entfernung des Nahepunktes enthalten ist**.

Dabei ist jedoch folgendes zu beachten:

1. **Man halte das Auge möglichst nahe an die Lupe**; denn das von der Linse entworfene Bild BB' sieht man vom Punkte A aus offenbar unter größerem Gesichtswinkel als von einem weiter entfernten Punkte.

2. **Die Lupe verändert den Gesichtswinkel nicht** (nur unmerklich). Denn allerdings entwirft die Lupe ein vergrößertes Bild; aber so vielmal es größer ist, ebensovielmal ist es weiter entfernt; ein in A befindliches Auge sieht also den Gegenstand LL' ohne Lupe unter demselben Gesichtswinkel β, unter welchem es das Bild BB' sieht. Durch die Lupe wird der Gesichtswinkel β des in der Entfernung LA vor dem Auge befindlichen Gegenstandes nicht verändert, wohl aber wird die Akkommodation ermöglicht.

3. **Man halte den Gegenstand so, daß das Bild gerade im Nahepunkt liegt**; denn je näher man den Gegenstand an die Lupe hält, unter um so größerem Gesichtswinkel erscheint er, (vergleiche Fig. 285, 3); um aber noch auf ihn akkommodieren zu können, muß das Bild noch in der Akkommodationsbreite liegen, darf also höchstens in den Nahepunkt rücken. Liegt etwa in Fig. 285, 3 der Nahepunkt in B_4, so sieht man den Gegenstand in L_4 größer als in L_3 oder L_1, obwohl B_4 kleiner ist als B_3 oder B_1; den Gegenstand noch näher an die Linse zu halten, nach L_5, ist unzulässig, weil dann das Bild B_5 nicht mehr in der Akkommodationsbreite liegt.

Besonders Leeuwenhoek † 1723 verstand es, einfache Mikroskope von bedeutender Kraft herzustellen und erzielte dabei bis 160 fache Vergrößerung. Er machte beiderseits sehr stark gekrümmte, stecknadelkopfgroße Linsen. Man verwendet gegenwärtig nur Lupen von mäßiger Vergrößerung (Uhrmacher, Xylograph u. s. w.). Sind stärkere Vergrößerungen erwünscht, so bedient man sich des Mikroskopes. Lupen von starker Vergrößerung also kurzer Brennweite sind stets sehr klein. Statt ihrer nimmt man zwei positive Linsen von etwas größerer Brennweite, welche also ziemlich groß sein können, und befestigt sie in kurzem Abstande hinter einander in einer Hülse; sie wirken dann wie eine Lupe von kurzer Brennweite (zusammengesetzte Lupe).

Aufgaben:

134. Wie weit muß bei einer Lupe von 3 *cm* Brennweite der Gegenstand vor die Linse gehalten werden, damit sein virtuelles Bild in der deutlichen Sehweite von 20 *cm* erscheint?

135. Wie weit muß bei einer Lupe von 3 *cm* Brennweite der Gegenstand vor die Linse gehalten werden, damit sein virtuelles Bild in der deutlichen

Sehweite von 18 *cm* erscheint? Wie vielmal ist es größer, wie vielmal erscheint es dem Auge vergrößert?

136. Welche Brennweite muß eine Lupe haben, damit das in der deutlichen Sehweite (20 *cm*) erscheinende Bild viermal so groß erscheint?

Optische Projektionsapparate.

218. Die Camera obscura, Dunkelkammer.

Die Dunkelkammer ist ein innen geschwärzter Holzkasten. In die vordere Seitenwand ist eine positive Linse von mäßiger Brennweite, das Objektiv, eingelassen, so daß sie in einer Hülse etwas verschoben werden kann. Die gegenüberliegende Wand fängt das Bild auf (matt geschliffene Glastafel).

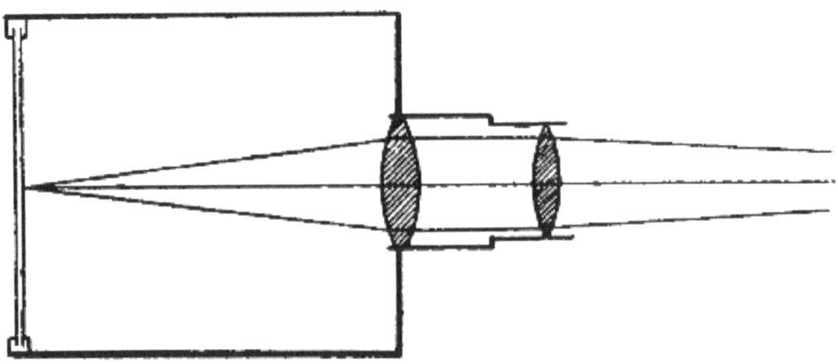

Fig. 290.

Von ferne liegenden **Gegenständen im ersten Raume** entwirft die Linse ein **reelles, verkehrtes verkleinertes Bild** hinter der Linse **im zweiten Raume**, das bei passender Stellung genau auf der Glastafel liegt und so auf ihr gesehen werden kann. Sind mehrere Gegenstände in verschiedenen Entfernungen vom Objektiv vorhanden, so können nicht alle zugleich deutlich auf der Glastafel aufgefangen werden; man stellt auf das wichtigste Bild scharf ein; die anderen sind verschwommen.

Legt man auf die Glastafel ein mit Öl getränktes Papier, so kann das Bild leicht nachgezeichnet werden.

Anwendung beim Photographieren. Der Photograph stellt die Dunkelkammer (den photographischen Apparat) so ein, daß das Bild genau auf der Glastafel erscheint; dann wird die Glastafel durch eine andere Glastafel ersetzt, die mit einer lichtempfindlichen Schichte (Kollodium mit Jod- oder Bromsilber) versehen ist. Diese Glastafel wird nun in der Dunkelkammer dem Lichte ausgesetzt, exponiert. An den vom Lichte getroffenen Stellen wird das Jodsilber zersetzt, um so mehr, je stärker das

Licht einwirkt. Die Platte wird nun aus der Dunkelkammer genommen und mit Eisensulfatlösung übergossen; dadurch wird an den vom Lichte angegriffenen Stellen das Jodsilber zu metallischem (undurchsichtigem) und wegen seiner feinen, staubförmigen Verteilung dunkel erscheinendem Silber reduziert um so mehr, je stärker das Licht eingewirkt hat. Das unzersetzt zurückgebliebene Jodsilber wird durch Eintauchen in unterschwefligsaures Natron aufgelöst und entfernt. Man hat nun ein negatives Bild, an welchem die hellen Stellen des Gegenstandes dunkel erscheinen wegen des metallischen Silbers, und die dunklen Stellen durchsichtig sind. Die Platte wird gewaschen, getrocknet retouchiert und gefirnißt. Vom Negativ werden nun die Bilder abgezogen (kopiert). Man nimmt photographisches Papier (mit Albumin, Eiweiß getränkt und mit einer Schichte Chlorsilber überzogen), legt es auf die Bildfläche des Negativs und läßt durch das Glas der negativen Platte das zerstreute Tageslicht auf das Papier wirken, so wird dadurch das Chlorsilber zersetzt, geschwärzt, dort am stärksten, wo das Negativ am hellsten, durchsichtigsten ist; es entsteht auf dem Papier ein positives Bild. Dies wird fixiert, d. h. durch Eintauchen in unterschwefligsaures Natron von dem unzersetzten Chlorsilber befreit, gewaschen, vergoldet (um ihm eine schönere Farbe zu geben), gewaschen, getrocknet, aufgeklebt, retouchiert und satiniert. Vom Negativ kann man beliebig viele Bilder (Abzüge) machen.

Aufgaben:

137. Welche Brennweite hat das Objektiv einer Camera obscura, wenn das Bild eines 2,4 *m* entfernten Gegenstandes achtmal verkleinert erscheint?

138. Die Linse eines Phothographenapparates hat 20 *cm* Brennweite. Wo muß man das Objekt aufstellen, damit das Bild viermal verkleinert erscheint?

219. Die Laterna magica. Zauberlaterne.

Die Zauberlaterne besteht aus einem Beleuchtungs- und dem Projektionsapparate. Der Beleuchtungsapparat besteht nur aus einer stark leuchtenden Flamme (Petroleumlicht), in einem innen geschwärzten Kasten befindlich. An einer Seite des Kastens ist eine Öffnung angebracht, und an der gegenüberliegenden Seite ist als Reflektor ein Hohlspiegel angebracht, der das auf ihn fallende Licht auch zu der Öffnung schickt. Dort wird es durch eine große Sammellinse parallel gemacht, und trifft dann auf ein auf Glas gemaltes, gezeichnetes oder photographiertes Bild, das durchsichtig, an den farbigen Stellen mindestens durchscheinend ist; durch die auffallenden Lichtstrahlen wird es selbstleuchtend.

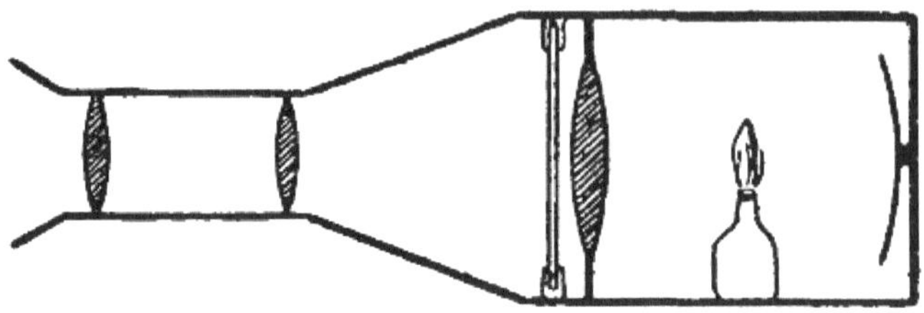

Fig. 291.

Vor diesem leuchtenden Gegenstand wird nun die **Projektionslinse, eine positive Linse von mäßiger Brennweite**, so aufgestellt, daß der Gegenstand im zweiten Raume und zwar gewöhnlich dem zweiten Brennpunkte ziemlich nahe liegt. Dann entwirft die Linse von dem Gegenstande ein reelles, verkehrtes, vergrößertes und weiter entferntes Bild. Dies wird auf einem Schirme aufgefangen und kann von vielen Personen zugleich betrachtet werden. Man stellt die Zeichnung verkehrt ein. Figur 292 zeigt den Gang der Lichtstrahlen.

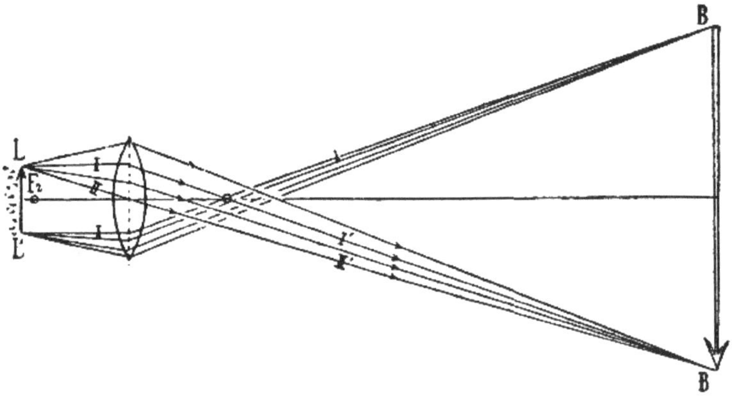

Fig. 292.

Bei der Vergrößerung muß man, um deutliche und scharf begrenzte Bilder zu erhalten, innerhalb gewisser Entfernungen bleiben. Ist in einem Zimmer der Abstand des Apparates vom Schirm etwa = 4 *m*, und hat die Linse eine Brennweite etwa von 20 *cm*, so ist der Abstand des Gegenstandes von der Linse auch nahezu 20 *cm* (die Berechnung ergibt 21 *cm*); also ist die Vergrößerung ca. 20 fach; hat man Linsen von 10 *cm* Brennweite, so ist die Vergrößerung 40 fach u. s. w. **So viel mal der Abstand des Schirmes größer ist als die Brennweite, so viel mal** (nahezu) **ist das Bild größer als der Gegenstand**. Auch die Lichtstärke ist zu berücksichtigen, denn bei

10 maliger Vergrößerung wird das durch das transparente Bild gehende Licht auf eine 100 mal so große Fläche, (bei n maliger. Vergrößerung auf eine n^2 mal so große Fläche) ausgebreitet.

In einfachster Form dient der Apparat als Spielzeug (Zauberlaterne), verbessert als Lehrmittel, **Skioptikon**. Zur Beleuchtung dient eine starke Lichtquelle, Drummondsches Kalklicht oder elektrisches Licht.

220. Das Sonnenmikroskop.

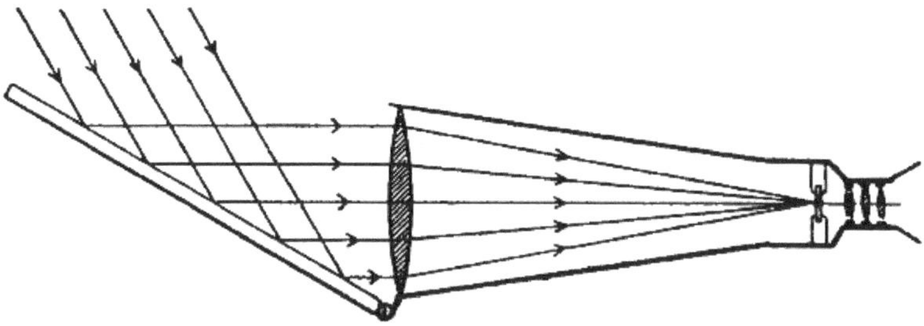

Fig. 293.

Der Beleuchtungsapparat des Sonnenmikroskopes besteht aus einem **Planspiegel**, der durch ein Loch im Fensterladen eines verfinsterten Zimmers so ins Freie hinausgesteckt wird, daß auf ihn die Sonne scheint. Er wird so gestellt, daß die reflektierten Strahlen auf eine Sammellinse fallen parallel der Achse, und kann durch Schrauben oder ein Uhrwerk so reguliert werden, daß er dem Lauf der Sonne folgt und die Strahlen stets in der gewünschten Richtung reflektiert. Durch die **Sammellinse** werden die Sonnenstrahlen im Brennpunkte vereinigt. Eben dorthin wird ein **mikroskopisches Präparat** gestellt, ein kleiner interessanter Gegenstand zwischen zwei Glasplatten eingeschlossen; für starkes Licht ist es meist durchsichtig, wenigstens durchscheinend. Er wird, von dem vereinigten Sonnenlichte beschienen, selbst zum leuchtenden Gegenstand. Die **Projektionslinse**, eine positive Linse von sehr kurzer Brennweite, wird so gestellt, daß das Präparat im zweiten Raum liegt; dann entwirft die Linse ein reelles, verkehrtes, vergrößertes Bild, das im verfinsterten Zimmer auf dem Schirme aufgefangen werden kann.

Macht man die Brennweite der Projektionslinse sehr klein, dann kann schon bei mäßiger Entfernung des Schirmes (Zimmerbreite), eine sehr starke Vergrößerung erzielt werden, insbesondere da durch das Sonnenlicht eine starke Lichtquelle zur Verfügung steht. Für sehr kurze Brennweiten benützt man meist eine **zusammengesetzte Linse** (Fig. 294), bestehend aus zwei oder drei positiven Linsen von etwas größerer Brennweite, nahe hintereinander gestellt; diese wirken wie eine Linse von sehr kurzer Brennweite, ohne deren Mängel zu haben.

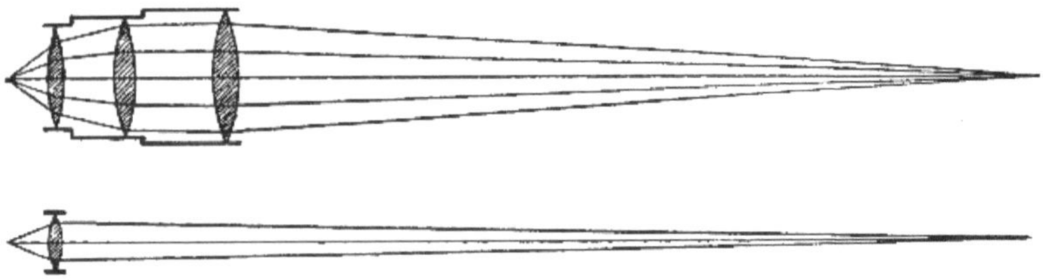

Fig. 294.

Anstatt des Sonnenlichtes benützt man auch andere starke Lichtquellen, sammelt sie (verstärkt durch Reflektoren) durch die Sammellinse auf das Präparat und projiziert wie vorher.

Durch solche Apparate können Bilder von ungemeiner Vergrößerung (bis 5000 fach) erhalten werden; doch erlangen sie bei weitem nicht die Deutlichkeit der Bilder eines Mikroskopes und dienen nur zur Demonstration.

Aufgaben:

139. Welche Brennweite muß die Linse eines Projektionsapparates haben, damit man auf einer 6 *m* entfernten Wand 10 fach vergrößerte Bilder erhält?

140. Zwei positive Linsen von gleicher Brennweite stehen unmittelbar hintereinander. Wie kann man ersehen, daß die Brennweite dieses Systems gleich der Hälfte der Brennweite einer Linse ist?

221. Das astronomische oder Keplersche Fernrohr.

Fig. 295.

Das astronomische Fernrohr besteht aus der Objektivlinse und dem Okulare. **Die Objektivlinse ist eine große, positive Linse von großer Brennweite.** Sie entwirft von fern liegenden Gegenständen im ersten Raume ein verkleinertes, reelles, verkehrtes Bild in oder nahe dem ersten Brennpunkte. Das **Okular ist eine starke**, meistens zusammengesetzte

Lupe, mit der man dieses Bild betrachtet. Da die Lupe das vom Objektiv erzeugte verkehrte Bild nicht noch einmal umkehrt, so sieht man die Gegenstände verkehrt.

Die Objektivlinse muß möglichst groß sein, damit sie möglichst viel Licht auffängt und so das Bild lichtstark macht. Viele lichtschwache Sterne werden dadurch sichtbar.

Die Brennweite des Objektives muß möglichst groß sein; das von den Himmelskörpern entworfene Bild, naturgemäß sehr klein, wird um so größer, je größer die Brennweite ist. Das Bild der Sonne (des Mondes) bei 1 *m* Brennweite hat einen Durchmesser von 9,2 *mm* (9 *mm*), bei 5 *m* Brennweite 46 *mm* (45 *mm*), bei 10 *m* Brennweite 92 *mm* (90 *mm*). Betrachtet man diese Bilder von der Mitte der Objektivlinse aus, so sieht man sie unter demselben Winkel wie die Gegenstände selbst. Betrachtet man sie aus der Sehweite von 20 *cm*, so erscheinen sie schon größer, bei 1 *m* Brennweite 5 mal so groß, bei 5 *m* ca. 25 mal so groß. Vom Nahpunkte aus erscheinen sie so vielmal so groß, als die Entfernung des Nahepunktes in der Brennweite enthalten ist, F : n.

Betrachtet man aber diese Bilder mittels einer Lupe (des Okulars), über deren Stellung und Wirkung dieselben Sätze gelten wie früher, so sieht man die Bilder noch mehr vergrößert, noch so vielmal, als die Brennweite der Lupe in der Entfernung des Nahepunktes enthalten ist, n : f, also bei 1 *cm* Brennweite noch 20 mal größer.

Durch Verbindung beider Sätze erhält man: **Das Bild erscheint so vielmal größer, als die Brennweite der Lupe in der des Objektivs enthalten ist.** F : f. Sind diese 1 *cm* und 1 *m*, so ist die Vergrößerung 100 fach, d. h. der Gesichtswinkel erscheint 100 mal größer; der Himmelskörper erscheint 100 mal näher.

Solche astronomische Fernrohre sind die größten, besten und schärfsten Fernrohre; sie werden auf den Sternwarten zur Beobachtung der Himmelskörper benützt und geben Vergrößerung bis 5000 fach.

Verwandt sind die Ablesefernrohre, wie man sie zum Betrachten fernstehender Maßstäbe (Meßlatten) bei manchen Apparaten (Nivellierinstrumenten) benützt. Sie bestehen aus Objektiv und Okular, geben nur mäßige Vergrößerung und zeigen die Bilder auch verkehrt.

Aufgabe:

141. Bei einem astronomischen Fernrohr ist die Brennweite des Objektives = 90 *cm*, die des Okulars 4 *cm*, das Objekt ist 300 *m* entfernt und 8 *m* hoch. Wie weit müssen die Linsen voneinander entfernt sein, damit das

Bild in der deutlichen Sehweite von 20 *cm* erscheint, und wie stark ist dann die Vergrößerung?

222. Das terrestrische oder Erd-Fernrohr.

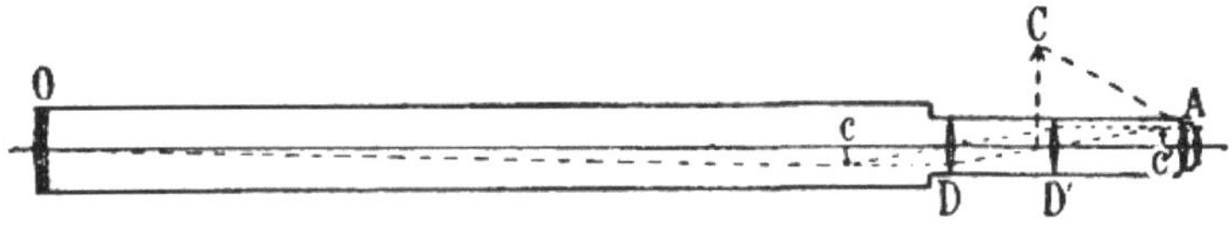

Fig. 296.

Im astronomischen Fernrohr sieht man die Gegenstände verkehrt, da man mit der Lupe das umgekehrte Bild betrachtet, und die Lupe dasselbe nicht nochmal umkehrt. Dies stört nicht viel, wenn man etwa Himmelskörper betrachtet. Bei Betrachtung irdischer Gegenstände kehrt man das Bild nochmal um, bevor man es durch die Lupe betrachtet. Das Erdfernrohr hat demnach ein Objektiv, wie das astronomische Fernrohr; es entwirft ein verkehrtes, verkleinertes Bild nahe dem Brennpunkt; hinter dies Bild wird eine positive Linse von mäßiger Brennweite, **die Umkehrlinse**, gestellt, so daß das Bild im Endpunkte ihrer doppelten zweiten Brennweite (G_2) liegt; dann entwirft sie ein Bild, das im Endpunkte der doppelten ersten Brennweite (G_1) liegt, reell, ebensogroß und nochmal umgekehrt, also nun aufrecht ist. Dies betrachtet man mittels des Okulars wie früher. Anstatt nur einer Umkehrlinse verwendet man auch zwei positive Linsen von gleicher Brennweite, von denen die erste vom Bilde um die Brennweite absteht, und die zweite von der ersten auch um die Brennweite absteht. Dies Bild ist dann aufrecht und liegt im Brennpunkte (Fig. 297).

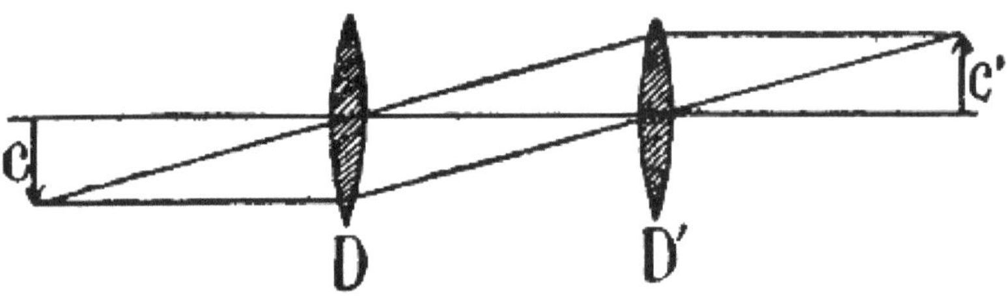

Fig. 297.

Erdfernrohre sollen meist Handfernrohre sein, dürfen demnach weder besonders lang noch schwer sein, können deshalb in der Objektivlinse keine besonders große Brennweite haben und liefern meist nur mäßige Vergrößerung (10-20 fach).

223. Das galileische oder holländische Fernrohr.

Es wird gewöhnlich als Operngucker, Feldstecher, Jagdfernrohr u. s. w. gebraucht.[12]

[12] Erfunden vom Brillenmacher Hans Lipperhey in Middelburg (Holland) 1608, verbessert von Galilei.

Es besitzt als **Objektiv** eine **positive Linse von mäßiger Brennweite**, die ein reelles, verkehrtes, verkleinertes Bild erzeugt; aber bevor das Bild zustande kommt, wird in den Gang dieser Lichtstrahlen als **Okular eine negative Linse von kurzer Brennweite** gestellt; diese bricht dann die einfallenden Lichtstrahlen so, daß ein virtuelles, vergrößertes, aufrechtes Bild vor ihr entsteht, das man mit dem Auge betrachtet.

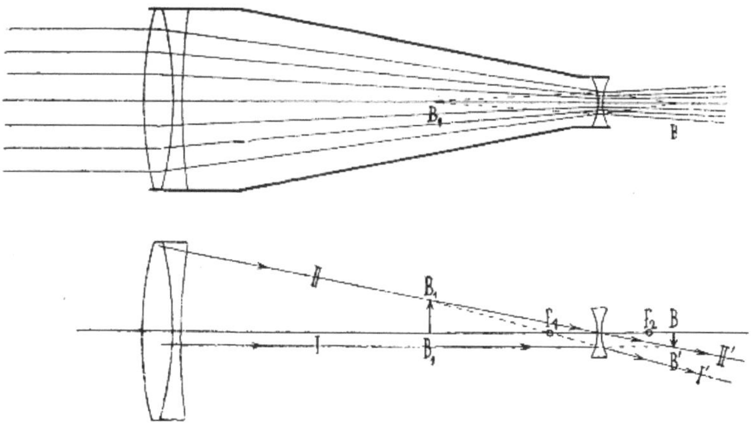

Fig. 298.

Das Bild kommt auf die in Fig. 286, 4 dargestellte Art zustande. In Fig. 298 ist zuerst dargestellt, wie die durch das Objektiv gebrochenen Lichtstrahlen auf den Punkt B hin konvergieren, dann aber durch das Okular so gebrochen werden, daß sie nun divergieren, wie wenn sie von B_1 herkämen. Hiezu ist notwendig, daß B noch jenseits des zweiten Brennpunktes F_2 des Okulars liege. Zur Konstruktion betrachten wir 2 Strahlen, welche vom Objektiv herkommen und nach B' hin konvergieren. Der Strahl I geht parallel der Achse und wird so gebrochen nach I', wie wenn er vom ersten Brennpunkte F_1 herkäme; der Strahl II, welcher durch die Mitte der Linse geht, geht ungebrochen weiter nach II'. Die Strahlen I' und II' divergieren, wie wenn sie von dem vor der Linse liegenden Punkte B'_1 herkämen. Anstatt des verkehrten, reellen, verkleinerten Bildes BB' entsteht das aufrechte, virtuelle vergrößerte Bild B'_1B_1. Liegt dieses jenseits des Nahepunktes, so kann es vom Auge deutlich gesehen werden.

Dies Fernrohr läßt keine bedeutenden Vergrößerungen zu, ist aber für Operngucker (2 bis 4 malige Vergr.), Feldstecher (5 bis 8 malige Vergr.) u. s. w., wegen seiner einfachen Zusammensetzung, der Kürze des Rohres und der Helligkeit und Größe des Gesichtsfeldes vorzüglich geeignet.

Aufgabe:

142. Bei einem Operngucker ist die Brennweite des Objektives = 15 *cm*, die des Okulars = -4 *cm*. Wie weit müssen beide voneinander entfernt sein, wenn das Bild eines 6 *m* entfernten Gegenstandes in der deutlichen Sehweite von 18 *cm* erscheinen soll?

224. Das Spiegelteleskop oder Newtonsche Fernrohr.

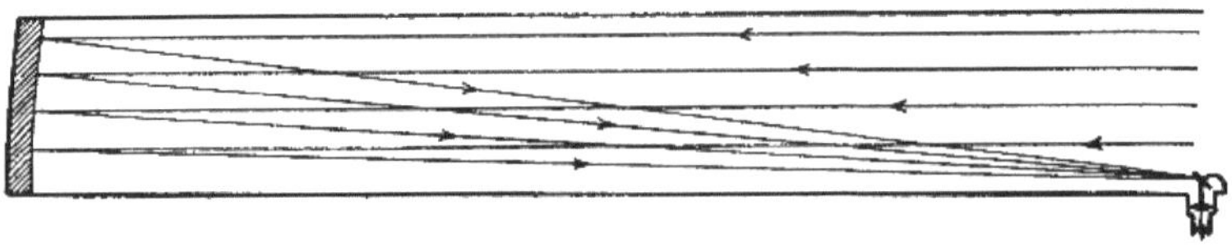

Fig. 299.

Anstatt des Objektivs ist ein großer Hohlspiegel (Silberspiegel) am Grunde des Rohres angebracht. Dieser entwirft von fernen Gegenständen verkleinerte, reelle, verkehrte Bilder in oder nahe dem Brennpunkte. Aus denselben Gründen wie bei dem astronomischen Fernrohre macht man den Hohlspiegel möglichst groß und von sehr großer Brennweite. Man setzt ihn auch etwas geneigt in den Grund der Röhre, so daß die Bilder nahe an der Seitenwand der Röhre entstehen; etwas vor diesem Bildpunkte wird ein kleiner Planspiegel unter einem Winkel von 45° angebracht, der das Bild durch eine Öffnung der Röhre herauswirft; dort wird es dann mittels eines Okulars, einer starken Lupe, betrachtet.

Solche Spiegelteleskope stehen den großen astronomischen Fernrohren weder an Helligkeit noch an Vergrößerung, sondern nur an Dauerhaftigkeit nach, da der Silberspiegel auch bei sorgfältigster Behandlung mit der Zeit erblindet. Der berühmte Astronom J. Herschel hatte sich ein Riesenfernrohr dieser Art hergestellt und machte damit die großartigen Entdeckungen am Sternhimmel über Mond- und Planetenoberfläche, Doppelsterne, Nebelflecke etc. zu einer Zeit, in der man Keplersche Fernrohre von ähnlicher Kraft noch nicht zu machen verstand. Sein Spiegel hatte einen Durchmesser von 125 *cm* und eine Brennweite von 12,5 *m*. Auch heutzutage sind sie noch nicht verdrängt durch die astronomischen Fernrohre. Ein Keplersches Fernrohr wird auch Refraktor, ein Newtonsches auch Reflektor genannt.

225. Das Mikroskop.

Das Mikroskop dient dazu, um kleine naheliegende Gegenstände stark vergrößert zu sehen und hat folgende Einrichtung. Sein **Objektiv ist eine positive Linse von sehr kurzer Brennweite**; sie wird so gestellt, daß der zu betrachtende Gegenstand L (das Objekt, das mikroskopische Präparat) im zweiten Raum liegt, also zwischen G_2 und F_2; dann entwirft die Linse ein reelles, verkehrtes, vergrößertes Bild BB' zwischen G_1 und dem Unendlichen. Dies Bild betrachtet man mit dem **Okular, einer starken Lupe**, sieht es also in $B_1B'_1$ nochmals vergrößert, aber verkehrt.

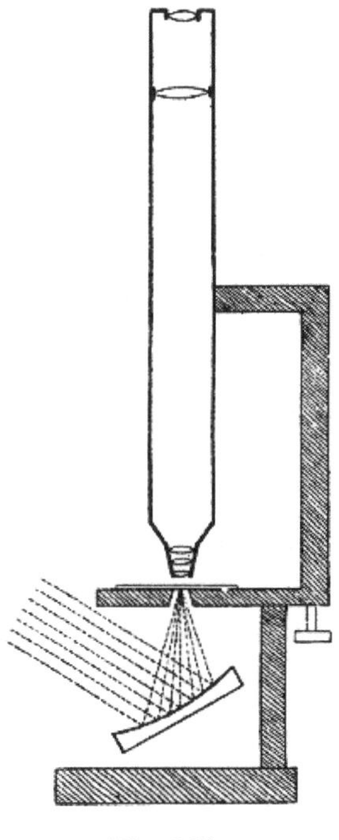

Fig. 300.

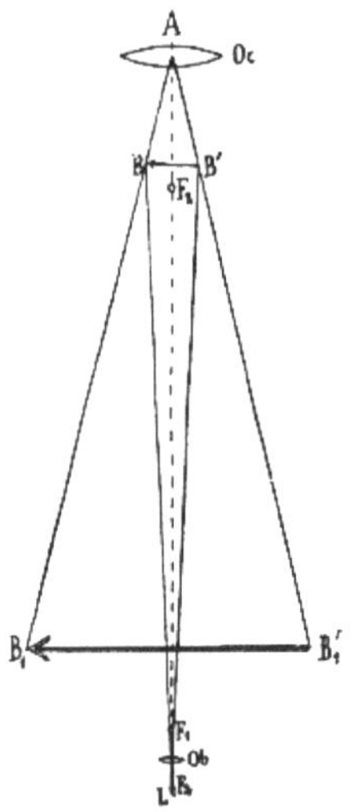

Fig. 301.

Man richtet es gewöhnlich so ein, daß das Bild vom Objektiv nur eine mäßige Entfernung hat etwa 10 *cm*; soll also dies Bild selbst schon bedeutend vergrößert sein, so muß die Brennweite des Objektives möglichst klein sein; bei einer Brennweite von 1 *cm* ist die Vergrößerung ca. 10 fach, bei 1 *mm* ca. 100 fach u. s. w. Dieses Bild würde aus der deutlichen Sehweite (20 *cm*) schon unter einem 10 (resp. 100) mal größerem Gesichtswinkel erscheinen. Betrachtet man das Bild mit einer Lupe, die nochmals 5 mal (oder etwa 20 mal) vergrößert, so erscheint es 50 mal (resp. 2000) mal vergrößert.

Objektiv und Okular sind gewöhnlich an den Enden einer Röhre angebracht, so daß ihr Abstand nicht geändert werden kann. Damit aber das durch das Objektiv erzeugte Bild den richtigen Abstand vom Okular hat, kann man diese Röhre und somit das Objektiv dem Objekte näher und ferner stellen (einstellen).

Die Objektivlinse wird wie beim Sonnenmikroskop aus zwei oder drei oder noch mehr Linsen zusammengesetzt.

Da die betrachteten Objekte sehr klein sind, so senden sie wenig Licht aus, und da dies durch die Vergrößerung noch dazu auf bedeutend größere Flächen ausgebreitet wird, so muß man das Objekt **beleuchten**. Dies geschieht bei durchsichtigen und durchscheinenden Objekten (und das sind die meisten) durch einen kleinen **Hohlspiegel**, der unterhalb des Objektes so angebracht wird, daß er die vom Himmel, einer hellen Wolke oder einer Lampe kommenden Lichtstrahlen alle auf das Objekt reflektiert; ist das

Objekt undurchsichtig, so beleuchtet man es von oben durch eine Sammellinse.

Das Mikroskop wurde in Holland erfunden. Daß Zacharias Janssen es erfunden habe, hat sich als unrichtig herausgestellt.

Aufgabe:

143. Bei einem Mikroskop ist die Brennweite des Objektives = 2 *mm*, die des Okulars = 1,4 *cm*; der Abstand beider Linsen beträgt 12 *cm*. Wie weit muß das Objekt von der Objektivlinse entfernt sein, damit das Bild in der deutlichen Sehweite von 20 *cm* erscheint, und wievielmal erscheint es vergrößert?

226. Das Stereoskop.

Betrachten wir einen körperlichen Gegenstand mit beiden Augen, so sind die beiden Netzhautbilder nicht identisch, sondern wegen der verschiedenen Stellung der Augen zum Gegenstande selbst etwas verschieden und zwar nicht bloß durch die gegenseitige Lage der Punkte und die verschiedene Beleuchtung der Flächen, sondern es kommt auch vor, daß wir manche Flächen oder Flächenteile mit dem einen Auge noch sehen, während wir sie mit dem anderen Auge nicht mehr sehen. Diese Verschiedenartigkeit kommt uns meistens nicht zum Bewußtsein, vermittelt aber das körperliche, räumliche Sehen.

Wenn wir eine Abbildung eines Körpers, eine Zeichnung oder ein Gemälde betrachten, so schließen wir nur aus der Art der Darstellung, daß die Punkte im Raume verschieden verteilt sind; aber den Eindruck, als wenn ein solcher Körper wirklich vor uns wäre, bekommen wir nicht. Jedoch können wir den Eindruck des körperlichen Sehens hervorrufen, wenn wir dafür sorgen, daß in jedem Auge gerade ein solches Bild entsteht, wie es entstehen würde, wenn jedes Auge für sich den Körper betrachten würde. Man verschafft sich zwei Abbildungen des Körpers, so, wie er mit dem einen Auge betrachtet aussieht, und so, wie er mit dem anderen Auge erscheint, stereoskopische Bilder, und betrachtet sie mit dem Stereoskop (Wheatstone 1838, verbessert von Brewster).

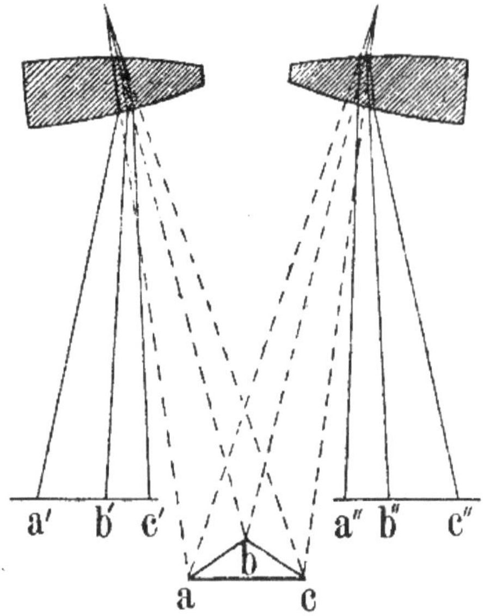

Fig. 302.

In ein Kästchen werden unten die beiden Bilder nebeneinander gelegt, oben sind zwei schwach prismatische Gläser angebracht mit bikonvexen Flächen; sie bewirken (als Prismen), daß wir die beiden Bilder gegen die Mitte gerückt sehen so, als wenn sie von demselben Orte herkämen, und (als schwache Lupen) daß wir die Bilder zugleich etwas vergrößert und in der Akkommodationsweite sehen. Da hiedurch in beiden Augen Netzhautbilder entstehen, welche einem wirklich vorhandenen Körper entsprechen, so hat man den Eindruck, als wenn man den Körper selbst vor sich sähe, man sieht körperlich oder stereoskopisch.

In Figur 302 ist durch die Lage von drei Punkten angedeutet, wie die stereoskopischen Bilder des erhabenen Gegenstandes aussehen, und wie deren Lichtstrahlen von den Prismen abgelenkt werden, als kämen sie vom Gegenstande selbst her.

227. Zerstreuung des Lichtes, Spektrum.

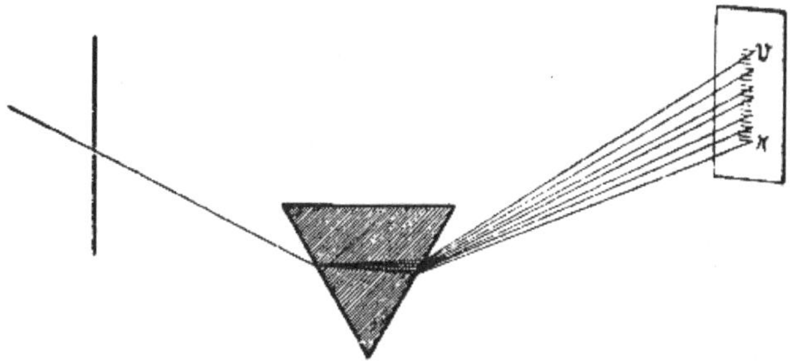

Fig. 303.

Wenn man Sonnenlicht durch ein Prisma gehen läßt, so wird es nicht bloß gebrochen, sondern auch zerstreut. Man läßt im verfinsterten Zimmer durch einen feinen Spalt (Fig. 303) Sonnenlicht eintreten und auf ein Glasprisma fallen, dessen brechende Kante dem Spalte parallel steht. Das Licht wird gebrochen und kann auf dem Schirme aufgefangen werden und zeigt dann ein farbiges Band, das **Spektrum**, das stark in die Breite gezogen ist, während die Länge der des Spaltes noch entspricht.

Das Sonnenlicht ist ein Gemisch ungemein vieler Lichtsorten, die sich durch Farbe und Brechbarkeit unterscheiden. So enthält Sonnenlicht zunächst dunkelrotes Licht; es wird am wenigsten gebrochen; deshalb entsteht auf dem Schirme ein roter Streifen, an Länge und Breite dem Spalt entsprechend. Diesem fügen sich an Streifen von etwas hellerem Rot, an Länge und Breite dem Spalt entsprechend, aber nicht an derselben Stelle wie der erste Streifen, sondern der Breite nach an den ersten angesetzt; dann kommen Streifen von immer hellerem Rot und immer größerer Brechbarkeit. Dann kommen orangefarbige Streifen, dann gelbe, grüne, blaue, tiefblaue (ultramarin), schließlich violette.

Man sagt wohl, daß das Spektrum aus diesen sieben Hauptfarben rot, orange, gelb etc. bestehe. In Wirklichkeit besteht es aus unzählbar vielen Farbensorten, von denen zwei benachbarte sich nur sehr wenig unterscheiden, und die so aufeinander folgen, daß sie den Hauptfarben nach ineinander übergehen, wie rot in orange etc. Je enger man den Spalt macht, um so besser werden die einzelnen Farbensorten voneinander geschieden.

Das weiße Sonnenlicht ist gemischt aus einer Unzahl verschiedener Lichtsorten, welche sich durch verschiedene Farbe und Brechbarkeit unterscheiden und durch ein Prisma getrennt werden

können. (Newton.) Wenn man durch eine Sammellinse die getrennten Lichtstrahlen wieder vereinigt, so entsteht wieder ein weißer Streifen. Wenn man in den Schirm etwa dort, wo die grünen Strahlen sich befinden, einen feinen Spalt macht, so wird das durchgehende grüne Licht durch ein zweites Prisma wieder gebrochen, aber nicht mehr zerstreut, höchstens etwas in die Breite gezogen; denn durch den Spalt gehen mehrere verwandte grüne Lichtsorten, die bei der zweiten Brechung noch etwas zerstreut werden.

Man nennt daher dieses grüne Licht **einfaches Licht**. Jede Stelle eines gut entwickelten Spektrums enthält nur einfaches, homogenes Licht.

Die mit Lichtbrechung stets verbundene Zerlegung des Lichtes in die einzelnen Farben nennt man Zerstreuung des Lichtes oder Dispersion; sie wurde zuerst von Newton genau untersucht.

228. Folgerungen aus der Zerstreuung des Lichtes.

Unter Brechungskoeffizient haben wir verstanden das Verhältnis sin i : sin r; da aber das Licht bei der Brechung auch zerstreut wird, und rotes Licht am wenigsten abgelenkt wird, so ist der Brechungswinkel für rotes Licht größer als für gelbes. Wir erhalten also für die verschiedenen Farbensorten verschiedene Brechungskoeffizienten. Z. B. eine bestimmte Glassorte, Crownglas (Kronglas) hat als Brechungskoeffizient für rote Strahlen 1,526, für violette 1,547.

Die Farbenzerstreuung erklärt, daß, wenn wir durch ein Prisma das durch den Spalt einfallende Licht oder irgendwelche andere Gegenstände betrachten, wir sie besonders an den Rändern mit Spektralfarben eingesäumt sehen.

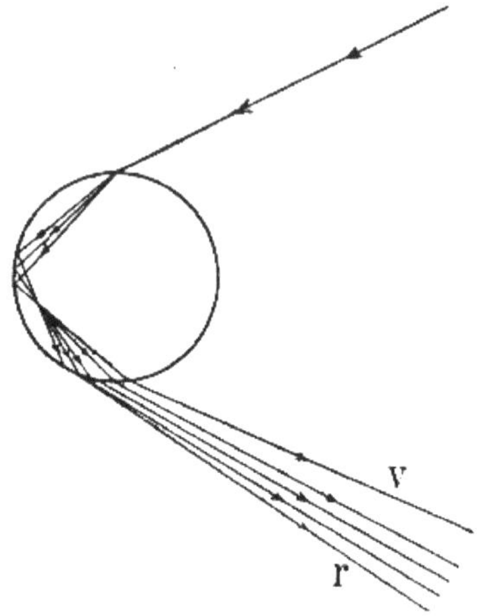

Fig. 304.

Der **Regenbogen** (Erklärung zuerst von Descartes 1637). Einen Regenbogen können wir sehen, wenn wir die Sonne hinter uns, herabfallende Regentropfen (eine Regenwand) vor uns haben, und die Sonne auf diese Regentropfen scheint. Diejenigen Lichtstrahlen, welche uns den Regenbogen bilden, machen dabei folgenden Weg (Fig. 304). Sonnenstrahlen dringen etwas seitwärts in den (kugelförmigen) Regentropfen, werden also gebrochen und etwas zerstreut; sie treffen nun die hintere Wand des Tropfens und werden dort reflektiert; sie treffen dann die andere seitwärts liegende Stelle, werden dort nochmals gebrochen und wieder zerstreut, so daß sie doppelt so stark zerstreut sind. Befindet sich unser Auge in dem Raume, welchen diese zerstreuten Strahlen einnehmen, so treffen in unser Auge etwa bloß die grünen Strahlen dieses Spektrums; wir sehen diesen Regentropfen grün; von Tropfen, die sich weiter auswärts befinden, sehen wir nur die gelben bis roten, von Tropfen, die sich weiter nach einwärts befinden, bloß die blauen, violetten Strahlen; deshalb sehen wir ein Farbenband mit all den Spektralfarben, die man deshalb auch Regenbogenfarben nennt. Da für alle Regentropfen, die in bezug auf uns und die Sonne dieselbe Lage haben, dasselbe stattfindet, solche Regentropfen aber in einem Kreisbogen liegen, so sehen wir den Regenbogen kreisförmig; sein Mittelpunkt liegt in der Linie, die durch die Sonne und unser Auge geht. Da die Sonne nicht bloß ein leuchtender Punkt, sondern ein verhältnismäßig großer Fleck ist, so sind die Spektralfarben im Regenbogen nicht rein, sondern vielfach ineinander geschoben, was zur Helligkeit des Regenbogens wesentlich beiträgt.

Häufig sieht man außer dem inneren noch einen weniger hellen, äußeren Regenbogen, dessen Farben in umgekehrter Reihenfolge angeordnet sind (rot innen); er entsteht auf ähnliche Weise, nur werden die Lichtstrahlen im Innern der Tropfen zweimal reflektiert, wodurch sie an Helligkeit verlieren.

Auch Tautropfen sieht man, wenn sie von der Sonne beschienen werden, oft in Farben funkeln; bewegt man das Auge etwas nach rechts und links, so kann man leicht denselben Tropfen nacheinander in allen prismatischen Farben funkeln sehen. Auch in der Wolke von Wasserstaub (runden kleinen Wassertropfen), die sich bei einem Wasserfalle oder einer starken Fontäne bildet, kann man leicht einen Regenbogen beobachten.

Die hier gegebene Erklärung des Regenbogens ist nicht vollständig; aber das noch fehlende kann ohne größere mathematische Hilfsmittel nicht gegeben werden.

229. Zerstreuung des Lichtes bei Linsen.

Die Brennweite einer Linse ist wesentlich vom Brechungskoeffizienten abhängig; sie wird kleiner, wenn er größer wird; daraus folgt, daß bei einer Linse die gelben Lichtstrahlen sich in einem der Linse näheren Punkte vereinigen als die roten u. s. w., die violetten in einem Punkte, welcher der Linse am nächsten liegt. Dies bewirkt, daß wir auch durch die Linse alles mit farbigen Rändern sehen (starke Lupe); dies stört viel bei Linsen mit großer Brennweite; z. B. bei einer Linse ist die Brennweite der roten Strahlen 9,501 *m*, die der violetten 9,148 *m*; im Brennpunkt der violetten Strahlen haben sich erst die violetten Strahlen vereinigt, die anderen aber noch nicht; diese gehen großenteils an diesem Punkte vorbei und bilden auf dem Schirm einen Zerstreuungskreis von farbigen Ringen, deren äußerster rot ist, und dessen Durchmesser 6 *mm* beträgt, wenn der Linsendurchmesser 20 *cm* ist. Ein Stern erscheint also nicht als scharfer Punkt, sondern als Mittelpunkt eines verhältnismäßig sehr großen Kreises von farbigen Ringen. Ein solches Fernrohr wäre vollständig unbrauchbar. Auch das Auge ist mit diesem Fehler behaftet und hat Farbenzerstreuung; ein Auge, welches für rote Strahlen auf unendliche Entfernung eingestellt ist, hat im Violett nur eine Sehweite von ca. 60 *cm*; jedoch ist im weißen Lichte diese Farbenzerstreuung nicht merklich und nicht störend.

230. Achromatische Prismen und Linsen.

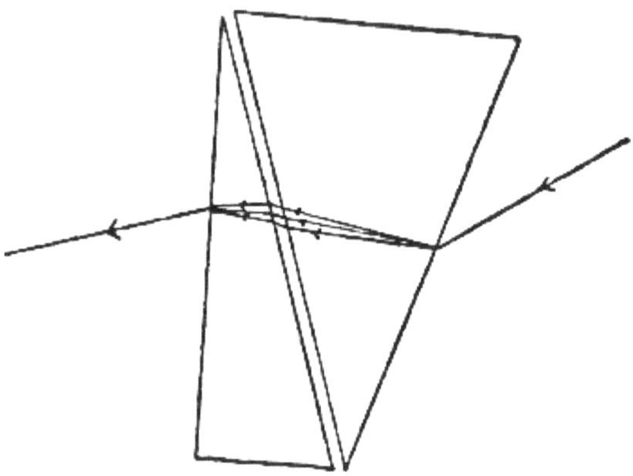

Fig. 305.

Fig. 306.

Man ist imstande, Linsen herzustellen, welche das Licht wohl brechen, aber nicht mehr zerstreuen. Man findet, daß verschiedene Glassorten das Licht verschieden stark brechen und auch verschieden stark zerstreuen. Für optische Apparate sind besonders zwei Glassorten im Gebrauche, das **Kronglas**, ein Natron-Kalkglas, und das **Flintglas**, ein farbloses schweres Kali-Bleiglas. Bei einem Prisma von etwa 60° brechendem Winkel beträgt beim Kronglas die Ablenkung der roten Strahlen 39° 26', die der violetten 41° 19', also die Zerstreuung (Winkel zwischen den roten und den violetten Strahlen) 1° 53'; beim Flintglasprisma beträgt die Ablenkung der roten Strahlen 55° 32', die der violetten 59° 36', die Zerstreuung also 4° 4'. Es ist demnach die Brechung im Flintglasprisma nur etwas, die Zerstreuung aber bedeutend größer. Macht man den brechenden Winkel des Flintglasprismas kleiner (35° 11'), so kann man es dahin bringen, daß die Ablenkung der roten Strahlen kleiner (28° 30'), aber doch die Zerstreuung dieselbe (1° 53') ist. Ein solches Flintglasprisma (von 35°) bricht also die Strahlen weniger als das Kronglasprisma (von 60°), zerstreut sie aber noch eben so stark. Stellt man nun beide Prismen so nebeneinander, daß ihre brechenden Kanten nach verschiedenen Richtungen schauen, so daß das Flintglas die Strahlen nach entgegengesetzter Richtung bricht, so bleibt eine Brechung von 10° 47' übrig, während die Zerstreuung aufgehoben ist. Es verlassen also die roten und violetten Strahlen das Prisma unter demselben Winkel, also parallel, und sind nicht mehr zerstreut; ähnliches gilt, wenn auch nicht vollständig genau, für die zwischen Rot und Violett liegenden Strahlen. **Das Licht wird also durch ein solches Prismenpaar wohl noch abgelenkt, aber nicht mehr zerstreut.** Ein solches Prismenpaar nennt man ein **achromatisches** (nicht färbendes) Prisma (Fig. 305). Auf ähnliche Weise wird **die achromatische Linse** (Fig. 306) aus einer **positiven Kronglaslinse** und einer **negativen Flintglaslinse** von größerer Brennweite, aber derselben zerstreuenden Kraft hergestellt. Durch die negative Flintglaslinse wird die Brechung der

Kronglaslinse nicht ganz aufgehoben, so daß das Linsenpaar noch wie eine positive Linse wirkt, aber die Zerstreuung wird fast ganz aufgehoben. Solche achromatische Linsen verwendet man bei allen besseren optischen Instrumenten, Fernrohren, Mikroskopen und photographischen Apparaten.

Vor der Erfindung dieser achromatischen Linsen durch Dollond (Engländer 1858) konnte man wegen der starken Farbenzerstreuung keine Fernrohre mit starker Vergrößerung machen. Man gab vordem den Objektivlinsen sehr große Brennweiten; Toricelli stellte eine her von 10 *m* Brennweite (noch vorhanden). Huygens verbesserte die Objektivlinsen und entdeckte den sechsten Saturnmond und den Saturnring. Campani führte im Auftrage Ludwig XIV. Teleskope aus von 86, 100, 136 Pariser Fuß. Newton, der an der Möglichkeit achromatischer Linsen verzweifelte, stellte das Spiegelteleskop her 1668 (schon 1664 von Gregory angegeben), das bei viel kürzerer Rohrlänge viel bessere Bilder erzeugt. Erst Fraunhofer hat erfunden, wie man die Glasmassen insbesondere des Flintglases in größeren Stücken und in der erforderlichen absoluten Reinheit herstellt, und hat es verstanden, Linsenpaare zu berechnen und herzustellen, die möglichst gut achromatisch waren, über die bis dahin gebräuchlichen Größen weit hinaus gingen und auch jetzt noch zu den vorzüglichsten gehören.

Außer der chromatischen Abweichung leiden größere Linsen auch noch stark an der sphärischen Abweichung, welche darin besteht, daß wegen der rein sphärischen Gestalt der Krümmungsflächen die Randstrahlen nicht genau in demselben Punkt vereinigt werden wie die Zentralstrahlen. Man kann (nach Steinheil) bei achromatischen Linsen dafür sorgen, daß diese Abweichung, wenn nicht ganz beseitigt, so doch möglichst klein gemacht wird. Eine so konstruierte achromatische Linse heißt eine aplanatische Linse oder ein Aplanat.

231. Fraunhofersche Linien.

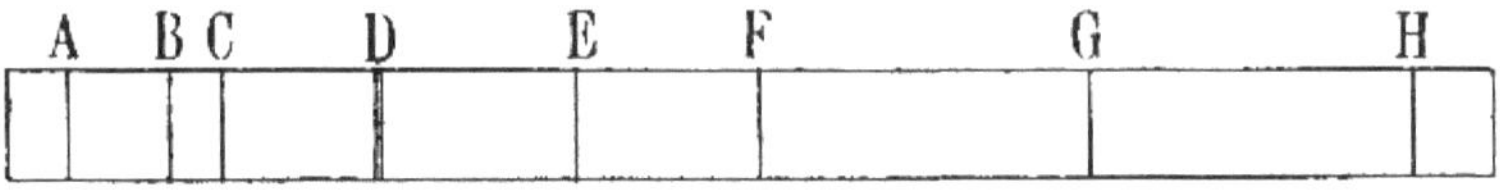

Fig. 307.

Wenn man den Spalt sehr eng macht, paralleles (Sonnen-) Licht durchgehen läßt und es sehr stark zerstreut, indem man es mehrmals in demselben Sinne durch Prismen brechen läßt, so zeigt sich, daß das Spektrum des Sonnenlichtes kein kontinuierliches ist, sondern durch eine große Anzahl dunkler Linien (parallel dem Spalte) unterbrochen ist. Diese von (Wollastone und) Fraunhofer entdeckten Linien heißen die

Fraunhoferschen Linien. Man schließt, daß diejenige Lichtsorte, die bei der Brechung auf die Stelle der dunklen Linien treffen sollte, im Sonnenlichte nicht vorhanden ist. Fraunhofer hat die 8 auffallendsten (breitesten) dieser Linien (besser Liniengruppen) mit den Buchstaben A, B, C, D, E, F, G, H bezeichnet, aber noch eine große Anzahl (500) feinerer Linien gefunden 1814, und von anderen (insbesondere Kirchhoff) ist noch eine große Anzahl gefunden und nach ihrer gegenseitigen Lage und Entfernung gemessen worden.

232. Spektra glühender Stoffe.

Läßt man Licht eines **weißglühenden festen** (oder flüssigen) Körpers durch ein Prisma zerstreuen, so erhält man ein **kontinuierliches Spektrum ohne dunkle Linien**; man schließt: jeder weißglühende, feste oder flüssige Körper sendet Lichtstrahlen von allen möglichen Sorten aus. Fängt der Körper erst an zu glühen (rotglühend), so sendet er bloß rote Lichtstrahlen aus; wächst seine Hitze, so treten die nächstfolgenden Strahlen orange, dann gelb und so fort dazu; erst bei Weißglut sendet er alle Lichtstrahlen aus.

Anders verhalten sich glühende Dämpfe. Solche verschafft man sich folgendermaßen: Hält man in eine Spiritusflamme oder einen Bunsenschen Brenner, die beide wenig leuchten, mittels eines Platindrahtes etwas Kochsalz oder Potasche oder ein Kupfersalz oder irgend welche Salze von Metallen, so zeigt die Flamme eine gewisse Farbe, bei Kochsalz gelb, bei Potasche rot, bei Kupfer grün etc., da ein Teil des Salzes in der Hitze der Flamme verdampft, sich zersetzt, und das Metall, als Dampf glühend, eine gewisse Lichtart ausstrahlt.

Wenn man solches Licht durch ein Prisma zerlegt, so erhält man kein kontinuierliches Spektrum, sondern nur eine oder einige helle Linien von ganz bestimmter Farbe, bei Kochsalz eine Linie (zwei sehr benachbarte) in Gelb; man nennt sie die Natriumlinie, weil sie herrührt von den in der Flamme glühenden Natriumdämpfen. Ein Kaliumsalz liefert eine helle Linie in Rot, Lithion eine in orange u. s. f. Allgemein **jedes in Dampfform glühende Metall liefert ein bloß aus einzelnen Linien bestehendes Spektrum**.

Gase oder Dämpfe macht man glühend in den von Geißler erfundenen Geißlerschen Röhren. Diese Glasröhren sind in der Mitte zu einer dünnen Röhre ausgezogen und an ihren Enden sind Platindrähte eingeschmolzen; die Röhren werden mit einer gewissen Gasart gefüllt, dann bis auf einen kleinen Rest ($^1/_{100}$) wieder ausgepumpt und zugeschmolzen. Läßt man nun mittels der Platindrähte die Induktionsfunken eines kräftigen Rumkorffschen Induktionsapparates durch das Gas schlagen, so wird das Gas glühend. Durch das Prisma untersucht, liefert jedes Gasspektrum eine oder einige helle Linien; man schließt: **glühendes Gas sendet nur Lichtstrahlen von bestimmter Art und bestimmter Brechbarkeit aus.**

Die Kenntnis dieser, für die glühenden Dämpfe insbesondere der Metalle charakteristischen hellen Linien kann dazu dienen, um das Vorhandensein eines solchen Metalles in irgend einem Stoffe nachzuweisen; denn bringt man etwas von dem Stoffe mittels des Platindrahtes in die Weingeistflamme, untersucht deren Licht durch Zerlegung mittels des Prismas und findet in dem Spektrum die charakteristischen hellen Linien etwa des Natriums, so ist zu schließen, daß Natrium in dem Stoffe enthalten ist. Auf diesem Wege sind vier bis dahin unbekannte Metalle entdeckt worden. Als sich nämlich in einem Spektrum helle Linien zeigten, die keinem der bisher bekannten Metalle angehörten, war zu schließen, daß sie einem neuen Metalle angehören; so fand man das Rubidium, Cäsium (Kirchhoff und Bunsen), Thallium und Indium, sowie manche Gase.

233. Spektralanalyse.

Die meisten der hellen Linien der Metallspektra befinden sich gerade an den Stellen, wo im Sonnenspektrum dunkle Linien vorhanden sind (Kirchhoff). Der nächstliegende Schluß, daß diese Stoffe auf der Sonne nicht vorhanden sind, ist jedoch falsch und gerade das umgekehrte ist richtig, wie aus folgendem ersichtlich ist.

Eine Natriumflamme zeigt im Spektrum die helle Linie in Gelb. Wenn man aber hinter die Natriumflamme einen weißglühenden Körper, z. B. einen Platindraht bringt, das Licht dieses Platindrahtes durch die Natriumflamme gehen läßt und nun mit dem Prisma untersucht, so erhält man im kontinuierlichen Spektrum des glühenden Platins eine dunkle Linie gerade dort, wo die helle Linie des Natriums sein sollte. Erklärung: Die Natriumflamme läßt alle Lichtstrahlen des glühenden Platins durch, deshalb erscheint dessen kontinuierliches Spektrum; aber gerade diejenigen (gelben) Strahlen des Platins, welche die Flamme selbst ausstrahlt, läßt sie nicht durch, sondern sie absorbiert sie; ein glühendes Gas absorbiert alle die Strahlen, die es selbst aussendet. Deshalb erscheint im Spektrum an Stelle dieser gelben Strahlen eine dunkle Linie, Absorptionslinie; sie ist jedoch nicht ganz dunkel, da sie doch noch das viel schwächere Licht der glühenden Flamme erhält. So sind auch die Fraunhoferschen Linien im Sonnenspektrum nicht schwarz, sondern nur dunkler als die benachbarten Stellen.

Da nun das Sonnenspektrum im allgemeinen ein kontinuierliches ist, so folgt, daß die Sonne ein glühender fester oder glühendflüssiger Körper sei; da sich aber sehr viele dunkle Linien zeigen, so folgt, daß der glühende Sonnen-Kern mit einer Hülle dampfförmiger glühender Gase von niedrigerer Temperatur umgeben sei, die gerade diejenigen Strahlen des glühenden Kernes absorbiert, die sie selbst ausstrahlt, und so die dunklen Linien (Absorptionslinien) hervorbringt. Da nun an der Stelle der Natriumlinie im Sonnenspektrum eine dunkle Linie ist, so folgt, daß Natriumdämpfe in der Sonnenatmosphäre enthalten sind; ebenso sind Kalium, Kalcium, Magnesium, Nickel, Eisen, Mangan und Chrom auf der Sonne anwesend. Auch Wasserstoff ist in der Sonnenatmosphäre enthalten, dagegen fehlt im Spektrum der Nachweis von Gold, Silber, Blei, Zinn, Antimon, Quecksilber, Silicium, Lithium u. a. m.

Die Spektra der Fixsterne zeigen meist ähnliche dunkle Linien wie bei der Sonne; man fand so, daß Sirius und Aldebaran sicher Natrium, Magnesium und Eisen enthalten. Nebelflecke, welche sich im Fernrohre als Sternhaufen auflösen lassen, zeigen stets ein kontinuierliches Spektrum, man schließt, daß sie aus einzelnen glühenden, flüssigen Körpern bestehen; von den Nebeln aber, die sich nicht auflösen lassen, zeigen manche die hellen Linien glühender Gase.

234. Farben dunkler Körper. Komplementäre Farben.

Wir nennen einen Körper weiß, wenn er von allen auf ihn fallenden Lichtstrahlen einen gleichen Bruchteil reflektiert, so daß das zurückgeworfene Licht dieselbe Zusammensetzung hat wie das auffallende; im Sonnenlicht erscheint er weiß, in blauem Lichte blau, und von der Natriumflamme beleuchtet erscheint er gelb.

Wenn ein dunkler Körper nicht alle auf ihn auffallenden Lichtstrahlen in demselben Verhältnis zurückwirft, so erscheint er uns farbig, z. B. rot, wenn er vorzugsweise die roten Strahlen reflektiert, die übrigen aber absorbiert. Da jeder Stoff hiebei zwar eine Farbe besonders gut, aber auch noch alle andern Farben, wenn auch schwach reflektiert, so sind die Farben solcher Körper unrein.

Wird ein Stoff mit einfarbigem Licht beleuchtet, so kann er natürlich nur solches Licht reflektieren und erscheint demnach in dieser Farbe, und zwar stark leuchtend, wenn er diese Farbe reflektieren kann, dunkel, wenn er diese nicht oder nur schwach reflektieren kann.

Werden die Lichtstrahlen des Spektrums durch eine Sammellinse vereinigt, so erhält man Weiß. Schließt man hiebei eine Farbe von der Vereinigung aus, indem man etwa durch einen Streifen Papier die grünen Strahlen abhält, so geben die übrigen eine Farbe, die mit einer Spektralfarbe verglichen werden kann, in unserem Falle Rot. Dieses Rot ist keine reine, sondern eine Mischfarbe. Ausschließen von Orange gibt Blau und Ausschließen von Gelb gibt Violett und umgekehrt.

Da Rot aus Weiß entsteht durch Ausschließen von Grün, so muß Rot und Grün gemischt wieder Weiß geben, ebenso Orange und Blau, Gelb und Violett. Man nennt zwei Farben, welche miteinander gemischt Weiß geben, **Komplementär- oder Ergänzungsfarben**. Man zeigt dies, entweder indem man zwei Farben aus dem Spektrum auswählt und vereinigt, oder durch den **Farbenkreisel**, einen schweren scheibenförmigen Kreisel. Befestigt man auf ihm eine Papierscheibe, bei welcher ein Sektor rot, der andere grün bemalt ist, so mischen sich bei der Rotation im Auge die Farbeneindrücke und er erscheint weiß, je besser nach Intensität und Ton die Farben gewählt sind. Sind die Farben hiebei komplementär, so erscheint eine Mischfarbe.

Wenn man vor einen großen weißen Schirm ein Stück farbigen Papiers hält, etwa grünes, dieses bei guter Beleuchtung lange und stark fixiert, es dann rasch vom Schirm entfernt und nun den Schirm anblickt, so sieht man auf dem Schirm ein **farbiges Nachbild** des entfernten Papieres und zwar in der Komplementärfarbe, also rot. Denn durch das lange Betrachten des grünen Papieres wird unser Auge unempfindlich oder doch weniger empfindlich für Grün. Betrachtet man mit dem so geschwächten Auge den weißen Schirm, so empfindet das Auge noch alle Farben des Weiß, mit Ausnahme des Grün; die Vereinigung dieser Farben gibt aber die Komplementärfarbe Rot. Das Nachbild verschwindet bald, da das Auge sich wieder erholt. Da die rote Farbe des Nachbildes in Wirklichkeit nicht vorhanden ist, sondern durch die besondere Beschaffenheit (Ermüdung) unseres Auges bedingt ist, so nennt man sie eine **subjektive Farbe**. Der Versuch gelingt ebenso mit jeder anderen Farbe, sowie mit Hell und Dunkel.

Legt man eine kleine grüne Papierscheibe auf einen roten Schirm, fixiert das Grüne, und entfernt es, so erblickt man auf dem roten Schirm ein viel lebhafter rotes Nachbild der grünen Scheibe; auch dies erklärt man durch das komplementäre rote Nachbild des Grünen, das sich aus den nicht roten Farben des unreinen Rot zusammensetzt und sich mit dem schon vorhandenen Rot zu lebhafter Farbe zusammensetzt. Der Versuch gelingt ebenso mit jeder Farbe, die auf einem Hintergrund von komplementärer Farbe ruht. Da jede solche Farbe im stande ist, die benachbarte komplementäre Farbe durch das gleichfarbige subjektive Nachbild zu heben, so nennt man zwei komplementäre Farben auch **Kontrastfarben**. Orangefarbige oder goldgelbe Streifen auf blauem Grund erscheinen deshalb leuchtender und glänzender, rote Streifen auf grünem Grund treten hervor. Sind solche Streifen nicht in der Kontrastfarbe ausgeführt, so werden sie durch die Grundfarbe nicht gehoben, bleiben schwach, erscheinen sogar noch matter. So erscheint eine grüne Zeichnung auf gelbem Grunde oder eine blaue Zeichnung auf rotem Grunde matt und erdig. Denn das Grüne wird durch das blaue Nachbild des gelben Grundes zu einer matten Farbe abgeschwächt, ebenso die blaue Zeichnung durch das grüne Nachbild des roten Grundes.

235. Phosphoreszenz.

Manche Stoffe erlangen, wenn sie einige Zeit dem Lichte ausgesetzt waren, die Fähigkeit, selbst zu leuchten; sie strahlen im Dunkeln ein schwaches Licht aus, das Phosphoreszenzlicht, da man es wegen seines schwachen Schimmers vergleichen kann mit dem Lichte, das ein Stückchen Phosphor im Dunkeln abgibt. Der Art nach ist es jedoch davon verschieden; denn das Licht des Phosphors rührt von einer langsamen Verbrennung her, und dieselbe Ursache hat auch das Leuchten von faulem Holze, und eine ähnliche Ursache hat wohl das Glühen der Johanniswürmchen, Leuchtkäfer u. s. w. sowie das Meeresleuchten; derartiges Leuchten wird nur uneigentlich Phosphoreszenz genannt.

Die Phosphoreszenz, das eigentliche Nachleuten, ist besonders stark bei den Sulfiden von Kalcium, Barium und Strontium, sowie beim Flußspat. Das Licht ist rötlich, bläulich, grünlich, je nach der chemischen Zusammensetzung des Stoffes, enthält aber außer diesen noch alle Spektralfarben.

Die Dauer des Nachleuchtens ist sehr verschieden; es dauert bei manchen Stoffen in abnehmender Stärke mehrere Stunden, bei manchen dagegen nur sehr kurze Zeit. Fast alle Körper phosphoreszieren, wenn auch bei manchen die Dauer des Nachleuchtens nur einige Hundertel einer Sekunde beträgt.

Lange und stark phosphoreszierende Stoffe benützt man als „Leuchtfarbe“ zum Anstreichen mancher Gegenstände (Zündholzschachtel, Leuchter, Glockenzug), um sie nachts leicht sehen zu können.

236. Fluoreszenz.

Wenn man Sonnenlicht auf einen Flußspatkristall fallen läßt, und ihn von der Seite betrachtet, so sieht man, daß die ersten Schichten des Kristalles, die von der Sonne getroffen werden, ein bläuliches Licht nach allen Seiten hin ausstrahlen.

Man nennt diese Erscheinung Fluoreszenz. Ähnliche Erscheinungen nimmt man an manchen anderen Stoffen war, insbesondere auch an Flüssigkeiten, wie Chininlösung, Curcuma- und Chlorophyll-Lösung, auch an Petroleum. Betrachtet man Petroleum in einem Glase etwas schräg von der Seite, von welcher auch das Sonnenlicht (auch zerstreutes) auffällt, so erscheint es violett, während das durchgelassene Licht die gewöhnliche gelbe Farbe des Petroleums zeigt.

Diese Erscheinung, obwohl theoretisch sehr interessant, hat praktisch keine Verwendung.

237. Wärmestrahlen.

Von der Sonne kommen nicht bloß Lichtstrahlen, sondern auch Wärmestrahlen. Sie werden durch ein Prisma ebenso gebrochen und zerstreut wie die Lichtstrahlen.

Untersucht man das durch ein Prisma (aus Steinsalz) erhaltene Spektrum mit dem Thermometer, so zeigt sich die Wärme nicht gleichmäßig über das Spektrum verteilt. Sie ist am violetten Ende gering, wächst gegen das rote Ende hin, ja noch darüber hinaus, nimmt dann ab und verschwindet erst in einer Entfernung von Rot, die etwa so groß ist als die sichtbare Länge des Spektrums. (W. Herschel 1800.)

Im Sonnenlichte sind also Wärmestrahlen vorhanden, welche so stark brechbar sind wie die Lichtstrahlen, **helle Wärmestrahlen**, und zudem noch eine beträchtliche Menge Wärmestrahlen, die weniger brechbar sind als die roten Lichtstrahlen, **dunkle oder ultrarote Wärmestrahlen**, weil sie jenseits des Rot im dunklen Teil des Spektrums liegen. Die „dunklen“ Wärmestrahlen der Sonne sind etwa doppelt so viel, als die „hellen“.

Die Wärmestrahlen irdischer Wärmequellen sind um so weniger brechbar, je niedriger deren Temperatur ist, und bei wachsender Temperatur kommen immer mehr Strahlen höherer Brechbarkeit dazu. Dunkle Wärmequellen, wie etwa die Wand eines Blechgefäßes, in dem sich heißes Wasser befindet, oder eine Ofenplatte, die noch nicht glüht, senden nur dunkle Wärmestrahlen aus; erst nach Beginn der Rotglut, ca. 500°, treten auch noch helle Wärmestrahlen dazu, zunächst im Rot, und je mehr der Körper glühend wird, desto mehr verbreiten sich die hellen Wärmestrahlen vom Rot aus über das ganze Spektrum. Erst bei 2000° treten auch die violetten Strahlen auf, so daß erst nach 2000° reines Weiß eintritt. Doch sind stets die hellen Wärmestrahlen viel weniger als die dunklen; sie betragen bei einer Öl- oder Gasflamme nur 1 resp. 2% der Gesamtstrahlung, und bei elektrischem Licht nur 10%. Da im Sonnenlichte ca. 33% helle Strahlen vorhanden sind, so möchte man schließen, daß die Temperatur der Sonne viel höher sei als die des elektrischen Lichtbogens, denn je heißer die Quelle, um so größer ist der Prozentsatz der hellen Strahlen. Allein die Sonnenstrahlen kommen nicht unverändert zu uns, sondern beim Durchgange durch die Atmosphäre werden vorzugsweise die dunklen Wärmestrahlen absorbiert. Das Licht leuchtender Insekten besteht fast nur aus hellen Strahlen im Gelb.

238. Durchgang der Wärmestrahlen.

Sehr eigentümlich verhalten sich die Stoffe beim Durchgange der Wärmestrahlen. Farblose Stoffe lassen die hellen Wärmestrahlen ebensogut durch wie die Lichtstrahlen. Wesentlich anders verhalten sie sich aber gegenüber den dunklen Wärmestrahlen. Nur Steinsalz läßt auch nahezu alle dunklen Wärmestrahlen durch: alle anderen absorbieren beträchtliche Mengen der Wärmestrahlen und zwar anfangend von den am wenigsten brechbaren Strahlen; sie verkürzen demnach das Wärmespektrum. Glas läßt z. B. von den dunklen Wärmestrahlen einer Flamme oder eines weißglühenden Platindrahtes nur etwa ein Viertel durch, von den dunklen Wärmestrahlen eines dunklen Körpers von 100° aber gar keine. Noch weniger dunkle Wärmestrahlen läßt Alaun, Wasser, Eis u. s. w. durch.

Von den farblosen, einfachen Gasen lassen Sauerstoff, Wasserstoff und Stickstoff nicht bloß alle hellen, sondern auch fast alle dunklen Wärmestrahlen durch. Zusammengesetzte Gase absorbieren jedoch viel mehr von den dunklen Wärmestrahlen; z. B. Kohlensäure absorbiert 90 mal so viel wie die atmosphärische (trockene) Luft, Sumpfgas 403 mal, ölbildendes Gas 970 mal so viel. Die Absorption in einem Gase ist im allgemeinen um so bedeutender, je komplizierter seine Zusammensetzung ist; Wasserdampf absorbiert 60 mal so viel Wärmestrahlen wie eine gleiche Masse von Sauerstoff- und Wasserstoffgas; Ammoniak 150 mal so viel wie seine Elemente.

Sehr viel dunkle Wärme absorbiert auch der in der Luft enthaltene Wasserdampf; sie wird direkt zur Erwärmung der Luft verwendet. Wenn andrerseits die Gegenstände auf der Erde Wärme ausstrahlen, die ja nur dunkle Wärme ist, so wird diese zum größten Teil von der Luftfeuchtigkeit absorbiert, und zwar um so stärker, je feuchter die Luft ist.

239. Die chemischen Strahlen.

Die Sonnenstrahlen können auch eine chemische Wirkung hervorbringen; beim Photographieren wird dadurch Jodsilber zersetzt. Läßt man das Spektrum des Sonnenlichtes auf eine photographische Platte fallen, so zeigt sich die Stärke der chemischen Wirkung nicht gerade der Helligkeit der Farben proportional, sondern sie ist im Rot verschwindend klein, nur wenig merklich, doch wachsend von Gelb bis Blau, wächst sehr stark im Dunkelblau und ist im Violett am stärksten. Aber auch noch jenseits des sichtbaren Violett ist chemische Wirkung vorhanden in abnehmender Stärke und verschwindet erst in einer Entfernung vom Violett, die ungefähr der Breite des sichtbaren Spektrums gleich ist.

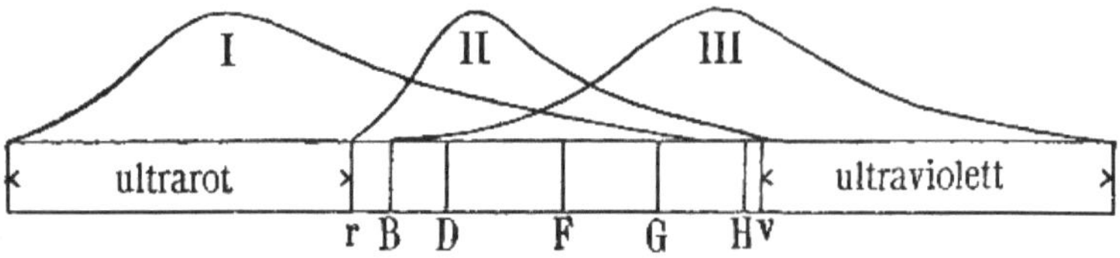

Fig. 308.

Man schließt daraus, daß **die Strahlen je nach ihrer Brechbarkeit in verschiedenem Grade Licht- und chemische Wirkungen hervorbringen**. Es bringen also die Strahlen, die wir als rot, gelb, grün wahrnehmen, lebhafte Farbenempfindung in unserem Auge, aber nur schwache chemische Wirkung hervor, während blaue und besonders violette Strahlen nur schwachen Lichteindruck, aber starke chemische Wirkung ausüben, und die **ultravioletten** Strahlen bringen gar keine Lichtempfindung aber noch chemische Wirkung hervor. Man nennt alle diejenigen Strahlen, welche eine chemische Wirkung hervorbringen, **chemische Strahlen**.

Die chemischen Strahlen verlängern das sichtbare Spektrum über das violette Ende hinaus, ebenso wie die dunklen Wärmestrahlen über das rote Ende hinaus. In Fig. 308 ist in der Kurve I die Intensivität der Wärmestrahlen, in II die der Lichtstrahlen, in III die der chemischen Strahlen gezeichnet. Auch im ultraroten Wärmespektrum hat man Lücken nachgewiesen, welche Fraunhoferschen Linien analog sind; ebenso im ultravioletten, chemischen Spektrum.

Irdische Wärmequellen sind auch arm an den chemisch wirksamen Strahlen höherer Brechbarkeit. Je intensiver die Hitze, desto größer ist auch die Menge der chemisch wirksamen Strahlen, und es besitzt z. B. das elektrische Bogenlicht deren eine große Menge. Es ist deshalb nicht gut möglich, bei Lampen- oder Gaslicht zu photographieren, während elektrisches Bogenlicht sich recht gut dazu eignet.

Die bisher besprochenen Wirkungen beziehen sich jedoch nur auf die Zersetzung von Chlorsilber. Bei anderen chemischen Wirkungen haben andere Strahlen größere Energie; bei grünem Chlorophyll wirken die roten Strahlen am meisten. Im allgemeinen wirken gerade die Strahlen auf einen Stoff am stärksten, welche von dem Stoffe absorbiert werden.

Unentbehrlich ist die chemische Wirkung der Sonnenstrahlen für das Wachstum der Pflanzen. Die Pflanzen nehmen nämlich aus der Luft (die Wasserpflanzen aus dem Wasser) Kohlensäure auf; in den grünen Pflanzenteilen (Blättern, Nadeln, grünen Stengeln) wird durch die chemische Wirkung der Sonnenstrahlen die Kohlensäure zerlegt, Sauerstoff ausgeschieden, und unter Hinzunahme von Wasserstoff aus Wasser, das auch zerlegt wird, werden dann die verschiedenen, an Kohle und Wasserstoff reichen Stoffe gebildet, aus denen die Pflanze besteht.

Elfter Abschnitt.
Mechanik.

240. Der Hebel.

Das Gesetz des einfachen Hebels heißt: **Der Hebel ist im Gleichgewichte, wenn die Kräfte sich verhalten wie umgekehrt die Längen der Hebelarme**, also wenn:

$$P : Q = b : a.$$

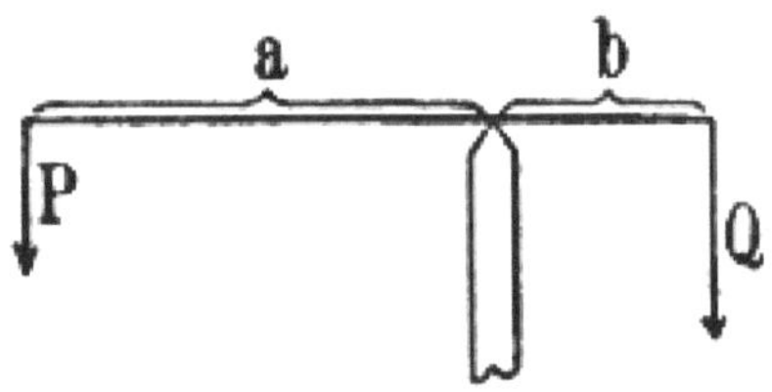

Fig. 309.

Man bildet hieraus nach arithmetischen Sätzen $P \cdot a = Q \cdot b$, und sagt: Der Hebel ist im Gleichgewichte, wenn das Produkt aus der Kraft mal ihrem Hebelarme gleich ist dem Produkte aus der Last mal ihrem Hebelarme.

Ein solches Produkt aus einer Kraft und ihrem zugehörigen Hebelarme nennt man das statische Moment oder Drehmoment der Kraft.

Dann heißt das Hebelgesetz: **Ein Hebel ist im Gleichgewichte, wenn die Momente beider Kräfte einander gleich sind und nach verschiedenen Richtungen wirken.**

Das Moment $P \cdot a$ einer Kraft P gibt zugleich die Größe einer Kraft an, welche im Abstande 1 vom Drehpunkt dasselbe leistet, wie die Kraft P im Abstande a. Man ersetzt demnach die Kraft P im Abstande a durch die Kraft $P \cdot a$ im Abstande 1, und die Kraft Q im Abstande b durch die Kraft $Q \cdot b$ im Abstande 1. Dann tritt Gleichgewicht ein, wenn die Kräfte gleich sind, also wenn $P \cdot a = Q \cdot b$.

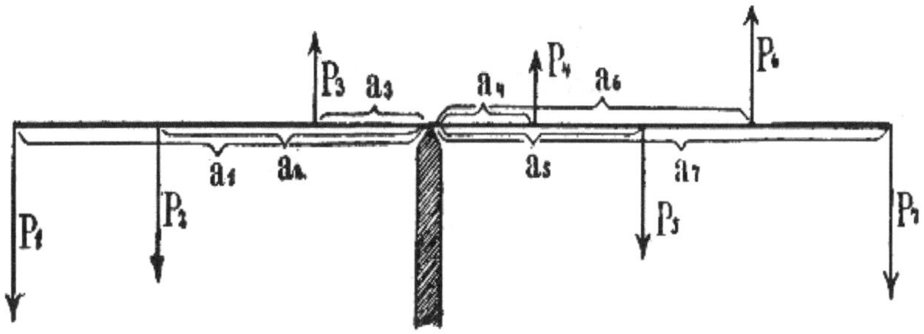

Fig. 310.

Wirken mehrere Kräfte auf den Hebel, so bringt jede an ihm ein Drehmoment hervor, dessen Größe gleich ist dem Produkte aus der Kraft mal ihrem Hebelarme. Denkt man sich die Kräfte wieder ersetzt durch Kräfte, die je im Abstande 1 mit gleichem Moment wirken, so hat man wie in Fig. 310 links vom Drehpunkte im Abstand 1 die Kräfte $P_1\, a_1$, $P_2\, a_2$, $P_3\, a_3$ anzubringen; ihre Resultierende ist, da $P_3\, a_3$ nach der entgegengesetzten Richtung wirkt $= P_1\, a_1 + P_2\, a_2 - P_3\, a_3$; ebenso hat man rechts vom Drehpunkt im Abstand 1 Kräfte anzubringen, deren Resultierende $= - P_4\, a_4 + P_5\, a_5 - P_6\, a_6 + P_7\, a_7$. Dann tritt Gleichgewicht ein, wenn $P_1\, a_1 + P_2\, a_2 - P_3\, a_3 = - P_4\, a_4 + P_5\, a_5 - P_6\, a_6 + P_7\, a_7$.

Ordnet man diese Momente nach positiven Gliedern, also:

$$a_1\, P_1 + a_2\, P_2 + a_4\, P_4 + a_6\, P_6 = a_3\, P_3 + a_5\, P_5 + a_7\, P_7,$$

so heißt das Gesetz: **Der Hebel ist im Gleichgewichte, wenn die Summe der Momente der Kräfte, welche den Hebel nach der einen Richtung zu drehen suchen, gleich ist der Summe der Momente der Kräfte, welche den Hebel nach der anderen Richtung zu drehen suchen.**

Bringt man alle Momente auf eine Gleichungsseite, also:

$$a_1\, P_1 + a_2\, P_2 - a_3\, P_3 + a_4\, P_4 - a_5\, P_5 + a_6\, P_6 - a_7\, P_7 = 0,$$

so heißt das Gesetz: **Der Hebel ist im Gleichgewichte, wenn die algebraische Summe aller Momente = 0 ist**; dabei sind die Momente mit dem + oder - Zeichen zu nehmen, je nachdem sie den Hebel nach der einen oder nach der anderen Richtung zu drehen suchen.

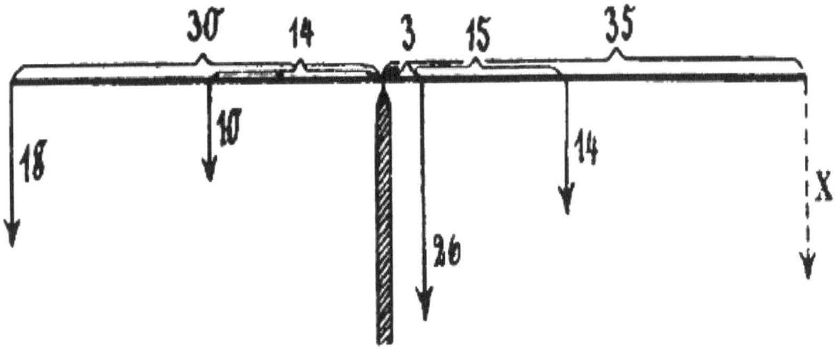

Fig. 311.

Beispiel: An einem Hebel wirken die aus Fig. 311 ersichtlichen Kräfte; welche Kraft ist anzubringen, damit der Hebel im Gleichgewichte ist?

Antwort: Die Momentengleichung gibt:

$$18 \cdot 30 + 10 \cdot 14 - 26 \cdot 3 - 14 \cdot 15 - x \cdot 35 = 0;$$

hieraus x = 11,2 *kg*.

Aufgaben:

144. Wenn an einem Hebel auf der einen Seite in den Entfernungen von 18 *cm* und 33 *cm* vom Stützpunkte die Kräfte 9 und 11 *kg*, und auf der anderen Seite die Kraft 15 *kg* in 20 *cm* Entfernung wirkt, wo muß noch die Kraft von 10 *kg* dazugefügt werden, damit Gleichgewicht stattfindet?

145. An einer horizontalen Stange von 64 *cm* Länge, die an einem Ende in einem Scharnier drehbar ist, hängt am andern Ende eine Last von 20 *kg*. Mit welcher Kraft drückt sie auf einen Punkt, der 15 *cm* vom Scharnier entfernt ist, und mit welcher Kraft drückt sie auf das Scharnier selbst?

241. Resultante von Parallelkräften.

Parallelkräfte, welche an einer starren Stange angreifen, haben eine Resultierende, welche den Parallelkräften parallel, und gleich ihrer algebraischen Summe ist.

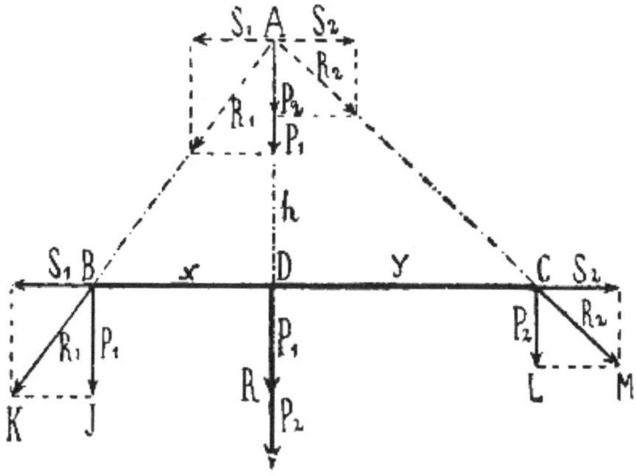

Fig. 312.

Wirken in zwei starr verbundenen Punkten B und C (Fig. 312) zwei parallele Kräfte P_1 und P_2, so findet man die Mittelkraft auf folgende Art. Man fügt die gleichen und entgegengesetzt wirkenden Kräfte S_1 in B und S_2 in C hinzu, wodurch, da S_1 und S_2 sich aufheben, die Wirkung von P_1 und P_2 nicht geändert wird. Man bilde aus S_1 und P_1 die Mittelkraft R_1, ebenso R_2 aus S_2 und P_2, verlege ihren Angriffspunkt in den Schnittpunkt A ihrer Richtungen, zerlege dort wieder R_1 in P_1 und S_1, R_2 in P_2 und S_2, so heben sich S_1 und S_2 auf, P_1 und P_2 geben eine Mittelkraft $R = P_1 + P_2$; ihren Angriffspunkt verlegt man nach D, so ist D der Angriffspunkt der Mittelkraft der zwei Parallelkräfte P_1 und P_2.

Bezeichnet man BD mit x, DC mit y, DA mit h, so ist

$$x : S_1 = h : P_1;\text{ also } S_1\, h = x\, P_1;\text{ ebenso}$$

$$y : S_2 = h : P_2;\text{ also } S_2\, h = y\, P_2;$$
hieraus durch Vergleichung: $x\, P_1 = y\, P_2$ oder

$$P_1 : P_2 = y : x = CD : BD.$$

Dies ergibt den Satz: Wirken zwei Parallelkräfte an den Endpunkten einer starren Strecke, so ist die Mittelkraft parallel den Kräften, gleich der Summe der Kräfte, und ihr **Angriffspunkt teilt die Strecke so, daß sich die Teile verhalten umgekehrt wie die Kräfte**.

Daraus folgt auch: der Angriffspunkt der Mittelkraft der Parallelkräfte ist auch der Stützpunkt des Hebels BC mit den Kräften P_1 und P_2.

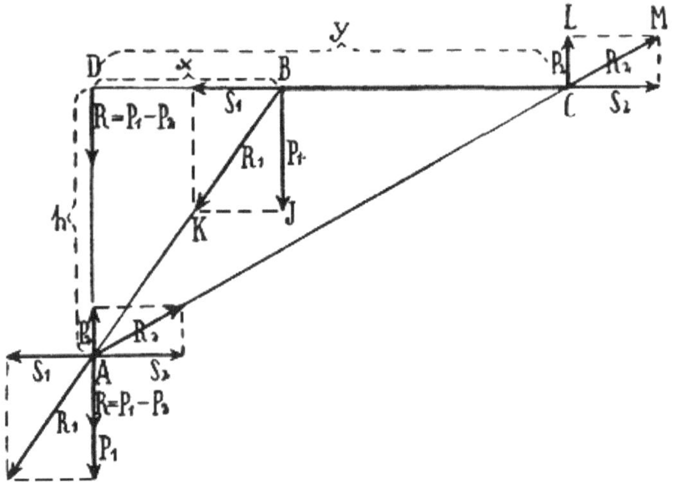

Fig. 313.

Wirken die Parallelkräfte nicht in gleicher, sondern in entgegengesetzter Richtung, so ändert sich die Ableitung wie aus Fig. 313 ersichtlich ist.

Man fügt wie vorher die gleichen Kräfte S_1 und S_2 hinzu, bildet die Mittelkräfte R_1 und R_2, verlegt ihre Angriffspunkte in den Schnittpunkt A ihrer Richtungen, zerlegt sie dort wieder in ihre Komponenten, so heben sich S_1 und S_2 auf, während die Komponenten P_1 und P_2 nun in entgegengesetzten Richtungen wirken, also eine Mittelkraft geben gleich ihrer Differenz $R = P_1 - P_2$. Die Richtung von R schneidet die Strecke BC außerhalb der Angriffspunkte der Kräfte und zwar auf Seite der größeren Kraft in D. Bezeichnet man wieder DB mit x, DC mit y, DA mit h, so ist ebenso

$x : S_1 = h : P_1$; hieraus $x P_1 = S_1 h$; $y : S_2 = h : P_2$; hieraus $y P_2 = S_2 h$; durch Vergleichung:

$$x P_1 = y P_2, \text{ oder}$$

$P_1 : P_2 = y : x = DC : DB$. Der Angriffspunkt D der Mittelkraft teilt also die Strecke BC äußerlich so, daß die Teilstrecken DC und DB sich umgekehrt verhalten wie die Kräfte.

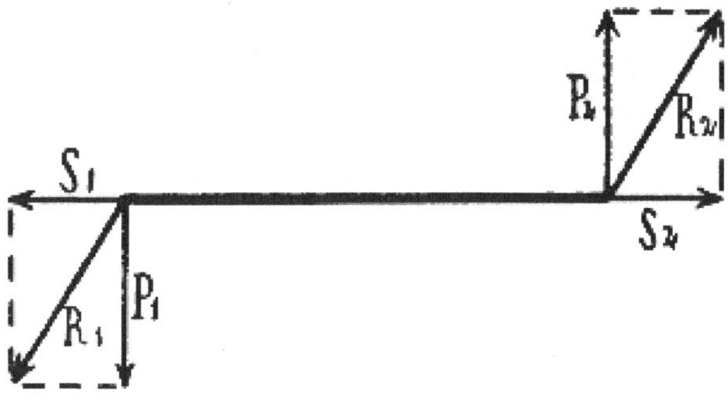

Fig. 314.

Gleichgewicht kann hergestellt werden, indem man in D eine der Mittelkraft gleiche und entgegengesetzte Kraft anbringt; doch muß D noch starr mit B und C verbunden sein.

Sind die zwei Kräfte P_1 und P_2 (Fig. 314) entgegengesetzt gerichtet und noch dazu einander gleich und macht man dieselbe Ableitung, so ergibt sich, daß die Mittelkräfte R_1 und R_2 parallel gerichtet sind. Deshalb ergeben ihre Richtungen keinen Schnittpunkt A, also auch keine Mittelkraft. Nennt man „zwei gleiche an zwei starr verbundenen Punkten angreifende und in entgegengesetztem Sinn gerichtete Kräfte ein **Kräftepaar**", so hat man den Satz: Ein Kräftepaar hat keine Mittelkraft, kann also durch eine einzige Kraft allein nicht aufgehoben werden.

Erweiterung der vorigen Sätze: die Resultierende beliebig vieler Parallelkräfte ist den Kräften parallel und gleich ihrer algebraischen Summe.

Der Angriffspunkt der Mittelkraft muß so liegen, daß das **Drehungsmoment der Mittelkraft gleich ist der Summe der Momente der einzelnen Kräfte**, und zwar gleichgültig, wo auch der Drehungspunkt der Stange liege.

Ob es möglich ist, einen Angriffspunkt unter diesen Bedingungen zu finden, ist nicht von vornherein klar. Wir suchen daher zunächst den Angriffspunkt J der Mittelkraft, indem wir einen bestimmten Punkt O als Drehungspunkt annehmen. (Fig. 315.)

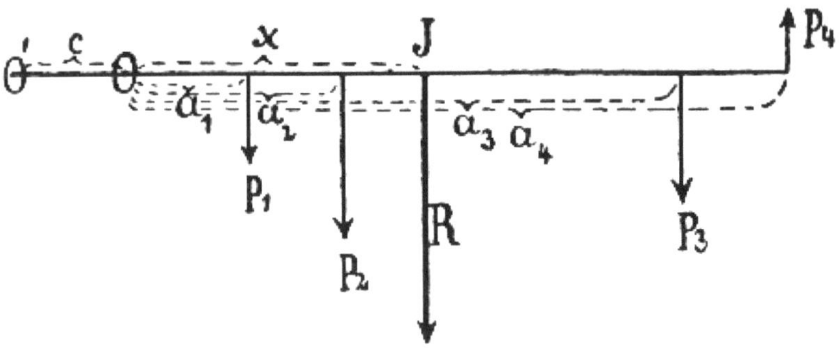

Fig. 315.

Es seien P_1, P_2, P_3, - P_4 die Kräfte, so ist die Mittelkraft

$$R = P_1 + P_2 + P_3 - P_4.$$

Sind a_1, a_2, a_3, a_4 die Entfernungen dieser Kräfte vom Drehungspunkte O und OJ = x die Entfernung der Mittelkraft von O, und soll das Moment der Mittelkraft gleich der Summe der Momente der einzelnen Kräfte sein, so muß

$$R \cdot x = a_1 P_1 + a_2 P_2 + a_3 P_3 - a_4 P_4; \text{ hieraus}$$

$$OJ = x = a_1 P_1 + a_2 P_2 + a_3 P_3 - a_4 P_4 \; P_1 + P_2 + P_3 - P_4.$$

Es läßt sich nun zeigen, daß, wenn die Mittelkraft in dem so bestimmten Punkte J angreift, ihr Moment auch gleich ist der Summe der Momente der Einzelkräfte in bezug auf einen beliebigen anderen Punkt O'. Denn es sei OO' = c, so ist

$$R\,x = a_1 P_1 + a_2 P_2 + a_3 P_3 - a_4 P_4; \text{ aber es ist}$$

$$R\,c = c\,P_1 + c\,P_2 + c\,P_3 - c\,P_4; \text{ also durch Addition}$$

$$R\,(x + c) = P_1\,(a_1 + c) + P_2\,(a_2 + c) + P_3\,(a_3 + c) - P_4\,(a_4 + c).$$

Aber links steht das Moment der Mittelkraft in bezug auf O', und rechts steht die Summe der Momente der einzelnen Kräfte auch in bezug auf O'; beide sind gleich.

Der Angriffspunkt J der Mittelkraft mehrerer Parallelkräfte oder deren Schwerpunkt kann demnach auf obige Art gefunden werden, indem man zunächst einen beliebigen Punkt O als Drehpunkt annimmt; die Gleichheit der Momente gilt dann von selbst für jeden anderen Punkt O'.

Rückt man nun den Punkt O nach J, nimmt man also den Angriffspunkt der Mittelkraft als Drehpunkt, so ist in bezug auf ihn das Moment der Mittelkraft gleich Null, da die Mittelkraft durch den Punkt selbst geht, also keinen Hebelarm, einen Hebelarm = 0 hat. Folglich ist auch die Summe der Momente der einzelnen Kräfte in bezug auf J gleich Null. Das bedeutet aber, daß der Hebel in bezug auf J als Drehpunkt im Gleichgewichte ist. Wir schließen also: der Schwerpunkt mehrerer paralleler Kräfte ist zugleich Stützpunkt des Hebels und umgekehrt.

Aufgaben:

146. An den Enden einer Stange von a = 80 *cm* Länge wirken die Parallelkräfte P = 56 *kg* und Q = 72 *kg*. Wo ist die Stange zu stützen?

147. Eine Stange von der Länge l ist an beiden Endpunkten gestützt. Wenn sie nun in der Entfernung a vom einen Ende mit Q *kg* belastet ist, wie verteilt sich diese Last auf die beiden Stützen? Wo muß die Last angebracht werden, damit sich die Belastungen wie 2 : 3, wie p : q verhalten?

148. Eine Last von 100 *kg* soll auf eine horizontale, an beiden Enden gestützte Stange von 1,5 *m* Länge so gelegt werden, daß der eine Stützpunkt nur einen Druck von 20 *kg* erfährt. Wo ist die Last anzubringen?

149. Ein Balken hat bei 5,2 *m* Länge 128 ℔ Gewicht, die in seiner Mitte angreifen, ist an beiden Enden fest aufgelegt und 2,4 *m* vom einen Ende noch mit 280 ℔ belastet. Welchen Druck übt er auf jede Stütze aus?

150. An einem Balken von der Länge l, der an beiden Enden gestützt ist, wirken in den Abständen a_1, a_2, a_3, a_4 je vom linken Endpunkt aus gerechnet die Gewichte P_1, P_2, P_3, P_4. Welchen Druck hat jede Stütze auszuhalten?

151. An einem Hebel wirken folgende Kräfte: Am einen Ende 50 *kg*, 20 *cm* davon entfernt 60 *kg*, weitere 15 *cm* davon 125 *kg*, weitere 30 *cm* davon 4 *kg* und weitere 16 *cm* davon 80 *kg*. Wo muß der Hebel gestützt werden, wenn alle Kräfte in derselben Richtung wirken, und wo, wenn die 2. und 4. Kraft nach entgegengesetzten Richtungen wirken?

152. An einer Stange wirken folgende Parallelkräfte: am einen Ende 40 *kg*, 12 *cm* davon 70 *kg*, weitere 20 *cm* davon 50 *kg* nach aufwärts, weitere 23 *cm* davon 60 *kg* nach abwärts und weitere 23 *cm* davon 35 *kg* nach abwärts. Wo und wie stark muß sie gestützt werden?

153. Ein Balken von 4,8 *m* Länge ist an beiden Enden unterstützt. Er ist in mehreren Punkten belastet, und zwar 0,6 *m*, 1,4 *m*, 2,2 *m*, 3 *m* je vom linken Endpunkt mit 120 *kg*, 250 *kg*, 75 *kg*, 140 *kg*. An welchem Punkte dürfen diese Belastungen vereinigt werden, wenn der Druck auf die Stützen sich nicht ändern soll?

154. Ein an beiden Enden unterstützter Balken von 3,6 *m* Länge ist 1,2 *m* vom linken Ende schon mit 100 *kg* belastet. Wo muß eine weitere Last von

150 *kg* angebracht werden, damit die Belastungen der beiden Stützen gleich werden?

242. Starres System.

Wenn auf einen festen Körper eine Kraft wirkt, so bewegt er sich wegen der gegenseitigen Anziehung der Moleküle so, daß all seine Teile in Bewegung kommen. Man nennt deshalb einen festen Körper ein **starres System materieller Punkte**. Diese Bezeichnung gilt auch für einen festen Körper, der aus mehreren Teilen so zusammengesetzt ist, daß die gegenseitige Lage der Teile durch äußere Kräfte nicht geändert wird. Man sieht dabei ab von den unausbleiblichen kleinen Änderungen, Biegungen, Verkürzungen und ähnlichem.

Die Erfahrung lehrt: **die Wirkung einer Kraft auf ein starres System ändert sich nicht, wenn man den Angriffspunkt der Kraft in der Richtung der Kraft an einen andern Punkt des Systems verlegt**.

Wir betrachten ein ebenes starres System und lassen an ihm beliebige Kräfte wirken, deren Richtungen alle in der Ebene des Systems selbst liegen. Wir suchen die Resultierende.

Wir ziehen in der Ebene eine beliebige Gerade, verlegen den Angriffspunkt jeder Kraft in diese Gerade, und haben somit eine starre Gerade, an welcher an verschiedenen Punkten Kräfte P_1, P_2, P_3 . . . . . . unter verschiedenen Winkeln α_1, α_2, α_3, ... wirken. Dabei seien alle Winkel in demselben Sinne gemessen, etwa nach rechts und abwärts bis 180°, und nach rechts und aufwärts auch bis 180°, letztere jedoch als negativ betrachtet.

Wir zerlegen jede Kraft in zwei Komponenten, von denen die eine (x) in der Richtung der Geraden, die andere (y) senkrecht dazu wirkt. Dann ist

$$x_1 = P_1 \cos \alpha_1;\ x_2 = P_2 \cos \alpha_2;\ \ldots\ldots\ x_n = P_n \cos \alpha_n.$$

$$y_1 = P_1 \sin \alpha_1;\ y_2 = P_2 \sin \alpha_2;\ \ldots\ldots\ y_n = P_n \sin \alpha_n.$$

Man vereinigt die x_1, x_2 . . . . . . zu einer Resultierenden

$$X = x_1 + x_2 + x_3 + \ldots\ldots\ x_n;$$

ebenso

$$Y = y_1 + y_2 + y_3 + \ldots\ldots\ y_n.$$

Man bestimmt ferner den Angriffspunkt O von Y als den Angriffspunkt der Resultierenden von Parallelkräften, so wirken in O die zwei Kräfte Y und X. Man bildet die Resultierende $R = \sqrt{X_2 + Y_2}$ und die Richtung derselben tang $\omega = YX$. Man weiß dann, daß an einem beliebigen Punkt dieser Richtung die Resultierende R eben in dieser Richtung wirkt.

Ist das starre ebene System dabei in einem Punkte C drehbar befestigt, so findet man das Moment der Resultierenden in bezug auf diesen Drehpunkt, indem man von C auf die Richtung von R eine Senkrechte fällt, und diesen Abstand als Hebelarm mit R multipliziert.

Soll bloß das Moment der Resultierenden in bezug auf einen gegebenen Drehpunkt C gefunden werden, so fällt man von C auf jede Kraftrichtung eine Senkrechte, a_1, a_2, a_3 . . . . .; dann ist das Moment der Resultierenden gleich der algebraischen Summe der Momente der einzelnen Kräfte. $M = P_1 a_1 + P_2 a_2 = P_3 a_3 + \ldots\ldots$

Da das Starrsein eines Systems nur durch die gegenseitige Anziehung der Moleküle bedingt ist, so hört ein System auf, starr zu sein, wenn die Kraft zu heftig auf den Körper wirkt, wie bei einem starken Stoß, Ruck und Schlag. Es werden dann die getroffenen Teile aus dem Verband des starren Systems losgerissen. Man sagt, eine dem festen Körper mitzuteilende Bewegung bedarf hiezu einer gewissen Zeit. Beispiele: Durch Druck kann man ein Brett umwerfen, eine abgeschossene Flintenkugel schlägt ein Loch durch. Eine Münze auf einem Kartenblatt folgt einer langsamen Bewegung desselben, einer raschen nicht. Ein an zwei schwachen Fäden horizontal aufgehängter Stab wird durch raschen Schlag zerbrochen, ohne daß die Fäden reißen. Langsame oder wuchtige Schläge treiben den Pfahl in den Boden; heftige Hammerschläge zersplittern ihn oben.

Aufgaben:

155. Ein horizontaler Balken AB ruht in A in der Wand; in B ist eine unter 30° geneigte Zugstange BC angebracht, welche in C in der Mauer befestigt ist. Welchen Zug hat die Zugstange auszuhalten, wenn der Balken 2,8 *m* lang, 70 *kg* schwer und 1 *m* von B entfernt noch mit 240 *kg* belastet ist?

156. Ein horizontaler Balken AB ist in A mit der Mauer verklammert, und in B durch eine unter 15° geneigte Stütze BC gegen die Mauer in C gestützt. Welchen Druck hat die Stütze auszuhalten, wenn AB 3 *m* lang, 120 *kg* schwer, in B mit 100 *kg* und 1 *m* vor B noch mit 150 *kg* belastet ist?

243. Bestimmung des Schwerpunktes.

Schwerpunkt ist der Angriffspunkt der Resultierenden all der kleinen Schwerkräfte, die auf die einzelnen Teilchen des Körpers wirken.

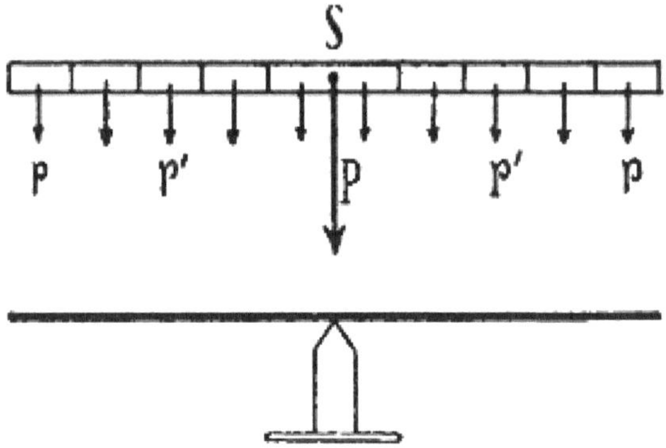

Fig. 317.

Schwerpunkt einer geraden Linie.

Eine physikalische Linie ist ein der Länge nach ausgedehnter Körper, der so dünn ist, daß man von seiner Breite und Dicke absehen kann (Molekülreihe). Ist eine starre **gerade Linie** überall gleich schwer, so liegt der **Schwerpunkt in der Mitte**; denn von diesem Punkte aus nach rechts und links liegen in je gleichen Entfernungen gleich schwere Massenteilchen. Ein steifen, dünner, gerader Draht bietet annähernd ein Beispiel dafür.

Schwerpunkt des Rechtecks.

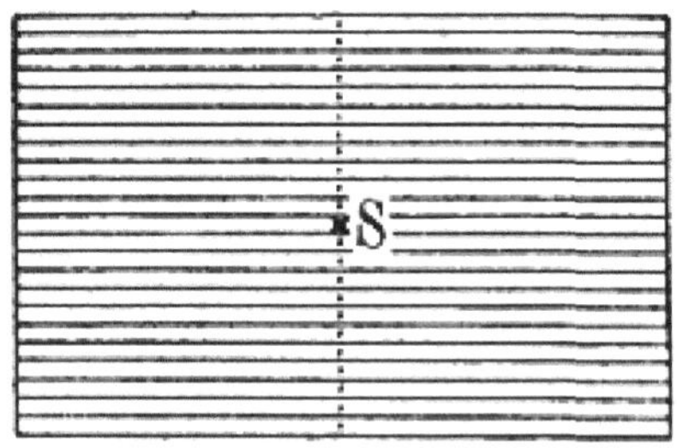

Fig. 318.

Eine physikalische Fläche ist ein der Länge und Breite nach ausgedehnter Körper, der so dünn ist, daß man von seiner Dicke absehen kann (Molekülschichte).

Denkt man sich das Rechteck parallel einer Seite in ungemein viele, sehr schmale und gleich schmale Streifen zerschnitten, so daß jeder Streifen etwa bloß eine Molekülreihe enthält, so liegt der Schwerpunkt jedes solchen Streifens in seiner Mitte; diese Schwerpunkte erfüllen als geometrischen Ort eine Linie, welche, wie aus geometrischen Gründen leicht ersichtlich ist, die gerade Verbindungslinie der Mitten der zwei Gegenseiten ist; auch liegen die Schwerpunkte auf dieser Linie gleich weit von einander entfernt, weil die

Streifen gleich breit sind. Denkt man sich nun das Gewicht jedes Streifens in seinem Schwerpunkte angebracht, so sind diese Gewichte gleich groß, weil die Streifen gleich lang und breit sind und aus gleicher Masse bestehen. Wir haben also auf der Schwerlinie in Punkten von gleichen Entfernungen gleich große Kräfte; die Resultierende geht durch die Mitte der Schwerlinie, und dort liegt der Schwerpunkt des Rechtecks. Aus geometrischen Gründen ist ersichtlich, daß dieser **Schwerpunkt im Schnittpunkte der Diagonalen** liegt und so am leichtesten gefunden werden kann. Ähnliche Ableitung und gleiches Resultat gilt über den Schwerpunkt des Parallelogramms, Rhombus und Quadrates.

Schwerpunkt des Dreiecks.

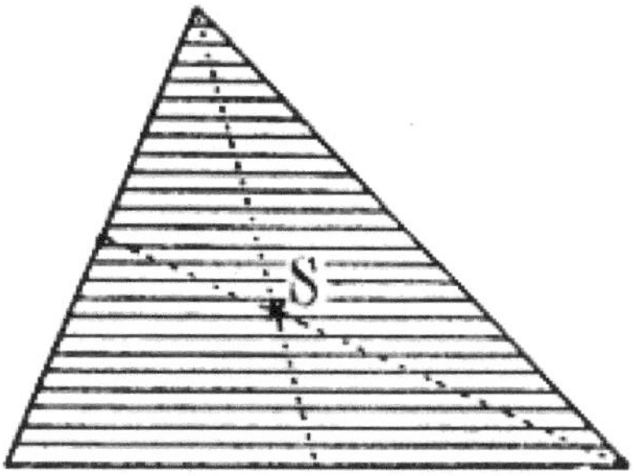

Fig. 319.

Man zerlegt das Dreieck, ähnlich wie das Rechteck, in Streifen, die einer Seite parallel sind; ihre Schwerpunkte liegen in ihren Mitten und erfüllen, wie aus geometrischen Gründen ersichtlich ist, eine gerade Linie, welche die Mitte der Dreiecksseite mit der Spitze verbindet, also die Seitenhalbierungslinie. Denkt man sich nun wieder das Gewicht jedes einzelnen Streifens in seinem Schwerpunkte vereinigt, so hat man auf der Schwerlinie auch wieder Punkte von gleicher Entfernung; aber in ihnen wirken nicht gleiche Kräfte, weil die Streifen nicht gleich lang sind, sondern gegen die Spitze zu immer kürzer werden. Der Angriffspunkt der Resultierenden liegt also wohl auf, aber nicht in der Mitte dieser Linie.

Zerlegt man aber das Dreieck parallel einer anderen Seite in Streifen, so findet man die zweite Seitenhalbierungslinie als eine Schwerlinie. Der Schwerpunkt liegt im Schnittpunkt beider Schwerlinien. Der Schwerpunkt des Dreiecks liegt also im Schnittpunkte der Seitenhalbierungslinien, von welchem geometrisch bekannt ist, daß er **im ersten Drittel jeder Seitenhalbierungslinie** liegt.

Schwerpunkt von Vielecken.

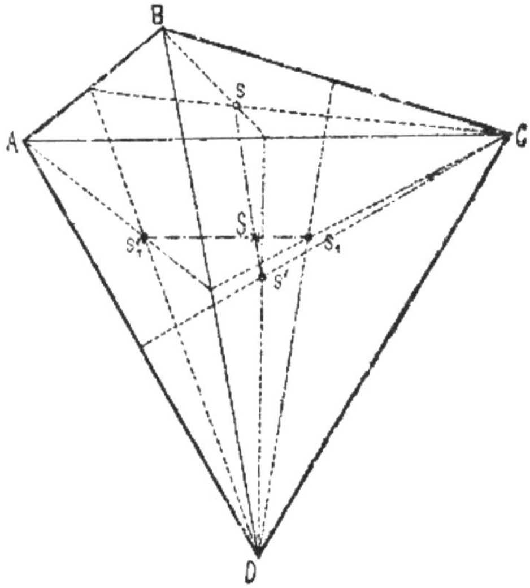

Fig. 320.

Man teilt das Viereck ABCD durch die Diagonale AC in zwei Dreiecke, bestimmt deren Schwerpunkte s und s', denkt sich das Gewicht jedes Dreiecks in seinem Schwerpunkte vereinigt und schließt, daß der Angriffspunkt der Resultierenden beider Gewichte, also der Schwerpunkt, auf der Geraden ss' selbst liegen muß; ss' ist also Schwerlinie des Vierecks. Man teilt das Viereck durch die Diagonale BD in zwei andere Dreiecke, bestimmt deren Schwerpunkte s_1 und s_1' und schließt, daß auch die Gerade s_1s_1' eine Schwerlinie des Vierecks ist; daraus folgt dann, daß der Schwerpunkt S im Schnittpunkte von ss' und s_1s_1' liegt. (Welche besondere Lage haben die Geraden ss' und s_1s_1'?)

Der Schwerpunkt des Fünfecks wird ähnlich gefunden, indem man es durch eine Diagonale in ein Dreieck und ein Viereck zerlegt und von jedem den Schwerpunkt sucht; die Verbindungslinie der Schwerpunkte ist dann eine Schwerlinie. Zerlegt man das Fünfeck durch eine andere Diagonale und verfährt ebenso, so erhält man noch eine Schwerlinie; der Schnittpunkt beider ist der Schwerpunkt. Ähnlich kann man bei einem Sechseck, Siebeneck u. s. w. verfahren, doch wird das Verfahren bald unleidlich langwierig.

244. Schwerpunkt einfach zusammengesetzter Flächen.

Ist eine ebene Figur aus einfachen Stücken zusammengesetzt, so kann man den Schwerpunkt auf folgende Art berechnen. Man berechnet das

Gewicht jedes Flächenstückes, wobei man, wenn alle Stücke aus demselben Stoffe bestehen, die Flächenzahl als Gewichtszahl benützen, also etwa setzen kann: Rechteck = 12 · 48 = 576 *g*.

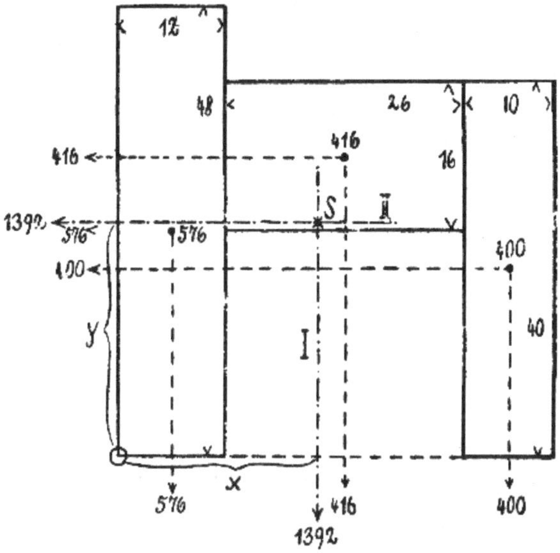

Fig. 321.

Man denkt sich diese Gewichte in den zugehörigen Schwerpunkten angebracht und läßt sie, indem man ihre Angriffspunkte in den Richtungen der Kräfte verlegt, auf eine gerade Linie z. B. auf die untere Grenzlinie wirken. Die Resultierende ist in unserer Figur = 576 + 416 + 400 = 1392. Nimmt man etwa den linken Endpunkt als Drehpunkt an und setzt die Entfernung des Angriffspunktes der Resultierenden vom linken Endpunkt = x, so hat man die Momentengleichung: 576 · 6 + 416 · 25 + 400 · 43 = 1392 · x; x = 22,3.

Eine in dieser Entfernung gezogene Parallele kann man als Schwerlinie I ansehen.

Nun denkt man sich die Schwerkraft nach einer anderen Richtung wirkend, etwa nach links und erhält die Momentengleichung:

400 · 20 + 576 · 24 + 416 · 32 = 1392 · y; y = 25,2.

In der Entfernung y = 25,2 liegt die Schwerlinie II. Im Schnittpunkt beider Schwerlinien liegt der Schwerpunkt S der Figur.

Aufgaben:

157. Zeichne ein beliebiges Fünfeck (Sechseck) und bestimme dessen Schwerpunkt ähnlich wie in Figur 320 Seite 351.

158. Auf die Seite eines rechtwinkligen Dreiecks von den Katheten 6 und 8 *cm* (5 und 9 *cm*) sind nach außen gerichtete Rechtecke von je 5 *cm* Höhe aufgesetzt. Berechne den Schwerpunkt der ganzen Figur.

159. Von einem Trapez sind gegeben die beiden Parallelen a und b und ihr Abstand h. Zeige, daß der Schwerpunkt von a aus den Abstand x = h3 · a + 2 b a + b, von b aus y = h3 · b + 2 ab + a hat.

160. An ein Rechteck von den Seiten 7 *cm* und 30 *cm* sind an den langen Seiten als Grundlinien gleichschenklige Dreiecke von 42 *cm* und 12 *cm* Höhe angesetzt. Berechne die Lage des Schwerpunktes.

161. Suche den Schwerpunkt einer beliebigen krummlinig begrenzten Figur durch Zerlegung derselben in sehr schmale Parallelstreifen.

245. Schwerpunkt der Körper.

Schwerpunkt des Prismas.

Man denke sich das Prisma parallel zur Grundfläche in sehr viele, sehr dünne Schichten von gleicher Dicke zerschnitten, so daß jede Schichte etwa bloß eine Molekülschichte enthält, also jede Schichte anzusehen ist als eine Fläche; die Schwerpunkte derselben erfüllen als geometrischen Ort eine gerade Linie, welche die Schwerpunkte der Grund- und Deckfläche verbindet, Schwerachse. Denkt man sich das Gewicht jeder Schichte in ihrem Schwerpunkte vereinigt, so hat man auf dieser Linie Punkte, die gleich weit voneinander entfernt sind, und an denen gleiche Kräfte wirken; die Resultierende dieser Kräfte geht demnach durch die Mitte dieser Linie. **Der Schwerpunkt des Prismas liegt in der Mitte der Verbindungslinie der Schwerpunkte der beiden Gegenflächen des Prismas, also in der Mitte der Schwerachse.**

Schwerpunkt der Pyramide.

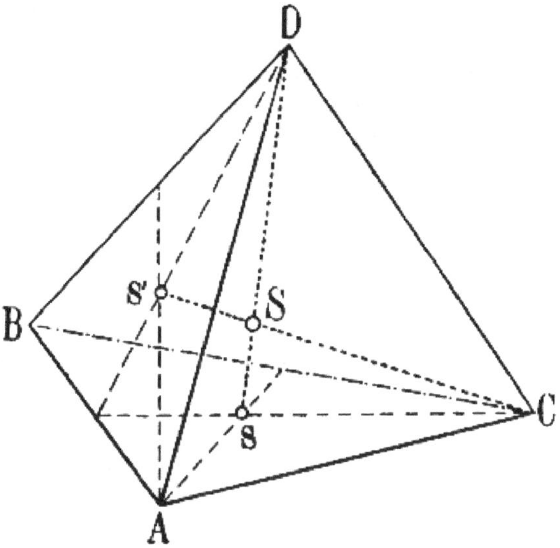

Fig. 322.

Ist die Pyramide dreiseitig, so zerlegt man sie parallel der Basis, ähnlich wie beim Prisma in Schichten, sucht deren Schwerpunkte und findet aus geometrischen Gründen, daß sie als geometrischen Ort die Gerade erfüllen, welche den Schwerpunkt der Grundfläche mit der Spitze verbindet. Diese Gerade ist deshalb eine Schwerlinie der Pyramide. Man zerlegt die Pyramide parallel einer Seitenfläche in Schichten, sucht die Schwerpunkte und findet ebenso als Ort derselben die Gerade, welche den Schwerpunkt dieser Seitenfläche mit der gegenüberliegenden Ecke verbindet, also eine zweite Schwerlinie. Beide Schwerlinien schneiden sich, und ihr Schnittpunkt ist der Schwerpunkt der Pyramide. Man beweist geometrisch, daß dieser Schwerpunkt im ersten Viertel der Schwerlinie, von der Fläche aus gerechnet, liegt.

Den Schwerpunkt der mehrseitigen Pyramiden findet man, indem man den Schwerpunkt der Grundfläche mit der Spitze verbindet und auf dieser Schwerlinie das erste Viertel von der Basis aus nimmt.

Ebenso findet man den Schwerpunkt eines Kegels.

246. Schwerpunkt zusammengesetzter Körper.

Ist ein Körper in Prismen und Pyramiden zerlegbar, so verfährt man ähnlich, wie bei den aus Drei- und Vierecken bestehenden Flächen. Man berechnet die Gewichte der einzelnen Teile und bringt diese Gewichte als Kräfte in den Schwerpunkten der einzelnen Körperteile an. Wirken nun diese Kräfte auf eine Ebene, die zu ihrer Richtung senkrecht steht, so kann man den Angriffspunkt der Resultierenden auf dieser Ebene suchen, ähnlich wie man den Schwerpunkt einer Fläche sucht. Zieht man durch diesen Angriffspunkt eine Parallele zur Richtung der Kräfte, so ist dies eine Schwerlinie. Denkt man sich nun die Schwerkraft noch in einer anderen Richtung wirkend, etwa senkrecht zu dieser Schwerlinie, und so die Gewichte der einzelnen Teile auf dieser Schwerlinie angreifend, so kann man auch hier den Angriffspunkt der Resultierenden suchen; dieser ist dann der Schwerpunkt.

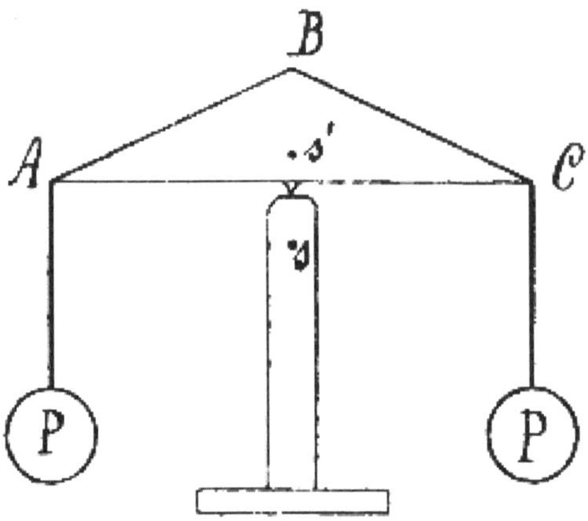

Fig. 323.

Wesentlich erleichtert wird eine solche Berechnung, wenn der Körper symmetrisch ist in bezug auf eine Ebene oder eine Gerade, weil sein Schwerpunkt in dieser Ebene oder Geraden liegt.

Auch vereinfacht sich die Berechnung, wenn die Schwerpunkte aller Teile in einer Ebene oder in einer Geraden liegen.

Lehrreich ist noch folgender Versuch: Wenn ein Körper etwa von der Form ABC (Fig. 323) zwei in A und C fest verbundene nach abwärts führende Stangen hat, die an ihren Enden die Gewichte P und P tragen, so kann er recht gut auf einer Spitze stabil balanzieren, wenn der Schwerpunkt s des ganzen festen Systems vertikal unter dem Stützpunkt liegt. Entfernt man aber die Stangen in A und C und ersetzt sie durch Schnüre, welche die Gewichte P und P tragen, so fällt der Körper sofort um, denn der Schwerpunkt s' liegt nun oberhalb des Stützpunktes. Die Gewichte P und P wirken nämlich jetzt so, wie wenn sie in A und C selbst lägen, wie wenn in A und C schwere Punkte von den Gewichten P und P wären, und nur mit diesen Angriffspunkten beteiligen sie sich an der Bildung des Schwerpunktes. Man sieht daraus: eine an einem festen System hängende schwere Masse beteiligt sich an der Bildung des Schwerpunktes so, wie wenn sie in ihrem Angriffspunkte vereinigt wäre.

247. Zusammengesetzter Hebel.

Da der Hebel dazu dient, um mittels einer kleinen Kraft eine große Last zu heben, liefert er einen Kraftgewinn, z. B. vierfachen Kraftgewinn, wenn die Kraft 4 mal kleiner ist, als die Last. **Kraftgewinn ist das Verhältnis von Last zu Kraft, wird also beim Hebel gemessen durch das (umgekehrte) Verhältnis der Hebelarme.** Ein Hebel, dessen einer Arm 5 mal so lang ist wie der andere, liefert also 5 fachen Kraftgewinn.

In der Anwendung kann man nun nicht gut einen Hebel von beträchtlich großem oder beliebig großem Kraftgewinne machen; denn schon um etwa einen 1000 fachen Kraftgewinn zu erzielen, müßten die Hebelarme 1 *mm* und 1 *m*, oder 1 *cm* und 10 *m* sein, was beides praktisch nicht wohl gemacht werden kann. Dagegen ist ein Hebel von 10 fachem Kraftgewinne etwa mit den Hebelarmen von 10 *cm* und 100 *cm* noch ein handliches Instrument.

Für größeren Kraftgewinn dient der zusammengesetzte Hebel; er besteht aus mehreren Hebeln, die so angebracht sind daß immer das Ende des einen Hebels auf den Anfang des folgenden drückt. Es bleibt der Anfang des ersten und das Ende des letzten frei, und an diesen wirken Kraft und Last.

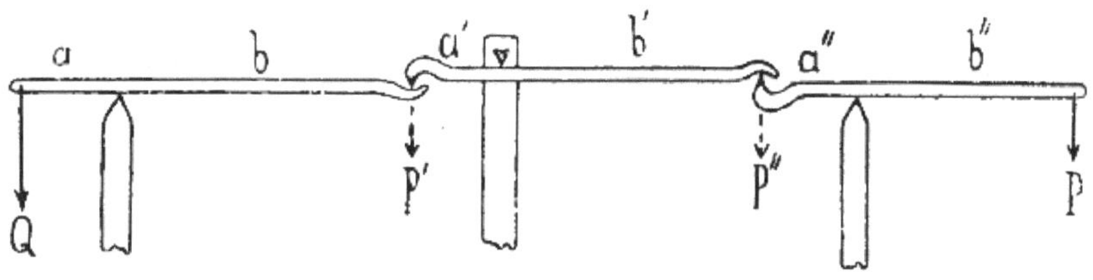

Fig. 324.

Haben wir etwa einen dreifach zusammengesetzten Hebel (Fig. 324), und es wirkt an a die Last Q, so muß an b die Kraft P' wirken, so daß:

1) Q : P' = b : a.

Wird die Kraft P' nicht wirklich angebracht, so wirkt sie als Last an a'; also muß an b' die Kraft P'' wirken, so daß:

2) P' : P" = b' : a'.

Wird die Kraft P" nicht wirklich angebracht, so wirkt sie als Last in a"; also muß an b" die Kraft P wirken, so daß:

3) P" : P = b" : a".

Wenn Q und die Hebelarme bekannt sind, so kann ich aus diesen drei Gleichungen nacheinander die unbekannten P', P", P berechnen; wenn nur P gefunden werden soll, so kann man durch Multiplikation der drei Gleichungen sofort erhalten:

$$Q : P = b\,b'\,b'' : a\,a'\,a''.$$

Nennen wir die der Kraft P zugewendeten Hebelarme b, b', b" die Kraftarme, die anderen die Lastarme, so heißt dieser Satz: **Der zusammengesetzte Hebel ist im Gleichgewichte, wenn sich die Last zur Kraft verhält wie das Produkt aller Kraftarme zum Produkt aller Lastarme**; oder wenn:

$Q \cdot a\,a'\,a'' = P \cdot b\,b'\,b''$, d. h. wenn die Last mal allen Lastarmen gleich ist der Kraft mal allen Kraftarmen. Das Gesetz gilt ebenso, wenn man eine andere Anzahl als drei Hebel nimmt. Der Kraftgewinn Q P ist aus obiger Gleichung: Q P = b b' b" a a' a" = b a · b' a' · b" a"; aber b a ist der Kraftgewinn des ersten Hebels, b' a' der des zweiten, b" a" der des dritten; also **der Kraftgewinn des zusammengesetzten Hebels ist gleich dem Produkte der Kraftgewinne der einzelnen Hebel**. Man kann einen tausendfachen Kraftgewinn erzielen, wenn man drei Hebel zusammensetzt, deren jeder einen zehnfachen Kraftgewinn hat; man kann also großen Kraftgewinn erzielen, ohne daß die einzelnen Hebel unpraktische Verhältnisse bekommen.

Man macht von dem zusammengesetzten Hebel auch eine wichtige Anwendung, um eine kleine, kaum sichtbare, nicht meßbare Bewegung in eine größere, deutlich sichtbare, gut meßbare zu verwandeln; denn auch die Wege, welche Q und P beim Drehen zurücklegen, verhalten sich wie: a a' a" : b b' b". Wenn also das Ende von a nur eine ganz kleine Bewegung macht, so macht das von b" eine viel größere. Eine solche Vorrichtung nennt man dann **Fühlhebel**, wie beim Aneroidbarometer und beim Muschenbrookschen Apparat.

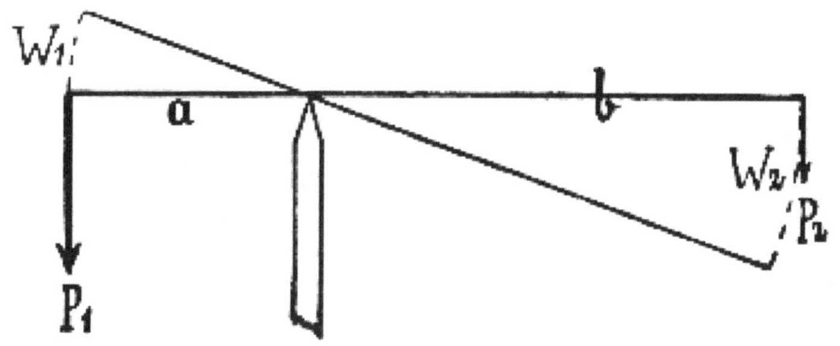

Fig. 325.

Wir betrachten die Arbeiten, welche die zwei an einem Hebel angreifenden Kräfte verrichten. Da die Kräfte sich verhalten umgekehrt wie die Hebelarme

$$P : Q = b : a$$

und die Kraftwege sich verhalten gerade so wie die Hebelarme

$$(\text{Weg } P) : (\text{Weg } Q) = a : b,$$

so folgt durch Multiplikation beider Proportionen:

$$P \cdot (\text{Weg } P) = Q \cdot (\text{Weg } Q).$$

Da aber Kraft mal Weg das Maß der Arbeit ist, so heißt das: **die Arbeit der Kraft ist gleich der Arbeit der Last.**

Da beim zusammengesetzten Hebel ebenso ist:

$$P : Q = a \cdot a' \cdot a'' : b \cdot b' \cdot b''$$

(Fig. 324)

und die Kraftwege sich verhalten, wie die Produkte der Hebelarme

$$(\text{Weg } P) : (\text{Weg } Q) = b \cdot b' \cdot b'' : a \cdot a' \cdot a'',$$

so folgt durch die Multiplikation beider Proportionen

$P \cdot (\text{Weg } P) = Q \cdot (\text{Weg } Q)$, d. h. **auch beim zusammengesetzten Hebel ist die Arbeit der Kraft gleich der Arbeit der Last.**

Dieser Satz von der Gleichheit der Arbeit findet sich bei allen Maschinen bestätigt, Gesetz der Maschinen; es ist derselbe Satz, den wir früher die goldene Regel der Mechanik genannt haben.

Aufgabe:

162. Bei einem dreifach zusammengesetzten Hebel gibt der erste Hebel einen 5 fachen, der zweite einen 6 fachen, der dritte einen 2½ fachen Kraftgewinn. Welche Last kann durch eine Kraft von 12 *kg* gehoben werden?

248. Das zusammengesetzte Räderwerk.

Wie beim einfachen Hebel ist auch beim Wellrad der Kraftgewinn in der Anwendung meist nur bescheiden, 2 bis 5 fach, da man weder die Kurbel zu lang, noch die Welle zu dünn machen darf. Für größeren Kraftgewinn benützt man das **zusammengesetzte Räderwerk**, das nach Einrichtung und Wirksamkeit mit dem zusammengesetzten Hebel verwandt ist.

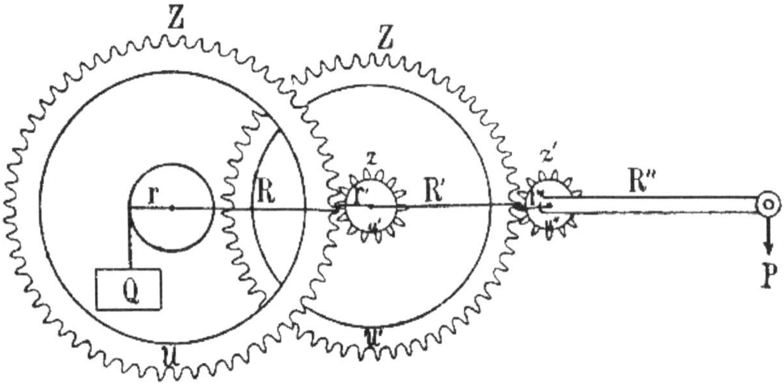

Fig. 326.

Dreifach zusammengesetztes Räderwerk (Fig. 326): das erste Wellrad besteht aus der Welle (r), an der die Last Q angreift (etwa an einem Seil hängend, **Seiltrommel**), und einem Rade (R); **dies Rad ist gezahnt**. Das zweite Wellrad besteht aus einer **gezahnten Welle** (r'), deren Zähne in die des ersten Rades (R) eingreifen und einem **gezahnten Rade** (R'). Das dritte Wellrad besteht aus der **gezahnten Welle** (r''), deren Zähne in die des Rades (R') eingreifen, und der **Kurbel** R'', an der die Kraft P wirkt. Wir können das zusammengesetzte Räderwerk als zusammengesetzten Hebel betrachten. Die Mittelpunkte der Wellräder sind die Drehpunkte, die Radien der Wellen (r, r', r'') sind die Lastarme, die Radien der Räder (R, R' und die Kurbel R'') sind die Kraftarme der Hebel, zwei Zähne, die sich eben berühren, sind die Enden der Hebel, die aufeinander drücken. Nach dem Gesetz vom zusammengesetzten Hebel folgt:

Das zusammengesetzte Räderwerk ist im Gleichgewichte, wenn P : Q = r r' r'' : R R' R''; der Kraftgewinn ist Q P = R R' R'' r r' r''. Diesen Ausdruck für den Kraftgewinn kann man in bequemere Form bringen; es ist:

$$Q\ P = R\ R'\ R''\ r\ r'\ r'' = 2\ R\ \pi \cdot 2\ R'\ \pi \cdot R''\ r \cdot 2\ r'\ \pi \cdot 2\ r''\ \pi = U\ U'\ R''r\ u'\ u''$$

wobei mit U, U', u', u'' die Umfänge der entsprechenden Räder und gezahnten Wellen bezeichnet sind. Greift man aus diesem Bruche das Verhältnis U : u' heraus, so sind auf U und u' Zähne, welche ineinander greifen sollen, also gleich weit voneinander abstehen müssen; folglich müssen sich ihre Zahnzahlen Z und z' wie die Umfänge verhalten, also U u' = Z z'; ebenso U' u'' = Z' z''; beides oben eingesetzt gibt: Q P = Z Z' R'' r z' z''. Diese Form für den Kraftgewinn entspricht der zuerst aufgestellten, nur sind statt der Radien derjenigen Räder und Wellen, die gezahnt sind, die Zahnzahlen eingesetzt. Es ist dadurch an einer fertigen Maschine leicht, den Kraftgewinn zu bestimmen. Eine gezahnte Welle wird auch Trieb genannt, und zwar Vierertrieb, Sechser-, Achter-, Zwölfertrieb u. s. w., wenn sie 4, 6, 8, 12, . . . Zähne hat.

249. Anwendungen der zusammengesetzten Räderwerke.

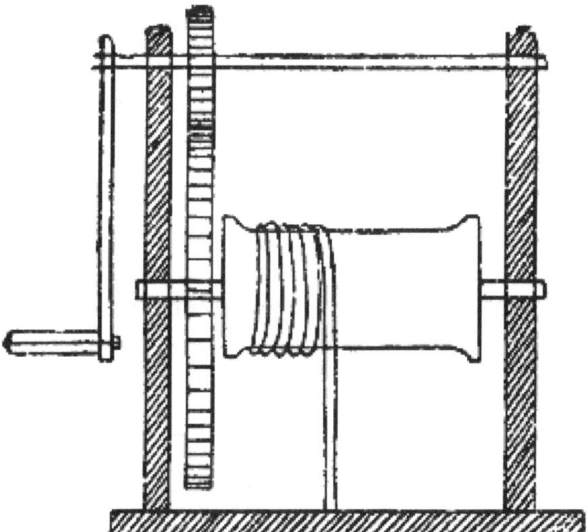

Fig. 327 a.

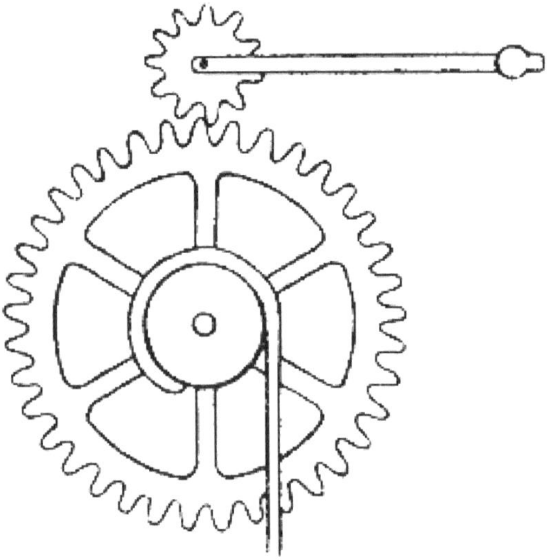

Fig. 327 b.

Die Aufzugswinde, wie sie bei Bauten, Magazinen u. s. w. zur Anwendung kommt, ist gewöhnlich zweifach zusammengesetzt: Das erste Wellrad besteht aus Seiltrommel und Zahnrad; der Kraftgewinn ist gering, zwei- bis dreifach, weil die Seiltrommel ziemlich dick sein muß. Das zweite Wellrad besteht aus Trieb und Kurbel oder Doppelkurbel; Kraftgewinn fünf- bis zehnfach; also Kraftgewinn der Maschine zehn- bis dreißigfach. **Der Kran**, eine größere Aufzugsmaschine, ist meist dreifach zusammengesetzt und wird bei großen Bauten, sowie beim Ein- und Ausladen der Schiffe verwendet. Seine Einrichtung ist meist wie die schon beschriebene dreifach zusammengesetzte Maschine; der Kraftgewinn beim ersten Wellrad ist etwa 2-3 fach, beim zweiten 6-10 fach, beim dritten 4-8 fach, also im ganzen 48-240 fach.

Das Seil läuft hiebei von der Seiltrommel nicht direkt nach abwärts, sondern ist über ein schräg aufwärts führendes Gerüst gelegt, auf Rollen laufend, und hängt dann nach abwärts. Die ganze Maschine ist auf einer starken, scheibenförmigen Unterlage befestigt; diese Unterlage ruht mit drei Rädern auf einer kreisförmigen Eisenschiene, so daß damit der ganze Kran gedreht werden kann. Dies ist bequem bei Bauten, da die schweren Quadersteine sogleich auf die Stelle der Mauer niedergelassen werden können, auf welche sie zu liegen kommen sollen, ferner beim Verladen der Waren auf Schiffe und Eisenbahnwagen.

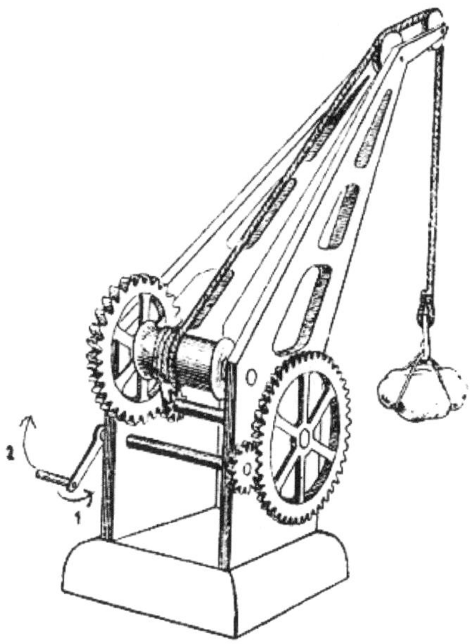

Fig. 328.

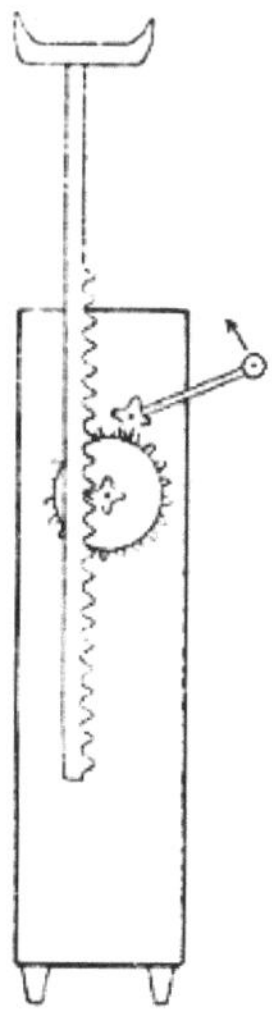

Fig. 329.

Die Fuhrmannswinde. Aus einem starken Eichenholzkasten ragt eine Stange heraus, die oben mit Eisenzacken versehen ist. Die Stange ist gezahnt und soll durch ein Triebwerk gehoben werden. In die Zähne derselben greifen die Zähne eines Triebes (meist Vierertrieb); auf dessen Achse sitzt ein Zahnrad; beide stellen das erste Wellrad vor mit 4-6 fachem Kraftgewinn. In die Zähne des Rades greifen die Zähne eines Triebes (meist Vierertrieb), der durch eine Kurbel gedreht wird; sein Kraftgewinn ist 6-10 fach, also ist er im ganzen 24-60 fach.

Aufgaben:

163. Bei einer Aufzugswinde hat der Durchmesser der Seiltrommel 32 *cm*, das Zahnrad hat 90 Zähne, der Trieb 8 Zähne und die Kurbel hat eine Länge von 46 *cm*. Wie groß ist der Kraftgewinn? Welche Kraft braucht man, um eine Last von $4\frac{1}{4}$ Ztr. zu heben, wenn für Reibung $\frac{1}{5}$ dazu zu rechnen ist? Welche Arbeit leistet man, wenn man die Last 12 *m* hoch hebt und wie oft ist hiezu die Kurbel zu drehen?

164. Wie viel Ziegelsteine à $1\frac{7}{8}$ *kg* Gewicht kann ein Pferd mittels eines Flaschenzuges von je 3 Rollen auf einmal emporziehen, wenn seine Zugkraft 60 *kg* beträgt und $\frac{1}{4}$ für Reibung verloren geht?

165. An einem Kranen drehen 4 Männer mit je 12 *kg* Kraft an Kurbeln von 42 *cm* Länge; die zwei Triebe haben 8 bezw. 12 Zähne, die zwei Zahnräder haben 144 bezw. 150 Zähne; die Seiltrommel hat 35 *cm* Durchmesser; die Last hängt zudem an einer losen Rolle und für Reibung geht etwa $\frac{1}{6}$ verloren. Wie groß darf die Last sein?

250. Die Uhr.

Die Uhr ist ein Mechanismus, der in beständige und gleichmäßige Bewegung gesetzt werden soll; sie braucht dazu zunächst eine Kraft, welche, wenn die Uhr sonst keine Arbeit leisten soll, die Reibung überwindet. Diese Kraft wird hervorgebracht entweder durch ein Gewicht, das an einer Schnur oder Kette hängt, die um eine Welle gewickelt ist (Gewichtsuhr), oder durch eine Spiralfeder, die mit dem inneren Ende festgemacht ist, mit dem äußeren am Umfange einer Welle angreift und, wenn sie gespannt, aufgezogen ist, diese Welle zu drehen sucht (Federuhr).

Die durch die treibende Kraft hervorgebrachte Bewegung soll vielmal größer gemacht werden; dies geschieht durch ein mehrfach zusammengesetztes Räderwerk, das Triebwerk: mit der Welle ist ein Zahnrad verbunden; dies greift in den Trieb des zweiten Wellrades; das Rad desselben ist auch gezahnt, und so geht es fort, so daß im ganzen 4-7 Achsen verwendet sind, jede mit Trieb und Zahnrad versehen; das letzte Rad macht deshalb eine viel größere Bewegung und würde, wenn es durch nichts gehindert wäre, sehr rasch laufen. Die Bewegung des letzten Rades wird nun langsamer gemacht durch die Hemmung (Echappement).

Das letzte Rad ist ein Steigrad mit schräg geschnittenen Zähnen. In diese greift ein Anker ein mit zwei keilförmigen Zacken. Wenn sich nun das Steigrad zu drehen sucht, so stößt es mit einem Zahne gegen den einen Zacken des Ankers und drückt ihn beiseite, bis es vorbei kann; aber dadurch ist der andere Zacken in eine Lücke des Steigrades eingedrungen; das Steigrad wird also schon wieder in seiner Bewegung gehemmt, und muß nun diesen Zacken nach auswärts drücken, bis es vorbei kann; dadurch ist aber wieder der erste Zacken in eine Lücke des Steigrades eingedrungen, und das Spiel beginnt von neuem. Das Steigrad wird bald rechts, bald links von den Zacken des Ankers in seiner Bewegung aufgehalten und die treibende Kraft (des Gewichtes oder der Feder) liefert dem Steigrad die Kraft, um das Wegdrücken des Ankers auszuführen. Ähnlich wie die Ankerhemmung ist die Zylinderhemmung. Dadurch ist die Bewegung des Steigrades wohl verlangsamt, aber noch nicht gleichmäßig.

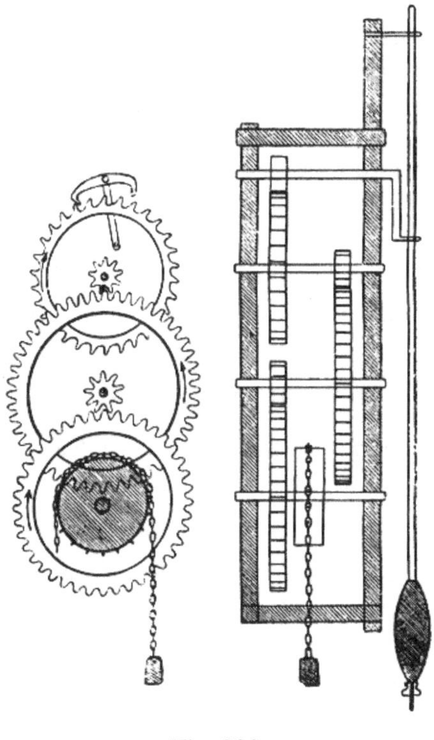

Fig. 330.

Die Regulierung des Ganges wird bewirkt entweder durch das Pendel (Perpendikel) oder durch die Balance (Unruhe). Das Pendel ist eine Stange, welche unten durch ein Gewicht (Linse) beschwert und oben, etwas oberhalb der Achse des Ankers, drehbar aufgehängt ist. An der Achse des Ankers ist eine nach abwärts führende Stange befestigt, welche sich mit dem Anker hin- und herbewegt; an ihrem Ende ragt ein Stift heraus, welcher in einen Spalt der Pendelstange eingreift, so daß Pendel und Anker ihre Bewegung gleichzeitig zu machen gezwungen sind. Ein Pendel macht aber seine Schwingungen stets in derselben Zeit, hat also einen gleichmäßigen Gang und zwingt dadurch den Anker, auch diesen gleichmäßigen Gang mitzumachen, reguliert also den Gang der Uhr; umgekehrt aber erhält der Anker bald am rechten, bald am linken Zapfen von den Zähnen des Steigrades einen nach auswärts wirkenden Druck, überträgt diesen auf das Pendel und bewirkt so, daß das Pendel nicht stehen bleibt.

Mittels des Pendels kann man den Gang der Uhr nun auch richtig machen; denn wenn man das Pendel länger oder kürzer macht, so schwingt es langsamer oder schneller, und man kann es leicht dahin bringen, daß ein Rad des Triebwerkes sich in einer Stunde gerade einmal herumdreht (Stundenrad). Man steckt auf die verlängerte Achse dieses Rades einen Zeiger, läßt ihn vor einem Zifferblatte (geteiltem Kreise) sich drehen und kann dann an seinem Stande sehen, wie viel Teile einer Stunde schon verflossen sind (Minutenzeiger). Macht man diese Bewegung 12 mal langsamer, so hat man den Stundenzeiger. Hat man im Triebwerk ein Rad, das sich 60 mal so rasch dreht, wie das Stundenrad, das sich also in einer Minute herumdreht, so kann man auf demselben einen Zeiger befestigen, an welchem man die Sekunden ablesen kann (Sekundenzeiger).

Der Erfinder der Pendeluhr ist Huyghens (1655); er erfand die Ankerhemmung, die Anwendung des Pendels und der Unruhe.

251. Die Wage.

Die Wage dient zum Wägen, d. h. zum Vergleichen der Gewichte, also der Massen zweier Körper.

Die einfachste, zugleich beste ist die **gleicharmige Wage**.

Der Wagbalken ist ein Hebel, dessen Arme gleich lang und an dessen Enden zwei Wagschalen aufgehängt sind, in welche die zu wägenden Körper gelegt werden. Da die Arme gleich sind, so sind auch die Gewichte gleich, wenn die Wage im Gleichgewichte ist.

Eine gute Wage muß folgende Einrichtung haben: **Sie muß in ihrem Stützpunkte leicht drehbar sein**; deshalb macht man den Stützpunkt in Form einer **Stahlschneide**, das ist ein keilförmiges Prisma aus gehärtetem Stahl, das in den Wagbalken eingelassen ist und mit einer genau abpolierten, geraden, nach abwärts gerichteten Kante auf einer Stahl- oder Achatplatte oder einer schwach gekrümmten Stahlrinne ruht. Auch die Wagschalen hängen mit Stahlrinnen auf ebensolchen Stahlprismen, die mit den Schneiden nach oben an den Enden des Wagbalkens angebracht sind. Diese drei Schneiden sind parallel, liegen in einer Ebene und müssen beim Aufstellen (oder Aufhängen) der Wage in horizontale Lage gebracht werden.

Die beiden Arme, d. h. die Entfernungen der beiden äußeren Schneiden von der mittleren müssen gleich lang sein.

Der Wagbalken soll möglichst leicht sein und doch genügende Tragfähigkeit besitzen; deshalb macht man ihn mehr hoch als breit, und oft rautenförmig und durchbrochen, welch letztere Form die vorteilhafteste ist; auch die Wagschalen müssen möglichst leicht sein.

Die Masse des Wagbalkens muß zu beiden Seiten des Stützpunktes gleichmäßig verteilt sein, so daß, wenn der Wagbalken horizontal steht, sein Schwerpunkt genau vertikal unter dem Stützpunkte liegt; es bleibt dann die unbelastete Wage bei horizontaler Lage des Wagbalkens ruhig. Ob der Wagbalken horizontal steht, erkennt man an der Stellung eines Zeigers (Zunge), der senkrecht zum Wagbalken nach abwärts an ihm befestigt ist und mit seinem Ende vor einer Marke schwingt.

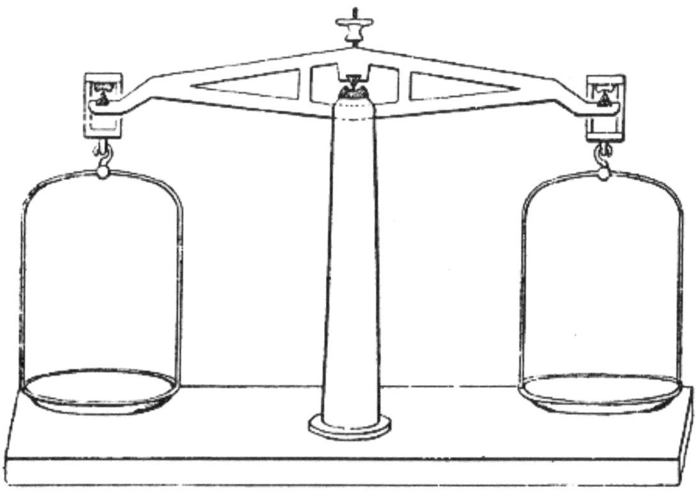

Fig. 331.

Eine so eingerichtete Wage ist genau, d. h. sie steht nur bei gleichen Belastungen horizontal und gibt dadurch die Gleichheit der Gewichte an.

Ob die Wagbalken **gleich lang** sind, erfährt man durch folgendes Verfahren. Man legt auf die Wagschalen beliebige Gewichte, bis die Wage horizontal steht (einspielt), und vertauscht dann die Gewichte. Sind die Arme auch nur sehr wenig an Länge verschieden, so hängt nun das größere Gewicht am größeren Hebelarme und dreht deshalb den Balken. Durch diesen Versuch kann man auch den **Grad der Genauigkeit** erfahren; legt man nämlich noch so viele Gewichte zu, bis die Wage wieder einspielt, etwa ½ *g* (a g) und vergleicht das mit der Belastung einer Schale, etwa 500 *g* (b g), so ist die Genauigkeit = 12000 (= a 2 b); um diesen Teil der Belastung wird das Gewicht falsch angegeben.

Man kann auch mit einer ungenauen Wage richtig wägen durch Tarieren. Legt man nämlich auf die eine Schale den zu wägenden Körper, auf die andere beliebige Körper (die Tara) z. B. Steine, Schrotkörner, Sand etc., bis die Wage einspielt, entfernt dann den zu wägenden Körper und legt an seine Stelle so viele Gewichte, bis die Wage wieder einspielt, so sind diese Gewichte gleich dem Gewichte des Körpers; denn sie wirken an demselben Hebelarm und bringen dasselbe Moment hervor.

Außer der Genauigkeit muß die Wage auch **Empfindlichkeit** besitzen, d. h. die Eigenschaft, schon bei einem kleinen Übergewichte einen merkbaren Ausschlag zu geben. Empfindlichkeit ist bedingt durch **geringere Reibung in den Stützpunkten**, weshalb für gute Schneiden und Unterlagen gesorgt wird, ferner durch die **Lage des Schwerpunktes**.

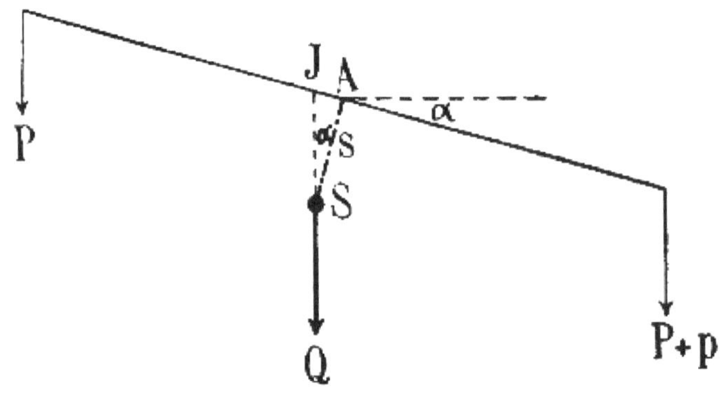

Fig. 332.

Hängt links das Gewicht P, rechts P + p, wobei p das Übergewicht ist, und ist A der Stützpunkt, so liegt unter diesem senkrecht zum Wagbalken der Schwerpunkt S des Wagbalkens; in S ist vereinigt das Gewicht des Wagbalkens, das der Schalen und das der beiden Belastungen; diese Summe sei = Q. Dadurch, daß Q etwas seitwärts vom Stützpunkt gerückt ist und so einen Hebelarm gewonnen hat, bringt es ein Moment hervor, welches dem Moment des Übergewichts das Gleichgewicht hält. Die Wage dreht sich also so weit bis $Q \cdot JA = p \cdot l$, wenn l die Länge eines Armes ist.

Nun ist $JA = SA \cdot \tan \alpha$, dies eingesetzt gibt

$$Q \cdot SA \cdot \tan \alpha = p \cdot l, \text{ also}$$

$$\tan \alpha = p \cdot l\, Q \cdot SA.$$

Soll der Ausschlagwinkel groß sein, so muß der Wert dieses Bruches groß sein, demnach muß

1. Das Übergewicht p groß sein; für kleine Winkel ist der Ausschlag dem Übergewicht proportional.

2. Die Länge l des Wagbalkens muß groß sein; den Wagbalken lang zu machen hat aber seine Nachteile, denn es wird dadurch entweder die Tragfähigkeit geschwächt, oder das Gewicht der Wage vergrößert; letzteres ist aber ein Nachteil.

3. Das Gewicht Q der Wage muß klein sein. Man verringert das Gewicht des Balkens dadurch, daß man ihn rautenförmig und durchbrochen macht. Bei kleinem und gleichem Ausschlag ist das Übergewicht dem Gewicht der Wage proportional und man bezeichnet deshalb **das Verhältnis des Übergewichtes, das den kleinsten sichtbaren Ausschlag hervorbringt, zum Gewicht der Wage als Empfindlichkeit.** Wenn die Empfindlichkeit einer Wage ein Zehntausendstel beträgt, so gibt etwa 1 *dg* bei 1 *kg* Wagengewicht einen eben deutlich erkennbaren Ausschlag. Häufig bezeichnet man die absolute Größe dieses Übergewichtes als Empfindlichkeit, und sagt, diese Wage hat eine Empfindlichkeit von 1 *dg*, d. h. sie gibt einen Ausschlag von 1 *dg* Übergewicht auf unbelasteter Wage. Bei belasteter Wage ändert sich die relative Empfindlichkeit nicht, d. h. das Übergewicht beträgt stets ein Zehntausendstel vom Gewichte der Wage samt der Belastung. Die absolute Empfindlichkeit ist aber jetzt viel größer; denn bei 5 *kg* beiderseits ist das Gewicht der Wage 5 + 5 + 1 = 11 *kg*, und hiezu sind nun 11 *dg* erforderlich, um den ersten Ausschlag zu geben.

4. Es muß SA, **die Entfernung des Schwerpunktes vom Stützpunkt, möglichst klein sein.** Dafür kann der Mechaniker sorgen und so die Empfindlichkeit ungemein erhöhen. Bei Krämerwagen ist übergroße Empfindlichkeit nicht vorteilhaft, weil die zu empfindliche Wage schon bei kleinen Übergewichten ganz herabsinkt, und nicht aus der Größe des Ausschlages die Größe des Zuviel abzuschätzen erlaubt. Über Genauigkeits- und Empfindlichkeitsgrenzen der Krämerwagen sind gesetzliche Vorschriften vorhanden.

252. Andere Arten von Wagen.

Die **Dezimalwage**: Der eine Wagbalken ist 10 mal kürzer als der andere. Da an den kürzeren Arm die Last gehängt wird, so darf sie 10 mal schwerer sein als das Gewicht, was bei schweren Lasten besonders bequem ist. Empfindlichkeit und Genauigkeit sind meist gering.

Die römische Wage oder Schnellwage (Fig. 333). Die Last hängt an einem kurzen Wagbalken; der längere ist mit Teilstrichen versehen, **deren Entfernung gleich der Länge des kurzen Hebelarmes** ist, und an ihm ist ein Gewicht verschiebbar (Laufgewicht). Man schließt aus der Länge des Hebelarmes, an dem das Laufgewicht hängt, auf die Größe des Gewichtes, das am anderen Hebelarme hängt z. B. 1 ℔ Laufgewicht am Teilstrich 6 (Hebelarm 6) = 6 ℔ in der Schale (Hebelarm 1). Empfindlichkeit und Genauigkeit sind meist sehr gering; doch ist sie besonders für Markt- und Hausierhandel sehr bequem. Die Teilung beginnt in dem Punkte (B), wo das Laufgewicht die unbelastete Wagschale im Gleichgewichte hält.

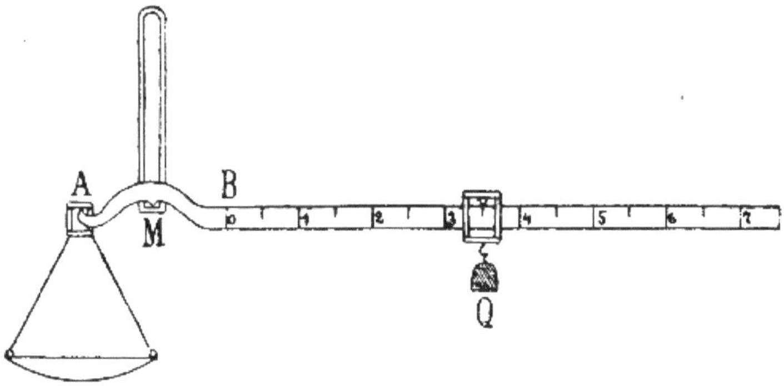

Fig. 333.

Die **Zeigerwage**: Auf den einen Arm wird die Last gelegt und dreht dadurch einen nach abwärts führenden Stift, der mit einer Kugel beschwert ist, nach auswärts, um so weiter, je größer die Last ist. Ein Zeiger, der vor einer Skala spielt, zeigt das Gewicht an. Sie wird nur zu rohen Wägungen benützt, etwa um zu sehen, ob ein Brief ein vorgeschriebenes Gewicht übersteigt.

Die **Federwage**: Sie besteht aus einer starken, elastischen Spiralfeder; auf sie ist oben eine Stange aufgesetzt, die auf die Spiralfeder drückt; die Stange geht durch eine Führung, damit sie nicht umkippt, und trägt oben einen Teller zum Auflegen des zu wägenden Körpers. Zudem ist ein Teil dieser Stange gezahnt und greift in einen Trieb, auf dessen Achse ein Zeiger befestigt ist. Je mehr Gewichte man auf den Teller legt, um so tiefer wird die

Stange herabgedrückt, um so mehr dreht sie den Trieb und damit den Zeiger, der vor einem geteilten Kreise spielt, und so das Gewicht angibt. Genauigkeit und Empfindlichkeit sind meist sehr gering, jedoch werden die Wagen in der Küche häufig angewandt.

253. Die Brückenwage.

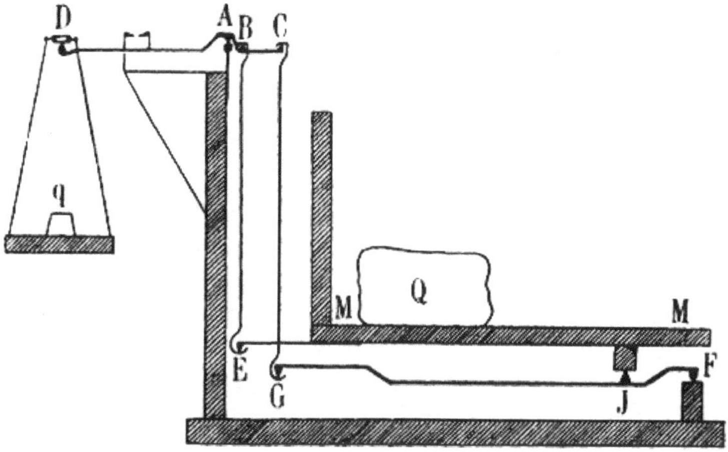

Fig. 334.

Die Brückenwage ist meistens zugleich Dezimalwage; sie unterscheidet sich von der zweiarmigen Wage wesentlich dadurch, daß die Last nicht bloß auf einem Punkte, sondern auf zwei (sogar drei) Punkten (Schneiden) ruht. An einem Arme AD hängt die Wagschale für die Gewichte; am andern Arme AB hängt an einem 10 mal kleineren Arme eine Stange BE nach abwärts; sie hat unten eine Krümmung, in welcher mittels einer Schneide eine Stange ruht, die horizontal verläuft und sich gabelt. Auf dieser Gabelung sind Bretter befestigt, Brücke genannt, auf welche die Last gelegt wird. Am anderen Ende stützt sich die Stange mittels Schneiden auf einen Hebel im Punkte J; dieser Hebel ist hinten auf eine Schneide F gestützt und hängt am vorderen Ende mit der Schneide G in dem gekrümmten Ende einer Stange GC, die mit dem andern oberen Ende C am Wagbalken AC hängt. **Der Hebel** FG **muß in demselben Verhältnis geteilt sein, wie** AC, so daß FJ : FG = AB : AC, also etwa JF = ⅙ GF, AB = ⅙ AC. Liegt die Last auf der Brücke, so ist es gerade, als hinge sie in B. Denn es sei die Last = Q (100 *kg*), so verteilt sie sich auf die beiden Stützpunkte E und J der Brücke nach dem Hebelgesetze, also umgekehrt proportional den Entfernungen; es treffen etwa x *kg* (40 *kg*) auf E, y *kg* (60 *kg*) auf J; die x *kg* hängen mittels der Stange EB direkt an C. Die y *kg* (60 *kg*) in J drücken den Hebel am Arme JF, und bewirken, daß G mit einer Kraft z niedergedrückt wird, so daß $z : y = FJ : FG$, also $z = y \cdot FJ\ FG$ ($z = 60 \cdot \frac{1}{6} = 10$ *kg*). Diese z *kg* hängen mittels der Stange GC am Wagbalken AC, bringen dort dasselbe Moment hervor, wie wenn in B eine Kraft v hinge, für welche $v : z = AC : AB$, also $v = z \cdot AC\ AB$ ($v = 10 \cdot \frac{6}{1} = 60$); setzt man obigen Wert von z in diese Gleichung ein, so ist

$$v = y\ FJ \cdot AC\ FG \cdot AB, \text{ also } v = y, \text{ da } FJ \cdot AC = FG \cdot AB$$

laut der ersten Bedingung. In B wirken also die zwei Kräfte x und y (40 *kg* und 60 *kg*), deren Summe wieder = Q (100 *kg*) ist. Q kann also gewogen werden durch ein 10 mal kleineres Gewicht in D.

Aus der Ableitung ist auch ersichtlich, daß es **gleichgültig ist, auf welchem Punkte der Brücke die Last liegt**.

Bei Drehungen des Wagbalkens bleibt die Brücke horizontal, und macht 10 mal kleinere Schwingungen als D. Dies ist für das Wägen leicht beweglicher Sachen, Flüssigkeiten, Wagen, lebenden Viehes von Vorteil. Bei Prüfung der Wage untersucht man insbesondere auch, ob es gleichgültig ist, auf welchen Punkt der Brücke man die Last legt, denn davon hängt besonders die Genauigkeit der Wage ab, und es ist dies eine Probe dafür, ob die Hebel GF und CA genau im gleichen Verhältnisse geteilt sind.

254. Die Tellerwage.

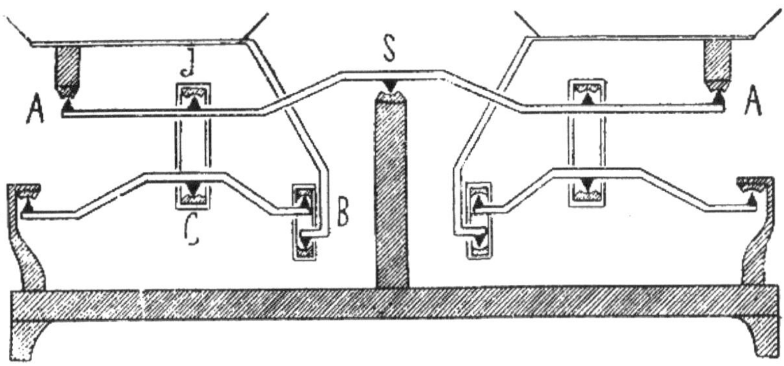

Fig. 335.

Die Tellerwage hat ähnliche Einrichtung wie die Brückenwage. Der Wagbalken ist in der Mitte S gestützt, und trägt an den Enden Stahlschneiden, die nach oben gerichtet sind, und auf beiden Seiten des Wagbalkens befindet sich dieselbe Einrichtung, nämlich folgende: Auf der Stahlschneide A sitzt der Teller oder eine Platte mit dem einen Ende, am anderen Ende (gegen die Mitte zu gerichtet) befindet sich am Teller ein nach abwärts gehender Fortsatz; dieser drückt im Punkte B auf das Ende des

Hebels DB, der in D unterstützt ist und in C durch einen Haken mit der Schneide J des Wagbalkens verbunden ist. Dabei muß der Hebel SA durch J ebenso geteilt sein, wie DB durch C, so daß SJ : SA = DC : DB, etwa = 3 : 5. Liegt nun die Last an irgend einer Stelle des Tellers, so ist es gerade so, als läge sie auf der Schneide A. Denn es sei die Last etwa = 20 ℔ und sie verteile sich so, daß auf A etwa 11 ℔, auf B also 9 ℔ treffen, so bringen diese 9 ℔ in B einen Druck in C von $\frac{5}{3} \cdot 9 = 15$ ℔ hervor; da C mit J verbunden ist, so wirken diese 15 ℔ in J und bringen deshalb in A einen Druck von $\frac{3}{5} \cdot 15 = 9$ ℔ hervor; diese 9 ℔ kommen zu den in A schon vorhandenen 11 ℔, gibt 20 ℔; die auf dem Teller liegende Last wirkt demnach gerade so, als wenn sie auf der Schneide A selbst läge. (Allgemeine Ableitung wie in 253.)

Es ist wieder leicht zu sehen, daß es gleichgültig ist, auf welchen Teil des Tellers die Last gelegt wird (Probe für die Genauigkeit der Wage), sowie daß, wenn der Wagbalken sich dreht, der Teller horizontal bleibt. Der Wagbalken ist ein doppelter, bestehend aus zwei parallelen, spannweit voneinander entfernten, durch Querstäbe mit einander verbundenen Balken; man hat also am Ende zwei Schneiden A, auf denen der Teller ruht; dadurch wird ein Umkippen des Tellers vermieden.

Aufgaben:

166. An einer Wage von 360 *g* Gesamtgewicht bringt ein Übergewicht von 2 Centigramm einen Ausschlag von 8° hervor. Wie weit ist der Schwerpunkt vom Stützpunkt entfernt? Wenn dieselbe Wage außerdem beiderseits mit 500 *g* belastet wird, welches Übergewicht bringt dann einen Ausschlag von 10° hervor?

167. Eine Schnellwage, deren Lastarm = 8 *cm* ist, ist unbelastet nur dann im Gleichgewicht, wenn das Laufgewicht von 1 ℔ an einem Arm von 14 *cm* hängt; dort ist also 0 eingraviert. Wo muß das Laufgewicht hingehängt werden, wenn 1 ℔, 2 ℔, 3 ℔ u. s. w. als Last eingelegt sind? Gesetz?

255. Kräftepolygon.

Wirken zwei Kräfte unter einem Winkel auf einen Punkt, so findet man die Resultierende als Diagonale des aus beiden Kraftlinien gebildeten Kräfteparallelogramms. Wirken drei oder mehrere Kräfte auf den Punkt, so sucht man aus zwei Kraftlinien die Resultierende, aus dieser und der dritten Kraftlinie wieder die Resultierende u. s. f. bis alle Kräfte benützt sind; die letzte ist die Resultierende aller Kräfte. Ein abgekürztes Verfahren hierzu erhält man durch Konstruktion des Kräftepolygons, wobei man die Kräfte so der Größe und Richtung nach zusammensetzt, wie wenn sie nacheinander wirken würden. Verbindet man schließlich den Anfang der ersten mit dem Endpunkt der letzten Kraftlinie, so stellt diese Linie die Resultierende vor.

Dabei ist es gleichgültig, in welcher Reihenfolge die vorhandenen Kräfte benützt werden.

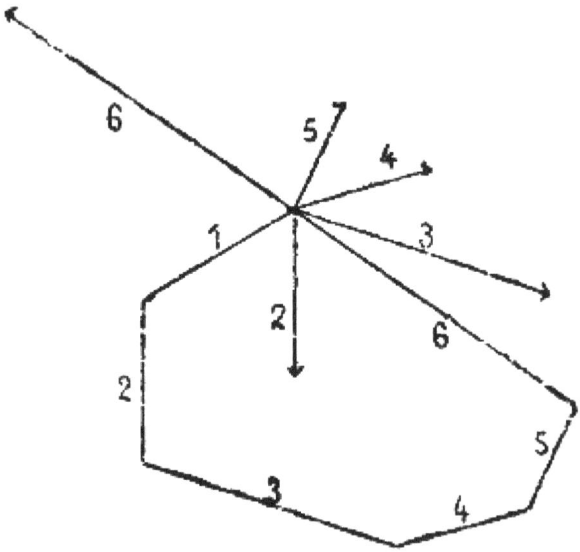

Fig. 336.

Wenn sich hierbei das Polygon schließt, wie in Fig. 336, so ist die Resultierende = 0, die den Seiten des Polygons parallelen Kräfte halten sich im Gleichgewichte.

Bei der Tangentenbussole wirkt der Erdmagnetismus auf die Nadel wie eine Kraft M, welche an der Spitze der Nadel in der Richtung des magnetischen Meridians wirkt. Der über die Nadel in der Richtung des magnetischen Meridians geleitete Strom wirkt wie eine Kraft J, welche an der Spitze der Nadel senkrecht zur Stromrichtung, also senkrecht zur magnetischen Kraft angreift. Die Nadel kommt nur dann zur Ruhe, wenn sie in der Richtung der Resultierenden des aus beiden Kräften J und M gebildeten Parallelogramms steht. Bezeichnet α den Ablenkungswinkel, so ist $J\ M = tg\ \alpha$; irgend ein anderer Strom von der Stärke J' lenkt dieselbe Nadel um α'° ab, also ist $J'\ M = tg\ \alpha'$; hieraus $J : J' = tg\ \alpha : tg\ \alpha'$; d. h. die Intensitäten zweier Ströme verhalten sich wie die Tangenten der Ablenkungswinkel.

Aufgaben:

168. Gegeben $P_1 = 17$ *kg*, unter 45° $P_2 = 22$ *kg*, unter 30° $P_3 = 11$ *kg*, unter 75° $P_4 = 10$ *kg*. Bestimme die Resultierende dieser in einem Punkte angreifenden Kräfte durch Zeichnung!

169. Gegeben $P_1 = 16$, unter 90° $P_2 = 17$, unter 45° $P_3 = 15$, unter 120° $P_4 = 21$. Unter welchem Winkel muß man $P_5 = 40$ *kg* dazu fügen, damit die Richtung der Resultierenden gerade entgegengesetzt P_1 ist?

256. Schiefe Ebene.

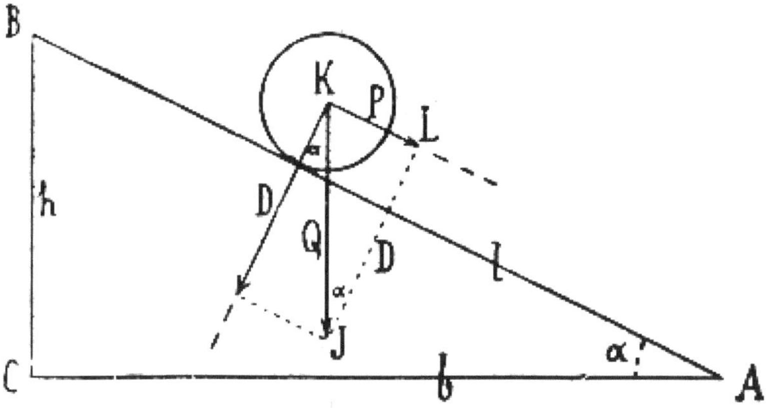

Fig. 337.

Wirkt eine Kraft auf einen Körper in einer Richtung, in der sich der Körper nicht bewegen kann, so zerlegt sich die Kraft in zwei Seitenkräfte (Komponenten); die eine wirkt in der Richtung, in der sich der Körper bewegen kann, die andere wirkt senkrecht dazu. Liegt ein Körper auf einer schiefen Ebene, so wirkt auf ihn die Schwerkraft Q, sein Gewicht; sie zerlegt sich in die zwei Komponenten: P parallel der schiefen Ebene, und D senkrecht zu ihr; die erste Komponente bewirkt eine Bewegung längs der schiefen Ebene, **Bewegungskomponente**, die zweite einen Druck auf die Ebene, **Druckkomponente**. Die Größe der Komponenten findet man durch das Kräfteparallelogramm, das mit KJ = Q als Diagonale zu konstruieren ist. Man bezeichnet AB mit l (Länge der schiefen Ebene), BC mit h (Höhe), AC mit b (Basis), so ist △ JKL ~ △ ABC also

$$P : Q = BC : AB = h : l,$$

d. h. **es verhält sich die parallel der schiefen Ebene wirkende Komponente zur Last wie die Höhe der schiefen Ebene zur Länge**; auch ist $P\ Q = h\ l = \sin \alpha$; $P = Q \sin \alpha$. Ferner: $D : Q = AC : AB = b : l$, d. h. **der Druck verhält sich zur Last wie die Basis zur Länge**, oder

$$D\ Q = b\ l = \cos \alpha;\ D = Q \cos \alpha.$$

Will man den Körper auf der schiefen Ebene ruhig erhalten, so muß man eine der Kraft P gleiche Kraft parallel der schiefen Ebene nach aufwärts anbringen. Diese Kraft wächst mit der Steigung. Ist die Steigung gering, wie bei Straßen, wo sie nur selten 8% erreicht (BC : AC = 8 : 100), so kann man, ohne nennenswerten Fehler statt AB auch AC setzen; dann ist P Q = BC AB = BC AC = 8 100, also P = 8 100 Q. Zur Überwindung der Steigung von 4% ist demnach bei einem Wagen von 3500 *kg* Gewicht eine Kraft von 4100 · 3500 *kg* = 140 *kg* erforderlich.

Die Arbeit, die man aufwenden muß, um einen Körper mittels der schiefen Ebene auf eine gewisse Höhe zu bringen, ist stets dieselbe, ob die schiefe Ebene schwach oder stark geneigt ist. Dies beweist man folgendermaßen:

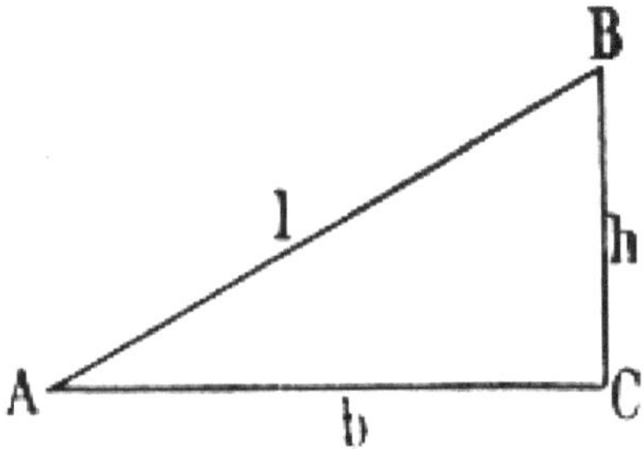

Fig. 338.

Ist keine Reibung vorhanden, so ist die erforderliche Kraft P = Q · h l, der Weg = l; also ist die Arbeit = Q · h l · l = Q · h. Sie ist nur von h abhängig, also für jede Größe von l gleich groß und ebenso groß, wie wenn man den Körper von C nach B auf die Höhe h hebt.

Ist jedoch Reibung vorhanden, so ist sie anzusehen als eine Kraft, die der Richtung der Bewegung entgegengesetzt ist; sie ist abhängig auch vom Drucke und ihm proportional. Man nennt das Verhältnis der Reibung zum Druck den Reibungskoeffizienten c. Er beträgt für einen Wagen, der sich auf einer gewöhnlichen Landstraße bewegt, zka. 1/7, so daß zum Bewegen eines Wagens von 1200 *kg* Gewicht eine Kraft von 1/7· 1200 = 170 *kg* notwendig ist. Wird die Last Q längs der schiefen Ebene von A nach B bewegt, so ist der Druck auf die schiefe Ebene = Q · b l, also die Reibung = c · Q · b l; dazu kommt die Komponente P = Q h l; also ist die Gesamtkraft c · Q b l + Q h l erforderlich; da der Weg = l, so ist die

Arbeit (AB) = (c Q b l + Q h l) · l = c Q b + Q h.

Wird nun der Körper von A nach C und dann nach B bewegt, so ist von A nach C die Reibung zu überwinden = c Q, der Weg = b, also Arbeit

(AC) = c Q b; dann ist die Last Q über die Höhe h zu heben; also Arbeit (CB) = Q h. Die Summe beider Arbeiten ist gleich der von A nach B.

Liegt ein Körper auf einer schiefen Ebene, so wirkt die Komponente P der Schwerkraft parallel der schiefen Ebene nach abwärts; aber die Reibung wirkt dieser Kraft entgegen. Ist diese Komponente kleiner als die Reibung, so bleibt der Körper auf der schiefen Ebene liegen und zur Bewegung nach abwärts muß noch eine Kraft = $c\,Q \cos \alpha - Q \sin \alpha$ angebracht werden (nach aufwärts eine Kraft $c\,Q \cos \alpha + Q \sin \alpha$). Ist die Komponente größer als die Reibung, so bewegt sich der Körper nach abwärts mit der Kraft $Q \sin \alpha - c\,Q \cos \alpha$. Ist die Komponente gleich der Reibung, so bleibt der Körper gerade noch auf der schiefen Ebene liegen. Der Winkel α, bei dem das stattfindet, berechnet sich aus der Gleichung $c\,Q \cos \alpha - Q \sin \alpha = 0$; also $\operatorname{tg} \alpha = c$; diesen Winkel nennt man den Reibungswinkel; umgekehrt kann man aus der Größe des Reibungswinkels den Reibungskoeffizienten berechnen.

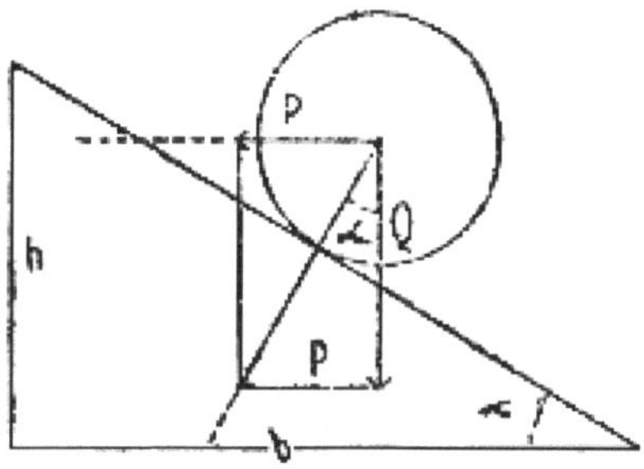

Fig. 339.

Man erkennt leicht die Richtigkeit folgenden allgemeinen Satzes: Ist ein Körper auf einer Ebene und wirken auf ihn beliebig Kräfte in verschiedenen Richtungen, so bleibt er in Ruhe, wenn die Resultierende sämtlicher Kräfte senkrecht steht auf der Ebene und gegen sie gerichtet ist; denn die Ebene übt dann einen gleich großen Gegendruck in entgegengesetzter Richtung aus, wodurch Gleichgewicht hergestellt wird.

Hiermit behandeln wir den Fall, wenn eine Kraft P angebracht werden soll, die parallel der Basis wirkt (Fig. 339). Die Resultierende von P und Q muß senkrecht stehen zur schiefen Ebene. Man findet $P = Q \operatorname{tg} \alpha = Q\, h\, b$, oder $P : Q = h : b$; **Kraft verhält sich zur Last, wie Höhe zur Basis.**

Liegt die Last auf der schiefen Ebene und hält man sie mittels eines Strickes, dem man verschiedene Richtung geben kann, so findet man die Größe der erforderlichen Kräfte durch Zeichnung der Kräfteparallelogramme, deren Diagonale senkrecht zur schiefen Ebene steht. (Fig. 340.) Unter diesen Kräften P, P', P'' . . . . ist diejenige die kleinste, die ‖ der Ebene wirkt, die bekannte Komponente $P = Q \sin \alpha$.

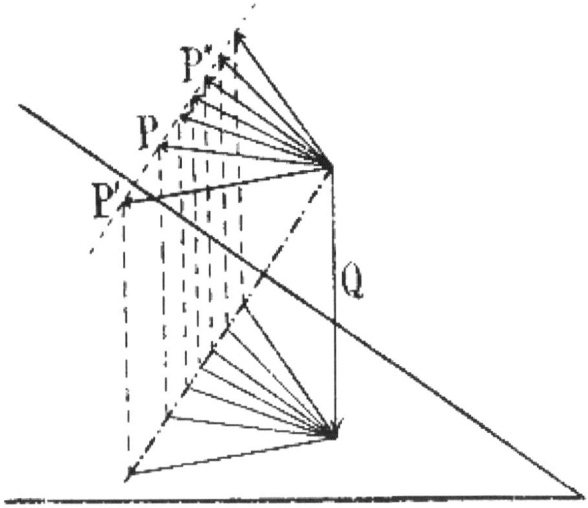

Fig. 340.

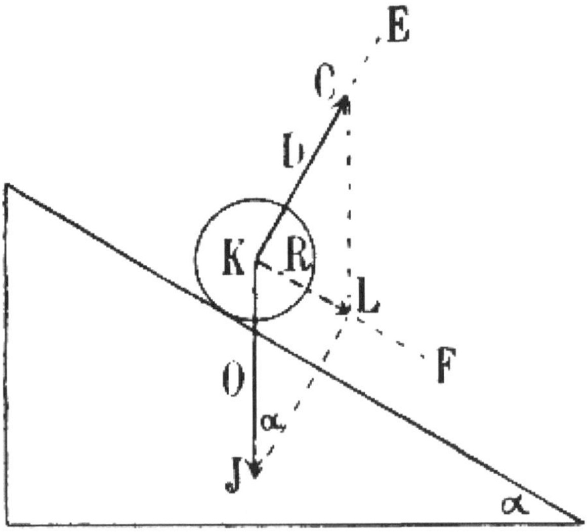

Fig. 340a.

Man kann das Problem der schiefen Ebene auch noch auf folgende Art behandeln. Liegt ein Körper auf einer schiefen Ebene, so wirkt auf ihn sein Gewicht in vertikaler Richtung, Q = KJ. Er drückt damit auf die schiefe Ebene und diese übt einen Gegendruck D aus, welcher erfahrungsgemäß senkrecht zur schiefen Ebene steht. Auf den Körper wirken demnach zwei Kräfte, Q und D, und da die Richtung der Resultierenden erfahrungsgemäß längs der schiefen Ebene nach abwärts geht, so kann man die Resultierende mittels des Kräfteparallelogramms finden. Man macht JL ∥ KE und LC ∥ JK, so ist die Größe der Resultierenden P = KL und die des Gegendruckes D = KC. Man beweist leicht, daß P = Q sin α, D = Q cos α. Die Kraft R erscheint nun als Resultierende der Schwerkraft Q und des elastischen Gegendruckes D der schiefen Ebene.

Ebenso kann man in den zwei folgenden Kapiteln die durch Einwirkung der Kraft Q hervorgerufenen Gegendrücke P und P als Kräfte auffassen, deren Resultierende im Falle des Gleichgewichtes gleich und entgegengesetzt Q sein muß.

Aufgaben:

170. Welche Kraft braucht man, um eine Last von 510 *kg* auf einer schiefen Ebene zu halten, welche bei 10 *m* Länge um 115 *cm* steigt? Wie groß muß diese Kraft sein, wenn sie parallel der Basis wirkt, oder wenn sie unter 20° nach aufwärts (oder nach abwärts) gerichtet ist?

171. Welche Kraft parallel der schiefen Ebene braucht man, um einen Körper von 160 *kg* Gewicht auf einer schiefen Ebene von 34° Neigung zu halten, wenn die Reibung ⅛ beträgt? Welche Arbeit leistet man, wenn man ihn 260 *m* längs der schiefen Ebene nach aufwärts bringt?

172. Eine Kugel von k *kg* Gewicht liegt auf einer schiefen Ebene von α° Neigung und lehnt sich dabei an ein Brett, welches am Fuße der schiefen Ebene in vertikaler Richtung aufgestellt ist. Welchen Druck übt die Kugel auf die schiefe Ebene und welchen auf das Brett aus?

173. Eine Last von 145 *kg* liegt auf einer schiefen Ebene von 20° Neigung und wird gehalten durch einen Strick, der unter 45° nach abwärts geneigt ist. Welche Kraft muß längs des Strickes wirken und wie stark drückt die Last auf die schiefe Ebene?

174. Welche Kraft ist erforderlich, und welche Arbeit wird geleistet, wenn ein Wagen von 27 Ztr. Gewicht auf einer Straße von 5½% Steigung und ⅛ Reibung 265 *m* weit nach aufwärts (nach abwärts) gefahren wird?

175. Ein Steinblock von 15 Ztr. Gewicht soll über eine schiefe Ebene von 20° Steigung heraufgeschleift werden. Er wird an einem Seil befestigt, welches parallel der schiefen Ebene läuft und sich an der Seiltrommel eines Haspels aufwickelt. Der Durchmesser der Seiltrommel ist 28 *cm*, die Kurbellänge 54 *cm*. Mit welcher Kraft wird das Seil gespannt, wenn der Stein auf der schiefen Ebene eine Reibung hat, die ⅓ des Druckes beträgt und welche Kraft muß an der Kurbel wirken, um den Stein heraufzuschleifen, wenn im Haspel noch 10% durch Reibung verloren gehen?

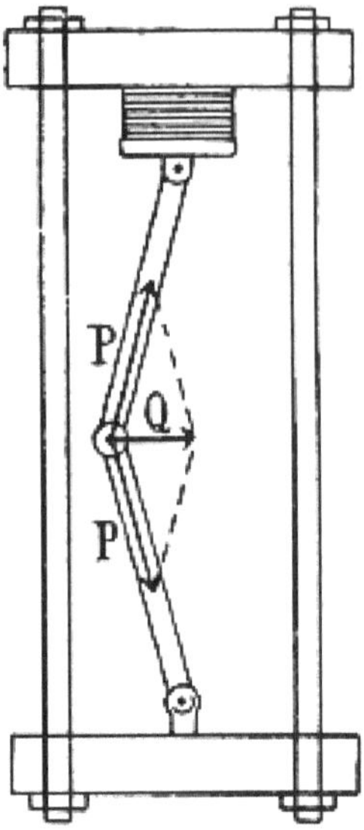

Fig. 341.

257. Die Kniehebelpresse.

Die Kniehebelpresse hat ein Gerüst aus zwei starken Platten oben und unten, die durch starke Stäbe verbunden sind; das Knie zwischen ihnen wird gebildet aus zwei starken Stäben, die unter sehr großem, nahezu gestrecktem Winkel zusammenstoßen; das Ende des oberen Stabes ist von der oberen Platte etwas entfernt, so daß der zu pressende Körper dazwischen gelegt werden kann.

Übt man nun auf das Knie eine Kraft Q aus in einer solchen Richtung, daß sie den Winkel des Knies in einen gestreckten zu verwandeln sucht, so zerlegt sich diese Kraft in die zwei Seitenkräfte P und P, die in den Richtungen der Kniestangen wirken und dadurch den zu pressenden Körper zusammendrücken. Dabei ist P größer als Q und der Kraftgewinn ist um so größer, je flacher das Knie ist, je näher sein Winkel an 180° liegt. Um die Wirkung noch zu verstärken, drückt man mittels eines Druckhebels auf das Knie (Kniehebelpresse).

Man benützt solche Maschinen zum Prägen von Münzen; von beiden Seiten der Münze werden negative Formen in Stahl geschnitten, die eine wird auf der Gerüstplatte, die andere am Ende der Kniestange angebracht, und zwischen sie wird das zu prägende Metallstück gelegt; durch den starken Druck der Presse wird das verhältnismäßig weiche Metall des Geldstückes in die Vertiefungen der Prägstöcke gepreßt und so die Münze geprägt. Ebenso wird sie benützt zum Stanzen von Blechen (Herausschlagen von Löchern aus einem Bleche), zum Pressen von Blechen und ähnlichem.

258. Der Keil.

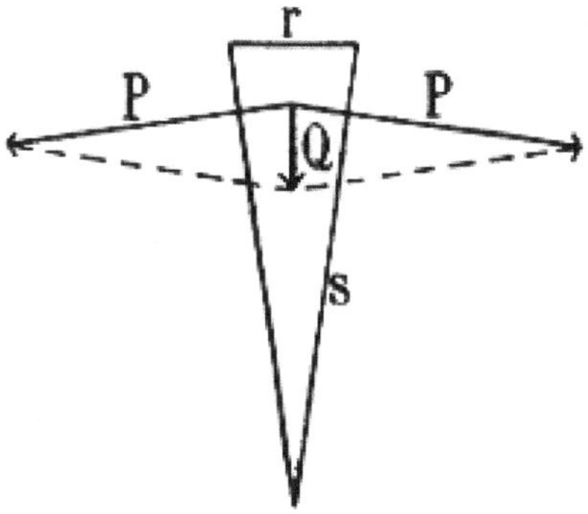

Fig. 342.

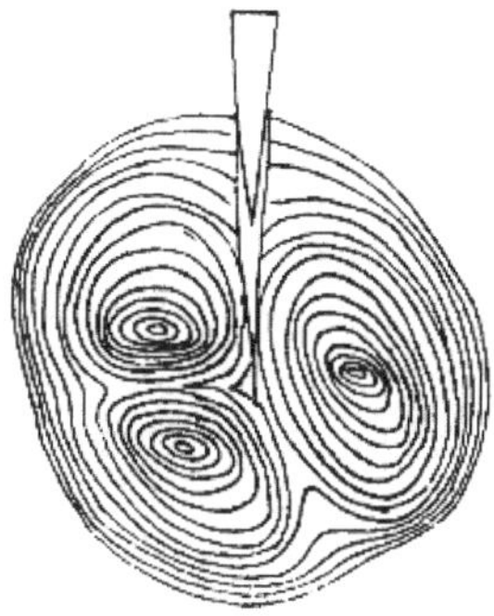

Fig. 343.

Fig. 344.

Der Keil ist ein dreiseitiges Prisma, von dem 2 Seitenflächen unter sehr kleinem Winkel zusammenstoßen; die Seitenflächen sind im Querschnitt gleich lang; die dritte Fläche heißt der Rücken.

Ist der Keil zwischen zwei Gegenstände geschoben, die dem weiteren Eindringen einen großen Widerstand entgegensetzen, und übt man auf den Rücken des Keiles eine Kraft Q aus, so zerlegt sie sich nach dem Kräfteparallelogramm in zwei Seitenkräfte P und P, welche senkrecht stehen zu den Seiten des Keiles. Aus der Ähnlichkeit der Dreiecke folgt: die Kraft P verhält sich zum Drucke Q wie die Seite des Keiles zum Rücken. Da diese Seitenkräfte P bei kleinem Winkel vielmal größer sind als Q, so sind sie wohl imstande, einen großen Widerstand zu überwinden. Der Keil liefert also auch Kraftgewinn. Ist der Winkel des Keiles = 60°, so ist jede Kraft P = Q.

Ein Holzklotz wird durch Eintreiben eines Keiles zersprengt. Ein solcher Keil hat meist etwas gekrümmte Flächen, so daß besonders später, wenn der Keil immer tiefer eindringt, und der Widerstand mit der Entfernung der klaffenden Ränder größer wird, sich solche Teile der Keilseiten zwischen den Rändern befinden, deren Winkel sehr klein ist, so daß der Kraftgewinn nun sehr groß ist.

Auch zum Befestigen dient der Keil; z. B. man spaltet das eine Ende eines hölzernen Stieles eines Hammers, steckt es in das Öhr des Hammers und treibt nun einen Keil aus hartem Holze in den Spalt; dieser drückt die zwei Teile des gespaltenen Stieles sehr stark an die Wände des Öhres und bewirkt so eine starke Befestigung.

259. Die Schraube.

Die Schraubenlinie ist eine doppelt gekrümmte Linie, welche entsteht, wenn man ein rechtwinkliges Dreieck mit einer Kathete längs der Kante eines Cylinders befestigt und nun um den Cylinder wickelt; die Hypotenuse hat dann die Form der Schraubenlinie. Sie entsteht auch, wenn ein Punkt sich auf einem Cylindermantel so bewegt, daß er um den Cylinder herumgeht und zugleich sich längs des Cylinders bewegt. Sie entsteht auch, wenn ein Cylinder um seine Achse gedreht und zugleich längs der Achse verschoben wird; ein während dieser Bewegung des Cylinders ruhig gehaltener Punkt, etwa die Spitze eines Bleistiftes, beschreibt dann auf dem Cylindermantel eine Schraubenlinie; sie entsteht auch, wenn ein Cylinder um seine Achse gedreht wird, und ein Punkt sich längs einer Cylinderkante bewegt. Diese letzten Arten benützt der Mechaniker, um eine Schraubenspindel herzustellen, das ist ein Cylinder, auf dessen Mantel eine längs einer Schraubenlinie laufende Erhöhung sich befindet. Die Schraubenmutter ist ein Stück Holz oder Metall, das durchbohrt ist und in dieser Durchbohrung eine fortlaufende Vertiefung von der Art hat, daß die Erhöhungen der Spindel gerade hineinpassen.

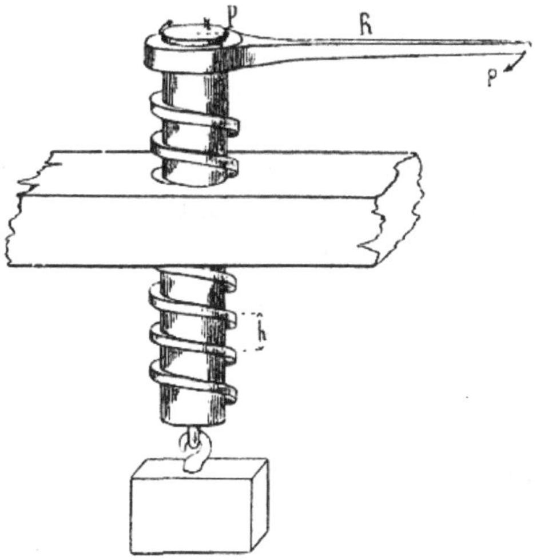

Fig. 345.

Es sei die Mutter so befestigt, daß die Spindel vertikal steht; unten an der Spindel sei die Last Q befestigt, so wirkt sie in der Richtung der Spindel, und ruht als Last auf den nach oben gerichteten Flächen der Schraubengänge der Schraubenmutter; diese stellen aber gleichsam eine schiefe Ebene dar, deren Höhe, wenn wir bloß einen Umgang betrachten, gleich dem Abstande zweier Schraubengänge ist (Ganghöhe), und deren Basis gleich dem Umfange der Spindel ist. Die Last sucht sich nach abwärts zu bewegen, indem sie die Spindel längs der Schraubengänge dreht. Will man diese Bewegung hindern, also die Schraube ins Gleichgewicht setzen, so muß man die Spindel oben drehen, also eine Kraft P anbringen, die senkrecht zum Radius der Spindel wirkt, die also parallel der Basis der schiefen Ebene wirkt. Man kann sonach die Schraube als schiefe Ebene ansehen, bei der die Last senkrecht zur Basis, die Kraft parallel zur Basis wirkt; **also verhält sich Kraft zur Last wie Höhe zur Basis, also wie Ganghöhe zum Umfang der Spindel**;

$$P : Q = h : 2\,r\,\pi.$$

Meist bringt man nicht die Kraft P am Ende des Spindelradius r an, sondern verlängert diesen Radius stabförmig bis zur Länge R (Schlüssel), und bringt am Ende des Schlüssels die Kraft p an; man sieht, daß P und p wie Kräfte an einem Hebel wirken, also:

$$p : P = r : R;$$

dies verbunden mit

$$P : Q = h : 2\,r\,\pi$$

gibt:

$$p : Q = h : 2\,R\,\pi$$

also: **Kraft zu Last wie Ganghöhe zum Umfange des vom Schraubenschlüsselende beschriebenen Kreises.**

Der Kraftgewinn kann leicht bedeutend groß gemacht werden, denn die Ganghöhe ist stets klein (z. B. 1 *cm*); den Schlüssel kann man lang wählen (z. B. 50 *cm*), dann ist der Umfang = 2 R π = 2 · 50 · 3,14 = 314 *cm*, also der Kraftgewinn = 314. Hiervon geht stets ein beträchtlicher Teil durch die Reibung verloren.

Goldene Regel: Dreht man die Spindel einmal herum, so ist der Weg der Kraft gleich dem Umfang des Schraubenschlüsselkreises (314 *cm*), der Weg der Last ist eine Ganghöhe (1 *cm*) d. h. die Last ist nur um eine Ganghöhe (1 *cm*) gehoben; sovielmal also die Kraft kleiner ist als die Last (314 mal), ebensovielmal ist ihr Weg größer als der Weg der Last (314 mal). Demnach ist auch bei der Schraube die Arbeit der Kraft = der Arbeit der Last (Gesetz der Maschinen).

260. Anwendung der Schrauben.

Die Schraube wird angewandt zum Heben schwerer Lasten, besonders wenn dieselben nicht hoch gehoben werden müssen, z. B. zum Aufziehen von Schleusen. Die Schleuse ist an einer vertikalen Schraubenspindel befestigt (Fig. 346), welche durch ein Loch eines oben angebrachten Querbalkens geht; auf die Spindel ist die Mutter gesteckt und bis zum Querbalken heruntergedreht. Dreht man die Mutter mittels eines Schlüssels noch weiter, so geht die Spindel und somit die Schleuse nach aufwärts. (Heben der Schienenträger an den Zufahrtstellen der Schiffbrücken.)

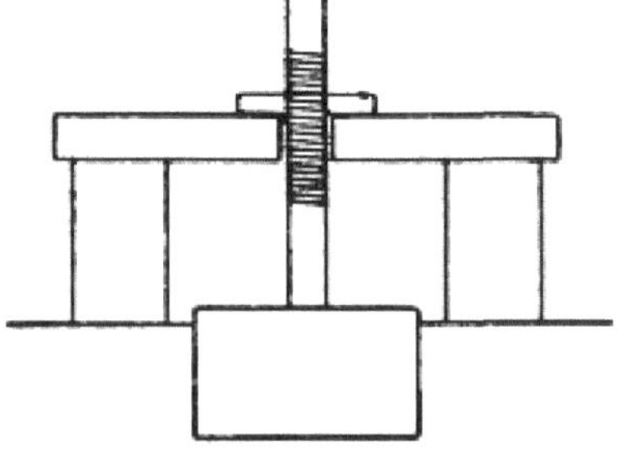

Fig. 346.

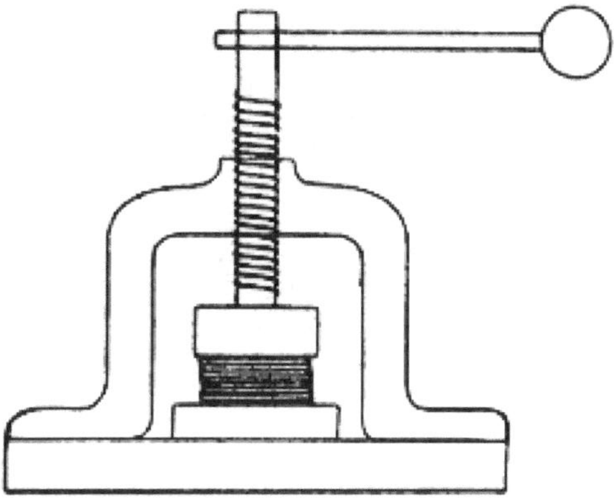

Fig. 347.

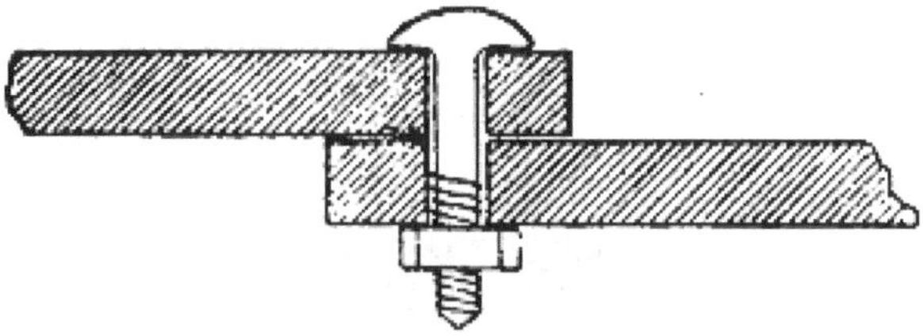

Fig. 348.

Die Schraubenpresse (Fig. 347). Mit einer starken Unterlage ist ein starker Eisenbügel verbunden, welcher oben die Schraubenmutter enthält; durch diese geht die Spindel, welche oben getrieben wird durch einen Schlüssel und unten auf eine Platte drückt; zwischen diese und die Unterlage wird der zu pressende Körper gelegt; der Widerstand, den dieser dem Zusammenpressen entgegensetzt, ist gleichsam die in der Richtung der Spindel wirkende Last, die überwunden wird. Hat die Maschine etwa 2 *cm* Ganghöhe und 60 *cm* Schlüssellänge, also einen Kraftgewinn = 2 · 60 · 3,142 = 188,4 und drückt man mit der Kraft von 20 *kg*, so gibt das einen Spindeldruck von 188,4 · 20 *kg* = 3768 *kg* = 75 Ztr.; der Körper wird von der Spindel gepreßt, wie wenn auf ihm 75 Ztr. lägen. Stempel-, Buchbinder-, Kelterpresse, Schraubenzwinge, Schraubstock, Klemmschrauben. Sehr mannigfach ist die Anwendung von Schrauben zum Befestigen von Gegenständen aneinander. Sollen etwa zwei Metallplatten aufeinander befestigt werden, so werden beide durchbohrt und durch dieses Loch wird ein Schraubenbolzen gesteckt, ein runder Eisenstab, der an einem Ende einen hervorragenden Kopf hat und am anderen Ende mit Schraubengewinde versehen ist. Auf dies Gewinde wird eine Mutter eingedreht, bis sie die Platte berührt, und mittels eines Schlüssels fest angezogen. Dadurch werden beide Platten sehr stark aneinander gedrückt.

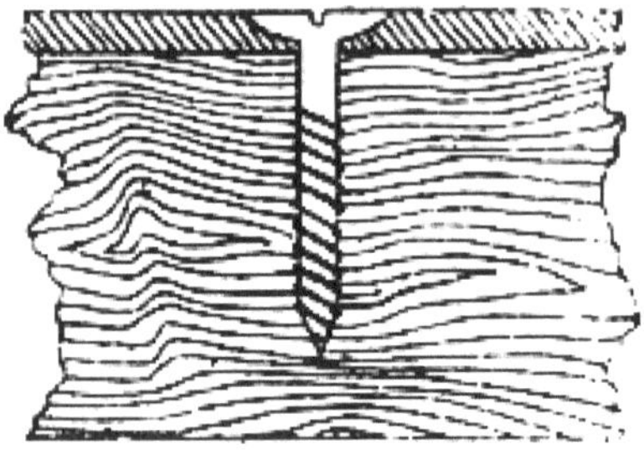

Fig. 349.

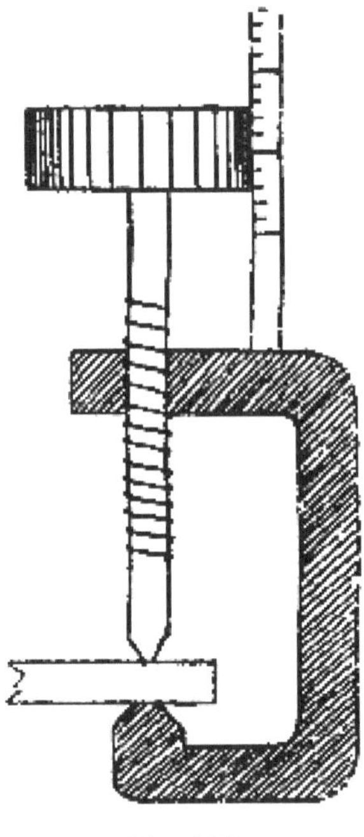

Fig. 350.

Auch um Metall auf Holz, oder Holz auf Holz zu befestigen, bedient man sich der Schraube; es wird das Metall durchbohrt, so daß die Spindel gut durchgeht, und ins Holz wird ein Loch gebohrt. Die Holzschraube (Fig. 349) bohrt sich dann mit ihren scharfen Gängen selbst die Mutter ins Holz und dient zum Befestigen von Gegenständen auf Holz.

Das Schraubenmikrometer dient dazu, um die Dicke von dünnen Gegenständen z. B. Blechen, Drähten, dünnen Achsen und Zapfen u. s. w. zu messen, Kalibermaß. Ein Eisenbügel hat an einem Arme eine Schraubenmutter, durch welche eine Schraubenspindel, die Mikrometerschraube, geht, beide müssen sehr exakt gearbeitet sein. Dem Schraubenspindelende gegenüber ist am anderen Arm des Bügels ein

Vorsprung (Daumen) angebracht. Auf der Schraubenspindel ist oben ein Kreis oder eine Trommel angebracht, die in etwa 100 gleiche Teile geteilt ist; neben ihr steht ein am Bügel befestigter Zeiger, so daß man am Zeiger sehen kann, wie viele ganze Schraubenumgänge, und an der Stellung der Kreisteilung gegen den Zeiger, wie viel Hundertel des folgenden Umgangs die Spindel gemacht hat; aus der Ganghöhe der Spindel, z. B. 1 *mm*, kann man mit großer Genauigkeit die Dicke des Bleches erfahren.

Stellschrauben dienen vielfach dazu, um einen Punkt, das Ende der Spindel, genau an eine gewünschte Stelle zu bringen.

Schiffsschraube. Die Spindel oder Welle ragt hinten aus dem Schiffe horizontal heraus und wird durch die Dampfmaschine in rasche Umdrehung versetzt. Auf der Welle sind 3 oder 4 Flügel angebracht, welche wie Schraubenflächen gestaltet sind, aber nur je einen Teil eines ganzen Umlaufes, etwa nur ¼ oder ⅙ darstellen. Das umliegende Wasser bildet gleichsam die Schraubenmutter, und da die Schraubenflügel bei der Umdrehung einen Druck auf das Wasser ausüben, so übt das Wasser einen Gegendruck aus auf die Schraubenflügel, und durch diesen wird das Schiff bewegt.

Die Schraube ohne Ende. Die Last greift am Umfang einer Welle an etwa mittels eines Seiles; das zugehörige Rad ist gezahnt und greift mit seinen Zähnen zwischen die Gänge einer in Zapfen liegenden Schraubenspindel ein, welche durch eine Kurbel gedreht werden kann. Sie ist ein hübsches Beispiel einer zusammengesetzten Maschine, denn sie besteht aus einem Wellrad und einer Schraube; die Kraft y, die am Umfang des Rades erforderlich ist, wirkt als Last an der Spindel der Schraube.

Es ist also

$$1)\ Q : y = R : r,$$

$$2)\ y : P = 2\,K\,\pi : h\ (K = \text{Kurbel},\ h = \text{Ganghöhe}),$$

hieraus $Q\,P = R \cdot 2\,K\,\pi r \cdot h = R\,r \cdot 2\,K\,\pi\,h$; das heißt:

auch der Kraftgewinn dieser zusammengesetzten Maschine ist gleich dem Produkt der Kraftgewinne der einzelnen einfachen Maschinen.

Aufgaben:

176. Welchen Druck übt eine Schraubenspindel von 8 *mm* Ganghöhe aus, wenn an einem Schlüssel von 40 *cm* Länge eine Kraft von 25 *kg* wirkt?

177. Wie lange muß man den Schlüssel einer Schraube von 13 *mm* Ganghöhe wählen, damit eine Kraft von 15 *kg* einen Druck von 50 Ztr. hervorbringt?

178. Eine Schraubenspindel von 18 *mm* Ganghöhe soll gehoben werden durch Umdrehung der Mutter; die Mutter hat am Rande 60 Zähne, in welche ein Trieb von 8 Zähnen eingreift; dieser wird durch eine Kurbel von je 32 *cm* Radius gedreht, an welcher zwei Männer mit je 15 *kg* Kraft angreifen. Welche Last darf an der Spindel hängen, wenn ⅓ durch Reibung verloren geht?

261. Gleichförmige Bewegung.

Eine gleichförmige Bewegung ist eine solche, bei welcher in gleichen Zeiten gleiche Wege zurückgelegt werden. Geschwindigkeit ist der Weg, den der Körper in einer Zeiteinheit (meistens in 1") zurücklegt. Bezeichnet man die Geschwindigkeit mit c, die Zeit mit t, so ist der Weg s:

$$s = c\,t.$$

Eine gleichförmige Bewegung findet unter folgenden Verhältnissen statt: 1. Wenn ein Körper eine Geschwindigkeit hat und sonst auf ihn weder eine Kraft noch ein Hindernis einwirkt; er behält dann nach dem Trägheitsgesetze die Geschwindigkeit unverändert bei; die Bewegung ist dabei gradlinig, da ein Körper auch die Richtung der Bewegung nicht selbständig zu verändern vermag. 2. Wenn ein Körper schon eine Geschwindigkeit hat, und auf ihn eine Kraft wirkt, welche gerade imstande ist, die der Bewegung entgegenwirkenden Kräfte oder entgegenstehenden Hindernisse zu überwinden. Beispiele: ein auf der Straße fahrender Wagen, der Eisenbahnzug, wenn er auf ebener Strecke im Laufen ist, das Schiff, das durch Wind oder Dampf (oder Strömung) oder beides in gleichförmiger Bewegung erhalten wird u. s. f. Bei dieser Bewegung muß Arbeit aufgewendet werden, da eine Kraft längs eines Weges wirkt; ihre Größe wird gemessen durch das Produkt aus Kraft mal Weg. 3. Man nennt eine Bewegung auch dann noch gleichförmig, wenn in einer der vorigen Arten die Richtung der Bewegung beständig so verändert wird, daß statt der geradlinigen eine krummlinige Bewegung eintritt, die Geschwindigkeit aber unverändert bleibt. Hierüber mag vorderhand die Bemerkung genügen, daß eine von außen auf den Körper einwirkende Kraft notwendig ist, um diese Richtungsänderung hervorzubringen.

Aufgaben:

179. Welche Geschwindigkeit hat ein Körper, der in 1 Std. 37 Min. 28,6 *km* zurücklegt?

180. Welchen Weg legt ein Dampfer bei 11 Knoten Geschwindigkeit in 3 Tg. 6 Std. zurück? (Ein Knoten = 1/60 engl. Seemeile in 1 Min.)

262. Der freie Fall.

Nach dem Trägheitsgesetz verharrt jeder Körper in seinem Zustand der Ruhe oder der gleichförmigen geradlinigen Bewegung, solange nicht eine Kraft auf ihn wirkt. Wirkt eine Kraft auf ihn, so ändert sie den Bewegungszustand, indem sie die Bewegung langsamer oder rascher macht, oder auch deren Richtung ändert. Die einfachste Art einer solchen Wirkung ist die einer konstanten, d. h. der Größe oder Intensität nach gleichbleibenden Kraft. Wir wählen dazu als Beispiel die Schwerkraft, die ja innerhalb der gewöhnlich vorkommenden Grenzen als konstant angenommen werden darf.

Ist der Körper anfangs in Ruhe, so erteilt ihm die Schwerkraft eine Bewegung, und zwar erhält er im Laufe einer Sekunde eine Geschwindigkeit von ca. 10 *m*; d. h. wenn am Ende der ersten Sekunde die Schwerkraft aufhören würde zu wirken, und der Körper bloß dem Beharrungsvermögen folgen würde, so würde er in jeder folgenden Sekunde einen Weg von 10 *m* zurücklegen.

In der zweiten Sekunde behält er die erlangte Geschwindigkeit von 10 *m* bei und bekommt durch die Schwerkraft, welche während der zweiten Sekunde ebenso wirkt wie in der ersten, noch eine Geschwindigkeit von 10 *m* dazu, so daß er am Ende der zweiten Sekunde eine Geschwindigkeit von 20 *m* hat. Während der dritten Sekunde behält er die Geschwindigkeit von 20 *m* bei und bekommt wieder eine Geschwindigkeit von 10 *m* dazu, so daß er am Ende der dritten Sekunde eine Geschwindigkeit von 30 *m* hat. So geht es fort; nach n Sekunden ist seine Geschwindigkeit = n · 10 *m*. Der Betrag von 10 *m* ist nicht genau, sondern ist in Wirklichkeit 9,809 *m*; er wird mit g bezeichnet und heißt die Beschleunigung der Schwerkraft. Da eine konstante Kraft in jeder Sekunde dieselbe Beschleunigung hervorbringt, so verursacht sie eine gleichförmig beschleunigte Bewegung; der freie Fall eines schweren Körpers ist eine solche. Bezeichnen wir die Sekundenzahl mit t, und die in dieser Zeit erlangte Geschwindigkeit mit v, so ist

$$v = g\,t \quad (I).$$

Wir betrachten nun die Wege, die der Körper in den einzelnen Sekunden zurücklegt. Am Anfang der ersten Sekunde hat der Körper noch keine Geschwindigkeit, am Ende der ersten Sekunde hat er eine Geschwindigkeit = 10 *m*; da seine Geschwindigkeit hiebei gleichmäßig von 0 bis 10 *m* wächst, so kommt er dabei ebensoweit, wie wenn er sich mit der mittleren Geschwindigkeit von 5 *m* bewegt hätte. Dies bestätigt der Versuch. In der zweiten Sekunde hat er am Anfang 10 *m*, am Ende 20 *m* Geschwindigkeit; man fand, daß der Weg in der zweiten Sekunde 15 *m*, gleich dem Mittel aus beiden Geschwindigkeiten ist. Ebenso hat er in der dritten Sekunde am Anfang 20 *m*, am Ende 30 *m* Geschwindigkeit; der Weg in der dritten Sekunde beträgt 25 *m*; so geht es fort, der Weg in der vierten Sekunde ist 35 *m* etc. Man fand also: Die Wege, welche der Körper in den einzelnen Sekunden zurücklegt, bilden eine arithmetische Reihe, deren Anfangsglied a = 5 *m*, genauer = ½ g ist, und von denen jedes folgende Glied um 10 *m*, genauer um g, größer ist als das vorhergehende; also die Differenz aufeinanderfolgender Glieder d = 10 *m*, genauer = g.

Um die Höhe zu berechnen, die der Körper in t Sekunden durchfällt, so kann man als das einfachste schließen, daß der Körper ebensoweit kommt, wie wenn er t Sekunden lang sich mit der mittleren Geschwindigkeit 0 + g t 2 = g t 2 bewegt hätte, daß also sein Weg s = ½ g t^2 ist. Dasselbe findet man auch, wenn man die Wege der einzelnen Sekunden addiert, also die Summe dieser arithmetischen Reihe bildet; dies geschieht nach der Formel s = n a + n · (n - 1) d 2, wobei n = t, a = g 2, d = g zu setzen ist; also ist:

$$s = t \cdot g2 + t\,(t - 1)\,g2 = t\,g2 + t^2\,g\,2 - t\,g2$$

$$s = g\,t^2\,2 (II).$$

263. Beweis der Fallgesetze.

Diese zwei Formeln

$$\mathbf{v = g\,t\,(I),\ s = g\,t^2\,2\,(II)}$$

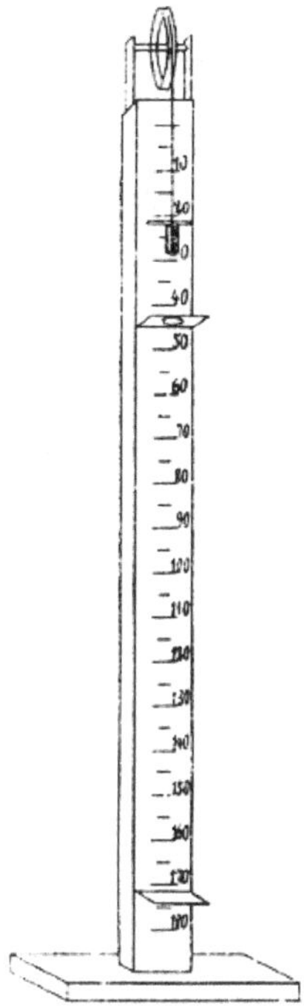

Fig. 351.

enthalten die Fallgesetze und wir betrachten jetzt, wie sie ihr berühmter Entdecker Galilei gefunden und bewiesen hat. Der schiefe Turm zu Pisa gab ihm Gelegenheit, zu untersuchen, von welcher Höhe er eine Bleikugel fallen lassen müsse, damit sie nach einer oder nach zwei oder nach drei Sekunden zu Boden fällt, und er fand, daß die Höhe bei zwei Sekunden 4 mal, bei drei Sekunden 9 mal so groß sein muß wie bei einer Sekunde: die Fallhöhen verhalten sich wie die Quadrate der Zeiten (II). Hieraus das Fallgesetz ahnend, untersuchte er es durch den Fall auf der schiefen Ebene: Er nahm eine lange Holzrinne, mit glattem Pergament ausgekleidet, neigte sie etwas (schiefe Ebene) und ließ Elfenbeinkugeln herabrollen. Hiebei ist die Masse der Kugel dieselbe wie beim freien Falle, aber während beim freien Falle die ganze Schwerkraft auf die Masse bewegend wirkt, wirkt auf der schiefen Ebene bloß die parallel der schiefen Ebene wirkende Komponente $P = Q \cdot \sin \alpha$ bewegend. Diese ist aber kleiner ($\sin \alpha$ mal größer), deshalb bringt diese Kraft auch eine kleinere Beschleunigung hervor (eine $\sin \alpha$ mal größere Beschleunigung). Die Bewegung ist also auch eine gleichförmig beschleunigte Bewegung, nur statt g steht überall $g \cdot \sin \alpha$; so fand Galilei, daß stets der Weg s ausdrückbar war durch $s = g \cdot \sin \alpha \cdot t^2 2$, wie er auch die Neigung α, die Zeit t oder den Weg s veränderte. So fand und bewies Galilei nicht bloß das Gesetz vom freien Falle, sondern auch das vom Falle auf der schiefen Ebene; bei letzterer ist also die Beschleunigung = **$g \sin \alpha$**, demnach **$v = g t \cdot \sin \alpha$**, und **$s = \frac{1}{2} g t^2 \cdot \sin \alpha$**.

Die Atwoodsche Fallmaschine (1784) besteht aus einer vertikalen Säule, auf welcher oben eine sehr leicht drehbare leichte Rolle angebracht ist; um sie ist ein Faden gelegt, an dessen Enden cylindrische Gewichte von etwa je 200 *g* hängen; diese halten sich das Gleichgewicht. Legt man auf ein Gewicht ein Übergewicht etwa von 10 *g*, so sinkt dieses, während das andere steigt; aber diese Bewegung ist sehr langsam. Würde man nämlich das Übergewicht, 10 *g*, frei fallen lassen, so würde die Kraft von 10 *g* dazu verwendet werden, um eine Mass von 10 *g* in Bewegung zu setzen, das gäbe die Beschleunigung g = 10 *m*. Liegen aber die 10 *g* Übergewicht auf dem einen Gewichte, so wird nun die Kraft von 10 *g* dazu verwendet, um die Masse von 410 *g* in Bewegung zu setzen, also eine 41 mal größere Masse; deshalb bekommt diese 41 mal größere Masse auch nur eine 41 mal kleinere Beschleunigung, $g' = \frac{10}{41}$ *m*, macht also eine verhältnismäßig langsame Bewegung. Man bringt ein passendes Übergewicht an und untersucht, ob die Fallräume dem Gesetz entsprechen; man macht mehrere Versuche mit verschiedenen Übergewichten, wohl auch mit verschiedenen Massen, und findet, daß auch diese Bewegungen dem Gesetz entsprechen.

Mit diesem Apparat kann man auch die Richtigkeit des ersten Gesetzes $v = g t$ beweisen durch Messung der Endgeschwindigkeiten. Man gibt dem Übergewichte die Form eines Stäbchens, das horizontal auf das Gewicht gelegt wird, so daß seine Enden herausragen; man beobachtet dann, wie weit das Gewicht in einer Sekunde heruntersinkt, und bringt an dieser Stelle einen Ring an, der das Gewicht durchgehen läßt, das herausragende Übergewicht aber auffängt. Die Gewichte bewegen sich dann mit der ihnen eigentümlichen Geschwindigkeit weiter, ohne daß die Schwerkraft an ihnen beschleunigend wirkt, sie legen also in den folgenden Sekunden Räume zurück, die der Endgeschwindigkeit der ersten Sekunde entsprechen. Man mißt diese Räume und findet so das Gesetz der Endgeschwindigkeit bestätigt. Wenn etwa das Gewicht in der ersten Sekunde 12 *cm* zurücklegt ($s_1 = \frac{1}{2} \cdot 24 \cdot 1^2$), so findet man, daß es, vom Übergewichte befreit, in jeder folgenden Sekunde 24 *cm* zurücklegt ($v_1 = 24 \cdot 1$). Hat es in den ersten zwei Sekunden 48 *cm* zurückgelegt ($s_2 = 24 \cdot 2^2$) so findet man, daß es, vom Übergewichte befreit, in jeder folgenden Sekunde 48 *cm* zurücklegt ($v_2 = 24 \cdot 2$) u. s. f.

Bei der Wirkung einer konstanten Kraft, also auch beim freien Falle, ist die Beschleunigung konstant, d. h. der Geschwindigkeitszuwachs ist in gleichen Zeiten gleich groß. Die Endgeschwindigkeit ist proportional der Zeit ($v = g t$), und der Weg oder die Fallhöhe ist proportional dem Quadrate der Zeit ($s = \frac{1}{2} \cdot g t^2$). Aus beiden Gleichungen folgt: $v = \sqrt{2 g s}$, **die**

Endgeschwindigkeit ist proportional der Quadratwurzel der Fallhöhe (und proportional der Quadratwurzel aus der Beschleunigung).

Aufgaben:

181. Wie lange braucht ein Körper, um eine Höhe von 68 *m* (274 *m*) zu durchfallen, und welche Endgeschwindigkeit erlangt er?

182. Mit welcher Endgeschwindigkeit kommt das Wasser am Fuße eines 23 *m* hohen Wasserfalles, oder einer 2,4 *m* hohen Schleuse an?

183. Von welcher Höhe muß ein Körper herunterfallen, um eine Endgeschwindigkeit von 1 *m* (30 *m*, 50 *m*) zu erlangen?

264. Fall auf der schiefen Ebene.

Für die schiefe Ebene gelten die Gesetze:

$$v = g\, t \sin \alpha,\ s = g\, t^2\, 2 \sin \alpha,\ v = \sqrt{2\, g\, s \sin \alpha}.$$

Wir beweisen: Wenn ein Körper über eine schiefe Ebene von der Höhe h und beliebiger Neigung α herunterläuft, so erlangt er dieselbe Endgeschwindigkeit, wie wenn er die Höhe der schiefen Ebene frei durchfällt.

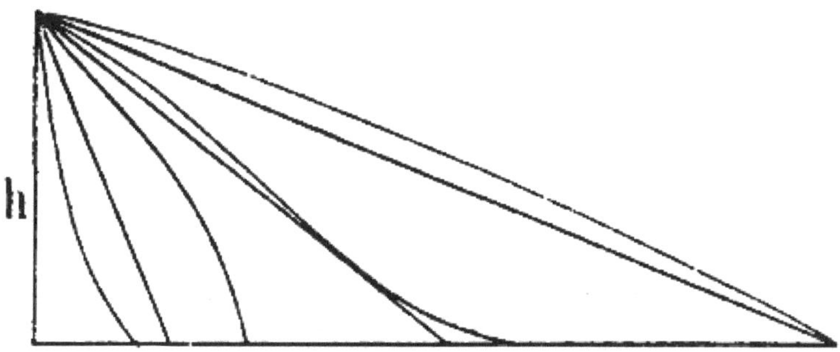

Fig. 352.

Beim freien Fall über die Höhe h ist seine Endgeschwindigkeit $v = \sqrt{2\, g\, h}$. Beim Fall auf der schiefen Ebene ist $v = \sqrt{2\, g\, s \sin \alpha}$; aber s ist hiebei die Länge l der schiefen Ebene: diese ist $l = h \sin \alpha$; also $v = \sqrt{(2\, g\, h \sin \alpha \cdot \sin \alpha)} = \sqrt{2\, g\, h}$ wie vorher. Es ist also auch gleichgültig, ob die schiefe Ebene ihre Neigung verändert (krumme Bahn). Die Endgeschwindigkeit ist auf allen in der Fig. 352 gezeichneten und ähnlichen Wegen dieselbe, und zwar die durch den freien Fall über die Höhe erlangte.

Beweise: Ein Körper durchfällt den Durchmesser eines Kreises in derselben Zeit, in welcher er irgend eine vom oberen Ende des

Durchmessers ausgehende (oder zum unteren Ende führende) Sehne des Kreises durchläuft.

Aufgaben:

184. Wie lange braucht ein Körper, um eine schiefe Ebene von 84 *m* (200 *m*) Länge und von 16° (22½°) Steigung zu durchlaufen, und welche Endgeschwindigkeit erlangt er dabei?

185. Wie hoch muß eine schiefe Ebene von $\alpha°$ (25°) Steigung sein, damit ein Körper mit der Endgeschwindigkeit v = 16 *m* unten ankommt?

186. Um eine Rinne von 30 *m* Länge zu durchlaufen, braucht das Wasser 5"; wie groß ist deren Steigung, und mit welcher Geschwindigkeit kommt das Wasser unten an?

265. Bewegung eines vertikal geworfenen Körpers.

Bewegung eines vertikal abwärts geworfenen Körpers. Der Körper hat eine Anfangsgeschwindigkeit = a und bekommt durch die Schwerkraft einen Geschwindigkeitszuwachs g in 1", g t in t". Durch die Wirkung der Schwerkraft bekommt der Körper in gleichen Zeiten stets dieselbe Geschwindigkeitsänderung gleichgültig, welche Bewegung er anfangs hatte. Diese Geschwindigkeit g t tritt zur schon vorhandenen a hinzu, also

$$\mathbf{v = a + g\,t.}$$

Weg in der ersten Sekunde: Am Anfang der ersten Sekunde hat er eine Geschwindigkeit a, am Ende eine Geschwindigkeit a + g; der Weg in der ersten Sekunde ist demnach wie früher gleich dem Mittel aus beiden Geschwindigkeiten, = a + ½ g; ebenso findet man den Weg in der zweiten Sekunde = a + ½ g + g, in der dritten Sekunde = a + ½ g + 2 g etc. Die Wege in den einzelnen Sekunden bilden wieder eine arithmetische Reihe, deren Anfangsglied = a + ½ g, deren Differenz = g, deren Summe also

$$s = t\,(a + g\,2) + t \cdot (t - 1) \cdot g2$$

$$= a\,t + t\,g2 + t^2\,g2 - t\,g2$$

$$\mathbf{s = a\,t + g\,t^2 2.}$$

Der Weg ist gleich der Summe der Wege, die durch die einzelnen Ursachen hervorgebracht würden.

Bewegung eines senkrecht nach aufwärts geworfenen Körpers. Hiebei verringert die Schwerkraft die vorhandene Geschwindigkeit in jeder Sekunde um g, also in t" um g t, also ist

$$\mathbf{v = a - g\,t.}$$

Der Weg in der ersten Sekunde ist, ähnlich wie früher, $= a - \frac{1}{2} g$, in der zweiten $= a - \frac{1}{2} g - g$, in der dritten $= a - \frac{1}{2} g - 2 g$ u. s. w.; diese Wege bilden wieder eine arithmetische Reihe, deren Differenz $= - g$, also ist der in t" durchlaufende Weg, oder die Summe:

$$s = t (a - g 2) - t \cdot (t - 1) g2, \text{ oder vereinfacht:}$$

$$\mathbf{s = a t - g t^2 2.}$$

Der Weg ist gleich der Differenz der Wege, die durch die einzelnen Ursachen hervorgebracht würden.

Der vertikal geworfene Körper steigt so lange, bis seine Endgeschwindigkeit = 0 ist, also $0 = a - g t$; hieraus

$$\mathbf{t = a g.}$$

Der zurückgelegte Weg, die Steighöhe, berechnet sich aus $s = a t - g t^2 2$ wenn man $t = a g$ setzt. Es ist

$$s = a^2 g - g a^2 2 g^2;$$

$$\mathbf{s = a^2 2 g.}$$

Die Steighöhe ist dem Quadrat der Anfangsgeschwindigkeit proportional; wird der Körper mit doppelt so großer Anfangsgeschwindigkeit geworfen, so steigt er 4 mal so hoch.

Ist der Körper an diesem höchsten Punkte angelangt, so hat er einen Moment lang die Geschw. = 0; dann fällt er nach den gewöhnlichen Fallgesetzen. Die Zeit, die er braucht, um die erreichte Höhe wieder herabzufallen, berechnet sich aus

$$s = g t^2 2, \text{ wobei}$$

$$s = a^2 2 g; \text{ das gibt}$$

$$a^2 2 g = g t^2 2,$$

hieraus ist $t = a g$, d. h. **der Körper braucht zum Herabfallen dieselbe Zeit wie zum Hinaufsteigen**. Die Endgeschw., mit der er am Boden ankommt, berechnet sich aus $v = g t$, wo $t = a g$, also $v = g \cdot a g$, **v = a; er kommt mit derselben Geschwindigkeit an, mit der er geworfen wurde**.

Die Zeit, welche ein Körper braucht, um einen Punkt B in der Höhe h zu erreichen, berechnet sich aus $h = a t - \frac{1}{2} g t^2$, und ist

$$t = 1 g (a \pm \sqrt{-2 g h + a^2}).$$

Der eine Wert, entsprechend - √, gibt an, in welcher Zeit der Körper den Punkt B erreicht; der andere Wert, entsprechend + √, gibt an, welche Zeit der Körper braucht, um bis zum höchsten Punkte zu gelangen und von dort aus wieder herunterzufallen, bis er den Punkt B von oben her trifft. Die Geschwindigkeit, die er in B hat, berechnet sich aus

$$v = a - g\,t \text{ für}$$

$$t = 1\,g\,(a \pm \sqrt{-2\,g\,h + a^2}); \text{ also}$$

$$v = a - a \mp \sqrt{-2\,g\,h + a^2}$$

$$v = \mp \sqrt{-2\,g\,h + a^2}.$$

Der positive Wert bedeutet die nach aufwärts gerichtete Geschwindigkeit, mit welcher er den Punkt B erreicht; der negative bedeutet die abwärts gerichtete Geschwindigkeit, mit der er beim Herunterfallen wieder im Punkte B anlangt; beide Geschwindigkeiten sind gleich groß und zwar für jeden Wert von h; **der Körper durchläuft jeden Punkt seiner Bahn zweimal, einmal beim Hinauf-, einmal beim Heruntergehen, beidesmal mit derselben Geschwindigkeit**. Die Werte von t und v werden imaginär, wenn $2\,g\,h > a^2$, oder wenn $h > a^2\ 2\,g$, also wenn B höher liegt als der höchste Punkt, den der Körper erreichen kann.

Aufgaben:

187. Wie hoch fliegt eine Kanonenkugel, welche mit 440 *m* Anfangsgeschwindigkeit aufwärts geworfen wird, und mit welcher Geschwindigkeit müßte sie abgeschossen werden, um die Höhe des Montblanc (= 4810 *m*) oder die des Gaurisankar (= 8840 *m*) zu erreichen?

188. Ein Körper fällt frei herab. Am Schlusse der 3. Sekunde wird ihm ein anderer Körper nachgeworfen, welcher am Ende der 5. Sek. von ihm einen Abstand von 40 *m* hat. Wann treffen die Körper zusammen?

189. Ein Körper wird mit 156,8 *m* Anfangsgeschwindigkeit senkrecht auswärts geworfen. 18 Sek. später wird ihm ein zweiter mit 186,2 *m* Anfangsgeschwindigkeit nachgeworfen. Wann und wo treffen sie sich? Wenn sie nach dem Zusammentreffen wie beim zentralen Stoße mit vertauschten Geschwindigkeiten voneinander zurückprallen, wann kommt dann jeder wieder auf den Boden? (g = 9,8 *m.*)

190. Ein lotrecht in die Höhe geworfener Körper hat eine Höhe a = 80,35 *m* mit einer Geschwindigkeit b = 1,68 *m* erreicht. Mit welcher Geschwindigkeit ist er ausgegangen und welche Zeit hat er gebraucht, um bis zu jener Höhe zu gelangen (g = 9,81 *m*)?

191. Ein Körper wird senkrecht in die Hohe geworfen mit 75 *m* Anfangsgeschwindigkeit. Mit welcher Anfangsgeschwindigkeit muß ihm 4" später ein zweiter folgen, wenn er den ersten in dessen höchstem Punkte (in seinem eigenen h. P.) erreichen soll?

192. Wie hoch wird ein Körper gestiegen sein, der nach 12" (15", 40") wieder zur Erde kommt? Wie groß war seine Anfangsgeschwindigkeit?

266. Ausflußgeschwindigkeiten von Flüssigkeiten.

Beim Springbrunnen erlangt das ausfließende Wasser seine Geschwindigkeit dadurch, daß es von den benachbarten Wasserteilen gedrückt wird. Sobald es aber die Röhre verlassen hat, steht es nicht mehr unter diesem Drucke, sondern ist anzusehen als ein mit Geschwindigkeit begabter Körper, der vermöge dieser Geschwindigkeit eine gewisse Steighöhe erreicht, und diese Steighöhe ist nach dem Gesetz des Springbrunnens gleich der Höhe des Wassers im Gefäße.

Da aber die Geschwindigkeit, welche ein nach aufwärts geworfener Körper haben muß, um eine gewisse Steighöhe h zu erreichen, gleich ist der Geschwindigkeit, welche der Körper erlangen würde, wenn er frei über dieselbe Höhe h herunterfallen würde, so folgt: **die Ausflußgeschwindigkeit ist so groß, wie wenn das Wasser den vertikalen Abstand vom Niveau des Wassers im Gefäße bis zur Mündung frei durchfallen hätte** (Torricelli).

$$v = \sqrt{2\,g\,h}.$$

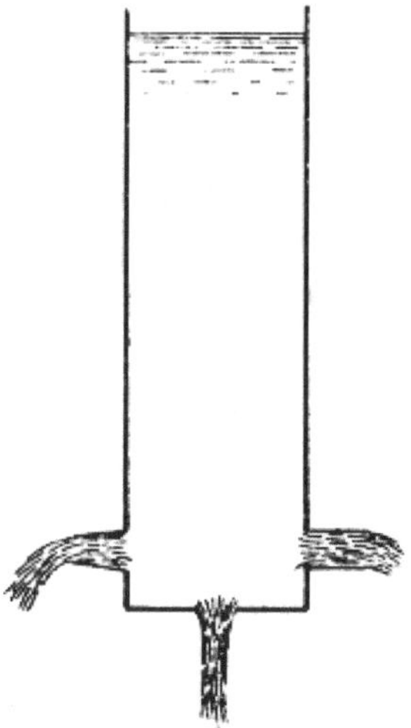

Fig. 353.

Die Ausflußgeschwindigkeit ist proportional der Quadratwurzel aus der Höhe; eine Öffnung, welche 2 mal so tief unter dem Niveau liegt, liefert $\sqrt{2}$ mal so viel Wasser, und eine Öffnung, welche 2 mal so viel Wasser liefern soll, muß 4 mal so tief unter dem Niveau liegen.

Die Menge des in einer gewissen Zeit ausfließenden Wassers ist gleich dem Produkt aus Querschnitt mal Geschwindigkeit, also = $q \cdot v$, oder = $q \cdot \sqrt{2\,g\,h}$ in jeder Sekunde.

In Wirklichkeit ist die Ausflußmenge stets geringer als eben berechnet. Dies rührt her von einer Zusammenziehung des ausfließenden Strahles, welche beginnt, sobald das Wasser die Mündung verläßt, so daß nicht der Querschnitt der Mündung sondern der Querschnitt der dünnsten Stelle des ausfließenden Strahles als Ausflußöffnung anzusehen ist.

Ist die Ausflußöffnung in einer dünnen Wand ohne Ausflußrohr, so ist die wirkliche Ausflußmenge nur 0,6 der berechneten. Bei konischem Ansatzrohre, dessen Form dem sich zusammenziehenden Strahle entspricht, ist die Ausflußmenge so groß, wie berechnet, wenn man den vordersten engsten Querschnitt des Rohres als Ausflußöffnung betrachtet. Ein cylindrisches (kurzes) Ansatzrohr liefert mehr Wasser als die bloße Öffnung von gleichem Querschnitt, jedoch weniger als ein konisches Rohr von gleichem vorderen Querschnitt.

Wenn das Wasser aus einer Öffnung fließt, so ist es gleichgültig, ob der das Ausfließen bewirkende Druck herrührt von einer Wassersäule oder von einer anderen Kraft, etwa dem Drucke komprimierter Luft, wie beim Heronsballe oder dem Windkessel einer Feuerspritze. Da ein Überdruck von 1 Atmosphäre gleich ist dem Druck einer Wassersäule von 10 *m* Höhe (genauer 10,33 *m* Höhe = 76 · 13,596 *cm*), so muß das Wasser so rasch ausfließen, daß es eine Steighöhe von 10,33 *m* erreichen kann; seine Geschwindigkeit ist $\sqrt{2\,g \cdot 10{,}33}$ = 14,23 *m*.

Bei einem Überdruck von p Atmosphären ist die Ausflußgeschwindigkeit = $\sqrt{2\,g \cdot p \cdot 10{,}33}$ *m*; **die Ausflußgeschwindigkeiten sind den Quadratwurzeln ans den Überdrücken proportional**.

Ist der Heronsball mit Spiritus (sp. G. = s, etwa = 0,81) beschickt, so entspricht einem Überdrucke von einer Atmosphäre eine Höhe von 10,33s *m* = 10,330,81 = 12,7 *m* Spiritus. Es muß also der ausfließende Spiritus eine Steighöhe von 10,33s *m* = 12,7 *m* erreichen. (Vergl. § 30.) Entsprechend dieser Steighöhe ist die Ausflußgeschwindigkeit

$$v = \sqrt{(2\,g\,10{,}33\,s)}\ m = 15{,}8\ m.$$

Dasselbe gilt von anderen Flüssigkeiten, wie Öl, Quecksilber u. s. w. mit anderen spezifischen Gewichten s', s'' u. s. w. **Bei demselben Überdrucke verhalten sich die Ausflußgeschwindigkeiten zweier Flüssigkeiten wie umgekehrt die Quadratwurzeln aus ihren spezifischen Gewichten.**

Aufgaben:

193. Wie tief muß eine Ausflußöffnung von 1,4 *qcm* Querschnitt unter dem Wasserniveau liegen, wenn sie in der Minute 80 *l* Wasser liefern soll? und welchen Querschnitt muß sie haben, um bei halber Tiefe die nämliche Wassermenge zu liefern?

194. Zwei große Wasserbehälter sind unten durch eine Röhre verbunden. Mit welcher Geschwindigkeit bewegt sich in ihr das Wasser, wenn eine Niveaudifferenz von 38 *cm* vorhanden ist?

195. Mit welcher Geschwindigkeit fließt Wasser aus einem Windkessel, wenn in diesem die Luft einen Überdruck von 26 *cm* Quecksilberhöhe hat?

195a. Mit welcher Geschwindigkeit fließt Quecksilber bei einem Überdruck von 1 Atm.?

267. Ausflußgeschwindigkeit von Gasen.

Demselben Gesetze gehorchen auch die luftförmigen Körper. Es ist z. B. die gewöhnliche Luft 773 mal leichter (0,001293 mal schwerer) als Wasser, also ist ihre Ausflußgeschwindigkeit $\sqrt{773} = 27{,}81$ mal größer als die des Wassers. Wasser hat aber bei einem Überdruck von 1 Atm. eine Ausflußgeschwindigkeit von $\sqrt{2\,g \cdot 10{,}33} = 14{,}23$ *m*; also hat Luft, wenn sie in einem Behälter unter einem konstanten Druck von 1 Atmosphäre steht, und von diesem aus in einen luftleeren (und beständig luftleer gehaltenen) Raum ausströmt, eine Ausflußgeschwindigkeit von

$$27{,}8 \cdot 14{,}23 = 396\ m = \sqrt{(2\,g\ 10{,}330{,}001293)}.$$

Strömt Luft aus einem Behälter, in dem sie einen konstanten Druck von 5 Atmosphären hat, in die freie Luft aus, so ist ihre Geschwindigkeit

$$v = \sqrt{(2\,g \cdot p \cdot 10{,}33\ s)};$$

hierbei ist p = 4 Atmosphären Überdruck, s = 0,00129 · 5, weil das sp. G. dieser komprimierten Luft 5 mal so groß ist wie das der gewöhnlichen Luft (Mariottescher Satz).

Demnach

$$v = \sqrt{(2 \cdot 9{,}809 \cdot 4 \cdot 10{,}33\ 0{,}00129 \cdot 5)} = 354\ m.$$

Läßt man diese Luft in einen luftleeren Raum ausströmen, so ist der Überdruck = 5 Atmosphären, also

$$v = \sqrt{(2 \cdot 9{,}809 \cdot 5 \cdot 10{,}33\ 0{,}00129 \cdot 5)}$$
$$= \sqrt{(2 \cdot 9{,}809 \cdot 10{,}33\ 0{,}00129)} = 396\ m.$$

Die Luft strömt bei jedem Drucke mit gleicher Geschwindigkeit (396 *m*) gegen den luftleeren Raum aus, liefert also in gleichen Zeiten gleiche Volumina. Da aber die Dichten und Gewichte derselben sich wie die Drücke verhalten, so folgt, daß hierbei die Luftmengen dem Gewichte nach sich wie die Druckkräfte verhalten.

Ferner folgt: die Ausflußgeschwindigkeiten zweier Gase verhalten sich umgekehrt wie die Quadratwurzeln aus ihren spezifischen Gewichten. Da das sp. G. des Wasserstoffes in bezug auf Luft = 0,06926 ist, so ist dessen Ausflußgeschwindigkeit $\sqrt{\boxed{0{,}06926}}$ = 0,263 mal kleiner, also 3,8 mal größer, als die der Luft.

Da Wasserstoff 16 mal leichter ist als Sauerstoff, so ist seine Ausflußgeschwindigkeit 4 mal größer als die des Sauerstoffes; es würden also gleichgroße Öffnungen 4 mal mehr Wasserstoff als Sauerstoff liefern. Zu Knallgas in richtiger Mischung muß aber Wasserstoff 2 mal mehr (dem Volumen nach) sein als Sauerstoff; deshalb muß die Öffnung der Röhre des Wasserstoffes 2 mal kleiner, ihr Durchmesser also $\sqrt{2}$ mal kleiner sein als beim Sauerstoff.

Aufgaben:

196. Mit welcher Geschwindigkeit strömt Luft von 2 Atm. Druck in Luft von 1 Atm. Druck?

197. Mit welcher Geschwindigkeit strömt Luft von 758,4 *mm* Quecksilberdruck in Luft von 752,4 *mm* Druck?

198. Mit welcher Geschwindigkeit strömt Luft aus einem Behälter, in welchem sie 8 *cm* Wasserhöhe Überdruck hat, in die freie Luft aus, wenn der Barometerstand 760 *mm* (742 *mm*, 718 *mm*) ist?

199. Mit welcher Geschwindigkeit strömt unter den Bedingungen von Aufgabe 198 Leuchtgas (sp. G. = 0,87), Kohlensäure (sp. G. = 2,4) aus?

268. Bewegung der schiefen Ebene.

Hat ein Körper auf der schiefen Ebene schon eine Anfangsgeschwindigkeit in der Richtung der schiefen Ebene = a, so ist, wenn a nach abwärts gerichtet ist:

$$v = a + g\,t \sin\alpha;\ s = a\,t + \tfrac{1}{2}\,g\,t^2 \cdot \sin\alpha;$$

wenn a nach aufwärts gerichtet ist, so ist:

$$v = a - g\,t \sin \alpha;\ s = a\,t - \frac{1}{2} g\,t^2 \cdot \sin \alpha.$$

Er steigt im letzteren Falle so lange, bis $0 = a - g\,t \sin \alpha$, also $t = a\,g \sin \alpha$, und durchläuft dabei den Weg

$$s = a^2\,g \sin \alpha - g \sin \alpha\ 2 \cdot a^2\,g^2 \sin^2 \alpha$$

$$s = a^2\ 2\,g \sin \alpha.$$

Aufgaben:

200. Wasser schießt unter einer Schleuse von 1,4 *m* Stauhöhe heraus in eine Rinne von 12 *m* Länge und 16° Neigung. Welche Endgeschwindigkeit erlangt es?

201. Wie hoch kommt ein Körper auf einer schiefen Ebene von 15° bei 8 *m* Anfangsgeschwindigkeit?

202. Von einem Turme fällt ein Körper in 4" frei herab, während er auf der schiefen Ebene in 10" ohne Reibung vom Turme aus heruntergleiten würde. Wie hoch ist der Turm, wie lang die schiefe Ebene, wie groß ihre Neigung, und wie groß die Endgeschwindigkeit des Körpers?

203. Auf einer $l = 1500$ *m* langen um $\alpha = 12°$ geneigten Ebene bewegen sich zwei Körper, der eine vom untern Ende nach aufwärts mit einer Anfangsgeschwindigkeit $c = 60$ *m*, der andere gleichzeitig ohne Anfangsgeschwindigkeit von oben nach abwärts. Wo und mit welchen Geschwindigkeiten treffen sie sich?

204. Zwei Körper werden auf zwei schiefen Ebenen von den Neigungen α_1 und α_2 mit derselben Anfangsgeschwindigkeit nach aufwärts geworfen. Wie verhalten sich die auf beiden zurückgelegten Wege bis dorthin, wo die Körper zur Ruhe kommen?

205. Ein Körper rollt über eine schiefe Ebene von 12 *m* Höhe und 22½% Neigung, kommt dann auf eine horizontale Ebene, auf welcher er die horizontale Komponente seiner Geschwindigkeit beibehält; nach wie viel Sekunden erreicht er das Ende der 100 *m* langen horizontalen Bahn?

269. Der schiefe Wurf.

Wirkt eine Kraft unter einem Winkel auf einen bewegten Körper, so setzt sich die durch die Kraft hervorgebrachte Beschleunigung mit der schon vorhandenen Geschwindigkeit zu einer resultierenden Geschwindigkeit zusammen, deren Richtung und Größe durch die Diagonale eines

Geschwindigkeitsparallelogrammes gefunden wird, das ebenso konstruiert wird wie das Kräfteparallelogramm.

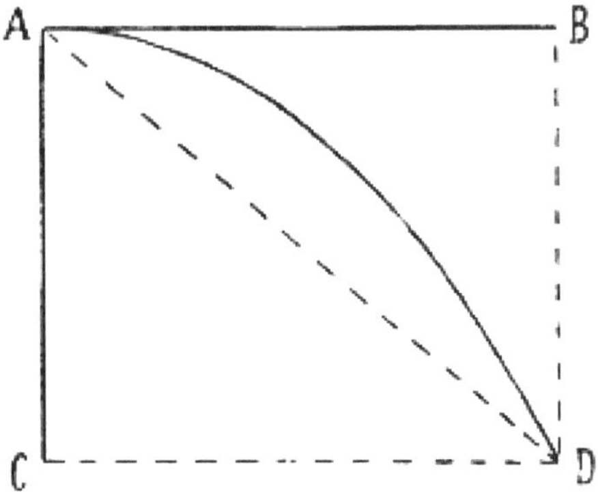

Fig. 354.

Umgekehrt kann eine Geschwindigkeit in zwei Geschwindigkeiten mittels des Parallelogramms zerlegt werden.

Soll ein Körper aus zweierlei Ursachen zweierlei Wege zu gleicher Zeit zurücklegen, so kann man aus den zwei Wegen ein Parallelogramm konstruieren (Fig. 354), und im Endpunkt der Diagonale befindet sich der Körper nach Ablauf der Zeit. Jedoch gibt die Diagonale nicht immer den Weg an, auf welchem sich der Körper wirklich bewegt, insbesondere dann nicht, wenn die Bewegungsursachen der Art nach verschieden sind. Hat z. B. der in A befindliche Körper eine Geschwindigkeit, vermöge deren er in t'' nach B kommen würde, und wirkt auf ihn zugleich die Schwerkraft, welche ihn in t'' von A nach C bringen würde, so befindet er sich nach t'' in D, hat jedoch nicht den geraden Weg AD gemacht, sondern eine krummlinige Bahn beschrieben.

Wenn auf einen frei beweglichen Körper, der eine Geschwindigkeit hat, eine Kraft wirkt, welche hiermit einen Winkel bildet, so nennt man die entstehende Bewegung eine zusammengesetzte.

Der schiefe Wurf ist eine zusammengesetzte Bewegung und wurde zuerst von Galilei untersucht.

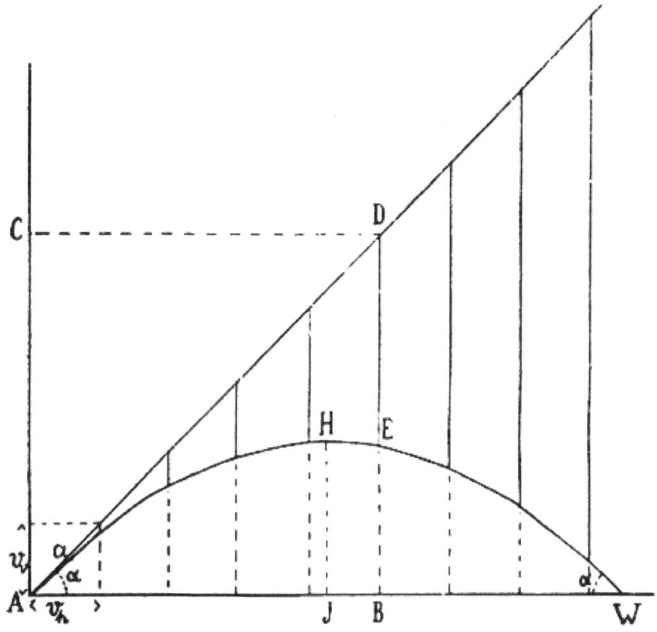

Fig. 355.

Wird ein Körper schräg nach aufwärts geworfen, so beschreibt er bekanntlich eine krummlinige Bahn. Die einzelnen Punkte der Bahn kann man dadurch bestimmen, daß man von jedem Punkte eine vertikale Linie bis zur Erde (bis zu der durch den Anfangspunkt gelegten Horizontalen) zieht, und sowohl die Länge dieser Senkrechten, als auch die Entfernung ihres Fußpunktes vom Anfangspunkte der Bewegung mißt.

Die Bewegung selbst und auch die Geschwindigkeit kann man zweckmäßig in zwei Komponenten zerlegen, nach horizontaler und vertikaler Richtung. Hat der Körper die Anfangsgeschwindigkeit a, so bewegt er sich gerade so, wie wenn er in horizontaler Richtung eine Geschwindigkeit = a cos α und gleichzeitig in vertikaler Richtung eine solche = a sin α hätte.

Da in horizontaler Richtung die Geschwindigkeit durch die Schwerkraft nicht beeinflußt wird, so ist $\mathbf{v_h = a \cos \alpha}$. In vertikaler Richtung wird die Geschwindigkeit durch die Schwerkraft vermindert in jeder Sekunde um g wie beim senkrechten Wurf; also ist

$$\mathbf{v_v = a \sin \alpha - g\, t.}$$

Mit der Zeit t ändert sich demnach auch die Richtung der Geschwindigkeit. Bezeichnet man sie mit β, so ist tg β = v_v v_h = a sin α - g ta cos α. Wird der Zähler = 0, so ist tg β = 0, also β = 0, d. h. der Körper läuft horizontal in H. Dies ist der Fall, wenn a sin α - g t = 0, also nach t = a sin α g Sekunden. Wird t noch größer, so wird der Zähler und damit auch tg β negativ, also β negativ; die Richtung der Bahn geht nach abwärts. Man nennt den ersten Teil AH den aufsteigenden Ast der Bahn, den andern HW den absteigenden.

Die krumme Linie, die der geworfene Körper beschreibt, ist eine Parabel, AHW, deren Achse vertikal steht (Galilei).

Die wirkliche Größe der Geschwindigkeit, die er in einem bestimmten Punkte der Bahn, also nach bestimmter Zeit hat, setzt sich zusammen als Hypotenuse eines Dreieckes, dessen Katheten v_v und v_h sind, also ist $v = \sqrt{v_v^2 + v_h^2}$.

$$v = \sqrt{(a \sin \alpha - g\, t)^2 + a^2 \cos^2 \alpha}.$$

Auch dieser Wert wird anfangs kleiner, wenn t wächst, aber nur so lange bis a sin α - g t = 0; also nach T = a · sin αg Sekunden hat er die geringste Geschwindigkeit in H. Von da an wird v wieder größer.

Wir betrachten die Wegstrecken, die er in horizontaler (s_h) und vertikaler (s_v) Richtung zurücklegt. In horizontaler Richtung hat er die unveränderliche Geschwindigkeit a · cos α, legt also in t" den Weg **S_h = a · cos α · t** zurück. (AB). In vertikaler Richtung hat er die Geschwindigkeit a sin α, und legt deshalb den Weg a · sin α · t zurück nach aufwärts (AC); aber die Schwerkraft bewirkt zugleich einen Weg von ½ g t^2 nach abwärts (DE); also ist der Weg in vertikaler Richtung gleich der Differenz beider Strecken DB - DE = EB; also **S_v = a · sin α · t - ½ g t^2**.

Wir berechnen, wo sich der Körper befindet, wenn er den höchsten Punkt erreicht hat, also nach t = a sin α g Sekunden; es ist dann

$$s_h = a \cos \alpha \cdot a \sin \alpha\, g = a^2 \sin \alpha \cdot \cos \alpha g = AJ.$$

$$s_v = a \sin \alpha \cdot a \sin \alpha\, g - g\, a^2 \sin^2 \alpha\, 2\, g^2 = a^2 \sin^2 \alpha g - a^2 \sin^2 \alpha\, 2\, g.$$

$s_v = a^2 \sin^2 \alpha 2\, g = W_h$ = JH. Die Wurfhöhe ist proportional dem Quadrat der Anfangsgeschwindigkeit.

Wir berechnen, in welcher horizontalen Entfernung AW der Körper den (horizontalen) Boden wieder erreicht. Er hat den Boden erreicht, wenn seine vertikale Entfernung = 0 ist, also s_v = 0 = a sin α t - g $t^2$2, also nach t = 2 a sin α g = 2 T. Der zugehörige horizontale Weg berechnet sich aus

$$s_h = a \cos \alpha\, t \text{ für } t = 2\, a \sin \alpha\, g, \text{ also}$$

$$s_h = a \cos \alpha \cdot 2\, a \sin \alpha\, g = a^2\, g\, 2 \sin \alpha \cdot \cos \alpha.$$

$\mathbf{s_v = a^2 \sin 2 \alpha g = W_w}$ (Wurfweite). Also AW = 2 · AJ. Auch die Wurfweite ist proportional dem Quadrate der Anfangsgeschwindigkeit. Setzt man die Zeit bis zur Erreichung der Wurfweite = 2 a sin α g in die Gleichung für die Geschwindigkeit, so findet man, daß der Körper die horizontale Ebene wieder unter demselben Winkel und mit derselben Geschwindigkeit trifft, mit der er sie verlassen hat.

Soll die Wurfweite $W_w = a^2 \sin 2 \alpha g$ möglichst groß werden, so muß sin 2 α möglichst groß werden; da aber sin 2 α höchstens = 1 sein kann und dies ist, wenn 2 α = 90° ist, so muß α = 45° sein. Ein unter dem Winkel von 45° geworfener Körper fliegt am weitesten; dies gilt nur, wenn ein Luftwiderstand nicht vorhanden oder verhältnismäßig sehr klein ist. Bei Kanonenkugeln ist aber der Luftwiderstand beträchtlich groß; deshalb wird die größte Wurfweite bei zirka 30° erzielt.

Der Winkel, unter welchem der Körper mit der Geschwindigkeit a geworfen werden muß, um die Wurfweite w zu erreichen, berechnet sich aus $w = a^2 \sin 2 \alpha g$ als $\sin 2 \alpha = g \cdot w a^2$. Da man den zugehörigen Winkel 2 α spitz oder stumpf wählen kann (z. B. 2 α = 70° oder 110°, beide sind um gleich viel von 90° verschieden), so erhält man auch 2 Winkel α, (z. B. α = 35°, oder α = 55°, beide sind um gleich viel von 45° verschieden; Galilei). Man kann also eine Wurfweite auf zweierlei Arten erreichen, durch Flachschuß und Hochschuß.

Beim horizontalen Wurf mit der Anfangsgeschwindigkeit a hat man nach den bisherigen Bezeichnungen:

$$v_h = a; \; v_v = g\, t \text{ (nach abwärts gerichtet)}$$
$$s_h = a\, t; \; s_v = \tfrac{1}{2} g\, t^2 \text{ (nach abwärts gerichtet).}$$

Der Körper beschreibt den absteigenden Ast einer Parabel.

Wenn man, während das Schiff fährt, von der Spitze des Mastes einen Stein fallen läßt, so trifft er den Fuß des Mastes. Warum? Wie ist es im Eisenbahnwagen?

Das Infanteriegewehr M 96, Kaliber 7 *mm*, gibt eine Anfangsgeschwindigkeit von 728 *m* und eine größte Schußweite von über 4000 *m* bei 32° Erhöhung; bis 600 *m* Schußweite ist der höchste Punkt der Bahn nicht über Mannshöhe.

Aufgaben:

206. In welcher Entfernung vom Fuße eines 120 *m* hohen Turmes fällt ein Stein zu Boden, der mit 16 *m* Geschwindigkeit horizontal geschleudert wird, und unter welchem Winkel fällt er auf?

207. Mit welcher Geschwindigkeit muß ein Körper horizontal geschleudert werden, damit er gerade den Fuß eines 216 *m* hohen Berges von 39° Neigung trifft?

208. Mit einer Flinte, deren Kugel eine Anfangsgeschwindigkeit von 400 *m* bekommt, schieße ich auf einen 500 *m* entfernten, in gleicher Höhe befindlichen Punkt; um wie viel Grad muß ich die Flinte erheben (um wie viel Meter muß ich das Ziel höher annehmen) um das Ziel zu treffen?

209. Wie groß ist die Anfangsgeschwindigkeit eines horizontal geworfenen Körpers, der sich auf die Länge von 160 *m* um 12 *m* senkt?

210. Welche Wurfweite und Wurfhöhe erreicht ein Körper, der mit 52 *m* Anfangsgeschwindigkeit unter 33° geworfen wird, und welche Zeit braucht er dazu?

211. Mit welcher Anfangsgeschwindigkeit muß ein Körper unter 28° geworfen werden, damit er eine Steighöhe von 68 *m* erreicht, und welche Wurfweite erreicht er dann?

212. Unter welchem Winkel muß ein Körper geworfen werden, damit er bei 144 *m* Anfangsgeschwindigkeit eine Steighöhe von 250 *m* erreiche, und welche Wurfweite erreicht er?

213. Unter welchem Winkel muß ein Körper geworfen werden, um bei einer Anfangsgeschwindigkeit von 280 *m* eine Wurfweite von 2000 *m* zu erreichen?

214. Unter welchem Winkel muß ein Geschoß von a *m* (50, 77, 80 *m*) Anfangsgeschwindigkeit abgeschossen werden, um eine Scheibe zu treffen, die in c *m* (120, 290, 400 *m*) horizontaler Entfernung h *m* (15, 36, 45 *m*) vertikal über dem Boden steht?

215. Wo und unter welchem Winkel trifft eine unter 45° abgeschossene Kugel von 120 *m* (250 *m*) Anfangsgeschwindigkeit ein Plateau von 150 *m* (180 *m*) Höhe?

216. Ein Körper erreicht eine Wurfhöhe von 120 *m* (32, 540 *m*) und eine Wurfweite von 400 *m* (850, 65 *m*); mit welcher Geschwindigkeit und Elevation wurde er geworfen?

217. Unter welchem Winkel muß ein Körper geworfen werden, damit seine Wurfweite ebensogroß (3 mal, ⅔ mal, 10 mal so groß) ist als seine Wurfhöhe?

218. Ein Körper rollt über ein Dach von l (8 *m*) Länge und α° (36°) Neigung und durchfällt dann die Luft; in welcher horizontalen Entfernung vom Fuße des Hauses erreicht er den Boden, wenn die Höhe des Hauses bis zum Dache b (12 *m*) ist? Mit welcher horizontalen Geschwindigkeit muß derselbe Körper geschleudert werden, wenn er gerade an der Dachkante vorbeikommen soll, und wo erreicht er dann das Pflaster?

219. Eine Feuerspritze sendet einmal unter $\alpha = 30°$ ($40°$), ein andermal unter $\beta = 52°$ ($50°$) ihren Strahl schräg nach oben. In welchem Verhältnis stehen die Sprunghöhen der Wasserstrahlen, in welchem die Sprungweiten?

220. Mit welcher Anfangsgeschwindigkeit muß eine Kugel abgeschossen werden, um bei einem gegebenen Elevationswinkel $\alpha = 5°$ ein Ziel zu treffen, dessen horizontale Entfernung a = 1632 *m* beträgt, und welches um den Depressionswinkel $\beta = 10°$ tiefer liegt als der Ausgangspunkt? Welches ist der höchste Punkt der Flugbahn?

221. Durch ein Geschoß von 600 *m* Anfangsgeschwindigkeit und der Elevation $\alpha = 30°$ wurde eine 100 *m* über dem Horizonte liegende Turmspitze getroffen. Wie weit ist der Turm horizontal vom Geschütz entfernt und mit welcher Geschwindigkeit wurde er getroffen?

270. Gleichförmig beschleunigte Bewegung.

Wenn eine konstante Kraft auf einen frei beweglichen Körper wirkt, entsteht eine gleichförmig beschleunigte oder verzögerte Bewegung; die Größe φ der Beschleunigung (beim freien Falle = g = 9,809 *m*) hat andere Werte, welche von der Größe der wirksamen Kraft und von der Größe der zu bewegenden Masse abhängen.

Man erhält die nämlichen Gleichungen $v = \varphi\, t$; $s = \frac{1}{2}\, \varphi\, t^2$.

Bei Betrachtung des Falles über die schiefe Ebene haben wir gefunden, daß die Beschleunigung direkt proportional der Kraft ist, und bei der Atwoodschen Fallmaschine, daß sie umgekehrt proportional der Masse ist. Beim freien Falle wirkt nun die Kraft von 1 *kg* auf die Masse von 1 *kg* und bewirkt eine Beschleunigung = g; wirkt aber die Kraft von P *kg*, so ist die Beschleunigung P mal größer, also = $P \cdot g$; wirkt sie aber nicht bloß auf die Masse von 1 *kg*, sondern auf die Masse von Q *kg*, so ist die Beschleunigung Q mal kleiner, also

$$\boldsymbol{\varphi = P \cdot gQ.}$$

Das *kg* (resp. *g*) ist wohl die Masseneinheit für das bürgerliche Leben und auch für die Physik, sofern man die Masse nur als etwas ruhendes, stoffliches betrachtet. Betrachtet man aber die Masse unter dem Einfluß einer Kraft, welche ihr eine Bewegung erteilt, als etwas träges, zu beschleunigendes, so benützt man folgende Massendefinition: Masseneinheit ist diejenige Masse, welche durch die Krafteinheit (1 *kg*) in der Zeiteinheit (1 Sekunde) eine Geschwindigkeitseinheit (1 *m* pro 1") erhält. Da nun die Masse eines Kilogramms von der Krafteinheit (1 *kg*) in 1" eine Geschwindigkeit von g = 9,809 *m* erhält (freier Fall) so muß diejenige Masse, welche bloß 1 *m*

Geschwindigkeit erhält, g mal so groß sein wie die Masse eines Kilogramms. Die Masse von g *kg* repräsentiert eine Masseneinheit; man findet daher die Masse eines Körpers ausgedrückt in Masseneinheiten, wenn man sein Gewicht, ausgedrückt in *kg*, durch g dividiert. Wiegt ein Körper Q *kg*, so ist die Anzahl seiner Masseneinheiten M = Q g.

Die Masseneinheit bekommt durch die Krafteinheit die Beschleunigungseinheit, also bekommen M Masseneinheiten durch K *kg* Kraft eine Beschleunigung φ = K M *m*; Beschleunigung = KraftMasse.

Man bekommt eine gute Vorstellung von dieser Masseneinheit, wenn man eine Masse von 10 *kg* (ca.) auf eine schiefe Ebene von der Neigung 1 : 10 legt; auf sie wirkt beschleunigend nur eine Kraft von 1 *kg* und erteilt ihr eine Beschleunigung von 1 *m*.

Hat der Körper schon die Geschwindigkeit a, wenn die Kraft zu wirken anfängt, so erhält man analog die Gleichungen

$$\mathbf{v = a + \varphi\, t;\ s = a\, t + ½\, \varphi\, t^2.}$$

Für die gleichförmig verzögerte Bewegung hat man:

$$\varphi = P\, M = \text{KraftMasse};\ \mathbf{v = a - \varphi\, t;\ s = a\, t - ½\, \varphi\, t^2.}$$

Der Körper bewegt sich, bis t = a φ, und legt den Weg S zurück: $\mathbf{S = a^2\, 2\, \varphi}$.

Aufgaben:

222. Bei der Atwood'schen Fallmaschine sind die Gewichte 36 *g* und 39 *g*. Wie groß ist die Beschleunigung und wie lange dauert die Bewegung bei 1,80 *m* Fallhöhe?

223. Welche Geschwindigkeit bekommt eine frei bewegliche Masse von 320 *kg*, wenn auf sie 40" lang eine konstante Kraft von 6 *kg* wirkt? Wie weit läuft sie dabei, und wie weit läuft sie dann noch, wenn sich ihr dann ein Widerstand in den Weg stellt, zu dessen Überwindung sie eine Kraft von 10 *kg* anwenden muß?

224. Auf eine frei bewegliche Masse von 280 *kg* Gewicht und 2 *m* Geschwindigkeit wirkt in der Richtung ihrer Geschwindigkeit eine Kraft von 8 *kg* beschleunigend. Wie lange braucht sie um einen Weg von 1000 *m* zurückzulegen, und welche Endgeschwindigkeit hat sie dann?

225. Ein mit einer Geschwindigkeit von 9 *m* laufender Eisenbahnzug läuft ungebremst noch 1200 *m*, gebremst noch 150 *m* weit; wie lange braucht er in jedem Falle dazu, und wie groß ist die Verzögerung?

226. Eine Flintenkugel von 450 *m* Geschwindigkeit und 25 *g* Gewicht dringt in Holz 33 *cm* tief ein; welchen Widerstand leistet dabei das Holz?

227. Ein Körper läuft über eine schiefe Ebene von 17° Neigung und 88 *m* Länge. Welche Geschwindigkeit hat er am Ende, wenn die Reibung 7% vom Drucke beträgt? Mit welcher Geschwindigkeit muß er von unten aus nach aufwärts bewegt werden, wenn er bis oben kommen soll?

228. Ein Körper wird über eine schiefe Ebene von 12° Neigung aufwärts geworfen mit einer Anfangsgeschwindigkeit von 15 *m*; die Reibung beträgt 4% vom Druck. Wie hoch kommt er und mit welcher Geschwindigkeit kommt er wieder unten an?

229. Ein Körper legt mit der Anfangsgeschwindigkeit $c = 40$ *m* auf einer schiefen Ebene, deren Neigung $\alpha = 10°$ ist, bis zum Stillstand 38 *m* zurück. Wie groß ist der Reibungskoeffizient?

230. Ein Eisenbahnzug von $P = 15\,000$ *kg* soll auf wagrechter Strecke von der Haltestelle aus in $t = 40''$ in die Geschwindigkeit $c = 8$ *m* versetzt werden; der Reibungskoeffizient ist $\varepsilon = \frac{1}{200}$. Welchen Weg legt der Zug in den 40" zurück? Wie groß ist die Kraft der Maschine und die in den 40" zu leistende Gesamtarbeit? Wieviel Pferdekräfte sind dazu erforderlich?

231. Ein Körper hat 9 *m* Anfangsgeschwindigkeit und erleidet eine gleichförmige Verzögerung von 0,2 *m*. Wie lange braucht er, bis die Geschwindigkeit sich auf 3 *m* reduziert hat? Welchen Weg hat er dabei zurückgelegt und welche Arbeit geleistet, wenn er 80 *kg* wiegt?

271. Zentrifugalbewegung.

Ein Körper habe eine Geschwindigkeit und werde zugleich von einer Kraft angezogen, die stets von einem Punkte (Zentrum) ausgeht, welcher nicht in der Richtung der Geschwindigkeit liegt.

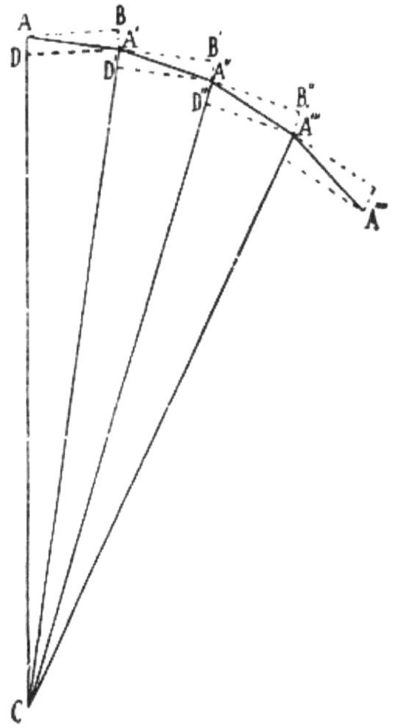

Fig. 356.

Es sei AB der Weg, welchen der Körper vermöge seiner Geschwindigkeit in einem kleinen Zeitteilchen durchlaufen würde, und AD der Weg, welchen er infolge der von C aus wirkenden Kraft (Zentripetalkraft) in demselben Zeitteilchen zurücklegen würde, so durchläuft er die Diagonale AA' des Parallelogramms ABA'D. Nach dem Trägheitsgesetz sucht er seinen jetzigen Bewegungszustand beizubehalten und würde im nächsten Zeitteilchen den Weg A'B' (= AA') zurücklegen; zugleich wirkt aber die Zentralkraft und würde den Körper von A' nach D' bringen; der Körper bewegt sich wieder längs der Diagonale A'A" und kommt nach A". Im nächsten Zeitteilchen würde er ebenso von A" nach B" kommen; aber wegen der Zentralkraft kommt er nach A''' und so geht es fort. Der Körper legt also den Weg AA'A"A''', etc. zurück. Wenn wir die Zeitteilchen, während welcher wir die Bewegung immer als gleichmäßige betrachten, sehr klein (unendlich klein) denken, so beschreibt der Körper nicht eine gebrochene Linie, sondern eine krumme Linie um das Zentrum; er macht eine Zentralbewegung.

272. Kreisbewegung.

Wir können nur diejenige Art von Zentralbewegung elementar behandeln, bei welcher der Körper um das Kraftzentrum einen Kreis (von Radius r) mit gleichförmiger Geschwindigkeit (v) durchläuft; denn dabei können wir ableiten, wie groß die Zentralkraft F und die von ihr in der

Richtung auf das Zentrum hin hervorgebrachte Beschleunigung f, Zentralbeschleunigung, sein muß, damit der Körper auf der Kreisbahn bleibe.

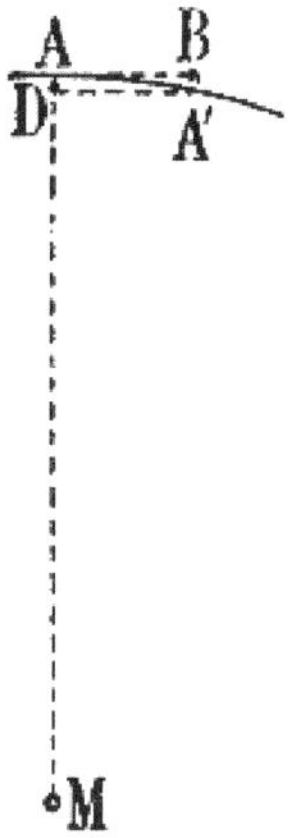

Fig. 357.

In irgend einem Punkte A ist die Richtung der Geschwindigkeit gleich der Richtung der Tangente; der Körper würde also in einer Zeit t den Weg AB = v t durchlaufen. In derselben Zeit würde er infolge der Zentralkraft, welche ihm eine Beschleunigung f erteilt, einen Weg AD = $\frac{1}{2}$ f t^2 durchlaufen. Soll nun der Körper durch das Zusammenwirken beider Ursachen auf dem Kreise bleiben, so muß die Diagonale beider Bewegungselemente, nämlich AA' selbst wieder zu einem Punkte des Kreises führen. A liegt aber auf dem Kreis, wenn $AA'^2 = 2\,r \cdot AD$. Da nun AA' für kleine Bewegungen (kleinste Werte von t) mit AB = v t vertauscht werden kann, und AD = $\frac{1}{2}$ f t^2 ist, so erhält man die Gleichung

$$v^2\,t^2 = 2\,r \cdot \tfrac{1}{2}\,f\,t^2, \text{ oder}$$

$$\mathbf{f = v^2\,r.}$$

D. h. wenn die Zentralbeschleunigung gerade diesen Wert hat, so ist A' wieder auf dem Kreis; hat f einen größeren oder kleineren Wert, so liegt A' innerhalb oder außerhalb des Kreises. Behält f den angegebenen Wert, so liegt auch jeder folgende Punkt der Bahn auf dem Kreis, A beschreibt die Kreisbahn mit gleichförmiger Geschwindigkeit.

Soll also ein Körper einen Kreis vom Radius r mit gleichförmiger Geschwindigkeit v durchlaufen, so ist notwendig und hinreichend, daß auf ihn eine vom Zentrum ausgehende oder auf das Zentrum hin gerichtete Kraft wirke, welche ihm eine Beschleunigung erteilt, deren Größe f = v^2 r. Die Zentralbeschleunigung ist bei gleichen Radien den Quadraten der

Geschwindigkeit direkt, und bei gleicher Geschwindigkeit den Radien umgekehrt proportional.

Hat der Körper die Masse M, so muß die Zentralkraft F, damit sie der Masse M die Beschleunigung f erteilen kann, die Größe F = M f haben; also ist

$$\mathbf{F = M\, v^2\, r.}$$

Die einfachste Art dieser Bewegung erhält man, wenn der Körper A mit dem Punkte M durch einen Faden verbunden ist, und man ihm eine zur Richtung des Fadens senkrechte Geschwindigkeit v erteilt. Er läuft dann, wenn kein Bewegungshindernis (Reibung, Schwere u. s. w.) vorhanden ist, mit stets gleichbleibender Geschwindigkeit in Kreisform um M. Der Faden übt hiebei an dem Körper einen Zug in der Richtung AM, Zentripetalkraft. Umgekehrt hat der Körper bei dieser Bewegung (Zwangsbewegung) das Bestreben, stets in der Richtung der Tangente der Bahn weiterzulaufen und dadurch sich vom Zentrum zu entfernen; er äußert dies Bestreben dadurch, daß er seinerseits am Faden in der Richtung des Fadens zieht (Reaktion); diese Kraft heißt Mittelpunktsfliehkraft oder Zentrifugalkraft. Sie ist der Zentripetalkraft gleich.

Wenn sich die Masse 1 (eine Masseneinheit) auf dem Kreise vom Radius 1 *m* mit der gleichförmigen Geschwindigkeit von 1 *m* in 1" bewegen soll, so muß auf sie eine Zentralkraft von 1 *kg* wirken, welche ihr eine Beschleunigung von 1 *m* erteilt.

273. Zentrifugalmaschine.

Die Zentrifugalmaschine hat folgende Einrichtung. Auf einem Brette sind zwei Achsen drehbar und senkrecht befestigt. Die eine Achse trägt ein Rad von großem, die andere eine Welle von kleinem Durchmesser. Über Rad und Welle läuft ein Riemen. Dreht man das Rad mittels einer Kurbel, so macht die Welle so vielmal mehr Umdrehungen, als ihr Durchmesser kleiner ist, und kann leicht in rasche Rotation versetzt werden. Befestigt man nun auf der Achse der Welle verschiedene Apparate, so unterliegen dieselben der beim Drehen zum Vorschein kommenden Zentrifugalkraft.

Die Zentralbewegung bringt die Zentrifugalkraft hervor, d. h. sie bringt in dem Körper das Bestreben hervor, sich in der Richtung des Radius vom Mittelpunkt zu entfernen.

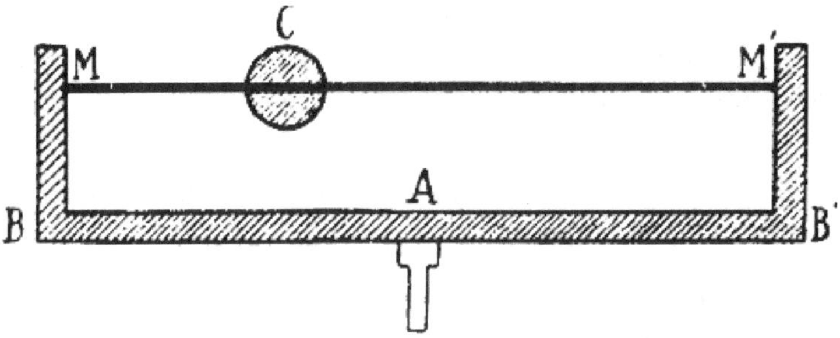

Fig. 358.

Befestigt man das Brettchen BB' in A auf der Maschine, so sieht man, daß die Kugel C, die auf der Stange MM' aufgesteckt ist, beim Umdrehen der Maschine bald nach M' hinausrückt, wenn nämlich die Zentrifugalkraft etwas größer als die Reibung geworden ist. Bemerke, daß, obwohl die Zentrifugalkraft in der Richtung CM wirkt, C sich nicht in der Richtung CM bewegt, sondern in der Richtung der Tangente des Kreises, und da diese Bewegung zugleich mit der Umdrehung geschieht, so sieht es so aus, als wenn der Körper sich von C nach M bewegt hätte.

Hierauf beruht die Honig- und Sirupschleuder, die Zentrifugaltrockenmaschine und die gewöhnliche Schleuder.

Wenn der Eisenbahnzug im raschen Fahren eine starke Kurve beschreibt, so werden wir durch die Zentrifugalkraft nach der äußeren Seite der Krümmung hingedrückt und schwanken nach dieser Seite.

Die Zentrifugalkraft ist der Masse proportional ($F = M \cdot f$). Auf die Messingstange des vorher beschriebenen Apparates werden zwei Messingkugeln von verschiedenem Gewicht gesteckt, durch einen Faden verbunden und so gestellt, daß beide in gleicher Entfernung vom Mittelpunkte sich befinden, dann haben beide die gleiche Beschleunigung ($f = v^2 : r$), bloß die Masse m ist verschieden. Beim Umdrehen geht die größere Kugel nach auswärts und nimmt die kleinere nach ihrer Seite hin mit.

Bringt man auf die Zentrifugalmaschine ein Gefäß mit etwas Wasser, so setzt sich bei jedem Wasserteilchen die Zentrifugalkraft mit der Schwerkraft zu einer Resultierenden zusammen, welche schräg nach außen gerichtet ist; deshalb bleibt die Oberfläche des Wassers nicht horizontal, sondern sie krümmt sich so, daß in jedem Punkte diese Resultierende senkrecht zur Wasseroberfläche steht; je weiter die Fläche vom Zentrum entfernt ist, desto steiler wird sie. Da bei raschem Drehen diese Resultierende nahezu horizontal wird, so sammelt sich das Wasser in fast vertikaler Schichte an der Wand des Gefäßes. Wie in einem Gefäß mit zwei

Flüssigkeiten die schwerere sich unten sammelt, weil 1 *ccm* mehr Masse enthält und deshalb mehr Gewicht hat, so sammelt sich beim Drehen die schwerere Flüssigkeit nach außen, um so mehr als 1 *ccm* von ihr mehr Masse enthält und deshalb mehr Zentrifugalkraft bekommt.

Hierauf beruht das Entrahmen der Milch in der Milchzentrifuge. Der Rahm sammelt sich innen, da er leichter ist als die Milch.

274. Abhängigkeit der Zentrifugalkraft von Masse und Umlaufszeit.

Wird bei der Drehung der ganze Kreis 2 R π in der Zeit T" durchlaufen mit der Geschwindigkeit v, so ist v T = 2 R π, also v = 2 R π T; setzt man dies in den Ausdruck für F ein, so wird

$$\mathbf{F = 4\,\pi^2\,R\,MT^2}, \text{ und } \mathbf{f = 4\,\pi^2\,RT^2}.$$

Bei gleicher Umlaufszeit ist die Zentrifugalkraft dem Radius proportional, und bei gleichem Radius dem Quadrat der Umlaufszeit umgekehrt proportional. Ist die Masse eines Körpers bekannt, so kann man die Zentripetalkraft angeben, die notwendig ist, damit er um einen Mittelpunkt in gegebenem Abstand in gegebener Zeit rotiert.

Wenn bei gleichen Umlaufszeiten zwei verschiedene Massen m_1 und m_2 sich in solchen Entfernungen vom Mittelpunkte befinden, daß diese Abstände R_1 und R_2 sich verhalten wie umgekehrt die Massen, also daß $R_1 : R_2 = m_2 : m_1$, oder daß $m_1\,R_1 = m_2\,R_2$, so sind die Zentrifugalkräfte gleich. Bringt man beim früheren Versuch die zwei durch eine Schnur verbundenen Kugeln so an, daß bei gespannter Schnur sich die Gewichte verhalten wie umgekehrt ihre Abstände vom Drehungsmittelpunkt, so daß also der Drehpunkt der Schwerpunkt beider Massen ist, so bleiben bei jeder Rotationsgeschwindigkeit beide Kugeln in Ruhe, weil sie gleiche Zentrifugalkräfte bekommen.

Befindet sich ein Körper (etwa von der Masseneinheit) auf der Erdoberfläche, so bekommt er eine Beschleunigung = g = 9,809 *m*. Befindet er sich aber in einer Entfernung gleich der des Mondes, und läuft er in dieser Entfernung um die Erde kreisförmig, wie es ja der Mond nahezu wirklich tut, so braucht er dazu die Zeit von 27 Tg. 7 Std. 43' 11" (siderischer Monat). Die Zentralbeschleunigung, die hiezu erforderlich ist, berechnet sich aus $f = 4\,\pi^2 \cdot RT^2$, wobei T = 2 360 501" und R = 382 000 000 *m* setzen. Es ist dann $f = 4 \cdot 3{,}14^2 \cdot 382\,000\,0002\,360\,500^2 = 0{,}00274$ *m*.

Vergleicht man diese Zentralbeschleunigung mit der Beschleunigung g, welche der Körper auf der Erdoberfläche bekommt, also mit g = 9,809 *m*, so findet man, daß sie nahezu 3600 = (60^2)mal so klein ist, und da die Entfernung des Mondes von der Erde 60 mal so groß ist, wie der Erdradius, so schließt man: Die Kraft, die den Mond zwingt, kreisförmig um die Erde zu laufen in der Zeit von 27 Tg. 4 Std. u. s. w. ist dieselbe Kraft, welche den Körper auf der Erdoberfläche zum Fallen bringt, nur nimmt diese Kraft ab, wie das Quadrat der Entfernung zunimmt. Durch solche Betrachtungen kam Newton zur Entdeckung des nach ihm benannten Newtonschen Gravitationsgesetzes (1666), welches heißt: Die Anziehungskraft, Attraktion, der Erde wirkt nicht bloß auf der Erdoberfläche, sondern auch in beliebiger Entfernung, und die Kraft nimmt ab, wie das Quadrat der Entfernung zunimmt.

Indem dann Newton das Gesetz auch auf die Bewegung anderer Himmelskörper anwandte, auf die Bewegung der Planeten um die Sonne, der Monde um die Planeten, erkannte er, daß es ganz allgemein gültig sei, und daß die Anziehung auch dem Produkt der beiden sich anziehenden Massen proportional ist. Also: **Die gegenseitige Anziehung zweier Himmelskörper ist proportional dem Produkte beider Massen und umgekehrt proportional dem Quadrat ihres Abstandes.**

Aufgaben:

232. Ein Körper von 50 *kg* Gewicht bewegt sich mit der Geschwindigkeit von 6 *m* im Kreise von 10 *m* Radius. Welche Zentrifugalkraft bringt er hervor und wie groß ist die Zentralbeschleunigung?

233. Welche Zentrifugalkraft bringt die Masse von 7,2 *kg* hervor, wenn sie den Kreis von 10 *m* Radius in 8 Sekunden durchläuft?

234. Wie schnell muß ein Körper sich auf einem vertikalen Kreise mit dem Radius r = 0,8, 1,4 *m* bewegen, wenn die Schwerkraft durch die Zentrifugalkraft aufgehoben werden soll?

235. Mit welcher Umlaufszeit muß sich die Masse von 12 *kg* im Kreise von 6 *m* Radius bewegen, um 2 *kg* Kraft hervorzubringen?

236. Wie groß ist die Zentrifugalbeschleunigung am Rande eines rotierenden Zubers von 110 *cm* Durchmesser bei 340 Touren in der Minute (Sirupschleuder)?

237. Wie groß ist die Zentrifugalkraft und die Zentrifugalbeschleunigung bei einem Waggon von 250 Zentner Gewicht, wenn er auf einer Kurve von 170 *m* Radius mit 7 *m* Geschwindigkeit sich bewegt; um welchen Winkel wird dadurch die Schwerkraft abgelenkt; mit welcher Geschwindigkeit dürfte der Zug sich bewegen, wenn die Zentrifugalkraft höchstens 2% vom Gewicht betragen sollte?

238. Wie rasch müßte die Erde sich drehen, damit am Äquator die Schwerkraft durch die Zentrifugalbeschleunigung der Erde gerade aufgehoben wird?

239. Auf eine frei bewegliche Masse von 300 *kg* Gewicht und 4 *m* Geschwindigkeit soll senkrecht zur Richtung der Geschwindigkeit eine Kraft angebracht werden, so daß die Masse sich im Kreis von 40 *m* Radius bewegt. Wie groß muß diese Kraft sein, und wie lange dauert ein Umlauf?

240. Auf eine frei bewegliche Masse von 60 *kg* und 1,5 *m* Geschwindigkeit wirkt senkrecht zur Richtung der Geschwindigkeit eine Kraft von 2 *kg*. Welchen Krümmungsradius hat ihre Kreisbahn und wie groß ist die Umlaufszeit?

241. Auf eine frei bewegliche Masse von 70 *kg* Gewicht und 3 *m* Geschwindigkeit soll senkrecht zur Richtung der Geschwindigkeit eine Kraft wirken, so daß die Masse eine Umlaufszeit von 12" bekommt. Wie groß ist die Kraft und der Radius der Krümmung?

275. Planetenbewegung.

Aus dem Gesetz der allgemeinen Massenanziehung oder der Universalgravitation lassen sich die Bewegungen der Himmelskörper erklären und berechnen; aus ihm folgen auch die Keplerschen Gesetze.

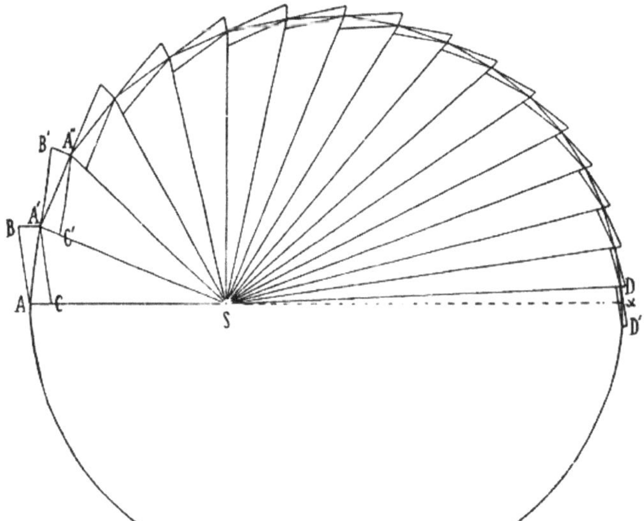

Fig. 359.

Es sei S die Sonne, in A der Planet, und AB dessen Geschwindigkeit. Ist die Anziehung der Sonne kleiner, als sie sein müßte, um eine kreisförmige Bahn zu veranlassen, so kommt der Planet nach A' außerhalb des Kreises. A' findet man, indem man aus der Eigenbewegung AB und aus dem Weg AC, den er infolge der Anziehung der Sonne machen würde, das Wegparallelogramm konstruiert.

AA' stellt zugleich die Geschwindigkeit des Planeten während dieser Zeit annähernd dar. Im nächsten Zeitteil würde der Planet demnach den Weg A'B' = AA' zurücklegen; zugleich würde ihn die Sonne nach AC' bewegen, er kommt deshalb nach A". Fährt man so fort, indem man für jeden folgenden Zeitteil die Bahn des Planeten bestimmt, so bekommt man annähernd die Bahn des Planeten.

Eine mathematische Ableitung der Bahn wie etwa beim schiefen Wurf kann auf elementarem Wege nicht gegeben werden.

Die Form der Bahn ist eine Ellipse. Die Sonne steht in dem einen Brennpunkt. (1. Kepler'sches Gesetz.) Die Anziehung ist am stärksten, wenn der Planet sich am nächsten an der Sonne befindet, im Perihelium A, jedoch ist sie dort kleiner, als sie sein müßte, um eine Kreisbewegung um S zu veranlassen, da die Geschwindigkeit des Planeten in A verhältnismäßig groß ist; der Planet entfernt sich demnach von der Sonne. Die Anziehung ist am schwächsten, wenn sich der Planet im Aphelium befindet. Doch ist die Anziehung dort größer, als sie sein müßte, um eine Kreisbewegung um S zu veranlassen, da die Geschwindigkeit des Planeten in X verhältnismäßig klein ist; der Planet nähert sich demnach jetzt der Sonne.

Die Geschwindigkeit ist in A am größten und nimmt immer mehr ab, je mehr sich der Planet von der Sonne entfernt; sie ist im Aphelium am kleinsten und wächst dann wieder mit der Annäherung an die Sonne. Die Geschwindigkeiten richten sich dabei nach dem 2. Kepler'schen Gesetz. Der Radiusvektor SA bestreicht in gleichen Zeiten gleiche Sektoren. Es ist also etwa der Sektor SAA' an Fläche gleich dem Sektor SA'A" u. s. w. gleich dem Sektor SDD'.

Die Planetenbahnen sind tatsächlich alle sehr schwach gedrückte Ellipsen von geringer Exzentrizität, nahezu kreisförmig.

Betrachten wir die Planetenbahnen als kreisförmig, so berechnet sich die Umlaufszeit eines Planeten aus $f = 4 \pi^2 RT^2$ als $T = \sqrt{(4 \pi^2 Rf)}$. Die Umlaufszeit T' eines anderen Planeten, der in der Entfernung R' die Zentralbeschleunigung f' bekommt, ist ebenso:

$$T' = \sqrt{(4 \pi^2 R' f')}.$$

Durch Division beider Gleichungen hat man:

$$T^2 T'^2 = R f' R' f.$$

Nach dem Newton'schen Attraktionsgesetz ist aber $f : f' = R'^2 : R^2$, oder $f' f = R^2 R'^2$; dies eingesetzt gibt: $T^2 T'^2; = R^3 R'^3$; das ist das dritte Kepler'sche Gesetz, demzufolge die Quadrate der Umlaufszeiten zweier Planeten sich verhalten wie die dritten Potenzen ihrer mittleren Abstände von der Sonne. Man bemerke, daß die Umlaufszeiten der Planeten nicht abhängig sind von ihrer Masse.

276. Pendel.

Hängt man einen schweren Körper an einem Faden auf, so bleibt er in Ruhe, wenn der Faden vertikal ist. Wird der Körper etwas seitwärts gerückt um den Winkel α (Elongation), so zerlegt sich die auf den Körper wirkende Schwerkraft in die zwei Komponenten $P = Q \sin \alpha$, und $S = Q \cos \alpha$. Die zweite, S, spannt den Faden und bringt keine Bewegung hervor, da sie durch den Gegenzug des Fadens aufgehoben wird; die erste, P, wirkt in der Richtung, in der sich der Körper bewegen kann; sie erteilt also dem Körper eine Geschwindigkeit, und er bewegt sich gegen die Mitte zu. Da hiebei der Winkel α immer kleiner wird, so wird die Komponente P, welche die Bewegung hervorbringt, immer kleiner und ist = 0 geworden, wenn der Punkt in der Mitte D angekommen ist. Die Bewegung des Punktes ist also keine gleichförmig beschleunigte Bewegung, da die Kraft beständig ihre Größe und Richtung ändert, und kann mit den Hilfsmitteln der Elementarmathematik allein nicht abgeleitet werden. In D angekommen hat der Körper seine größte Geschwindigkeit und bewegt sich deshalb über D hinaus nach der anderen Seite. Durch die nun eintretende Zerlegung der Schwerkraft kommt aber eine Komponente P' zum Vorschein, welche der Bewegung entgegenwirkt; deshalb wird die Bewegung nun ebenso verzögert, wie sie vorher beschleunigt wurde. Der Körper erreicht eine Entfernung, Elongation, welche so groß ist, als die Elongation auf der anderen Seite war. Die Bewegung von E nach E' nennt man eine Schwingung. Dieser folgt eine eben solche Schwingung von E' nach E und so fort.

Einen solchen schwingenden Körper nennt man ein Pendel und zwar ein mathematisches Pendel, wenn der schwere Körper bloß ein Punkt und der Faden gewichtlos ist. (Bleikugel an einem möglichst dünnen Faden.)

Man fand folgende Gesetze (Galilei): Die Schwingungsdauer ist unabhängig von der Elongation, so lange letztere selbst nur ziemlich klein ist. Die Schwingungsdauer ist proportional der Quadratwurzel aus der

Pendellänge; $t_1 : t_2 = \sqrt{l_1} : \sqrt{l_2}$. Ein 2 mal (4 mal) längeres Pendel braucht also zu einer Schwingung $\sqrt{2}$, (2) mal mehr Zeit.

Die Anzahl der Schwingungen, welche ein Pendel in einer gewissen Zeit, etwa einer Minute, ausführt, ist aber offenbar umgekehrt proportional der Dauer einer Schwingung $t_1 : t_2 = n_2 : n_1$. Demnach sind die Schwingungszahlen zweier Pendel den Quadratwurzeln aus den Pendellängen umgekehrt proportional, also $t_1 : t_2 = n_2 : n_1 = \sqrt{l_1} : \sqrt{l_2}$.

Macht man also ein Pendel 2 mal (4 mal) länger, so macht es in derselben Zeit $\sqrt{2}$ mal (2 mal) weniger Schwingungen (Galilei).

Die Dauer einer Pendelschwingung wird dargestellt durch die Formel $t = \pi \sqrt{(l\ g)}$. Die Schwingungsdauer hängt demnach auch von der Größe der auf den Körper wirkenden Kraft, und der durch sie hervorgebrachten Beschleunigung g ab. Wird die Kraft Q größer, so wird auch die Komponente P größer, also die Bewegung rascher und somit die Schwingungsdauer kürzer. Die Schwingungsdauer ist umgekehrt proportional der Quadratwurzel aus der Kraft resp. der Beschleunigung.

277. Das physische Pendel.

Ein physisches Pendel ist jeder Körper, der in einem Punkte so aufgehängt ist, daß sein Schwerpunkt vertikal unter dem Aufhängepunkte liegt und nun etwas aus dieser Lage gebracht wird. Die gewöhnlich bei Uhren verwendeten Pendel bestehen aus einer am oberen Endpunkte drehbar befestigten Stange und einem am unteren Ende befestigten schweren Körper von Kugel- oder Linsenform. Unter der Pendellänge eines solchen Pendels ist zu verstehen die Länge eines mathematischen Pendels, das eben so rasch schwingt wie das physische Pendel.

Unter Sekundenpendel versteht man ein Pendel, das in einer Sekunde eine Schwingung macht, setzt man $t = 1$, so ist $1 = \pi \sqrt{l\ g}$; also $l = g\ \pi^2$ ist die Länge des Sekundenpendels. Diese Länge ist bloß von der Beschleunigung g der Schwere abhängig, man kann also eine Größe durch die andere bestimmen. Mißt man die Länge des Sekundenpendels, so kann man daraus g berechnen, und es ist dies die genaueste Methode zur Bestimmung von g. Nun ist aber die Schwerkraft am Äquator kleiner als bei uns, einerseits weil wegen der Abplattung der Erde die Punkte am Äquator weiter vom Erdmittelpunkte entfernt sind, andererseits weil die Zentrifugalkraft, die durch die Achsendrehung der Erde hervorgebracht wird, auch am Äquator größer ist und die Schwerkraft um mehr vermindert. Gegen die Pole nimmt die Schwerkraft noch weiter zu und die Zentrifugalkraft nimmt ab. Deshalb ist sowohl die Länge des Sekundenpendels als die Größe von g abhängig von der geographischen Breite.

Man fand:

Geographische Breite.	Länge des Sekundenpendels.	Wert von g.
0°	0,99103	9,78103
45°	0,99356	9,80606
90°	0,99610	9,83109

Auch bei der Erhebung über die Meeresoberfläche ändert sich die Länge des Sekundenpendels und der Wert von g aus denselben Gründen; beide nehmen ab.

Aufgaben:

242. Wie lang muß ein Pendel sein, das in der Sekunde 2, 3, 4, 10 Schwingungen, das in der Minute 15, 10, 5 Schwingungen macht? (g = 9,81.)

243. Eine Pendeluhr geht täglich um 3 Minuten vor (stündlich um 7" nach). In welchem Verhältnis (um wie viel %) muß das Pendel verändert werden, damit die Uhr richtig geht?

244. Ein Sekundenpendel, das an einem Ort mit der Beschleunigung g = 9,8088 richtig geht, macht am Äquator täglich 126 Schwingungen zu wenig, an einem andern Ort täglich 44 Schwingungen zu viel. Wie groß ist dort die Erdbeschleunigung?

245. Wie groß ist die Erdbeschleunigung, wenn ein Pendel von 0,9926 *m* Länge genau in Sekunden schwingt? Wie groß ist die Erdbeschleunigung, wenn ein Pendel von 0,99 *m* Länge in der Stunde um 14 Schwingungen mehr macht als das Sekundenpendel?

246. Eine Uhr, deren Pendel eine Länge von 0,682 *m* hat, geht in der Stunde um 1' 16" nach; um wieviel muß man die Pendellänge verändern, damit sie recht geht?

247. Um wieviel wird eine Uhr im Tage falsch gehen, wenn man ihr Pendel um ½% verlängert?

248. Zwei Turmuhren haben eiserne Pendel von verschiedener Länge. Wenn nun beide Pendel um gleich viel Grad erwärmt werden, gehen dann beide Uhren um gleichviel falsch?

278. Stoß.

Wenn von einem Körper A eine Kraft ausgeht, welche auf einen Körper B wirkt, so unterliegt auch A selbst dem Einflusse einer von B aus zurückwirkenden gleich großen Kraft; wird B durch die Kraft nach der einen Richtung bewegt, so wird A nach der anderen Richtung bewegt, Wirkung und Gegenwirkung. Ist z. B. eine elastische Feder zwischen zwei Kugeln A und B gespannt und man läßt beide zugleich los, so bewegen sich beide nach entgegengesetzten Richtungen.

Wirken die Kräfte dabei auf gleiche, frei bewegliche Massen, so erhalten diese dieselbe Geschwindigkeit; wirken sie auf verschiedene Massen, so erhalten sie verschiedene Geschwindigkeiten, welche sich verhalten umgekehrt wie die Massen; denn die gleichen Kräfte bringen Beschleunigungen hervor, welche sich umgekehrt wie die Massen verhalten,

$$m_1 : m_2 = g_2 : g_1;$$

die erlangten Geschwindigkeiten sind aber den Beschleunigungen proportional,

$$g_2 : g_1 = v_2 : v_1; \text{ also folgt}$$

$m_1 : m_2 = v_2 : v_1$; d. h. die in derselben Zeit erlangten Geschwindigkeiten sind den Massen umgekehrt proportional.

Solche Wirkungen entstehen beim Stoße, d. h. beim Zusammentreffen zweier in Bewegung befindlicher Massen. Sind die Massen unelastisch, so tritt beim Zusammentreffen eine Geschwindigkeitsänderung und eine bleibende Formveränderung ein, bis beide Massen dieselbe Geschwindigkeit haben. Es seien die Massen m_1 und m_2, ihre Geschwindigkeiten v_1 und v_2, beide nach derselben Seite gerichtet, und $v_2 > v_1$, so daß das folgende m_2 das vorangehende m_1 einholt, es sei dann v die schließliche gemeinschaftliche Geschwindigkeit so, bekommt m_1 einen Geschwindigkeitszuwachs $= v - v_1$ und m_2 einen Geschwindigkeitsverlust $= v_2 - v$, beide verhalten sich umgekehrt wie die Massen, also $(v - v_1) : (v_2 - v) = m_2 : m_1$; hieraus ist:

$$v = v_1 m_1 + v_2 m_2 m_1 + m_2.$$

Laufen die Massen einander entgegen, so ist eine Geschwindigkeit, etwa v_2 negativ zu nehmen, also ist

$$v = v_1 m_1 - v_2 m_2 m_1 + m_2.$$

Sind die Massen einander gleich, so ist im ersten Falle $v = \frac{1}{2} (v_1 + v_2)$, im zweiten Falle $v = \frac{1}{2} (v_1 - v_2)$, ist hiebei $v_1 = v_2$, so ist $v = 0$, d. h. treffen gleiche unelastische Massen mit gleichen Geschwindigkeiten aufeinander, so heben sich ihre Bewegungen auf, sie sind nach dem Stoße beide in Ruhe.

Wenn zwei elastische Massen aufeinander stoßen, so tritt zuerst auch eine Zusammendrückung der getroffenen Stellen ein und eine Geschwindigkeitsänderung bis beide Körper dieselbe Geschwindigkeit haben; aber dann kehren die einwärts gedrückten Stellen in die ursprüngliche Lage zurück und bringen einen gegenseitigen Druck hervor, welcher den Massen wieder eine Geschwindigkeitsänderung erteilt, welche ebenso groß ist wie die beim Zusammendrücken erhaltene.

Es seien die Massen m_1 und m_2, ihre Geschwindigkeiten v_1 und v_2, so ist die Geschwindigkeitsänderung beim Zusammendrücken wie vorher $v - v_1$ beim ersten und $v_2 - v$ beim zweiten, wobei $v = v_1 m_1 + v_2 m_2 m_1 + m_2$.

Beim Ausdehnen erhält jeder Körper dieselbe Geschwindigkeitsänderung; deshalb hat m_1 die schließliche Geschwindigkeit

$$c_1 = v_1 + 2 (v_1 m_1 + v_2 m_2 m_1 + m_2 - v_1) \text{ also}$$

$$c_1 = v_1 (m_1 - m_2) + 2 v_2 m_2 m_1 + m_2;$$

ebenso hat m_2 die schließliche Geschwindigkeit

$$c_2 = v_2 - 2 (v_2 - v_1 m_1 + v_2 m_2 m_1 + m_2) \text{ also}$$

$$c_2 = v_2 (m_2 - m_1) + 2 v_1 m_1 m_1 + m_2.$$

Bewegen sich die Körper gegeneinander, so ist eine Geschwindigkeit, etwa v_2, als negativ zu nehmen, dann ist:

$$c_1 = v_1 (m_1 - m_2) - 2 v_2 m_2 m_1 + m_2 \text{ und}$$

$$c_2 = v_2 (m_1 - m_2) + 2 v_1 m_1 m_1 + m_2.$$

Sind beide Massen einander gleich, so ist im ersten Falle $c_1 = v_2$ und $c_2 = v_1$ d. h. die Massen gehen mit vertauschten Geschwindigkeiten weiter; im zweiten Falle ist $c_1 = - v_2$, $c_2 = v_1$ d. h. die Massen gehen mit vertauschten Geschwindigkeiten und nach entgegengesetzten Richtungen auseinander. Ist hiebei ein Körper zuerst in Ruhe, also im ersten Falle $v_1 = 0$, so ist $c_1 = v_2$, $c_2 = 0$, d. h. es kommt der zweite, stoßende Körper in Ruhe, und der erste geht mit dessen Geschwindigkeit fort.

Stößt ein Körper gegen eine feste Wand, so kann man deren Masse als unendlich groß ansehen, also etwa im ersten Fall $m_1 = \infty$, $v_1 = 0$ setzen; um die Werte von c_1 und c_2 zu finden, dividiere man Zähler und Nenner mit m_1, setze dann $m_1 = \infty$, also $1m_1 = 0$, so wird $c_1 = 0$, $c_2 = - v$; der Körper m_2 geht also von der Wand mit derselben Geschwindigkeit wieder zurück.

Sind die Massen nicht vollständig elastisch, so geschieht die Ausbiegung der getroffenen Stellen nicht vollständig und nicht mit derselben Kraft wie die Einbiegung, es sind also auch die Geschwindigkeitsänderungen während des Ausbiegens kleiner als die beim Einbiegen.

279. Lebendige Kraft.

Wenn eine Kraft von P *kg* durch eine Strecke von s Meter auf einen frei beweglichen Körper gewirkt hat, so hat sie eine Arbeit geleistet = P · s. Der Erfolg besteht darin, daß eine gewisse Masse (M), auf welche die Kraft gewirkt hat, eine gewisse Geschwindigkeit (v) erhalten hat.

Nun ist $v = \sqrt{2 \varphi s}$; aber $\varphi = P M$, sonach $v = \sqrt{(2 P M \cdot s)}$.

Diese Gleichung bringen wir in die Form

$$\mathbf{P\ s = \tfrac{1}{2}\ M\ v^2}.$$

In dieser Form zeigt die Gleichung, wie die Ursache, daß nämlich die Kraft P längs des Weges s wirkt, zusammenhängt mit der Wirkung, daß nämlich eine Masse M eine Geschwindigkeit v erhalten hat.

Ebenso kann M aus dieser Gleichung berechnet werden, wenn die anderen Größen bekannt sind.

Wenn die Kraft P längs des Weges s gewirkt hat, so ist diese Energie (P s) nicht mehr vorhanden; sie ist aber nicht aus der Natur verschwunden, sondern als Ersatz derselben ist eine Geschwindigkeit v vorhanden, welche eine Masse M erhalten hat. **Die mit der Geschwindigkeit v behaftete Masse M stellt das Äquivalent für die verschwundene Energie P s dar.** Diese Masse M behält nun nach dem Trägheitsgesetz ihre Geschwindigkeit unverändert und immerfort bei, in ihr lebt gleichsam (daher der Ausdruck lebendige Kraft) die vorher in ruhender Form vorhanden gewesene Energie P s.

Stellt sich der Masse M auf ihrer Bahn früher oder später ein Hindernis in den Weg, zu dessen Überwindung sie eine gewisse Kraft P braucht, so kann sie dies Hindernis überwinden auf die Wegstrecke s hin, welche sich berechnet aus $s = \alpha^2\ 2\ \varphi$, wobei $\alpha = v$, $\varphi = P M$, also

$$s = v^2 \cdot M2\ P, \text{ oder in anderer Form}$$

$$\tfrac{1}{2}\ M\ v^2 = P\ s.$$

Dies ist dieselbe Gleichung wie vorher, und sie gibt an, wie nun die Ursache, nämlich daß eine Masse eine Geschwindigkeit hat, zusammenhängt mit der Wirkung, daß nämlich eine Kraft längs eines Weges ausgeübt wird.

Eine mit der Geschwindigkeit v behaftete Masse M besitzt also Arbeitsfähigkeit, und stellt also eine Energie dar, ihre Größe ist ausgedrückt durch ½ M v^2; d. h. **die Energie eines in Bewegung befindlichen Körpers ist proportional der Masse und proportional dem Geschwindigkeitsquadrate**. Diese Energie einer in Bewegung befindlichen Masse nennt man die lebendige Kraft dieser Masse. (Leibnitz, 1646.)

Aufgaben:

249. Wie lange muß eine konstante Kraft von 20 *kg* auf einen frei beweglichen 840 *kg* schweren Körper wirken, bis er eine Geschwindigkeit von 4 *m* erlangt hat; welche Strecke hat er dabei durchlaufen und welche Arbeit wurde aufgewendet?

250. Welche Geschwindigkeit bekommt ein Körper von 700 *kg* Gewicht, wenn auf ihn eine Kraft von 30 *kg* längs eines Weges von 65 *m* wirkt; welche Beschleunigung erhält er und wie lange braucht er dazu?

251. Welcher Masse kann eine Kraft von 60 *kg*, welche längs eines Weges von 2 *m* wirkt, eine Geschwindigkeit von 100 *m* erteilen?

252. Welche Kraft übt eine Masse von 400 *kg* und 3½ *m* Geschwindigkeit aus, wenn sie 1220 *m* weit läuft, bis sie stehen bleibt; welche Verzögerung hat sie und wie lange braucht sie?

253. Auf welche Länge kann eine Masse von 750 *kg* bei 40 *m* Geschwindigkeit eine konstante Kraft von 9 *kg* hervorbringen; wie groß ist die Verzögerung und wie lange bewegt sich der Körper?

254. Ein Geschoß von 7,7 *kg* Gewicht verläßt das 1,4 *m* lange Rohr mit 440 *m* Geschwindigkeit, wie groß ist der Druck der Pulvergase, welche Beschleunigung erfährt das Geschoß und wie lange braucht es, um das Rohr zu durchlaufen?

280. Mechanisches Äquivalent der Wärme.

Mechanische Arbeit kann in Wärme verwandelt werden; wenn man mit einem Hammer oft auf ein Stück Blei schlägt, so wird es warm; es verschwindet dabei Energie, nämlich die lebendige Kraft des Hammers, da er beim Aufschlagen seine Bewegung verliert; als Ersatz kommt Wärme zum Vorschein. Es hat sich die mechanische Energie (P s) zuerst in Bewegungsenergie ½ M v^2 (des Hammers) verwandelt, und diese Bewegungsenergie verwandelt sich in Wärme. Ähnlich: ein Bohrer, eine Säge erhitzen sich. Jede Reibung erzeugt Wärme. Graf Rumford fand in der Geschützgießerei in München, daß ein stumpfer Kanonenbohrer sich stark erhitzt, und daß dazugegossenes Wasser ins Kochen kommt und weiter kocht, so lange gebohrt wird. Er schloß daraus nicht nur, daß Reibung Wärme erzeugt, sondern auch, daß Wärme nicht ein Stoff sein könne, da er sonst nicht in beliebiger Menge aus einem Stoffe (Bohrer) herausgenommen werden könne, sondern daß Wärme selbst eine Art Bewegung sein müsse, da sie aus Bewegung entsteht.

R. Mayer, Arzt in Heilbronn, und der Engländer Joule untersuchten, welche Quantitäten mechanischer Energie und Wärme sich entsprechen, also insbesondere, wie viele *kgm* aufgewendet werden müssen, um 1 Kalorie zu erzeugen. Dies fand R. Mayer, dem man die wichtigsten Aufklärungen über die Verwandlung von Energien verdankt, auf folgende Art (1842). Man wußte schon längere Zeit, daß Luft verschiedene Wärmekapazität hat, je nachdem man sie in offenem oder verschlossenem Gefäße erwärmt. Um Luft in verschlossenem Gefäße von 0° auf 100° zu erwärmen, sind für jedes *kg* Luft 16,86 Kal. erforderlich; um sie aber in offenem Gefäße zu erwärmen, wobei sie sich ausdehnt, sind für 1 *kg* 23,77 Kal. erforderlich; R. Mayer sagte nun: Hiebei sind 16,86 Kal. erforderlich, um die Luft zu erwärmen, der Überschuß von 6,91 Kal. kommt aber nicht als Wärme zum Vorschein, sondern ist dazu verwendet worden, um Arbeit zu leisten; denn wenn die Luft sich ausdehnt, so muß der auf ihr liegende Luftdruck überwunden (die Luftsäule gehoben) werden. Die Größe dieser Arbeit ist aber leicht zu berechnen. 1 *kg* Luft hat bei 0° ein Volumen von 775 *l*; wenn es sich in einem Raume befindet, der 1 *qm* Grundfläche hat, so hat es eine Höhe von 7,75 *dm*. Erwärmt man diese Luft, so dehnt sie sich aus, der Höhe nach um 7,75 · 0,366 = 2,84 *dm* = 0,284 *m*. Dabei muß sie den Luftdruck von 10 000 · 1,033 = 10 330 *kg* überwinden, leistet also eine Arbeit von 10 330 · 0,284 *kgm* = 2934 *kgm*. Zu dieser Arbeit sind 6,91 Kal. verwendet worden, also treffen auf 1 Kal. 424 *kgm*.

Joule machte viele Versuche, um durch Reibung und Stoß Wärme zu erzeugen, und fand (später) die Richtigkeit des von R. Mayer errechneten Wärmeäquivalents auch für die umgekehrte Verwandlung von Arbeit in Wärme bestätigt. Helmholtz verallgemeinerte und begründete die Lehre von der Umwandlung und Erhaltung der Kraft (Arbeit, Energie) 1847.

Diese Zahl, 425 *kgm* (wie man jetzt annimmt), nennt man **das mechanische Äquivalent der Wärme; sie gibt an, wie viele Einheiten der mechanischen Energie gleichwertig oder äquivalent sind einer Wärmeeinheit, einer Einheit der kalorischen Energie**. Ebenso ist $^{1}/_{425}$ Kalorie das Wärmeäquivalent von 1 *kgm*.

Besonders gut läßt sich die Verwandlung von Arbeit in Wärme und deren Umkehrung bei Gasen verfolgen. Wenn man Luft komprimiert, so muß man, um die Expansivkraft der Luft zu überwinden, Arbeit aufwenden, indem man etwa den Kolben der Kompressionspumpe niederdrückt. Die Folge ist nicht bloß eine Drucksteigerung, sondern auch eine sehr beträchtliche Erwärmung. Die Berechnung derselben kann nicht auf elementarem Weg erfolgen; doch ersieht man aus folgender Tabelle, wenn man 1 *cbm* Luft von 0° und 1 Atm. Druck (760 *mm*) bis auf 2, 3 .... Atmosphären zusammendrückt, welche Arbeit hiezu erforderlich ist, welche Temperatur die Luft dann hat (vorausgesetzt, daß sie keine Wärme an die Gefäßwände abgibt), und welches Volumen sie dann hat.

Kompression von 1 *cbm* Luft von 0° und 1 Atm.

Atmosph.	Kompressions-arbeit in *kgm*	Temperatur in C°.	Volumen in *cbm*
2	5639	60,4	0,611
3	9505	101,8	0,457
4	12 517	134,2	0,373
5	15 099	161,3	0,318
6	17 248	184,7	0,280
7	19 186	205,3	0,251
8	20 938	224,3	0,228
9	22 552	241,5	0,210
10	24 034	357,4	0,194

Dehnt sich die Luft sofort wieder aus, bevor sie etwas von ihrer Wärme abgegeben hat, so kehrt sie vollständig in ihren Anfangszustand zurück; sie leistet aber dabei eine Arbeit, denn sie übt einen ihrer jeweiligen Expansivkraft entsprechenden Druck längs des Ausdehnungsweges aus; dies geschieht aber auf Kosten der Wärme, denn sie kühlt sich dabei von selbst wieder auf 0° ab; es hat sich die Wärme (ein Teil ihres Wärmeinhaltes) in mechanische Arbeit verwandelt, und zwar leistet sie genau ebensoviel Arbeit als vorher zu ihrer Kompression aufgewendet wurde.

Läßt man jedoch die vorher komprimierte Luft zuerst abkühlen bis 0°, wobei man dafür sorgt, daß sie ihre Spannkraft beibehält, und läßt sie nun sich vermöge ihrer Spannkraft ausdehnen, so leistet sie Arbeit, aber wieder auf Kosten der Wärme, und es zeigt sich, daß sie sich beträchtlich abkühlt. Aus folgender Tabelle ist die hiebei wiedergewinnbare Arbeit und die Temperaturerniedrigung zu ersehen, wenn man die komprimierte Luft zuerst auf 0° abkühlt und dann erst sich bis zu einer Atm. Spannkraft ausdehnen läßt.

Atmosph.	Expansionsarb. in *kgm*	Temperatur-erniedrigung.
2	3347	-36,2
3	5146	-55,1
4	6312	-67,6
5	7172	-78,8
6	7845	-84,0°
7	8394	-89,9
8	8856	-94,8
9	9253	-99,1
10	9602	-102,8

Wir sahen, daß 1 *kg* Steinkohle beim Verbrennen zka. 7500 Kalorien liefert; könnte man diese ganze Wärmemenge in Arbeit verwandeln, so würde das 7500 · 425 *kgm* = 3 187 500 *kgm* liefern. Würde diese Arbeit während einer Stunde verrichtet, so würden zka. 12 Pferdekräfte geleistet werden. 1 *kg* Steinkohle müßte also hinreichen, um 1 Stunde lang zwölf Pferdekräfte zu liefern. Tatsächlich liefern unsere Dampfmaschinen kaum 10%, die besten nur 12-15%. Von diesem Gesichtspunkte aus betrachtet sind also die Dampfmaschinen sehr unvollkommene Maschinen, sie arbeiten nicht sparsam, sie verwandeln bei weitem nicht alle Wärme in Arbeit, die meiste Wärme geht durch den Schornstein und durch den Abdampf verloren.

281. Elektrische Energie.

Wenn man eine Dynamomaschine umtreibt, so wendet man außer der Reibung noch eine gewisse Arbeit P s auf; diese wird verwandelt in elektrische Energie, indem eine entsprechende Quantität Elektrizität von gewissem Potenzialunterschied hervorgebracht wird. Wenn sich dann der Potenzialunterschied durch das Fließen im Stromkreise wieder ausgleicht, verschwindet die elektrische Energie; aber dafür kommen dann andere Energien zum Vorschein. **Man mißt die elektrische Energie durch das Produkt aus Stromstärke mal Potenzialdifferenz**; wird in jeder Sekunde 1 *kgm* aufgewendet, so kann man einen Strom erhalten von zka. 10 Amp. Volt., also etwa einen Strom von 5 Amp. Quantität (Stärke) bei einer Potenzialdifferenz an den Erregungsstellen von 2 Volt. oder von 2 Amp. bei 5 Volt. oder entsprechend. Eine durch eine Pferdekraft getriebene Dynamomaschine sollte also einen konstanten Strom von 735 Amp. Volt.

geben; in Wirklichkeit ist die Leistung nicht ganz so groß; aber bei guten, insbesondere großen Dynamomaschinen geht nur wenig (5-10%) verloren, so daß die Dynamomaschinen als vorzügliche, keiner wesentlichen Verbesserung fähige Maschinen anzusehen sind. Die elektrische Energie liefert dadurch, daß sie im Stromkreis wieder verschwindet, wieder andere Energie: entweder kalorische Energie durch Erwärmung des durchlaufenen Leiters, und zwar 1 Kal. pro 425 *kgm* oder pro 4227 Amp. Volt.; oder es wird selbst wieder mechanische Energie erzeugt; denn wenn der Strom durch eine zweite Dynamomaschine geleitet wird, so liefert diese Arbeit unter Verbrauch der elektrischen Energie und zwar liefern auch wieder zka. 10 Amp. Volt. 1 *kgm* per Sekunde oder 735 Amp. Volt. eine Pferdekraft. Auch hiebei geht ein Teil verloren, doch liefern gute Maschinen bis 90% Nutzeffekt, die besten bis 97%. Nur wenn der Abstand beider Maschinen groß, also auch der Leitungswiderstand zwischen ihnen groß ist, so verlegt sich ein großer Teil des Gefälles in die Leitung selbst, ein großer Teil der elektrischen Energie wird in der Leitung in kalorische Energie verwandelt und geht für uns verloren, so daß der wirklich übertragene Betrag mechanischer Arbeit verhältnismäßig klein ist, 50%, oder bloß 25% zka.

282. Allgemeine Lehre von der Energie.

Energie ist ein Zustand der Materie, demzufolge eine Kraft Gelegenheit und Fähigkeit hat, längs eines gewissen Weges zu wirken, also eine Arbeit zu leisten. Jede solche Energie heißt eine **Energie der Lage** oder eine **potenzielle Energie**.

Hieher gehört die Energie der Schwerkraft oder **Gravitationsenergie**: sie ist vorhanden, wenn ein schwerer Körper einen Abstand von einem ihn anziehenden Körper hat; ferner die **Energie der Elastizität**; sie ist vorhanden, wenn ein elastischer Körper eine Formveränderung erlitten hat (eine Feder zusammengedrückt ist) und nun in die ursprüngliche Gestalt zurückkehren will; ferner die **Energie eines Gases** (oder Dampfes), die Energie des Magnetes, die Energie der statischen Elektrizität und die Energie der elektrodynamischen Anziehung eines Stromteiles.

Die potenzielle Energie wird gemessen durch das Produkt aus Kraft und Weg = P · s. Ein Stein von 5 *kg* Gewicht, welcher von der Erde 6 *m* entfernt ist, hat oder repräsentiert eine Energie von 5 · 6 *kgm*. In manchen Fällen ändert sich die Kraft wesentlich, während der Weg zurückgelegt wird; z. B. die elastische Kraft der Feder nimmt ab, wenn die Feder in die ursprüngliche Gestalt zurückkehrt; auch die Spannkraft des Gases oder Dampfes nimmt bei der Ausdehnung ab. Um die Größe der Energie zu berechnen, muß man den ganzen Weg in sehr viele kleine Strecken zerlegen und berechnen, wie groß die Kraft am Anfang jeder Strecke ist; dann kann man, ohne einen großen Fehler zu begehen, annehmen, daß die Kraft längs der kleinen Strecke konstant bleibt, demnach jede Kraft mit der zugehörigen Strecke multiplizieren und sämtliche Produkte addieren.

Die Energie, welche ein in Bewegung befindlicher Körper besitzt, heißt **die Bewegungsenergie, kinetische Energie oder lebendige Kraft**; auch ein solcher Körper befindet sich in einem Zustand, demzufolge er die Fähigkeit besitzt, eine Kraft längs eines Weges auszuüben. Wir haben gesehen, daß eine Masse M, welche die Geschwindigkeit v besitzt, eine Kraft P längs des Weges s ausüben kann, so daß $\frac{1}{2}$ M v^2 = P s. Es kann also auch die Energie einer bewegten Masse ausgedrückt werden durch *kgm*, und sie wird gemessen durch das Produkt $\frac{1}{2}$ M v^2.

Auch die Wärme ist eine Energie, da sie ein Zustand ist, vermöge dessen ein Körper eine Kraft längs eines Weges ausüben kann. Eine Kal. liefert 425 *kgm*. Nach der mechanischen Gastheorie hat ein Gas seine Spannkraft nur dadurch, daß die Gasmoleküle eine gewisse Geschwindigkeit haben; da nun bei gleichem Volumen die Spannkraft von der Wärme abhängig ist, so schließt man, daß mit zunehmender Temperatur die Geschwindigkeit der Gasmoleküle wächst. Demgemäß kann man die Wärme als kinetische Energie, als lebendige Kraft der Moleküle ansehen. Nimmt man ferner an, daß auch in festen und flüssigen Körpern die Moleküle nicht ruhig neben einander liegen, sondern schwingende Bewegungen um ihre Gleichgewichtslage machen und daß die Größe dieser Bewegungen mit steigender Temperatur wachse, so kann man auch die Wärme eines festen oder flüssigen Körpers als kinetische Energie, als lebendige Kraft der schwingenden Moleküle auffassen.

Da beim Schmelzen und Sieden Wärme verbraucht wird (latente Wärme), so kann man sich vorstellen, daß hiebei die Wärme nicht dazu verwendet wird, um die schon vorhandene Bewegung der Moleküle zu vergrößern, sondern um ihnen eine ganz neue Art von Bewegungen zu erteilen, etwa um ihnen eine fortschreitende Bewegung zu erteilen beim Verdampfen. So kann auch die latente Wärme als kinetische Energie aufgefaßt werden.

Die elektrische Energie: eine elektrische Menge, welche eine gewisse Spannkraft hat, hat eine Energie; denn sie kann dadurch, daß sie ihre Spannkraft vermindert (etwa zur Erde abfließt), eine Arbeit leisten. Im galvanischen Strome findet ein beständiges Fließen der Elektrizität und damit ein beständiges Herabsinken von Elektrizität von höherer Spannung auf niedrigere Spannung statt. Die freien Mengen ± Elektrizität, welche an den Polen (Erregungsstellen) auftreten, stellen infolge ihres Spannungsunterschiedes eine Energie vor. Die Energie wird gemessen durch das Produkt aus ihrer Menge mal ihrer Spannungsdifferenz. Im galvanischen

Strome verschwindet pro 1" eine gewisse Menge Energie, die durch das Produkt aus Menge (Stromstärke, Amp.) mal Spannungsdifferenz (Volt) gemessen wird. Im galvanischen Strome findet also ein beständiges Verwandeln einer elektrischen Energie in eine andere (mechanische, kalorische etc.) Energie statt.

Chemische Energie. Wenn zwei chemisch miteinander verwandte Körper, z. B. Kohle und Sauerstoff sich verbinden, entwickeln sie Wärme, bringen also eine andere Energie hervor. Man mißt die chemische Energie durch den Betrag, der bei der chemischen Verbindung zum Vorschein kommenden Wärmemenge, also durch Kalorien und kann sie, da 1 Kal. = 425 *kgm* ist, auch durch *kgm* messen. Da etwa 1 *kg* Wasserstoff, wenn es sich mit der entsprechenden Menge (8 *kg*) Sauerstoff verbindet, 34 197 Kal. erzeugt, diese aber 34 179 · 425 *kgm* = 14 526 000 *kgm* äquivalent sind, so repräsentiert das System H_2 | O eine chemische Energie von 14 526 000 *kgm* für 1 *kg* Wasserstoff. Will man umgekehrt 9 *kg* Wasser wieder in H_2 und O zerlegen, also die chemische Energie herstellen, so ist hiezu ein Aufwand von 14 526 000 *kgm* Energie notwendig. Allgemein: **Jede chemische Änderung ist mit Energieänderung verbunden, meistens thermischer, oft auch elektrischer Art.**

Die Energie der strahlenden Wärme, etwa der Sonnenwärme. In den Licht- und Wärmestrahlen überträgt sich die Wärmeenergie der Sonne zu uns. Die Sonne strahlt Wärme aus (jedes *qm* Sonnenoberfläche zka. 20 000 Kal. pro 1 Sek.) und verliert dadurch Wärme; treffen die Sonnenstrahlen auf die Erdoberfläche, so wird die Wärme wieder frei, zka. 4 kl. Kal pro 1 *qcm* in 1 Min.

283. Umwandlung der Energie.

Wir haben schon vielfach erkannt, daß sich Energien ineinander umwandeln lassen; die Physik enthält die Lehre von der Umwandlung der Energien. Energie der Lage, z. B. Gravitationsenergie, verwandelt sich in Bewegungsenergie, wenn ein Körper zur Erde fällt. Umgekehrt, wenn der Körper aufwärts geworfen wird, so verwandelt sich seine Bewegungsenergie $\frac{1}{2}$ M v^2 wieder in Gravitationsenergie, P · s. Wärme bringt eine Spannungsenergie, die Energie des Dampfes, diese wieder Bewegungsenergie hervor, Bewegungsenergie kann sich in Wärme verwandeln (Reibung). Besonders die elektrische Energie kann durch die verschiedenartigsten Ursachen hervorgebracht werden; denn sie entsteht durch mechanische Energie (Reibung, Aufheben des Elektrophordeckels), chemische Energie (galvanisches Element), Wärme (Thermoelement), magnetische oder elektrische Energie (Induktion), Bewegungsenergie (dynamoelektrische Maschine). Umgekehrt kann sich elektrische Energie wieder in die verschiedensten Energien verwandeln; im galvanischen Strome entsteht Wärme (in jedem Leiter), chemische Energie (bei der Elektrolyse), mechanische Energie oder Energie der Lage (Elektromagnet, elektrodynamische Anziehung), Bewegungsenergie (elektrodynamische Maschine). Durch chemische Energie entsteht Wärme; aber auch strahlende Wärme kann sich in chemische Energie verwandeln; denn in den lebenden Pflanzen, wenn sie vom Sonnenlicht (oder elektrischen Licht) getroffen werden, wird die von den Pflanzen eingeatmete Kohlensäure zerlegt in Kohle und Sauerstoff und zwar wird diese Zerlegung nur dadurch hervorgebracht, daß ein Teil der Energie der Sonnenstrahlen verschwindet, also nicht als freie Wärme zum Vorschein kommt.

Viele Energien lassen sich ineinander verwandeln, jede mindestens in eine andere.

Aufgespeicherte Energie. Eine Energiemenge, welche man einem Massensystem gegeben hat, und welche ihm durch Verwandlungen und Übertragungen wieder entzogen werden kann, nennen wir eine aufgespeicherte. Die Uhr wird in Gang erhalten durch die aufgespeicherte Energie des gehobenen Gewichtes oder der gespannten, aufgezogenen Feder. Bei den elektrischen Akkumulatoren wird elektrische Energie in chemische verwandelt, aufbewahrt und wieder in elektrische verwandelt.

284. Erhaltung der Energie.

Wenn ein gewisser Betrag einer Energie verschwindet, so ist stets die Summe der Beträge derjenigen Energien, welche dadurch zum Vorschein kommen, dem verschwundenen Betrag gleich. (R. Mayer.) Eine in der Natur vorhandene Energie kann also nicht zu nichts werden, sondern kann sich nur in eine oder mehrere andere Energien verwandeln derart, daß beide Beträge einander gleich sind. Die Energie verschwindet nicht, sondern verwandelt sich nur in andere Energien, wobei die Größe der vorhandenen Energie ungeändert bleibt: **Satz von der Erhaltung der Energie.**

Dieser Satz spricht zugleich aus, daß eine Energie nicht aus nichts entstehen kann, daß durch Aufwand einer Energie nicht eine dem Betrag nach größere Energie hervorgebracht werden kann, daß also die Gesamtsumme der in der Natur vorhandenen Energien weder vergrößert noch verkleinert werden kann. Es ist dieser Satz der allgemeinste, oberste und alle Vorgänge der Natur beherrschende Satz, der sich würdig und ebenbürtig dem durch die Wissenschaft der Chemie gefundenen Satz anschließt, daß der Stoff sich erhält, daß die Menge des in der Natur vorhandenen Stoffes weder verringert noch vermehrt werden kann.

Beispiele. Bei den einfachen Maschinen (Hebel, Rolle, Wellrad, schiefe Ebene, Schraube), sowie bei allen zusammengesetzten Maschinen (Kran, Räderwerk etc.) gilt die goldene Regel, daß die Kräfte sich verhalten wie umgekehrt die Wege, oder daß die Arbeit der Kraft gleich ist der Arbeit der Last. Diesen Satz, dessen Richtigkeit und Wichtigkeit man schon früher erkannte, nannte man den Satz von der Erhaltung der Kraft oder der Erhaltung der Arbeit. Bei all diesen Maschinen verschwindet eine Energie, da eine Kraft längs eines Weges wirkt, dafür kommt eine andere Energie zum Vorschein, z. B. eine Gravitationsenergie. **Bei allen mechanischen von Stoß und Reibung freien Vorgängen ist immer die Summe der vorhandenen lebendigen und Spann-Kräfte konstant** (Helmholtz).

In Wirklichkeit zeigt sich stets ein Verlust an gewonnener Energie: ein Teil der aufgewendeten Energie scheint verloren gegangen zu sein. Dieser Teil hat sich durch die Reibung in eine andere Energie, etwa Wärme, verwandelt, er hat sich **zerstreut.**

Wenn im galvanischen Elemente Zink verbraucht wird, so wird dadurch eine gewisse Menge chemischer Energie verbraucht, indem sich Zn mit O verbindet. Dafür entstehen nun andere Energien; es wird Wasserstoff frei, der selbst noch eine chemische Energie (Verwandtschaft zu O) hat; dann wird Wärme im Elemente frei; ferner entsteht elektrische Energie, die aber im galvanischen Strome sofort wieder verschwindet und dadurch Wärme (im Draht), Energie der Lage oder Bewegung (Umtreiben einer elektrischen Maschine, Treiben einer elektrischen Klingel) vielleicht auch noch chemische Energie (Ausscheiden von Cu aus SO_4Cu bei unlöslicher Anode) hervorbringt. Wenn man all diese Energien der Größe nach mißt und addiert, so ist ihr Gesamtbetrag genau gleich der aufgewendeten chemischen Energie, nämlich der chemischen Verwandtschaft des Zn zu O.

Wenn wir verbrennliche Speisestoffe (Mehl, Zucker, Fett etc.) in uns aufnehmen, und dieselben durch die Verdauung ins Blut kommen, so verbinden sie sich dort mit dem durch die Lungen aufgenommenen Sauerstoff, d. h. sie verbrennen, ihre chemische Energie verschwindet. Dafür entsteht Wärme, wovon ein Erwachsener täglich zka. 2700 Kal. nach außen abgibt; ferner entsteht die Kraft unserer Muskeln, mittels deren wir andere Energien hervorbringen, z. B. Bewegungsenergien; ein arbeitender Mensch leistet täglich zka. 50 000 *kgm* bloß durch die willkürlichen Muskelbewegungen; noch größere Arbeit leisten gewöhnlich die unwillkürlichen. Die Summe der Beträge beider Energien ist gleich dem Betrage der aufgewendeten chemischen Energie, also gleich dem Betrag der durch die wirkliche Verbrennung der Speisestoffe entwickelten Wärme. Die Speisestoffe, z. B. Fett, entwickeln gleich viel Wärmemenge (gleich viel Kalorien), ob sie direkt in der Luft verbrennen, oder ob sie sich im Körper mit Sauerstoff verbinden, wenn nur in beiden Fällen die Verbrennung eine gleich vollständige ist.

In all diesen Fällen findet also stets der Vorgang statt, daß eine Energie verschwindet und dafür eine oder mehrere Energien zum Vorschein kommen, daß sich also eine Energie in eine oder mehrere andere Energien umwandelt und bei jedem solchen Vorgang gilt der Satz von der Erhaltung der Energie als der allgemeinste und oberste Grundsatz der Physik.

Diesem Grundsatz gemäß ist die Energie des Weltalls ein der Größe nach unveränderliches Ganzes.

Zwölfter Abschnitt: Anhang. Interferenz, Beugung und Polarisation der Wellen.

285. Interferenz der Wellen.

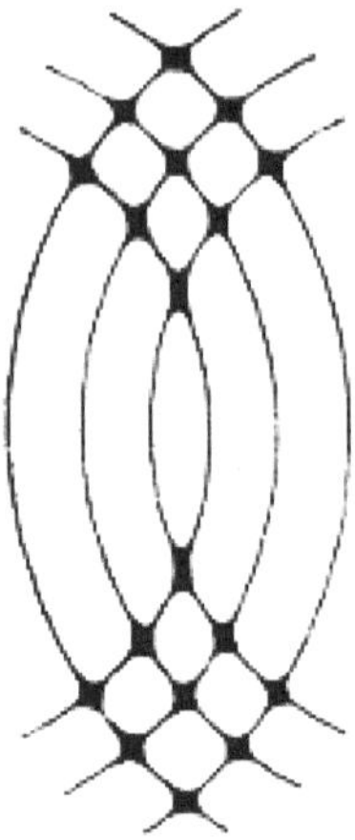

Fig. 360.

Das Licht wird angesehen als eine wellenförmige Bewegung des Äthers, eines feinen Stoffes, der das ganze Weltall erfüllt, die Körper durchdringt, der Schwerkraft nicht unterworfen ist und als vollkommen elastisch anzunehmen ist. Die gewöhnlichen Erscheinungen der Reflexion und Refraktion haben zu ihrer Erklärung diese Wellentheorie (Undulationstheorie) nicht gerade notwendig; doch gibt es einige Erscheinungen, die sich nur aus dieser Theorie erklären lassen, die zur Aufstellung dieser Theorie geführt haben.

Wenn im Wasser zwei Wellen sich begegnen, so durchdringen sie sich und laufen dann so weiter, als wenn sie keine Störung gefunden hätten. Dort wo sie sich durchdringen, ist ihre Gestalt merklich gestört; an den Stellen, wo zwei Wellenberge sich treffen, ist ein erhöhter Wellenberg, an den Stellen, wo zwei Täler sich treffen, ein vertieftes Tal, und dort, wo Berg und Tal sich treffen, heben sich beide auf, so daß das Wasser dort im natürlichen Niveau liegt. (Fig. 360.)

286. Interferenz des Lichtes.

Die Interferenz des Lichtes wurde von Fresnel durch dessen berühmten Spiegelversuch nachgewiesen.

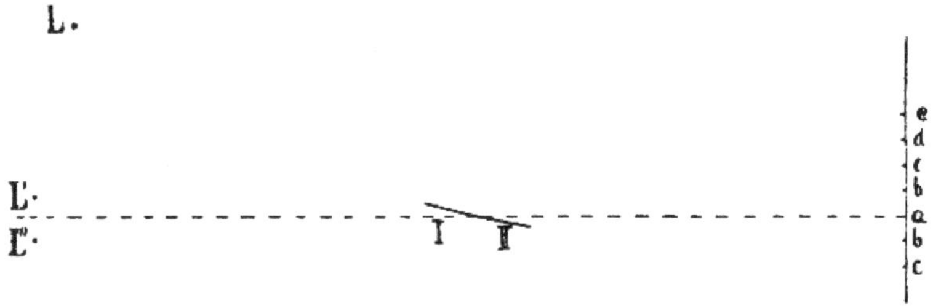

Fig. 361.

Läßt man das Licht von L aus sehr schräg auf zwei Glasspiegel I und II, die unter einem sehr stumpfen Winkel (fast 180°) geneigt sind, auffallen, so werden die Lichtstrahlen so reflektiert, als wenn sie von zwei hinter den Spiegeln liegenden Punkten L' und L" herkämen. Wenn also von L eine Lichtwelle ausgeht, so ist es gerade so, als wenn von L' und L" gleichzeitig zwei gleiche Lichtwellen ausgingen. Bringt man in den Gang dieser Lichtwellen einen Schirm, so erblickt man auf ihm eine Reihe abwechselnd heller und dunkler Streifen, Interferenzstreifen, die man auf folgende Weise erklärt. Im Punkte a, der von L' und L" gleich weit entfernt ist, treffen auch die Wellen stets gleichzeitig ein, verstärken sich also, in ihm ist es doppelt so hell, wie wenn bloß ein Spiegel da wäre. Der Punkt b aber ist von L' und L" verschieden weit entfernt; beträgt dieser Unterschied (Gangunterschied) gerade eine halbe Wellenlänge, so treffen in b stets Wellenberg und Wellental zusammen; beide heben sich stets vollständig auf, in b ist keine Wellenbewegung, also kein Licht, b ist ganz dunkel. Beträgt in c der Unterschied gerade eine ganze Wellenlänge, so treffen dort stets wieder die Wellenberge zusammen und dann die Wellentäler, sie verstärken sich, c hat helles Licht. So geht es fort, in d ist es dunkel, in e hell etc.

Diese Interferenzerscheinungen sieht man als einen zwingenden Beweis für die Richtigkeit der Undulationstheorie an.

So treten die Interferenzerscheinungen auf, wenn man einfarbiges homogenes Licht, etwa rotes oder violettes, oder das gelbe Licht einer Natriumflamme benützt. Bei rotem Lichte liegen die Interferenzstellen weiter voneinander entfernt als bei violettem; man schließt also, daß der Wegunterschied ein größerer ist, daß also auch die Wellenlänge des roten Lichtes größer ist als die des violetten.

Bei weißem Licht erzeugt jede Farbe entsprechend der Wellenlänge ihrer Strahlen ein anderes System von Streifen; diese Streifen lagern übereinander, die Farben mischen sich und man erhält ein System von farbigen Streifen.

Durch Interferenz erklären sich auch die Farben dünner Blättchen, das sind die bunten, meist ringförmig angeordneten Farben und Farbenstreifen, die man an Seifenblasen, Sprüngen im Eis, dünnen Ölschichten auf Wasser, dünnen Oxydschichten auf blanken Metallen (angelassenem Stahl) etc. wahrnimmt. Das auf die Seifenblase auffallende Licht wird teilweise von der äußeren Fläche reflektiert, der andere Teil durchdringt das Häutchen und wird von der inneren Fläche teilweise reflektiert: beide reflektierten Teile gelangen ins Auge, aber da sie hiezu verschieden lange Wege machen, haben sie einen Gangunterschied, die Lichtwellen interferieren sich deshalb, erzeugen Interferenzstreifen und dadurch die verschiedenen Farben.

Mittels des Spiegelversuches gelang es Fresnel, die Länge der Wellen der verschiedenen einfachen (Spektral-) Farben zu berechnen.

Farbe	Wellenlänge in Tausendstel *mm*	Schwingungszahl in Billionen pro 1"
Rot B	0,6878	448
Rot C	0,6564	472
Gelb D	0,5888	526
Grün E	0,5620	589
Hellblau F	0,4843	640
Tiefblau G	0,4291	722
Violett H	0,3929	790

Da jede Welle sich in demselben Medium gleich rasch fortpflanzt (308 000 *km* in 1"), so hat die kürzeste Welle (violett) auch die größte Schwingungszahl.

Die sichtbare rote Grenze des Sonnenspektrums hat 0,81 μ (μ = Mikron = Tausendstelmillimeter); die äußerste Grenze des Ultrarot des Sonnenspektrums hat 2,7 μ. Alle jenseits dieser Grenze liegenden Strahlen kommen von der Sonne nicht bis zu uns, sondern werden absorbiert; umgekehrt: alle solche von der Erde ausgehenden Strahlen gehen nicht in den Weltraum. Das Intensitätsmaximum einer Wärmequelle von 100° liegt bei 7,5 μ, das einer Wärmequelle von 0° bei 11 μ; es wurden schon Wellenlängen von 20-30 μ nachgewiesen (solche Länge haben Pilzsporen).

287. Beugung der Wellen.

Fig. 362.

Geht paralleles Licht durch einen schmalen Spalt, dessen Breite in der Figur 364 in AB gezeichnet ist, in einen dunklen Raum, so sollte es eigentlich nur den Teil des Schirmes erhellen, der von der gradlinigen Verlängerung des Lichtes getroffen wird. Man findet aber, daß dieser Teil noch eingefaßt ist mit abwechselnd hellen und dunklen Streifen, ähnlich den Interferenzstreifen, sieht also, daß das Licht von seiner gradlinigen Bahn abgelenkt ist, und nennt diesen Vorgang Beugung des Lichtes.

Erklärung: Wenn in einem Punkte eine wellenförmige Bewegung ankommt, so pflanzt sie sich nicht bloß in der Richtung fort, in der sie diesen Punkt erreicht hat, sondern von diesem Punkte geht, wie von einem Mittelpunkte aus, ein System kugelförmiger Wellen aus. So lange die Bewegung im unbegrenzten Raume geschieht, schaut es so aus, als wenn die Wellenbewegung sich geradlinig fortgepflanzt hätte, denn wenn eine von A ausgehende Wellenbewegung, Fig. 362, sich bis zum Kreise BC fortgepflanzt hat und es entstehen nun um B und C und die dazwischen liegenden Punkte selbst wieder kreisförmige Wellen, so haben sich diese nach einer gewissen Zeit so weit fortgepflanzt, daß ihre Wellenberge bis zur unteren Linie fortgerückt sind. Die vordersten Teile dieser Wellenberge verstärken sich zu einem Hauptwellenberg, der gerade so aussieht, wie wenn der Berg BC sich zur unteren Linie fortgepflanzt hätte. Es kommen also die in jedem Punkte entstehenden Wellen nicht einzeln zum Vorschein, sondern nur als Gesamtwirkung, wie wenn sich die Welle von BC einfach fortgepflanzt hätte. Wenn aber der Raum, durch welchen die Welle eindringt, einseitig begrenzt ist, wie bei einem Schleusentor (Fig. 363), so setzt sich hinter dem Tore nach rechts und links die Wellenbewegung fort, wie wenn auf der ganzen Torbreite eine wellenförmige Bewegung erregt würde; die Welle wird gebeugt und dringt so auch in den Raum ein, der nicht in der gradlinigen Fortsetzung der ankommenden Welle liegt. Die Welle geht also auch um die Ecke.

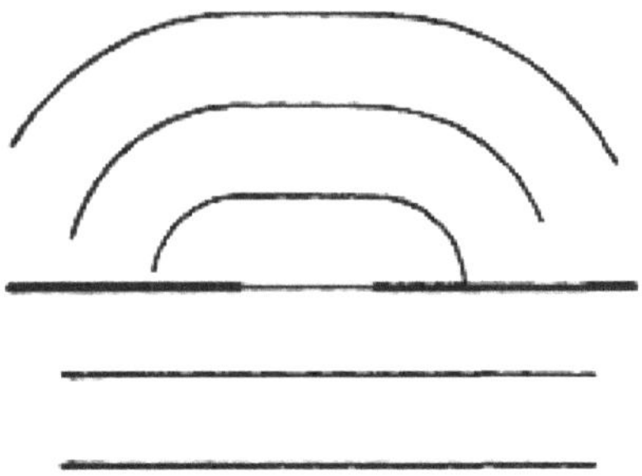

Fig. 363.

288. Beugung des Lichtes.

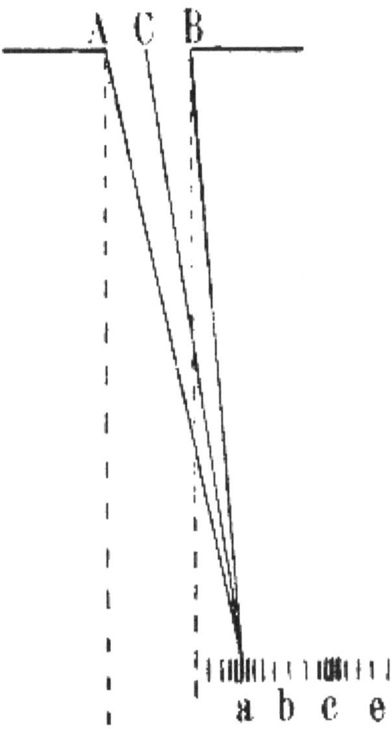

Fig. 364.

Kommt das Licht am Spalte AB an und hält man an der Vorstellung fest, daß nun von A und von B, sowie von allen zwischenliegenden Punkten sich kreis- (kugel-) förmige Wellensysteme ausbreiten, so werden sich diese interferieren. Im Punkte a treffen die von A und B kommenden Wellen nicht gleichzeitig ein, sondern mit einem Gangunterschied, welcher der ungleichen Entfernung aA > aB entspricht. Ist dieser Unterschied etwa eine ganze Wellenlänge, so ist der Gangunterschied von Aa - aC eine halbe Wellenlänge und es gibt zu jedem Punkte zwischen A und B einen zweiten, so daß die von ihnen ausgehenden Wellen in a gerade einen Gangunterschied von einer halben Wellenlänge haben. Solche Wellen heben sich auf, in a ist es also ganz dunkel. In b jedoch, wo der Unterschied bA - bB gleich zwei Wellenlängen ist, wo also bA - bC = 1 Wellenlänge ist, kommen stets Wellenpaare an, die sich durch eine ganze Wellenlänge unterscheiden, die sich also verstärken; es ist also in b hell, das Licht ist nach b hin gebeugt worden. So findet man, daß es in c dunkel, in e hell ist, und man kann leicht noch mehrere solche Interferenzstreifen unterscheiden. So ist die Erscheinung bei einfarbigem Lichte. Sie kann auch benützt werden, um die Wellenlänge des Lichtes zu berechnen (Fraunhofer). Bei violettem Lichte sind die Streifen schmäler, bei rotem Lichte breiter. Auch werden die Streifen um so breiter, je schmäler der Spalt wird. Bei weißem Lichte entstehen Streifensysteme, die sich übereinander lagern, ihre Farben mischen und so ein System von farbigen Streifen erzeugen (Fresnel 1815).

Nimmt man statt eines Spaltes deren mehrere, indem man sehr nahe nebeneinander parallele Striche auf Glas graviert, so sieht man die Beugungserscheinung, die farbigen Fransen, schon wenn man durch das Glas auf eine Kerzenflamme sieht. Ähnlich, wenn man durch eine Federfahne oder feinmaschiges Gewebe (Musselin) gegen das Licht blickt.

289. Polarisation des Lichtes.

Fig. 365.

Die Erscheinungen der Interferenz und Beugung haben erwiesen, daß das Licht eine Wellenbewegung ist. Die Erscheinungen der Polarisation lehren, daß die Lichtwellen transversal schwingen. (Huyghens 1678.)

Läßt man Licht unter einem Einfallswinkel von 55° auf eine Glasfläche fallen, so zeigt der reflektierte Strahl folgende Eigentümlichkeit; läßt man ihn auf einen zweiten Spiegel auch unter 55° auffallen, so daß die Ebenen beider Spiegel parallel sind, oder daß wenigstens die Reflexions-Ebenen beider Spiegel zusammenfallen, so wird er vom zweiten Spiegel auch reflektiert; dreht man aber den zweiten Spiegel so, daß die Reflexionsebenen beider Spiegel aufeinander senkrecht stehen, so wird er vom zweiten Spiegel nicht mehr reflektiert. Während der Drehung des zweiten Spiegels aus der ersten in die zweite Lage nimmt die Stärke des von ihm reflektierten Lichtes ab. (Nörrembergs Polarisationsapparat, Fig. 365.) Der vom ersten Spiegel reflektierte Lichtstrahl ist demnach nicht mehr gewöhnliches Licht, da seine Reflexionsfähigkeit von der Lage des zweiten Spiegels abhängig ist; man nennt ihn deshalb polarisiert.

Im gewöhnlichen Lichte erfolgen die Schwingungen der Ätherteilchen senkrecht zur Richtung des Lichtstrahles, transversal, aber nach allen Seiten hin; wenn also in einem Lichtstrahle die Äthermoleküle jetzt eben in einer gewissen Richtung schwingen, so schwingen sie an dieser Stelle im nächsten Moment nach einer anderen Richtung und wechseln so in raschester Folge ihre Schwingungsrichtung. Wenn aber die Moleküle stets nur in einer Richtung schwingen, so sagt man, das Licht ist polarisiert; eine Ebene, welche den Lichtstrahl enthält und senkrecht steht zur Schwingungsrichtung, nennt man die Polarisationsebene. Wenn also die Moleküle in der Ebene dieses Papieres schwingen, so ist das Licht polarisiert senkrecht zu dieser Papierfläche, denn die Polarisationsebene geht durch AB (Fig. 366) und steht senkrecht zur Papierfläche.

Fig. 366.

Wird das Licht von Glas unter 55° reflektiert, so ist es polarisiert; man weiß zwar nicht, ob in der Einfallsebene oder senkrecht zu ihr, doch nimmt man an, es sei in der Einfalls- (Reflexions-) Ebene polarisiert; die Schwingungen geschehen also senkrecht zur Einfallsebene, also senkrecht zur Papierfläche der Fig. 365.

Solches polarisiertes Licht wird von einem zweiten Spiegel nur dann am stärksten reflektiert, wenn die Einfallsebene wieder mit der Polarisationsebene zusammenfällt; ist aber die Einfallsebene senkrecht zur Polarisationsebene (zweite Stellung des 2. Spiegels), so wird das Licht gar nicht mehr reflektiert. In dieser Zwischenstellung reflektiert der 2. Spiegel weniger als in der ersten Stellung, und dies reflektierte Licht ist nun auch wieder in der Reflexionsebene polarisiert.

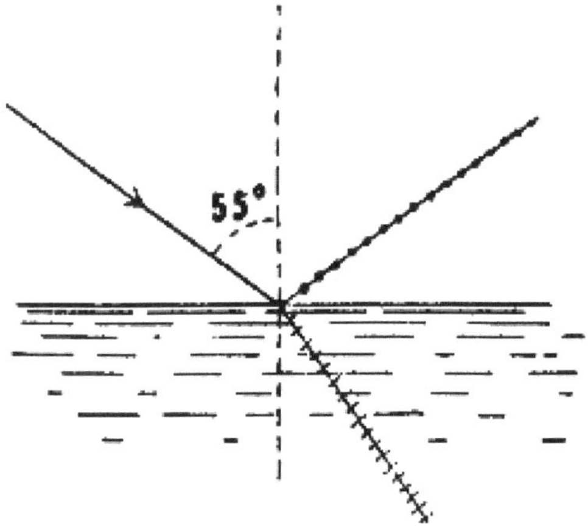

Fig. 367.

Von dem auf den ersten Spiegel fallenden Lichte wird nur ein Teil reflektiert, der andere Teil wird durchgelassen (vorausgesetzt, daß der Glasspiegel unbelegt ist). Auch das durchgelassene, gebrochene Licht ist polarisiert, aber senkrecht zur Einfallsebene, d. h. seine Schwingungen geschehen in der Einfalls-(Papier-)ebene. Fig. 367.

Wenn der Einfallswinkel des natürlichen Lichtes bei Glas mehr oder weniger als 55° beträgt, so wird das Licht nicht vollständig polarisiert, d. h. sowohl das einfallende als das gebrochene verhält sich so, als wenn es bestände aus einem Teil polarisierten und einem Teil unpolarisierten Lichtes.

Die Polarisation des reflektierten Lichtes ist bei durchsichtigen Substanzen nur dann vollständig, wenn der reflektierte Strahl senkrecht steht auf dem gebrochenen Strahle. Ist also n der Brechungsexponent und α dieser Einfallswinkel (oder Reflexionswinkel), so ist $\operatorname{tg} \alpha = n$. Dieser Einfallswinkel wird Polarisationswinkel genannt. Bei vielen Substanzen, zu denen auch Diamant, Schwefel und die Metalle gehören, wird nie alles reflektierte Licht polarisiert, jedoch liefert der Polarisationswinkel das Maximum des polarisierten Lichtes.

Das durchgelassene Licht ist nie vollständig polarisiert, denn es enthält nur so viel polarisiertes als das reflektierte, ist ihm aber an Quantität überlegen; der Überschuß ist unpolarisiert. Wird dies durchgelassene Licht nochmal durch eine parallele Platte gelassen, so wird der schon polarisierte Teil ganz durchgelassen, vom unpolarisierten wird ein Teil polarisiert; das durchgelassene ist also jetzt vollständiger polarisiert und kann, wenn man es oftmals durch solche Platten durchgehen läßt, immer vollständiger polarisiert werden.

290. Doppelbrechung des Lichtes.

Aus den natürlichen Kalkspatkristallen lassen sich durch Spaltung Rhomboeder herstellen, und wenn man ein Bündel paralleler Lichtstrahlen sogar senkrecht auf eine Seitenfläche des Rhomboeders fallen läßt, so treten auf der gegenüberliegenden Fläche zwei getrennte Lichtstrahlen heraus. Der eine ist die Fortsetzung des einfallenden Lichtes, wie er sich bei senkrechter Incidenz bilden muß, und wird der ordentliche Strahl genannt; der andere ist etwas seitlich verschoben, und wird der außerordentliche Strahl genannt. Doppelbrechung.

Wenn man ein Kalkspatrhomboeder auf Papier legt, so sieht man die auf dem Papier befindlichen Zeichen doppelt.

Die 6 Rhomben, welche das Rhomboeder begrenzen, haben stumpfe Winkel von je 105,5°, und nur an zwei gegenüberliegenden Ecken stoßen je 3 stumpfe Winkel zusammen; die Verbindungslinie dieser Ecken ist die kristallographische und zugleich die optische Achse des Kalkspates, und jede Ebene, welche durch sie gelegt wird, heißt ein Hauptschnitt. Liegt das Rhomboeder, wie vorhin, auf dem Papier mit einer Fläche, so steht die Achse schief zur Papierfläche; der Hauptschnitt, welcher hier in Betracht kommt, enthält diese Achse und steht senkrecht auf der Papierfläche; der außerordentliche Strahl ist im Hauptschnitt verschoben, sogar bei senkrechter Incidenz um 6° 14' und wird beim Austritt dem ordentlichen wieder parallel. Wenn man demnach das auf dem Papier liegende Rhomboeder dreht, so ändert der Hauptschnitt seine Richtung und damit auch der außerordentliche Strahl. Ist auf dem Papier ein Punkt gezeichnet, so sieht man durch das Rhomboeder zwei Punkte, und beim Drehen desselben bleibt der eine Punkt, der dem ordentlichen Strahle entspricht, ruhig, während der andere, welcher dem außerordentlichen Strahle entspricht, in einem kleinen Kreise um ihn herumwandert.

Jede Doppelbrechung ist zugleich mit Polarisation verbunden derart, daß der ordentliche Strahl im Hauptschnitt, der außerordentliche Strahl senkrecht zum Hauptschnitt polarisiert ist. Die Polarisation ist stets vollständig. (Huyghens 1678.)

Zur Erklärung nimmt man an, daß infolge der besonderen Anordnung der Moleküle im Kristalle die Ätherteilchen überhaupt nur in zwei

Richtungen schwingen können, parallel dem Hauptschnitt und senkrecht dazu, daß deshalb, wenn gewöhnliches Licht in den Kristall eindringt, jeder Lichtstrahl, welcher nicht schon in einer dieser Richtungen schwingt, in zwei Strahlen zerlegt wird, die eben in diesen Richtungen schwingen. Da nun im unpolarisierten Lichte die Teilchen nach allen möglichen Richtungen schwingen, so entstehen durch die Zerlegung zwei polarisierte Strahlen von gleicher Stärke. Nun hat der Kalkspat aber auch noch verschiedenes Brechungsvermögen für beide polarisierte Strahlen und daher kommt es, daß sie sich im Kristalle trennen und gesondert zum Vorschein kommen.

Alle nicht dem regulären System angehörigen Kristalle zeigen Doppelbrechung; unter ihnen ist besonders der Turmalin ausgezeichnet dadurch, daß er den außerordentlichen Strahl besser durchläßt, als den ordentlichen, so daß oft schon eine einzige Turmalinplatte genügt, den ordentlichen Strahl ganz auszulöschen. Legt man zwei solche Turmalinplatten so aufeinander, daß die Hauptschnitte parallel sind, so erscheint beim Durchsehen das Gesichtsfeld hell, weil der außerordentliche Strahl der ersten auch als solcher die zweite durchdringt; dreht man die zweite um 90°, so erscheint das Gesichtsfeld dunkel, weil nun der außerordentliche Strahl der ersten Platte die zweite als ordentlicher durchdringen sollte, hiebei aber ganz absorbiert wird.

Die absoluten Maßeinheiten.

291. Die mechanischen Einheiten.

Man hat in neuester Zeit zur Messung physikalischer Größen Maßeinheiten eingeführt, welche möglichst wenige willkürliche Annahmen haben und aus den einfachsten Einheiten auf die einfachste Weise abgeleitet sind.

Man hat nur 3 Einheiten willkürlich angenommen, nämlich

- 1) das Centimeter C als Längeneinheit,
- 2) das Gramm G als Maßeinheit und
- 3) die Sekunde S als Zeiteinheit.

Diese 3 Einheiten heißen die absoluten Einheiten; aus ihnen werden alle anderen Maßeinheiten abgeleitet und heißen deshalb abgeleitete Einheiten, und das ganze System von Maßeinheiten, das man auf diese Weise erhält, heißt das absolute Maßsystem oder das Centimeter-Gramm-Sekunden-System (CGS-System).

Geschwindigkeitseinheit ist diejenige Geschwindigkeit, bei welcher in der Zeiteinheit S die Wegeinheit C zurückgelegt wird.

Krafteinheit ist diejenige Kraft, welche, wenn sie konstant während 1 Sekunde auf die Masse von 1 G wirkt, diesem die Geschwindigkeitseinheit (1 C pro 1 S) erteilt. (Die Kraft 1 gibt der Masse 1 in der Zeit 1 die Geschwindigkeit 1.)

Diese Krafteinheit, auch Dyne genannt, ist verhältnismäßig sehr klein; denn wenn, wie beim freien Falle, die Kraft von 1 *g* auf die Masse von 1 *g* während 1" wirkt, so erteilt sie dem Gramm eine Geschwindigkeit von 9,81 *m* (ca.), also von 981 *cm* (ca.); die Krafteinheit soll aber dem Gramm bloß eine Geschwindigkeit von 1 *cm* erteilen, also ist die Krafteinheit 981 mal kleiner als das Gewicht von 1 *g*. Die Krafteinheit ist also ungefähr so groß wie die Kraft, mit welcher die Erde ein Milligramm anzieht. Die Kraft von 1 *kg* enthält also ca. 981 000 Krafteinheiten.

Die Arbeitseinheit ist die Arbeit, welche die Krafteinheit verrichtet, wenn sie längs der Wegeinheit (*cm*) wirkt.

Auch diese Arbeitseinheit ist recht klein, denn die Arbeit von 1 *kgm* enthält ca. 981 000 · 100 = 98 100 000 Arbeitseinheiten.

292. Die elektrostatischen Einheiten.

Die absoluten Einheiten sind insbesondere zur Messung elektrischer und magnetischer Größen eingeführt und dafür ganz besonders passend. Man unterscheidet zweierlei Arten elektrischer Maßeinheiten, nämlich die elektrostatischen und die elektromagnetischen Einheiten; dazwischen werden wir noch die magnetischen Einheiten einschieben.

1. Einheit der Menge oder Quantität der Elektrizität ist diejenige Menge, welche eine gleich große Menge, welche 1 *cm* von ihr entfernt ist, mit der Krafteinheit abstößt. (Die Mengeeinheit zieht eine gleich große Menge in der Abstandseinheit mit der Krafteinheit an.)

2. Einheit der Potenzialdifferenz. Sind zwei Leiter nicht mit Elektrizität von derselben Spannung geladen, so daß also wenn man die Leiter durch einen Draht verbindet, Elektrizität vom einen zum andern Leiter überfließt, bis beide gleiche Spannung haben, so sagt man, es ist zwischen den beiden Leitern eine Potenzialdifferenz vorhanden, oder sie haben verschiedenes Potenzial. Da durch das Fließen die Elektrizität Arbeit leistet, so kann durch diese Arbeit die Potenzialdifferenz gemessen werden. Zwischen zwei Punkten herrscht die Einheit der Potenzialdifferenz, wenn die elektrische Mengeneinheit gerade die Arbeitseinheit leistet.

3. Widerstandseinheit ist derjenige Widerstand, welcher zwischen zwei Punkten von der Potenzialdifferenz 1 vorhanden sein muß, damit die Mengeneinheit gerade in der Zeiteinheit (1 Sek.) herüberfließt.

4. Der hiebei entstandene Strom ist die Stromeinheit. Haben also zwei Punkte die Potenzialdifferenz 1, zwischen sich den Widerstand 1, so läuft in der Zeit 1 die Quantität 1 herüber, liefert die Arbeit 1 und stellt den Strom 1 vor.

Aus folgenden Beispielen gewinnt man eine ungefähre Vorstellung von der Größe der eben definierten Einheiten. Wenn man 268 Daniellsche Elemente hintereinander (auf elektromotorische Kraft) schaltet, den einen freien Pol zur Erde ableitet und den anderen mit der Kugel von 2 *cm* Durchmesser verbindet, so erhält diese Kugel die elektrische Mengeneinheit zugleich auf der Einheit des Potenzials. Die Widerstandseinheit ist gleich dem einer Quecksilbersäule von 100 000 000 Kilometer Länge und $^1/_{1000}$ Quadratmillimeter Querschnitt, ist also ca. 10^{14} S. E. Werden die Pole obiger Batterie durch diesen Widerstand verbunden, so fließt durch ihn die Stromeinheit, es wird also pro Sek. eine Arbeitseinheit geleistet.

Die magnetischen Einheiten.

Einheit der magnetischen Menge besitzt ein Magnetpol, wenn er einen gleich starken, in 1 *cm* Entfernung befindlichen Pol mit der Krafteinheit anzieht (oder abstößt).

Ein Magnetpol beherrscht den ihn umgebenden Raum derart, daß er jeden in seinen Bereich kommenden anderen Magnetpol abstößt (oder anzieht). Die Größe dieser Anziehung ist abhängig von der Stärke des anziehenden Magnetismus und von der Entfernung des angezogenen. Sucht man in der Umgebung eines Magnetpoles alle Stellen, in denen die Größe oder Intensität der magnetischen Anziehung dieselbe ist, so findet man als geometrischen Ort eine Fläche, welche den Pol einhüllt. Sucht man für jeden Intensitätsbetrag eine solche Fläche, so erhält man eine Anzahl Flächen von je gleicher Anziehung oder magnetischer Intensität und nennt diese Flächen magnetische Felder. Ein Feld hat die Intensität 1, wenn ein in diesem Feld befindlicher Pol 1 vom anziehenden Magnetpol mit der Kraft 1 angezogen wird.

293. Die elektromagnetischen Einheiten.

Sie werden benützt zur Messung des galvanischen Stromes.

1) Stromstärkeeinheit hat der Strom, welcher, indem er die Längeneinheit durchfließt, auf einen 1 *cm* entfernten Magnetpol von der Stärke 1 die Krafteinheit ausübt. Man denke sich also einen Draht von 1 *cm* Länge so gebogen, daß er einen Kreisbogen von 1 *cm* Radius bildet. Im Zentrum dieses Kreises sei ein Magnetpol von der Stärke 1 angebracht. Fließt nun durch den Draht ein galvanischer Strom, so wirkt er abstoßend auf den

Magnetpol mit einer gewissen Kraft; ist diese Kraft 1, so ist auch der Strom 1.

2) Elektrische Mengeneinheit ist diejenige Menge, welche in einer Sekunde durch den Strom von der Stärke 1 geliefert wird.

3) Elektromotorische Krafteinheit herrscht zwischen zwei Punkten, wenn die zwischen ihnen herüberfließende Mengeneinheit gerade die Arbeitseinheit leistet.

4) Widerstandseinheit ist der Widerstand, der zwischen zwei Punkten von der Potenzialdifferenz 1 gerade den Strom 1 herüberfließen läßt.

Liefert also ein Element gerade die elektromotorische Kraft 1 und ist der Widerstand 1, so fließt in 1 Sekunde die Menge 1 herüber, leistet die Arbeit 1 und stellt den Strom 1 vor.

Diese Einheiten sind von denen des elektrostatischen Systems der Größe nach wesentlich verschieden, und zwar ist die Mengeneinheit des elektromagnetischen Systems 28 800 000 000 mal so groß (v mal so groß) als die des elektrostatischen Systems; ebenso ist die Stromstärke v mal so groß, dagegen die elektromotorische Kraft v mal so klein und der Widerstand v^2 mal so klein.

294. Die praktischen Einheiten.

Die bisher besprochenen Einheiten sind für praktische Anwendungen sehr unbequem, weil sie der Größe nach zu sehr verschieden sind von den gewöhnlich der Messung unterliegenden Größen. Man hat deshalb sogenannte praktische Einheiten eingeführt. Diese sind:

1) Das Weber, die praktische Einheit für die magnetische Quantität, sie ist = 10^8 absolute Einheiten der magnetischen Quantität.

2) Das Ohm, die praktische Einheit für den Widerstand; sie ist = 10^9 Widerstandseinheiten des elektromagnetischen Systems: das Ohm ist nahe verwandt mit der Siemens-Einheit; 1 Ohm = 1,06 S. E. Die Widerstandseinheit des elektromagnetischen Systems ist also sehr klein, ca. 1 Tausendmillionstel von 1 S. E.

3) Das Volt (abgekürzt von Volta), die praktische Einheit der elektromotorischen Kraft; sie ist = 10^8 elektromotorischen Krafteinheiten des elektromagnetischen Systems. Das Volt ist nahe verwandt mit der elektromotorischen Kraft eines Daniellelementes, es ist ca. 5-10% kleiner als ein Daniell. Die elektromotorische Krafteinheit des elektromagnetischen Systems ist also sehr klein, ca. 1 Hundertmillionstel eines Daniell.

4) Das Ampère, die praktische Einheit der Stromstärke, sie ist = $\frac{1}{10}$ der Stromstärkeeinheit des elektromagnetischen Systems.

Das Coulomb, die praktische Einheit der Quantität; sie ist = $\frac{1}{10}$ Quantitätseinheit des elektromagnetischen Systems.

Diese praktischen Einheiten sind so gewählt, daß bei 1 Volt elektromotorischer Kraft und 1 Ohm Widerstand eine Stromstärke von 1 Ampère entsteht, also eine Menge von 1 Coulomb pro 1" durchfließt. (1 Volt gibt in 1 Ohm 1 Amp. und liefert 1 Coulomb). Die dadurch erzeugte Arbeit beträgt 10^7 Arbeitseinheiten des absoluten Systems und wird 1 Watt genannt. 1 Watt = 10^7 Arbeitseinheiten. Da nun 1 *kgm* = $10^7 \cdot 9{,}81$ Arbeitseinheiten ist, so ist 1 *kgm* = 9,81 Watt.

Die Arbeitsleistung eines galvanischen Stromes wird gemessen durch das Produkt aus Stromstärke mal elektromotorischer Kraft. Mißt man diese durch Amp. und Volt, so ist die Arbeit = Amp. Volt. für jede Sekunde; und da 1 Amp. Volt. = 1 Watt, so findet man die Arbeit eines galvanischen Stromes in Watt durch das Produkt aus Amp. Volt. Wenn z. B. die Stromstärke einer Dynamomaschine 30 Amp. und die Spannungsdifferenz an den Klemmschrauben 54 Volts beträgt, so ist die Arbeit, die dieser Strom im äußeren Schließungskreis (von Klemme zu Klemme) leistet = 30 · 54 = 1620 Watt in jeder Sekunde. Es gehen nun 735 Watt auf eine Pferdekraft, also ist die äußere Arbeit dieser Maschine = 1620 735 = 2,. . Pferdekräfte. Also Pferdekr. = Amp. Volt735. (Die englische Pferdekraft (horse power = HP) = 746 Watts, also HP = Amp. Volts746).

Wir haben gesehen, daß Wärme durch Arbeit erzeugt werden kann, und zwar ist:

1 Kalorie = 424 *kgm* = 41 590 000 000 absol. Arbeitseinheiten.

Man nimmt im absoluten Maßsystem als Wärmeeinheit diejenige Wärmemenge, welche 1 *g* Wasser um 1° C erwärmt; dann ist 1 Wärmeeinheit = 41 590 000 abs. Arb. einh. = 0,424 *kgm.*

Drahtlose Telegraphie.

295. Elektrische Wellen.

Der Entladungsfunke einer Leydener Flasche besteht nicht aus einem einzigen Funken eines einmaligen Ausgleiches, sondern aus mehreren oszillatorischen Entladungen. Dies sieht man am rotierenden Spiegel, welcher den Funken in die einzelnen Entladungsfunken auflöst, und da der elektrische Rückstand bald positiv, bald negativ ist, so schließt man, daß die Elektrizität in der Funkenstrecke hin und her wogt, ähnlich wie eine Flüssigkeit, die sich in einem U-Rohre ins Gleichgewicht setzt.

Die Anzahl dieser Oszillationen beträgt bei einer Leydener Flasche etwa 20 mit rasch abnehmender Stärke, und die Zeitdauer einer Oszillation ist etwa ein Milliontel einer Sekunde.

Wie bei einer Flamme die Ätherteilchen in schwingende Bewegung versetzt werden, so werden durch diese oszillatorischen Entladungen ebenfalls Ätherwellen erzeugt, welche sich mit Lichtgeschwindigkeit fortpflanzen.

Treffen die elektrischen Wellen auf einen Leiter, so sind sie im stande, ihn elektrisch zu erregen. Dies beweist man auf folgende Art.

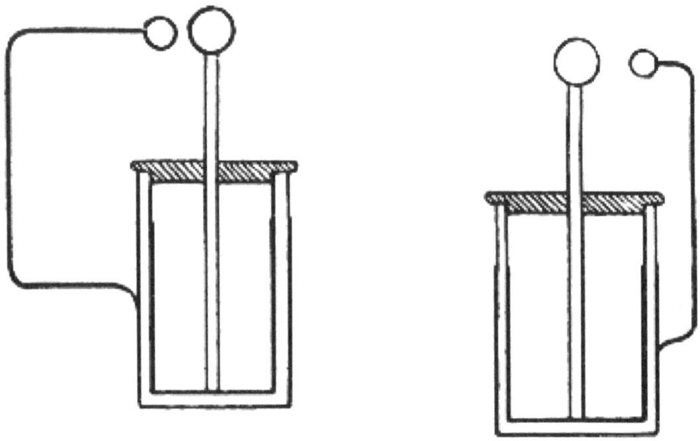

Fig. 368.

Man nimmt zwei Leydener Flaschen, welche gleichsam aufeinander abgestimmt sind, so daß sich in ihnen die oszillatorischen Entladungen gleich rasch vollziehen, und stellt sie in mäßiger Entfernung, etwa ½ *m*, auf. Wird nun die eine entladen, so entstehen auch bei der anderen kleine Funken. Der Vorgang ist vergleichbar dem Mitschwingen, der Resonanz, einer gleichgestimmten Saite oder Stimmgabel.

Auch der Entladungsfunke eines Rhumkorff'schen Induktoriums besteht aus oszillatorischen Entladungen und erzeugt elektrische Wellen.

Die elektrischen Wellen breiten sich wie die Lichtwellen nach allen Richtungen des Raumes aus und folgen denselben Gesetzen wie die Lichtwellen.

Sie durchdringen die Luft und alle Nichtleiter, wie die elektrischen Stoffe. Von den Leitern werden sie teilweise reflektiert, teilweise dringen sie in dieselben ein, indem sie sie elektrisch erregen.

Man hat bei den elektrischen Wellen nachgewiesen: Reflexion an Leitern, Brechung an Isolatoren, in welche sie unter Ablenkung eindringen (Prisma aus Pech), Interferenz und Polarisation. Mit letzterem ist auch nachgewiesen, daß sie Transversalwellen sind wie die des Lichtes: gegenüber den Lichtwellen haben sie eine viel geringere Schwingungszahl und deshalb eine viel größere Wellenlänge, nämlich einige Centimeter bis mehrere Meter.

296. Der Kohärer.

Die elektrischen Wellen können auch auf folgende Art nachgewiesen werden.

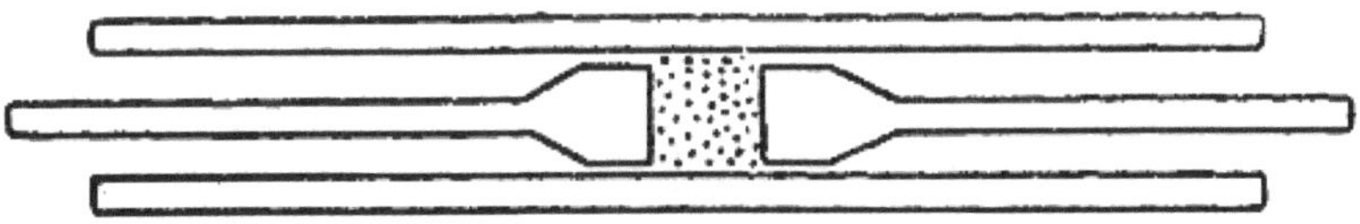

Fig. 369.

In eine Glasröhre werden Feilspäne eingelegt und zwei Drähte eingeführt, so daß die lose eingelegten Feilspäne gleichsam eine Verbindung der Drahtenden bilden. Die zwei Drähte sind außerdem mit einigen Elementen und einem Galvanometer verbunden. Die Röhre wird Kohärer genannt. Der Widerstand der Feilspäne ist so groß, daß das Galvanometer keinen Ausschlag zeigt. Sobald aber der Kohärer von elektrischen Wellen getroffen wird, verringert sich der Widerstand der Feilspäne derart, daß das Galvanometer abgelenkt wird. Dies kommt wohl daher, daß durch die Wellen zwischen den Feilspänen kleine Funken erzeugt werden, wodurch die Feilspäne oberflächlich zusammenschmelzen (zusammenfritten, daher auch Frittröhre) und nun zusammenhängen (daher Kohärer). Der einmal durch die elektrischen Wellen hergestellte Zusammenhang bleibt bestehen, auch wenn die elektrischen Wellen aufhören. Jedoch ist der Zusammenhang der Feilspäne so schwach, daß eine geringe Erschütterung der Röhre die Feilspäne wieder trennt, und der ursprüngliche Zustand wieder hergestellt wird. Neue Wellen verursachen wiederum Ablenkung der Galvanometernadel.

297. Die drahtlose Telegraphie.

Hierauf beruht die Telegraphie ohne Draht.

Der Aufgabeapparat, Sender, besteht aus zwei Messingkugeln, zwischen welchen man die Funken eines Rhumkorff'schen Induktoriums überspringen läßt, längere oder kürzere Zeit wie bei den Strichen und Punkten des Morse'schen Alphabetes.

Der Empfangsapparat besteht aus einem Kohärer, dessen Drähte mit einigen Elementen und etwa einer elektrischen Klingel verbunden sind. Läßt man nun den Sender spielen, so treffen die elektrischen Wellen den Kohärer, und die Klingel ertönt. Der Klöppel der Klingel schlägt zugleich an den Kohärer, erschüttert die Feilspäne und unterbricht den Strom. Solange aber im Sender Funken überspringen, wird der Kohärer immer wieder in Tätigkeit versetzt und man hört deshalb je nach dem Spiel des Senders auf der Empfangsstation längere oder kürzere Klingelzeichen.

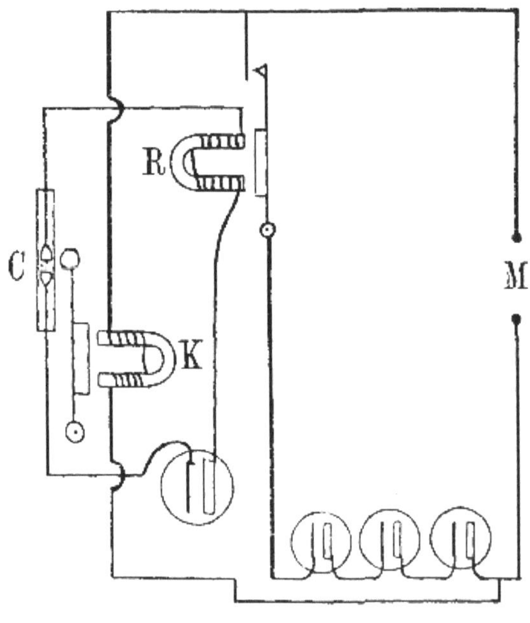

Fig. 370.

Will man den Empfänger noch empfindlicher machen, so schaltet man bei ihm noch ein Relais ein, wie in Fig. 370 dargestellt ist.

Die Drähte des Kohärers C sind mit einem Element und dem Elektromagnet R des Relais verbunden. Sowie der Kohärer erregt wird, zieht der Elektromagnet R einen Anker an, welcher den zweiten Stromkreis schließt. Dieser wird von einigen Elementen gespeist und verzweigt sich; der eine Zweig führt zum Elektromagnet K eines Klopfers, welcher den Kohärer erschüttert, der andere Zweig führt zu einem Morse'schen Schreibtelegraph, welcher, an Stelle der Klingel, eine kürzere oder längere Punktreihe aufzeichnet.

Da die elektrischen Wellen des Senders sich wie Lichtwellen nach allen Richtungen ausbreiten, so ist eine Drahtverbindung mit dem Empfänger nicht notwendig; doch dürfen in der geraden Verbindungslinie keine festen Gegenstände vorhanden sein. Man führt wohl auch sowohl von den Kugeln des Senders, als von den Drähten des Kohärers parallele Drähte hoch in die Luft, um so die „Sicht" herzustellen.

Die drahtlose Telegraphie funktioniert bereits über Strecken von 100 Kilometer.

298. Röntgenstrahlen.

Geislersche Röhren sind sehr stark evakuierte Glasröhren, durch welche man mittels eingeschmolzener Platindrähte die Entladungen eines kräftigen Rhumkorff'schen Induktoriums gehen läßt. Hiebei ist der Schließungsstrom so schwach, daß er den Widerstand der evakuierten Röhre nicht überwinden kann, während der Öffnungsstrom die verdünnte Luft durchströmt. Derjenige Platindraht, bei welchem hiebei die negative Elektrizität in die Röhre eindringt, wird Kathode genannt.

In den Geislerschen Röhren zeigt sich an der Kathode ein bläulicher Lichtschein, herrührend von Strahlen, die sich von der Kathode aus nach allen Richtungen geradlinig ausbreiten. Von der Anode geht ein Strom schichtenweise unterbrochenen Lichtes aus, welches auch den Krümmungen der Röhre folgt und bis nahe an die Kathode hinreicht.

Kathodenstrahlen. Wird die Geislersche Röhre bis unter ein Milliontel Atmosphäre evakuiert, so zieht sich der positive Lichtstrom bis auf die Anode zurück, und das bläuliche negative Licht breitet sich mit abnehmender Stärke immer weiter aus. Seine Strahlen, die Kathodenstrahlen, gehen senkrecht von der Kathode weg, bilden demnach ein Bündel paralleler Strahlen, wenn sie von einem ebenen Scheibchen weggehen, und treffen die Wände des birnförmigen Gefäßes unbekümmert um die Lage des positiven Poles.

Die Kathodenstrahlen werden wie ein elektrischer Strom vom Magneten abgelenkt, sie üben eine Stoßwirkung aus, indem sie etwa ein Schaufelrad drehen, und sie bringen an der Glaswand ein grünliches Fluoreszenzlicht hervor.

Röntgenstrahlen. Eine von Kathodenstrahlen getroffene Fläche strahlt nach allen Richtungen eine andere Art Strahlen aus, die Röntgenstrahlen. Sie sind unsichtbar, durchdringen Glas, werden vom Magnet nicht abgelenkt und breiten sich in der Luft geradlinig aus, wobei sie jedoch auch eine diffuse Dispersion erleiden (wie Lichtstrahlen bei verdünnter Milch). Man nimmt als Kathode eine als Hohlspiegel gekrümmte Fläche und bringt in ihrem Brennpunkt ein unter 45° gegen die Achse geneigtes kleines Platinblech an. Von diesem Punkt, in welchem die Kathodenstrahlen vereinigt werden, gehen dann die Röntgenstrahlen aus, durchdringen das Glas der Birne und kommen so in die Luft.

Die Röntgenstrahlen erregen manche Körper zur Fluoreszenz, wie Flußspat, Steinsalz, Schwefelkalzium, besonders Bariumplatincyanür. Sie durchdringen manche undurchsichtige Körper wie Papier, Holz, Leder, Fleisch, werden jedoch von dichteren Stoffen, wie Steinen, Knochen, besonders aber von Schwermetallen um so mehr aufgehalten, je dicker diese sind.

Bringt man in den Gang der Röntgenstrahlen einen mit Bariumplatincyanür getränkten Schirm, so kommt dieser ins Leuchten. Hält man die Hand dazwischen, so bilden sich die Knochen und der Fingerring als Schatten auf dem Schirm ab, während die Fleischteile nur wenig die Röntgenstrahlen aufhalten. Der Arzt kann auf solche Weise Knochenbrüche oder Fremdkörper, wie eine Nadel, ein Schrotkorn leicht erkennen.

Röntgenstrahlen wirken auf photographische Trockenplatten. Man kann deshalb die durch Röntgenstrahlen erzeugten Schattenbilder photographisch festhalten. Die Trockenplatte befindet sich dabei im Innern der Kassette oder ist in schwarzes Papier eingeschlagen, da beides den Durchgang der Röntgenstrahlen nicht hindert. Kommen hiebei die Röntgenstrahlen von einer ganz kleinen Fläche, so sind die Bilder hinreichend scharf begrenzt, um etwa die Gräten eines Fisches oder die Knochen eines Sperlings gut unterscheiden zu können, und indem man ihre Stärke passend auswählt, erhält man auch etwa von den Fleischteilen passende Halbschattenbilder.

Das Wesen der Röntgenstrahlen ist noch nicht genügend aufgeklärt.

Vermischte Aufgaben.

255. Wenn ein Eisberg mit ca. 50 000 *cbm* über das Meerwasser herausragt, wieviel *cbm* sind unter Wasser?

256. Ein cylindrisches Gefäß von a *cm* Durchmesser verengt sich in b *cm* Höhe durch eine horizontale Fläche bis auf einen c *cm* dicken Hals und ist d *cm* (d > b) hoch mit Wasser gefüllt. Wo groß ist das Gewicht und der Bodendruck des Wassers? Woher kommt es, daß nicht der ganze Bodendruck als Gewicht auf die Wagschale drückt?

257. In ein cylindrisches Gefäß von 12 *cm* Durchmesser, das Weingeist (sp. G. = 0,81) enthält, wird eine Holzkugel von 10 *cm* Durchmesser gelegt. Wenn diese nun schwimmt, indem sie bis zu ⅔ des Durchmessers eintaucht, wie groß ist das sp. G. des Holzes und um wieviel *cm* steigt der Weingeist?

258. Bei einer hydraulischen Presse drückt man auf einen Hebelarm von 35 *cm* Länge mit 12 *kg* Kraft; der andere Hebelarm von 6 *cm* Länge drückt auf einen Kolben von 1½ *cm* Durchmesser. Welchen Druck erleidet der Preßkolben, wenn sein Durchmesser 27 *cm* beträgt? Um wieviel steigt das Quecksilber in einer oben verschlossenen, unter 45° geneigten Glasröhre von 80 *cm* Länge, welche mit Luft gefüllt ist und unten in ein Quecksilberreservoir mündet, welches mit der hydraulischen Presse kommuniziert.

259. Ein Stück Holz und ein 10 mal kleineres Stück Eisen sind gleich schwer und wiegen zusammengebunden in der Luft 48 *g* und im Wasser 12,8 *g*. Wie groß sind die sp. Gewichte von Holz und Eisen?

260. Ein Rezipient von 6 *l* Inhalt (1 *l*, 20 *ccm*, *v*) wird 8 mal (n mal) nach einander mittels eines Stiefels von 6 *cm* Durchmesser und 14 *cm* Hubhöhe ausgepumpt. Wie groß ist schließlich der Druck, wenn er anfangs 730 *mm* (b *mm*) war? Wie oft muß man pumpen, damit der Druck kleiner als 4 *mm* (c *mm*) oder damit die Dichte 50 mal (p mal) kleiner ist als zuerst?

261. Beim Kompressionsmanometer (siehe Fig. 90) ist die Glasröhre 42 *cm* lang. Wie hoch steigt in ihr das Quecksilber bei 2, bei 3 Atm. Dampfdruck?

262. Bei einem Mariotte'schen Apparat ist im geschlossenen Schenkel eine Strecke von 20 *cm* Luft abgesperrt bei einem Barometerstand von 72 *cm*. Es wird nun der offene Schenkel um 50 *cm* gehoben. Wie hoch steht dann das Quecksilber im geschlossenen Schenkel, wenn beide gleich weit sind?

263. Beim Mariotte'schen Versuch sind zuerst 20 *cm* Luft unter einem Barometerstand von 23 *cm* abgesperrt. Der offene Schenkel wird nun um 45 *cm* gesenkt. Um wieviel hat sich die Luft ausgedehnt?

264. Beim Mariotte'schen Versuch nimmt die Luft im geschlossenen Schenkel a *cm* ein, während im offenen Schenkel das Quecksilber um c *cm* höher steht, bei b *cm* Barometerstand. Welches Volumen wird die Luft einnehmen, wenn man den geschlossenen Schenkel um d *cm* hebt, oder um 2 d *cm* senkt? Der Querschnitt der offenen Röhre ist q mal größer.

265. Ein wie ein Stechheber geformtes Glasgefäß von 80 *cm* Länge ist durch Eintauchen 50 *cm* hoch mit Wasser (Weingeist) gefüllt. Auf welcher Höhe wird die Flüssigkeit stehen, nachdem der Heber herausgehoben ist?

266. Bei einem Versuch über das Mariotte'sche Gesetz nimmt die Luft im geschlossenen Schenkel eine Höhe von 12 *cm* (a *cm*) ein, während im offenen Schenkel das Quecksilber um 30 *cm* (c *cm*) höher steht, bei einem Barometerstande von 70 *cm* (b *cm*). Welche Höhe wird die Luft im geschlossenen Schenkel einnehmen, wenn man den offenen Schenkel noch um 50 *cm* (d *cm*) hebt, oder um 50 *cm* (d *cm*) senkt? Der Querschnitt der offenen Röhre soll dabei entweder ebensogroß oder 2 mal (q mal) größer angenommen werden, als der der geschlossenen.

267. Bei einem Versuch über das Mariotte'sche Gesctz befinden sich 12 *cm* Luft von und bei 70 *cm* Barometerstand in der geschlossenen Röhre. Um wieviel muß der offene Schenkel gesenkt werden, damit das Quecksilber im geschlossenen Schenkel um 8 *cm* fällt, und um wieviel muß er gehoben werden, damit es um 4 *cm* steigt?

268. Eine U förmig gebogene Glasröhre ist überall gleichweit und am einen Ende verschlossen. Sie ist bei 72 *cm* Barometerstand so mit Quecksilber gefüllt, daß im geschlossenen Schenkel eine Luftsäule von 30 *cm* Länge abgesperrt ist, während das Quecksilber beiderseits gleich hoch steht. Wie hoch wird das Quecksilber im geschlossenen Rohre steigen, wenn der offene Schenkel, welcher ebenso hoch ist als der geschlossene, gerade voll Quecksilber gefüllt wird? Wie hoch wird es steigen, wenn der offene Schenkel länger ist als der geschlossene und noch 40 *cm* über das Ende des geschlossenen hinaus voll Quecksilber gefüllt wird?

269. Der Stiefel einer Kompressionspumpe hat a *cdm* Inhalt und ist gefüllt mit Luft von b *cm* Druck. Er kann durch einen Hahn in Verbindung gesetzt werden mit einem Gefäß, welches c *cdm* Luft vom Drucke d *cm* enthält. Wenn man nun den Hahn öffnet, welcher gemeinschaftliche Druck stellt sich her? Welcher Druck entsteht, wenn man den Kolben halb, wenn man ihn ganz herunterdrückt? Welcher Druck kommt schließlich zum Vorschein, wenn man das letzte Verfahren n mal nacheinander wiederholt?

270. In einem Rezipienten befinden sich 5 *l* Luft von 2½ Atm. Man führt nun einen Kolbenzug aus, wie wenn man den Rezipienten auspumpen wollte. Nach wie viel Kolbenzügen ist der Druck unter eine Atm. gesunken, wenn der Durchmesser des Stiefels 5,2 *cm* und die Hubhöhe 20 *cm* ist?

271. Zu a Liter Luft von der Dichte d_1 werden noch v Liter Luft von der Dichte d_2 hinzugefügt. Wie groß ist schließlich die Dichte, α) wenn der gemeinsame Raum a + v Liter, β) wenn er a Liter, γ) wenn er v Liter, δ) wenn er c Liter beträgt?

272. Zu a Liter Luft werden 3 mal nach einander v Liter atmosphärische Luft durch Hineinpressen hinzugetan und nach jedem Hineinpressen werden w Liter des Gemisches durch Expansion weggenommen. Wie groß ist der Druck nach dem dritten Verfahren?

273. Ein Gefäß enthält a Liter Luft von d *cm* Druck; ich lasse aus ihm in einen luftleeren Behälter von v Liter Rauminhalt so viel Luft (durch eine enge Röhre) einströmen, daß sie dort den Druck d hat. Welchen Druck hat sie dann noch im ersten Gefäß?

274. Bei einer Feuerspritze soll das Wasser durch ein 1,4 *cm* weites Strahlrohr 25 *m* emporspringen; wie groß ist der Druck im Windkessel und der Arbeitseffekt der Männer und der Pumpe?

275. Eine einerseits offene Glasröhre von der Länge *l* wird bei einem Luftdrucke b um die Strecke a mit dem offenen Ende vertikal in Wasser getaucht. Wie hoch steht das Wasser in der Röhre? l = 1,45 *m*, b = 10,34 *m* Wasser, a = 0,71 *m*.

276. Das Volumen eines Gases beträgt bei 16° Wärme und einem Barometerstand von 753 *mm* 20 *cbm*. Um wie viel wird es zunehmen bei 25° Wärme und 740 *mm* Barometerstand?

277. Bei 36° R und 700 *mm* Druck wurde in einer cylindrischen Glasröhre von 3 *cm* Durchmesser ein Raum von 20 *cm* Luft abgesperrt. Was wiegt diese, wenn ein *ccm* Luft bei 0° und 760 *mm* Druck 0,00129 *g* wiegt?

278. Welche äußere Arbeit leistet ein Kubikmeter Luft von 15°, wenn man ihn auf 80° erwärmt, dadurch, daß er einen Luftdruck von 730 *mm* überwindet?

279. Wenn 14 *l* Luft von 76 *cm* Druck und 20 *l* Luft von 92 *cm* Druck und gleicher Temperatur unter Beibehaltung der Temperatur in ein Gefäß von 25 *l* Rauminhalt vereinigt werden, welche Expansivkraft haben sie dann?

280. In 3,36 *l* Wasser von 16° R wird ein Stück Eisen von 5 *kg* Gewicht und 131° F gelegt; wieviel Grad C beträgt die Endtemperatur, wenn die spez. Wärme des Eisens 0,112 ist?

281. Durch eine bikonvexe Linse erhält man von einem 3 *m* entfernten Punkte ein reelles Bild in 13 *cm* Entfernung. Wo erscheint das Bild, wenn der leuchtende Punkt nur 5 *cm* von der Linse absteht, und welcher Art ist es?

282. 180 *cm* vor einer positiven Linse von 60 *cm* Brennweite befindet sich ein leuchtender Punkt. Wo muß hinter dieser ersten Linse eine zweite positive Linse von 30 *cm* Brennweite eingeschaltet werden, damit das reelle Bild 70 *cm* hinter der ersten Linse entsteht?

283. Vor einem Hohlspiegel steht ein Körper in 120 *cm* Entfernung. Wird er dem Spiegel um 30 *cm* näher gerückt, so entfernt sich das Bild um 5 *cm* vom Spiegel. Wo lag das Bild zuerst und wie groß ist die Brennweite des Hohlspiegels?

284. Durch eine bikonvexe Linse erhält man von einem 3 *m* entfernten Punkte ein reelles Bild in 13 *cm* Entfernung; wo erscheint das Bild, wenn der leuchtende Punkt nur 5 *cm* von der Linse absteht, und welcher Art ist es?

285. Bei einem astronomischen Fernrohr hat die Objektivlinse 90 *cm* Brennweite, das Okular 5 *cm* Brennweite; wie weit müssen beide voneinander abstehen, damit das Bild unendlich ferner Gegenstände in der deutlichen Sehweite $l = 20$ *cm* entsteht, und wie stark ist dann die Vergrößerung?

286. Berechne dasselbe, wenn der Gegenstand 2 *m* hoch und 50 *m* entfernt ist.

287. Bei einem Operngucker ist die Brennweite des Objektivs 12 *cm*, die des Okulars - 3 *cm*. In welcher Entfernung voneinander müssen die Linsen gehalten werden, damit das Bild unendlich ferner Gegenstände in der deutlichen Sehweite $\beta = 20$ *cm* erscheint, und wie stark ist die Vergrößerung?

288. Berechne dasselbe, wenn das Objektiv 6 *m* entfernt ist, und der Operngucker auf $\beta = 30$ *cm* bequeme Sehweite eingestellt ist.

289. Bei einem Mikroskop beträgt die Brennweite des Objektivs 4 *mm*, die des Okulars 2 *cm*; beide sind 12 *cm* von einander entfernt. In welchem Abstand vom Objektiv muß das Objekt gehalten werden, damit das Bild in einer Sehweite von $\beta = 18$ *cm* erscheint?

290. Auf der Hauptachse eines Hohlspiegels von $r = 11$ *cm* Krümmungsradius befindet sich ein leuchtender Punkt, $a = 30$ *cm* vom Spiegel entfernt. Ein von ihm ausgehender Lichtstrahl trifft einen Punkt des Spiegels, welcher um 30° von der Hauptachse absteht. Wo schneidet der reflektierte Strahl die Hauptachse?

291. Dadurch, daß man auf den 24 *cm* langen Arm eines Druckhebels einen Druck von 32 *kg* ausübt, drückt man den am 5 *cm* langen Arm angebrachten Kolben in eine Röhre von 6 *cm* Durchmesser, und übt dadurch einen Druck auf Quecksilber aus. Wie hoch wird dieses dadurch in einer kommunizierenden Röhre gehoben?

292. Durch eine Maschine wird in 4 Stunden eine gewisse Menge Wasser auf eine gewisse Höhe geschafft. In 3 Stunden kann durch dieselbe Maschine nur eine um 1000 *l* geringere Menge auf dieselbe Höhe, oder dieselbe Menge auf eine um 8 *m* geringere Höhe geschafft werden. Wieviel Liter wurden zuerst gefördert und wie hoch und wie viele Pferdekräfte liefert die Maschine?

293. Eine horizontale Stange AD von 100 *cm* Länge und 27 *kg* Gewicht, das in der Mitte M angreift, ist in A drehbar befestigt. An ihr wirkt in B (AB = 38 *cm*) eine Kraft P_1 = 85 *kg* unter einem Winkel ABP_1 = 117°, im Punkt C (AC = 63 *cm*) wirkt P_2 = 20 *kg* senkrecht nach aufwärts. Welche Kraft ist im Endpunkte D senkrecht zur Stange anzubringen, damit sie sich nicht dreht?

294. Eine unter 20° nach aufwärts geneigte Stange AB von 48 *cm* Länge ist am untern Ende A drehbar befestigt, während in B eine Last von 80 *kg* vertikal abwärts wirkt. Welche Kraft muß im Punkte C horizontal angebracht werden, wenn AC = 30 *cm* ist und die Stange im Gleichgewichte sein soll?

295. An den Enden A und B einer Stange wirken die Kräfte P_1 = 65 *kg* und P_2 = 93 *kg* unter den Winkeln P_1AB = 102° und P_2BA = 127°. Wo, in welcher Richtung und wie stark ist die Stange zu stützen, damit Gleichgewicht vorhanden ist?

296. Wie stellt sich die Lösung der vorigen Aufgabe, wenn das Gewicht der Stange, 40 *kg*, in ihrer Mitte angreift und berücksichtigt wird?

297. Eine Stange ist in A drehbar befestigt und von da an unter 45° nach aufwärts geneigt. An ihr wirken in den Abständen AB = 2, AC = 5, AD = 6 die Kräfte P_1 = 9, P_2 = 17, P_3 = 14 alle in vertikaler Richtung. Welche Kraft muß in der Mitte der Stange senkrecht zu ihr (welche in horizontaler Richtung) noch hinzugefügt werden, damit sie sich nicht dreht?

298. Eine Stange ist in A drehbar befestigt und schräg nach abwärts geneigt. An ihr wirken im Abstand AB = 17 *cm* und AC = 39 *cm* die vertikalen Kräfte P_1 = 51 und P_2 = 42, und im Abstand AD = 45 *cm* wirkt die Kraft P_3 = 60 in horizontaler Richtung. Welche Neigung wird die Stange annehmen, um im Gleichgewicht zu sein?

299. Ein Kegel, dessen Seitenkante mit der Achse einen Winkel α bildet, ruht längs einer Seitenkante auf einer horizontalen Ebene; wo trifft die von seinem Schwerpunkt auf die Ebene gefällte Senkrechte die

Seitenkante und wie groß muß der Winkel α sein, damit jener Fußpunkt gerade in der Mitte der Seitenkante liegt?

300. Ein Körper fällt 45 *m* hoch herunter und trifft dann auf eine Platte, welche unten 30° gegen den Horizont geneigt ist. Von der Platte wird er nach den Gesetzen des elastischen Stoßes zurückgeworfen. Wie hoch steigt er wieder, wann und wo erreicht er den Boden?

301. Als ein Körper mit der Anfangsgeschwindigkeit a über eine schiefe Ebene von der Länge l herunterlief, hatte er die Endgeschwindigkeit v. Wie groß war die Reibung, wenn der Neigungswinkel α = 8° war? (a = 40 *m*, v = 30 *m*, l = 100 *m*.)

302. Welche Neigung muß ein über einer gegebenen Hausbreite errichtetes Dach haben, damit das Regenwasser möglichst rasch abläuft? (Auf Reibung wird keine Rücksicht genommen.)

303. Wasser fließt aus einem vertikalen Gefäß bei einer horizontalen Öffnung aus und trifft die um a *m* tiefer liegende Tischfläche b *m* von der Gefäßwand entfernt. Mit welcher Geschwindigkeit fließt es aus und wie hoch ist die überstehende Wassersäule?

304. Mit welcher Geschwindigkeit fließt Wasser unten aus einem cylindrischen Gefäß aus, wenn es im Gefäß 38 *cm* hoch steht und oben noch mit einem 15 *cm* hohen cylindrischen Eisenkörper von der Weite des Cylinders beschwert ist? Wie groß ist die Steighöhe des Wassers?

305. Ein Eisenbahnwagen wird von einer Lokomotive mit einer Geschwindigkeit von a = 20 *m* eine schiefe Ebene von α = 5° hinaufgestoßen. Wie lange und wie weit bewegt sich der Wagen 1) ohne Reibung, 2) mit dem Reibungskoeffizient c = 0,005?

306. Ein Körper wird über eine schiefe Ebene von α° Neigung auswärts geworfen und soll, wenn er wieder unten ankommt, die Hälfte seiner lebendigen Kraft verloren haben. Wie groß ist die Reibung auf der schiefen Ebene?

307. Ein Wagen von 200 Ztr. Gewicht hat auf einem Geleise eine Geschwindigkeit von 6,2 *m* und eine Reibung von 0,005; wie weit darf er laufen, bis er nur mehr die halbe lebendige Kraft hat, oder bis er $\frac{3}{5}$ von seiner lebendigen Kraft verloren hat?

308. Ein Körper von der Masse Q fällt frei über eine Höhe von h *m* und dringt dann in einem Stoff c *cm* tief ein. Wie groß ist der Widerstand des Stoffes?

309. Eine Masse Q hat a *m* Geschwindigkeit und wird so beschleunigt, daß sie nach t Sekunden eine lebendige Kraft (Bewegungsenergie) von L *kgm* hat. Wie groß ist die beschleunigende Kraft und welchen Weg hat die Masse zurückgelegt?

310. Mit welcher Geschwindigkeit muß ein Körper aufwärts geworfen werden, damit er in t" seine lebendige Kraft zur Hälfte verliert und wie hoch ist er dabei gekommen?

311. Wirft man einen Körper ein zweitesmal unter einem doppelt so großen Elevationswinkel wie zuerst, so wird seine Wurfweite $1\frac{2}{5}$ mal kleiner als zuerst. Wie groß war sie zuerst?

312. Eine in Bewegung befindliche Masse hat eine lebendige Kraft von 780 *kgm*. Als sich ihr ein Widerstand von 3 *kg* entgegenstellte, legte sie die folgenden 130 *m* in 12" zurück. Wie groß war die Masse und ihre Geschwindigkeit?

313. Bewegt sich ein Körper von 15 *m* Anfangsgeschwindigkeit zuerst gleichförmig und dann noch mit einer Verzögerung von 2 *m*, so kommt er 134 *m* weit. Bewegt er sich aber die ganze Zeit mit der Verzögerung von 2 *m*, so kommt er nur 50 *m* weit. Wie lange bewegt er sich mit, wie lange ohne Verzögerung?

314. Aus einer Feuerspritze springt der Wasserstrahl 24 *m* hoch. Welcher Druck herrscht im Windkessel, wenn der Strahl um $\frac{1}{4}$ weniger hoch springt als er der Theorie nach springen sollte? Wie rasch muß gepumpt werden, wenn das Strahlrohr 1 *cm* Durchmesser hat und wenn jeder Pumpenstiefel 10 *cm* Durchmesser und 12 *cm* Hubhöhe hat und wie groß ist in jeder Sekunde die Arbeit, welche zur Bedienung der Spritze nötig ist?

315. Ein Körper wird mit 60 *m* Anfangsgeschwindigkeit über eine schiefe Ebene von 120 *m* Länge und 30° Steigung hinaufgeworfen und fliegt am Ende derselben frei durch die Luft. Wo wird er den Boden wieder erreichen?

316. Eine Masse von Q *kg* soll auf einer schiefen Ebene von der Länge l und der Neigung α hinaufgeschafft werden dadurch, daß an sie ein Seil parallel der schiefen Ebene gebunden ist, welches oben über eine Rolle läuft und dann durch ein Gewicht von P *kg* beschwert ist. Wie lange braucht Q, um die schiefe Ebene zu durchlaufen?

317. Ein Körper wird von der Spitze eines h *m* hohen Turmes horizontal geworfen. Wann, wo, unter welchem Winkel und mit welcher lebendigen Kraft trifft er den Boden, wenn seine Anfangsgeschwindigkeit a *m* und sein Gewicht Q *kg* beträgt?

318. Über einen beiderseits unter $\alpha°$ ansteigenden Berg von h *m* Höhe soll vom Fuß aus ein Körper so geworfen werden, daß er die Spitze knapp überfliegt und den jenseitigen Fuß trifft. Mit welcher Geschwindigkeit und Elevation ist er zu werfen?

319. Wo und unter welchem Winkel trifft eine mit a *m* Anfangsgeschwindigkeit und der Elevation α abgeschossene Kugel eine b *m* entfernte vertikale Wand?

320. Eine Masse von Q *kg* Gewicht hat a *m* Anfangsgeschwindigkeit. Wie weit wird sie horizontal noch laufen, α) bis sie stehen bleibt, β) bis ihre Geschwindigkeit um 20% abgenommen hat, γ) bis ihre lebendige Kraft um 40% abgenommen hat, wenn der Reibungskoeffizient jedesmal c ist?

321. Eine Masse von Q *kg* und a *m* Anfangsgeschwindigkeit hat in t" einen Weg von s *m* zurückgelegt. Wie groß ist die Verzögerung und wann wird sie stehen bleiben?

322. Wie rasch muß ein cylindrisches Gefäß von 20 *cm* Durchmesser gedreht werden, damit ein an seinem Rand befindlicher Punkt eine Zentrifugalkraft bekommt, welche 30 mal so groß ist als die Schwerkraft?

323. Wenn ein zylindrisches Gefäß von 60 *cm* Durchmesser so rasch gedreht wird, daß es in der Sekunde 4 Umdrehungen macht, in welcher Richtung wirkt dann auf einen in seinem Umfang befindlichen Punkt die Resultierende aus der Schwerkraft und der Zentrifugalkraft?

324. Ein Sekundenpendel aus Eisen von l = 993 *mm* Länge geht bei 14° richtig. Um wie viele Sekunden geht es im Winter bei -10° in 24 Stunden vor? (Ausdehnungskoeffizient des Eisens = 0,000012.)

325. Welche Schwingungszeit hat ein eisernes Pendel von 1,42 *m* Länge und um wie viel wird eine durch dieses Pendel regulierte Uhr in der Stunde nachgehen, wenn die Temperatur um 20° steigt?

326. Auf einen Körper von 50 *kg* Gewicht und 6 *m* Geschwindigkeit trifft ein ihm folgender Körper von 20 *kg* Gewicht und 10 *m* Geschwindigkeit in zentralem Stoße. Welche Geschwindigkeit haben sie nach einem unelastischen Stoß und welche hat jeder nach dem elastischen Stoße?

327. Zwei Körper von 15 *kg* und 8 *kg* Gewicht laufen einander entgegen mit 3 *m* bezw. 2 *m* Geschwindigkeit. Wie groß sind die Geschwindigkeiten a nach dem unelastischen, b nach dem elastischen Stoße?

328. Von links her kommt eine Masse M = 12 *kg* mit der Geschwindigkeit v_1 = 2 *m*; von rechts kommt die Masse m = 5 *kg* mit der

Geschwindigkeit $v_2 = 7\ m$. Man berechne ihre Geschwindigkeit nach zentralem Stoß, a unelastisch, b elastisch.

329. Eine Masse m = 5 hat die Geschwindigkeit $v_1 = 6$ nach rechts; sie wird verfolgt und eingeholt von einer Masse M = 8 mit der Geschwindigkeit $v_2 = 11$ nach rechts. Welche Geschwindigkeiten haben beide nach dem unelastischen und nach dem elastischen Stoße?

330. Ein Becherglas mit Spiritus (sp. G. 0,8) wiegt 165 *g*. Wie viel wird es wiegen, wenn ich ein Stück Stein von 80 *g* Gewicht und 2,4 sp. G. a) an einem Faden hineinhänge, b) ganz hineinlege, c) dann so viel Spiritus entferne, daß er so hoch steht wie zuerst, und dies sowohl bei a als bei b tue.

331. Ein Litergefäß wiegt 242 *g*, mit Weizen gefüllt wiegt es 1007 *g*; gießt man die Zwischenräume auch noch voll Wasser, so wiegt es nun 1369,5 *g*. Man berechne hieraus das sp. G. des gehäuften Weizens und des Weizenkornes.

332. Unter welchem Winkel steigen die Gänge einer Schraube, welche bei 7,2 *cm* Spindellänge 9 Umgänge macht, wenn der Spindeldurchmesser 3 *cm* beträgt? Welchen Kraftgewinn liefert sie bei einem Schlüssel von 30 *cm* Länge?

333. Ein Schraubengang hat 3° Steigung. Welche Ganghöhe hat er bei 1,4 *cm* Spindeldurchmesser und welchen Kraftgewinn liefert er bei einem Schlüssel von 12 *cm* Länge?

334. Wie viele Umgänge muß eine Schraube von 8 *cm* Spindelgänge bekommen, wenn der Spindelradius 2 *cm*, die Schlüssellänge 18 *cm* und der Kraftgewinn ein 75 facher sein soll?

335. Ein rechtwinkliger Körper von 30 *cm* Höhe ruht auf seiner unteren Fläche von 14 *cm* Länge und 5 *cm* Breite. Welche Kraft muß man anwenden, um ihn um die eine oder die andere Unterstützungskante zu drehen, wenn die Kraft jedesmal am oberen Ende des Körpers angreift, und der Körper das sp. G. 2,5 hat?

336. Bestimme den Kraftgewinn des in Fig. 29 dargestellten Modelles einer hydraulischen Presse durch Ausmessung. Wird der Kraftgewinn ein anderer, wenn das Modell in einem anderen Maßstabe ausgeführt wird?

337. Bei kommunizierenden Röhren wird auf der einen Seite mittels eines Kolbens von 3,4 *cm* Durchmesser auf das Wasser ein Druck ausgeübt, indem der Kolben durch den 5 *cm* langen Arm eines einarmigen Hebels niedergedrückt wird, dessen 40 *cm* langer Arm mit 2,6 *kg* belastet wird. Wie hoch darf dann im anderen Schenkel das Wasser stehen, um diesem Druck das Gleichgewicht zu halten? Wie stark muß die Belastung des langen Hebelarmes sein, damit die im anderen Schenkel überstehende Wassersäule eine Höhe von 20 *m* haben darf?

338. Wenn durch eine Pumpe Wasser (Petroleum) auf eine Höhe von 42 *m* (7,4 *m*) gehoben werden soll, welcher Druck muß auf den Kolben von 20 *cm* Durchmesser ausgeübt werden? Welche Arbeit wird geleistet, wenn die Pumpe in der Minute 42 Stöße von 25 *cm* Länge ausführt, und wie groß ist die in der Stunde geförderte Wassermenge?

339. Ein Blecheimer wiegt 10 ℔ und faßt genau 30 *l* Wasser. Füllt man ihn mit grobem Kies und Wasser auch wieder eben voll, so wiegt er nun 70,2 *kg*. Wenn nun das sp. G. der Kieselsteine 2,6 ist, wie viel *kg* Kies sind im Eimer?

340. Ein Becherglas mit Wasser wiegt 250 *g*. Ich lege ein Stück Holz ins Wasser und entferne so viel Wasser, daß es schließlich wieder eben so hoch steht wie zuerst. Was wiegt nun das Becherglas nebst Inhalt?

341. Wenn ich 460 *g* Stein mit 420 *g* Holz vom sp. G. 0,6 zusammenbinde, so schwimmen sie im Wasser gerade noch. Wie groß ist demnach das sp. G. des Steines?

342. Wenn ich 340 *g* Stein vom sp. G. 2,6 und 706 *g* Holz vom sp. G. 0,6 zusammenbinde, so schwimmen sie in Spiritus eben noch. Wie groß ist demnach das sp. Gewicht des Spiritus?

343. Einen rechteckigen Block Buchenholz von 50 *cm* Länge, 50 *cm* Breite, 20 *cm* Dicke und 0,75 sp. G. lasse ich auf Wasser schwimmen. Ich belaste nun die obere Fläche, indem ich in jeder Ecke einen rechteckigen Granitblock von 10 *cm* Länge, 20 *cm* Breite und 14 *cm* Höhe auflege. Was wird geschehen? Was wird eintreten, wenn die Granitblöcke an der unteren Fläche des Holzblockes (etwa mit Schnüren) befestigt werden?

344. Ein verschlossener Behälter von 60 *l* Inhalt ist mit Luft gefüllt und bis auf einen Druck von 120 *mm* Quecksilber ausgepumpt. Er wird mit einem geschlossenen Behälter atmosphärischer Luft (760 *mm*) verbunden, wodurch der Druck auf 275 *mm* steigt. Wie groß war der zweite Behälter?

345. In einen Behälter von 15 *l* Inhalt, welcher mit Luft von 71 *cm* Druck gefüllt ist, presse ich 3 mal nacheinander je 2 *l* Kohlensäuregas à 75 *cm* Druck und 1,51 sp. G., dann noch 4 mal nacheinander je 3 *l* Wasserstoffgas à 80 *cm* Druck und 0,069 sp. G. Wenn man nun nach gleichmäßiger Mischung der Gase den Behälter mit einem Behälter von 10 *l* Inhalt, gefüllt mit Luft von 71 *cm* Druck, in Verbindung setzt, welcher gemeinsame Druck stellt sich her und was wiegt das Gas schließlich in jedem Behälter? (Beim letzten Vorgang strömt nur so viel vom Gasgemisch in den zweiten Behälter, bis sich der Druck ausgeglichen hat; ein weiterer Austausch der Gase findet durch das enge Rohr zunächst nicht statt.)

346. Ein Blechgefäß wird mit der offenen Seite voran unter Wasser getaucht (Taucherglocke). Welche Zustandsänderungen erleidet die eingeschlossene Luft, wenn man das Gefäß immer tiefer untertaucht? In welchem Zustand befindet sich die Luft, wenn das Gefäß ca. 10 *m* unter Wasser sich befindet? Welchen Auftrieb erleidet es hiebei ungefähr, wenn es bei cylindrischer Form eine Deckfläche von 20 *cm* Durchmesser und eine Höhe von 60 *cm* hat? Wo greift der Auftrieb an und wodurch entsteht er?

347. Ein Luftballon von 1000 *cbm* Inhalt wiegt 540 *kg* und wird mit Wasserstoffgas gefüllt. Welche Tragkraft hat er? Man läßt ihn so hoch steigen, bis der Luftdruck auf 520 *mm* gesunken ist. Welche Tragkraft hat er nun? Welcher Teil des zuerst vorhandenen Wasserstoffes ist bis dahin infolge der Ausdehnung entwichen? Wenn man nun, um ihn zum Sinken zu bringen, 100 *cbm* Gas durch das Ventil entweichen läßt, wie ändert sich dann während des Sinkens seine Tragfähigkeit? Mit welcher Tragfähigkeit erreicht er die Erde?

Wo greift beim Luftballon der Auftrieb an? Warum?

348. Um wie viel dehnt sich der Hohlraum einer Thermometerkugel von ½ *ccm* Inhalt bei Erwärmung um 100° aus? Um wie viel dehnt sich eben dann ½ *ccm* Quecksilber aus? Wenn nun das überschüssige Quecksilber im Thermometerrohr emporsteigt, wie weit muß dieses sein, damit das Quecksilber bei 1° C um 3 *mm* steigt, und wie lang ist dann 1° R, 1° F?

349. Ein Radreif von 84 *cm* Durchmesser wird, während er zka. 300° heiß ist, um das Rad gelegt. Um wie viel zieht sich der Umfang, um wie viel der Durchmesser zusammen bis 0°?

350. Wie viel *kg* Eis von 0° muß man zu 7 *hl* Wasser von 23° zusetzen, um die Temperatur auf 15° herunterzubringen?

351. Wenn man zu 40 *l* Wasser von 65° 20 *l* Wasser von 5° und noch 8 *kg* Eis von 0° hinzusetzt, welche Temperatur stellt sich nach dem Schmelzen des Eises ein?

352. Eine Lampe von 5 Normalkerzen Lichtstärke beleuchtet eine Fläche in 76 *cm* Abstand ebensostark, wie eine andere Lampe in 1,80 *cm* Abstand. Wie groß ist die Lichtstärke der zweiten Flamme a) im Verhältnis zu der der ersten, b) in Normalkerzen?

353. Wie viel Meterkerzen Beleuchtungsstärke erhält eine Fläche, welche aus 7 *m* Entfernung von einer Flamme von 25 N.K. beleuchtet wird? Wie weit müßte die Flamme entfernt sein, um 3 Meterkerzen Beleuchtungsstärke hervorzubringen?

354. Auf eine Fläche fällt unter einem Einfallswinkel von 50° das Licht einer Lampe von 48 N.K. aus einer Entfernung von 2,1 *m*. Welche Beleuchtungsstärke erhält die Fläche?

355. Ein rechteckiger Tisch ABCD ist in AB 1,3 *m*, in BC 1 *m* lang. In A steht eine Lampe von 16 N.K., in C eine solche von 26 N.K. In welcher Richtung ist in B und D eine vertikale Fläche aufzustellen, damit sie von jeder Lampe gleich stark beleuchtet wird?

356. Wie stellt sich die Lösung, wenn die zweite Lampe von C nach B gestellt, und die beleuchtete Fläche in C oder D aufgestellt wird? Wie groß ist in jedem Falle die Gesamtbeleuchtung?

357. Zwei elektrische Bogenlampen von je 1000 N.K. sind 80 *m* weit voneinander entfernt und stehen 10 *m* über dem Boden. Welche Beleuchtung erhält derjenige Teil des Erdbodens, welcher zwischen ihnen in der Mitte liegt?

358. Wenn Licht aus Wasser in Luft übertritt, so berechne für einen Einfallswinkel (Winkel im Wasser) von 7° den zugehörigen Brechungswinkel (Winkel in Luft). Erläutere an einer zugehörigen Zeichnung, warum ein Gegenstand (Fisch), wenn er tief unter dem Wasserspiegel sich befindet, uns größer erscheint, als wenn er nahe an der Oberfläche ist, wie etwa, wenn wir von einer Brücke aus ins Wasser schauen, oder wenn wir durch die ebenen Glaswände des Aquariums dessen Inhalt betrachten.

359. Ein Bündel paralleler Lichtstrahlen in Wasser trifft auf eine kugelförmige Luftblase. Welche Teile der Blase reflektieren das Licht total? Konstruiere einen der total reflektierten Strahlen! Konstruiere ferner den Gang eines Lichtstrahles, welcher in die Luftblase eindringt und sie auf der anderen Seite wieder verläßt!

360. Eine planparallele Glasplatte hat 1 *cm* Durchmesser. Konstruiere den Gang eines Lichtstrahles, der sie unter 70° (80°) Einfallswinkel trifft und sie dann durchdringt. Konstruiere und berechne, um wie viel der aus der Platte austretende Strahl gegenüber dem eintretenden parallel verschoben erscheint.

361. Bei einem zusammengesetzten Mikroskop hat das Objektiv 4 *mm*, das Okular 4 *cm* Brennweite, und ihr Abstand soll 25 *cm* betragen. Wo muß das mikroskopische Präparat angebracht werden, damit das schließlich durch das Okular entworfene Bild 20 *cm* vor dem Okular liegt? Bestimme die Vergrößerung. (Lösung nur durch Zeichnung und zwar in natürlicher Größe.)

362. Eine Kraft von 12 *kg* wirkt an einer Kurbel von 40 *cm* Länge und dreht dadurch eine Riemenscheibe von 10 *cm* Durchmesser. Diese ist durch einen Treibriemen mit einer Riemenscheibe von 45 *cm* Durchmesser verbunden, und auf deren Achse ist eine Seiltrommel von 15 *cm* Durchmesser befestigt. Wenn nun um die Seiltrommel das Seil geschlungen ist, an welchem die Last hängt, wie groß darf dann die Last sein und wie viel Umdrehungen muß die Kurbel machen, damit die Last einen Meter hoch gehoben wird?

363. Ein Körper von 6 *kg* Gewicht liegt ohne Reibung auf horizontaler Bahn; an ihm zieht mittels einer horizontalen und dann über eine Rolle geführten Schnur ein Gewicht von 1 ℔. Welche Beschleunigung bekommt das System, welche Geschwindigkeit bekommt es in 4" und welchen Weg legt es dabei zurück?

364. Um eine Rolle ist ein Seil geschlungen, an dessen einem Ende unten ein Korb mit 36 *kg* Gewicht hängt, während an dessen anderem Ende oben ein Korb mit 42 *kg* Gewicht hängt. Wie lange wird es dauern, bis der schwere Korb den leichten um 30 *m* emporgezogen hat, wenn 2 *kg* Zugkraft für Überwindung der Reibung in Abzug zu stellen sind?

365. Wie viel Energie ist im Radkranz eines Schwungrades aufgespeichert, wenn das Gewicht des Kranzes 120 Ztr., sein Durchmesser 5,4 *m* und seine Tourenzahl 52 pro Minute ist? Es wird dazu verwendet, um rasch eine große Arbeit zu leisten, wodurch schon in einer Minute seine Geschwindigkeit auf 30 Touren in der Minute heruntergeht. Wie viel Energie hat es während dieser Minute abgegeben?

366. Bestimme durch Ausmessen der in Fig. 96 dargestellten Dampfmaschine deren Nutzeffekt, wenn der Maßstab der Zeichnung 1 : 10, die Dampfspannung im Kessel 6 Atm., im Abdampf 1¼ Atm. und die Anzahl der Doppelhübe 40 in der Minute beträgt. Der Durchmesser der Kolbenstange darf vernachlässigt werden und für innere Arbeit sind 10% in Abzug zu bringen. Bestimme den Nutzeffekt ebenso, wenn der Maßstab der Zeichnung 1 : 20 beträgt.

367. Zwei Planspiegel sind unter 90° gegeneinander geneigt. In einer auf ihrem Durchschnitt senkrechten Ebene (in der Ebene ihres Neigungswinkels) fallen parallele Sonnenstrahlen auf jeden Spiegel. Die von jedem Spiegel reflektierten Strahlen laufen in entgegengesetzten parallelen Richtungen. (Heliotrop von Gauß.)

368. Ein Körper bekommt die nämliche Endgeschwindigkeit, wenn er über die Länge l einer schiefen Ebene, oder wenn er über die Höhe h der nämlichen sch. E. herunterfällt.

369. Ein Körper bewegt sich mit der Anfangsgeschwindigkeit a über die Länge l einer schiefen Ebene von der Steigung α herunter. Derselbe Körper fällt mit der Anfangsgeschwindigkeit a über die Höhe h der nämlichen sch. E. herunter. Zeige, daß er jedesmal denselben Zuwachs an lebendiger Kraft bekommt, und gib dessen Größe an. Formuliere hieraus einen Lehrsatz über den Zuwachs an lebendiger Kraft beim Übergang eines Körpers von einer Niveauschichte zu einer anderen!

370. Wenn beim schiefen Wurf (Anfangsgeschw. a, Steigungswinkel α) der Körper den höchsten Punkt seiner Bahn erreicht hat, um wie viel hat seine lebendige Kraft seit Beginn der Bewegung abgenommen? Vergleiche den Betrag dieser Größe mit dem Betrag derjenigen Arbeit, welche erforderlich wäre, um denselben Körper vom Ausgangspunkte an bis auf die Höhe des Gipfelpunktes zu heben, und füge wie im vorigen Beispiel einen entsprechenden Lehrsatz bei! (Gewicht des Körpers = P *kg.*)